普通高等教育"十一五"国家级规划教材
机械设计制造及其自动化专业系列教材

机械制造技术基础

Jixie Zhizao Jishu Jichu

第二版

主编　刘旺玉　曾志新　张赛军　杨　舒

高等教育出版社·北京

内容简介

本书是普通高等教育“十一五”国家级规划教材，是在第一版的基础上，结合众多兄弟院校的使用意见和课程发展的最新成果修订而成的。

“机械制造技术基础”是机械工程学科各专业的主干技术基础课程，是现代机械工程高级专门技术人才的必修课程。本书以“重基础、低重心、广知识、少学时、精内容、宽适应”作为编写指导思想，全书以金属切削理论为基础，以回转体和非回转体零件的制造工艺为主线，以加工质量为目标，兼顾工艺装备知识，并对装配工艺进行了介绍。

本书除绪论外共分四篇八章，即第一篇金属切削基础知识（第1、2章），第二篇零件加工工艺与装备（第3、4、5章），第三篇机械加工质量（第6、7章），第四篇机器装配工艺（第8章），各章末编有本章小结、思考题与练习题，书后附有机械制造技术名词术语中英文对照。

本书可作为普通高等学校机械类宽口径专业及近机械类专业的教材，也可供从事机械行业的工程技术人员和管理人员参考使用。

图书在版编目（CIP）数据

机械制造技术基础/刘旺玉等主编.--2版.--北京:高等教育出版社,2021.3（2023.11重印）
ISBN 978-7-04-055617-9

Ⅰ.①机… Ⅱ.①刘… Ⅲ.①机械制造工艺-高等学校-教材 Ⅳ.①TH16

中国版本图书馆CIP数据核字（2021）第027011号

策划编辑 卢 广　　责任编辑 卢 广　　封面设计 李卫青　　版式设计 童 丹
插图绘制 黄云燕　　责任校对 高 歌　　责任印制 高 峰

出版发行 高等教育出版社
社　　址 北京市西城区德外大街4号
邮政编码 100120
印　　刷 北京市艺辉印刷有限公司
开　　本 787mm×1092mm 1/16
印　　张 22.25
字　　数 540千字
购书热线 010-58581118
咨询电话 400-810-0598

网　　址 http://www.hep.edu.cn
　　　　 http://www.hep.com.cn
网上订购 http://www.hepmall.com.cn
　　　　 http://www.hepmall.com
　　　　 http://www.hepmall.cn
版　　次 2011年6月第1版
　　　　 2021年3月第2版
印　　次 2023年11月第2次印刷
定　　价 43.60元

物 料 号 55617-00

机械制造技术基础

第二版

刘旺玉　曾志新
张赛军　杨　舒

1 计算机访问http://abook.hep.com.cn/12273470，或手机扫描二维码，下载并安装Abook应用。

2 注册并登录，进入"我的课程"。

3 输入封底数字课程账号（20位密码，刮开涂层可见），或通过Abook应用扫描封底数字课程账号二维码，完成课程绑定。

4 单击"进入课程"按钮，开始本数字课程的学习。

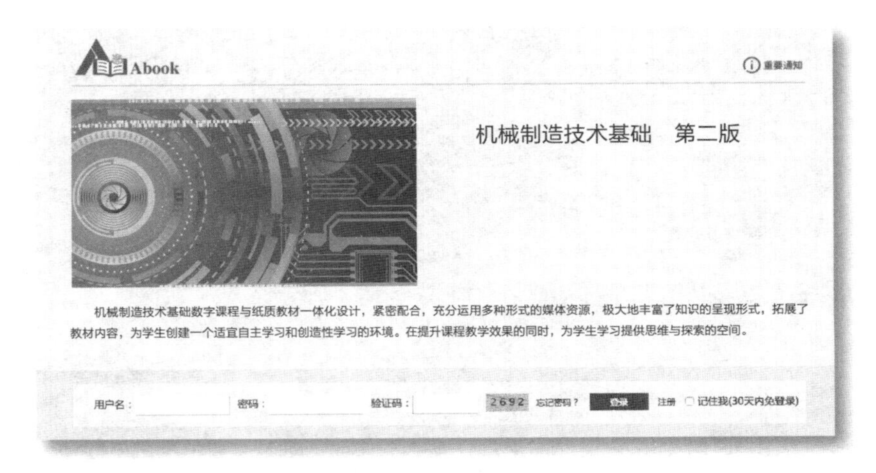

课程绑定后一年为数字课程使用有效期。受硬件限制，部分内容无法在手机端显示，请按提示通过计算机访问学习。

如有使用问题，请发邮件至abook@hep.com.cn。

http://abook.hep.com.cn/12273470

前　言

为适应当前科学技术的飞速发展,适应高等教育尤其是高等工程教育的改革形势,适应宽口径机械类普通本科专业人才培养及新的课程教学的需求,根据普通高等教育“十一五”国家级规划教材编写出版计划,我们在总结所主持的国家级精品课程、国家级双语教学示范课程“机械制造技术基础”的课程建设及近年来教学改革实践经验的基础上编写了本书。

“机械制造技术基础”是现代机械制造高级专业技术人才和高级管理人才必修的一门主干专业基础课程。它包含了机械制造技术的基本知识、基本理论和基本技能。本书以“重基础、低重心、广知识、少学时、精内容、宽适应”作为编写指导思想,对原金属切削原理与刀具、金属切削机床设计、机械制造工艺与夹具设计等课程内容进行整合、优化。全书以金属切削理论为基础,参考借鉴国内外优秀教材的新发展,以回转体和非回转体零件的制造工艺为主线,以加工质量为目标,兼顾工艺装备知识,并对装配工艺进行介绍。

为便于教学,编写时力求做到内容深入浅出,文字准确简洁。为便于知识点的掌握,各章末均编有本章小结、思考题与练习题。

本书建议课堂教学时数为48~56学时,各章教学时数分配建议如下:绪论,1学时;第1章,3~5学时;第2章,8~10学时;第3章,18学时;第4章,4~6学时;第5章,4~6学时;第6章,4学时;第7章,4学时;第8章,2学时。

本书是在第一版的基础上修订而成的,具体修订分工如下:华南理工大学曾志新、全燕鸣、李勇修订绪论,第1、2、5章;华南理工大学刘旺玉、张赛军、杨舒修订第3、4、6、7章;华南理工大学广州学院林颖修订第8章。本版由刘旺玉、曾志新、张赛军、杨舒任主编,并负责全书统稿工作,华南理工大学潘敏强负责全书的审核工作。

本书由华南理工大学汤勇教授主审。汤教授对全书进行了悉心审阅,提出了不少宝贵意见与建议,在此表示衷心感谢。在本书的编审及出版过程中,得到了华南理工大学教务处、华南理工大学机械与汽车工程学院的领导和同志们的指导和支持;参加编审及统稿的各位老师为本书的编写付出了大量卓有成效的劳动;清华大学王先逵教授对本书给予高度的肯定,并提出了宝贵的意见。在此一并表示诚挚的谢意!编写的过程中参阅引用了大量的文献资料及教材,无法一一列出,在此谨向上述文献的作者表示衷心的感谢!

限于编者的水平和时间,本书难免存在错漏及不当之处,诚恳希望各位读者给予批评指正(E-mail:mewyliu@scut.edu.cn)。

编　者
2020年3月

目　录

绪论 …… 1

第一篇　金属切削基础知识

第 1 章　金属切削过程的基础知识 …… 7
1.1　基本定义 …… 7
1.1.1　切削运动与切削用量 …… 8
1.1.2　刀具切削部分的基本定义 …… 10
1.1.3　刀具角度的换算 …… 14
1.1.4　刀具工作角度 …… 17
1.1.5　切削层参数与切削形式 …… 20
1.2　刀具材料 …… 22
1.2.1　刀具材料应具备的性能 …… 22
1.2.2　常用的刀具材料 …… 23
1.2.3　其它刀具材料 …… 26
本章小结 …… 28
思考题与练习题 …… 29
第 2 章　金属切削过程的基本规律及其应用 …… 30
2.1　金属切削过程的基本规律 …… 30
2.1.1　切削变形 …… 30
2.1.2　切削力 …… 42
2.1.3　切削热与切削温度 …… 54
2.1.4　刀具磨损与刀具使用寿命 …… 58
2.2　金属切削过程基本规律的应用 …… 66
2.2.1　工件材料的切削加工性 …… 66
2.2.2　切削液 …… 68
2.2.3　刀具几何参数的合理选择 …… 70
2.2.4　切削用量的合理选择 …… 75
2.3　目前金属切削发展的几个前沿方向 …… 78
2.3.1　高速高效切削 …… 78
2.3.2　绿色切削 …… 78
2.3.3　微细切削 …… 79
本章小结 …… 81
思考题与练习题 …… 82

第二篇　零件加工工艺与装备

第 3 章　零件加工工艺的基本概念与知识 …… 85
3.1　零件机械加工的目标与内容 …… 85
3.2　机械加工工艺基本概念 …… 85
3.2.1　生产过程 …… 85
3.2.2　工艺过程 …… 86
3.2.3　生产纲领与生产类型 …… 88
3.3　工件定位原理 …… 88
3.3.1　六点定位原理 …… 88
3.3.2　定位方式和定位元件 …… 91
3.3.3　定位符号及其标注 …… 93
3.4　定位基准的选择与定位误差的计算 …… 95
3.4.1　基准的分类 …… 95
3.4.2　定位基准的选择 …… 97
3.4.3　定位误差及计算 …… 99
3.4.4　定位误差的组成 …… 100
3.4.5　各种定位方法的定位误差计算 …… 100
3.5　工件的夹紧 …… 106
3.5.1　夹紧力的方向 …… 106
3.5.2　夹紧力的作用点 …… 107
3.5.3　夹紧力的大小 …… 108
3.5.4　工件获得正确位置的其它方法 …… 109

3.6 零件获得加工精度的方法 ········ 110
3.6.1 零件获得尺寸精度的方法 ········ 110
3.6.2 零件获得形状精度的方法 ········ 110
3.7 零件工艺规程制订的基本原则与步骤 ······························ 112
3.7.1 工艺规程及其应用 ················ 112
3.7.2 机加工零件的结构工艺性 ········ 114
3.7.3 加工阶段的划分 ···················· 116
3.7.4 工序的划分 ·························· 117
3.7.5 工序的安排 ·························· 117
3.8 加工余量、工艺尺寸链、经济加工精度 ······························ 118
3.8.1 加工余量的概念 ···················· 118
3.8.2 影响加工余量的因素 ·············· 118
3.8.3 确定加工余量的方法 ·············· 120
3.8.4 工艺尺寸链 ·························· 121
3.8.5 经济加工精度 ······················· 132
3.8.6 零件机械加工工艺规程的经济性分析 ······························ 133
本章小结 ································· 135
思考题与练习题 ·························· 135
第 4 章 机床概要与回转体零件加工工艺 ································· 143
4.1 机床概要 ···························· 143
4.1.1 机床的分类 ·························· 144
4.1.2 机床的型号编制 ···················· 144
4.1.3 机床的主要技术参数 ·············· 149
4.1.4 机床运动与零件成形的关系 ········ 152
4.2 车削加工方法 ······················ 154
4.2.1 车削概要 ····························· 154
4.2.2 车床的主要技术参数与类型 ········ 156
4.2.3 车刀结构与材料 ···················· 159
4.3 回转体磨削加工方法 ············· 163
4.3.1 外圆磨床 ····························· 163
4.3.2 无心外圆磨床 ······················· 164
4.3.3 内圆磨床 ····························· 166
4.3.4 砂轮结构与材料 ···················· 166
4.4 孔加工机床与刀具 ················ 170
4.4.1 钻床 ·································· 170
4.4.2 镗床 ·································· 172
4.4.3 孔加工刀具 ·························· 174
4.5 回转表面加工中工件的装夹 ······ 179
4.5.1 加工回转表面时工件的安装 ······ 179
4.5.2 车床和圆磨床夹具特点及设计要点 ······························ 182
4.5.3 钻床和镗床夹具特点和设计要点 ······························ 184
4.6 回转体的加工工艺案例分析 ······ 190
4.6.1 数控车床加工的典型零件 ········ 190
4.6.2 复杂形状的零件加工 ·············· 190
4.6.3 CA6140 型车床主轴加工工艺分析 ······························ 191
本章小结 ································· 199
思考题与练习题 ·························· 200
第 5 章 非回转表面加工工艺与装备 ································· 202
5.1 铣削加工 ···························· 202
5.1.1 铣削加工方法概述 ················· 202
5.1.2 铣削参数和铣削方式 ·············· 203
5.1.3 铣刀的类型及用途 ················· 207
5.1.4 铣刀角度 ····························· 210
5.1.5 铣床的类型及用途 ················· 211
5.2 刨削和插削加工 ··················· 214
5.2.1 刨削加工方法概述 ················· 214
5.2.2 插削加工方法概述 ················· 215
5.2.3 刨刀与插刀 ·························· 215
5.2.4 刨床与插床 ·························· 216
5.3 拉削加工 ···························· 218
5.3.1 拉削加工方法概述 ················· 218
5.3.2 拉刀 ·································· 220
5.3.3 拉床 ·································· 222
5.4 磨削加工 ···························· 222
5.4.1 平面磨削 ····························· 223
5.4.2 成形磨削 ····························· 227
5.4.3 非回转表面加工用磨床 ··········· 230
5.5 非回转表面加工中工件的装夹 ··· 232
5.5.1 非回转表面加工用夹具的结构 ······ 232
5.5.2 加工非回转表面时工件的安装 ······ 232

5.5.3 铣床夹具特点及设计要点 ········ 236
5.5.4 非回转体在磨床上的装夹 ········ 238
5.6 非回转表面加工分析与工艺应用 ········ 239
5.6.1 非回转表面加工分析 ········ 240
5.6.2 非回转零件的加工工艺案例分析 ········ 241
本章小结 ········ 247
思考题与练习题 ········ 248

第三篇 机械加工质量

第 6 章 机械加工精度 ········ 251
6.1 机械加工精度的基本概念 ········ 251
6.1.1 加工精度与加工误差 ········ 251
6.1.2 研究加工精度的方法 ········ 251
6.2 影响加工精度的因素 ········ 252
6.2.1 加工原理误差 ········ 253
6.2.2 机床误差 ········ 253
6.2.3 工艺系统受力变形 ········ 259
6.2.4 工艺系统的热变形 ········ 266
6.2.5 工件残余应力引起的变形 ········ 268
6.3 加工误差的统计分析 ········ 269
6.3.1 加工误差的分类 ········ 270
6.3.2 分布曲线法 ········ 270
6.3.3 点图法 ········ 275
6.4 提高加工精度的途径 ········ 277
6.4.1 减少误差法 ········ 277
6.4.2 误差分组法 ········ 278
6.4.3 误差转移法 ········ 279
6.4.4 “就地加工”法 ········ 279
6.4.5 误差平均法 ········ 280
6.4.6 误差自动补偿法 ········ 280
本章小结 ········ 281
思考题与练习题 ········ 281
第 7 章 机械加工表面质量 ········ 285
7.1 机械加工后的表面质量 ········ 285
7.1.1 表面质量的含义 ········ 285
7.1.2 表面质量对零件使用性能的影响 ········ 286
7.2 机械加工后的表面粗糙度 ········ 288
7.2.1 切削加工后的表面粗糙度 ········ 288
7.2.2 磨削加工后的表面粗糙度 ········ 289
7.3 机械加工后表面层的物理力学性能 ········ 290
7.3.1 机械加工后表面层的冷作硬化 ········ 290
7.3.2 机械加工后表面层金相组织的变化 ········ 291
7.3.3 机械加工后表面层的残余应力 ········ 292
7.4 控制加工表面质量的工艺途径 ········ 295
7.4.1 减小残余拉应力、防止磨削烧伤和磨削裂纹的工艺途径 ········ 295
7.4.2 采用冷压强化工艺 ········ 296
7.4.3 采用精密和光整加工工艺 ········ 297
7.5 机械加工过程中的振动问题 ········ 300
7.5.1 振动的概念与类型 ········ 300
7.5.2 机械加工中的强迫振动 ········ 301
7.5.3 机械加工中的自激振动 ········ 305
7.5.4 减少工艺系统振动的途径 ········ 307
本章小结 ········ 307
思考题与练习题 ········ 307

第四篇 机器装配工艺

第 8 章 机器装配工艺 ········ 311
8.1 机器装配基本问题概述 ········ 311
8.1.1 各种生产类型的装配特点 ········ 311
8.1.2 零件精度与装配精度的关系 ········ 312
8.1.3 装配中的连接方式 ········ 313
8.2 保证装配精度的方法 ········ 313
8.2.1 互换法 ········ 313
8.2.2 选配法 ········ 318

8.2.3 修配法 ………………………… 320
8.2.4 调整法 ………………………… 323
8.3 装配工艺规程的制订 ………… 327
8.3.1 装配工艺规程的内容 ………… 327
8.3.2 装配工艺规程的制订步骤和方法 ………………………… 327
本章小结 ………………………… 330
思考题与练习题 ………………………… 331

机械制造技术名词术语中英文对照 ………………………… 333
参考文献 ………………………… 342

绪　论

科学技术知识浩如烟海，科类繁多。机械制造技术是机械工程学科的重要技术基础，“机械制造技术基础”是机械工程类本科专业的主干专业基础课程。在学习本课程之前，有必要了解机械制造技术的发展历史及未来趋势，了解本课程的主要学习任务。

一、制造业和机械制造技术在国民经济中的重要性

制造是人类最主要的生产活动之一。它是指人类根据所需目的，运用主观掌握的知识和技能，通过手工或可以利用的客观物质工具与设备，采用有效的方法，将原材料转化为有使用价值的物质产品并投放市场的全过程。

制造业是所有与制造有关的行业的总体，是国民经济的支柱产业之一。据统计，工业化国家中以各种形式从事制造活动的人员约占全国作业人数的四分之一。美国约68%的财富来源于制造业，日本国民生产总值约50%由制造业创造，我国的制造业在工业总产值中约占40%。另外，制造业为国民经济各部门和科技、国防提供技术装备，是整个工业、经济与科技、国防的基础。事实证明，制造业的兴旺与发展事关一国国力的兴衰。以美国为例，第二次世界大战后，由于其拥有当时最先进的制造技术，工业产品大量出口，成为工业霸主。但从20世纪70年代开始，由于受到美国已进入“后工业化社会”观点的误导，认为应将发展重心由制造业转向纯高科技产业及第三产业，把制造业看做“夕阳工业”，忽视制造技术的提高与发展，致使制造业急剧滑坡，竞争实力下降，出口锐减。到1986年，其贸易赤字达1 610亿美元，且主要来自工业产品。为此，美国政府与企业界花费数百万美元，进行了大量的调查研究。美国的总统委员会关于工业竞争的报告指出：“美国在重要而又调整增长的技术市场中失利的一个重要因素是没有把自己的技术应用到制造业上”。麻省理工学院（MIT）对工业衰退问题进行了多年的系统研究，经过对汽车、民用飞机、半导体和计算机、家用电器、机床等8个主要部门、200多家公司的调研，提出《美国制造业的衰退及对策——夺回生产优势》。结论是：“振兴美国经济的出路在于振兴美国的制造业”，“经济的竞争归根到底是制造技术与制造能力的竞争”。美国朝野都已重新认识到制造业的重要性。1991年，白宫科技政策办公室发表《美国国家关键技术》报告，提出的“对于国家繁荣与国家安全至关重要的”22项技术中就有4项属于制造技术（材料加工、计算机一体化制造技术、智能加工设备、微型和纳米制造技术）。克林顿上台不久，于1993年2月在硅谷发表《促进美国经济增长的技术——增强经济实力的新方向》报告，指出“制造业仍是美国的经济基础”，提出“要促进先进制造技术的发展”。近年来，日本、美国、德国等工业发达国家都把先进制造技术列入工业与科技的重点发展计划。美国总统巴拉克·奥巴马上台伊始，就在2009年4月启动“教育创新计划”，提出“为了迎接本世纪的挑战，重新确认和加强美国作为科学发现和技术发明的世界发动机的作用绝对必要……这就是为什么我提出在未来10年中提高科学、技术、工程学和数学教育水平是国家的当务之急。”

机械制造业是制造业的最主要组成部分。它是为用户创造和提供机械产品的行业，包括机械产品的开发、设计、制造生产、应用和售后服务全过程。目前,机械制造业肩负着双重任务:一是直接为最终用户提供消费品;二是为国民经济各行业提供生产技术装备。因此,机械制造业是国家工业体系的重要基础和国民经济的重要组成部分,机械制造技术水平的提高与进步将对整个国民经济的发展和科技、国防实力产生直接的作用和影响,是衡量一个国家科技水平的重要标志之一,在综合国力竞争中具有重要的地位。

我国的机械制造业已具有相当规模和一定的技术基础,成为我国工业体系中最大的产业之一。2006 年,我国制造业有 172 类产品产量居世界第一。全世界 70% 的 DVD 和玩具,50% 的电话、鞋,超过 1/3 的彩电、箱包等产自中国。2010 年,我国制造业占世界制造业的份额达 19.8%,跃居世界第一,此后连续多年稳居世界第一。据联合国工业发展组织估算,2018 年我国制造业增加值(MVA)占世界的 20.8%。

随着科技、经济、社会的日益进步和快速发展,日趋激烈的国际竞争及不断提高的人民生活水平对机械产品在性能、价格、质量、服务、低碳、安全、环保及多样性、可靠性、准时性等方面提出的要求越来越高,对先进的生产技术装备、科技与国防装备的需求越来越大,机械制造业面临着新的发展机遇和挑战。

二、机械制造技术发展简史

机械制造技术的历史源远流长,发展到今天,是世界各国人民的聪明才智和发明创造的共同结晶,我国人民也为此作出了堪为称道的贡献。据考古科学证实,距今 3 万年前,广西柳江人、内蒙古河套人、北京周口店山顶洞人已经发明了琢钻和磨制技术。从秦始皇陵出土的 2200 多年前的铜车马上,带锥度的铜轴与轴承的配合相当紧密,极有可能是磨削而成。河北满城一号汉墓出土的五铢钱,其外圆有均匀的车削刀痕,上面的切削振动波纹清晰,椭圆度很小,估计是将其中心方孔穿在方轴上,再装夹于木制车床上旋转,手持刀具车削出来的。同墓出土的还有铁锉、三棱形青铜钻,经过渗碳处理的铁剑和书刀、青铜弩机和箭头。其中青铜弩机的结构复杂,而且加工精度高,说明当时(公元前 220—206 年)的机械制造技术已达到了一定的水平。1668 年我国已有了马拉铣床和脚踏砂轮机。1775 年英国的约翰·威尔金森(J.Wilkinson)为了加工瓦特蒸汽机的气缸,研制成功镗床,此后至 1860 年期间,先后出现了车削、铣削、刨削、插削、齿轮加工、螺纹加工等各种机床。

1860 年后,由于冶金技术的发展,钢铁材料成为主要的结构材料。由于其加工难度增大,迫切需要使用新的刀具材料,1898 年出现了高速钢,1907 年德国首先研制出硬质合金,使切削速度分别提高 4~20 倍。这又促进了机床的速度、功率、刚性和精度等性能的改进与提高及加工工艺系统的进步。此后,新型工程材料的出现和相关技术的发展,对机械加工在生产率、加工精度、生产成本、生产过程自动化等方面不断提出新的要求,促进了整个机械制造的理论与技术的不断进步与发展。时至今日,切削刀具材料已从碳素工具钢、高速钢、硬质合金发展到陶瓷、人造金刚石、立方氮化硼、涂层刀具等;机床已由带传动、齿轮传动发展到电磁直接驱动,其主轴转速已从每分钟数十转、数百转发展到数千转、数万转;加工精度由当年瓦特蒸汽机气缸的 1 mm 级提高到现代制造技术的 0.01 μm 甚至达到原子尺度(0.1 nm)的加工水平。在自动化加工技术方面,随着计算机技术的发展和应用,从 20 世纪 60 年代起,数控机床、加工中心、柔性加工系统等高效、高精度、高自动化的现代制造技术等得到了飞速的发展和应用。

中华人民共和国成立之前,我国的机械工业处在以修配为主的水平。全国只有 9 万台简陋的机床，技术水平生产率低下。新中国成立之后，我国的机械制造工业和制造技术得到了迅速的发展。经过70年的努力，已形成了具有相当规模和较高技术水平的较完善的机械工业体系。全国现在拥有机床超过400万台，具有较强的成套设备制造能力。大型的水电、火电机组和核电设备、钻探、采矿设备、造船、高速列车技术等已达到世界先进水平。2009年，我国汽车产销达1 400万辆，首次超过美国成为全球第一汽车产销大国，而运载火箭、人造卫星技术更反映了我国机械工业的技术水平。但是，与发达工业国家相比，我国在不少方面仍存在着较大差距。例如：我国机械工业人均生产率仅为发达国家的1/10左右；材料利用率约为60%，而国外先进水平为80%；机电产品交货期我国为1～2年，而国外仅为3～6个月；我国机电产品的出口比例尤其是高新技术机电产品、成套设备出口比例及出口竞争力还需进一步提高。随着经济的全球化，尤其在我国加入WTO以后，国际经济竞争已进入短兵相接的阶段。前所未有的全球金融危机，不但深刻影响了国际政治经济秩序和世界格局的变革，也影响着科技教育的发展乃至生产和生活方式的改变。例如，世界各国在规划新的经济增长方式，将物联网作为新的发展战略，物联网技术的发展将给全球的生产和生活方式带来新的革命性的变化，机械制造产业和制造技术也不能例外。在新的形势下，我国的机械制造业要有强烈的危机感、紧迫感，以只争朝夕的精神，全力提高机械制造技术水平，降低生产成本，发展先进制造技术，掌握核心高新技术，促进产品升级换代，提高整体竞争能力，迎接新的机遇和挑战。

三、现代制造技术发展趋势

现代制造技术发展的总趋势是机械制造科技与材料科技、电子科技、信息科技、环保科技、管理科技等的交叉、融合。具体将主要集中在如下几个方面：

1）机械制造基础技术　切削（含磨削）加工仍然是机械制造的主导加工方法，提高生产率和质量是今后的发展方向。强化切削用量（如超高速切削），高精度、高效切削机床与刀具，最佳切削参数的自动优选，自动快速换刀技术，刀具的高可靠性和在线监控技术，成组技术（GT），自动装配技术等将得到进一步的发展和应用。

2）超精密及超细微加工技术　各种精密、超细微加工技术，超精密与纳米加工技术在微电子芯片、光子芯片制造，超精密微型机器及仪器，微机电系统（MEMS）等尖端技术及国防尖端装备领域中将大显身手。精密加工可以稳定地达到亚微米级精度，而扫描隧道显微（STM）加工和原子力显微（AFM）加工甚至可实现原子级的加工。微机电系统技术将应用于生物医学、航空航天、信息科学、军事国防以至于工业、农业、家庭等广泛的领域。

3）自动化制造技术　自动化制造技术将进一步向柔性化、智能化、集成化、网络化发展。计算机辅助设计（CAD）、计算机辅助工艺设计（CAPP）、计算机辅助装配工艺设计（CAAP）、快速成形（RP）等技术将在新产品设计方面得到更全面的应用和完善。高性能的计算机数控（CNC）机床、加工中心（MC）、柔性制造单元（FMC）等将更好地适应多品种、小批量产品的高质、高效加工制造。精益生产（LP）、准时生产（JIT）、并行工程（CE）、敏捷制造（AM）等先进制造生产管理模式将主导新世纪的制造业。

4）绿色制造技术　在机械制造业中综合考虑社会、环境、资源等可持续发展因素所形成的绿色制造（无浪费制造）技术，将朝着能源与原材料消耗最小，所产生的废弃物最少并尽可能回收利用，在产品的整个生命周期中对环境无害等方面发展。

四、本课程的性质、目的与基本要求

“机械制造技术基础”是机械类各专业的主干专业技术基础课程。通过本课程的教学，应使学生了解和掌握机械制造技术的有关基本理论、基本知识和基本技能，为后续课程学习打下良好的基础。

对本课程学习的要求是：

1）以金属切削理论为基础，掌握金属切削的基本原理和基本知识，并根据具体情况合理选择加工方法（机床、刀具、切削用量、切削液等）的初步能力。

2）以制造工艺为主线，了解和掌握机械加工工艺过程和装配工艺过程的基本原理和基本知识，具有设计工艺规程的初步能力。

3）了解常用工艺装备（主要指通用机床、刀具、夹具等），懂得选用，并具有初步设计能力（主要指夹具设计）。

4）初步树立质量观念，了解加工精度与表面质量的形成及变化的基本知识和规律。

5）对机械制造技术的发展趋势有一定了解。

第一篇

金属切削基础知识

第 1 章　金属切削过程的基础知识

目前,绝大多数零件的机械加工都要通过金属切削过程来完成。金属切削过程就是用刀具从工件上切除多余的金属,使工件获得规定的加工精度与表面质量。因此,要进行优质、高效与低成本的生产,必须重视金属切削过程的研究。本章主要介绍金属切削过程的基础知识,分为两大部分:基本定义,即介绍金属切削过程方面的一些基本概念,包括切削运动、切削用量、参考系(基面、切削平面、正交平面)、刀具标注角度、切削层参数等;刀具材料,即介绍刀具材料应具备的性能(硬度、耐磨性、强度、韧性、耐热性、工艺性、经济性),两种常用的刀具材料(高速钢、硬质合金)和其它刀具材料(涂层、陶瓷、人造金刚石、立方氮化硼)。

1.1　基 本 定 义

从学科的角度来说,当今和未来的成形工艺可以概括为受迫成形(如铸造)和离散-堆积成形、生长成形和去除成形。其中,去除成形仍然在当今的机械制造中占有很大的比例,切削成形是去除成形中最为重要的一种,如车削、铣削、刨削和磨削等。图 1.1a、b 分别为车削和铣削。

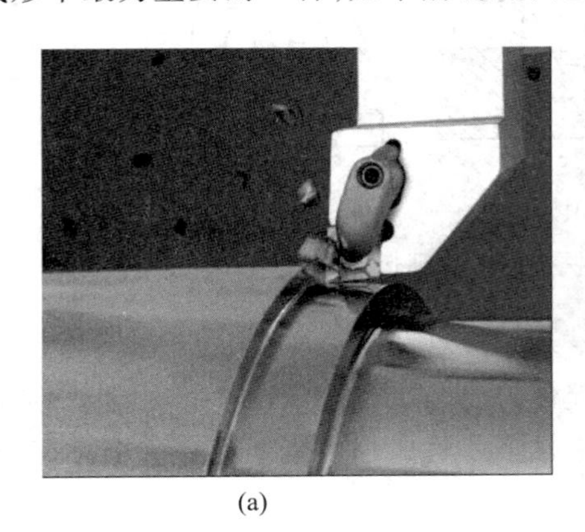

(a)

(b)

图 1.1　车削和铣削

综合比较各种切削方式的刀具,它们都有类似车刀的部分,而正是这个部分实现了金属的切削。下面就以普通的外圆车刀为例,介绍车刀切削部分的基本定义。

金属切削过程是工件和刀具相互作用的过程。刀具从工件上切除多余的金属,并在高生产率和低成本的前提下,使工件得到符合技术要求的形状、位置、尺寸精度和表面质量。为实现这一过程,工件与刀具之间要有相对运动,即切削运动,它由金属切削机床来完成。机床、夹具、刀具和工件,构成一个机械加工工艺系统。切削过程的各种现象和规律都在这个系统的运动状态中去研究。

1.1.1 切削运动与切削用量

在金属切削中，为了从工件中切去一部分金属，刀具与工件之间必须完成一定的切削运动。如外圆车削时，工件作旋转运动，刀具作连续纵向直线运动，加工出工件的外圆柱表面。在新表面的形成过程中，工件上有三个依次变化的表面（图 1.2），即

待加工表面：工件上有待切除材料的表面；

过渡表面：切削刃正在切削着的表面，也称为加工表面；

已加工表面：工件上经刀具切削后形成的新表面。

这些定义也适用于其它切削。图 1.3a、b、c 分别为刨削、钻削、铣削时的切削运动。

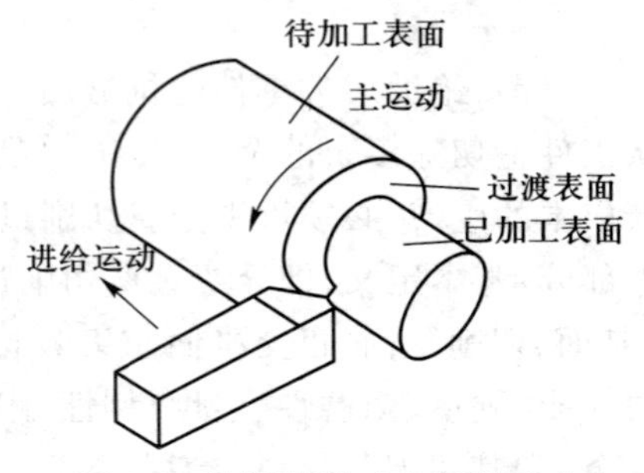

图 1.2　外圆车削时的切削运动

1. 切削运动

金属切削机床的基本运动有直线运动和回转运动。但是，按切削时工件与刀具相对运动所起的作用来分，可分为主运动和进给运动，如图 1.2 所示。

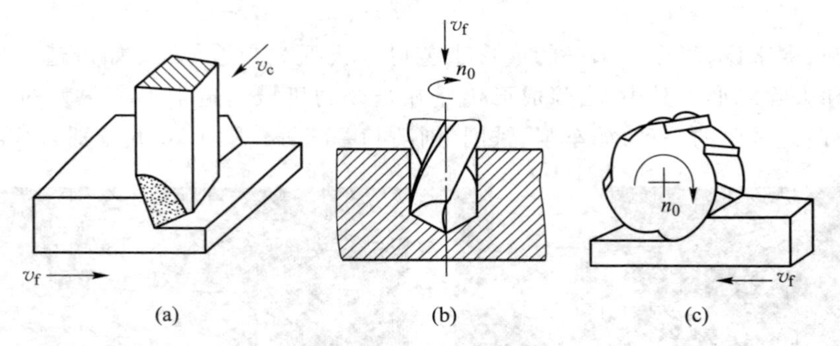

图 1.3　刨削、钻削、铣削时的切削运动

（1）主运动

主运动是由机床或人力提供的主要运动，它促使刀具与工件之间产生相对运动，从而使刀具前面接近工件。通常它的速度最高，消耗机床功率最多。机床的主运动只有一个。车削、镗削的主运动是工件与刀具的相对旋转运动。

（2）进给运动

进给运动是由机床或人力提供的运动，它使刀具与工件之间产生附加的相对运动，加上主运动，即可不断地或连续地切除材料，得到具有所需几何特征的已加工表面。它保证切削工作连续或反复进行，从而切除切削层形成已加工表面。机床的进给运动可由一个、两个或多个组成，通常消耗功率较少。进给运动可以是连续运动，也可以是间歇运动。

（3）合成运动与合成切削速度

当主运动与进给运动同时进行时，刀具切削刃选定点相对工件的运动称为合成切削运动，其大小与方向用合成瞬时速度向量 $\boldsymbol{v}_e$ 表示。如图 1.4 所示，合成速度向量等于主运动速度与进给

运动速度的向量和，即

$$\boldsymbol{v}_e=\boldsymbol{v}_c+\boldsymbol{v}_f \tag{1.1}$$

2. 切削用量三要素

在切削加工过程中，需要针对不同的工件材料、刀具材料和其它技术经济要求来选定适宜的切削速度 v_c、进给量 f 或进给速度 v_f 值，还要选定适宜的背吃刀量 a_p 值。v_c、f、a_p 称为切削用量三要素。

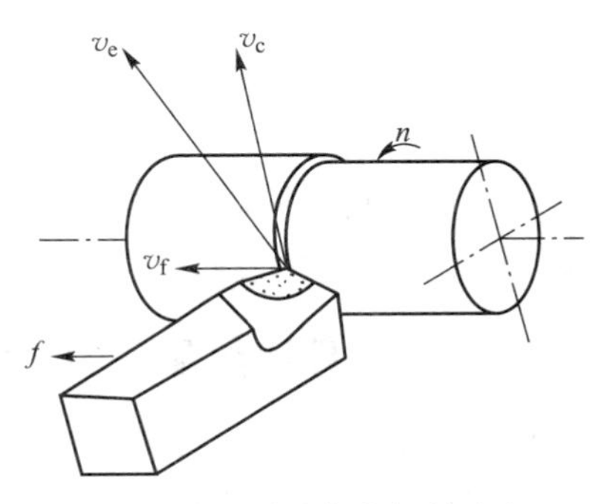

图 1.4 切削时合成切削速度

(1) 切削速度

切削刃选定点相对于工件的主运动的瞬时速度。大多数切削加工的主运动采用回转运动。回旋体(刀具或工件)上外圆或内孔某一点的切削速度(单位为 m/s 或 m/min)计算公式如下：

$$v_c=\frac{\pi dn}{1\ 000} \tag{1.2}$$

式中：d——工件或刀具上某一点的回转直径，mm；

n——工件或刀具的转速，r/s 或 r/min。

在当前生产中，磨削速度单位用 m/s(米/秒)，其它加工的切削速度单位习惯用 m/min(米/分钟)。

当转速 n 值一定时，切削刃上各点的切削速度不同。考虑刀具的磨损和已加工表面质量等因素，计算时应取最大的切削速度。如外圆车削时计算待加工表面上的速度(用待加工表面直径 d_w 代入公式)，钻削时计算钻头外径处的速度。

(2) 进给速度、进给量和每齿进给量

进给速度 v_f 是切削刃选定点相对于工件的进给运动的瞬时速度，是单位时间的进给量，单位为 mm/s 或 mm/min。

进给量是刀具在进给运动方向上相对工件的位移量，可用刀具或工件每转或每行程的位移量来表述和度量，单位为 mm/r(毫米/转)。

对于刨削、插削等主运动为往复直线运动的加工，虽然可以不规定进给速度，却需要规定间歇进给的进给量，其单位为 mm/dst(毫米/双行程)。

对于铣刀、铰刀、拉刀、齿轮滚刀等多刃切削刀具，还应规定每一个刀齿的进给量 f_z，即后一个刀齿相对于前一个刀齿的进给量，单位为 mm/z(毫米/齿)。

显而易见

$$v_f=fn=f_z zn \tag{1.3}$$

(3) 背吃刀量

背吃刀量是指在通过切削刃基点并垂直于工作平面的方向上测量的吃刀量，在一些场合，可使用“切削深度”来表示“背吃刀量”。

对于车削和刨削加工来说，背吃刀量 a_p 为工件上已加工表面和待加工表面间的垂直距离，单位为 mm。车削外圆柱表面的背吃刀量可用下式计算：

$$a_p = \frac{d_w - d_m}{2} \tag{1.4}$$

对于钻孔工作

$$a_p = \frac{d_m}{2} \tag{1.5}$$

式中：d_m——已加工表面直径，mm；

d_w——待加工表面直径，mm。

1.1.2 刀具切削部分的基本定义

1. 刀具切削部分的构造要素

金属切削刀具的种类虽然很多，但其切削部分的几何形状与参数都有共性，即不论刀具构造如何复杂，它们的切削部分总是近似地以外圆车刀的切削部分为基本形态。

国际标准化组织(ISO)在确定金属切削刀具工作部分几何形状的一般术语时，就是以车刀切削部分为基础的。刀具切削部分的构造要素(图 1.5)及其定义和说明如下：

(1) 前面

前面 A_γ 是切屑流过的表面。根据前面与主、副切削刃相毗邻的情况区分为主前面和副前面，与主切削刃毗邻的称为主前面，与副切削刃毗邻的称为副前面。

(2) 后面

后面分为主后面与副后面。主后面 A_α 是指与工件过渡表面相对的刀具表面。副后面是与工件已加工表面相对的刀具表面。

(3) 切削刃

切削刃是前面上直接进行切削的锋边，有主切削刃和副切削刃之分。主切削刃指前面与主后面相交的锋边；副切削刃指前面与副后面相交的锋边。

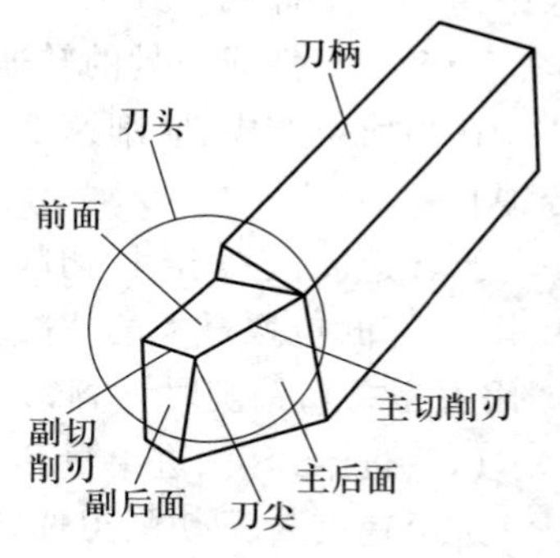

图 1.5 典型外圆车刀切削部分的构成

(4) 刀尖

刀尖指主切削刃与副切削刃连接处相当小的一部分切削刃。刀尖可以是主、副切削刃的实际交点(图 1.6)，也可以是把主、副两条切削刃连接起来的一小段切削刃，它可以是圆弧，也可以是直线，通常都称为过渡刃。

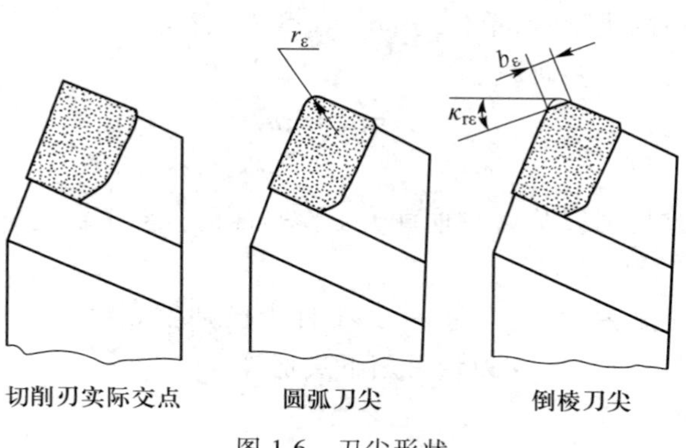

图 1.6 刀尖形状

2. 刀具标注角度的参考系

把刀具同工件和切削运动联系起来确定的刀具角度称为刀具的工作角度，也就是刀具在使用状态下的角度。但是，在设计、绘制和制造刀具时，刀具尚未处于使用状态下，如同把刀具拿在手里，刀具同工件和切削运动的关系尚不确定，ISO 为此制订了一套便于制造、刃磨和测量的刀具标注角度参考系。任何一把刀具，在使用之前，总可以知道它将要安装在什么机床上，将有怎样的切削运动，因此也可以预先给出假定的工作条件，并据以确定刀具标注角度的参考系。

假定运动条件：首先给出刀具的假定主运动方向和假定进给运动方向；其次假定进给速度很小，可以用主运动向量 $\boldsymbol{v}_c$ 近似代替合成速度向量 $\boldsymbol{v}_e$；最后再用平行和垂直于主运动方向的坐标平面构成参考系。

假定安装条件：假定标注角度参考系的诸平面平行或垂直于刀具上便于制造、刃磨和测量的某一定位与调整的平面或轴线（如车刀底面，车刀刀柄轴线，铣刀、钻头的轴线等）。反之也可以说，假定刀具的安装位置恰好使其底面或轴线与参考系的平面平行或垂直。

这样一来，刀具位置是标准的，切削运动是简化的，参考系便很容易确定。而所谓的“静止系”本质上并不是静止的，它仍然是把刀具同工件和运动联系起来的一种特定的参考系。

刀具标注角度的参考系由下列诸平面构成：

（1）基面 P_r

基面是通过切削刃选定点，垂直于假定主运动方向的平面。通常，基面应平行或垂直于刀具上便于制造、刃磨和测量的某一安装定位平面或轴线。如图 1.7 所示为普通车刀、刨刀的基面 P_r，它平行于刀具底面。

钻头、铣刀和丝锥等旋转类刀具，其切削刃各点的旋转运动（即主运动）方向都垂直于通过该点并包含刀具旋转轴线的平面，故其基面 P_r 就是刀具的轴向剖面。图 1.8 所示为钻头切削刃上选定点的基面。

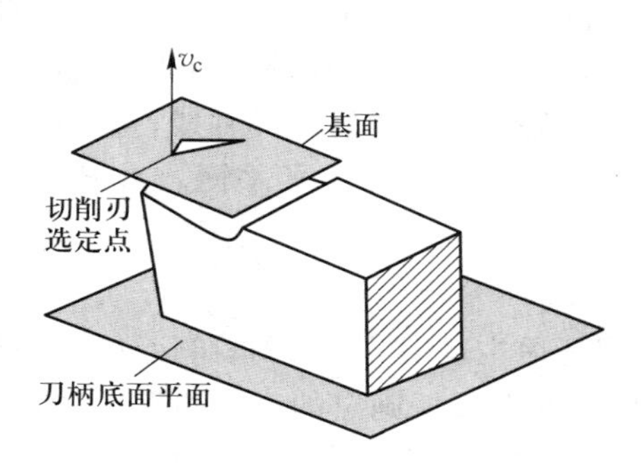

图 1.7　普通车刀的基面 P_r

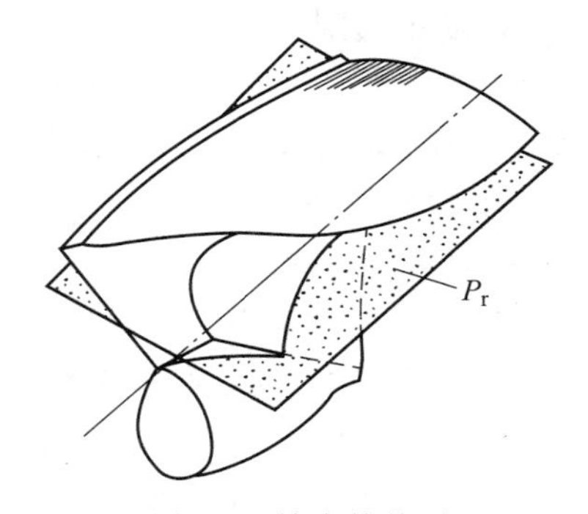

图 1.8　钻头的基面

（2）切削平面 P_s

切削平面是通过切削刃选定点，与主切削刃相切，并垂直于基面 P_r 的平面，也就是主切削刃与切削速度方向构成的平面（图 1.9）。

基面和切削平面十分重要。这两个平面加上以下所述的任一平面，便构成各种不同的刀具标注角度参考系。可以说，不懂得基面和切削平面就不懂得刀具。

(3) 正交平面 P_o 和正交平面参考系

正交平面是通过切削刃选定点,同时垂直于基面 P_r 和切削平面 P_s 的平面。由此可知,正交平面垂直于主切削刃在基面上的投影。如图 1.9 所示,由 P_r-P_o-P_s 组成一个正交平面参考系。由图 1.9 可知,两个参考系的基面和切削平面相同,这是生产中最常用的刀具标注角度参考系。

(4) 法平面 P_n 和法平面参考系

法平面是通过切削刃选定点,垂直于切削刃的平面。如图 1.9 所示,由 P_r-P_s-P_n 组成一个法平面参考系。图 1.9 把两个参考系画在一起,实际使用时一般单独使用一个参考系。由图 1.9 可知,两个参考系的基面和切削平面相同,再加上不同的平面就构成不同的参考系。

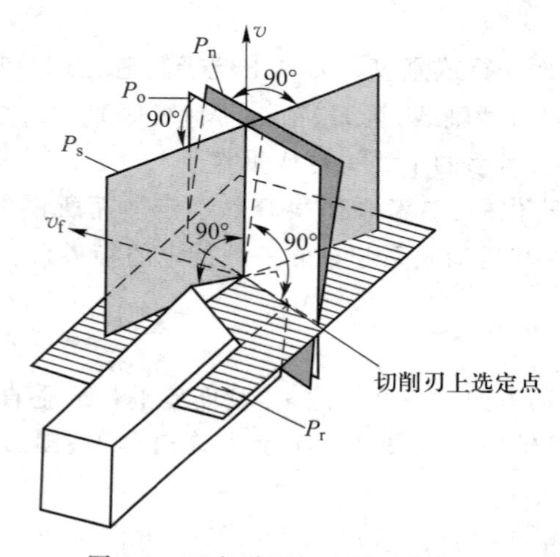

图 1.9　正交平面与法平面参考系

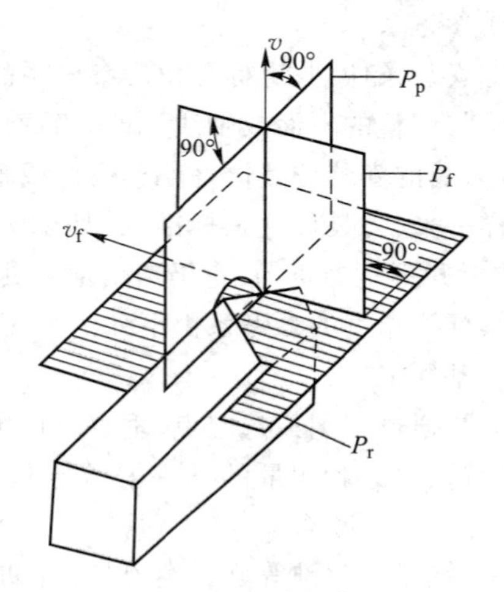

图 1.10　进给平面、背平面参考系

(5) 进给平面 P_f 和背平面 P_p 及其组成的进给平面、背平面参考系

进给平面是通过切削刃选定点,平行于进给运动方向并垂直于基面 P_r 的平面。通常,它也平行或垂直于刀具上便于制造、刃磨和测量的某一安装定位平面或轴线。例如,普通车刀和刨刀的 P_f 垂直于刀柄轴线,钻头、拉刀、端面车刀、切断刀等的 P_f 平行于刀具轴线;铣刀的 P_f 则垂直于铣刀轴线。背平面 P_p 是通过切削刃选定点,同时垂直于 P_r 和 P_f 的平面。由 P_r-P_f-P_p 组成一个进给、背平面参考系,如图 1.10 所示。

3. 刀具工作角度的参考系

上述刀具标注角度参考系,在定义基面时,都只考虑主运动,不考虑进给运动,即在假定运动条件下确定的参考系。但刀具在实际使用时,这样的参考系所确定的刀具角度往往不能确切地反映切削加工的真实情形,只有用合成切削运动 v_e 的方向来确定参考系,才符合切削加工的实际。如图 1.11 所示的三把刀具的标注角度完全相同,但是由于合成切削运动 v_e 的方向不同,后面与过渡表面之间的接触和摩擦的实际情形有很大的不同:图 1.11a 所示刀具后面同工件已加工表面之间有适宜的间隙,切削情况正常;图 1.11b 所示的两个表面全面接触,摩擦严重;图 1.11c所示刀具的背棱顶在已加工表面上,切削刃无法切入,切削条件被破坏。可见,在这种场合下,只考虑主运动的假定条件是不合适的,还必须考虑进给运动速度的影响,也就是必须考虑合成切削运动方向来确定刀具工作角度的参考系。

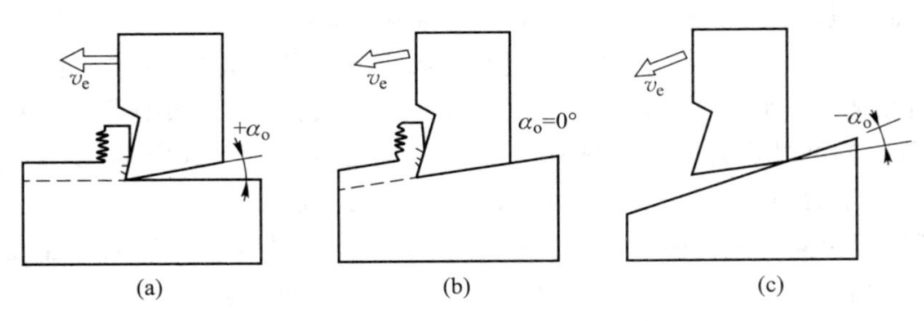

图 1.11　刀具工作角度示意图

同样,刀具实际安装位置也影响工作角度的大小。只有采用刀具工作角度的参考系,才能反映切削加工的实际。

刀具工作角度参考系与标注角度参考系的唯一区别是用 v_e 取代 v_c,用实际进给运动方向取代假定进给运动方向。

4. 刀具的标注角度

在刀具的标注角度参考系中确定的切削刃与刀面的方位角度,称为刀具标注角度。

由于刀具角度的参考系沿切削刃各点可能是变化的,故所定义的刀具角度应指明是切削刃选定点处的角度;凡未特殊注明者,则指切削刃上与刀尖毗邻的那一点的角度。

在切削刃是曲线或者前、后面是曲面的情况下定义刀具的角度时,应该用通过切削刃选定点的切线或切平面代替曲线或曲面。

正交平面参考系里的标注角度的名称、符号与定义(图 1.12)如下。

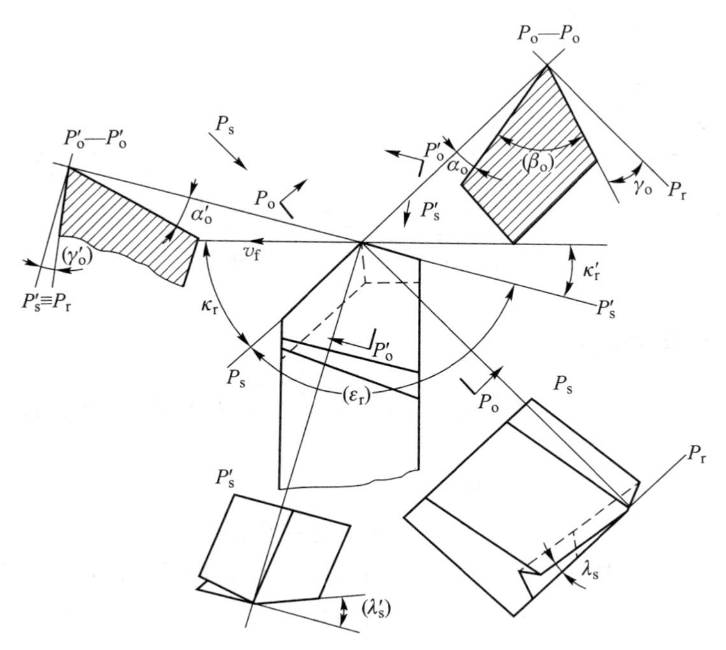

图 1.12　正交平面参考系标注的刀具角度

前角 γ_o:前面与基面间的夹角(在正交平面中测量)。

后角 α_o：后面与切削平面间的夹角（在正交平面中测量）。

主偏角 κ_r：在基面中测量的主切削刃与进给运动方向的夹角（在基面中测量）。

刃倾角 λ_s：在切削平面中测量的主切削刃与基面间的夹角（在主切削平面中测量）。

上述四个角度就可以确定车刀主切削刃及其前、后面的方位。其中 γ_o、λ_s 两角确定了前面的方位，κ_r、α_o 确定了后面的方位，κ_r、λ_s 确定了主切削刃的方位。

同理，副切削刃及其相关的前面、后面在空间的定位也需要四个角度，即副偏角 κ_r'、副刃倾角 λ_s'、副前角 γ_o'和副后角 α_o'。它们的定义与主切削刃上的四种角度类似。

由于图 1.12 所示的车刀副切削刃与主切削刃共处在同一前面上，因此当 γ_o、λ_s 两者确定后，前面的方位已经确定，γ_o'、λ_s'两个角度可由角度 γ_o、λ_s、κ_r、κ_r'换算出来，称为派生角度，图 1.12中外圆车刀有三个刀面、两个切削刃，所需标注的独立角度只有六个。

此外，根据分析刀具的需要还要给定几个派生角度（图 1.12 中用括号括起来的角度），它们的名称与定义如下：

楔角 β_o：正交平面中测量的前、后面间的夹角，即

$$\beta_o = 90° - (\gamma_o + \alpha_o) \tag{1.6}$$

刀尖角 ε_r：在基面中测量的主、副切削刃间夹角，即

$$\varepsilon_r = 180° - (\kappa_r + \kappa_r') \tag{1.7}$$

前角、后角、刃倾角正负的规定如图 1.12 所示。在正交平面中，前面与基面平行时前角为零，前面与切削平面间的夹角小于 90°时前角为正、大于 90°时前角为负。后面与基面夹角小于 90°时后角为正、大于 90°时后角为负。刃倾角的正负如图 1.13 所示。

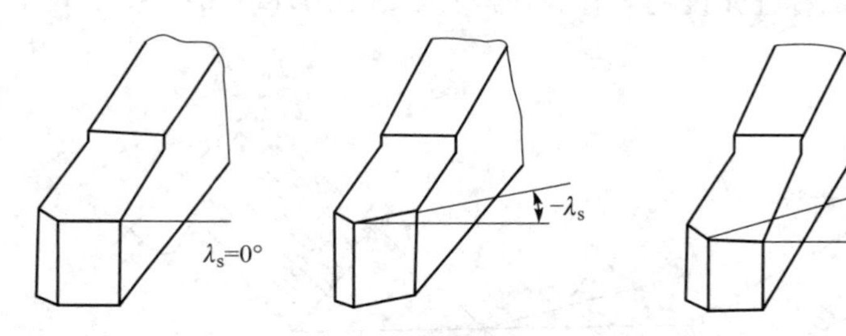

图 1.13　刃倾角 λ_s 的符号

1.1.3　刀具角度的换算

在设计和制造刀具时，需要对不同参考系内的标注角度进行换算，也就是正交平面、法平面、背平面、进给平面之间的角度换算。

1. 正交平面与法平面内的角度换算

在刀具设计、制造、刃磨和检验中，常常需要知道主切削刃在法平面内的角度。许多斜角切削刀具，特别是大刃倾角刀具，必须标注法平面角度。法平面参考系将是一种应用越来越广的刀具参考系。图 1.14 所示为刃倾角 λ_s 的车刀主切削刃在正交平面和法平面内的角度。它们的计算公式如下：

$$\tan \gamma_n = \tan \gamma_o \cos \lambda_s \tag{1.8}$$

$$\cot \alpha_n = \cot \alpha_o \cos \lambda_s \tag{1.9}$$

以前角计算公式为例，公式推导（图 1.14）如下：

$$\tan\gamma_n=\frac{\overline{ac}}{\overline{Ma}}$$

$$\tan\gamma_o=\frac{\overline{ab}}{\overline{Ma}}$$

$$\frac{\tan\gamma_n}{\tan\gamma_o}=\frac{\overline{ac}}{\overline{Ma}}\,\frac{\overline{Ma}}{\overline{ab}}=\frac{\overline{ac}}{\overline{ab}}=\cos\lambda_s$$

$$\tan\gamma_n=\tan\gamma_o\cos\lambda_s$$

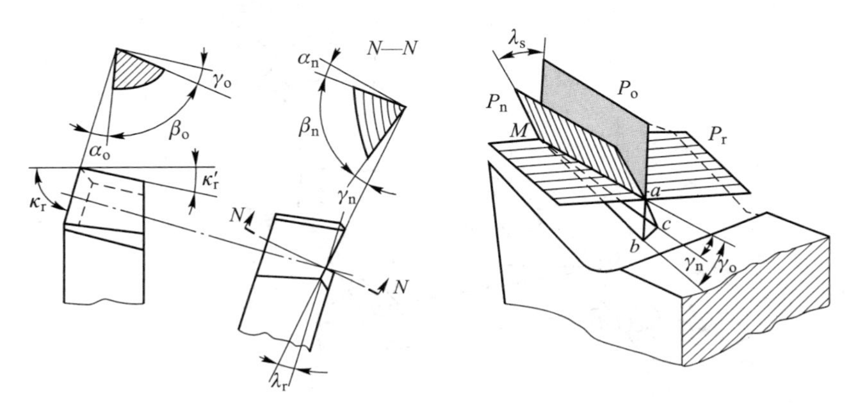

图 1.14　正交平面与法平面的角度换算

2. 正交平面与任意平面的角度换算

如图 1.15 所示，$AGBE$ 为通过主切削刃上 A 点的基面；$P_o(AEF)$ 为正交平面；P_p 和 P_f 为背平面、进给平面；$P_\theta(ABC)$ 为垂直于基面的任意平面，它与主切削刃 AH 在基面上的投影 AG 间的夹角为 θ；$AHCF$ 为前面。

求解任意平面 P_θ 内的前角 γ_θ：

$$\tan\gamma_\theta=\frac{\overline{BC}}{\overline{AB}}=\frac{\overline{BD}+\overline{DC}}{\overline{AB}}=\frac{\overline{EF}+\overline{DC}}{\overline{AB}}$$

$$=\frac{\overline{AE}\tan\gamma_o+\overline{DF}\tan\lambda_s}{\overline{AB}}$$

$$=\frac{\overline{AE}}{\overline{AB}}\tan\gamma_o+\frac{\overline{DF}}{\overline{AB}}\tan\lambda_s$$

得

$$\tan\gamma_\theta=\tan\gamma_o\sin\theta+\tan\lambda_s\cos\theta \tag{1.10}$$

当 $\theta=0°$时，$\tan\gamma_\theta=\tan\lambda_s$，所以

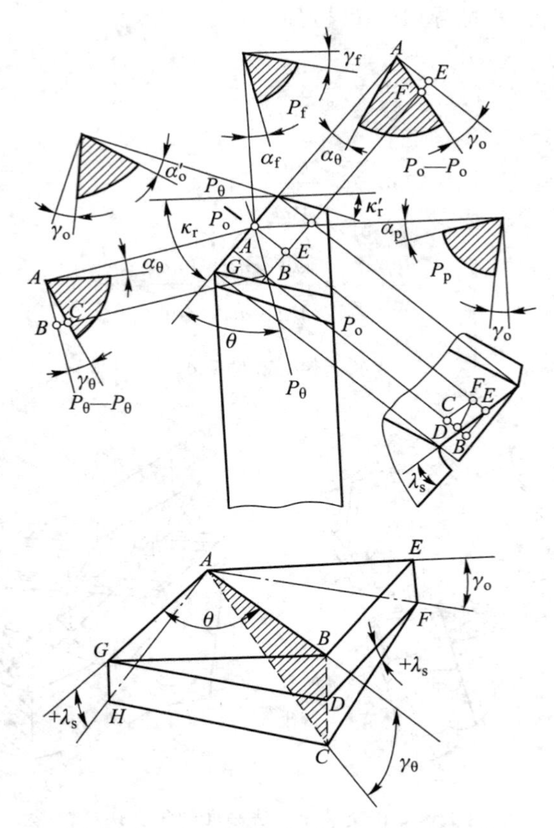

图 1.15　正交平面与任意平面的角度换算

$$\gamma_\theta=\lambda_s$$

当 $\theta=90°-\kappa_r$ 时，可得切深前角 γ_p 为

$$\tan\gamma_p=\tan\gamma_o\cos\kappa_r+\tan\lambda_s\sin\kappa_r \tag{1.11}$$

当 $\theta=180°-\kappa_r$ 时，可得进给前角 γ_f 为

$$\tan\gamma_f=\tan\gamma_o\sin\kappa_r+\tan\lambda_s\cos\kappa_r \tag{1.12}$$

对式(1.10)利用微商求极值，可得最大前角 γ_θ 为

$$\tan\gamma_\theta=\sqrt{\tan^2\gamma_o+\tan^2\lambda_s} \tag{1.13}$$

或

$$\tan\gamma_\theta=\sqrt{\tan^2\gamma_f+\tan^2\gamma_p} \tag{1.14}$$

最大前角所在平面同主切削刃在基面上投影之间的夹角 θ_{max} 为

$$\tan\theta_{max}=\frac{\tan\gamma_o}{\tan\lambda_s} \tag{1.15}$$

同理，可求出任意平面内的后角 α_θ，即

$$\cot\alpha_\theta=\cot\alpha_o\sin\theta+\tan\lambda_s\cos\theta \tag{1.16}$$

当 $\theta=90°-\kappa_r$ 时，

$$\cot\alpha_p=\cot\alpha_o\cos\kappa_r+\tan\lambda_s\sin\kappa_r \tag{1.17}$$

当 $\theta=180°-\kappa_r$ 时，

$$\cot\alpha_f=\cot\alpha_o\sin\kappa_r-\tan\lambda_s\cos\kappa_r \tag{1.18}$$

1.1.4 刀具工作角度

以上所讲的都是在假定运动条件和安装条件下的标注角度，如果考虑合成运动和实际安装情况，刀具的参考系将发生变化。按照切削工作的实际情况，在刀具工作角度的参考系中所确定的角度，称为工作角度。

由于通常的进给速度远小于主运动速度，因此在一般的安装条件下，刀具的工作角度近似等于标注角度（误差不超过 1%），这样在大多数场合下（如普通车削、镗孔、端铣、周铣）不必进行工作角度的计算。只有在角度变化值较大时（如车螺纹或丝杠、铲背和钻孔时研究钻孔附近的切削条件或刀具的特殊安装），才需要计算工作角度。

1. 进给运动对工作角度的影响

（1）横车

以切断刀为例（图 1.16），在不考虑进给运动时，车刀主切削刃选定点相对于工件的运动轨迹为一圆周，切削平面 P_s 为通过切削刃上该点切于圆周的平面，基面 P_r 为平行于刀柄底面同时垂直于 P_s 的平面，γ_o、α_o 为前角和后角。当考虑横向进给运动之后，切削刃选定点相对于工件的运动轨迹为一平面阿基米德螺旋线，切削平面变为通过切削刃切于螺旋面的平面 P_{se}，基面也相应倾斜为 P_{re}，角度变化值为 η。工作正交平面 P_{oe} 仍为平面 P_o，此时在工作参考系（P_{re}、P_{se}、P_{oe}）内的工作角度 γ_{oe} 和 α_{oe} 为

$$\gamma_{oe}=\gamma_o+\eta$$
$$\alpha_{oe}=\alpha_o-\eta$$

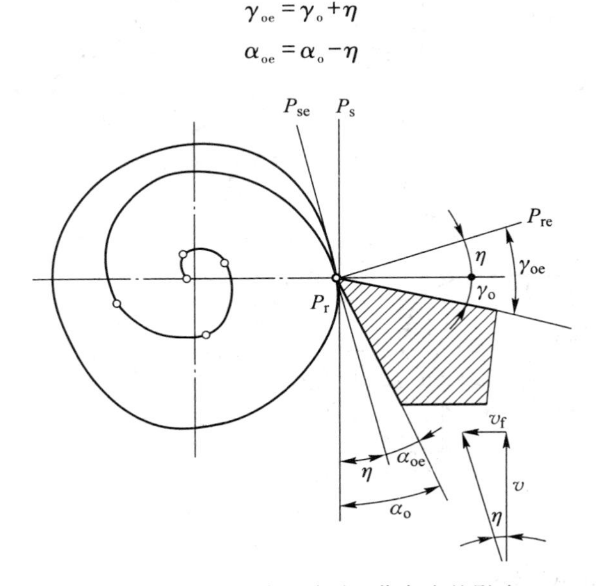

图 1.16　横向进给运动对工作角度的影响

η 角称为合成切削速度角，它是主运动方向与合成切削速度方向之间的夹角。

由 η 角的定义可知

$$\tan\ \eta=\frac{v_{\mathrm{f}}}{v_{\mathrm{c}}}=\frac{f}{\pi d} \tag{1.19}$$

式中:d 为随着车刀进给而不断变化的切削刃选定点处工件的旋转直径。η 值是随着切削刃趋近工作中心而增大的。在常用进给量下当切削刃距离工件中心 1 mm 时,$\eta=1°40'$;再靠近中心,η 值急剧增大,工作后角变为负值。

在铲背加工时,η 值很大,它是不可忽略的。

(2) 纵车

同理,也是由于工作中基面和切削平面发生了变化,形成了一个合成切削速度角 η,引起工作角度的变化。如图 1.17 所示,假定车刀 $\lambda_{\mathrm{s}}=0°$,在不考虑进给运动时,切削平面 P_{s} 垂直于刀柄底面,基面 P_{r} 平行于刀柄底面,标注角度为 γ_{o}、α_{o};考虑进给运动后,工作切削平面为切于螺旋面的平面,刀具工作角度的参考系(P_{se}、P_{re})倾斜了一个角 η,则工作进给平面(仍为原进给平面)内的工作角度为

$$\gamma_{\mathrm{fe}}=\gamma_{\mathrm{f}}+\eta$$
$$\gamma_{\mathrm{fe}}=\alpha_{\mathrm{f}}-\eta$$

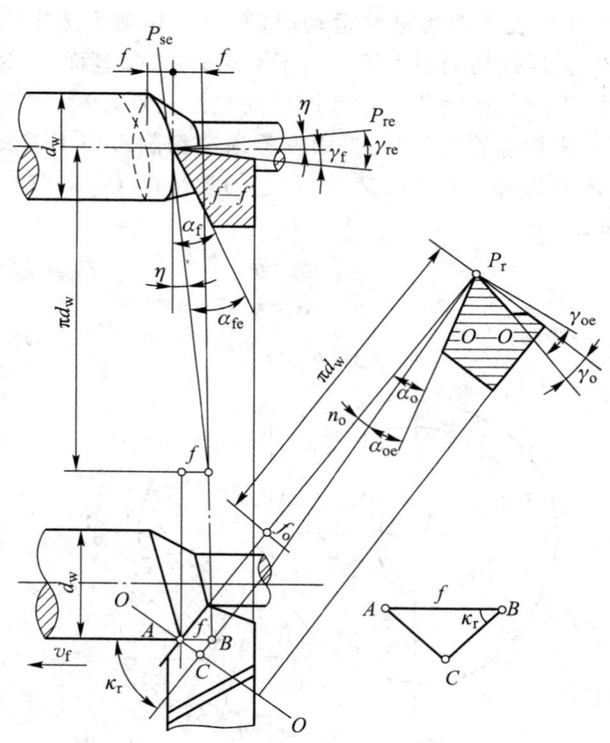

图 1.17　外圆车刀的工作角度

由合成切削速度角 η 的定义可知

$$\tan\ \eta=\frac{f}{\pi d_{\mathrm{w}}} \tag{1.20}$$

式中：f——进给量；

d_w——切削刃选定点在 A 点时的工件待加工表面直径。

上述角度变化可以换算至正交平面内，即

$$\tan \eta_o = \tan \eta \sin \kappa_r$$

$$\gamma_{oe} = \gamma_o + \eta_o$$

由上式可知，η 值不仅与进给量 f 有关，也同工件直径 d_w 有关，d_w 越小，角度变化越大。实际上，一般外圆车削的 η 值不超过 30′~40′，因此可以忽略不计。但在车螺纹，尤其是车多头螺纹时，η 的数值很大，必须进行工作角度计算。

2. 刀具安装对工作角度的影响

(1) 刀尖安装高度对工作角度的影响

如图 1.18 所示，当刀尖安装得高于工件中心线时，工作切削平面将变为 P_{se}，工作基面变为 P_{re}，工作角度 γ_{pe}增大，α_{pe}减小。在背平面（P—P 仍为标注背平面）内角度变化值 θ_p 为

$$\tan \theta_p = \frac{h}{\sqrt{(d_w/2)^2 - h^2}} \tag{1.21}$$

式中：h——刀尖高于工件中心线的数值，mm；

d_w——工件直径，mm。

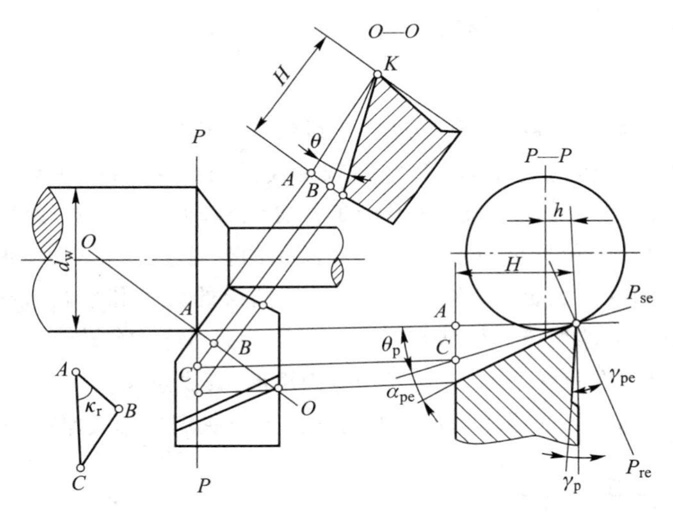

图 1.18　刀尖安装高度对工作角度的影响

则工作角度为

$$\gamma_{pe} = \gamma_p + \theta_p \quad 或 \quad \alpha_{pe} = \alpha_p - \theta_p \tag{1.22}$$

当刀尖低于工件中心时，上述计算公式符号相反；镗孔时计算公式同外圆车削相反。

上述都是在刀具的背平面（P_p—P_p）内的角度变化，还需换算到工作正交平面内，即

$$\tan \theta_o = \frac{h}{\sqrt{(d_w/2)^2 - h^2}} \cos \kappa_r \tag{1.23}$$

$$\gamma_{oe} = \gamma_o \pm \theta_o, \ \alpha_{oe} = \alpha_o \mp \theta_o \tag{1.24}$$

(2) 刀柄安装斜度对工作角度的影响

如图 1.19 所示,车刀刀柄与进给方向不垂直时,工作主偏角 $\kappa_{r\varepsilon}$和工作副偏角 $\kappa'_{r\varepsilon}$将发生变化,即

$$\kappa_{r\varepsilon}=\kappa_{r}\pm G,\kappa'_{r\varepsilon}=\kappa'_{r}\pm G \tag{1.25}$$

式中:G——假定进给平面与工作进给平面之间的夹角,在基面内测量,也就是进给运动方向的垂线和刀柄中心线间的夹角。

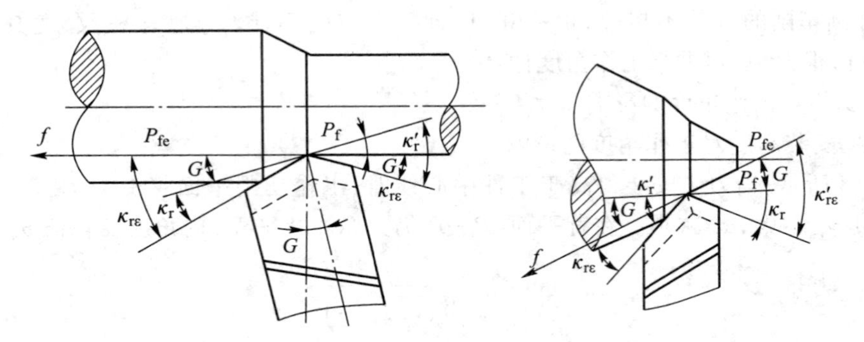

图 1.19 刀柄中心线不垂直于进给方向

1.1.5 切削层参数与切削形式

1. 切削层

各种切削加工的切削层参数,可用典型的外圆纵车来说明。如图 1.20 所示,车刀主切削刃上任意一点相对于工件的运动轨迹是一条空间螺旋线。当 $\lambda_s=0°$时,主切削刃所切出的加工表面为阿基米德螺旋面。工件每转一转,车刀沿工件轴线移动一段距离,即进给量 f(mm/r)。这时,切削刃从加工表面Ⅱ的位置移到相邻加工表面Ⅰ的位置上。于是Ⅰ、Ⅱ之间的金属变为切屑。由车刀正在切削的这一层金属,称为切削层。切削层的大小和形状直接决定了车刀切削部分所受的负荷大小及切下的切屑的形状和尺寸。对于外圆纵车,当 $\kappa'_r=0°$、$\lambda_s=0°$时,切削层的表面形状为一平行四边形;在特殊情况下($\kappa_r=90°$)为矩形,其底边尺寸 f,高为 a_p。不论何种加工,能够说明切削机理的,都是切削层截面形状的力学性质所决定的真实厚度和宽度。

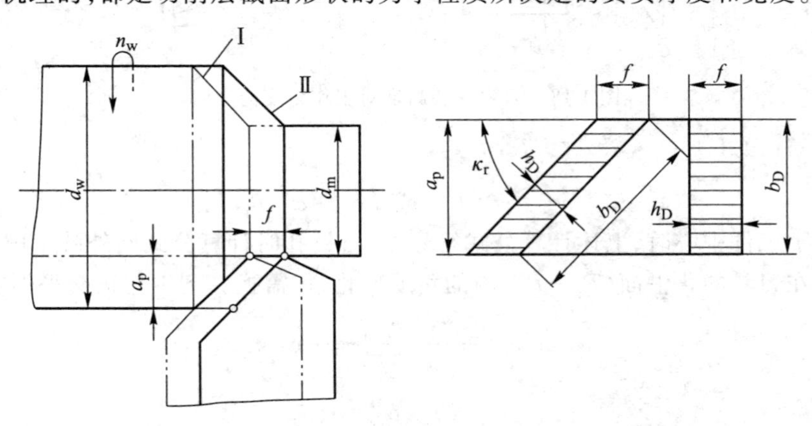

图 1.20 外圆纵车时切削层的参数

为了简化计算工作，切削层的表面形状和尺寸，通常都在垂直于切削速度的基面 P_r 内观察和度量。

切削层参数如下：

（1）切削厚度

垂直于加工表面来度量的切削层尺寸（图 1.20）称为切削厚度，以 h_D 表示。对外圆纵车（$\lambda_s=0°$），有

$$h_D=f\sin\kappa_r \tag{1.26}$$

（2）切削宽度

沿加工表面度量的切削层尺寸（图 1.20）称为切削宽度，以 b_D 表示。对外圆纵车（$\lambda_s=0°$），有

$$b_D=a_p/\sin\kappa_r \tag{1.27}$$

可见，在 f 与 a_p 一定的条件下，主偏角 κ_r 越大，切削厚度 h_D 也就越大（图 1.21），但切削宽度 b_D 越小；主偏角 κ_r 越小，h_D 越小，b_D 越大；当 $\kappa_r=90°$时，$h_D=f$。

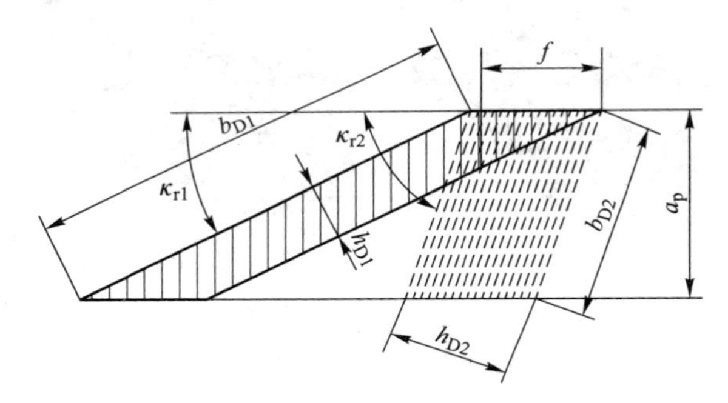

图 1.21　κ_r 不同时 h_D、b_D 的变化

对于曲线形主切削刃，切削层各点的切削厚度互不相等（图 1.22）。

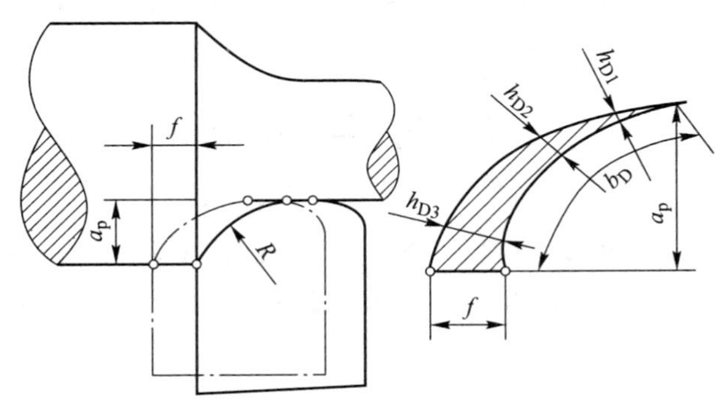

图 1.22　曲线切削刃工作时的 h_D 及 b_D

（3）切削面积

切削层在基面 P_r 的面积称为切削面积，以 A_D 表示。其计算公式为

$$A_D = h_D b_D \tag{1.28}$$

对于车削来说，不论切削刃形状如何，切削面积均为

$$A_D = h_D b_D = f a_p \tag{1.29}$$

上面所计算的均为名义切削面积。实际切削面积等于名义切削面积减去残留面积（图 1.23）。

残留面积是指刀具副偏角 $\kappa_r' \neq 0°$ 时，刀具经过切削后残留在已加工表面上的不平部分（$\triangle ABE$）的平面面积。

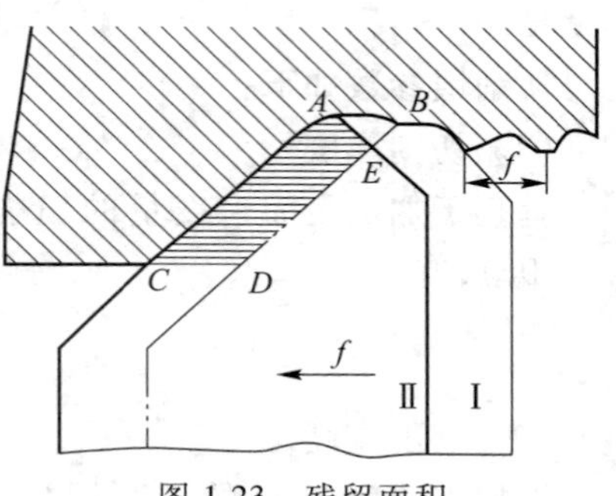

图 1.23　残留面积

2. 切削形式

（1）正切削与斜切削

切削刃垂直于合成切削方向的切削方式称为正切削或直角切削。如果切削刃不垂直于切削方向则称为斜切削或斜角切削。图 1.24 所示为刨削时的正切削和斜切削。

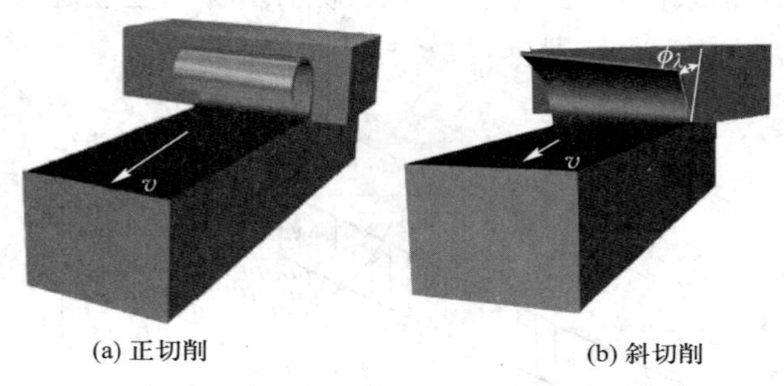

(a) 正切削　(b) 斜切削

图 1.24　正切削与斜切削

（2）自由切削与非自由切削

只有直线形主切削刃参加切削工作，而副切削刃不参加切削工作，称为自由切削。曲线主切削刃或主、副切削刃都参加切削者，称为非自由切削。这是根据切削变形是二维或三维问题进行区分的。为了简化研究工作，通常采用自由切削进行切削变形区的观察和研究。

1.2　刀具材料

在切削过程中，刀具直接切除工件上的余量并形成已加工表面，刀具材料对金属切削的生产率、成本、质量有很大的影响，因此要重视刀具材料的正确选择与合理使用。

1.2.1　刀具材料应具备的性能

切削加工时，由于变形与摩擦，刀具承受了很大的压力与很高的温度。作为刀具材料，应满足以下基本要求：

（1）高的硬度和耐磨性

刀具材料要比工件材料硬度高，常温硬度在 62 HRC 以上。耐磨性表示抵抗磨损的能力，它

取决于组织中硬质点的硬度、数量、大小和分布。

(2) 足够的强度和韧性

为了承受切削中的压力冲击和振动，避免崩刃和折断，刀具材料应该具有足够的强度和韧性。一般强度用抗弯强度表示，韧性用冲击韧度表示。

(3) 高的耐热性

刀具材料在高温下保持硬度、耐磨性、强度和韧性的能力。

(4) 良好的工艺性

为了便于制造，要求刀具材料有较好的可加工性，如切削加工性、铸造性、锻造性、热处理性等。

(5) 良好的经济性。

1.2.2 常用的刀具材料

目前，生产中所用的刀具材料以高速钢和硬质合金居多。碳素工具钢(如 T10、T12)、合金工具钢(如 9SiCr、CrWMn)因耐热性差，仅用于一些手工或切削速度较低的刀具。

1. 高速钢

高速钢是一种加入较多的钨、钼、铬、钒等合金元素的高合金工具钢。它有较好的热稳定性，切削温度达 500~650 ℃时仍能进行切削；有较高的强度、韧性、硬度和耐磨性；制造工艺简单，容易磨成锋利的切削刃，可锻造，这对于一些形状复杂的工具，如钻头、成形刀具、拉刀、齿轮刀具等尤为重要，是制造这些刀具的主要材料。

高速钢按用途分为通用型高速钢和高性能高速钢，按制造工艺不同分为熔炼高速钢和粉末冶金高速钢。

(1) 通用型高速钢

1) 钨钢。典型牌号为 W18Cr4V(简称 W18 钨钢)，其中各合金元素质量分数控制范围为 $w_W = 17.20\% \sim 18.70\%$、$w_{Cr} = 3.80\% \sim 4.50\%$、$w_V = 1.00\% \sim 1.20\%$。有良好的综合性能，在 600 ℃时其高温硬度为 48.5 HRC，可以制造各种复杂刀具。淬火时过热倾向小；钒含量低，磨削加工性好；碳化物含量高，塑性变形抗力大；碳化物分布不均匀，影响薄刃刀具或小截面刀具的耐用度；强度和韧性不够；热塑性差，很难用来制造用热成形方法制造的刀具(如热轧钻头)。

2) 钨钼钢。将钨钢中的一部分钨以钼代替而得。典型牌号为 W6Mo5Cr4V2(简称 M2)，其中各合金元素质量分数的控制范围为 $w_W = 5.50\% \sim 6.75\%$、$w_{Mo} = 4.50\% \sim 5.50\%$、$w_{Cr} = 3.80\% \sim 4.40\%$、$w_V = 1.75\% \sim 2.20\%$。钨钼钢碳化物分布细小均匀，具有良好的力学性能，抗弯强度比 W18 高 10%~15%，韧性高 50%~60%。可用来制造尺寸较小、承受冲击力较大的刀具；热塑性特别好，更适用于制造热轧钻头等；磨削加工性好，目前各国广为应用。

(2) 高性能高速钢

高性能高速钢是在通用高速钢的基础上再提高一些碳含量、钒含量及添加钴、铝等元素。按其耐热性，高性能高速钢又称高热稳定性高速钢。在 630~650 ℃时仍可保持 60 HRC 的硬度，具有更好的切削性能，耐用度较通用型高速钢高 1.3~3 倍，适合于加工高温合金、钛合金、超高强度钢等难加工材料。

典型牌号有高碳高速钢 9W18Cr4V、高钒高速钢 $W_6Mo_5Cr_4V_3$、钴高速钢 $W_6Mo_5Cr_4V_3Co_8$、超

硬高速钢 $W_2Mo_9Cr4VCo_8$ 等。

（3）粉末冶金高速钢

用高压氩气或氮气雾化熔融的高速钢水，直接得到细小的高速钢粉末，高温下压制成致密的钢坯，而后锻压成材或刀具形状。这有效地解决了一般熔炼高速钢时铸锭产生粗大碳化物共晶偏析的问题，可得到细小、均匀的结晶组织，使之具有良好的力学性能。其强度和韧性分别是熔炼高速钢的 2 倍和 2.5~3 倍；磨削加工性能好；物理、力学性能高度各向同性，淬火变形小；耐磨性能提高 20%~30%，适合制造切削难加工材料的刀具、大尺寸刀具（如滚刀、插齿刀）、精密刀具、磨削加工量大的复杂刀具、高压动载荷下使用的刀具等。

2. 硬质合金

硬质合金由难熔金属化合物（如 WC、TiC）和金属黏结剂（Co）经粉末冶金法制成。

因含有大量熔点和硬度高、化学稳定性和热稳定性好的金属碳化物，硬质合金的硬度、耐磨性和耐热性都很高。硬度可达 89~93 HRA，在 800~1 000 ℃ 仍能进行切削，耐用度较高速钢高几十倍。当耐用度相同时，切削速度可提高 4~10 倍。

硬质合金只有抗弯强度较高速钢低，仅为 0.9~1.5 GPa，冲击韧性差，切削时不能承受大的振动和冲击载荷。

碳化物含量较高时，硬度高，但抗弯强度低；黏结剂含量较高时，抗弯强度高，但硬度低。

硬质合金以其切削性能优良被广泛用作刀具材料（约占 50%），如大多数的车刀、端铣刀以致深孔钻、铰刀、拉刀、齿轮刀具等。它还可用于加工高速钢刀具不能切削的淬硬钢等硬材料。

ISO 将切削用的硬质合金分为三类：

（1）K（YG）类，即 WC-Co 类硬质合金

K 类硬质合金由 WC 和 Co 组成。牌号有 K2O、K30、K01、K10，w_{Co} 分别为 6%、8%、3%、6%，硬度为 89~91.5 HRA，抗弯强度为 1.1~1.5 GPa。组织结构有粗晶粒、中晶粒、细晶粒之分，一般（如 K20、K30）为中晶粒组织，细晶粒硬质合金（如 K01、K10）在钴含量相同时比中晶粒硬质合金的硬度、耐磨性要高些，但抗弯强度要低些。

此类合金韧性、磨削性、导热性较好，较适于加工产生崩碎切屑、有冲击切削力作用在刃口附近的脆性材料，如铸铁、有色金属及其合金，导热系数低的不锈钢和对刃口韧性要求高（如端铣）的钢料等。

（2）P（YT）类，即 WC-TiC- Co 类硬质合金

P 类硬质合金的硬质点相除 WC 外，还含有 5%~30% 的 TiC。牌号有 P30、P20、P10、P01，w_{TiC} 分别为 5%、14%、15%、30%，相应的 w_{Co} 为 10%、8%、6%、4%，硬度为 91.5~92.5 HRA，抗弯强度为 0.9~1.4 GPa。TiC 含量提高，Co 含量降低，硬度和耐磨性提高，但是冲击韧性显著降低。

此类合金有较高的硬度和耐磨性，抗黏结扩散能力和抗氧化能力强；但抗弯强度、磨削性能和导热系数下降，低温脆性大，韧性差，适于高速切削钢料。

钴含量提高，抗弯强度和冲击韧性提高，适于粗加工；钴含量降低，硬度、耐磨性及耐热性提高，适于精加工。

应注意，此类合金不适于加工不锈钢和钛合金。因 P 类硬质合金中的钛元素和工件中的钛元素之间的亲和力会产生严重的粘刀现象，在高温切削及摩擦系数大的情况下会加剧刀具磨损。

(3) M(YW)类,即 WC-TiC-TaC-Co 类硬质合金

在 P 类硬质合金中加入 TaC (NbC),可提高其抗弯强度、疲劳强度、冲击韧性、高温硬度、强度和抗氧化能力、耐磨性等。既可用于加工铸铁,也可用于加工钢,因而又有通用硬质合金之称。M 类硬质合金常用的牌号为 M10 和 M20。

以上三类硬质合金的主要成分均为 WC,所以又称 WC 基硬质合金。

除 WC 基硬质合金外,还有以 TiC 为主要成分的 TiC 基硬质合金,即 Ti-Ni-Mo 类硬质合金。因 TiC 在所有碳化物中硬度最高,所以此类合金硬度很高,达 90~94 HRA,有较好的耐磨性和抗月牙洼磨损能力,耐热性、抗氧化能力以及化学稳定性好,与工件材料的亲和性小、磨损系数小、抗黏结能力强,刀具耐用度比 WC 基硬质合金提高好几倍,可加工钢,也可加工铸铁。牌号 N10 与 P01 相比较,硬度较接近,焊接性及刃磨性较好,基本上可代替 P01 使用。只有抗弯强度还赶不上 WC 基硬质合金,当前主要用于精加工及半精加工。因其抗塑性变形、抗崩刃性能差,所以不适于重切削及断续切削。

表 1.1 列出了各种硬质合金牌号刀具的应用范围。

表 1.1　各种硬质合金牌号刀具的应用范围

牌号	合金性能	使用范围
K01(YG3X)	是 K 类合金中耐磨性最好的一种,但抗冲击性能差	适用于铸铁、有色金属及其合金的精镗、精车等,亦可用于合金钢、淬火钢及钨、钼材料的精加工
K10(YG6X)	属细晶粒合金,其耐磨性较 K20 好,而使用强度接近于 K20	适用于冷硬铸铁、合金铸铁、耐热钢及合金钢的加工,亦适用于普通铸铁的精加工,并可用于制造仪器仪表工业用的小型刀具和小模数滚刀
K20(YG6)	耐磨性较好,但较 K10、K01 差,韧性好于 K10、K01,可使用较 K30 为高的速度	适用于铸铁、有色金属及合金与非金属材料连续切削的粗车,间断切削的半精车、精车、小端面精车、粗车螺纹、旋风车螺纹,连续断面的半精铣与精铣,孔的粗扩与精扩
K30(YG8)	使用强度较高,抗冲击和抗振动性能较 K20 好,耐磨性及允许的切削速度较低	适用于铸铁、有色金属及其合金与非金属材料加工中不平整端面和间断切削时的粗车、粗刨、粗铣,一般孔和深孔的钻孔、扩孔
K35(YG10H)	属超细晶粒合金,耐磨性较好,抗冲击和抗振动性能好	适用于低速粗车,铣削耐热合金,作切断刀及丝锥等
P30(YT5)	在 P 类合金中强度最高,抗冲击和抗振动性能好,不易崩刃,但耐磨性较差	适用于碳钢及合金钢,包括钢锻件、冲压件及铸铁的表面加工,以及不平整端面和间断切削时的粗车、粗刨、半精刨、粗铣、钻孔
P20(YT14)	使用强度高,抗冲击性能和抗振动性能好,但较 P30 稍差,耐磨性及允许的切削速度较 P30 高	适于碳钢及合金钢连续切削时的粗车,不平整端面和间断切削时的半精车和精车,连续面的粗铣,铸孔的扩钻等

续表

牌号	合金性能	使用范围
P10(YT15)	耐磨性优于 P20,但冲击韧性较 P20 差	适于碳钢及合金钢加工中连续切削时的半精车及精车,间断切削时的小端面精车,旋风车螺纹,连续面的半精铣及精铣,孔的精扩及粗扩
P01(YT30)	耐磨性及允许的切削速度较 P10 高,但使用强度及冲击韧性较 P20 差,焊接及刃磨时极易产生裂纹	适于碳钢及合金钢的精加工,如小端面精车、精镗、精扩等
K20(YG6A)	属细晶粒合金,耐磨性及使用强度与 K10 相似	适于硬铸铁,球墨铸铁、白口铁、有色金属及其合金的半精加工,亦可用于高锰钢、淬火钢及合金钢的半精加工及精加工
K10(YG8A)	属中颗粒合金,其抗弯强度与 K30 相同,而硬度和 K20 相同,高温切削时热硬性较好	适于硬铸铁、球墨铸铁、白口铁及有色金属的精加工,亦适于不锈钢的粗加工和半精加工
M10(YW1)	热硬性较好,能承受一定的冲击载荷,通用性较好	适于耐热钢、高锰钢、不锈钢等难加工材料的精加工,也适于一般钢材以及普通铸铁及有色金属的精加工

1.2.3 其它刀具材料

1. 涂层刀具

涂层刀具是在韧性较好的刀体上涂覆一层或多层耐磨性好的难熔化合物,它将刀具基体与硬质涂层相结合,从而使刀具性能大大提高。涂层硬质合金一般采用化学气相沉积(CVD)法,图 1.25就是采用 CVD 法制成的金刚石镀层的照片,沉积温度为 1 000 ℃左右。涂层高速钢刀具一般采用物理气相沉积(PVD)法,沉积温度为 500 ℃左右。根据涂层刀具基体材料的不同,涂层刀具可分为硬质合金涂层刀具、高速钢涂层刀具以及在陶瓷和超硬材料(金刚石和立方氮化硼)上的涂层刀具等。常用的刀具涂层方法有化学气相沉积(CVD)法、物理气相沉积(PVD)法、等离子体化学气相沉积(PCVD)法、盐浴浸镀法、等离子喷涂法、热解沉积涂层法以及化学涂覆法等。常用的涂层材料有碳化物、氮化物、氧化物、硼化物、碳氮化物等,近年来还发展了聚晶金刚石和立方氮化硼涂层。

涂层刀具具有较好的抗氧化性能,因而有较好的耐磨性和抗月牙洼磨损能力;摩擦系数小,可降低切削时的切削力及切削温度,提高刀具的耐用度(提高硬质合金刀具耐用度 1~3 倍,高速钢刀具耐用度 2~10 倍)。但也存在着锋利性、韧性、抗剥落性、抗崩刃性及成本昂贵之弊。

2. 陶瓷

陶瓷刀具材料按化学成分可分为氧化铝基陶瓷、氮化硅基陶瓷和复合氮化硅-氧化铝基陶瓷三大类。图 1.26 所示即为新型陶瓷刀具的图片。

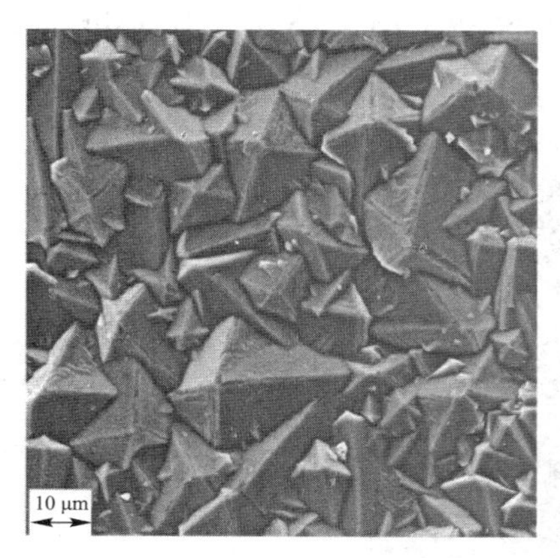

图 1.25 “薄膜”CVD 金刚石镀层的照片

图 1.26 新型陶瓷刀具

陶瓷刀具与硬质合金刀具相比，它的硬度高、耐磨性好，刀具耐用度可比硬质合金高几倍以至十几倍。陶瓷刀具在 1 200 ℃以上的高温下仍能进行切削，这时陶瓷的硬度与 200~600 ℃时硬质合金的硬度相当。陶瓷刀具优良的高温性能使其能够以比硬质合金刀具高 3~10 倍的切削速度进行加工。它与钢铁金属的亲和力小、摩擦系数小、抗黏结和抗扩散能力强，加工表面质量好。另外，它的化学稳定性好，陶瓷刀具的切削刃即使处于炽热状态也能长时间连续使用，这对金属高速切削有着重要的意义。当前，陶瓷刀具材料的进展集中在提高传统刀具陶瓷材料的性能、细化晶粒、组分复合化、采用涂层、改进烧结工艺和开发新产品等方面，以期获得耐高温性能、耐磨损性能和抗崩刃性能，且能适应高速精密切削加工的要求。

3. 金刚石

金刚石是目前自然界存在的最硬的物质，是在高温、高压和其它条件配合下由石墨转化而成，可用人工法制备出人制金刚石。其硬度高达 10 000 HV，耐磨性好，可用于加工硬质合金、陶瓷、高硅铝合金及耐磨塑料等高硬度、高耐磨的材料，刀具耐用度比硬质合金可提高几倍到几百倍。其切削刃锋利，能切下极薄的切屑，加工冷硬现象较少；摩擦系数小，切屑与刀具不易产生黏结，不产生积屑瘤，很适于精密加工。

但其热稳定性差，切削温度不宜超过 700~800 ℃；强度低、脆性大、对振动敏感，只宜微量切削；与铁有极强的化学亲和力，不适于加工黑色金属。图 1.27 为利用天然金刚石制成的刀具。

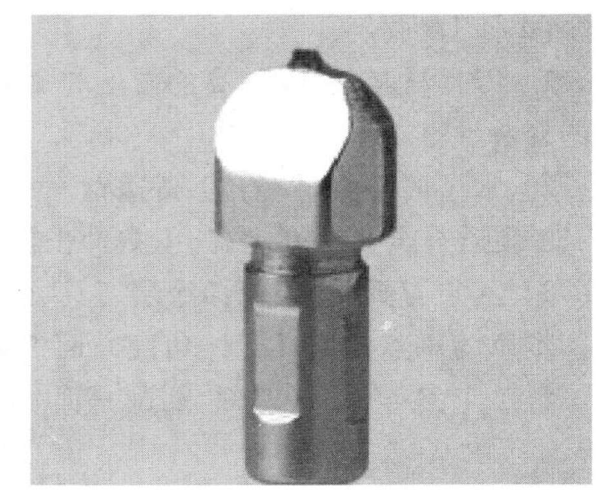
图 1.27 天然金刚石刀具

金刚石刀具目前主要用于磨具和磨料，对有色金属及非金属材料进行高速精细车削及镗孔；加工铝合金、铜合金时，切削速度可达 800~3 800 m/min。

4. 立方氮化硼

立方氮化硼（CBN）由软的立方氮化硼在高温高压下加入催化剂转变而成。它有很高的硬度（8 000~9 000 HV）及很好的耐磨性，热稳定性（1 400 ℃）比金刚石高得多，可用来加工高温合金；化学惰性大，与铁族元素在高达 1 300 ℃时也不易起化学反应，可用于加工淬硬钢及冷硬铸铁;有良好的导热性和较小的摩擦系数。图 1.28 为使用 CBN 材料制成的刀具。

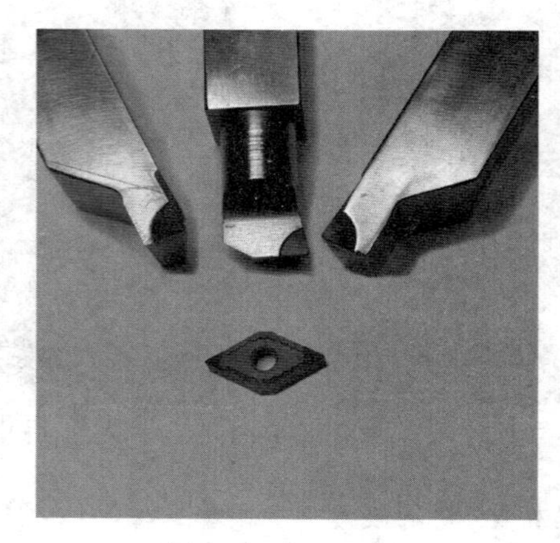

图 1.28　CBN 刀具

立方氮化硼刀具目前不仅用于磨具,也逐渐用于车削、镗削、铣削、铰孔。

立方氮化硼有两种类型:整体聚晶立方氮化硼,能像硬质合金一样焊接,并可多次重磨;立方氮化硼复合片,即在硬质合金基体上烧结一层厚度为 0.5 mm 的立方氮化硼而成。

本章小结

本章主要内容为金属切削过程的基础知识,包括基本定义与刀具材料两方面的内容。

(1) 金属切削过程中三个方面的基本定义

1) 切削运动方面:切削运动,切削用量三要素(切削速度、进给量、背吃刀量),切削形式等。

2) 刀具切削部分:车刀构造,参考系与参考平面(基面、切削平面、正交平面等),刀具标注角度(前角、后角、主偏角、刃倾角、副偏角、副后角等)与工作角度。

3) 工件方面:三个加工表面,工件切削层参数(切削厚度、切削宽度与切削面积)。

(2) 刀具材料

1) 刀具材料的性能:高的硬度与耐磨性,足够的强度与韧性,高的耐热性,良好的工艺性,良好的经济性。

2) 常用的刀具材料:① 高速钢——具有较好的综合性能,热处理变形小,适宜制造复杂刀具;② 硬质合金——硬度高,但抗冲击能力差,适用于高速切削。

3) 其它刀具材料:包括涂层刀具、陶瓷、人造金刚石与立方氮化硼。

本章的难点是刀具标注角度方面的基本定义,因此要理解建立参考系(平面)的必要性,清晰了解三个参考平面(基面、切削平面、正交平面)的概念。只有这样,才能掌握刀具角度的基本定义。

思考题与练习题

1.1 车削外圆时,工件上出现了哪些表面？试绘图说明,并对这些表面下定义。

1.2 何谓切削用量三要素？怎样定义？如何计算？

1.3 刀具切削部分有哪些结构要素？试给这些要素下定义。

1.4 为什么要建立刀具角度参考系？有哪两类刀具角度参考系？它们有什么差别？

1.5 刀具标注角度参考系有哪几种？它们是由哪些参考平面构成？试给这些参考平面下定义。

1.6 绘图表示切断刀和端面车刀的 κ_r、κ_r'、γ_o、α_o、λ_s、α_o'和 h_D、b_D 及 A_D。

1.7 确定一把单刃刀具切削部分的几何形状最少需要哪几个基本角度？

1.8 切断车削时,进给运动怎样影响工作角度？

1.9 纵车时进给运动怎样影响工作角度？

1.10 为什么要对正交平面、切深平面、进给平面之间的角度进行换算？有何实用意义？

1.11 试述判定车刀前角 γ_o、后角 α_o 和刃倾角 λ_s 正负号的规则。

1.12 刀具切削部分材料应具备哪些性能？为什么？

1.13 普通高速钢有哪几种牌号？它们主要的物理、力学性能如何？适合于作什么刀具？

1.14 常用的硬质合金有哪些牌号？它们的用途如何？如何选用？

1.15 刀具材料与被加工材料应如何匹配？怎样根据工件材料的性质和切削条件正确选择刀具材料？

1.16 涂层刀具、陶瓷刀具、人造金刚石和立方氮化硼各有什么特点？适用场合如何？

第 2 章　金属切削过程的基本规律及其应用

金属切削过程是机械制造过程的一个重要组成部分。金属切削过程的优劣,直接影响机械加工的质量、生产率与生产成本,因此必须进行深入的研究。本章主要介绍金属切削过程四个方面的基本规律及其生产上五个方面的应用。

在金属切削过程中,会产生切削变形、切削力、切削热与切削温度、刀具磨损与耐用度变化等各种现象,严重影响生产的进行。针对上述现象,本章分析了产生上述现象的原因及对切削过程的影响,并在此基础上总结出切削变形、切削力、切削热与切削温度、刀具磨损与刀具耐用度变化的四大规律。应用这些规律,可很好地解决生产上出现的各种问题,如改善工件材料的切削加工性,合理选择切削液,合理选择刀具几何参数与切削用量等,并对促进机械加工技术的发展起着很重要的作用。

金属切削过程是指通过切削运动,使刀具从工件上切下多余的金属层,形成切屑和已加工表面的过程。在这个过程中会产生一系列的现象,如切削变形、切削热与切削温度、刀具磨损等。本章主要研究这些现象的成因、作用和变化规律。掌握这些规律,对于合理使用与设计刀具、夹具和机床,保证切削加工质量,减少能量消耗,提高生产率和促进生产技术发展等方面起着重要的作用。

2.1　金属切削过程的基本规律

2.1.1　切削变形

金属切削过程是指通过切削运动,使刀具从工件上切下多余的金属层,形成切屑和已加工表面的过程。可以尝试用黏土做成切削材料,用木头做成刀具,按第一章介绍的前角、后角等参数模拟金属切削过程,如图 2.1a 所示。图 2.1b 为金属切削过程的显微照片,可以看出,金属在被切削的过程中发生了一系列的变化,例如被切削的金属层发生明显的滑移变形,金属层的厚度也发生了变化,等等。那么,切削的本质到底是什么呢?

金属切削过程与金属受压缩(拉伸)过程比较:如图 2.2a 所示,塑性金属受压时,随着外力的增加,金属先后产生弹性变形、塑性变形,并使金属晶格产生滑移,而后断裂;如图 2.2b 所示,以直角自由切削为例,如果忽略了摩擦、温度和应变速率的影响,金属切削过程如同压缩过程,切削层受刀具挤压后也产生塑性变形。

为了便于进一步分析切削层变形的特殊规律,通常把切削刃作用部位的金属层划分为三个变形区,如图 2.2c 所示。

第Ⅰ变形区:近切削刃处切削层内产生的塑性变形区。

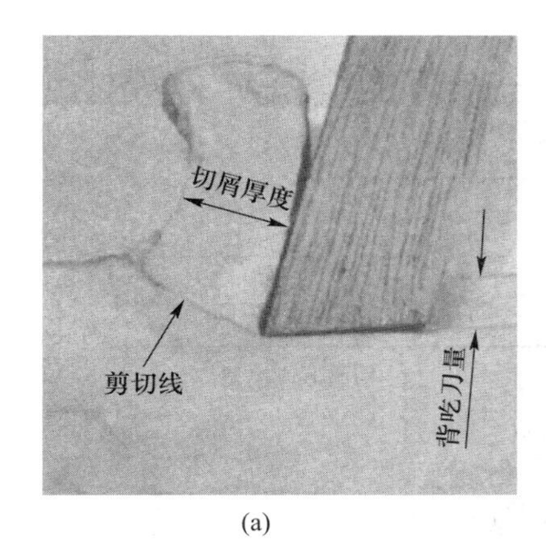

(a)

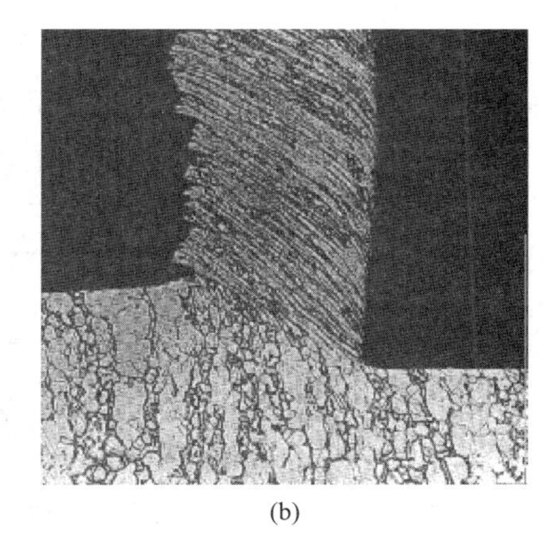
(b)

图 2.1　金属的切削变形

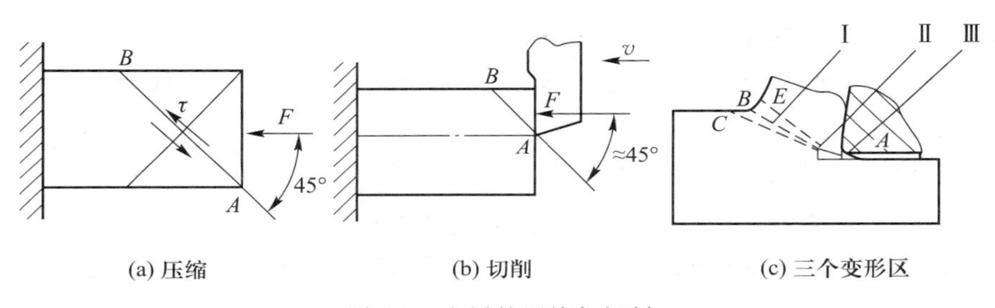

(a) 压缩　(b) 切削　(c) 三个变形区

图 2.2　金属的压缩与切削

第Ⅱ变形区:与前面接触的切屑层内产生的变形区。

第Ⅲ变形区:近切削刃处已加工表层内产生的变形区。

三个变形区各有特点,同时又相互联系、相互影响。切削过程中产生的诸现象均与金属层变形密切相关。

1. 切屑的形成及变形特点

(1) 第Ⅰ变形区内金属的剪切滑移变形

切削层受刀具的作用,经过第Ⅰ变形区的塑性变形后形成了切屑。下面以直角自由切削为例,分析较典型的连续切屑的形成过程。

切削层受到刀具前面与切削刃的挤压作用,使近切削刃处的金属先产生弹性变形,继而产生塑性变形,与此同时金属晶格产生滑移。图 2.3a 是取金属内部质点 P 来分析滑移过程:P 点移到 1 位置时,产生了塑性变形,即在该处剪应力达到材料的屈服强度,在 1 处继续移动到 1′处的过程中,P 点沿最大剪应力方向的剪切面上滑移至 2 处。同理,之后继续滑移至 3、4 处。离开 4 处后,就沿着刀具前面方向流出而成为切屑上的一个质点。在切削层上的其余各点,移动至 AC 线均开始滑移,离开 AE 线终止滑移。在沿切削宽度范围内,称 AC 是始滑移面、AE 是终滑移面。AC、AE 之间为第Ⅰ变形区。由于切屑形成时应变速率很快、时间极短,故 AC、AE 面相距很近,一般为 0.02~0.2 mm,所以常用 AB 滑移面来表示第Ⅰ变形区,AB 面亦称为剪切面。

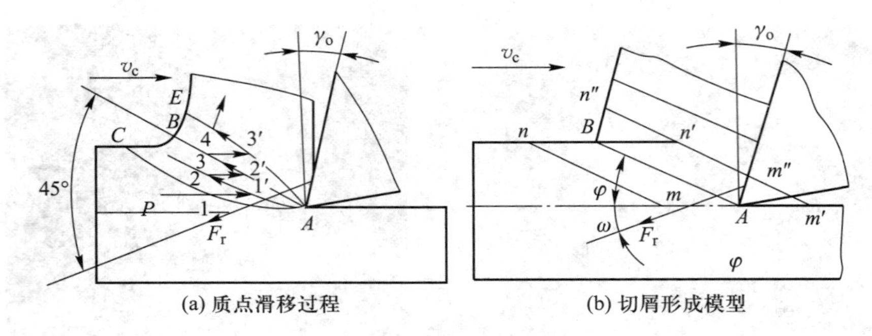

图 2.3　切屑形成过程

如图 2.3b 所示，对于切削层 mn 来说，mn 线移至剪切面 AB 时，产生滑移后形成切屑上的 $m''n''$线。这个过程连续地进行，切削层便连续地通过刀具前面转变为切屑。图 2.3b 所示情形与形成切屑时的实际变形较接近，故称为切屑形成模型。剪切面 AB 与切削速度 v_c 之间的夹角 φ 称为剪切角。作用力 F_r 与切削速度 v_c 之间的夹角 ω 称为作用角。

由此可知，变形区就是形成切屑的变形区，其变形特点是切削层产生剪切滑移变形。

（2）第Ⅱ变形区内金属的挤压摩擦变形

经过第Ⅰ变形区后，形成的切屑要沿刀具前面方向排出，还必须克服刀具前面对切屑挤压而产生的摩擦力。切屑在受刀具前面摩擦过程中进一步发生变形（第Ⅱ变形区的变形），这种作用主要集中在与刀具前面摩擦的切屑底面一薄层金属里，表现为该处晶粒纤维化的方向与刀具前面平行。这种作用离刀具前面愈远，影响愈小。

图 2.3b 只考虑剪切面的滑移，实际上由于第Ⅱ变形区的挤压，这些单元底面被挤压伸长，从平行四边形变成梯形，造成了切屑的弯曲。应该指出，第Ⅰ变形区和第Ⅱ变形区是相互关联的。刀具前面上的摩擦力大时，切屑排出不畅，挤压变形加剧，以致第Ⅰ变形区的剪切滑移变形增大。

（3）第Ⅲ变形区内金属的挤压摩擦变形

已加工表面受到切削刃钝圆部分和刀具后面的挤压摩擦，造成纤维化与加工硬化。

2. 变形程度的度量方法

（1）相对滑移 ε

相对滑移 ε 用来度量第Ⅰ变形区滑移变形的程度。如图 2.4 所示，设切削层中 $A'B'$线沿剪切面滑移至 $A''B''$时的距离为 Δy。事实上，Δy 很小，故可认为滑移是在剪切面上进行的，其滑移量为 Δs。相对滑移 ε 可表示为

$$\varepsilon=\frac{\Delta s}{\Delta y}=\frac{\overline{B'C}+\overline{CB''}}{\overline{BC}}=\cot\varphi+\tan(\varphi-\gamma_o) \tag{2.1}$$

显然，用相对滑移 ε 的大小能比较真实地反映切削变形的程度。

（2）变形系数 Λ_h

变形系数是衡量变形的另一个参数，用来表示切屑外形尺寸变化的大小。如图 2.5 所示，切屑经过剪切变形又受到刀具前面摩擦后，与切削层比较，它的长度即缩短（$l_{ch}<l_c$），厚度增加，即 $h_{ch}>h_D$（宽度不变），这种切屑外形尺寸变化的变形现象称为切屑的收缩。

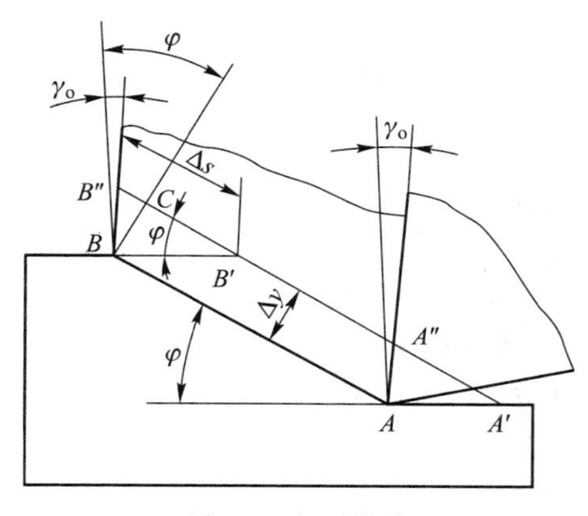

图 2.4　相对滑移

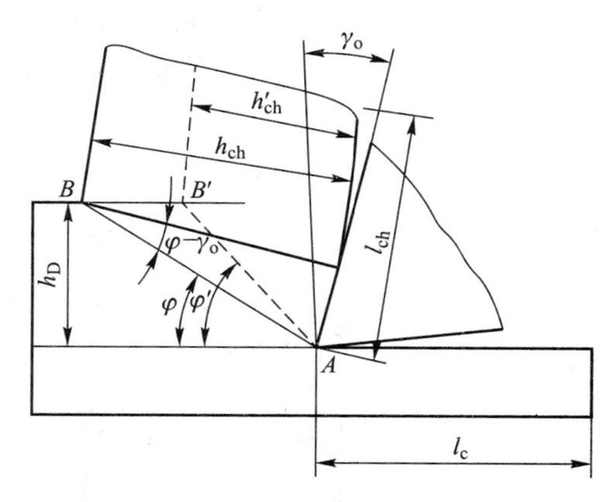

图 2.5　切屑的收缩

变形系数 Λ_h 表示切屑收缩的程度，即

$$\Lambda_h=\frac{l_c}{l_{ch}}=\frac{h_{ch}}{h_D}>1 \tag{2.2}$$

式中：l_c、h_D——切削层的长度和厚度；

l_{ch}、h_{ch}——切屑的长度和厚度。

测量出切削层和切屑的长度和厚度，就能方便地求出变形系数 Λ_h。

由图 2.5 可知剪切角 φ 变化对切屑收缩的影响，φ 增大，剪切面 AB 减小，切屑厚度 h_{ch}减小，故 Λ_h 变小。它们之间的关系如下：

$$\Lambda_h=\frac{h_{ch}}{h_D}=\frac{\overline{AB}\cos(\varphi-\gamma_o)}{\overline{AB}\sin\varphi}=\cot\varphi\cos\gamma_o+\sin\gamma_o \tag{2.3}$$

式(2.1)和式(2.3)表明，剪切角 φ 与前角 γ_o 是影响切削变形的两个主要因素。例如，当 $\gamma_o=5°$、$\varphi=15°\sim30°$时，由计算得 $\varepsilon=2.2\sim3.9$、$\Lambda_h=1.7\sim3.7$，因此切削时塑性变形是很大的。如果增大前角 γ_o 和剪切角 φ，使 ε、Λ_h 减小，则切削变形减小。

通过计算可知，当 $\gamma_o=0°\sim30°$、$\Lambda_h>1.5$ 时，Λ_h 与 ε 的值比较接近，此时用 Λ_h 值来表示变形程度既方便又较直观。当 γ_o 为负值(此时 ε 值很大、Λ_h 值变小)或 $\Lambda_h=1$ 时，都不能以 Λ_h 值来反映切削变形的规律，这是由于切削过程是一个非常复杂的物理过程，切削变形除了产生滑移变形外，还有挤压、摩擦等作用。变形系数 Λ_h 主要从塑性压缩方面分析，而相对滑移 ε 主要从剪切变形考虑，所以 ε 与 Λ_h 都只能近似地表示切削变形程度。

3. 刀具前面的挤压摩擦与积屑瘤

(1) 作用力分析

为了深入了解切削变形的实质，掌握切削变形的规律，下面进一步在形成带状切屑的过程中考虑第Ⅱ变形区的变形及其对剪切角的影响。

如图 2.6 所示，以切屑作为研究对象，设刀具作用的正压力为 F_n，与摩擦力 F_f 组成的合力 F_r 与剪切面上的反作用力 F_r'共线，并处于平衡。将 F_r'分解成两组分力，即在运动方向的水平分力 F_c、垂直分力 F_p 和在剪切面上的剪切力 F_s、法向力 F_{ns}。分力 F_c、F_p 可利用测力仪测得。由于 F_s 的作用，使切削层在剪切面上产生剪切变形。F_s 按下式计算：

$$F_s = F'_r\cos[\varphi+(\beta-\gamma_o)]$$
$$= F'_r\cos(\beta-\gamma_o)\cos\varphi - F'_r\sin(\beta-\gamma_o)\sin\varphi$$

所以

$$F_s = F_c\cos\varphi - F_p\sin\varphi \tag{2.4}$$

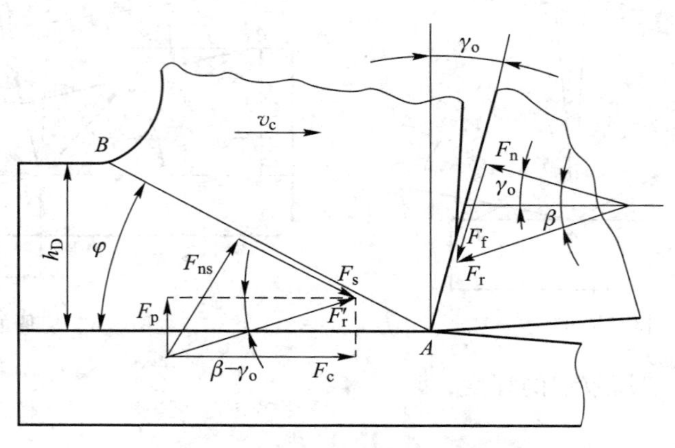

图 2.6　切屑上的受力分析

剪切面上产生的剪应力 τ 为

$$\tau = \frac{F_s}{A_D}\sin\varphi = \frac{F_c\cos\varphi - F_p\sin\varphi}{h_D b_D}\sin\varphi \tag{2.5}$$

式中：β——摩擦角；

A_D——切削层面积。

当剪应力 τ 超过材料的剪切强度极限时，切削层产生剪切破坏而断裂成切屑。式(2.5)表明，减小水平分力 F_c、增大切削层面积或减小剪切角 φ 均可减小剪应力 τ。

刀具前面上的摩擦力 F_f 与正压力 F_n 之比，即为刀具前面与切屑接触面间的摩擦系数 μ：

$$\mu = \tan\beta = \frac{F_f}{F_n} \tag{2.6}$$

摩擦系数 μ 或摩擦角 β 亦可根据已测得的分力 F_c、F_p 值求得，即

$$\tan(\beta-\gamma_o) = \frac{F_p}{F_c} \tag{2.7}$$

由于刀具前面与切屑间产生塑性变形，其间接接触面积远大于普通滑动摩擦条件的局部接触，因此摩擦系数 μ 不能运用库仑定律来计算。

(2) 剪切角 φ 的确定

剪切角是影响切削变形的一个重要因素。若能预测剪切角 φ 的值，则对了解与控制切削变形具有重要意义。为此，许多学者进行了大量研究，并推荐了若干剪切角 φ 的计算式。下面简要介绍 M.E.Merchant 提出的按最少能量原则来确定剪切角 φ 的原理。

开始切削时，刀具对切削层的作用力逐渐增大，在刀具前方切削层内不同平面上的剪应力也随着增大，当切削力继续增加时，其中有一个平面上的剪应力达到材料的屈服强度，出现了塑性变形。显然，该剪应力即为最大剪应力，并由实验证明，前述 AB 面就是最早产生剪切变形的平面，此时所需的切削力也是形成切屑的最小切削力，由它作的功或消耗的能量也是最少的。

由图 2.6 可知，切削力 F_c 为

$$F_c = F'_r\cos(\beta-\gamma_o) = \frac{F_s\cos(\beta-\gamma_o)}{\cos(\varphi+\beta-\gamma_o)} = \frac{\tau A_D\cos(\beta-\gamma_o)}{\sin\varphi\cos(\varphi+\beta-\gamma_o)} \tag{2.8}$$

欲求最小切削力或耗能最少时的剪切角 φ，则取$\frac{\partial F_c}{\partial\varphi}=0$，然后求解出 φ 为

$$\varphi = 45° + \frac{\gamma_o}{2} - \frac{\beta}{2} \tag{2.9}$$

此外，也可按最大剪应力的理论，求出剪切角 $\varphi=\frac{\pi}{4}+\gamma_o-\beta$。

通常剪切角 φ 计算与实验结果并不一致。以式(2.9)为例，它是忽略了剪切面上正应力、温度、应变速率及材质不均匀等因素的影响所致。

式(2.9)或其它剪切角 φ 的计算式表明，φ 与 γ_o、β 有关，增大前角 γ_o、减小摩擦角 β，剪切角 φ 增大，切削变形减小，这一规律已普遍用于生产实践中。

从式(2.9)中也可看出变形区产生的摩擦对变形区剪切变形的影响规律。

(3) 切屑与刀具前面间的摩擦

切屑与刀具前面间的摩擦与一般金属接触面间的摩擦不同。切屑与刀具前面的接触部分划分为两个摩擦区域，即黏结区和滑动区，如图 2.7 所示。

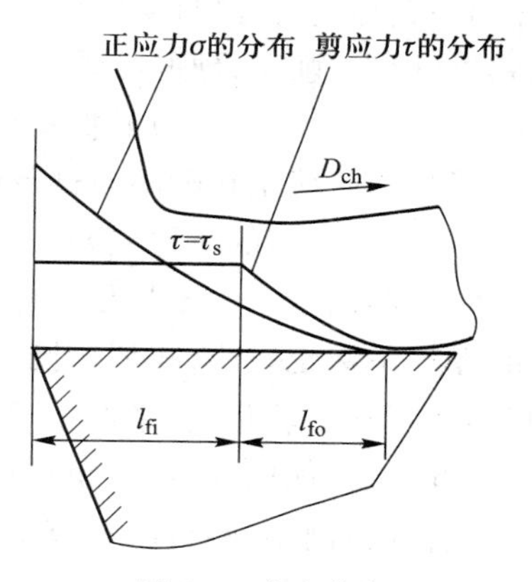

图 2.7　应力分布

黏结区：近切削刃长度 l_{fi} 内，由于高温（可达 900 ℃）、高压（可达 3.5×10^9 Pa）的作用使切屑底层材料产生软化，切屑底层的金属材料粘嵌在刀具前面上的高低不平凹坑中而形成黏结区。黏结面间相对滑动产生的摩擦称为内摩擦，内摩擦力等于剪切其中较软金属材料层所需的力。

滑动区：切屑即将脱离刀具前面时在 l_{fo} 长度内的接触区。在该区内切屑与刀具前面间只是凸出的金属点接触，因此实际的接触面积 A_{ro} 远小于名义接触面积 A_{ao}。滑动区的摩擦称为外摩擦，其外摩擦力可应用库仑定律计算。

切屑与刀具前面接触的总长度 l_f 根据加工条件不同而改变。例如，对中碳钢进行实验可知，提高切削速度 v_c、减小切削厚度 h_D、增大前角 γ_o 或加工抗拉强度 σ_b 高的材料，均可减小接触长度 l_{fo}。

由此可见，切屑与刀具前面间的摩擦由内摩擦和外摩擦组成，通常以内摩擦为主，内摩擦力约占总摩擦力的 85%，但在切削温度低、压力小时，应考虑外摩擦的影响。

经测定，切屑与刀具前面间摩擦区的应力分布如图 2.7 所示。

1) 剪应力 τ 的分布。在黏结区内，τ 基本上是不变的，它等于较软金属的剪切屈服强度 τ_s；在滑动区内，剪应力 τ 是变化的，离切削刃越远，τ 越小。

2) 正应力 σ 的分布。在整个接触区内正应力 σ 都是变化的，离切削刃越远，刀具前面上的正压力越小，故正应力 σ 越小；近切削刃处正应力 σ 最大。

黏结区内摩擦系数 μ 的计算方法如下：

$$\mu=\tan\beta=\frac{F_{fi}}{F_{ni}}=\frac{A_{ri}\tau_s}{A_{ri}\sigma_{av}}=\frac{\tau_s}{\sigma_{av}} \tag{2.10}$$

式中：F_{fi}、F_{ni}——黏结区内的摩擦力和正压力；

A_{ri}——黏结面积；

σ_{av}——黏结区内的平均正应力。

由于黏结区内正应力 σ 是变化的，因此摩擦系数 μ 按平均正应力计算，故称为平均摩擦系数，β 称为平均摩擦角。通常分析时所提及的切屑与刀具前面间的摩擦系数就是指该平均摩擦系数，显然它与一般为常数值的外摩擦系数不同。

由式(2.10)可知，减小接触长度、降低材料屈服强度 τ_s 等，都能使摩擦系数 μ 下降和减小切削变形。

(4) 积屑瘤

积屑瘤的形成有许多原因，通常认为是由于切屑在刀具前面上黏结造成的。在一定的加工条件下，随着切屑与刀具前面间温度和压力的增加，摩擦力也增大，使近刀具前面处切屑中塑性变形层流速降低，产生“滞流”现象。越贴近刀具前面处的金属层，流速越低。当温度和压力增加到一定程度时，滞流层中底层与刀具前面产生黏结，该黏结层经过剧烈的塑性变形使硬度提高，再继续切削时，硬的黏结层又剪断软的金属层，这样层层堆积，高度逐渐增加，形成了积屑瘤。长高了的积屑瘤受外力或振动的作用，可能发生局部断裂或者脱落。有资料表明，积屑瘤的产生、成长和脱落是在瞬间内进行的，它们的频率很高，是个周期性的动态过程。

形成积屑瘤的条件主要决定于切削温度。在切削温度很低时，切屑与刀具前面间呈点接触，摩擦系数 μ 较小，故不易形成黏结；在温度很高时，接触面间切屑底层金属呈微熔状态，起润滑作用，摩擦系数也较小，积屑瘤同样不易形成；在中温区，例如切削中碳钢的温度在 300~380 ℃时，切屑底层材料软化，黏结严重，摩擦系数 μ 最大，产生的积屑瘤高度达到很大值。

此外，接触面间压力、粗糙程度、黏结强度等因素都与形成积屑瘤的条件有关。

合理控制切削条件，调节切削参数，尽量不形成中温区域，就能较有效地抑制或避免积屑瘤的产生。以切削中碳钢为例，从图 2.8 的曲线可知，低速($v_c \leqslant 3$ m/min 左右)切削时，产生的切削温度很低；较高速($v_c>60$ m/min)切削时，产生的切削温度较高。这两种情况的摩擦系数均较小，

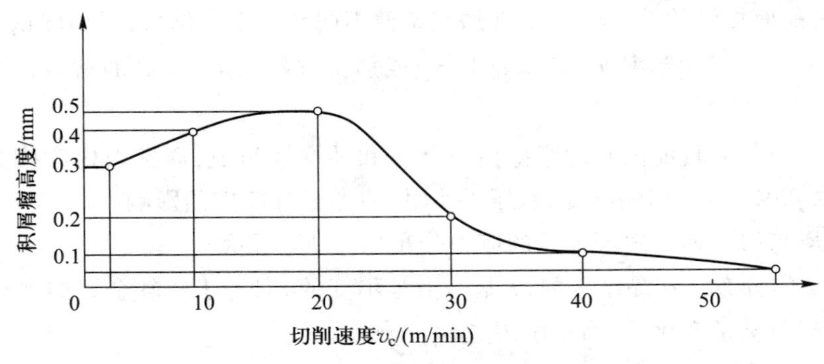

图 2.8　切削速度对积屑瘤的影响

故不易形成积屑瘤。中速（$v_c \approx 20$ m/min）时，积屑瘤的高度可达到最大值。所以许多中速加工程序，如攻螺纹、拉孔、铰孔等经常由于积屑瘤作用而影响加工表面粗糙度。如同其它精加工工序，为了提高加工表面质量，应尽量不采用中速加工，否则应配合其它改善措施。

在切削硬度和强度高的材料时，由于剪切屈服强度 τ_s 高，不易切除切屑，即使采用较低的切削速度，也易达到产生积屑瘤的中温区域，为了抑制积屑瘤，通常选用中等以上切削速度加工。同时，切削塑性高的材料，需选用高的切削速度才能消除积屑瘤。

4. 切屑的类型及卷屑、断屑机理

（1）切屑的类型

由于工件材料不同，切削条件不同，切削过程的变形也不同，所形成的切屑多种多样。通常将切屑分为四类。

1）带状切屑。如图 2.9a 所示，它是经过上述塑性变形过程形成的切屑，外形呈带状。切削塑性较高的金属材料，例如碳素钢、合金钢、铜和铝合金时，常出现这类切屑。

2）挤裂切屑。如图 2.9b 所示，在形成切屑的过程中，剪切面上局部位置处的剪应力 τ 达到材料的强度极限，使切屑上与刀具前面接触的一面较光洁，其背面局部开裂成节状。切削黄铜或用低速切削钢时，较易得到这类切屑。

3）单元切屑。如图 2.9c 所示，当剪切面上的剪应力超过材料的强度极限时产生了剪切破坏，使切屑沿厚度断裂成均匀的颗粒状。切削铅或用很低的速度切削钢时可得到这类切屑。

4）崩碎切屑。如图 2.9d 所示，在切削脆性金属时，例如铸铁、黄铜等材料，切削层几乎不经过塑性变形就产生脆性崩裂，得到的切屑呈不规则的细粒状。

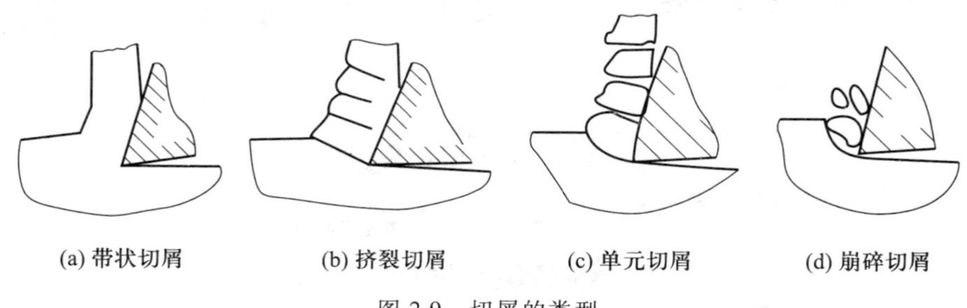

图 2.9　切屑的类型

切屑的类型是由材料的应力-应变特性和塑性变形程度决定的。如加工条件相同，塑性高的材料不易断裂，易形成带状切屑；改变加工条件，使材料产生的塑性变形程度随之变化，切屑的类型便会相互转化，当塑性变形尚未达到断裂点就被切离时会出现带状切屑，变形后达到断裂点就形成挤裂切屑或单元切屑。

因此，在生产中常利用切屑转化条件，使之得到较为有利的屑型。

按照形成机理的差异，可把切屑分成带状、节状、粒状和崩碎四类。但是这种分类方法还不能满足切屑的处理和运输的要求。影响切屑的处理和运输的主要原因是切屑的形状，因此还需按照切屑的形状进行分类。根据工件材料、刀具几何形状和切削条件的差异，所形成的切屑的形状也会不同。根据形状的不同切屑大体有带状屑、C 形屑、崩碎屑、宝塔状卷屑、长紧卷屑、发条状卷屑、螺卷屑等，如图 2.10 所示。

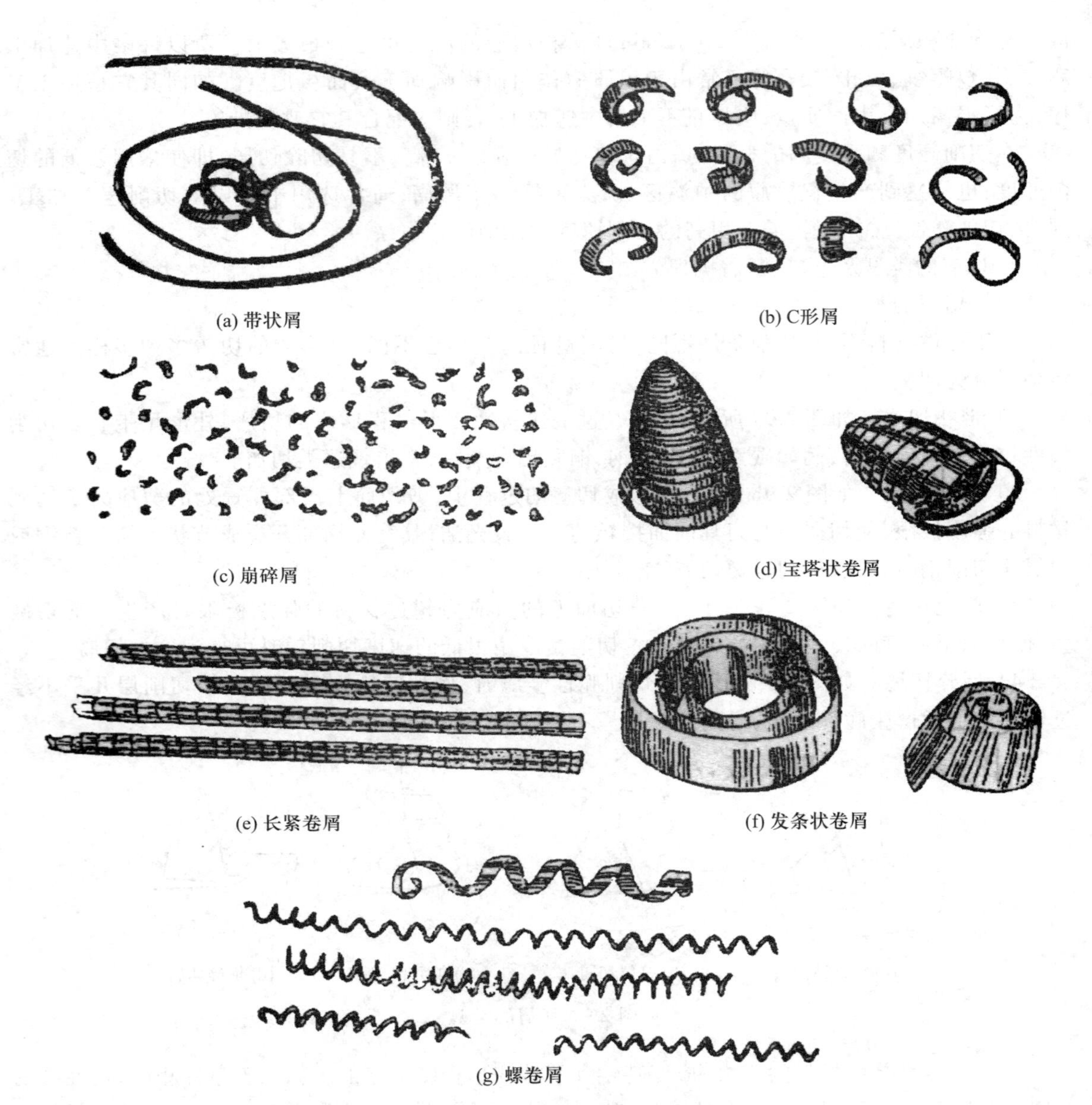

图 2.10　各种形状的切屑

由于切削加工的具体条件不同,要求的切屑形状也就不同。一般情况下,不希望得到带状切屑,只有在立式镗床上镗不通孔时,为了使切屑顺利排出孔外,才要求形成带状切屑或者长螺卷屑。C 形屑不缠绕工件和刀具,也不易伤人,是一种比较好的屑形。但 C 形屑高频率的碰撞和折断会影响切削过程的平稳性,对已加工表面粗糙度有影响,所以精车时一般希望形成长螺卷屑。在重型机床上用大的被吃刀量、大的进给量车削钢件时,C 形屑易损坏切削刃和飞崩伤人。车削铸铁、黄铜等脆性材料时,为避免切屑飞溅伤人或损坏滑动表面,应设法使切屑连成卷状。

（2）卷屑、断屑机理

为了得到要求的切屑形状,均需要使切屑卷曲。卷屑的基本原理是设法使切屑沿着刀具流出时受到一个额外的作用力，在该力的作用下使切屑产生一个附加的变形而弯曲。具体方法有：

1）自然卷屑。利用刀具前面上的积屑瘤使切屑自然弯曲，如图 2.11 所示。

2）卷屑槽与卷屑台的卷屑。在生产中常用强迫卷屑法，即在刀具前面上磨出适当的卷屑槽或安装附加的卷屑台，当切屑流经刀具前面时，与卷屑槽与卷屑台相碰使其弯曲，如图 2.12、图 2.13所示。

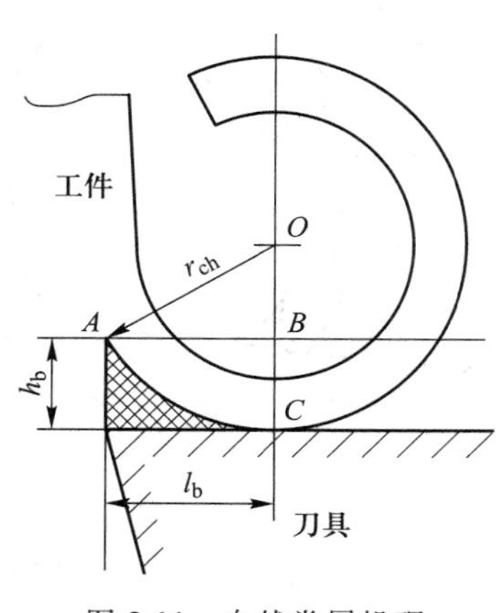

图 2.11　自然卷屑机理

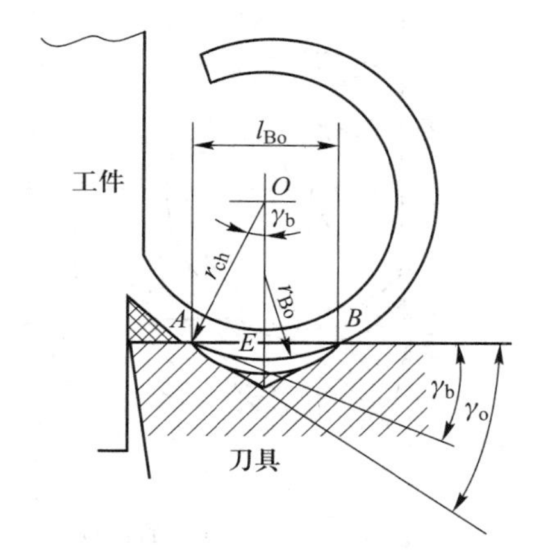

图 2.12　卷屑槽的卷屑机理

3）断屑。为了避免过长的切屑，对卷曲的切屑需进一步施加力（变形）使之折断。常用的方法有：

① 使卷曲后的切屑与工件相碰，致使切屑根部的拉应力越来越大，最终导致切屑完全折断。这种断屑方法一般得到 C 形屑、发条状卷屑或宝塔状卷屑，如图 2.14、图 2.15 所示。

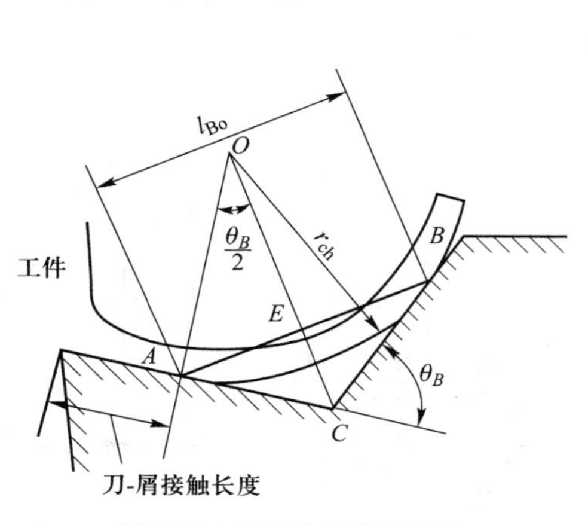

图 2.13　卷屑台的卷屑机理

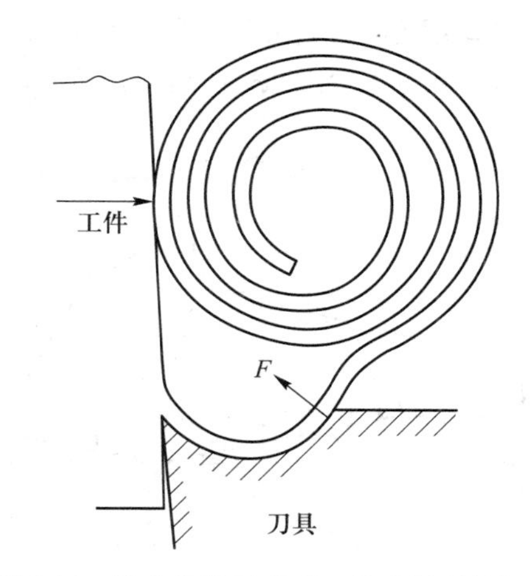

图 2.14　发条状卷屑碰到工件上折断的机理

② 使卷屑后的切屑与刀具后面相碰，致使切屑根部的拉应力越来越大，最终导致切屑完全断裂，形成 C 形屑，如图 2.16 所示。

5. 切削变形的变化规律

切削变形是个复杂的过程，通常利用先进的测试仪器和手段才可能描绘出变形过程。目前，研究切削变形的方法较多,例如通过试件侧面网格来观察变形、分析切屑根部试样中的金相组织、高速拍摄变形过程、用扫描电镜观察切屑形成过程以及用 X 射线测定变形程度等。

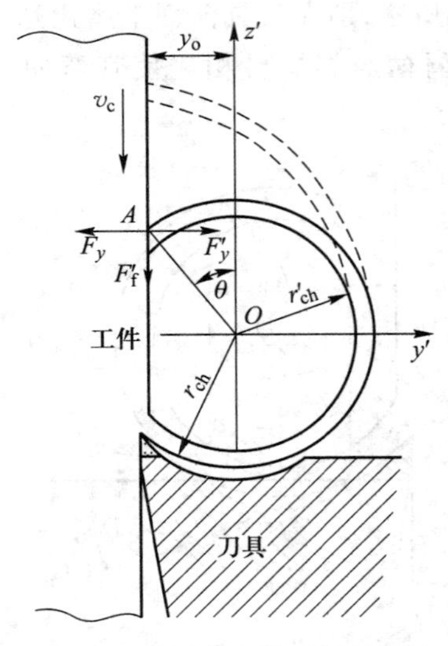

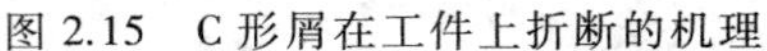

图 2.15　C 形屑在工件上折断的机理

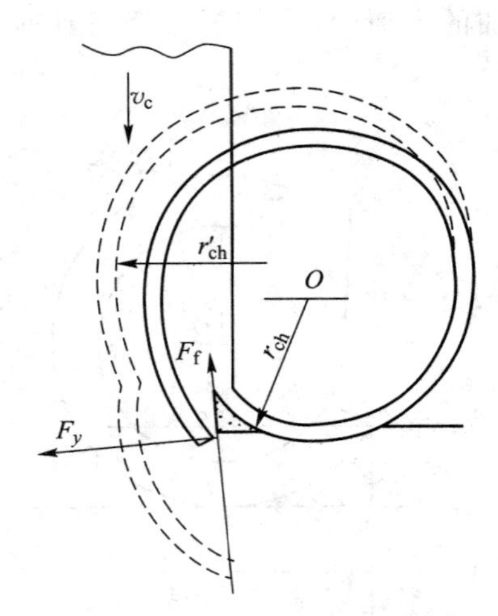

图 2.16　切屑碰到刀具后面上折断的机理

从相对滑移 ε、变形系数 Λ_h 的计算式中可知,切削变形的程度主要决定于剪切角 φ 和摩擦系数 μ 的大小。改变加工条件,促使 φ 增大、μ 减小,就能减小切削变形。

影响切削变形的因素很多,下面介绍其中最主要、起决定作用的几个因素。

(1) 前角

增大前角 γ_o,使剪切角 φ 增大,变形系数 Λ_h 减小,因此切削变形减小。

如图 2.17 所示,γ_o 增大,改变了正压力 F_n 的大小和方向,使合力 F_r、作用角 ω 减小,故剪切角 φ 增大。由于增大了 φ,切屑厚度 h_{ch} 减小,使变形系数 Λ_h 减小。

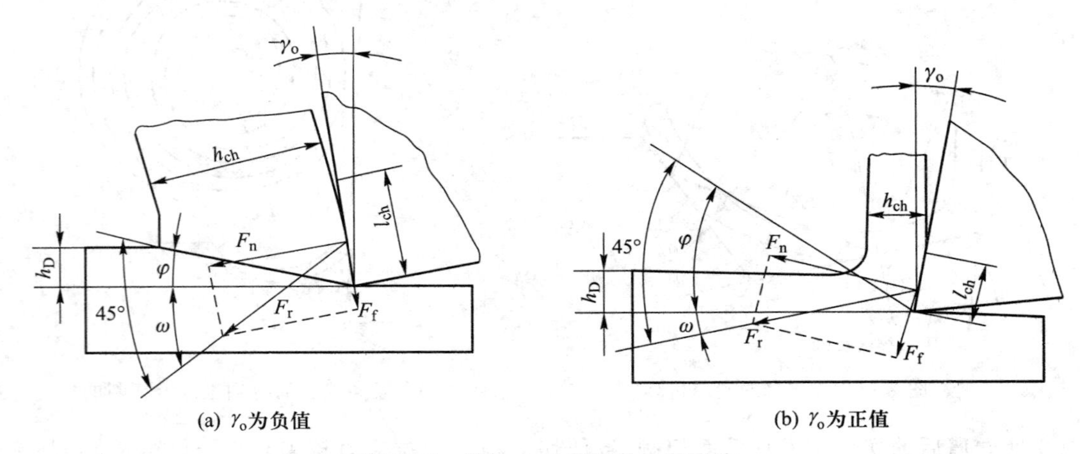

图 2.17　前角 γ_o 对剪切角 φ 的影响

生产实践表明,采用大前角刀具切削,刀刃锋利,切入金属容易,切屑与刀具前面的接触长度 l_{ch} 减小,流屑阻力小,因此切削变形小,切削省力。

(2) 切削速度

切削速度 v_c 是通过积屑瘤使剪切角 φ 改变和通过切削温度使摩擦系数 μ 变化来影响切削变形的。

如图 2.18 所示，以中碳钢为例。当 v_c 在 3~20 m/min 的范围内提高时，积屑瘤高度随之增加，刀具实际前角增大，使剪切角 φ 增大，故变形系数 Λ_h 减小；v_c = 20 m/min 左右时，Λ_h 值最小；当 v_c 在 20~40 m/min 范围内提高时，积屑瘤逐渐消失，刀具实际前角减小，使 φ 减小，所以 Λ_h 增大。当 v_c 超过 40 m/min 继续增高时，由于切削温度逐渐升高，致使摩擦系数 μ 下降，故变形系数 Λ_h 减小。此外，在高速时，也由于切削层受力小，切削速度又高，切削变形不充分，使切削变形减小。

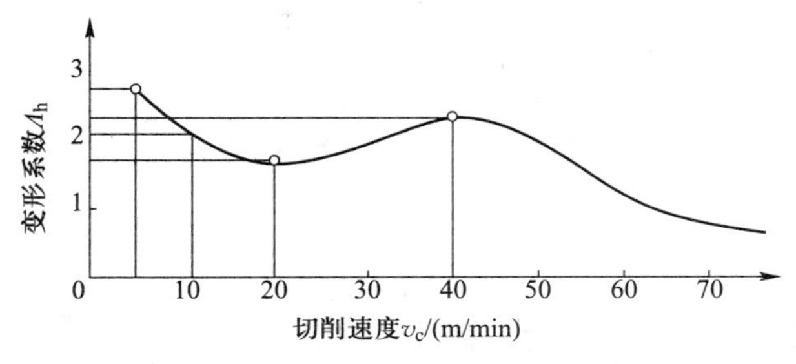

图 2.18 切削速度 v_c 对 Λ_h 的影响

(3) 进给量

进给量 f 对切削变形的影响规律如图 2.19 所示，即进给量 f 增大，使变形系数 Λ_h 减小。这是由于进给量 f 增大后，使切削厚度 h_D 增加，正压力 F_n 增大，平均正应力 σ_{av} 增大，因此摩擦系数下降，剪切角增大所致。

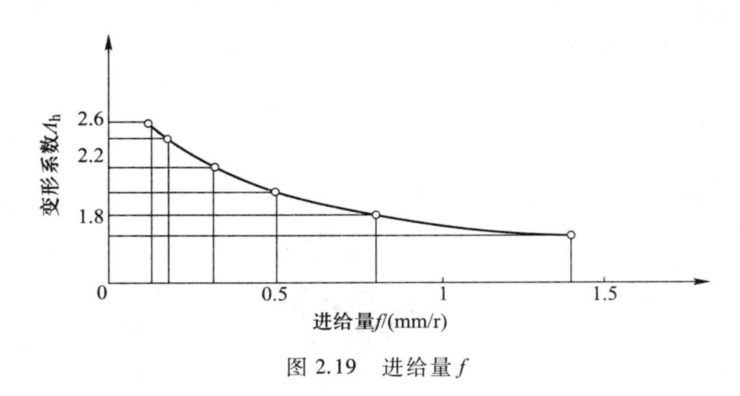

图 2.19 进给量 f

另外，在一定切削厚度 h_D 的切屑中，各切削层的变形和应力分布是不均匀的。离刀具前面近的金属层变形和应力大，离刀具前面越远的金属层，其变形和应力越小。因此，切削厚度 h_D 增加，切屑中平均变形减小；反之，薄切屑的变形量大。

(4) 工件材料

工件材料的力学性能不同，切削变形也不同。材料的强度、硬度提高，正压力 F_n 增大，平均正应力 σ_{av} 增大，因此摩擦系数 μ 下降，剪切角 φ 增大，切削变形减小。所以，切削强度、硬度高的材料,不易产生变形,若需达到一定变形量,应施较大作用力和消耗较多的功率。而切削塑性较高的材料,则变形较大。图 2.20 所示为采用不同前角 γ_o 切削不同材料时的变形系数 Λ_h 值。

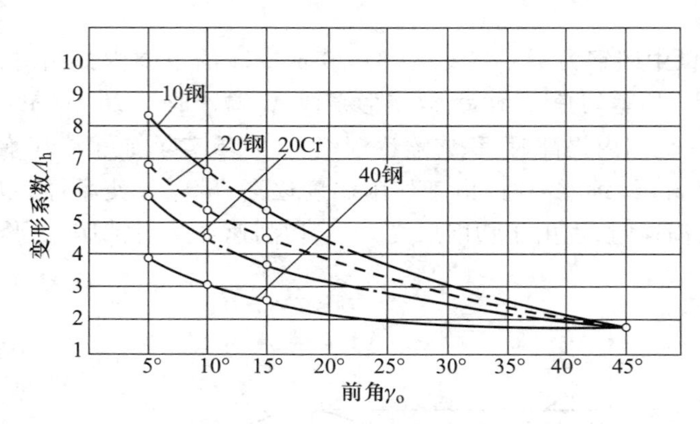

图 2.20　材料对变形系数 Λ_h 的影响

2.1.2　切削力

切削过程中作用在刀具与工件上的力称为切削力。这里主要研究切削力的计算及变化规律,它直接影响刀具、机床、夹具的设计与使用。

1. 切削力的来源、合力及其分力

切削时作用在刀具上的力由下列两个方面组成:① 变形区内产生的弹性变形抗力和塑性变形抗力;② 切屑、工件与刀具间的摩擦力。

图 2.21a 为直角自由切削时,作用在刀具前面上的弹、塑性变形抗力 F_{ny} 和摩擦力 F_{fy},作用在刀具后面上的弹、塑性变形抗力 F_{na} 和摩擦力 F_{fa}。它们的合力 F_r 作用在刀具前面上近切削刃处,其反作用力 F_r' 作用在工件上。

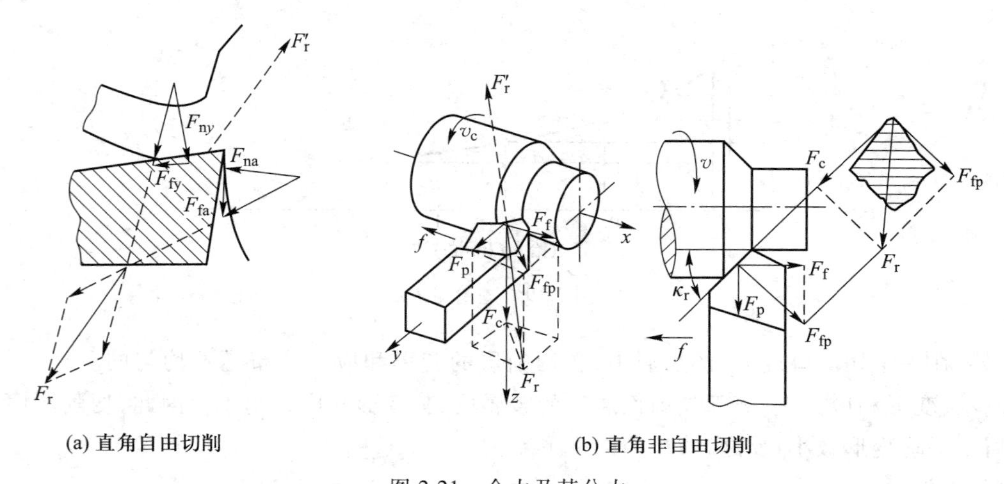

(a) 直角自由切削　　(b) 直角非自由切削

图 2.21　合力及其分力

图 2.21b 为直角非自由切削时,由于受到副切削刃上刀尖处变形抗力和摩擦力的影响,改变

了合力 F_r 的作用方向。为了便于分析切削力的作用和测量，计算切削力的大小，通常将合力 F_r 在按主运动速度方向、切深方向和进给方向所作的空间直角坐标轴 z、y、x 上分解成三个分力，即

主切削力 F_c：主运动切削速度方向的分力。

切深抗力 F_p：切深方向的分力。

进给力 F_f：进给方向的分力。

在铣削平面时，上述分力亦称为切向力 F_c、径向力 F_p 和轴向力 F_f。

由图 2.21b 可知，合力与各分力间关系为

$$F_r=\sqrt{F_c^2+F_{fp}^2}=\sqrt{F_c^2+F_p^2+F_f^2} \tag{2.11}$$

式中：$F_p=F_{fp}\cos\kappa_r$，$F_f=F_{fp}\sin\kappa_r$，F_{fp}为合力在 F_r 基面上的分力。

主切削力 F_c 是最大的一个分力，它消耗了切削总功率的 95%左右，是设计与使用刀具的主要依据，并用于验算机床、夹具主要零部件的强度和刚度以及机床电动机功率。

切深抗力 F_p 不消耗功率，但在机床-工件-夹具-刀具所组成的工艺系统刚性不足时，是造成振动的主要因素。

进给力 F_f 消耗总功率 5%左右，它是验算机床进给系统主要零部件强度和刚度的依据。

2. 切削力测定和切削力实验公式

生产、实验中经常遇到切削力的计算。目前切削力的理论计算公式只能供定性分析用，因为切削力 F_c 的计算公式是在忽略了温度、正应力、第Ⅲ变形区与摩擦力等条件下推导出来的，故不能用于计算。而求切削力较简单又实用的方法是利用测力仪直接测出或通过实验后整理成的实验公式求得。现将切削力实验公式的来源简述如下。

（1）测力仪的工作原理

测力仪的类型很多，目前较普遍使用的是电阻应变片式测力仪。

如图 2.22 所示，电阻应变片式测力仪由传感器 1、电桥电路 2、应变仪（放大器）3 和记录仪 4 组成。

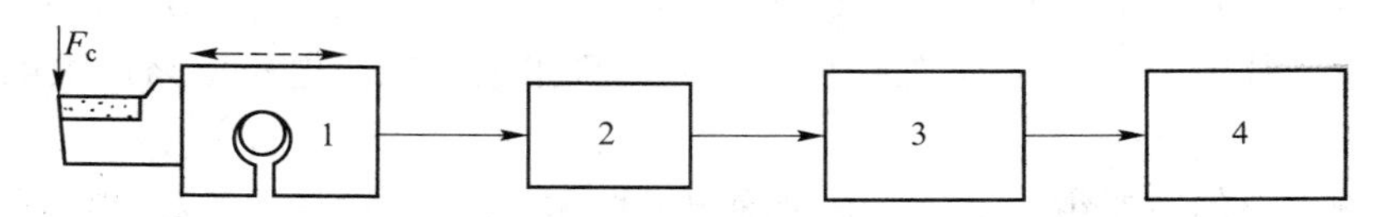

图 2.22　测力系统方框示意图

1—传感器；2—电桥电路；3—应变仪；4—记录仪

传感器是一个在弹性体上粘贴电阻应变片的转换元件，通过它使切削力的变化转换成电量的变化。将电阻应变片连接成电桥电路，当应变片的电阻值变化时，电桥不平衡，产生电流或电压信号输出，该信号经应变仪放大，并由记录仪显示出来。

通过标定就能作出电量与切削力之间的关系图表。在测力时根据记录的电量，可以从标定图表上查出对应的切削力数值。

电阻应变片式测力仪有很多结构形式，较常用的车削测力仪如图 2.23 所示，有能测主切削力 F_c 的直杆式和能测 F_c、F_p、F_f 三方向力的八角环式，它们的测力原理相同。以图 2.24 所示的直杆式为例，在主切削力 F_c 的作用下，直杆弹性体顶面产生拉伸变形，其上的应变片 R_1 伸长，阻

值增大 ΔR_1；其底面产生压缩变形，应变片 R_2 缩短，阻值减小 ΔR_2。如果将应变片与外接应变片组成半桥电路，就会产生输出电压（电流）信号。

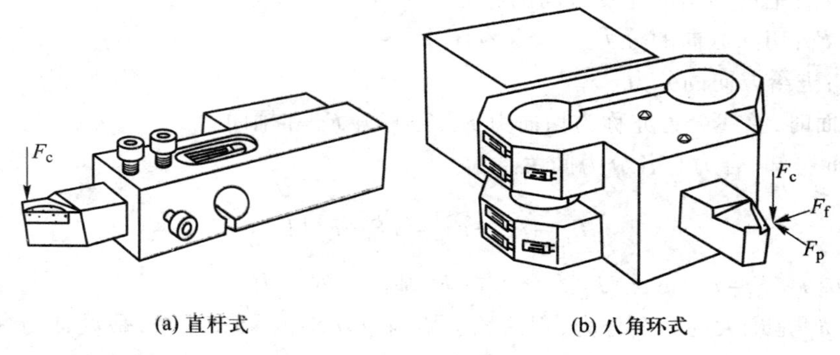

(a) 直杆式　　(b) 八角环式

图 2.23　车削测力仪

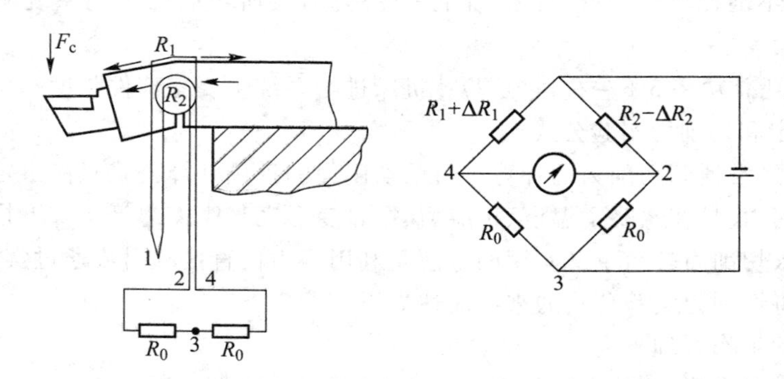

图 2.24　直杆式测力原理

该电压（电流）值与切削力 F_c 的大小成正比。通过标定，从外加已知的载荷（相当于 F_c 值）可找出相应的电压（电流）值。同理，在八角环式传感器上，也是通过三处分力的作用，使粘贴在相应表面上的应变片产生拉压变形，然后由应变片分别组成的三个电桥电路产生电压（电流）变化信号。

传感器是测力仪的主要组成部分。合理确定弹性体的结构、形状和参数，提高弹性体的制造精度，保证应变片的合理布局和粘贴质量，是提高测力仪的测量精度、刚性和灵敏度以及减小各分力间相互干涉的主要途径。

（2）车削力实验公式的建立

测力实验的方法有单因素法和多因素法，通常采用单因素法。即固定其它实验条件，在切削时分别改变背吃刀量 a_p 和进给量 f，并从测力仪上读出对应的切削力数值，然后经过数据整理求出它们之间的函数关系式。

通过切削力实验建立的车削力实验公式的一般形式为

$$F_c = C_{F_c} a_p^{x_{F_c}} f^{y_{F_c}} K_{F_c} \tag{2.12}$$

$$F_p = C_{F_p} a_p^{x_{F_p}} f^{y_{F_p}} K_{F_p} \tag{2.13}$$

$$F_f = C_{F_f} a_p^{x_{F_f}} f^{y_{F_f}} K_{F_f} \tag{2.14}$$

式中：C_{F_f}、C_{F_p}、C_{F_c}——影响系数，其大小与实验条件有关；

x_{F_f}、x_{F_p}、x_{F_c}——背吃刀量 a_p 对切削力的影响指数；

y_{F_f}、y_{F_p}、y_{F_c}——进给量 f 对切削力的影响指数；

K_{F_f}、K_{F_p}、K_{F_c}——计算条件与实验条件不同时对切削力的修正系数。

下面简要说明建立主切削力 F_c 的实验公式的基本原理。

根据实验得到的 a_p-F_c、$f-F_c$ 许多对应值，即可在双对数坐标中连成如图 2.25a、b 所示的两条直线。

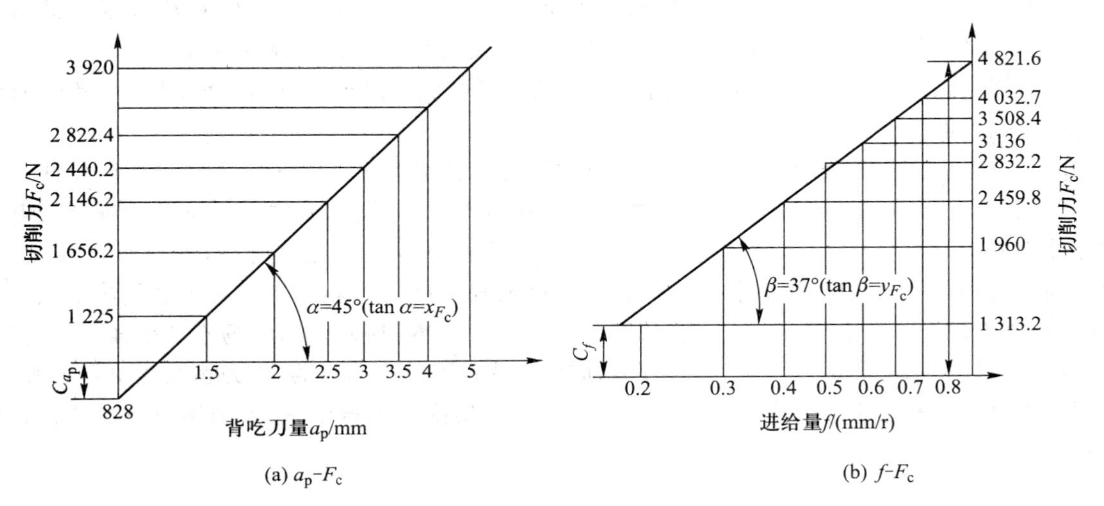

图 2.25　双对数坐标中直线图形

直线图形的对数方程为

$$\lg F_c = \lg C_{a_p} + x_{F_c} \lg a_p$$

$$\lg F_c = \lg C_f + y_{F_c} \lg f$$

上式可改写为

$$F_c = C_{a_p} a_p^{x_{F_c}} \quad \text{(a)}$$

$$F_c = C_f f^{y_{F_c}} \quad \text{(b)}$$

综合式(a)、(b)，得 F_c 的实验公式为

$$F_c = C_{F_c} a_p^{x_{F_c}} f^{y_{F_c}} \quad \text{(c)}$$

式中：x_{F_c}、y_{F_c}——a_p-F_c、$f-F_c$ 直线图形的斜率，通常 $x_{F_c}=1$，$y_{F_c}=0.75\sim0.9$；

C_{a_p}、C_f——a_p-F_c、$f-F_c$ 直线图形的截距；

C_{F_c}——由式(a)、(b)、(c)联立求得的系数值。

假如图 2.25 中 a_p-F_c、$f-F_c$ 的直线图形是在下列实验条件下得到的：刀具几何参数 $\gamma_o=15°$，$\kappa_r=45°$，$\alpha_o=8°$，$\gamma_{o1}=-6°$，$b_{\gamma1}=0.2\sim0.3$ mm，断屑槽宽度 $l_{Bo}=4$ mm；焊接硬质合金车刀为 P10，在 C620 型车床上用三相电阻应变片式测力仪，车削 45 钢，切削速度 $v=105$ m/min，不加切削液。则 F_c 的实验公式为

$$F_c = 1\ 627a_p f^{0.75}$$

同理,经实验可求出 F_p 与 F_f 的实验公式。

在科学研究中,为了获得精确的实验结果,应根据正交设计原理确定实验方案,并将实验数据进行一元回归分析,利用最小二乘法求出各系数和指数,具体方法可参阅有关资料。

另外,切削力实验公式是在特定的实验条件下求出来的。在计算切削力时,如果切削条件与实验条件不符,不必另求实验公式,只需借用原有实验公式再乘以一个系数 K_F 即可,K_F 称为修正系数,它是包括许多因素的修正系数乘积,也用实验方法求出。例如以前角 γ_o 为例,在其它条件相同的情况下,用不同 γ_o 的车刀进行切削实验,测出它们的 F_c 值,然后与求 F_c 实验公式时的 γ_o 所得到的 F_c 进行比较,它们的比值 $K_{\gamma_o F_c}$ 即为 γ_o 改变对切削力 F_c 的修正系数。

每一因素都可求出它对 F_c、F_p 和 F_f 影响的修正系数值。修正系数的大小,表示该因素对切削力的影响程度。

除了电阻应变片式测力方法外,还有压电式测力方法,它主要利用石英晶体的压电特性。

压电效应(piezo-electric effect)指晶体由于机械力作用,而激起晶体表面电荷的现象。电介质晶体在外力作用下发生形变时,在它的某些表面上出现异号极化电荷,示意图如图 2.26a 所示。利用这种正压电效应可以制成压电式力、速度或加速度传感器等。当在压电晶体上加一电场时,晶体不仅要产生极化,还要产生应变和应力,如图 2.26b 所示。当电场不是很强时,应变与外电场呈线性关系。利用逆压电效应可以制成压电式位移或力输出器,作为物性型执行器等,通常把正压电效应和逆压电效应都简称为压电效应。在切削力测量中,一般采用石英晶体作为压电材料。

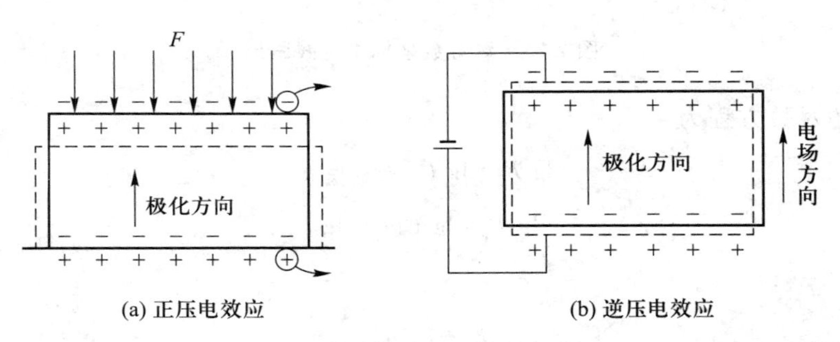

图 2.26　压电效应

切削力测量系统一般由测力仪、数据采集系统和微机(PC)三部分组成,如图 2.27 所示。测力仪(测力传感器)通常安装在刀架(车削)或机床工作台上(铣削),负责拾取切削力信号,将力信号转换为弱电信号;数据采集系统对此弱电信号进行调理和采集,使其变为可用的数字信号;计算机通过一定的软件平台,将切削力信号显示出来,并对其进行数据处理和分析。图 2.28 所示就是瑞士 Kistler 公司开发的新型四分量钻削切削力测量仪。

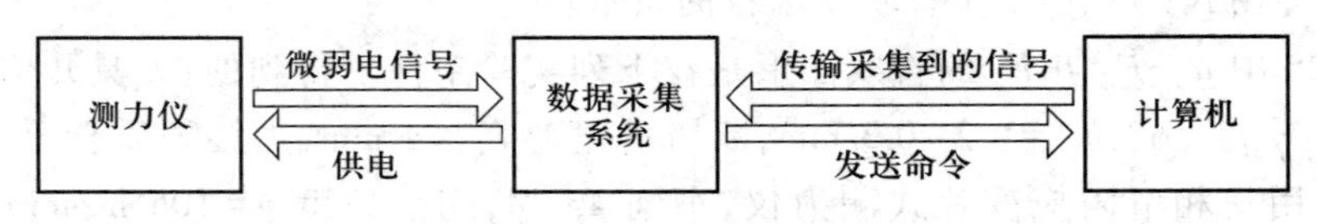

图 2.27　切削力测量系统的组成

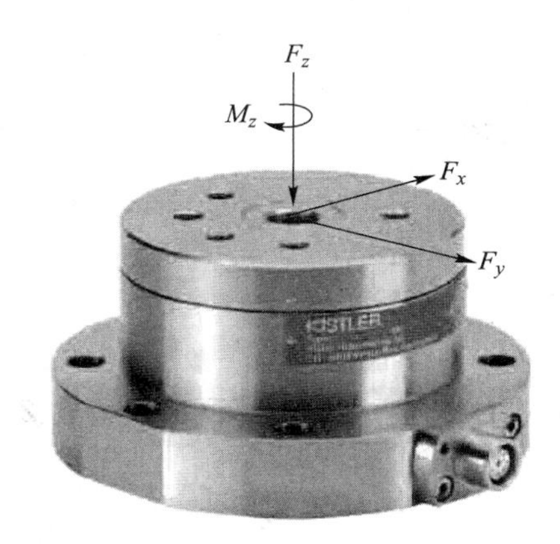

图 2.28 瑞士 Kistler 公司开发的新型四分量钻削切削力测量仪

现代切削加工正在向高速强力切削、精密超精密加工方向发展,机床的振动频率也会远远高于系统的固有频率,这对切削力测量系统提出了新的要求:① 测量范围大,精度和分辨率高;② 实时性好,能够在线实时测量;③ 数据处理和分析能力强,能够对复杂多变的切削力信号进行各种处理和分析。

针对这些方面的要求,切削力测量技术将朝着以下几方面发展:

1) 开发新型弹性元件,优化弹性元件结构及应变片布片方案,提高应变式测力仪固有频率,有效解决应变式测力仪刚度和灵敏度之间的矛盾问题,降低各向力之间的耦合程度。

2) 应用集成电路和微电子技术,使数据采集系统集成化,提高数据采集的速度与精度。

3) 完善数据处理分析软件的功能,例如通过解耦运算进一步减小测力仪各向力之间的耦合程度,以提高测量精度;将虚拟仪器技术引入切削力测试系统,以便对测量数据进行多种操作和数据库管理;建立专家系统,通过对测试数据的分析处理,对刀具磨损、切削颤振等情况做出预报并提出相应的治理措施。

3. 单位切削力、切削功率和单位切削功率

(1) 单位切削力

单位切削力 p(单位为 N/mm^2)是指切除单位切削层面积所产生的主切削力,可用下式表示:

$$p=\frac{F_c}{A_D}=\frac{C_{F_c}a_p^{x_{F_c}}f^{y_{F_c}}}{a_pf}=\frac{C_{F_c}}{f^{1-y_{F_c}}} \tag{2.15}$$

式(2.15)表明,单位切削力 p 与进给量 f 有关,它随着进给量 f 的增大而减小,这是因为进给量 f 增大,切削层面积 A_D 随之增大,但切削力 F_c 增大不多。单位切削力 p 不受背吃刀量 a_p 的影响,这是因为背吃刀量改变后,切削力 F_c 与切削层面积 A_D 以相同的比例随之变化。

利用单位切削力 p 来计算主切削力 F_c 较为简易、直观。

(2) 切削功率

切削功率 P_m(单位为 kW)是指车削时在切削区域内消耗的功率,通常计算的是主运动所消耗的功率,即

$$P_m=\frac{F_cv_c\times10^{-3}}{60} \tag{2.16}$$

式中：F_c——主切削力，N；

v_c——主运动切削速度。

机床电动机所需功率 P_E 应为

$$P_E = \frac{P_m}{\eta} \tag{2.17}$$

式中：η——机床传动效率。

（3）单位切削功率

单位切削功率 P_s（单位为 kW/mm^3）是指切除单位体积金属 Z_w 所消耗的功率：

$$P_s = \frac{P_m}{Z_w} \tag{2.18}$$

另外，可导出 P_s 与 p 之间的如下关系式：

$$P_s = \frac{P_m}{Z_w} = \frac{p a_p f v_c}{1\,000 a_p f v_c} \times 10^{-3} = p \times 10^{-6}\ kW/mm^3 \tag{2.19}$$

表 2.1 为使用硬质合金车刀对部分常用金属材料进行切削实验求得的单位切削力 p 和单位切削功率 P_s 的值。实验是在固定进给量 f= 0.3 mm/r 和其余条件下进行的。当进给量 f 改变时，应将 p 和 P_s 值乘以表 2.2 中的修正系数 K_{fp}、K_{fP_s}。

表 2.1　硬质合金外圆车刀切削常用金属时单位切削力和单位切削功率（f = 0.3 mm/r）

加工材料				实验条件		单位切削力	单位切削功率
名称	牌号	制造热处理状态	硬度（HBW）	车刀几何参数	切削用量范围	p/（N/mm^2）	P_s/（kW/mm^3）
碳素结构钢	Q235	热轧或正火	134～137	$\gamma_o = 15°$ $\kappa_r = 75°$ $\lambda_s = 0°$ $b_{\gamma1} = 0$ 刀具前面带卷屑槽	a_p = 1～5 mm f= 0.1～0.5 mm/r v_c = 90～105 m/min	1 884	$1\,884 \times 10^{-6}$
	45		187			1 962	$1\,962 \times 10^{-6}$
	40Cr		212			1 962	$1\,962 \times 10^{-6}$
合金结构钢	45	调质	229			2 305	$2\,305 \times 10^{-6}$
	40Cr		285			2 305	$2\,305 \times 10^{-6}$
不锈钢	1Cr18Ni9Ti	淬火回火	170～179	$\gamma_o = 20°$ 其余同上		2 453	$2\,453 \times 10^{-6}$
灰铸铁	HT200	退火	170	前面无卷屑槽，其余同上	a_p = 2～10 mm f= 0.1～0.5 mm v_c = 70～80 m/min	1 118	$1\,118 \times 10^{-6}$
可锻铸铁	KT30-6	退火	170	前面无卷屑槽，其余同上		1 344	$1\,344 \times 10^{-6}$

表 2.2　进给量 f 对单位切削力或单位切削功率的修正系数 K_{fp}、K_{fP_s}

f	0.1	0.15	0.2	0.25	0.3	0.35	0.4	0.45	0.5	0.6
K_{fp}、K_{fP_s}	1.18	1.11	1.06	1.03	1.0	0.97	0.96	0.94	0.925	0.9

【例题 2.1】　用硬质合金车刀车削热轧 45 钢外圆，车刀主要角度 $\gamma_o=15°$、$\kappa_r=75°$、$\lambda_s=0°$，选用切削用量 $a_p=2$ mm、$f=0.3$ mm/r、$v_c=100$ m/min。求单位切削力 p、主切削力 F_c、单位切削功率 P_s 和切削功率 P_m。

解：　查表 2.1 得 $p=1\ 962$ N/mm²，所以

$$F_c=pA_D=1\ 962\times2\times0.3\ \text{N}=1\ 177.2\ \text{N}$$

$$P_s=1\ 962\times10^{-6}\ \text{kW/mm}^3$$

$$P_m=\frac{F_cv_c\times10^{-3}}{60}=1\ 177.2\times\frac{100}{60}\times10^{-3}\ \text{kW}=1.96\ \text{kW}$$

4. 切削力的变化规律

影响切削力的因素主要有四个方面，即工件材料、切削用量、刀具几何参数及其它方面的因素。

（1）工件材料的影响

工件材料是通过材料的剪切屈服强度 τ_s、塑性变形、切屑与刀具间的摩擦系数 μ 等条件影响切削力的。

工件材料的硬度或强度越高，材料的剪切屈服强度 τ_s 越高，切削力越大。材料的热处理状态不同，得到的硬度也不同，切削力随着硬度的提高而增大。

工件材料的塑性或韧性越高，切屑越不易折断，使切屑与刀具前面间的摩擦增加，故切削力增大。例如不锈钢 1Cr18Ni9Ti 的硬度接近 45 钢（229 HBW），但断后伸长率是 45 钢的 4 倍，所以同样条件下产生的切削力较 45 钢增大 25%。

在切削铸铁时，由于塑性变形小，崩碎切屑与刀具前面的摩擦小，故切削力小。例如灰铸铁（HT200）与热轧 45 钢的硬度接近，但前者切削力小 40%。

从表 2.1 中可以看出不同材料对切削力的影响程度。

（2）切削用量的影响

1）背吃刀量和进给量。背吃刀量 a_p 和进给量 f 增大，分别使切削宽度 b_D、切削厚度 h_D 增大，因而切削层面积 A_D 增大，故变形抗力和摩擦力增加，引起切削力增大。

但是，a_p 和 f 增大后使变形和摩擦增加的程度不同。当 f 不变、a_p 增大一倍时，b_D、A_D 也都增大一倍，使变形和摩擦成倍增加，故主切削力 F_c 也成倍增大，如图 2.29a 所示；当 a_p 不变、f 增大一倍时，A_D 增大一倍，虽然 h_D 也成倍增大，但由于切削变形小，故使主切削力 F_c 增大 70%～80%，不到一倍，如图 2.29b 所示。实验的结果也表明 a_p 与 f 对切削力的影响程度不同，即在 F_c 实验公式中，通常 a_p 的影响指数 $x_{F_c}=1$，f 的影响指数 $y_{F_c}=0.75\sim0.9$。

上述 a_p 和 f 对 F_c 的影响规律对于指导生产实践具有重要作用。例如，要切除一定量的金属层，为了提高生产效率，采用大进给切削比采用大切深切削较省力又省功率。或者说，在同样切削力和切削功率的条件下，允许采用更大的进给量切削，能达到切除更多金属层的目的。

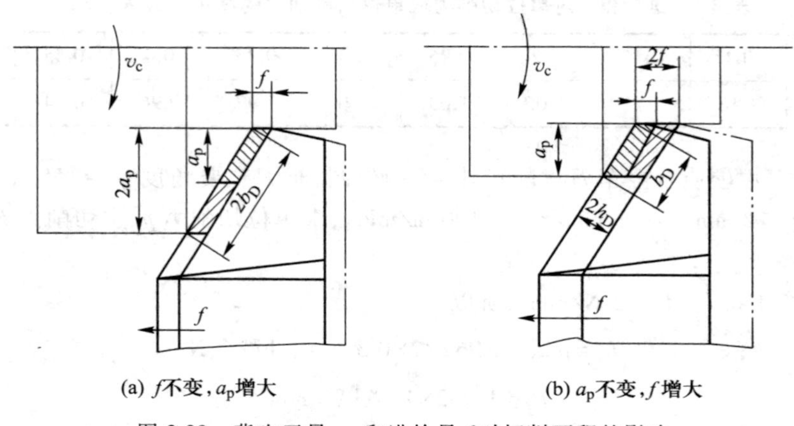

图 2.29　背吃刀量 a_p 和进给量 f 对切削面积的影响

2）切削速度。加工塑性金属时，切削速度 v_c 对切削力的影响规律如同对切削变形的影响一样，它们都是通过积屑瘤与摩擦的作用造成的。以车削 45 钢为例，由图 2.30 可知：

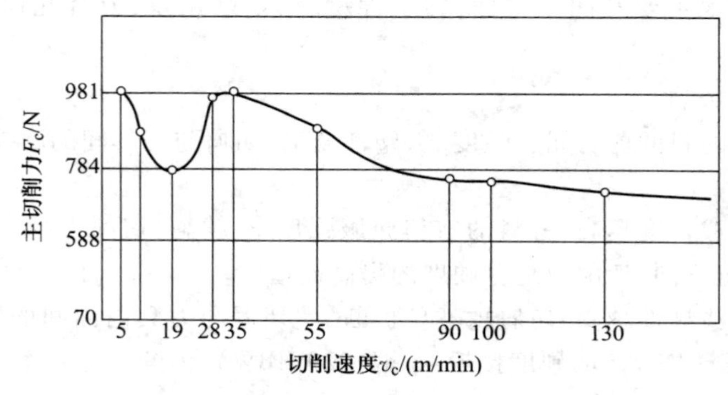

图 2.30　切削速度 v_c 对主切削力 F_c 影响

在低速到中速的范围（5~20 m/min）内，随着速度 v_c 的提高，切削变形减小，故主切削力 F_c 逐渐减小；中速（20 m/min 左右）时，变形值最小，F_c 减至最小值；超过中速时，随着速度 v_c 的提高，切削变形增大，故 F_c 逐渐增大。

在更高速度范围（v_c>35 m/min）内，切削变形随着切削速度的提高而减小，故切削力 F_c 逐渐减小而后达到稳定。

切削脆性金属时，因为变形和摩擦均较小，故切削速度 v_c 改变时切削力变化不大。

表 2.3 为车削钢时切削速度 v_c 对主切削力 F_c 影响的修正系数。

表 2.3　切削速度 v_c 对主切削力 F_c 影响的修正系数 K_{vF_c}

工件材料	v_c/（m/min）						
	50	75	100	125	150	175	200
45 钢、40Cr 钢	1.05	1.02	1.00	0.98	0.96	0.95	0.94

由表 2.3 可知，在硬质合金刀具常用的切削速度范围内，采用较高的速度切削，不仅能提高生产效率，而又使切削力 F_c 减小 4%，但功率消耗增加，可达 40%以上。

（3）刀具几何角度的影响

1）前角。前角 γ_o 增大，切削变形减小，切削力减小。但增大前角 γ_o，使三个分力 F_f、F_p 和 F_c 减小的程度不同。例如由实验可知，用主偏角 $\kappa_r=75°$的外圆车刀切削 45 钢和 HT200 时，γ_o 每增加 1°，使 F_c 降低 1%，F_p 降低 1.5%～2%、F_f 降低 4%～5%。如果主偏角 $\kappa_r<45°$，则前角 γ_o 增大后，由于刀具前面上正压力 F_n 的作用方向改变，使合力 F_r 减小的同时，作用角 ω 变小，F_r 在基面上的分力 F_{fp}减小，分力 F_f、F_p 也随之减小。F_p 与 F_f 减小的幅度是由主偏角 κ_r 的大小决定的：当 $\kappa_r\geq45°$时，F_f 降低的幅度较大；当 $\kappa_r<45°$时，F_p 降低的幅度较大。表 2.4 为用 $\kappa_r=75°$的外圆车刀车削 45 钢和灰铸铁时前角 γ_o 改变时切削力的修正系数。

表 2.4　前角改变时切削力的修正系数 K_{γ_oF}

工件材料	修正系数	前角 γ_o					
		-10°	0°	10°	15°	20°	30°
45 钢	$K_{\gamma_oF_c}$	1.28	1.18	1.05	1.00	0.89	0.85
	$K_{\gamma_oF_p}$	1.41	1.23	1.08	1.00	0.79	0.73
	$K_{\gamma_oF_f}$	2.15	1.70	1.24	1.00	0.50	0.30
灰铸铁	$K_{\gamma_oF_c}$	1.37	1.21	1.24	1.00	0.95	0.84
	$K_{\gamma_oF_p}$	1.47	1.30	1.09	1.00	0.95	0.85
	$K_{\gamma_oF_f}$	2.44	1.83	1.22	1.00	0.73	0.37

2）主偏角。主偏角 κ_r 改变，使切削面积的形状和切削分力 F_{fp}的作用方向改变，因而使切削力也随之变化。

如图 2.31 所示，当主偏角 κ_r 增大时，切削厚度 h_D 增加，切削变形减小，故主切削力 F_c 减小；但 κ_r 增大后，圆弧刀尖在切削刃上占的切削工作比例增大，使切削变形和排屑时切屑的相互挤压加剧。此外，副前角 γ_o'又随主偏角 κ_r 的增大而减小，上述影响又使主切削力 F_c 增大。

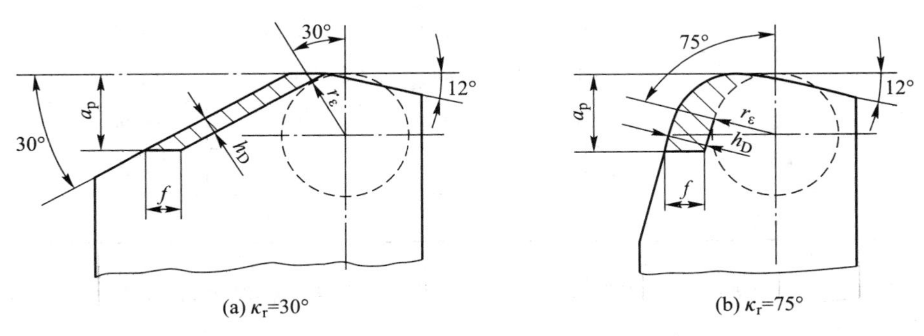

图 2.31　主偏角 κ_r 对切削面积形状的影响

由实验得到的图 2.32 所示的曲线表明：主偏角 κ_r 在 30°~60°范围内增大时，切削厚度 h_D 的影响起主要作用，促使主切削力 F_c 减小；主偏角在 60°~90°范围内增大时，刀尖处圆弧和副前角的影响更为突出，故主切削力 F_c 增大。

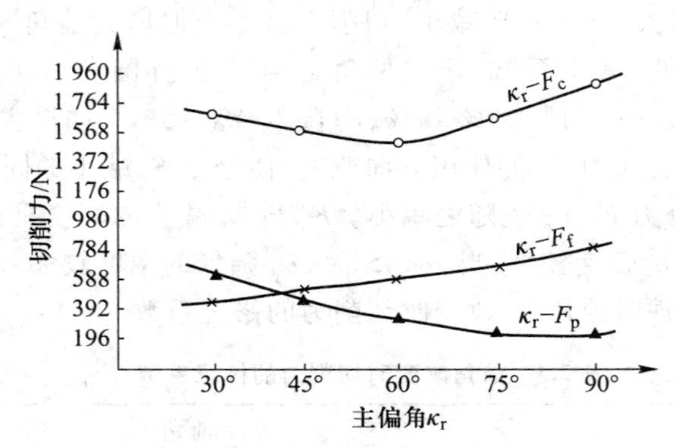

图 2.32　主偏角 κ_r 对切削力的影响

一般情况主偏角 κ_r=60°~75°，故主切削力 F_c 增大。

主偏角变化对切削力 F_p 和 F_f 的影响，是由于切削分力 F_{fp}的作用方向改变而造成的。由式(2.11)可知，κ_r 增大，使 F_p 减小、F_f 增大。当 κ_r=90°或 93°时，不仅 F_p 甚小，而且后者改变了 F_p 对工件的作用方向，使工件受到径向拉力的作用，从而可减小工件的变形和振动。

由此可见，车削轴类零件，尤其是细长轴时，为了减小切深抗力 F_p 的作用，往往采用较大主偏角（κ_r>60°）的车刀切削。

对于切断刀或切槽刀来说，由于切屑在槽中挤压、摩擦以及刀具后面上摩擦的影响，主切削力 F_c 较外圆车削增大 20%~30%。进给力 F_f 很大，为(0.4~0.55)F_c。

表 2.5 为主偏角 κ_r 对切削力的修正系数。

表 2.5　主偏角 κ_r 对切削力的修正系数 $K_{\kappa_r F}$

工作材料	修正系数	主偏角 κ_r				
		30°	45°	60°	75°	90°
45 钢	$K_{\kappa_r F_c}$	1.10	1.05	1.00	1.00	1.05
	$K_{\kappa_r F_p}$	2.00	1.60	1.25	1.00	0.85
	$K_{\kappa_r F_f}$	0.65	0.80	0.90	1.00	1.15
HT200	$K_{\kappa_r F_c}$	1.10	1.00	1.00	1.00	1.00
	$K_{\kappa_r F_p}$	2.80	1.80	1.17	1.00	0.70
	$K_{\kappa_r F_f}$	2.80	1.80	1.17	1.00	0.70

3）刃倾角 λ_s。由实验可知，刃倾角 λ_s 对主切削力 F_c 的影响很小，但对切深抗力 F_p、进给力 F_f 的影响较显著。

刃倾角 λ_s 的绝对值增大时，使主切削刃参加工作的长度增加，摩擦加剧；但在法平面中刃口圆弧半径 r_β 减小，刀刃锋利，切削变形减小。上述作用的结果是使 F_c 的变化很小。

刃倾角 λ_s 对 F_p、F_f 的作用如图 2.33 所示，当刃倾角 λ_s 由正值向负值变化时，使正压力 F_n 倾斜了刃倾角 λ_s，从而改变了合力 F_r 及其分力 F_{fp} 的作用方向，F_{fp} 的切深分力 F_p 增大，进给分力 F_f 减小。通常刃倾角 λ_s 每增减 1°，使切深分力 F_p 增减 2%~3%。

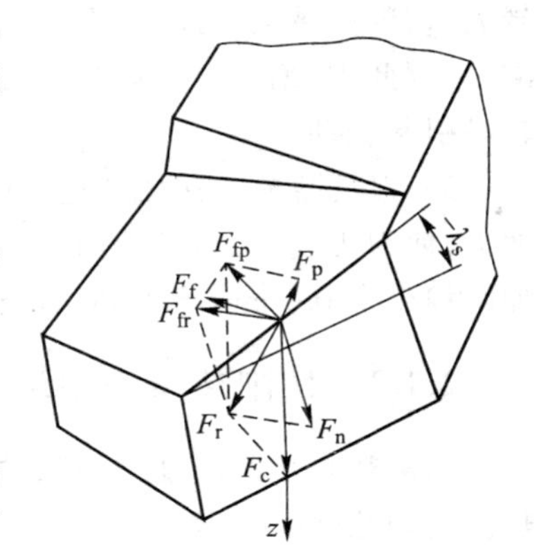

图 2.33　刃倾角 λ_s 对切削力 F_p、F_f 影响

由此可见，从切削力观点分析，切削时不宜选用过大的负刃倾角。尤其在加工工艺系统刚性较差的情况下，往往因负的 λ_s 增大了 F_p 的作用而产生振动。

表 2.6 为车削 45 钢时刃倾角 λ_s 对切削力的修正系数。

（4）其它因素的影响

1）刀具的棱面。如图 2.34a 所示，刀具的棱面参数有刀具第一前面宽度 $b_{\gamma1}$ 和前角 γ_{o1}。棱面提高了刀具强度，但也增大了挤压和摩擦的作用，如图 2.34b 所示，由于棱面上正压力和摩擦力的影响，使合力 F_r 的大小和方向变化，因此剪切角 φ 减小，摩擦增大，切削变形增大。所以，为了减小 F_p 的作用，应选用较小的宽度 $b_{\gamma1}$，并使得 $b_{\gamma1}/f$ 的值小于 0.5 较适宜。

表 2.6　车削 45 钢时刃倾角 λ_s 对切削力的修正系数 $K_{\lambda_s F}$

工作材料	修正系数	刃倾角 λ_s						
		+10°	+5°	0°	-5°	-10°	-30°	-45°
焊接车刀（平前面）	$K_{\lambda_s F_c}$	1.0	1.0	1.0	1.0	1.0	1.0	1.0
	$K_{\lambda_s F_p}$	0.8	0.9	1.0	1.0	1.2	1.7	2.0
	$K_{\lambda_s F_f}$	1.6	1.3	1.0	0.95	0.9	0.7	0.5

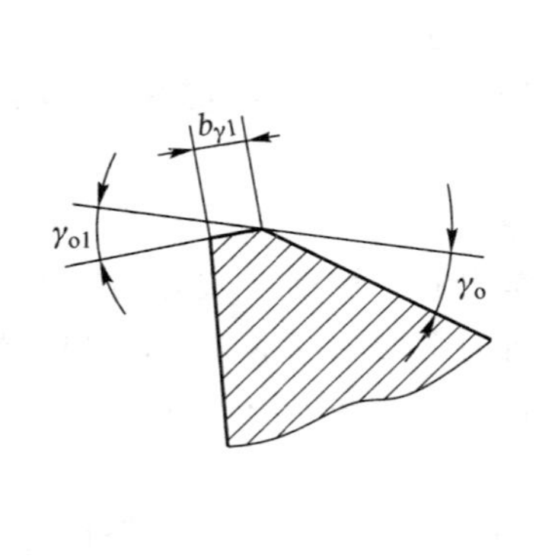

(a) 棱面参数

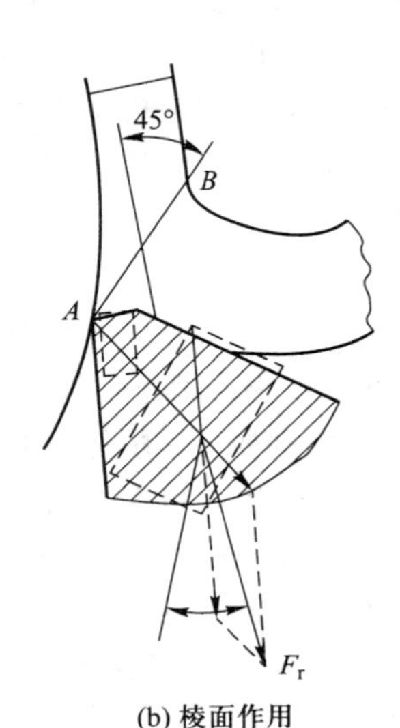

(b) 棱面作用

图 2.34　刀具棱面对切削刀的影响

2）刀尖圆弧半径。刀尖圆弧半径 r_ε 越大，圆弧刀刃参加工作的比例越大，切削变形和摩擦越大，切削力越大。此外，由于圆弧刀刃上主偏角是变化的，使参加工作刀刃上主偏角的平均值减小，因此 F_p 增大。所以当刀尖圆弧半径 r_ε 由 0.25 mm 增大到 1 mm 时，F_p 可增大 20%左右，并较易引起振动。

3）刀具磨损。在切削过程中刀具会产生磨损，如果刀具后面上的磨损量（用高度 V_B 表示）增大，使刀刃变钝，刀具后面与加工表面间的挤压和摩擦加剧，切削力增大。当磨损量很大时，例如磨损量由 0.6 mm 增大到 1.2 mm，使切削力 F_p 成倍增大，会产生振动，甚至无法工作。

2.1.3　切削热与切削温度

切削热与切削温度是切削过程中产生的又一重要物理现象。切削时作的功可转化为等量的热。切削热除少量散逸在周围介质中外，其余均传入刀具、切屑和工件中，使其温度升高，引起工件变形，加速刀具磨损。因此，研究切削热与切削温度具有重要的实用意义。

1. 切削热的来源与传导

切削热是由切削功转变而来的。如图 2.35 所示，切削热包括剪切区变形功形成的热 Q_p、切屑与刀具前面摩擦形成的热 $Q_{\gamma f}$、已加工表面与刀具后面摩擦形成的热 $Q_{\alpha f}$。产生的总切削热分别传入切屑 Q_{ch}、刀具 Q_c、工件 Q_w 和周围介质 Q_f。切削热的形成及传导关系为

$$Q_p+Q_{\gamma f}+Q_{\alpha f}=Q_{ch}+Q_w+Q_c+Q_f \tag{2.20}$$

切削塑性金属时，切削热主要由剪切区变形热和刀具前面摩擦热组成；切削脆性金属时，刀具后面摩擦热占的比例较大。

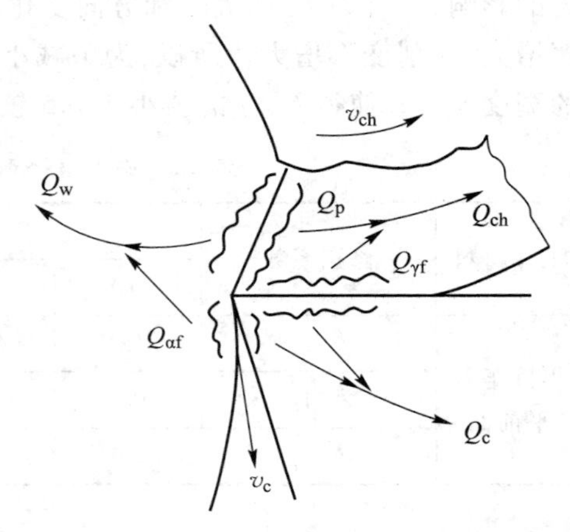

图 2.35　切削热的来源和传导

切削热传至各部分的比例，一般情况是切屑带走的热量多。由于第Ⅰ、Ⅲ变形区塑性变形、摩擦产生热及其传导的影响，致使工件吸收的热量次之，刀具吸收的热量最少。例如切削钢不加切削液时，它们之间的传热比例为 Q_{ch}：50%～86%；Q_w：10%～40%；Q_c：3%～9%；Q_f：1%。

2. 切削温度

切削热是通过切削温度来对工件与刀具产生作用的。切削区域处温度的高低，决定于该处切削热的多少和散热的快慢。通过推算和测定，切屑的平均温度最高。切削区域内温度最高点在刀具前面上的近刀刃处，例如在切削低碳钢时，若切削速度 v_c = 200 m/min、进给量 f = 0.25 mm/r，离切削刃 1 mm 处的温度可达 1 000 ℃，比切屑的平均温度高 2～2.5 倍，比工件的平均温度约高 20 倍。该点最高温度形成的原因，一方面受剪切区变形热的切屑连续摩擦产生的热影响有关，另一方面因热量集中不易散走所致。

因此，研究切削温度应设法控制刀具的最高温度。通常所说的切削温度一般是指切削区域的平均温度，用 θ 表示。

（1）切削温度计算

通过切削区域产生的变形功、摩擦功和热传导，可以近似推算出切削温度值。

以计算切削区域的平均温度为例：

切削温度是由切削时消耗总功形成的热量引起的。单位时间内产生的热量 q（单位为 W）等于消耗的切削功率 P_m，即

$$q=\frac{F_c v_c}{60} \tag{2.21}$$

式中：F_c——主切削力，N；

v_c——切削速度，m/min。

由热量 q 引起的温度升高量 $\Delta\theta$（单位为℃）与材料的密度 ρ、比热容 c 有关，其关系式为

$$\Delta\theta=\frac{F_c v_c}{c\rho v_c h_D b_D}=\frac{p}{c\rho} \tag{2.22}$$

式中：p——单位切削力，N/m^2；

c——比热容，J/(kg · K)；

ρ——密度，kg/m^3。

切削时，可根据单位切削力 p、密度 ρ 和比热容 c 按式（2.22）计算出切削温度的升高量 $\Delta\theta$。表 2.7 所列为已知单位切削力 p 时，计算得到的加工不同材料的切削温度值。

表 2.7　不同材料的切削温度计算值

加工材料	单位切削力 $p/(N/mm^2)$	比热容 $c/[J/(g·K)]$	密度 $\rho/(g/cm^3)$	切削温度升高量 $\Delta\theta$/℃
钢	1 962	0.46	7.8	546
铅黄铜	735	0.39	8.4	224
铝	814	0.92	2.7	327

（2）切削温度的测定

通过理论计算或利用测量的方法可确定切削温度在切屑、刀具和工件中的分布。测量切削温度的方法有热电偶法、热辐射法、涂色法和红外线法等。其中热电偶法虽只能近似测温，但装置简单、测量方便，是较为常用的测温方法。

1）自然热电偶法。自然热电偶法主要用于测定切削区域的平均温度。图 2.36 为测温装置示意图，它是利用刀具在切削工件时组成闭合电路测温的。刀具引出端用导线接入毫伏计的一极上，工件引出端用导线通过起电刷作用的顶尖接入毫伏计的另一极上。应使刀具与工件引出端处于室温，并使刀具、工件引出端分别与机床绝缘。切削时，刀具与工件接触区产生高温（热端），与刀具、工件各自引出端的室温（冷端）差别而形成温差电压；此外，还由于接触区刀具与工件材料的不同而形成接触电压。上述电压的和可用接入的毫伏计测出。切削温度越高，电压越大。它们之间的对应关系可通过切削温度标定得到。

2）人工热电偶法。人工热电偶法用于测量刀具、切屑和工件上指定点的温度，用它可求得温度分布和最高温度的位置。

如图 2.37a 所示，在刀具被测点处作出一个小孔（直径<0.5 mm），孔中插入一对标准热电偶，

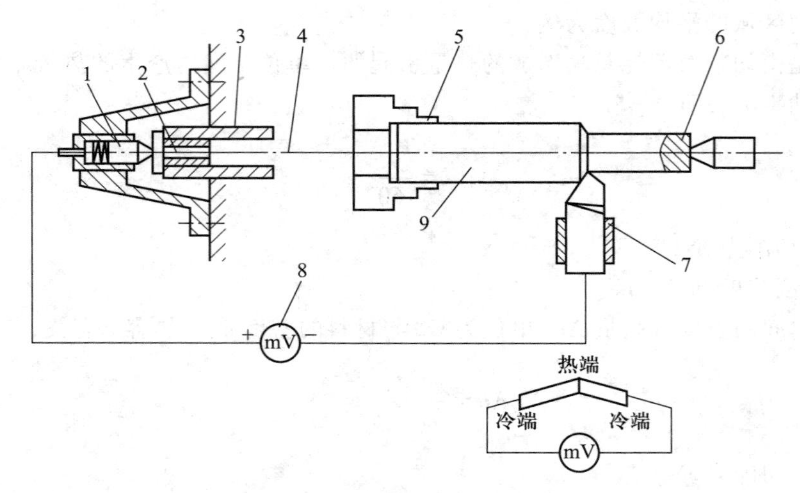

图 2.36　自然热电偶法测温装置

1—顶尖；2—铜轴；3—主轴；4—切屑或细丝；5、6、7—绝缘层；8—测量仪表；9—工件

它们与孔壁之间相互保持绝缘。切削时热电偶接点感受到被测点的温度，该温度可以通过串接在热电偶丝回路中的温度计读出。

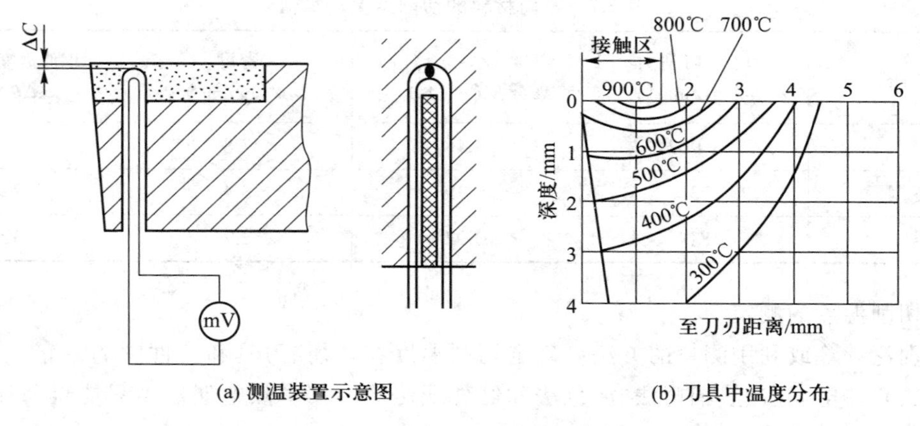

(a) 测温装置示意图　　(b) 刀具中温度分布

图 2.37　人工热电偶法测温

3. 影响切削温度的因素

切削温度与变形功、摩擦功和热传导有关。也就是说，切削温度的高低是产生的热和传走的热两方面综合影响的结果。作功越多、生热越多、散热越少，切削温度越高。影响生热和散热的因素有切削用量、刀具几何参数、工件材料和切削液等。

（1）切削用量的影响

切削用量是影响切削温度的主要因素。通过测温实验可以找出切削用量对切削温度的影响规律。通常在车床上利用测温装置求出切削用量 a_p、f 和 v_c 对切削温度的影响关系，并可整理成下列一般公式：

$$\theta = C_\theta a_p^{x_\theta} f^{y_\theta} v_c^{z_\theta} K_\theta \tag{2.23}$$

式中：x_θ、y_θ、z_θ——切削用量 a_p、f 和 v_c 对切削温度影响程度的指数；

C_θ——与实验条件有关的影响系数；

K_θ——切削条件改变后的修正系数。

当用高速钢刀具和硬质合金刀具车削中碳钢时，式(2.23)中各系数、指数见表 2.8。

表 2.8　不同材料刀具切削中碳钢时的各参数值

	C_θ	x_θ	y_θ	z_θ
高速钢刀具	140～170	0.08～1	0.2～0.3	0.35～0.45
硬质合金刀具	320	0.05	0.15	0.26～0.41

切削用量对切削温度的影响规律是：切削用量 a_p、f 和 v_c 增大，切削温度升高，其中切削速度 v_c 对切削温度的影响最大，进给量 f 次之，背吃刀量 a_p 的影响最小，从表 2.8 所示的影响指数 $z_\theta>y_\theta>x_\theta$ 也可反映出该规律。当切削用量 a_p、f 和 v_c 增大时，变形和摩擦加剧，切削功增大，故切削温度升高。但 a_p 增大后，切屑与刀具的接触面积以相同比例增大，散热条件显著改善；进给量 f 增大，切屑与刀具前面的接触长度增加，散热条件有所改善；切削速度增高，虽使切削力减小，但切屑与前面的接触长度缩短，故散热较差。

切削用量对切削温度的影响，就是生热与散热两方面作用的结果。由此可见，在金属切除率相同的条件下，为了减少切削温度的影响，防止刀具迅速磨损，保持刀具耐用度，增大背吃刀量 a_p 或进给量 f 比提高切削速度 v_c 更有利。

（2）刀具几何参数的影响

1）前角。前角 γ_o 增大，切削变形和摩擦减少，因此产生的热量减少，切削温度下降。但前角 γ_o 继续增大至 15°左右时，由于楔角减小使刀具散热变差，切削温度略上升。

图 2.38 为前角 γ_o 对切削温度 θ 的影响曲线。从图中可知，在一定的加工条件下，能够找出对切削温度影响最小的合理前角 γ_o。

2）主偏角。主偏角 κ_r 减少，使切削宽度 b_D 增大、切削厚度 h_D 减小，因此切削变形和摩擦增大，切削温度升高。但当切削宽度 b_D 增大后，散热条件改善，由于散热起主要作用，故随着主偏角 κ_r 的减小，切削温度下降。图 2.39 为主偏角 κ_r 对切削温度 θ 的影响曲线。

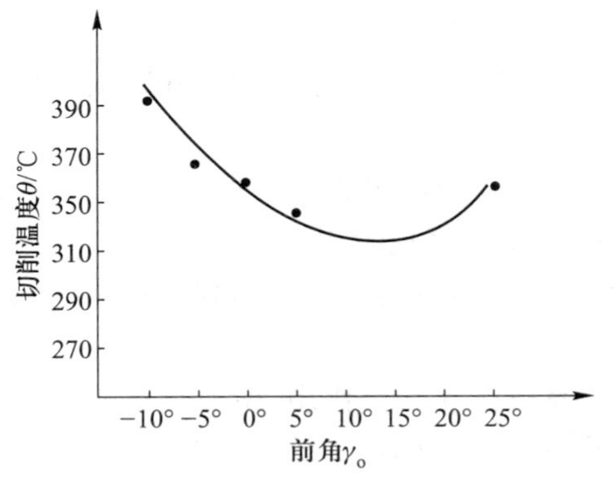

图 2.38　前角 γ_o 对切削温度 θ 的影响

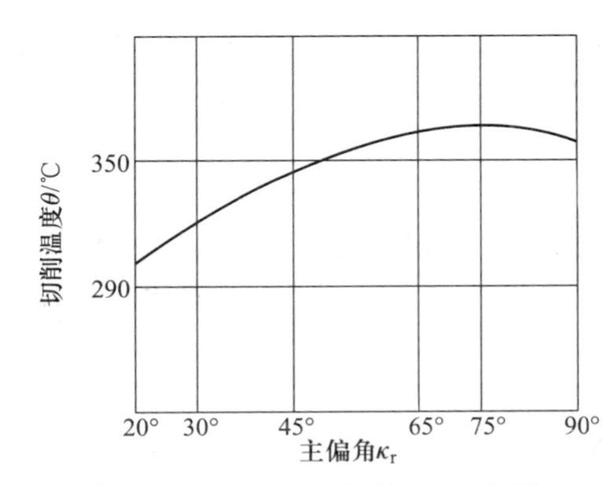

图 2.39　主偏角 κ_r 对切削温度 θ 的影响

由此可见，当工艺系统刚性足够时，用小的主偏角切削，对于降低切削温度、提高刀具耐用度能起到一定作用，尤其是在切削难加工材料时效果更明显。

在刀具几何参数中，除前角 γ_o 和主偏角 κ_r 外，其余参数对切削温度的影响较小。对于前角 γ_o 来说，γ_o 增大，虽能使切削温度降低，但考虑刀具强度和散热效果，γ_o 不能太大。主偏角 κ_r 减小后，既能使切削温度降低的幅度较大，又能提高刀具强度，因此在加工刚性允许的条件下，减小主偏角是提高刀具耐用度的一个重要措施。

（3）工件材料的影响

工件材料是通过强度、硬度和导热系数等性能的不同对切削温度产生影响的。例如：低碳钢的强度、硬度低，导热系数大，因此产生的热量少、热量传散快，故切削温度低；高碳钢的强度、硬度高，但导热系数接近中碳钢，因此生热多，切削温度高；40Cr 钢的硬度接近中碳钢，但强度略高，且导热系数小，故切削温度高。对于加工导热性差的合金钢，产生的切削温度可高于 45 钢 30%；不锈钢（1Cr18Ni9Ti）的强度、硬度虽较低，但它的导热系数比 45 钢低 3 倍，因此切削温度很高，比 45 钢约高 40%；脆性材料的切削变形和摩擦小，生热少，故切削温度低，比 45 钢约低 25%。

（4）其它因素的影响

除上述因素外，刀具产生磨损后会引起切削温度升高。干切削也会引起切削温度剧增，浇注切削液是降低切削温度的一个有效措施。

2.1.4 刀具磨损与刀具使用寿命

在切削过程中，刀具切除工件上的金属层，同时工件与切屑对刀具作用，使刀具磨损。刀具严重磨损会缩短刀具使用时间，恶化加工表面质量，增加刀具材料损耗。因此，刀具磨损是影响生产效率、加工质量和成本的一个重要因素。

1. 刀具磨损形式

刀具磨损形式分为正常磨损和非正常磨损两大类。

（1）正常磨损

正常磨损是指在刀具设计与使用合理、制造与刃磨质量符合要求的情况下，刀具在切削过程中逐渐产生的磨损。正常磨损主要包括下述三种形式（图 2.40）。

1）后面磨损。在与切削刃连接的刀具后面上，磨出长度为 b、后角等于或小于零的棱面。根据棱面上各部位的磨损特点，可分为三个区域。

C 区：近刀尖处磨损较大的区域，这是由于温度高、散热条件差而造成的。其磨损量用高度 V_C 表示。

N 区：近待加工表面，约占全长 1/4 的区域。在它的边界处磨出较长沟痕，这是由于表面氧化皮或上道工序留下的硬化层等造成的。它亦称为边界磨损，磨损量用 V_N 表示。

B 区：在 C、N 区间较均匀的磨损区。磨损量用 V_B 表示，其中局部出现的划痕深沟的高度用 V_{Bmax} 表示。

2）前面磨损。切屑在刀具前面上流出时，由于摩擦高温和高压作用，使刀具前面上近切削刃处磨出月牙洼。刀具前面的磨损量用月牙洼深度 K_T 表示，月牙洼的宽度为 K_B。

3）前、后面同时磨损。经切削后刀具上同时出现前面和后面磨损。这是在切削塑性金属时，采用中等切削速度和中等进给量较常出现的磨损形式。

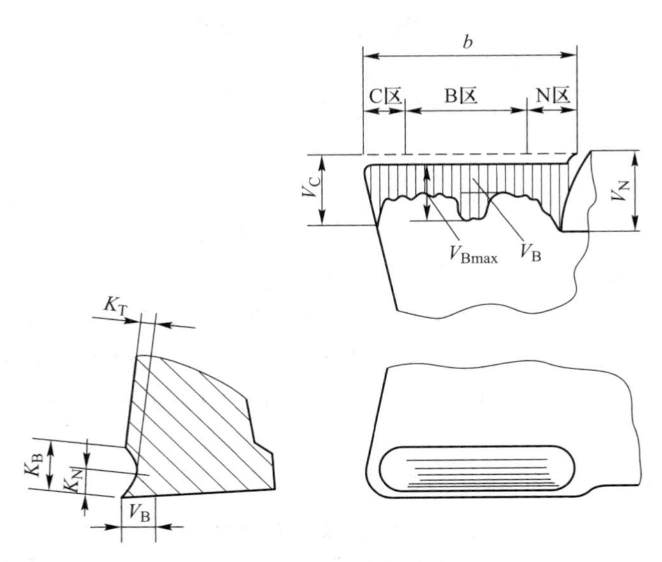

图 2.40　正常磨损形式

在生产中,较常见的是刀具后面磨损,尤其是在切削脆性金属和切削厚度 h_D 较小的情况下。月牙洼磨损通常是在高速、大进给(f>0.5 mm)切削塑性金属时产生的。

(2) 非正常磨损

非正常磨损是指刀具在切削过程中突然或过早产生损坏的现象,主要有:

1) 破损。在切削刃或刀面上产生裂纹、崩刃或碎裂。

2) 卷刃。切削时在高温作用下使切削刃或刀面产生塌陷或隆起的塑性变形现象。

2. 磨损过程和磨钝标准

正常磨损情况下,刀具磨损量随切削时间的增加而逐渐扩大。若以刀具后面磨损为例,其典型磨损过程如图 2.41 所示,图中大致分三个阶段。

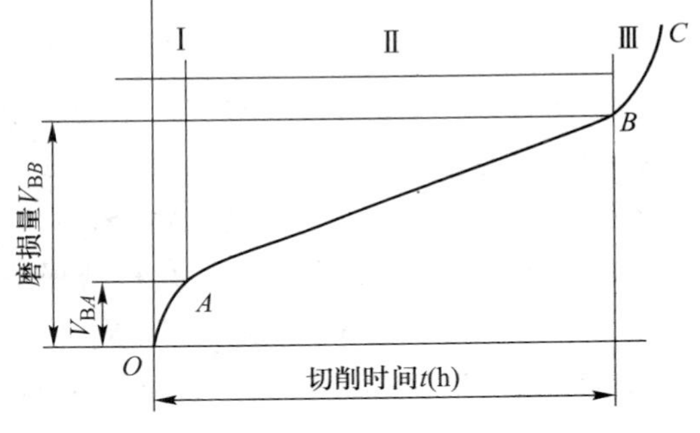

图 2.41　刀具磨损过程曲线

初期磨损阶段(Ⅰ段):在开始切削的短时间内,磨损较快。这是由于刀具表面粗糙不平或表层组织不耐磨引起的。

正常磨损阶段(Ⅱ段):随着切削时间的增加,磨损量以较均匀的速度加大。这是由于刀具表面磨平后,接触面增大、压强减小所致。AB 线段基本上呈直线,单位时间的磨损量称为磨损强度,该磨损强度近似为常数。

急剧磨损阶段(Ⅲ段):磨损量达到一定数值后,磨损急剧加速继而刀具损坏。这是由于切削时间过长,磨损严重,切削温度剧增,刀具强度、硬度降低所致。

显然,刀具一次磨刀后的切削时间应控制在达到急剧磨损阶段以前完成。如果超过急剧磨损阶段继续切削,就可能产生冒火花、振动、噪声等现象,甚至产生崩刃造成刀具严重破损。

所以,应该规定刀具用到产生急剧磨损前必须重磨或更换新刀刃。这时刀具的磨损量称为磨损限度或磨钝标准。由于刀具后面磨损是常见的,且易于控制和测量,因此规定将刀具后面上均匀磨损区的高度值 V_B 作为刀具的磨钝标准。

在 ISO 标准中,供研究用推荐的高速钢刀具和硬质合金刀具的磨钝标准为:

在刀具后面 B 区内均匀磨损,$V_B = 0.3$ mm;

在刀具后面 B 区内非均匀磨损,$V_{Bmax} = 0.6$ mm;

月牙洼深度标准 $K_T = 0.06$ mm$+0.3f$(f 为进给量,mm/r)。

精加工根据需达到的表面粗糙度等级要求确定。

生产中的磨钝标准应根据加工要求制订。粗加工的磨钝标准是根据能使刀具切削时间与可磨或可用次数的乘积最长为原则确定的,从而能充分发挥刀具的切削性能,该标准亦称为经济磨钝标准;精加工的磨钝标准是在保证零件加工精度和表面粗糙度的条件下制订的,因此 V_B 值较小。该标准亦称为工艺磨钝标准。

表 2.9 为车刀的磨钝标准,供选用时参考。

表 2.9　车刀的磨钝标准 V_B 值　　mm

加工方式	加工条件			
	刚性差	钢件	铸铁件	钢、铸铁大件
精车	0.1~0.3			
粗车	0.4~0.5	0.6~0.8	0.8~1.2	1.0~1.5

3. 刀具磨损原因

切削时刀具的磨损是在高温高压条件下产生的。因此,形成刀具磨损的原因非常复杂,涉及机械、物理、化学和相变等的作用。现将其中主要的原因简述如下。

(1) 磨粒磨损

在切削过程中,刀具上经常被一些硬质点刻出深浅不一的沟痕,这主要由于“磨粒”的切削作用造成的。这些“磨粒”硬质点的来源,是切屑底层和切削表面材料中含有氧化物(SiO、Al_2O_3 等)、碳化物(Fe_3C、TiC 等)和氮化物(Si_2N_4、AlN 等)硬颗粒。此外,还有黏附着积屑瘤的碎片、锻造表皮和铸件上残留的夹砂。磨粒磨损对高速钢的作用较明显。因为高速钢在高温时的硬度较有些硬质点(SiO、Al_2O_3、TiC、Si_2N_4)低,耐磨性差。此外,作为硬质合金中黏结相的钴也易被硬质点磨损。为此,生产中常采用细晶粒碳化物的硬质合金或降低钴的含量来提高抗磨损能力。

(2) 黏结磨损

切屑与刀具前面、加工表面与刀具后面之间在压力和温度的作用下,接触面吸附膜被挤破,形成新鲜表面接触,当接触面间达到原子间距离时就产生黏结。黏结磨损就是由于接触面滑动在黏结处产生剪切破坏造成的,通常剪切破坏在较软金属一方,但刀面受到摩擦压力和温度的连续作用,使强度降低。此外,刀具前面上黏结的积屑瘤脱落时带走刀具材料,也形成黏结磨损。

黏结磨损的程度与压力、温度和材料间的亲和程度有关。例如低速切削时,由于切削温度低,故黏结是在压力作用下接触点处产生塑性变形所致,亦称为冷焊;中速切削时,由于切削温度较高,促使材料软化和分子间运动,更易造成黏结。用 P 类硬质合金加工钛合金或含钛不锈钢,在高温作用下钛元素之间的亲和作用也会产生黏结磨损。所以,低、中速切削时,黏结磨损是硬质合金刀具的主要磨损原因。

(3) 扩散磨损

切削时,在高温作用下接触面间分子活动能量大,造成了合金元素相互扩散置换,使刀具材料的力学性能降低,若再经摩擦作用,刀具容易磨损。扩散磨损是一种化学性质的磨损。

图 2.42a、b 所示为钨钴硬质合金与钢之间的扩散过程。图 2.42a 为切屑与刀具前面上的元素分布情况。由于温度的作用,使硬质合金中 W、Co 和 C 原子向钢中扩散,然后被切屑和加工表面带走,如图 2.42b 所示。硬质合金中失去 W 后,在结晶组织中出现空穴。此外,失去 Co 后削弱了黏结强度。与此同时,材料中的 Fe 原子向刀具中扩散,使刀面表层形成了新的材质。经过相互扩散,刀具表面的强度和硬度降低。

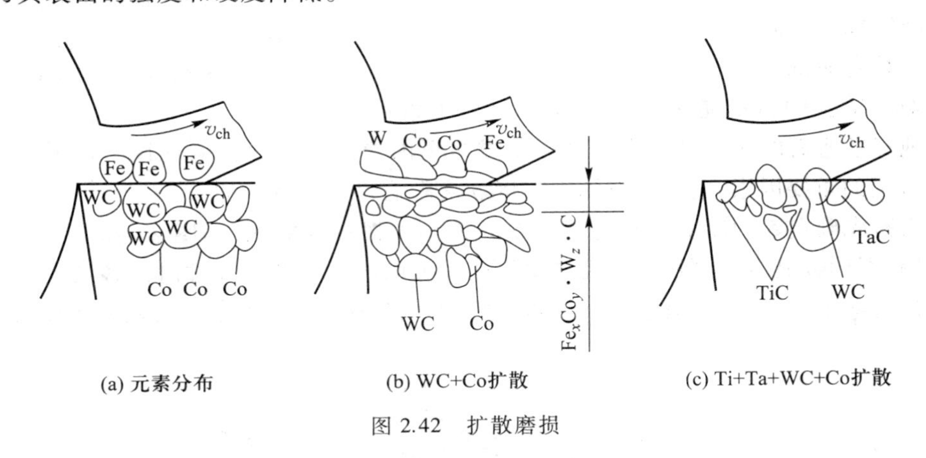

(a) 元素分布　(b) WC+Co扩散　(c) Ti+Ta+WC+Co扩散

图 2.42　扩散磨损

图 2.42c 为钨钴钛硬质合金与钢的扩散情况,由于 W 原子的扩散速度较 Ti 和 Ta 快,所以失去 W 后留下了硬度高的 TiC、TaC 晶粒,提高了硬质合金的耐磨性。

通常钨钴钛类硬质合金的扩散温度为 850~900 ℃,因此在高温时耐磨性较好。

生产中若采用细颗粒硬质合金或添加稀有金属硬质合金,采用 TiC、TiN 涂层刀片,对于提高刀具的耐磨性和化学稳定性、减少扩散磨损均可起重要作用。

(4) 相变磨损

当刀具上的最高温度超过材料的相变温度时,刀具表面金相组织发生变化。如马氏体组织转变为奥氏体,使硬度下降、磨损加剧。因此,工具钢刀具在高温时均属此类磨损,其中合金工具钢刀具的相变温度为 300~350 ℃,高速钢刀具的相变温度为 550~600 ℃。

相变磨损造成了刀面塌陷和刀刃卷曲。

(5) 氧化磨损

氧化磨损是一种化学性质的磨损。在主、副切削刃与切削层金属表面接触处,硬质合金中 WC、Co 与空气介质中的 O_2 化合成脆性、低强度的氧化膜 WO_2,该膜受到工件表面中氧化皮、硬化层等的摩擦和冲击作用,形成边界磨损。

综上所述,刀具磨损是由机械摩擦和热效应两方面的因素作用造成的。不同加工条件形成的刀具磨损必有一个原因起主要作用,同时也存在着两种原因的综合作用。如图 2.43 所示,在低、中速范围内磨粒磨损和黏结磨损是刀具磨损的主要原因。通常拉削、铰孔和攻螺纹加工时的刀具磨损主要属于这类磨损。在中等以上切削速度加工时，热效应使高速钢刀具产生相变磨损，使硬质合金刀具产生黏结、扩散和氧化磨损。

4. 刀具寿命

(1) 刀具寿命的概念

刀具寿命是指刃磨后的刀具从开始切削至磨损量达到磨钝标准为止所用的切削时间，用 T(单位为 min)表示。刀具寿命还可以用达到磨钝标准所经过的切削路程 l_m 或加工出的零件数 N 表示。

刀具寿命是衡量刀具切削性能好坏的重要标志。利用刀具寿命来控制磨损量 V_B 值，比用测量 V_B 来判别是否达到磨钝标准要简便。

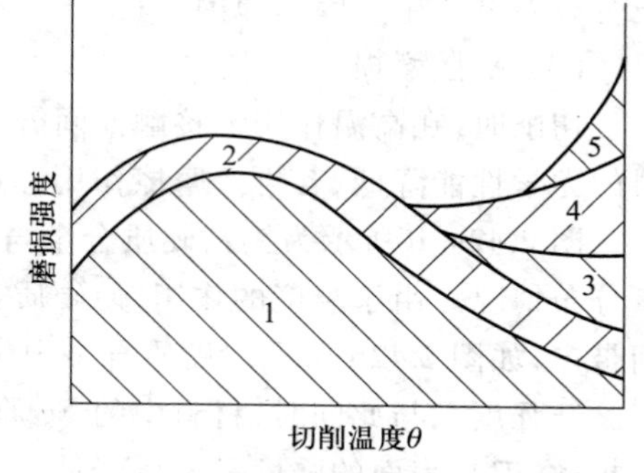

图 2.43　温度对磨损的影响

1—黏结磨损；2—磨粒磨损；3—扩散磨损；4—相变磨损；5—氧化磨损

(2) 刀具寿命试验

刀具寿命试验的目的是为了确定在一定加工条件下达到磨钝标准所需的切削时间或研究一个或多个因素对寿命的影响规律。切削速度 v_c 是影响刀具寿命 T 的重要因素，它是通过切削温度 θ 来影响刀具寿命 T 的。

通过实验先确定 5 种以上不同切削速度的刀具磨损过程曲线，如图 2.44a 所示。曲线中磨损量 V_B 可利用读数显微镜测得。然后在磨损曲线上取出达到磨钝标准时的各切削速度 v_c 与刀具寿命 T 的对应值，并将它们表示在双对数坐标中，可得图 2.44b 所示的刀具寿命曲线。

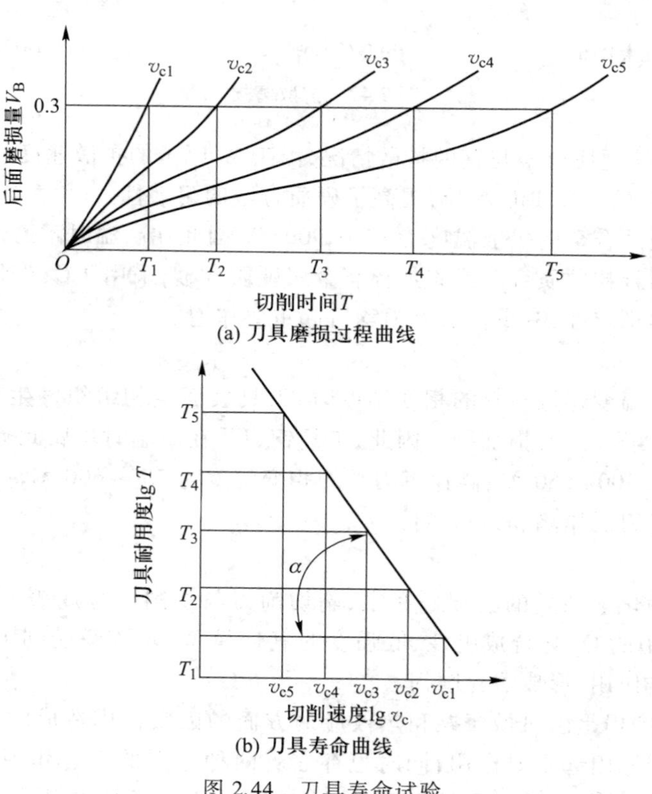

(a) 刀具磨损过程曲线

(b) 刀具寿命曲线

图 2.44　刀具寿命试验

v_c、T 之间为下列线性关系：

$$v_c=\frac{A}{T^m} \tag{2.24}$$

式中：A——与实验条件有关的系数，是曲线中的截距，相当于 $T=1$ min 时的切削速度值；

m——v_c 对 T 的影响程度指数，在曲线中表示斜率。

系数 A 和指数 m 可从图形中求出，要求精确的可用回归法计算。式(2.24)称为刀具寿命方程式。

当车削中碳钢和灰铸铁时，m 值大致如下：

高速钢车刀，$m=0.11$；

硬质合金可焊接车刀，$m=0.2$；

硬质合金可转位车刀，$m=0.25\sim0.3$；

陶瓷车刀，$m=0.4$。

m 值越小，表示 v_c 对 T 的影响越大。总的说来，切削速度对寿命的影响是很大的。例如用硬质合金可转位车刀切削，当切削速度为 80 m/min 时，刀具寿命 $T=60$ min；而切削速度提高为 120 m/min 时，则按式(2.24)计算得刀具寿命 $T=3.75$ min，因此切削速度提高 1 倍，可使刀具寿命下降至 1/16。这是由于随着切削速度 v_c 的提高，切削温度 θ 升高较快，摩擦加剧，使刀具迅速磨损所致。

同样也可以求出进给量与背吃刀量对刀具寿命的影响关系式：

$$f=\frac{B}{T^n},\ a_p=\frac{c}{T^p}$$

(3) 刀具寿命合理数值的确定

达到规定磨钝标准的刀具寿命数值可长也可短，因寿命随加工条件特别是切削速度的不同而变化。究竟刀具寿命长好还是短好，应根据刀具寿命对切削加工的作用而定。例如：规定刀具寿命值大，则切削用量应选得小，尤其是切削速度 v_c 要低，但这会使生产效率降低，成本高；反之，规定 T 值小，虽然可允许高的切削速度 v_c，提高生产效率，但这会加速刀具磨损，增加装卸刀具的辅助时间。

所以，刀具寿命的合理数值应根据生产率和加工成本确定。刀具寿命合理数值有如下两种：

1) 最高生产率寿命 T_p。所确定的 T_p 能达到最高生产率，亦即使加工一个零件所花的时间最短。

加工一个零件的生产时间 t_{pr} 由下列几部分组成：

$$t_{pr}=t_m+t_1+t_c\frac{t_m}{T} \tag{2.25}$$

式中：t_m——切削时间，min；

t_1——辅助时间，包括装卸零件、刀具空行程时间等，min；

t_c——一次换刀所需时间，min；

$\frac{t_m}{T}$——换刀次数。

例如，纵车外圆时零件的切削长度为 L、外径为 d_w，加工余量为 Δ，则所需的切削时间 t_m 为

$$t_m=\frac{L\pi d_w\Delta}{1\ 000v_c fa_p}$$

又

$$v_c=\frac{A}{T^m}$$

将上面两式代入式(2.25)得

$$t_{pr}=\frac{L\pi d_w\Delta T^m}{1\ 000a_p fA}+t_c\frac{L\pi d_w\Delta T^{m-1}}{1\ 000a_p fA}+t_1=KT^m+Kt_cT^{m-1}+t_1$$

设

$$K=\frac{L\pi d_w\Delta}{1\ 000a_p fA}$$

对上式微分，并令$\frac{dt_{pr}}{dT}=0$，即可求出最高生产率寿命 T_p(单位为 min)为

$$T_p=\frac{1-m}{m}t_c$$

若刀具寿命超过最高生产率寿命，则由于切削用量降低，使生产率下降；若小于该寿命，则会增加刀具磨刀和装卸时间，亦会使生产率下降。

2）最低生产成本寿命 T_c。所确定的寿命能保证加工成本最低，亦即使加工每一个零件的成本最低。

每个零件的平均加工成本 C_{pr}为

$$C_{pr}=Mt_m+Mt_1+Mt_c\frac{t_m}{T}+C_t\frac{t_m}{T}$$

式中：M——全厂每分钟开支分摊到本零件的加工费用，包括工作人员开支和机床损耗等；

C_t——换刀一次所需费用，包括刀具、砂轮消耗和工人工资等。

上式可改写为

$$C_{pr}=KMT^m+KMt_cT^{m-1}+KC_tT^{m-1}+Mt_1$$

对上式微分，并令$\frac{dC_{pr}}{dT}=0$，即可求出最低生产成本寿命 T_c 为

$$T_c=\frac{1-m}{m}\left(t_c+\frac{C_t}{M}\right)\tag{2.26}$$

如果刀具寿命高于最低生产成本寿命 T_c 值，则机床消耗费用增加、成本提高；反之，若刀具寿命低于 T_c 值，刀具损耗费和磨刀费增加，成本提高。因此，寿命 T_c 值是最经济的。

比较最高生产率寿命 T_p 与最低生产成本寿命 T_c 可知，$T_c>T_p$。显然低成本允许的切削速度低于高生产率允许的切削速度。生产中常根据最低生产成本来确定寿命，但有时要完成紧急任务或提高生产率且对生产成本影响不大的情况下，也选用最高生产率寿命。

刀具寿命的具体数值，可参考有关资料或手册选用。

5. 影响刀具寿命的因素

分析刀具寿命影响因素的目的是调节各因素的相互关系，以保持刀具寿命的合理数值。各因素变化对刀具寿命的影响，主要是通过它们对切削温度的影响而起作用的。

（1）切削用量的影响

切削用量 v_c、f 和 a_p 对刀具寿命的影响规律如同对切削温度的影响规律，即 v_c、f 和 a_p 增大，使切削温度提高、刀具寿命下降，其中 v_c 的影响较大，f、a_p 的影响较小。通过单因素实验，固定其余条件，分别改变 v_c、f 和 a_p 求出对应 T 的值，并在 v_c-T、$f-T$、a_p-T 的双对数坐标中画出它们的直线图形，经过数据整理后可得到下列的刀具寿命实验公式：

$$T^m=\frac{C_V}{v_c a_p^{x_V} f^{y_V}} \tag{2.27}$$

上式主要用作在保证刀具寿命 T 的合理数值，且已知 a_p 和 f 时计算切削速度 v_c 的依据。根据刀具寿命合理数值 T 计算的切削速度称为刀具寿命允许的切削速度，用 v_T 表示，单位为 m/min。v_T 的计算式为

$$v_T=\frac{C_V}{T^m a_p^{x_V} f^{y_V}}K_V \tag{2.28}$$

式中：C_V——与寿命实验条件有关的系数；

m、x_V、y_V——对 T、a_p 和 f 影响程度的指数；

K_V——切削条件与实验条件不同的修正系数。

上述系数 C_V 和指数 m、x_V、y_V 可参考有关资料。

根据 v_c、f 和 a_p 对 T 的影响程度可知，当确定刀具寿命的合理数值后，应首先考虑增大 a_p，其次增大 f，然后根据 T、a_p 和 f 的值计算出 v_T，这样既能保持刀具寿命又能发挥刀具的切削性能，提高切削效率。

（2）刀具几何参数的影响

刀具几何参数对刀具寿命有较显著的影响。选择合理的刀具几何参数，是确保刀具寿命的重要途径；改进刀具几何参数可使刀具寿命有较大幅度的提高。因此，刀具寿命是衡量刀具几何参数合理和先进与否的重要标志之一。

前角 γ_o 增大，切削温度降低，刀具寿命提高；前角 γ_o 太大，刀刃强度低，散热差且易磨损，故刀具寿命 T 反而下降。因此，前角 γ_o 对刀具寿命 T 的影响呈“驼峰形”。它的峰顶前角 γ_o 值能使刀具寿命 T 最高或刀具寿命允许的切削速度 v_T 较高。

主偏角 κ_r 减小，可增加刀具强度和改善散热条件，故寿命 T 或刀具寿命允许的切削速度 v_T 提高。

此外，适当减小副偏角 κ_r' 和增大刀尖圆弧半径 r_ε 都能提高刀具强度，改善散热条件，使刀具寿命 T 或刀具寿命允许的切削速度 v_T 提高。

（3）加工材料的影响

加工材料的强度、硬度越高，产生的切削温度越高，故刀具磨损越快，刀具寿命 T 越低。此外，加工材料的伸长率越大或导热系数越小，均能使切削温度升高因而使刀具寿命 T 降低。加工钛合金和不锈钢时，刀具寿命允许的切削速度 v_T 较 45 钢低。

(4) 刀具材料的影响

刀具切削部分材料是影响刀具寿命的主要因素,改善刀具材料的切削性能,使用新型材料,能促进刀具寿命成倍提高。一般情况下,刀具材料的高温硬度越高、越耐磨,刀具寿命 T 也越高。

但在带冲击切削、重型切削和对难加工材料切削时,决定刀具抗破损能力的主要指标是冲击韧性。普通陶瓷材料的抗弯强度约为硬质合金的 1/3,因此切削时受到轻微冲击也易破损。为了增强刀具的韧性、提高刀具抗弯强度,目前研制了新型陶瓷,并在刀具几何参数方面选用较小的前角、负刃倾角和倒棱等参数。

2.2 金属切削过程基本规律的应用

本节运用金属切削过程基本规律的理论,从解决控制切屑,改善材料加工性能,合理选用切削液、刀具几何参数和切削用量等方面问题,来达到保证加工质量、降低生产成本、提高生产效率的目的。介绍这些知识,也是为使用与设计刀具以及分析解决生产中有关的工艺技术问题打下必要的基础。

2.2.1 工件材料的切削加工性

工件材料的切削加工性是指工件材料被切削成合格零件的难易程度。难切削的材料,其加工性差。研究材料加工性的目的,是为了寻找改善材料加工性的途径。

1. 评定工件材料加工性的主要指标

(1) 刀具寿命指标

在切削普通金属材料时,用刀具寿命达到 60 min 时允许的切削速度 v_{60} 来评定材料的加工性。难加工材料用 v_{20} 来评定。在相同加工条件下,v_{60} 或 v_{20} 越高,加工性越好;反之,加工性越差。v_{60} 或 v_{20} 可由刀具寿命试验求出。

此外,经常使用相对加工性指标,即以 45 钢(170~229 HBW, $R_m = 0.637$ GPa)的 v_{60} 为基准,记作 v_{o60},其它材料的 v_{60} 和 v_{o60} 的比值称为相对加工性,即

$$K_V = \frac{v_{60}}{v_{o60}} \tag{2.29}$$

当 $K_V > 1$ 时,该材料比 45 钢易切削;当 $K_V < 1$ 时,该材料较 45 钢难切削。例如,一般有色金属的 $K_V > 3$。$K_V \leqslant 0.5$ 的材料可称为难加工材料,例如高锰钢、不锈钢、钛合金、耐热合金和淬硬钢等。

(2) 加工表面粗糙度指标

在相同加工条件下,比较加工后的表面粗糙度等级,表面粗糙度值小,加工性好;反之,加工性差。

另外,也可用切屑形状是否容易控制、切削温度高低和切削力大小(或消耗功率多少)来评定材料加工性的好坏。

材料加工性是上述指标综合衡量的结果。但在不同的加工情况下,评定用的指标也有主次之分。例如:粗加工时,通常用刀具寿命和切削力指标;精加工时,用加工表面粗糙度指标;自动

生产线时，用切屑形状指标等。

此外，材料加工的难易程度主要取决于材料的物理和力学性能，包括材料的硬度、抗拉强度 R_m、断后伸长率 A、冲击韧度 a_K 和导热系数 k，故通常还可按其数值的大小来划分加工性等级，见表 2.10。

表 2.10　工件材料加工性分级表

切削加工性		易切削			较易切削		较难切削			难切削			
等级代号		0	1	2	3	4	5	6	7	8	9	9_a	9_b
硬度	HBW	≤50	>50~100	>100~150	>150~200	>200~250	>300~350	>350~400	>350~400	>400~480	>480~635	>635	
	HRC					>14~24.8	>24.8~32.3	>32.3~38.1	>38.1~43	>43~50	>50~60	>60	
抗拉强度 R_m/GPa		≤0.196	>0.196~0.441	>0.441~0.588	>0.588~0.784	>0.784~0.98	>0.98~1.176	>1.176~1.372	>1.372~1.586	>1.586~1.764	>1.764~1.96	>1.96~2.45	>2.45
伸长率 A/%		≤10	>10~15	>10~20	>20~25	>25~30	>30~35	>35~40	>40~50	>50~60	>60~100	>100	
冲击韧度 a_K/(J/m²)		≤196	>196~392	>398~588	>588~784	>784~980	>980~1 372	>1 372~1 764	>1 764~1 962	>1 962~2 450	>2 450~2 940	>2 940~3 920	
导热系数 k/[W/(m·℃)]		>481.68~293.08	<293.08~167.27	<167.27~83.74	<83.74~62.80	<62.80~41.87	<41.87~33.5	<33.5~25.12	<25.12~16.75	<16.75~8.37	<8.37		

确定材料的加工性能，为改善材料加工性，合理选择刀具材料、刀具几何参数和切削用量提供了重要的依据。

例如：正火 45 钢的硬度为 229 HBW、R_m = 0.598 GPa、A = 16%、a_K = 588 J/m^2、k = 50.24 W/(m·℃)，按表 2.10 查出加工性等级为 4、3、2、2、4。切削 45 钢时，允许较高的切削速度（$v_c \leq 150$ m/min），能达到较小的表面粗糙度值，粘屑少，切屑也易于控制，所以说 45 钢的加工性较好。

2. 改善材料切削加工性的措施

（1）调整化学成分

工件材料来自冶金部门，必要时工艺人员也可提出改善加工性的建议，如在不影响工件材料性能的条件下适当调整化学成分，以改善其加工性；在钢中加入少量的硫、硒、铅、铋、磷等，虽略降低钢的强度，但也同时降低钢的塑性，对加工性有利。硫能引起钢的红脆性，但若适当提高锰的含量，则可避免；硫与锰形成的硫化锰、与铁形成的硫化铁等，质地很软，可成为切削时塑性变形区中的应力集中源，能降低切削力，使切屑易折断，减小积屑瘤的形成，减少刀具磨损；硒、铅、铋也有类似作用；磷能降低铁素体的塑性，使切屑易于折断。

（2）材料加工前进行合适的热处理

同样成分的材料，金相组织不同，加工性也不同。低碳钢通过正火处理后晶粒细化，硬度提高，塑性降低，有利于减小刀具的黏结磨损，减小积屑瘤，改善工件表面粗糙度；高碳钢球化退火后硬度下降,可减小刀具磨损;不锈钢以调质到 28 HRC 为宜,硬度过低,塑性大,工件表面粗糙度差,硬度高则刀具易磨损;白口铸铁可在 950~1 000 ℃的范围内长时间退火而成为可锻铸铁,切削较容易。

(3) 选择加工性好的材料状态

低碳钢经冷拉后,塑性大为下降,加工性好;锻造的坯件余量不均,且有硬皮,加工性很差,改为热轧后加工性得以改善。

(4) 其它

如采用合适的刀具材料,选择合理的刀具几何参数,合理地制订切削用量与选用切削液等。等离子焰加热工件切削(图 2.45),就是改善加工性的一种积极措施。切削时等离子焰装置安放在工件上方,与刀具同步移动,火焰的温度达 1 500 ℃,可根据背吃刀量 a_p 适当调整 A 值(5~12 mm),使工件表面温度达到 1 000 ℃左右,当 a_p 切深层熔化后就被刀具切去,所以工件并不热,即不影响工件的材质。

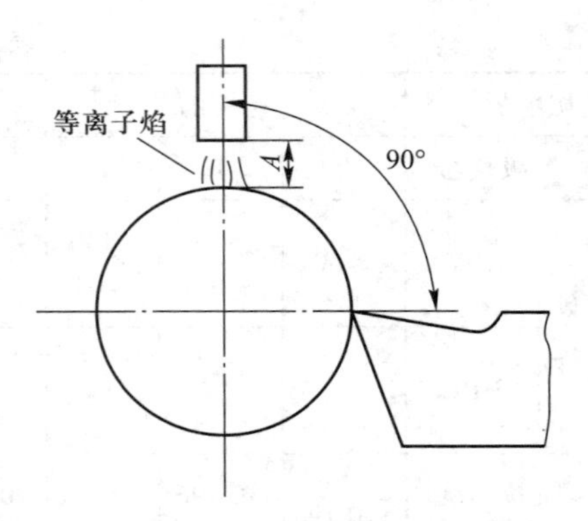

图 2.45　等离子焰加热工件切削

2.2.2　切削液

切削液主要用来减少切削过程中的摩擦和降低切削温度。合理使用切削液,对提高刀具寿命和加工表面质量、加工精度起重要的作用。

1. 切削液的作用

(1) 冷却作用

切削液浇注在切削区域后,通过切削热的传导、对流和汽化,使切屑、刀具和工件上的热量散逸而起到冷却作用。冷却的主要目的是使切削区域的切削温度降低,尤为重要的是降低前面上的最高温度。实验表明,通常采用的从前面上方往下浇注切削液的方法,由于受切屑排出的影响,冷却效果并不最好。有效的冷却方法应该使切削液从刀具主后面向上喷射。也可采用喷雾冷却的方法,使高速喷射的液体细化成雾状,然后在切削区域吸收大量热量而产生汽化现象。加工精密细长零件时,为减小切削热影响而造成的尺寸误差,除了保证均匀、充分冷却外,还应在零件全长浇注切削液以扩大冷却范围。

(2) 润滑作用——边界润滑原理

切削液的润滑作用是通过切削液渗透到刀具与切屑、工件表面之间形成润滑膜而达到的。由于切削时各接触面间具有高速、高温、高压和黏结等特点,故切削液的渗透作用是较困难的。有些资料介绍,渗透是由于接触面间毛细管作用和刀具、工件、切屑间振动形成空隙后产生泵吸效应造成的。也有人认为,是与切削液分子的渗透作用有关。

润滑性能的好坏与形成的润滑油膜性质有关。切削液渗入接触面间形成边界润滑状态,边界润滑原理可用图 2.46 说明。

切削液中的极性分子吸附在金属表面上形成一层单分子膜(甚至达到数个分子层程度),如图 2.46a 所示,分子的极性端吸附在金属表面上,接触面间的相对运动在分子尾部非极性端之间进行,在外力作用下,接触面产生塑性变形,润滑油膜局部破裂出现图 2.46b 所示接触点的黏结,

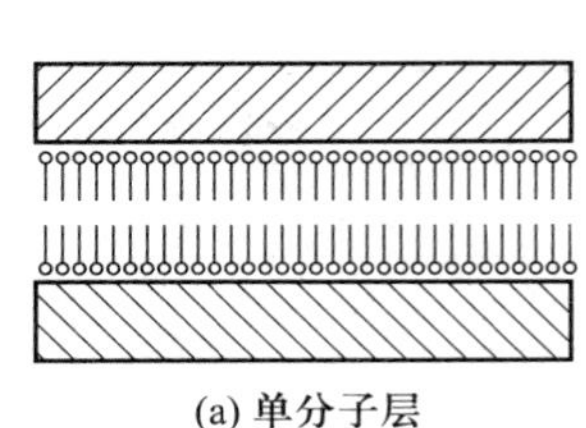
(a) 单分子层

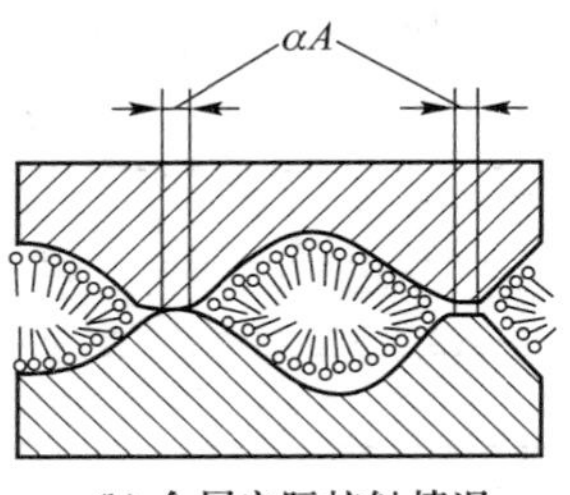

(b) 金属实际接触情况

图 2.46　边界润滑模型

形成边界润滑状态。边界润滑的摩擦力 F_f 由黏结点摩擦力和润滑膜间摩擦力组成,即

$$F_f = A[\alpha\tau_1 + (1-\alpha)\tau_2]$$

式中:A——支承负荷面积;

α——实际接触面积所占比例;

$1-\alpha$——润滑膜面积所占比例;

τ_1、τ_2——黏结点和润滑油膜的剪切强度。

由上式可知,具有润滑油膜的作用面间的摩擦力与润滑油膜的剪切强度 τ_2 有关。剪切强度 τ_2 小,阻力小,摩擦力 F_f 小。如果极性分子具有牢固的吸附能力、适当的链长、低的剪切强度,则可获得良好的润滑效果。

边界润滑形成的油膜具有物理吸附和化学吸附两种结合性质。形成物理吸附的有动植物油、油酸、胺类和脂类等。切削液与金属接触生成化合物形成化学吸附,例如切削液中加入极性高的硫、氯和磷添加剂,称为“极压添加剂”,由它们形成的化学吸附在高温高压条件下不破裂,仍能有效地产生润滑作用。含氯极压添加剂在 200~300 ℃时与金属表面生成氯化物,它的剪切强度低、摩擦力小;含硫极压添加剂能形成牢固的吸附膜,虽然摩擦系数较大,但可耐 750 ℃高温。

(3) 洗涤与防锈作用

浇注切削液能冲走在切削过程中留下的细屑或磨粒,从而能起到清洗、防止刮伤加工表面和机床导轨面的作用。例如在磨削、自动生产线和深孔加工时,浇注切削液能起到清除切屑的作用。

如果在切削液中加入防锈添加剂,如亚硝酸钠、磷酸三钠、三乙醇胺和石油磺酸钡等,可使金属表面生成保护膜,防止机床和工件受空气、水分和酸等介质的腐蚀,起到防锈作用。

此外,切削液应满足对人体无害,资源丰富,不变质和便于保存等要求。

2. 常用切削液及其选用

常用切削液有水溶液、切削油、乳化液与极压切削液等。

(1) 水溶液

水溶液主要起冷却作用。由于水的导热系数、比热容和汽化潜热均较大,故水溶液就是以水为主要成分并加入防锈添加剂的切削液,常用的有电解水溶液和表面活性水溶液,见表 2.11。电解水溶液是在水中加入各种电解质,能渗透至表面油薄膜内部起冷却作用,它主要用在磨削、钻孔和粗车等情况下;表面活性水溶液是水中加入皂类、硫化蓖麻油等表面活性物质,用以增强水溶液的润滑作用,常用于精车、精铣和铰孔等。

表 2.11　水溶液配方

电解水溶液			表面活性水溶液		
水	碳酸钠	亚硝酸钠	水	肥皂	无水碳酸钠
99	0.7~0.8	0.25	94.5	4	1.5

(2) 切削油

切削油主要起润滑作用。它们中有 L-AN15 和 L-AN32 全损耗系统用油、轻柴油、煤油、豆油、菜油和蓖麻油等矿物油和动、植物油。但由于动、植物油主要用于食用,且易变质,故较少使用。

普通车削、攻螺纹可选用全损耗系统用油;精加工有色金属和铸铁时,为了保证加工表面质量,常选用黏度小、浸润性好的煤油或煤油与矿物油的混合物;普通孔或深孔精加工时,可使用煤油或煤油与机油的混合油;在螺纹加工时,为了减少刀具磨损,也可采用润滑性良好的蓖麻油或豆油等。轻柴油具有冷却和润滑作用,它黏度小、流动性好,在自动机上兼作自身润滑液和切削液用。

(3) 乳化液

乳化液是在切削加工中使用较广的切削液,它是由水和油混合而成的液体,常来代替动、植物油。由于油不能溶于水,为使二者混合,须添加乳化剂。乳化剂主要成分为蓖麻油、油酸或松脂,它呈液体或油膏状。利用乳化剂分子的两个头中一头亲水、另一头亲油的特点,可使水和油均匀地混合。

生产中使用的乳化液是由乳化剂加水配制而成的。浓度低的乳化液含水比例大,主要起冷却作用,适用于粗加工和磨削;浓度高的乳化液,主要起润滑作用,适用于精加工。

(4) 极压切削油和极压乳化液

在切削油或乳化液中加入硫、氯和磷等极压添加剂后,能在高温条件下显著提高冷却和润滑效果,特别是在精加工、关键工序和难加工材料切削时尤为明显。例如钻削 50Mn19Cr4 无磁耐热合金钢,它的硬度高(38~42 HRC)、强度高(R_m = 0.88 GPa)、韧性大和导热性差,由于钻削力大、切削温度高、积屑瘤和冷硬严重,故钻头磨损很大。选用 20%氯化石蜡、1%二烷基二硫代磷酸锌、79%全损耗系统用油配成的极压切削油与选用全损耗系统用油相比,钻头寿命提高 5~7 倍。铰孔时选用极压切削油能获得较小的表面粗糙度值,并且能提高刀具寿命。其中含有二烷基二硫代磷酸锌的极压切削油效果更显著。

硫化油是一种被广泛应用的极压切削油。它是在矿物油中加入硫化动、植物油或硫化棉籽油等,硫在高温时与铁化合成硫化铁,它形成的化学吸附膜很牢固,常用于拉孔及齿轮加工。此外,对于不锈钢的车削、铣削、钻削和螺纹加工,选用硫化油也能提高刀具寿命和降低表面粗糙度值。

2.2.3　刀具几何参数的合理选择

刀具几何参数主要包括刀具角度、刀刃的刃形、刃口形状、前面与后面形式等。当刀具材料和刀具结构确定后,合理选择和改进刀具几何参数是保证加工质量、提高效率、降低成本的有效途径。在总结刀具几何参数原理的基础上,下面主要介绍刀具几何参数选择的原则和方法。

1. 前角、前面的功用和选择

前角是刀具上的一个重要参数。前角和前面各具有不同的作用,相互之间又有密切联系。

如图 2.47 所示,前面有平面型、曲面型和带倒棱型三种。根据前角的正负,平面型可分为正前角平面型、负前角平面型和负前角双面型;根据曲面的形状不同,曲面型有圆弧曲面型、波形曲面型和其它形状的曲面型。倒棱型分为平面带倒棱型和曲面带倒棱型。

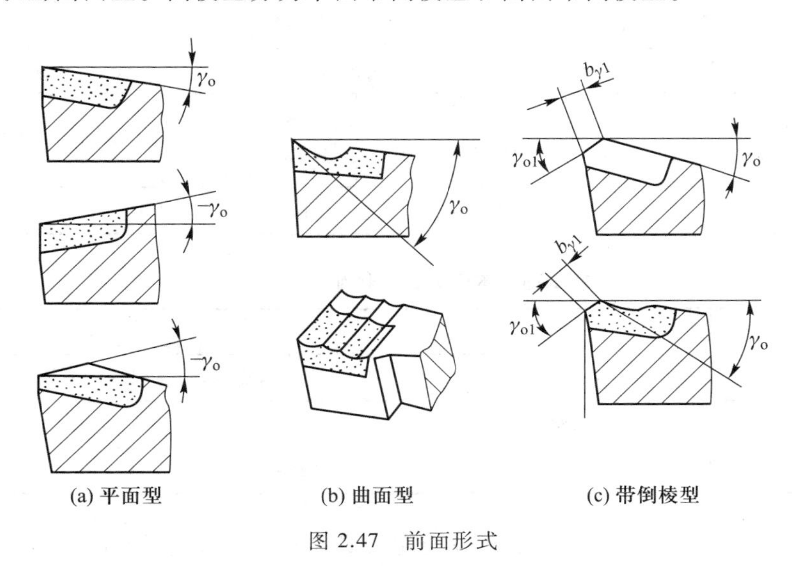

图 2.47　前面形式

平面型前面制造容易,重磨方便,刀具廓形精度高。其中正前角平面型前面的切削刃强度较低,切削力小,主要用在精加工刀具、加工有色金属刀具和具有复杂刃形的刀具上;负前角平面型前面的切削刃强度高,切削时切削刃产生挤压作用,切削力大,易产生振动,故它常用在受冲击载荷的刀具,加工高硬度、高强度材料的刀具和挤压切削刀具上。负前角双面型前面适用于前、后面同时磨损的刀具,重磨沿前、后面进行时能减少刀具材料的磨损量。

曲面型前面起卷屑作用,并有助于断屑和排屑,故主要用在粗加工塑性金属刀具和孔加工刀具上。有些刀具的曲面型前面由刀具结构形成,如丝锥、钻头等。波形曲面型前面(或后面)由许多弧形槽连接而成,由于弧形切削刃具有可变的刃倾角,使切屑挤向弧形槽底,可改变材料应力状态,促使脆性材料形成的崩碎切屑转变成棱形切屑。目前在加工铸铁和铅黄铜用的车刀和刨刀上,有做成波形曲面型前面的。

前角影响切削过程中的变形和摩擦,同时又影响刀具的强度。增大前角,使切削变形和摩擦减小,由此而引起切削力小、切削热少,故加工表面质量高,但刀具强度低,导热性能差。过大的前角不仅不能发挥优点,反而使刀具寿命降低而影响切削。

前角的选择原则是:在刀具强度许可的条件下,尽量选用大的前角。对于成形刀具(车刀、铣刀和齿轮刀具等)来说,减小前角可减小刀具截形误差,提高零件的加工精度。

因此,前角的数值应由工件材料、刀具材料和加工工艺要求确定。一般情况下,加工有色金属前角较大，γ_o 可达 30°；加工铸铁和钢时，硬度和强度越高，前角越小；加工高锰钢、钛合金时，为提高刀具的强度和导热性能，选用较小前角，$\gamma_o<10°$；加工淬硬钢选用负前角，$-10°<\gamma_o<0°$。工件材料不同时硬质合金刀具前角的数值可参考表 2.12 选取，刀具材料不同时前角的数值可参考表 2.13 选取。

表 2.12 工件材料不同时硬质合金刀具的前角值

工件材料	碳钢 R_m/GPa					40Cr	调质 40Cr	不锈钢		高锰钢	钛和钛合金
	≤0.445	≤0.558		≤0.784	≤0.98						
前角	20°~30°	15°~20°		12°~15°	20°	13°~18°	10°~15°	15°~30°		−3°~3°	5°~10°
工件材料	淬硬钢					灰铸铁		铜			铝合金
	38~41 HRC	44~47 HRC	50~52 HRC	54~58 HRC	60~65 HRC	≤220 HBW	>220 HBW	纯铜	黄铜	青铜	
前角	0°	−3°	−5°	−7°	−10°	12°	8°	25°~30°	15°~25°	5°~15°	5°~30°

表 2.13 不同刀具材料加工的前角值

碳钢 R_m/GPa	刀具材料		
	高速钢	硬质合金	陶瓷
≤0.784	25°	12°~15°	10°
>0.784	20°	12°~15°	10°

高速钢刀具的韧性和抗弯强度都较硬质合金刀具和陶瓷刀具高，因此它的前角也较大。

在硬质合金刀具或陶瓷刀具的刃口上磨出倒棱面是提高刀具强度和刀具寿命的有效措施，尤其是在选用大前角时效果更为显著。由于倒棱的宽度 $b_{\gamma1}$ 较小（$b_{\gamma1}<f$），因此它虽不改变前角 γ_o 的作用，但可使楔角增大。生产中许多先进车刀，经常利用增大前角来减小切削力、提高切削效率，并配合倒棱来保持刀具寿命。

倒棱宽度 $b_{\gamma1}$、副前角 γ_{o1} 不宜过大。一般在工件材料强度、硬度越高，刀具材料抗弯强度越低，进给量越大的情况下，倒棱的宽度和副前角应越大。例如加工钢，选用背吃刀量 $a_p<2$ mm、进给量 $f<0.3$ mm/r 时，取 $b_{\gamma1}=(0.3\sim0.8)f$、$\gamma_{o1}=-5°\sim-10°$；当背吃刀量 $a_p\geqslant2$ mm、进给量 $f\leqslant0.7$ mm/r，取 $b_{\gamma1}=(0.3\sim0.9)f$、$\gamma_{o1}=-25°$。

2. 后角和后面的功用和选择

后角影响切削中的摩擦和刀具强度。如图 2.48 所示，减小后角，会加剧后面与加工表面间的摩擦，使刀具磨损加大，加工表面冷硬程度增加、质量变差，尤其在切削厚度 h_D 较小时更为突出。但减小后角的优点是刀具强度高，散热性能好。此外，在磨损量 V_B 相同的条件下，小后角刀具经重磨后刀具材料损耗小，如图 2.48a、b 所示。

后角的选择原则是：粗加工以确保刀具强度为主，可在 4°~6°的范围内选取；精加工时以保证加工表面质量为主，一般取 $\alpha_o=8°\sim12°$。

试验研究资料表明，后角 α_o 应随切削厚度 h_D 的变化而改变，切削厚度增加，后角 α_o 应减小；

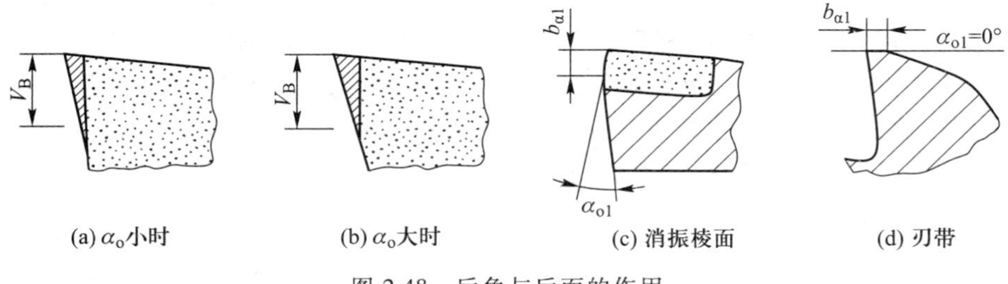

图 2.48　后角与后面的作用

h_D减小，α_o 应增大。例如进给量 $f<0.3$ mm/r 时，取 $\alpha_o=10°$左右；进给量 $f\geqslant0.3$ mm 时，取 $\alpha_o=6°$左右。

如图 2.48c 所示，若在后面上磨出倒棱面 $b_{\alpha1}=0.1\sim0.3$ mm、副后角 $\alpha_{o1}=-5°\sim-10°$，切削时产生支承作用，增加系统刚性并起到消振阻尼作用，这是车削细长轴时经常采取的消振措施。对有些定尺寸刀具，如铰刀、拉刀、钻头等，一般在后面上磨出宽度较小、后角为 0°的刃带，如图 2.48d 所示。它除了起支承定位作用外，主要在磨前、后面时可保持直径尺寸不变。

普通车刀的副后角 α_{o1}作成与后角 α_o 相等。有些刀具（切断刀、铣刀、拉刀等）的副后角较小，主要用以提高刀具强度。

3. 主偏角、副偏角的功用与选择

主偏角 κ_r 主要影响切削宽度 b_D 和切削厚度 h_D的比例及刀具强度。主偏角 κ_r 减小，使切削宽度 b_D 增大、刀尖角 ε_r 增大、刀具强度高、散热性能好，故刀具寿命长；但会增大切深抗力，引起振动和加工变形。

此外，增大主偏角 κ_r 是控制断屑的一个重要措施。

主偏角 κ_r 选择的原则主要是：在工艺系统刚性不足的情况下，为减小切削力，选取较大的主偏角；在加工强度高、硬度高的材料时，为提高刀具寿命，选取较小主偏角。

根据加工表面形状要求选取，如车削台阶轴取 $\kappa_r\leqslant90°$、车外圆及端面取 $\kappa_r=45°$、镗不通孔取 $\kappa_r>90°$等。

副偏角 κ_r'影响加工表面粗糙度和刀具强度。通常在不产生摩擦和振动的条件下，应选取较小的副偏角。

表 2.14 为不同加工条件时的主、副偏角值，供选择参考。

表 2.14　不同加工条件时的主偏角 κ_r、副偏角 κ_r'选用值

加工条件	适用范围				
	加工系统刚性足够，加工淬硬钢、冷硬铸铁	加工系统刚性较好，可中间切入，加工外圆、端面、倒角	加工系统刚性较差，粗车，强力车削	加工系统刚性差，加工台阶轴、细长轴，多刀车，仿形车	切断，切槽
主偏角 κ_r	10°～30°	45°	60°～70°	75°～93°	90°
副偏角 κ_r'	5°～10°	45°	10°～15°	6°～10°	1°～2°

在主切削刃与副切削刃之间有一条过渡刃，如图 2.49 所示。过渡刃有直线过渡刃和圆弧过渡刃两种。过渡刃是起调节主、副偏角作用的一个结构参数。许多刀具，如车刀、刨刀、钻头和面铣刀等，都可能产生由于减小主、副偏角而使切削力增大，加大主、副偏角而使加工表面粗糙的缺点。但若选用合适的过渡刃尺寸参数，则能改善上述不利因素，起到粗加工时提高刀具强度、延长刀具寿命，精加工时减小表面粗糙度值的作用。

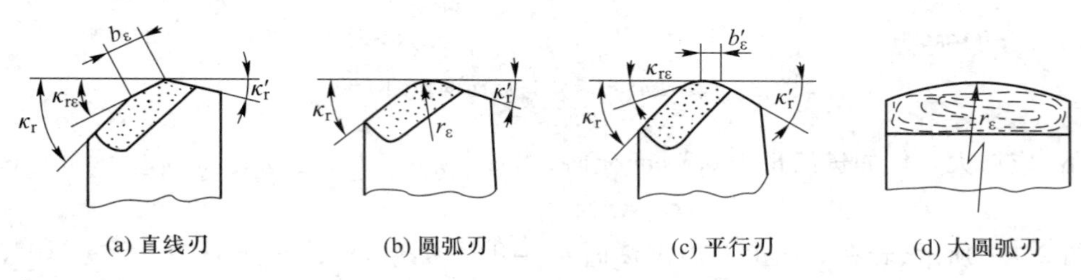

图 2.49　过渡刃形式

过渡刃的选择原则是：普通切削刀具常磨出较小的圆弧过渡刃，以增加刀尖强度和延长刀具寿命。随着工件强度和硬度的提高，切削用量增大，则过渡刃尺寸可相应加大，一般可取过渡刃偏角 $\kappa_{r\varepsilon}=\frac{1}{2}\kappa_r$、宽度 $b_\varepsilon=0.5\sim2$ mm 或取圆弧半径 $r_\varepsilon=0.5\sim3$ mm。

精加工时，可根据要求的 Ra 值，由计算或试验确定过渡刃偏角或圆弧半径。当过渡刃与进给方向平行，即偏角 $\kappa_{r\varepsilon}=0°$时，该过渡刃亦称为修光刃，它的长度一般为 $b_\varepsilon=(1.2\sim1.5)f$。具有修光刃的刀具如果刀刃平直，装刀精确，工艺系统刚性足够，那么即使用在大进给切削条件下，仍能达到很小的表面粗糙度值。生产中也常在宽刃精车刀和宽刃精刨刀上磨出大圆弧（半径为 300～500 mm）过渡刃，它既能修光残留面积，又便于对刀具的使用。

4. 刃倾角的功用与选择

刃倾角 λ_s 主要影响切屑的流向和刀具强度。

刃倾角 λ_s 的选择主要根据刀具强度、流屑方向和加工条件而定。如图 2.50 所示，在进行带有间断或冲击振动的切削时，选择负的刃倾角能提高刀头强度、保护刀尖，许多大前角刀具常配合选用负的刃倾角来提高刀具强度。

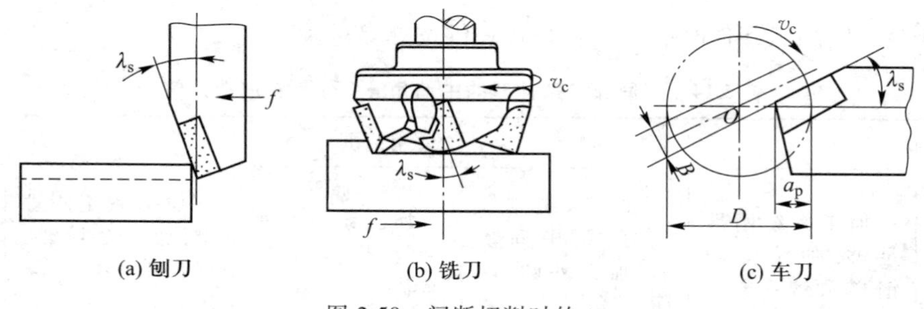

图 2.50　间断切削时的 λ_s

有些刀具，如车刀、镗刀、铰刀和丝锥等，常利用改变刃倾角 λ_s 来获得所需的切屑流向；对于多齿刀具，如铣刀、铰刀和拉刀等，增大刃倾角 λ_s，可增加同时工作的齿数，提高切削平稳性。刃倾角的具体数值可参考表 2.15 选择。

表 2.15　刃倾角 λ_s 选用表

λ_s	0°～5°	5°～10°	-5°～0°	-10°～-5°	-15°～-10°	-45°～-10°	-45°～75°
应用范围	精车钢、车细长轴	精车有色金属	粗车钢和灰铸铁	粗车余量不均匀钢	断续车削钢、灰铸铁	带冲击切削淬硬钢	大刃倾角刀具薄切削

2.2.4　切削用量的合理选择

当确定了刀具几何参数后，还需要选择切削用量参数 a_p、f 和 v_c，然后才能进行加工。目前，实际操作中主要是通过切实可行的切削用量手册、实践资料或工艺试验来确定切削用量的。相同的加工条件，选用不同的切削用量，会产生不同的切削效果。切削用量选低了，会降低生产效率、增加生产成本；切削用量选高了，会加速刀具磨损，降低加工质量，增加磨刀时间和磨刀费用，也会影响生产效率和生产成本。因此，要求选出一组合理的切削用量，在满足经济性和高效率的情况下，加工出符合质量要求的零件。

1. 切削用量的选择原则

要提高生产效率，应尽量增大切削用量 a_p、f 和 v_c。事实上，在提高切削用量时会受到切削力、切削功率、刀具寿命和加工表面粗糙度等许多因素的限制。因此，确定切削用量的原则应该是能达到零件的质量要求（主要指表面粗糙度和加工精度），并在工艺系统强度和刚性允许的条件下及充分利用机床功率和发挥刀具切削性能的前提下选取一组最大的切削用量。

根据不同的加工条件和加工要求，又考虑切削用量各参数对切削过程规律的不同影响，故切削用量参数 a_p、f 和 v_c 增大的次序和程度应有所区别。这可从以下几个主要方面分析：

1）生产效率。切削用量 a_p、f 和 v_c 增大，切削时间缩短。当加工余量一定时，减小背吃刀量 a_p 后，使走刀次数增加，切削时间成倍增加，生产效率成倍降低，所以一般情况下尽量优先增大 a_p，以求一次进刀全部切除加工余量。

2）机床功率。切削用量对切削功率的影响是由切削力与切削速度的变化造成的。当背吃刀量 a_p 和切削速度 v_c 增大时，均使切削功率成正比增加。此外，增大背吃刀量 a_p 使切削力增大，而增大进给量 f 使切削力增加较少、消耗功率也较少，所以粗加工时应尽量增大进给量 f 是合理的。

3）刀具寿命。在切削用量参数中，对刀具寿命影响最大的是切削速度 v_c，其次是进给量 f，影响最小的是背吃刀量 a_p。过高的切削速度和大的进给量，会由于经常磨刀、装卸刀具而增加费用、提高加工成本。可见，优先增大背吃刀量 a_p 不仅能提高生产率，相对 v_c 与 f 来说对发挥刀具切削性能、降低加工成本也是有利的。

4）表面粗糙度。这是在半精加工、精加工时确定切削用量应考虑的主要原则。在较理想的条件下，提高切削速度 v_c 能降低表面粗糙度值；而在一般的条件下，提高背吃刀量 a_p 对切削过程产生的积屑瘤、鳞刺、冷硬和残余应力的影响并不显著，故提高背吃刀量对表面粗糙度的影响较小。所以，加工表面粗糙度主要限制的是进给量 f 的提高。

综上所述，合理选择切削用量，应该首先选择一个尽量大的背吃刀量 a_p，其次选择一个大的

进给量 f,最后根据已确定的 a_p 和 f,并在刀具寿命和机床功率允许的条件下选择一个合理的切削速度 v_c。

2. 切削用量选择方法

粗加工的切削用量,一般以提高生产效率为主,但也应考虑经济性和加工成本;半精加工和精加工的切削用量,应以保证加工质量为前提,并兼顾切削效率、经济性和加工成本。粗车、半精车和精车切削用量的具体选择方法如下:

(1) 粗车时切削用量的选择

1) 背吃刀量 a_p。背吃刀量根据加工余量的多少而定。除留给下道工序的余量外,其余的粗车余量尽可能一次切除,以使走刀次数最少。例如在纵车外圆时,有

$$a_p = \Delta = \frac{d_w - d_m}{2}$$

当粗车加工余量 Δ 太大或加工的工艺系统刚性较差时,则加工余量 Δ 分两次或数次走刀后切除。通常使:

第一次走刀的背吃刀量 a_{p1} 为

$$a_{p1} = \left(\frac{2}{3} \sim \frac{3}{4}\right)\Delta$$

第二次走刀的背吃刀量 a_{p2} 为

$$a_{p2} = \left(\frac{1}{4} \sim \frac{1}{3}\right)\Delta$$

2) 进给量 f。当背吃刀量 a_p 确定后,再选出进给量 f 就能计算切削力。该力作用在工件、机床和刀具上,也就是说,应该在不损坏刀具的刀片和刀柄、不超出机床进给机构强度、不顶弯工件和不产生振动等条件下,选取一个最大的进给量 f 值。或者利用确定的 a_p 和 f 求出主切削力 F_c 来校验刀片和刀柄的强度,根据计算出的切深抗力 F_p 来校验工件的刚性,根据计算出的进给力 F_f 来校验机床进给机构薄弱环节的强度等。

按上述原则,可利用计算的方法或查手册资料来确定进给量 f 的值。表 2.16 为硬质合金车刀和高速钢车刀粗车外圆和端面时的进给量 f 值。

表 2.16 硬质合金车刀和高速钢车刀粗车外圆和端面时的进给量

工件材料	车刀刀柄尺寸 $B\times H$/(mm×mm)	工件直径 d_w/mm	背吃刀量 a_p/mm				
			≤3	>3~5	>5~8	>8~12	12 以上
			进给量 f/mm				
碳素结构钢和合金结构钢	16×25	20	0.3~0.4	—	—	—	—
		40	0.4~0.5	0.4~0.5	—	—	—
		60	0.5~0.6	0.5~0.7	0.3~0.5	—	—
		100	0.6~0.9	0.6~0.9	0.5~0.6	0.4~0.5	—
		400	0.8~1.2	0.8~1.2	0.6~0.8	0.5~0.6	—

续表

工件材料	车刀刀柄尺寸 $B\times H/(\mathrm{mm}\times\mathrm{mm})$	工件直径 d_w/mm	背吃刀量 a_p/mm				
			≤3	>3~5	>5~8	>8~12	12 以上
			进给量 f/mm				
碳素结构钢和合金结构钢	20~30 25×25	20	0.3~0.4	—	—	—	—
		40	0.4~0.5	0.3~0.4	—	—	—
		60	0.6~0.7	0.5~0.7	0.4~0.6	—	—
		100	0.8~1.0	0.7~0.9	0.5~0.7	0.4~0.7	—
		600	1.2~1.4	1.0~1.2	0.8~1.0	0.6~0.9	0.4~0.6

注:有冲击时,进给量应减少 20%。

3) 在背吃刀量 a_p 和进给量 f 选定后,根据规定达到的合理刀具寿命值,即可确定切削速度 v_c。刀具寿命 T 所允许的切削速度 v_T 应为

$$v_T=\frac{C_V}{T^m a_p^{x_V} f^{y_V}}K_V$$

除了用计算方法外,生产中经常按实践经验和有关手册资料选取切削速度。

4) 校验机床功率。粗车时的切削用量还受到机床功率的限制。因此,选定了切削用量后,尚需校验机床功率是否足够,应满足

$$F_c v_c \leqslant P_E \eta \times 10^{-3}$$

机床功率允许的切削速度为

$$v_c \leqslant \frac{P_E \eta \times 10^{-3}}{F_c}$$

上式:P_E——机床电动机功率;

F_c——主切削力;

η——机床传动效率。

(2) 半精车、精车切削用量的选择

1) 背吃刀量 a_p。半精车的余量较小,为 1~2 mm;精车余量更小。半精车、精车背吃刀量的选择,原则上取一次切除的余量数。但当使用硬质合金时,考虑刀尖圆弧半径与刃口圆弧半径的挤压和摩擦作用,背吃刀量不宜过小,一般大于 0.5 mm。

2) 进给量 f。半精车和精车的背吃刀量较小,产生的切削力不大,故增大进给量对加工工艺系统的强度和刚性影响较小,所以增大进给量主要受到表面粗糙度的限制。在已知切削速度(预先假设)和刀尖圆弧半径的条件下,根据加工要求达到的表面粗糙度可以利用计算的方法或手册资料确定进给量。

从资料中选用进给量时,应预选一个切削速度。通常切削速度高时的进给量较速度低时的进给量大些。

3) 切削速度 v_c。半精车、精车的背吃刀量和进给量较小,切削力对工艺系统强度和刚性的影

响较小,消耗功率较少,故切削速度主要受刀具寿命的限制。切削速度可利用公式或资料确定。

2.3 目前金属切削发展的几个前沿方向

2.3.1 高速高效切削

高速高效切削的主要目的是提高生产效率、加工质量和降低成本,包括高速切削加工、高进给切削加工、大余量切削加工和高效复合切削加工等。高速高效切削的研究范围主要包括高速高效切削机理、高速高性能主轴单元及进给系统设计制造控制技术、加工过程检测与监控技术、高速加工控制系统、高速高效加工装备设计制造技术、高速高效加工工艺等。

高速高效切削加工技术中的高速是一个相对概念,随着时代的发展,其切削速度范畴发生变化,根据目前的实际情况和发展,不同工件材料的大致切削速度范围如图 2.51 所示。

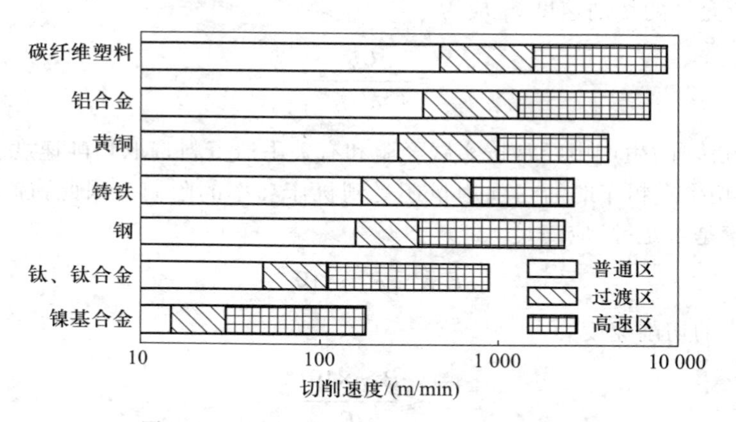

图 2.51　不同工件材料的大致切削速度范围

从切削速度方面,一般将高于 5~10 倍普通切削速度的切削加工定义为高速切削加工。从切削机理上,高速切削加工可以定义为:切削过程通过能量转换,高硬刀具对工件材料的作用导致其表面层产生高应变速率的高速切削变形和刀具与工件之间的高速切削摩擦学行为,形成的热、力耦合不均匀强应力场制造工艺。高速切削过程具有非线性、时变、大应变、高应变率、高温、高压、多场耦合等特点。所以,揭示工件材料在高速高效加工条件下的加工过程本质,取得高速高效加工理论的突破,研究开发高转速大功率主轴,高加速度进给系统等功能部件和高速高效机床结构的精确创新设计,大幅提升高速高效装备设计制造应用技术水平,是摆在科研人员面前亟待解决的科学问题和技术问题。

2.3.2 绿色切削

所谓绿色切削,是指基于资源节约和环境友好的绿色可持续切削方式。

金属切削液在金属切削、磨削加工过程中具有相当重要的作用。选用合适的金属切削液,能降低切削温度 60~150 ℃,提高表面质量 1~2 级,减少切削阻力 15%~30%,成倍地提高刀具和砂轮的使用寿命，并能把切屑和灰末从切削区冲走，因而可提高生产效率和产品质量。故它在机械加工中应用极为广泛。

随着全球环境意识的增强以及环保法规的要求越来越严格，切削液对环境的负面影响也越来越明显。对环境无污染的绿色制造被认为是可持续发展的现代制造业模式。而在加工过程中不用任何切削液的干切削正是控制环境污染源头的一项绿色制造工艺，它可获得洁净、无污染的切屑，省去了切削液及其处理等大量费用，可进一步降低生产成本。因此，未来切削加工的方向是不用或尽量少用切削液。随着耐高温刀具材料和涂层技术的发展，使得干切削在机械制造领域变为可能。

在这样的历史背景下，干切削技术应运而生，并自 20 世纪 90 年代中期以来得到迅速发展，其发展历史尽管不长，但它是当今先进制造技术的一个前沿研究课题。切削液在传统切削过程中一般有四个主要作用，即冷却、润滑、排屑和防锈。但从环境保护方面考虑，切削液的负面效应也愈加明显，主要表现在以下几个方面：① 加工过程中产生的高温使切削液形成雾状挥发，污染环境并威胁操作者的健康；② 某些切削液及粘带该切削液的切屑必须作为有毒有害材料处理，处理费用非常高；③ 切削液的渗漏、溢出对安全生产有很大影响；④ 切削液的添加剂（如氯、硫等）会给操作者的健康造成危害并影响加工质量；⑤ 切削液经过一定周期（半年至两年左右）的使用后，会发生变质，导致切削液原有的良好切削性能丧失，同时对机床设备产生腐蚀，对环境产生污染。这些变质的切削液必须用新切削液更换。更换下的变质的旧切削液即“废矿物油”与“废乳化液”，是机电行业最主要的危险废物之一。

当今解决绿色切削的方法主要有两种，即使用绿色切削液和采用高速干式切削的方法。

绿色切削液是用生物降解性好的植物油、合成脂代替矿物油。针对切削液的毒性主要在于添加剂的成分，极压润滑剂用无毒无害的硼酸盐（酯）类添加剂取代含硫、磷、氯类化合物的添加剂；防锈剂用无毒的机胺、硼酸盐、苯丙三氮唑复配剂或钼酸盐取代亚硝酸钠、铬酸盐、重铬酸盐、磷酸盐；防腐剂用硼酸酯、表面活性剂和整合剂复配或用柠檬酸单铜（美国）、油酸、硬脂酸、月桂酸等羟酸配成的铜盐（日本）取代酚类化合物、甲醛类、含氯和含苯化合物。上述切削液因其油基可降解或者不用矿物油，添加剂对人体无害和对环境无污染，被称为“绿色切削液”。

高速干式切削法就是在高速切削加工过程中不用（或微量使用）切削液。这是一种对环境污染从源头进行控制的清洁制造工艺，是一项新兴先进制造技术。高速干式切削的方法是采用硬质合金涂层刀片，机床主轴转速高（20 000~60 000 r/min；切削速度：钢达 600~800 r/min，铸铁达 750~4 500 r/min，铝合金达 20 000~55 000 r/min），背吃刀量小，进给速度高（20~40 r/min），可实现高效率切削。高速干式切削的技术关键是刀具技术与机床技术。性能优良的高速机床是实现高速干式切削的前提条件和关键因素，而刀具的性能是高速干式切削成功实施的关键——刀具材料不仅要红硬性高、高温稳定性好，还必须有良好的耐磨性、耐热冲击和抗黏结性。刀具涂层可起到润滑、减摩的作用，90%以上的切削热可被切屑带走。高速半干式切削是用气体加微量无害油剂的高速切削法，如 MQL（微量润滑）切削、氮气流切削、超低温冷却切削、低温冷风切削等。有关高速切削的理论请参阅 2.3.1 节。

2.3.3 微细切削

随着航空航天、国防工业、现代医学以及生物工程技术的发展，对微小装置的功能、结构复杂程度、可靠性的要求越来越高，从而使得对特征尺寸在微米级到毫米级、采用多种材料且具有一定形状精度和表面质量要求的精密三维微小零件的需求日益迫切。然而，目前用于微小型化制造的主要是 MEMS(micro-electro-mechanical systems)技术，它集中于由半导体制造工艺发展而来的工艺方法和相关材料，加工材料单一。同时 MEMS 技术趋向于制作平面微机械零件和 MEMS 器件，对任意三维微小零件的加工限制很大。采用微细切削技术可以实现多种材料任意形状微型三维零件的加工，弥补了 MEMS 技术的不足，所制作出的各种微机械有着日益广阔的应用前景，因此国内外的一些高等院校和研究机构对此进行了不断地探索。

在微细切削中，切屑的形成是一个非线性的动态过程，当背吃刀量比最小切屑厚度小时不会形成切屑，因此为了能精确地预测切削力，就要深入理解微小切屑的形成过程。最小切屑厚度的概念是背吃刀量必须要比某个临界切屑厚度大，只有这样切屑才会形成，如图 2.52 所示。如果背吃刀量小于最小切屑厚度，则不会形成切屑，此时工件表面发生了弹性变形，刀刃会咬不住工件而打滑，只能起到挤压的作用，失去了微细切削的意义，且此时还会增加切削力和切削热，从而影响加工精度。当背吃刀量接近最小切屑厚度时，刀具剪切工件形成了切屑，此时仍有部分弹性变形发生，实际的背吃刀量比名义上的要小。当背吃刀量大于最小切屑厚度时，工件弹性变形现象明显减少，整个刀具切过的工件材料全部形成了切屑。

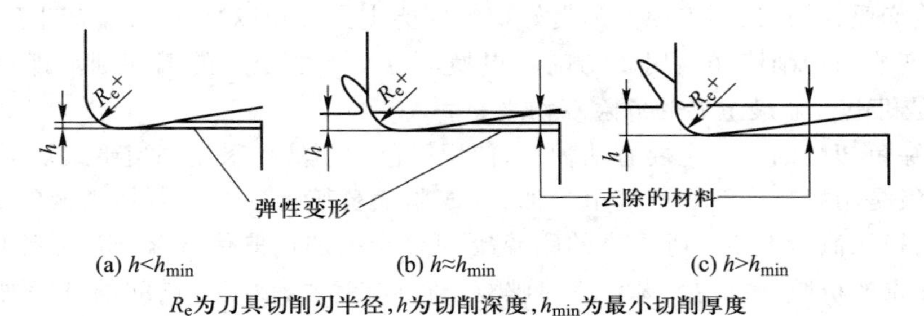

R_e为刀具切削刃半径，h为切削深度，h_{min}为最小切削厚度

图 2.52　最小切削厚度对切削变形的影响

如图 2.53 所示，切削力与切削变形直接相关，它决定了刀具的偏斜。切削力名义上可以分为剪切力和犁切力，在宏观加工过程中因为每齿进给量一般比刀具刃口圆弧半径大，此时的犁切力很小，可以忽略不计。但是在微细切削中，每齿进给量和背吃刀量都非常小，犁切力在总切削力中所占的比例增大，此时犁切力明显地影响了切削变形，而且背吃刀量越小，犁切效应就越显著。

在传统加工过程中，切屑沿剪切面发生剪切变形，然而在微细切削中，切削刃周围的剪切应力显著增加，通过正交微切削力分析模型还可以看出，沿着刀具后面有弹性回复现象。由于刀具刃口圆弧半径的存在，使得切削变形明显增大，背吃刀量很小时，刀具刃口圆弧半径造成的附加变形（犁切效应）占总切削变形的比例很大。微细切削加工的切削力特征是切削力微小，单位切削力大，在背吃刀量很小时，切削力会急剧增大，这就是微细切削的尺寸效应。

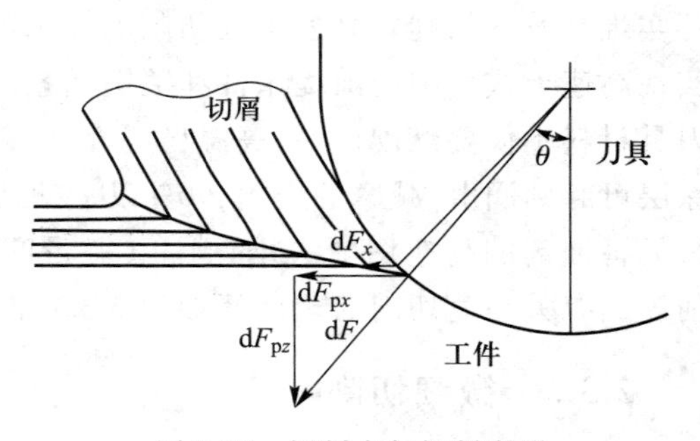

图 2.53　切削力与切削变形

微细切削加工技术不仅以微小尺寸和工作空间为特征，更重要的是，微细切削具有自身独特的理论基础，微构件的物理量和机械量等在微观状态下呈现出异于传统机械的特有规律，这种现象就是微细切削加工的尺寸效应。在微细切削过程中，由于切削层厚度已经十分小，其尺寸与微观尺度相近，尺寸效应对加工精度的影响就变得十分明显，传统的制造精度理论和分析方法将不再适用。在微观领域，与特征尺寸的高次方成比例的惯性力、电磁力等的作用相对减小，而与特征尺寸的低次方成比例的弹性力、表面力和静电力的作用愈来愈显著，表面积与体积之比增大，因而微机械中常常采用静电力作为驱动力。在加工过程中，尺寸效应的作用并非仅仅是将传统加工在尺寸上的简单缩小，其主要特征为：

1）微构件本身材料物理特性的变化；

2）在传统理论中常常被忽略了的表面力此时将起主导作用；

3）某些微观尺度短程力所具有的长程作用及其所引起的表面效应将在微构件尺度起重要作用；

4）微摩擦与微润滑机制对微机械尺度的依赖性以及传热与燃烧对微机械尺度的制约。尺寸效应的存在严重制约了微细切削加工技术向前发展，目前对尺寸效应的研究还很不充分，有待进一步深入探讨。

本章小结

本章主要讨论了金属切削过程的四大规律及在生产上五个方面的应用。

（1）金属切削过程的四大规律

1）切削变形规律：工件材料硬度、强度提高，切削变形减小；刀具前角增大，切削变形减小；切削速度提高，切削变形减小；进给量增大，切削变形减小。

2）切削力变化规律：工件材料强度、硬度提高，切削力增大；切削温度提高，切削力增大；刀具前角增大，切削力减小；刀具磨损增大，切削力增大。

3）切削热与切削温度变化规律：工件材料强度、硬度提高，切削温度提高；切削用量增加，切削温度提高；刀具前角增大，切削温度降低；刀具磨损增加，切削温度上升。

4）刀具磨损与寿命变化规律：工件材料强度、硬度提高，刀具磨损增加，寿命下降；切削用量增加，刀具寿命下降。

（2）金属切削过程规律的应用

1）通过调整化学成分、进行热处理等措施改善材料切削加工性。

2）根据切削液所起的作用，合理选择切削液。

3）根据刀具各角度的功用，合理选择刀具的几何参数。

4）了解切削用量的选择原则，在生产中合理地选择切削用量。

本章难点是如何将金属切削过程的四大规律有机地联系在一起。在四大规律中，切削变形是最基本的一条规律，可以这样说，如果切削变形小，则切削力减小，切削热与切削温度降低，刀具磨损减少，刀具寿命提高。

思考题与练习题

2.1 阐明金属切屑形成过程的实质。哪些指标用来衡量切削层金属的变形程度？它们之间的相互关系如何？它们是否真实地反映了切屑形成过程的物理本质？为什么？

2.2 切屑有哪些类型？各种类型有什么特征？各种类型切屑在什么情况下形成？

2.3 试论述影响切削变形的各种因素。

2.4 第Ⅰ变形区和第Ⅱ变形区的变形特点是什么？

2.5 试描述积屑瘤现象及成因。积屑瘤对切削过程有哪些影响？

2.6 为什么说背吃刀量对切削力的影响比进给量对切削力的影响大？

2.7 切削合力为什么要分解成三个分力？试分析各分力的作用。

2.8 分别说明切削速度、进给量及背吃刀量的改变对切削温度的影响。

2.9 刀具磨损的原因有哪些？刀具的磨损过程分哪几个阶段？

2.10 何谓刀具磨钝标准？试说明制订刀具磨钝标准的原则。

2.11 刀具磨钝标准与刀具寿命之间有何关系？确定刀具寿命有哪几种方法？

2.12 说明高速钢刀具在低速、中速切削时产生磨损的原因，硬质合金刀具在中速、高速切削时产生磨损的原因。

2.13 什么叫工件材料的切削加工性？评定材料切削加工性有哪些指标？如何改善材料的切削加工性？

2.14 切削液有什么作用？有哪些种类？如何选用？

2.15 试述切削液的作用机理。

2.16 什么叫刀具的合理几何参数？它包含哪些基本内容？

2.17 前角有什么功用？如何进行合理选择？

2.18 后角有什么功用？如何进行合理选择？

2.19 主偏角与副偏角各有什么功用？如何进行合理选择？

2.20 刃倾角有什么功用？如何进行合理选择？

2.21 什么叫合理的切削用量？它和刀具寿命、生产率和加工成本有什么关系？

2.22 为什么说选择切削用量的次序是先选背吃刀量、再选进给量、最后选切削速度？

第二篇

零件加工工艺与装备

第3章　零件加工工艺的基本概念与知识

机械加工的内容就是将毛坯加工成符合产品要求的零件,“加工”包含机械加工手段与过程。与机械手段相关联的是机械设备,包含机床、夹具、刀具、测量工具及一系列的辅助工具。与机械加工过程相关联的是机械加工工艺,包含加工方法、加工路线、加工参数、定位基准、加工余量、质量控制等一系列问题。本章首先介绍与机械加工工艺有关的基本概念,然后重点介绍机械加工工艺规程制订的基本方法以及工件定位和夹紧的基本原理。

3.1　零件机械加工的目标与内容

任何一部机器的制造,都要经过产品设计、生产准备、原材料的运输和保管、毛坯制造、机械加工、热处理、装配和调试、检验和试车、喷漆和包装等若干过程,这些相互关联的劳动过程的总和统称为生产过程。

这个过程往往是由许多工厂或工厂的许多车间联合完成的,这样有利于专业化生产,使工厂或车间的产品简单化,对提高生产率、保证产品质量、降低成本大有好处。例如缝纫机制造、汽车制造等一般就采用这种专业化生产的方法。

生产过程的实质是由原材料(或半成品)变为产品的过程。因此一个工厂的生产过程,又可按车间分成若干个车间的生产过程。某个工厂或车间所用的原材料(或半成品)可能是另一个工厂或车间的产品。如铸造车间的产品是机械加工车间的原材料。

机械加工的内容就是将毛坯加工成符合产品要求的零件,“加工”包含机械加工手段与过程。通常,毛坯需要经过若干工序才能转化为符合产品要求的零件。在现有的生产条件下,如何采用经济、有效的加工方法,并将若干加工方法以合理路径安排,以获得符合产品要求的零件,是机械加工的主要目标。

3.2　机械加工工艺基本概念

3.2.1　生产过程

生产过程是将原材料转变为成品的一系列相互关联的劳动过程的总和。机械产品的生产过程主要包括:

1) 原材料的运输和保管;

2) 生产技术准备;

3）毛坯准备；

4）机械加工；

5）热处理；

6）装配和调试；

7）表面修饰；

8）质量检验；

9）包装。

3.2.2 工艺过程

用机械加工的方法，直接改变原材料或毛坯的形状、尺寸和性能等，使之变为合格零件的过程，称为零件的机械加工工艺过程，又称工艺路线或工艺流程。

将零件装配成部件或产品的过程，称为装配工艺过程。

工艺过程是由一个或若干个依次排列的工艺所组成。毛坯顺次通过这些工序就变成了成品或半成品。

1. 工序

一个（或一组）工人，在一个固定的工作地点（一台机床或一个钳工台），对一个（或同时对几个）工件所连续完成的那部分工艺过程，称为工序。它是工艺过程的基本单元，又是生产计划和成本核算的基本单元。

图 3.1 为阶梯轴的零件图。若生产批量比较小，则其加工工艺过程可由五个工序组成，如表 3.1 所示。棒料毛坯依次通过这五个工序就变成阶梯轴的产品零件。

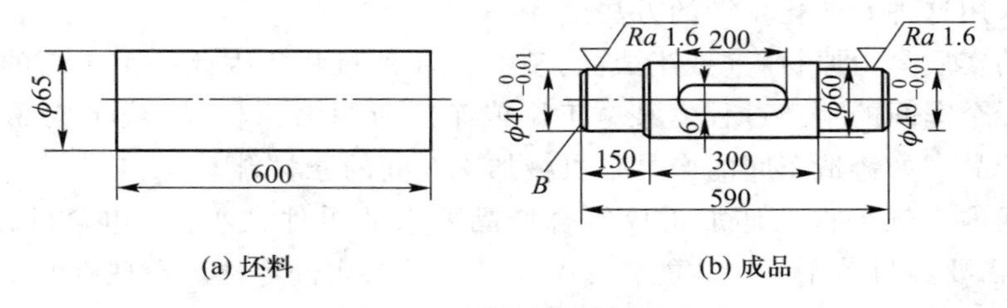

图 3.1 阶梯轴的零件图

表 3.1 阶梯轴加工工艺过程

工序号	工序名称	工作地点
1	车端面、钻中心孔	车床
2	车外圆	车床
3	铣键槽	立式铣床
4	磨外圆	磨床
5	去毛刺	钳工台

同样加工图 3.1 所示的零件，若生产批量比较大，此时可将工序 1 变为两个工序，即将每个毛坯在一台车床上由一个工人车削一端面和钻其上的中心孔，然后卸下来，转移到另一台车床上

由另一个工人调头车削另一端面和钻中心孔，这样对每个毛坯来说，左、右端面和中心孔不是连续加工的，因此表3.1中的工序1就分成了两个工序。

2. 工步

工步是工序的组成单位。在被加工的表面、切削用量（指切削速度和进给量）、切削刀具均保持不变的情况下所完成的那部分工序，称为工步。当其中有一个因素变化时，则为另一个工步。当同时对一个零件的几个表面进行加工时，则为复合工步。

划分工步的目的，是便于分析和描述比较复杂的工序，更好地组织生产和计算工时。

3. 走刀

被加工的某一表面，由于余量较大或其它原因，在切削用量不变的条件下，用同一把刀具对它进行多次加工，每加工一次称为一次走刀。

4. 安装

工件在加工前，在机床或夹具中相对刀具应有一个正确的位置并给予固定，这个过程称为装夹，一次装夹所完成的加工过程称为安装。安装是工序的一部分。

每一个工序可能有一次安装，也可能有几次安装。如表3.1中第一工序，若对一个工件的两端连续进行车端面、钻中心孔，则就需要两次安装（分别对两端进行加工），每次安装有两个工步（车端面和钻中心孔）。

在同一工序中，安装次数应尽量少，这样既可以提高生产效率，又可以减少由于多次安装带来的加工误差。

5. 工位

为减少工序中的装夹次数，常采用回转工作台或回转夹具，使工件在一次安装中可先后在机床上占有不同的位置进行连续加工，每一个位置所完成的那部分工序称为一个工位。

如图3.2a所示，工件装夹在回转夹具A上，铣削箱体零件的四个侧面，每加工完一个侧面，转动手柄B，带动工件回转90°角，再加工下一个侧面，直到将四个侧面加工完毕。因此共有四个工位。

如图3.2b所示，在三轴钻床上利用回转工作台，按四个工位连续完成每个工件的装夹、钻孔、扩孔和铰孔。

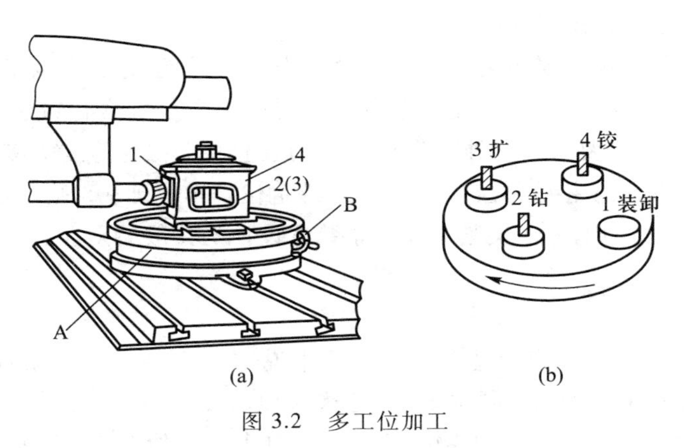

图3.2　多工位加工

采用多工位加工，可以提高生产率和保证被加工表面间的相互位置精度。

3.2.3　生产纲领与生产类型

1. 生产纲领

生产纲领是指企业在计划期内应当生产的产量和进度计划。零件的生产纲领可按下式计算：

$$N=Qn(1+\alpha)(1+\beta) \tag{3.1}$$

式中：N——零件的年生产纲领，件/年；

Q——产品的年产量，台/年；

n——每台产品中该零件的数量，件/台；

α——备品的百分率；

β——废品的百分率。

2. 生产类型

生产类型是指企业生产专业化程度的分类。根据产品的尺寸大小和特征、生产纲领、批量及投入生产的连续性，机械制造业的生产类型分为单件生产、成批生产和大量生产三种。

3.3　工件定位原理

为保证工件某工序的加工要求，必须使工件在机床上相对刀具的切削或成形运动处于准确的相对位置。对于单件小批生产，可以采用测量仪器直接找正工件的位置，对于支座型工件，可以采用划线找正法获得工件相对于刀具的正确位置。但对于普通零件的批量制造，往往采用夹具来获得工件的正确位置。当用夹具装夹加工一批工件时，是通过夹具来实现这一要求的。而要实现这一要求，又必须满足三个条件：① 一批工件在夹具中占有正确的加工位置；② 夹具装夹在机床上的准确位置；③ 刀具相对夹具的准确位置。这里涉及三层关系，即零件相对于夹具、夹具相对于机床、零件相对于机床。工件的最终精度是由零件相对于机床获得的。所以“定位”也涉及三层关系，即工件在夹具上的定位、夹具相对机床的定位、工件相对机床的定位，而工件相对机床的定位是间接通过夹具来保证的。

工件定位以后必须通过一定的装置产生夹紧力把工件固定，使工件保持在准确定位的位置上，否则在加工过程中因受切削力、惯性力等力的作用而发生位置变化或引起振动，会破坏原来的准确定位，无法保证加工要求。这种产生夹紧力的装置便是夹紧装置。夹紧装置的设计与计算也是机械加工工艺设计的主要内容，包括：① 工件定位基本原理；② 基本定位元件对工件的定位；③ 定位误差的分析与计算；④ 夹紧力及夹紧装置设计的一般原则。

3.3.1　六点定位原理

一个自由的物体，它对三个相互垂直的坐标系来说，有六种活动的可能性，其中三种是移动，三种是转动。自由物体在空间的不同位置，就是这六种活动的综合结果。习惯上把这种活动的可能性称为自由度，因此空间任一自由物体共有六个自由度。如图 3.3 所示，这六个自由度为沿 x、y、z 轴移动的三个自由度，以$\vec{x}$、$\vec{y}$、$\vec{z}$表示；绕 x、y、z 轴转动的三个自由度，以$\hat{x}$、$\hat{y}$、$\hat{z}$表示。若使物体在某方向有确定的位置，就必须限制在该方向的自由度，所以要使工件在空间处于相对固定不变的位置，就必须对六个自由度加以限制。限制的方法是用相当于六个支承点的定位元件与工件的定位基准面接触，如图 3.4 所示。在底面 xOy 内的三个支承点限制了$\widehat{x}$、$\widehat{y}$、$\vec{z}$三个自由度；在侧面 yOz 内的两个支承点限制了$\vec{x}$、$\widehat{z}$两个自由度；在端面 xOz 内的一个支承点限制了$\vec{y}$一个自由度。

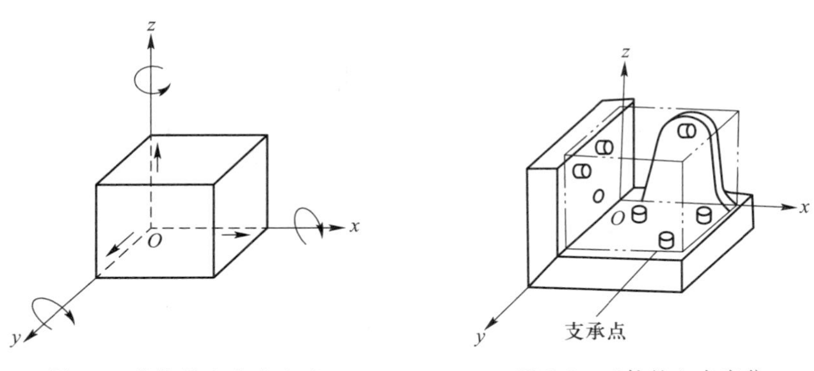

图 3.3　物体的六个自由度　　　　图 3.4　工件的六点定位

这种用正确分布的六个支承点来限制工件的六个自由度，使工件在夹具中得到正确位置的规律，称为六点定位原理。

工件在加工中是否对六个自由度都要加以限制，这要根据被加工工件的加工要求来确定。如图 3.5 所示，图 3.5a 是在工件上加工不通槽。槽宽由刀具直径保证，但是要保证尺寸 A，需要限制$\widehat{x}$、$\widehat{y}$、$\vec{z}$；要保证尺寸 B，需要限制$\widehat{z}$、$\vec{x}$；要保证尺寸 C，需要限制$\vec{y}$，所以六个自由度都要限制。这种定位方法称为完全定位。图 3.5b 是在工件上加工通槽，不需要保证 C，所以不必限制$\vec{y}$，只需要限制其它五个自由度即可。图 3.5c 是在工件上加工平面，不需要保证尺寸 B、C，所以不必限制$\widehat{z}$、$\vec{x}$、$\vec{y}$，只需要限制其它三个自由度即可。这种没有完全限制六个自由度而仍然保证有关工序尺寸的定位方法，称为不完全定位。

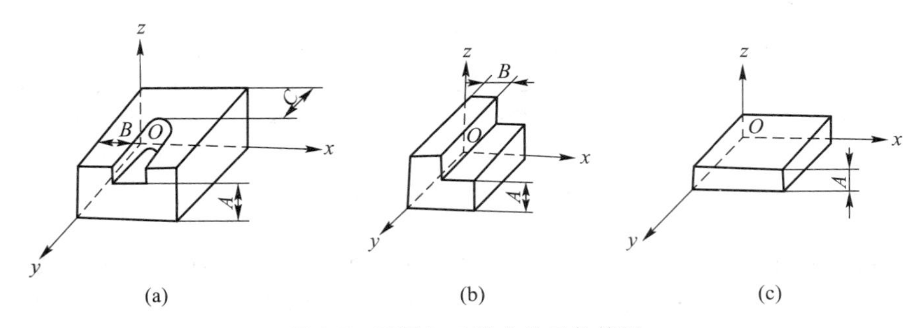

图 3.5　不同加工要求的工件简图

若两个或更多定位元件重复限制了工件的同一个或几个自由度，则为过定位（重复定位）。若工件上应该限制的自由度没有被限制，则称为欠定位。一般不允许出现过定位，但当采用形位精度很高的工件表面作为定位面时，可采用过定位来提高工件定位的稳定性和刚度。欠定位无法保证加工精度要求，在机械加工中是不允许的。

对于过定位的工件,施加夹紧力后,可能产生工件变形或定位元件损坏、定位精度降低等不良后果。图 3.6a 是轴承盖的定位简图。长 V 形块限制$\widehat{z}$、$\widehat{x}$、$\vec{x}$、$\vec{z}$,两个支承钉 A、B 的组合可限制$\vec{z}$、$\widehat{y}$,因此$\vec{z}$属于过定位。若工件的定位基准有尺寸变化(ϕD 及 H 的尺寸变化),工件装入夹具后,则不能同时与上述定位元件完全接触,这样会造成定位不稳定,加夹紧力后工件产生变形,降低了定位精度。

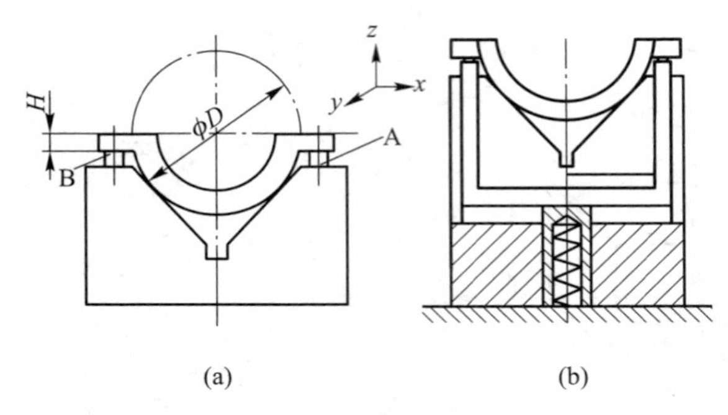

(a) (b)

图 3.6 轴承盖的过定位及其消除

避免产生这种不良后果的方法有:① 消除过定位现象,改变过定位元件的结构,使其失去过定位的能力。如两个支承钉去掉一个,只剩一个支承钉用来限制$\widehat{y}$;或把两个支承钉连成一体并可在上下导向槽中移动,这样就失去了限制$\vec{z}$的能力,而只由 V 形块来限制,如图 3.6b 所示。② 当确定定位元件尺寸时,应使过定位元件(支承钉)与工件定位基准之间有足够间隙,以保证在任何情况下,工件总与 V 形块两侧面接触,以限制$\vec{z}$。又如图 3.7a 是衬套的定位简图。定位元件是长心轴,它能限制工件$\vec{y}$、$\widehat{y}$、$\vec{z}$、$\widehat{z}$,而心轴的端面又能限制$\vec{x}$、$\widehat{z}$、$\widehat{y}$,所以$\widehat{y}$、$\widehat{z}$为过定位。由于工件孔中心线与端面的垂直度误差,使得工件端面与心轴端面不完全接触,当夹紧力朝向心轴端面时,则产生弯曲力矩,这将造成心轴的变形,影响加工精度。

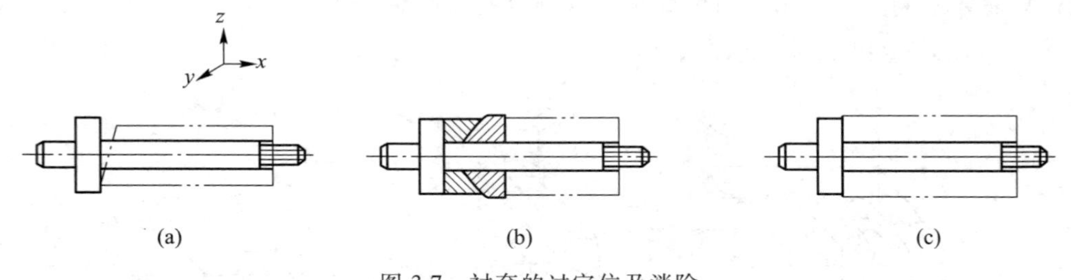

(a) (b) (c)

图 3.7 衬套的过定位及消除

避免产生这种不良后果的方法有:① 消除过定位现象。将心轴端面的结构改变为球面垫圈的形式(图 3.7b),或将心轴的端面改小,即减小与工件端面的接触面积(图 3.7c),使其只起限制$\vec{x}$的作用。② 加大心轴与孔的配合间隙到足够的程度。但是这种办法改变了原来的定位方式,从以内孔为主要定位面变为以端面为主要定位面,所以影响定位精度。③ 提高基准面间的位置精度,即提高工件孔中心线与端面的垂直度,使工件的弯曲变形限制在允许的范围内。

如果过定位所发生的不良后果超出了加工精度的允许范围或破坏了定位元件,则必须采取措施予以消除。

3.3.2 定位方式和定位元件

1. 工件以平面定位

在非回转体如箱体、机座、支架、盘类、板类零件加工中，工件多以平面定位，在夹具中常采用支承钉、支承板为固定定位元件，此外还采用可调支承、自位支承和辅助支承元件。

支承钉有平头型（A 型）、球头型（B 型）和网纹顶面型（C 型）三种可选用。平头型支承钉耐磨性好，常用于精基面定位。球头型支承钉容易与工件的定位基面接触，位置稳定，但容易磨损。网纹顶面型支承钉可增大与工件的摩擦力，但容易存屑，一般用于侧面定位。支承钉在夹具体上的装配形式如图 3.8 所示。一个支承钉相当于一个约束点，限制一个自由度。

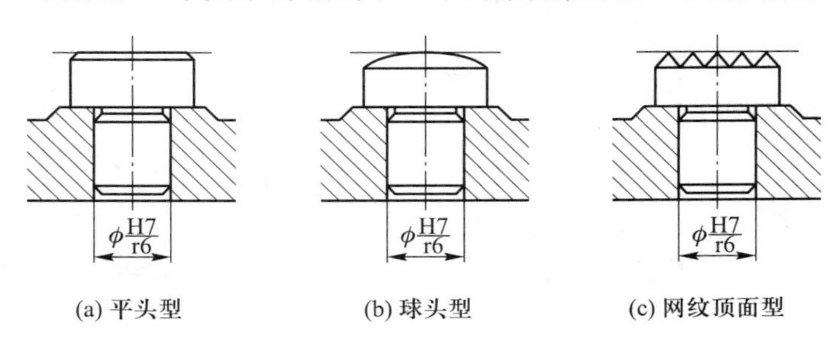

图 3.8　支承钉类型及装配形式

支承板有 A 型和 B 型，如图 3.9 所示，主要用于较大工件的精基面定位。A 型定位板结构简单，但埋头螺钉孔处容易积存切屑，故常用于侧面定位。B 型定位板比较通用，常用于底面定位。

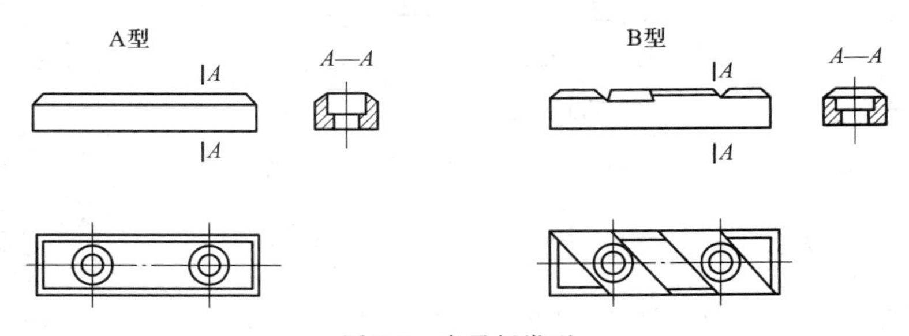

图 3.9　支承板类型

可调支承也是已经标准化的元件，由于其支承点位置可调，适用于工件定位表面不规整或加工余量不均匀时的位置调整（图 3.10），也可作为组合夹具的调整元件或辅助支承以提高局部刚度。

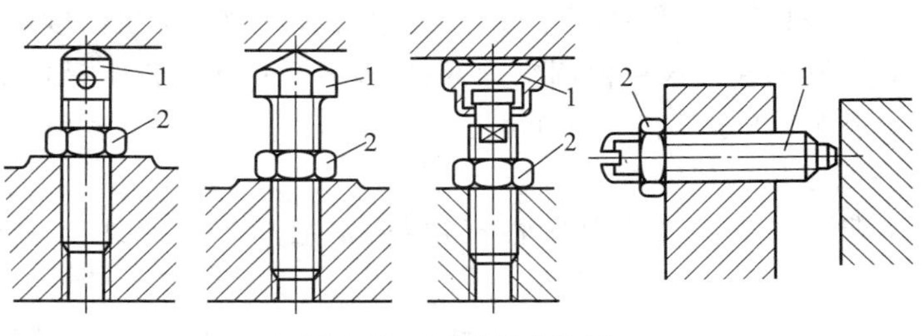

图 3.10　可调支承示例

1—调节螺钉；2—锁紧螺母

若在定位过程中支承元件的支承点可以自动调整其位置以适应工件表面的变化，则称为自位支承，如图 3.11 所示。但是无论自位支承有几个支承点，由于是浮动支承，故其实质只起一个支承点的作用，只限制一个自由度。这类支承常用于毛坯表面和阶梯平面定位。

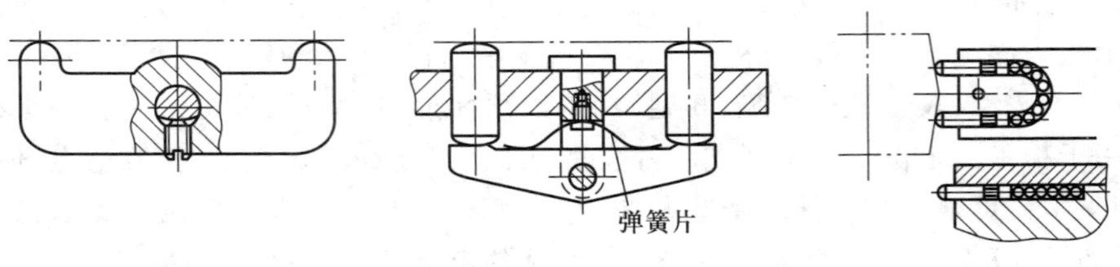

图 3.11　自位支承示例

辅助支承是在工件已完成定位后才用的支承，不起定位作用而只起增加支承刚度的作用。

2. 工件以圆柱孔定位

零件加工有时也用圆柱孔作为定位面，在夹具中常用的定位元件有心轴和定位销。

心轴将在回转体加工章节介绍。定位销也是已标准化元件，一般与其它定位元件组合使用，按其与夹具装配的形式分为固定式和可换式两类，按其结构则分为圆柱销、削边销（菱形销）和圆锥销。图 3.12 为其示例。

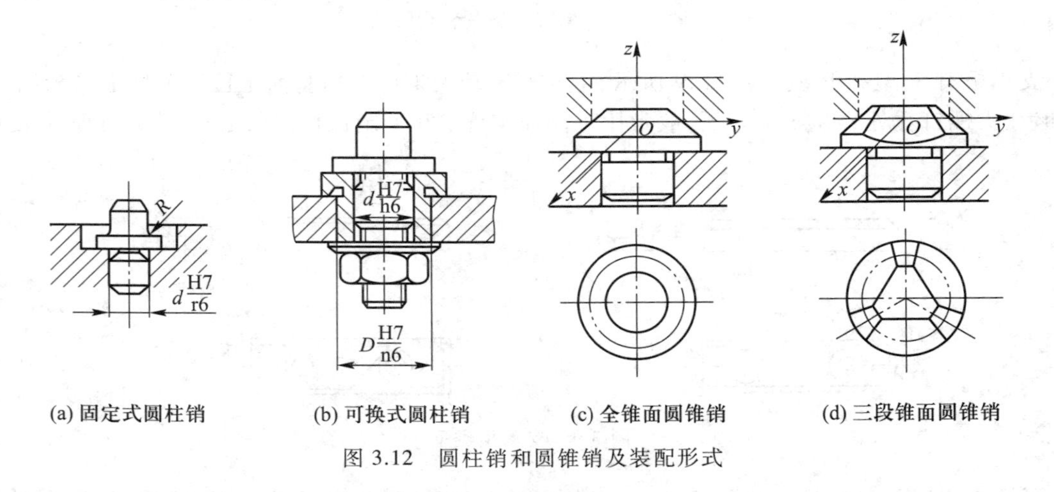

(a) 固定式圆柱销　(b) 可换式圆柱销　(c) 全锥面圆锥销　(d) 三段锥面圆锥销

图 3.12　圆柱销和圆锥销及装配形式

圆柱定位销有长销、短销和削边销三种。长径比 $L/d \geqslant 0.8 \sim 1$ 的定位销为长销，限制的自由度为$\vec{x}$、$\vec{y}$和$\overset{\frown}{x}$、$\overset{\frown}{z}$；长径比 $L/d \leqslant 0.4$ 的定位销为短销，限制的自由度为$\vec{x}$、$\vec{y}$；削边销是把圆柱销的大部分圆柱面削成菱形平面，只对称地保留两小段柱面，它仅可限制一个自由度$\vec{x}$。

圆锥销有全锥面圆锥销和三段锥面圆锥销两种，前者适用于工件上已加工过的圆孔，后者适用于毛坯孔。它们限制工件的$\vec{x}$、$\vec{y}$、$\vec{z}$三个自由度。

3. 工件以外圆柱面定位

在回转体上加工非回转表面常以外圆柱面定位，常用的定位元件有 V 形块、圆/半圆定位套、内锥套等。

V 形块是最常用于外圆柱面定位的元件，也已经标准化。常用 V 形块的结构如图 3.13 所示。整体式 V 形块用于较短圆柱精基面定位，分开式 V 形块的斜面有倒角，以减小与工件圆柱面的接触面积，用于较长圆柱粗基面定位。两个分开的短 V 形块组合使用，间距可调，可使不同工件圆柱面定位。长 V 形块或两个短 V 形块组合可限制工件的$\vec{y}$、$\vec{z}$和$\widehat{y}$、$\widehat{z}$四个自由度，单独一个短 V 形块则只可以限制$\vec{y}$、$\vec{z}$两个自由度。

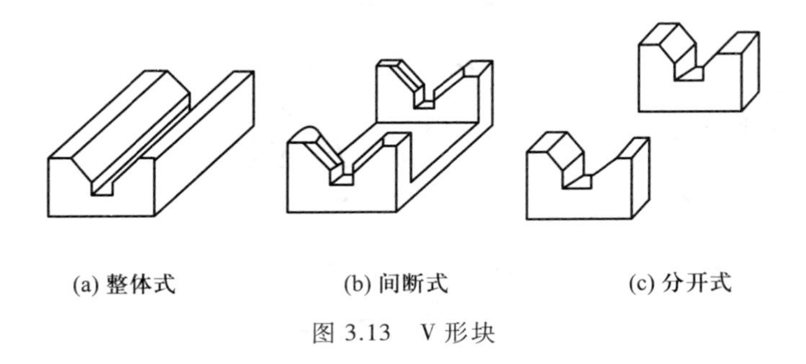

(a) 整体式　　(b) 间断式　　(c) 分开式

图 3.13　V 形块

3.3.3　定位符号及其标注

JB/T 5061—2006 规定了机械加工定位、夹紧符号和常用定位、夹紧装置符号的类型、画法和使用要求。常见的定位符号及标注示例见表 3.2。定位符号中数字表示限制的自由度数。

表 3.2　常见的定位符号及标注示例

工件定位基面	定位元件	定位副接触情况	工序简图上定位符号及其限定的自由度
平面	小平面、一个支承钉	C 较小	3 ($\vec{z}$、$\widehat{x}$、$\widehat{y}$)
	支承板、支承钉	B 较长	1 ($\vec{x}$)
	大平面、支承板组合、三个支承钉组合	A 较大	2 ($\vec{y}$ $\widehat{z}$)
圆孔	短心轴	较短	2 ($\vec{y}$、$\vec{z}$)
	长心轴	较长	4 ($\vec{y}$、$\vec{z}$、$\widehat{y}$、$\widehat{z}$)

工件定位基面	定位元件	定位副接触情况	工序简图上定位符号及其限定的自由度
圆孔	短圆柱销	较短 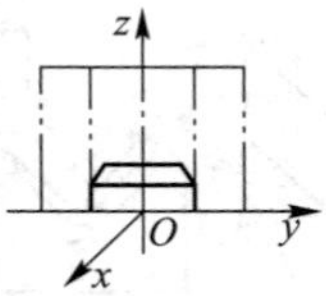	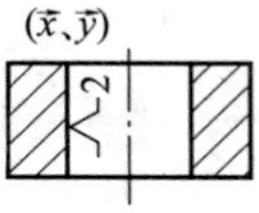 $(\vec{x},\vec{y})$
	长圆柱销	较长 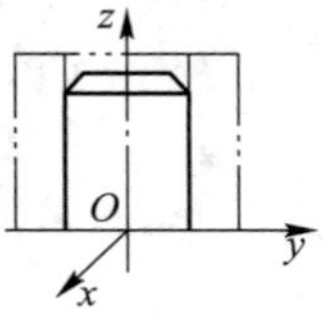	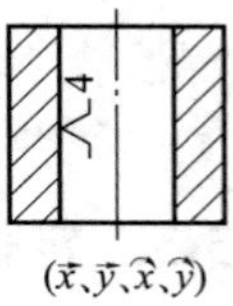 $(\vec{x},\vec{y},\widehat{x},\widehat{y})$
	削边销	较短 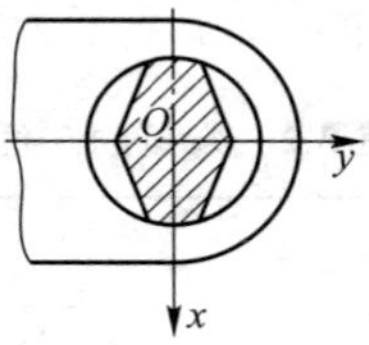	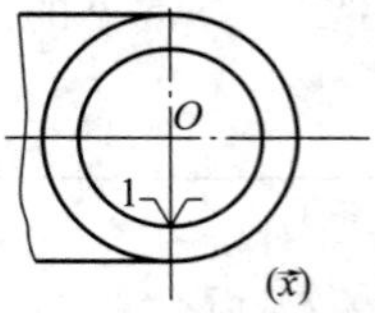 $(\vec{x})$
	短圆锥销	很短 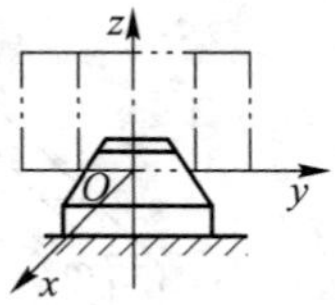	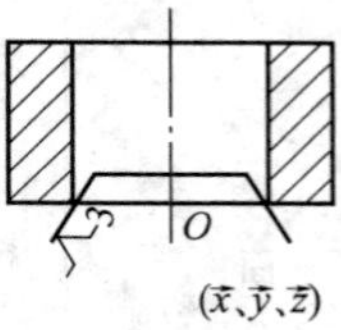 $(\vec{x},\vec{y},\vec{z})$
外圆柱面	支承板	较长 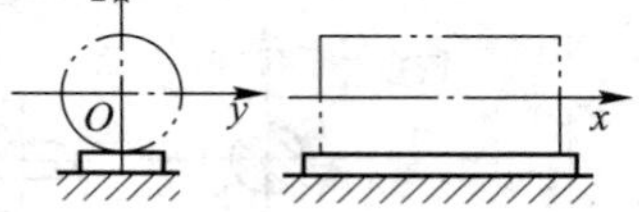	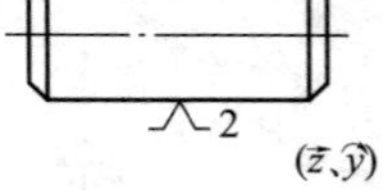 $(\vec{z},\widehat{y})$
	短 V 形块	较短 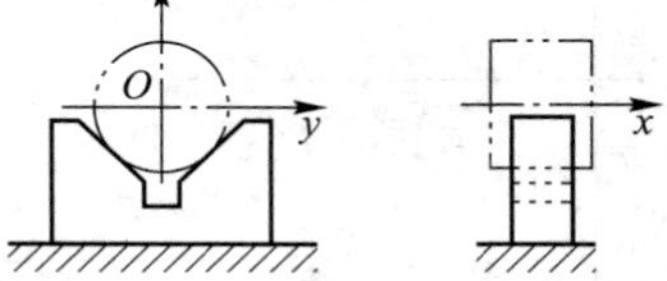	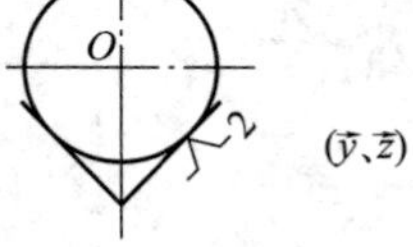 $(\vec{y},\vec{z})$

工件定位基面	定位元件	定位副接触情况	工序简图上定位符号及其限定的自由度
外圆柱面	长 V 形块	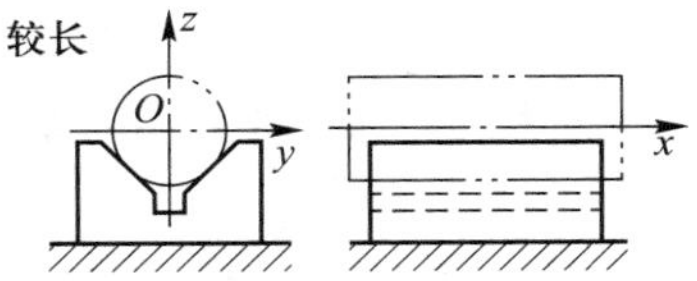 较长	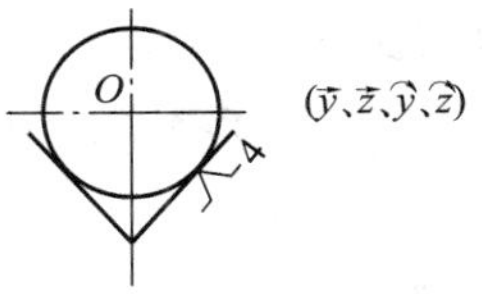 $(\vec{y}、\vec{z}、\overset{\curvearrowright}{y}、\overset{\curvearrowright}{z})$
	两个短 V 形块	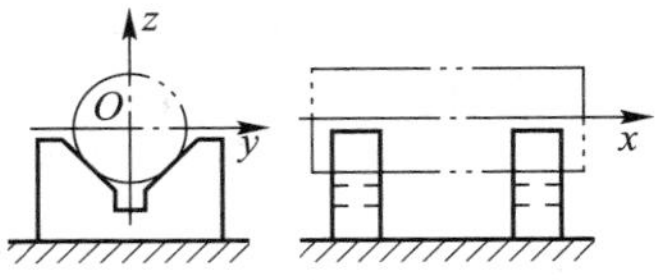	
	短定位套	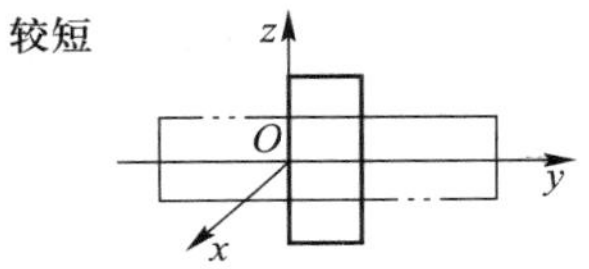 较短	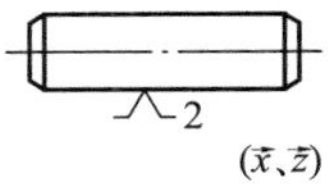 $(\vec{x}、\vec{z})$
	长定位套	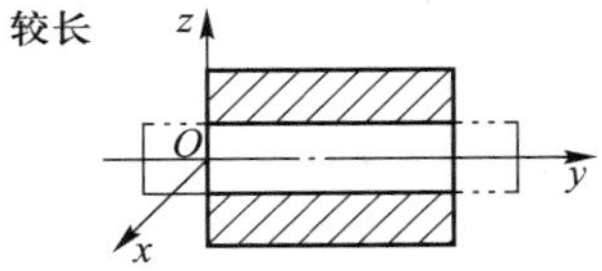 较长	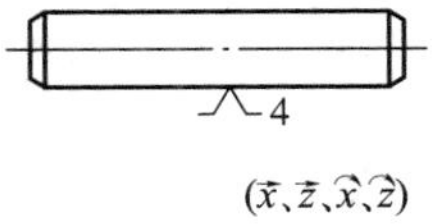 $(\vec{x}、\vec{z}、\overset{\curvearrowright}{x}、\overset{\curvearrowright}{z})$
	短圆锥套	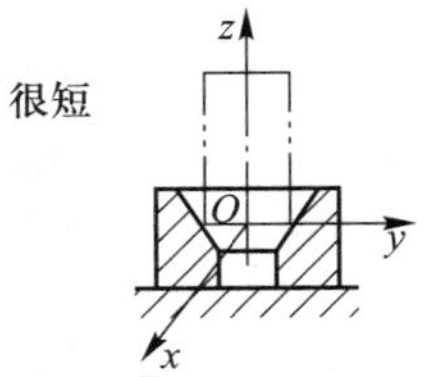 很短	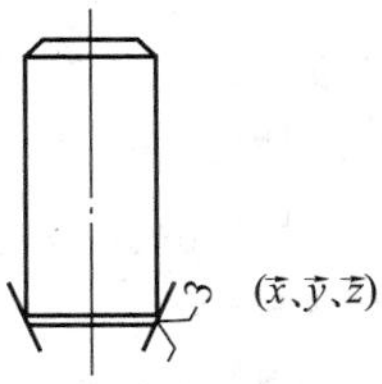 $(\vec{x}、\vec{y}、\vec{z})$

3.4 定位基准的选择与定位误差的计算

在零件图或实际的零件上，用来确定一些点、线、面位置时所依据的那些点、线、面称为基准。

3.4.1 基准的分类

根据基准的用途，基准可分为设计基准和工艺基准两大类。

1. 设计基准

设计人员在零件图上标注尺寸或相互位置关系时所依据的那些点、线、面称为设计基准。如图 3.14a 所示，端面 C 是端面 A、B 的设计基准；中心线 $O-O$ 是外圆柱面 ϕD 和 ϕd 的设计基准；中心 O 是 E 面的设计基准。

2. 工艺基准

零件在加工或装配过程中所使用的基准，称为工艺基准（也称制造基准）。工艺基准按用途又可分为：

1）工序基准。在工序图上标注被加工表面尺寸（称工序尺寸）和相互位置关系时所依据的点、线、面，称为工序基准。如图 3.14a 所示的零件，若加工端面 B 时的工序图为图 3.14b，工序尺寸为 l_4，则工序基准为端面 A，而其设计基准是端面 C。

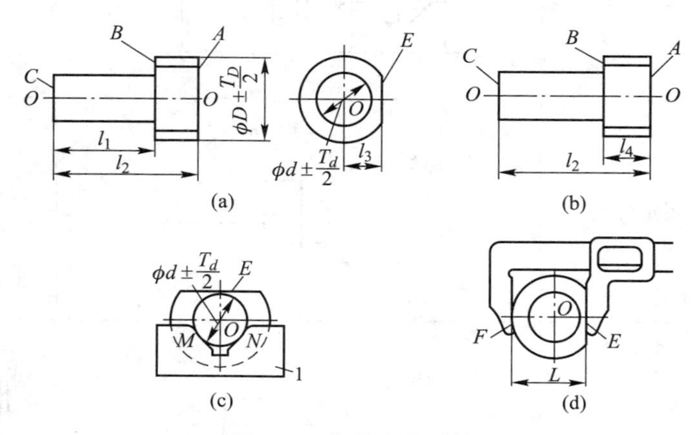

图 3.14　各种基准示例

2）定位基准。工件在机床上加工时，在工件上用以确定被加工表面相对机床、夹具、刀具位置的点、线、面称为定位基准。确定位置的过程称为定位。如图 3.14c 所示，加工 E 面的工件以外圆 ϕd 在 V 形块 1 上定位时，其定位基准则是外圆 ϕd 的轴心线。加工轴类零件时，常以顶尖孔为定位基准。加工齿轮外圆或切齿时，常以内孔和端面为定位基准。定位基准常用的是“面”，所以也称为定位面，常以符号“⋏”表示，其尖端指向定位面。图 3.15 为切齿轮时的定位基准表示法。

3）测量基准。在工件上用以测量已加工表面位置时所依据的点、线、面称为测量基准。一般情况下常采用设计基准为测量基准。如图 3.14a 所示，当加工端面 A、B，并保证尺寸 l_1、l_2 时，测量基准就是它的设计基准端面 C。但当以设计基准为测量基准不方便或不可能时，也可采用其它表面为测量基准。如图 3.14d 所示，表面 E 的设计基准为中心 O，而测量基准为外圆 ϕD 的母线 F，则此时的测量尺寸为 L。

4）装配基准。装配时，用来确定零件或部件在机器中的位置时所依据的点、线、面称为装配基准。如齿轮装在轴上，内孔是它的装配基准；轴装在箱体孔上，轴颈是装配基准；主轴箱箱体装在床身上，箱体的底面是装配基准。

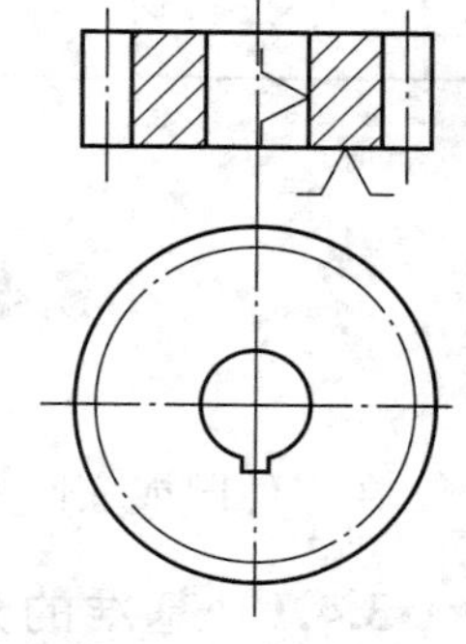

图 3.15　切齿轮时的定位基准表示法

3.4.2 定位基准的选择

定位基准选择得正确与否是关系到工艺路线和夹具结构设计是否合理的主要因素之一，并将影响工件的加工精度、生产率和加工成本，因此定位基准的选择是制订工艺规程的主要内容之一。

定位基准又分为粗定位基准、精定位基准和辅助定位基准，分别简称为粗基准、精基准和辅助基准。

粗基准：以未加工过的表面进行定位的基准称为粗基准，即第一道工序所用的定位基准。

精基准：以已加工过的表面进行定位的基准称为精基准。

辅助基准：在零件的装配和使用过程中无用处，只是为了便于零件的加工而设置的基准称为辅助基准，如轴加工用的顶尖孔等。

选择定位基准主要是为了保证零件加工表面之间以及加工表面与未加工表面之间的相互位置精度，因此定位基准的选择应从有相互位置精度要求的表面间去找。下面分别介绍有关精基准和粗基准选择的一般原则。

1. 精基准的选择

选择精基准时，应保证加工精度并使工件装夹得方便、准确、可靠。因此，要遵循以下几个原则：

（1）基准重合的原则

尽量选择工序基准（或设计基准）为定位基准。这样可以减少由于定位不准确引起的加工误差。

图 3.16a 是在钻床上成批加工工件孔的工序简图，N 面为尺寸 B 的工序基准。若选 N 面为尺寸 B 的定位基准并与夹具的 1 面接触，钻头相对 1 面位置已调整好且固定不动（图 3.16b），则加工这批工件时尺寸 B 不受尺寸 A 变化的影响，从而直接保证了尺寸 B 的加工精度。若选择 M 面为定位基准并与夹具的 2 面接触，钻头相对 2 面已调整好且固定不动（图 3.16c），则加工的尺寸 B 要受到尺寸 A 变化的影响，使尺寸 B 的精度下降。

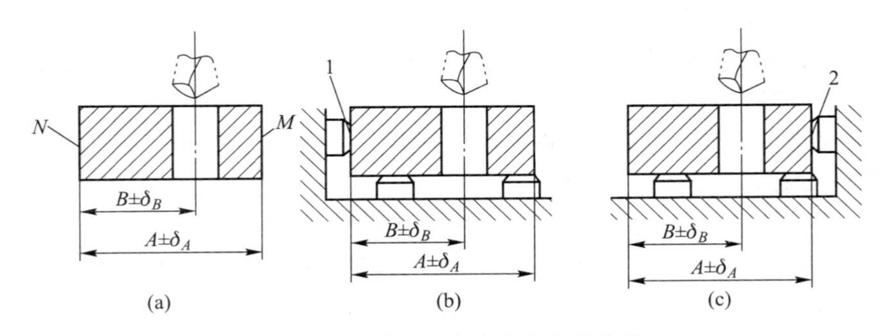

图 3.16 工序基准与定位基准的关系

（2）基准不变的原则

尽可能使各个工序的定位基准相同。如轴类零件的整个加工过程中，大部分工序都以两个顶尖孔为定位基准；齿轮加工的工艺过程中，大部分工序以内孔和端面为定位基准；箱体加工中，若批量较大,大部分工序以平面和两个销孔为定位基准。

基准不变的好处是:可使各工序所用的夹具统一,从而可减少设计和制造夹具的时间和费用,加速生产准备工作,降低生产成本;多数表面用同一组定位基准进行加工,可避免因基准转换过多带来的误差,有利于保证其相互位置精度;由于基准不变就有可能在一次装夹中加工许多表面,使各表面之间达到很高的位置精度,又可避免由于多次装夹带来的装夹误差和减少多次装载工件的辅助时间,有利于提高生产率。

(3) 互为基准,反复加工的原则

当两个表面的相互位置精度要求较高时,则两个表面互为基准反复加工,可以不断提高定位基准的精度,保证两个表面之间的相互位置精度。如加工套筒类零件,当内、外圆柱表面的同轴度要求较高时,先以孔定位加工外圆,再以外圆定位加工孔,反复加工几次即可大大提高同轴度精度。

(4) 自为基准的原则

当精加工或光整加工工序要求余量小而均匀时,可选择加工表面本身为精基准,以保证加工质量和提高生产率。如精铰孔时,铰刀与主轴采用浮动连接,加工时以孔本身为定位基准。又如磨削车身导轨面时,常在磨头上装百分表以导轨面本身为定位基准来找正工件,或者用观察火花的方法来找正工件。应用这种精基准加工工件,只能提高加工表面的尺寸精度,不能提高表面间的相互位置精度,后者应由先行工序保证。

(5) 应能使工件装夹稳定可靠、夹具简单

一般常采用面积大、精度较高和表面粗糙度值较小的表面为精基准。加工箱体类和支架类零件时常选用装配基准为精基准,因为装配基准多数面积大,装夹稳定、方便,设计夹具也较简单。图 3.17 所示为机床主轴箱加工简图,一般是先加工装配基准面 A,再以 A 面为精基准加工主轴孔 B 及其它孔。

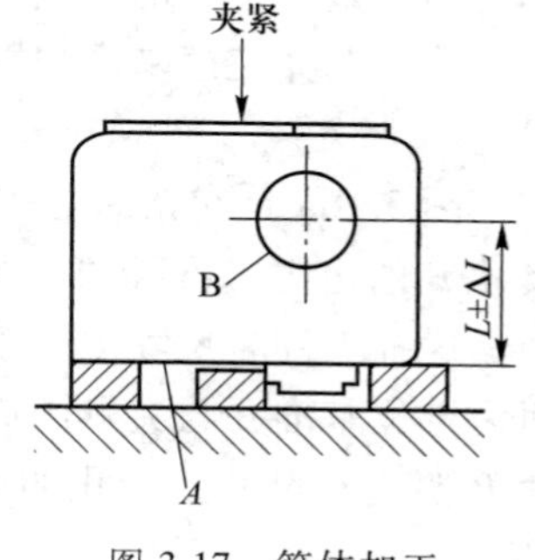

图 3.17 箱体加工精基准的选择

2. 粗基准的选择

在零件加工过程的第一道工序,定位基准必然是毛坯表面,即粗基准。选择粗基准时应从以下几个方面考虑:

1) 选择要求加工余量小而均匀的重要表面为粗基准,以保证该表面有足够而均匀的加工余量。

例如,导轨面是车床床身的主要工作表面,要求在加工时切去薄而均匀的一层金属,使其保留铸造时在导轨面上所形成的均匀而致密的金相组织,以便增加导轨的耐磨性。另外,小而均匀的加工余量将使切削力小而均匀,因此引起的工件变形小,而且不易产生振动,从而有利于提高导轨的几何精度和降低表面粗糙度值。因此对加工床身来说,保证导轨面的加工余量小而均匀是主要的。加工时,应先选取导轨面为粗基准加工床脚的底平面,如图 3.18a 工序 Ⅰ 所示,再以床脚的底平面为精基准加工导轨面,此时导轨面的加工余量可以小而均匀,见图 3.18a 工序 Ⅱ。若先以床脚底平面为粗基准加工导轨面,如图 3.18b 工序 Ⅰ 所示,则床脚底平面误差全部反映到导轨面上,使其加工余量不均匀。此时,在余量较大处,会把要保留的力学性能较好的一层金属切掉,而且由于余量不均匀而影响加工精度。

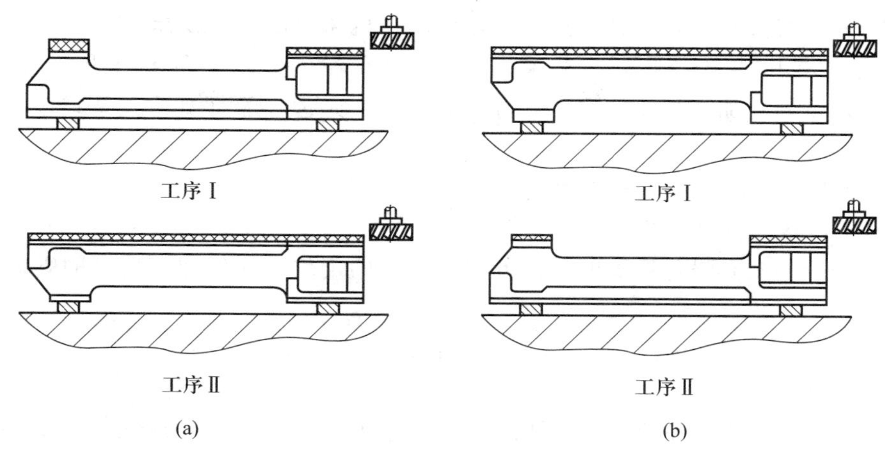

图 3.18　床身加工粗基准的选择

2）某些表面不需加工，则应选择其中与加工表面有相互位置精度要求或壁厚均匀要求的表面为粗基准。

如图 3.19a 所示，为保证传动带的轮缘厚度均匀，应以不加工表面 1 为粗基准，车外圆表面。又如图 3.19b 所示，为保证零件的壁厚均匀，应以不加工的外圆表面 *A* 为粗基准，镗内孔。

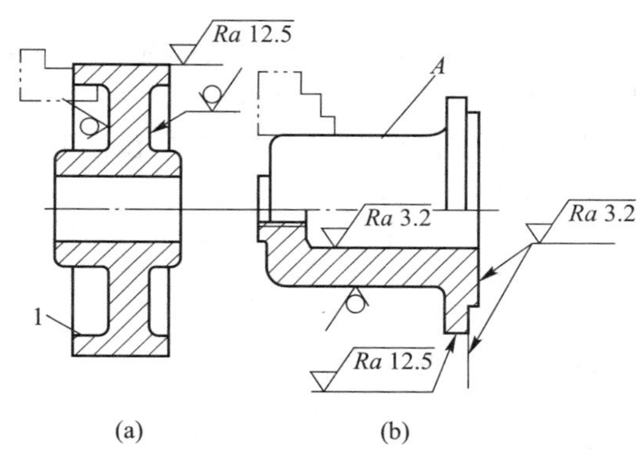

图 3.19　以不加工表面为粗基准

3）选择比较平整、光滑、有足够大面积的表面为粗基准，不允许有浇、冒口的残迹和飞边，以确保安全、可靠、误差小。

粗基准在一般情况下只允许在第一道工序中使用一次，尽量避免重复使用。因为粗基准的精度和表面粗糙度都很差，如果重复使用，则不能保证工件相对刀具的位置在重复使用粗基准的工序中都一致，因而影响加工精度。

上述有关粗、精基准选择原则中的每一项，只说明某一方面问题，在实际应用中，有时不能同时兼顾。因此要根据零件的生产类型及具体的生产条件，并结合整个工艺路线进行全面考虑，抓住主要矛盾，灵活运用上述原则，正确选择粗、精基准。

3.4.3　定位误差及计算

根据六点定位原理，可以设计和检查工件在夹具中的正确位置，但是能否满足加工精度的要求，还需要进一步讨论影响加工精度的因素，如夹具在机床上的装夹误差、工件在夹具中的定位误差和夹紧误差、机床的调整误差、工艺系统的弹性变形和热变形误差、机床和刀具的制造误差及磨损误差等都是影响加工精度的因素。为了保证加工质量，应满足如下关系式：

$$\Delta_{总} \leqslant \delta \tag{3.2}$$

式中：$\Delta_{总}$——各种因素产生误差的总和；

δ——工件被加工尺寸的公差。

因本章只研究与夹具设计有关的定位方法所引起的定位误差对加工精度的影响，因此上式又可写成：

$$\Delta_{定} + \omega \leqslant \delta \tag{3.3}$$

式中：$\Delta_{定}$——定位误差；

ω——除定位误差以外，其它因素所引起的误差总和，可按加工经济精度查表确定。

3.4.4 定位误差的组成

所谓定位误差，是指由于工件定位造成的加工面相对工序基准的位置误差。因为对一批工件来说，刀具经调整后位置是不动的，即被加工表面的位置相对于定位基准是不变的，所以定位误差就是工序基准在加工尺寸方向上的最大变动量。

定位误差的组成及产生原因有以下两个方面：

1）定位基准与工序基准不一致所引起的定位误差，称为基准不重合误差，即工序基准相对定位基准在加工尺寸方向上的最大变动量，以 $\Delta_{不}$ 表示。

2）定位基准面和定位元件本身的制造误差所引起的定位误差，称为基准位置误差，即定位基准的相对位置在加工尺寸方向上的最大变动量，以 $\Delta_{基}$ 表示（当采用平面定位时，$\Delta_{基}$ 一般为零）。故有

$$\Delta_{定} = \Delta_{不} + \Delta_{基} \tag{3.4}$$

3.4.5 各种定位方法的定位误差计算

1. 工件以平面定位时的定位误差

工件以平面定位时，需要三个互成一定角度的平面作为定位基准，其中限制三个自由度的平面起主要定位作用，称为主要定位基准；限制两个自由度的平面起次要定位作用，称为导向定位基准；限制一个自由度的平面，称为止动定位基准。

图 3.20 为在镗床上加工箱体的 A、B 两通孔时的定位情况（因是通孔，所以不需要止动定位基准），要保证尺寸 A_1、A_2、B_1、B_2。加工时刀具位置经调整好不再改变，因此对加工一批工件来说，被加工的 A、B 二孔表面相对夹具的位置不变。

加工孔 A 时，尺寸 A_1的工序基准和定位基准均是 D 面，基准重合，所以

$$\Delta_{不(A_1)} = 0 \tag{3.5}$$

定位基准面 D 有角度制造误差$\pm\delta_{\beta}$，对于一批工件，考虑正负两种极端情况，基准位置误差为

$$\Delta_{基(A_1)} = 2H\tan\delta_{\beta} \tag{3.6}$$

所以

$$\Delta_{定(A_1)} = \Delta_{不(A_1)} + \Delta_{基(A_1)} = \Delta_{基(A_1)} = 2H\tan\delta_{\beta} \tag{3.7}$$

尺寸 A_2的工序基准是 E 面，定位基准是 C 面，基准不重合，根据基准不重合误差的定义有

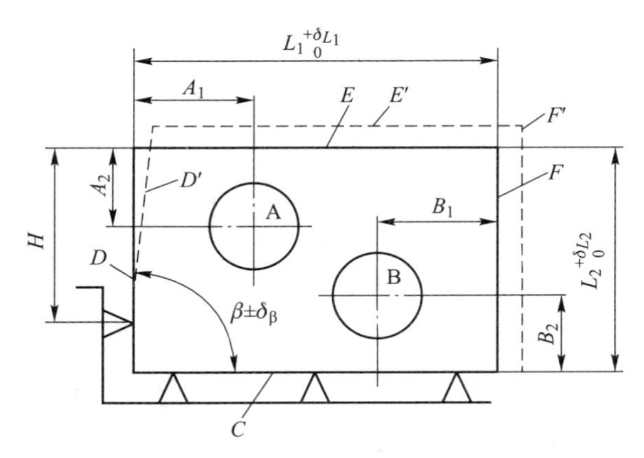

图 3.20　平面定位时的定位误差

$$\Delta_{不(A_2)}=\delta_{L_2} \tag{3.8}$$

假定定位基准 C 面制造得平整光滑,则同批工件的定位基准位置不变,此时就有

$$\Delta_{基(A_2)}=0 \tag{3.9}$$

所以

$$\Delta_{定(A_2)}=\Delta_{不(A_2)}+\Delta_{基(A_2)}=\Delta_{不(A_2)}=\delta_{L_2} \tag{3.10}$$

加工孔 B 时,尺寸 B_1的工序基准是 F 面,定位基准是 D 面,基准不重合,根据定义有

$$\Delta_{不(B_1)}=\delta_{L_1} \tag{3.11}$$

同样,也存在基准位置误差

$$\Delta_{基(B_1)}=2H\tan\ \delta_\beta \tag{3.12}$$

所以

$$\Delta_{定(B_1)}=\Delta_{不(B_1)}+\Delta_{基(B_1)}=\delta_{L_1}+2H\tan\ \delta_\beta \tag{3.13}$$

尺寸 B_2的工序基准和定位基准均是 C 面,基准重合,此时有

$$\Delta_{不(B_2)}=0 \tag{3.14}$$

$$\Delta_{基(B_2)}=0 \tag{3.15}$$

所以

$$\Delta_{定(B_2)}=\Delta_{不(B_2)}+\Delta_{基(B_2)}=\Delta_{不(B_2)}=0 \tag{3.16}$$

2. 工件在 V 形块上以外圆柱定位的定位误差

图 3.21 所示为在圆柱面上加工一平面。为了便于研究,设 V 形块的夹角 α 无制造误差,外圆定位面的直径公差为 δ_d。

将外圆放置在 V 形块定位时,其意图是试图用工件外圆表面“寻找”外圆中心线,即定位基准可认为是外圆的中心线。

图 3.21a 中,对于加工尺寸 H,工序基准为中心线,与定位基准重合,因此只存在基准位置误差。对于图 3.21b 与图 3.21c,工序基准与定位基准不重合,因此两类误差均存在。

(1) 对尺寸 H(即加工面到中心线)

如前所述,$\Delta_{不(H)}=0$,$\Delta_{基(H)}$为定位基准线 O 在加工方向上的最大变动量,假设 V 形块制造误差忽略不计,可对$\overline{OA}$求偏微分,有

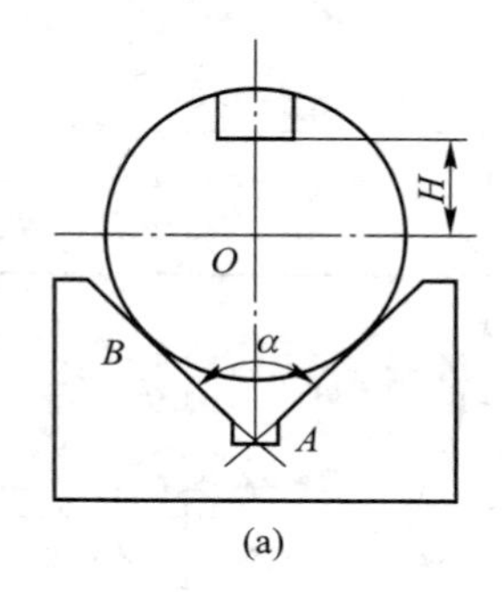

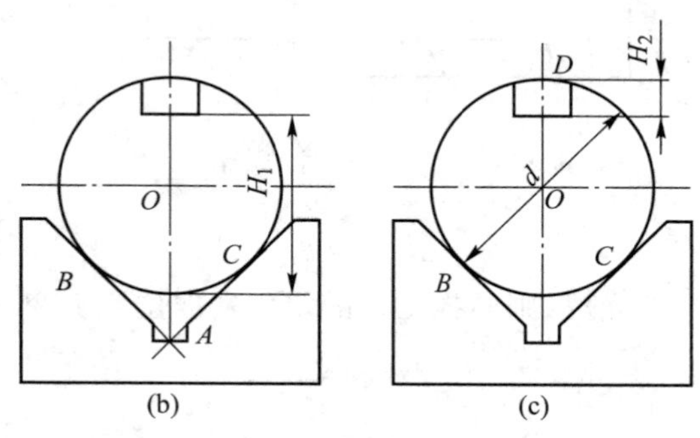

图 3.21　V 形块定位时的定位误差

$$\Delta_{定(H)}=\Delta_{基(H)}=\partial(\overline{OA})=\partial[d/(2\sin\alpha/2)]=\frac{T_d}{2\sin\alpha/2} \tag{3.17}$$

(2) 对尺寸 H_1(即加工面到下母线)

这里首先考虑定位误差的来源,其来源有两项:第一项为基准不重合误差,即为把定位基准从 O 点转换到 C 点引起的误差 $\Delta_{不(H_1)}$;第二项为在用外圆面"寻找"基准 O 的过程中,由于外圆尺寸变化(即基准副制造误差)带来的基准误差 $\Delta_{基(H_1)}$,二者在空间变化上具有方向性,因此需要判断是相加或相减。方便起见,因 A 点相对位置不变,仅考虑 C 点相对 A 点的变化即可,即对 $\overline{CA}$ 进行偏微分:

$$\Delta_{定(H_1)}=\partial(\overline{CA})=\partial(\overline{OA}-R)=\partial(\overline{OA})-\partial R$$

将 $\partial(\overline{OA})$、∂R 代入上式,有

$$\Delta_{定(H_1)}=\frac{T_d}{2\sin\alpha/2}-\frac{T_d}{2}=\frac{T_d}{2}\left(\frac{1}{\sin\alpha/2}-1\right) \tag{3.18}$$

(3) 对尺寸 H_2(即加工面到上母线 D 点)

同样,此时定位误差也包含两项。为了方便起见,因 A 点相对位置不变,仅考虑 D 点相对 A 点的变化即可,即对 $\overline{DA}$ 进行偏微分:

$$\Delta_{定(H_2)}=\partial(\overline{DA})=\partial(\overline{OA}+R)=\partial(\overline{OA})+\partial R$$

将 $\partial(\overline{OA})$、∂R 代入上式,有

$$\Delta_{定(H_2)}=\frac{T_d}{2\sin\alpha/2}+\frac{T_d}{2}=\frac{T_d}{2}\left(\frac{1}{\sin\alpha/2}+1\right) \tag{3.19}$$

通过以上计算,可得出如下结论:

1）定位误差随工件误差的增大而增大;

2）定位误差与 V 形块的夹角有关,并随夹角 α 的增大而减小,但定位稳定性变差,常取$\alpha=90°$;

显然,$\Delta_{定(H_1)}<\Delta_{定(H)}<\Delta_{定(H_2)}$,因此图 3.21b 的尺寸标注方法最好。

3. 工件以内孔表面定位时的定位误差

这里主要介绍工件孔与定位心轴(或销)采用间隙配合,以孔中心线为工序基准时的定位误差计算,如图 3.22 所示。

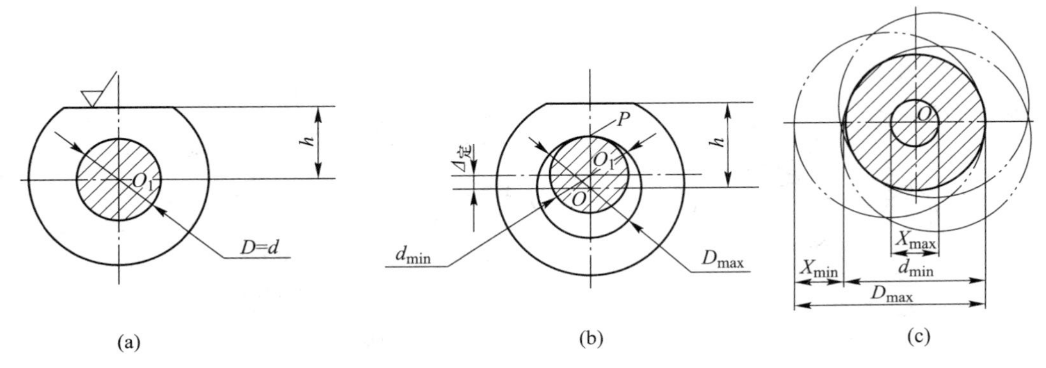

图 3.22　心轴定位时的定位误差

当工件安装到心轴上时,因工序基准是中心线,定位基准也是中心线,基准重合,则

$$\Delta_{不}=0 \tag{3.20}$$

因工件孔和心轴是间隙配合又都有制造误差,因而存在孔中心线的位置变化,即基准位置误差,得

$$\Delta_{定}=\Delta_{不}+\Delta_{基}=\Delta_{基} \tag{3.21}$$

假定孔尺寸为 $D^{+\delta_D}_{0}$,心轴尺寸为 $d^{0}_{-\delta_d}$,最小配合间隙为 Δ_{min},最大配合间隙为 Δ_{max},根据工件装夹时心轴放置的位置不同,定位误差分两种情况考虑:

1）心轴竖直放置时,轴与孔的接触位置不固定,按最大孔和最小轴求得孔中心线位置的变动量为

$$\Delta_{定}=\overline{OO}_1=2\left(\frac{\delta_D}{2}+\frac{\delta_d}{2}+\frac{\Delta_{min}}{2}\right)=\delta_D+\delta_d+\Delta_{min}=\Delta_{max} \tag{3.22}$$

2）心轴水平放置时,由于自重,工件始终靠往心轴一边下垂,此时孔中心线的变动是竖直方向,其最大值为

$$\Delta_{定}=\frac{1}{2}(\delta_D+\delta_d+\Delta_{min})=\frac{1}{2}\Delta_{max} \tag{3.23}$$

4. 工件以“一面两孔”定位时的定位误差*

当采用一平面、两短圆柱销的定位元件组合定位时,此时平面限制$\vec{z}$、$\hat{x}$、$\hat{y}$三个自由度,第一个

* 此部分内容可选学。

定位销限制$\vec{x}$、$\vec{y}$两个自由度，第二定位销限制$\vec{x}$、$\hat{z}$，因此$\vec{x}$过定位。又设两孔直径分别为 $D_{1\,0}^{+\delta_{D_1}}$、$D_{2\,0}^{+\delta_{D_2}}$，孔距为 $L\pm\delta_{L_D}$；两销直径分别为 $d_1-\delta_{d_1}$、$d_2-\delta_{d_2}$，销距为 $L\pm\delta_{L_d}$。由于两孔、两销的直径，两孔中心距和两销中心距都存在制造误差，故有可能使工件两孔无法套在两定位销上，如图 3.23 所示。解决的方法有三：① 减小第二个销的直径；② 第二个销采用削角销；③ 使第二个销可沿 x 方向移动，但结构复杂。这三种方法解决的原则都是消除$\vec{x}$过定位。下面分别介绍前两种方法。

（1）减小第二个销的直径

减小第二个销的直径后应有的直径大小可由图 3.24 求得，即销的大小应在 AB 范围内，其最大半径为$\overline{AO'_{2D}}$（或$\overline{BO''_{2D}}$），最大直径为 $d'_2=\overline{AD}$，由图 3.24 得

$$\overline{AD}=D_2-2(\delta_{L_D}+\delta_{L_d}) \tag{3.24}$$

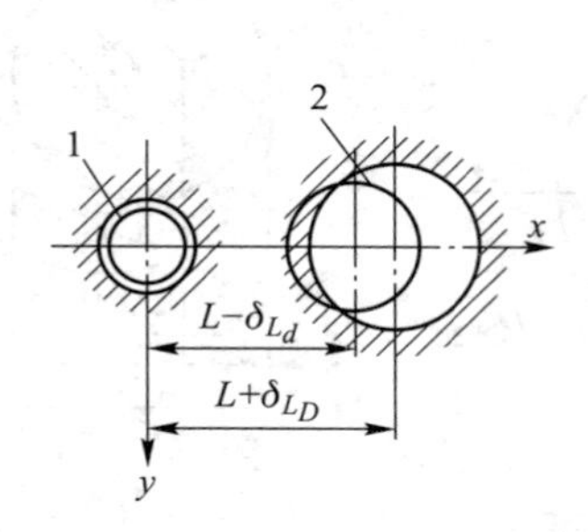

图 3.23　一面两孔定位情况

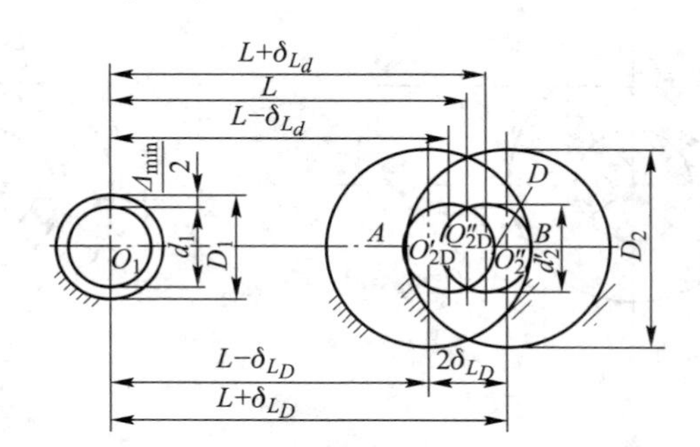

图 3.24　第二个圆柱销直径

为了便于装夹，销与孔的侧壁应有一定的最小间隙，假设为 $\Delta_{2\min}$，它使得销直径减小 $\Delta_{2\min}$；同理，第一孔与销的配合也应有一定的最小间隙 $\Delta_{1\min}$，并补偿第二个销直径减小的一部分数值，使第二个销的直径可加大 $\Delta_{1\min}$。因此得

$$d'_2=D_2-2(T_{L_D}+T_{L_d})-\Delta_{2\min}+\Delta_{1\min} \tag{3.25}$$

此种方法由于销的直径减小，配合间隙加大，故使工件绕销 1 的转角误差加大。

（2）第二个定位销采用削角销

当工件转角误差要求较严格时，采用这种方法很普遍。它不需要减小第二个销的直径，因此转角误差较小。

1）削角销宽度 b 的确定。如图 3.25 所示，只要令$\overline{AF}$等于圆柱定位销半径应减小的部分$\overline{DE}$，则直径为 d_2 的削角销就可以起到减小后直径为 d'_2的圆柱定位销的作用，因 $d_2>d'_2$，故工件转角误差小。由图 3.25 可知：

$$\overline{AO_2}^2-\overline{AC}^2=\overline{FO_2}^2-\overline{FC}^2$$

$$\left(\frac{D_2}{2}\right)^2-\left(\overline{AF}+\frac{b}{2}\right)^2=\left(\frac{d_2}{2}\right)^2-\left(\frac{b}{2}\right)^2$$

整理后得

$$b=\frac{D_2^2-d_2^2-4\,\overline{AF}^2}{4\,\overline{AF}} \tag{3.26}$$

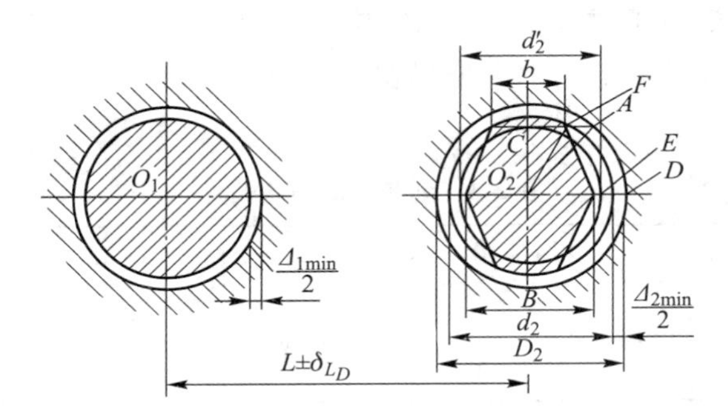

图 3.25　削角销的宽度计算

又因

$$d_2 = D_2 - \Delta_{2\min}$$

$$\overline{AF} = \overline{DE} = \delta_{L_D} + \delta_{L_d} - \frac{\Delta_{1\min}}{2} \tag{3.27}$$

代入式(3.26),并忽略二次小项$\overline{AF}^2$、$\Delta_{2\min}^2$(因数值很小),得

$$b = \frac{D_2 \Delta_{2\min}}{2\delta_{L_D} + 2\delta_{L_d} - \Delta_{1\min}} \tag{3.28}$$

2）定位误差的确定。1 孔的中心线在 x、y 方向的最大位移为

$$\Delta_{定(1_x)} = \Delta_{定(1_y)} = \delta_{D_1} + \delta_{d_1} + \Delta_{1\min} = \Delta_{1\max} \tag{3.29}$$

2 孔的中心线在 x、y 方向的最大位移分别为

$$\Delta_{定(2_x)} = \Delta_{定(1_x)} + 2\delta_{D_1} \tag{3.30}$$

$$\Delta_{定(2_y)} = \delta_{D_2} + \delta_{d_2} + \Delta_{2\min} = \Delta_{2\max} \tag{3.31}$$

两孔中心连线对两销中心连线的最大转角误差可由图 3.26 得出,即

$$\Delta_{定(\alpha)} = 2\alpha = 2\arctan\frac{\Delta_{1\max} + \Delta_{2\max}}{2L} \tag{3.32}$$

以上定位误差都属于基准位置误差,因为 $\Delta_{不} = 0$。

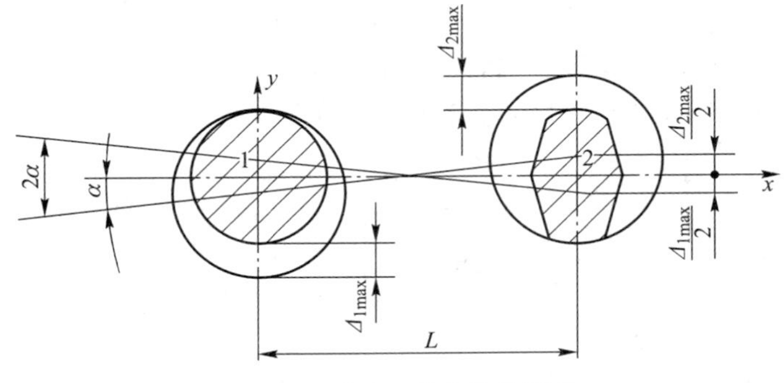

图 3.26　孔中心线的转角误差

定位销的直径公差按 g6、f7 配合选取，两定位销之间的尺寸公差取两孔中心距公差的 1/5~1/3，当孔距公差大时，取小值；反之，取大值以便于制造。削角销的截面形状见图 3.26。削角销的结构尺寸可参考表 3.3。

表 3.3　削角销的结构尺寸

削角销直径 d_2/mm	4~6	6~10	10~18	18~30	30~50	50
b/mm	2	3	5	8	12	14
B/mm	d_2-1	d_2-2	d_2-4	d_2-6	d_2-10	d_2-12

3.5　工件的夹紧

为了使工件加工时在切削力、惯性力、重力等外力作用下仍然保持已定好的位置，在夹具上还需设有夹紧装置，对工件产生适当的夹紧力。

夹紧装置的设计和选择是否正确合理，将直接影响工件的加工质量和生产率。因此要求夹紧装置夹紧动作要准确迅速，操作方便省力，夹紧安全可靠，结构简单、易于制造。

夹紧力包括力的大小、方向和作用点，这三要素是夹紧装置设计和选择的核心问题。

3.5.1　夹紧力的方向

夹紧力的方向与工件的装夹方式、工件受外力的方向以及工件的刚性等有关，可以从以下三方面考虑：

1）当工件用几个表面作为定位基准时，若工件是大型的，则为了保持工件的正确位置，朝向各定位元件都要有夹紧力；若工件尺寸较小，切削力不大，则往往只要垂直朝向主要定位面有夹紧力，保证主要定位面与定位元件有较大的接触面积，就可以使工件装夹稳定可靠。

2）夹紧力的方向应方便装夹和有利于减小夹紧力。图 3.27 为夹紧力 F_Q、重力 G、切削力 F 三者之间的方向组合关系。工件重力 G 的方向始终朝向地面，因此从装夹工件方便出发，以图 3.27a、b 最好，因为主要定位元件表面水平朝上，使工件装夹稳定可靠。图 3.27c、d、e 情况较差；图 3.27f 情况最差，不便装夹。若从减小夹紧力出发，假定各图中 G 和 F 的大小相同，则所需要的力 F_Q 以图 3.27a 最小，图 3.27b 次之，图 3.27f 最大。由此可见，当 F_Q、F、G 方向相同时，所需的夹紧力最小，此时施加夹紧力的目的是防止工件在加工中振动。

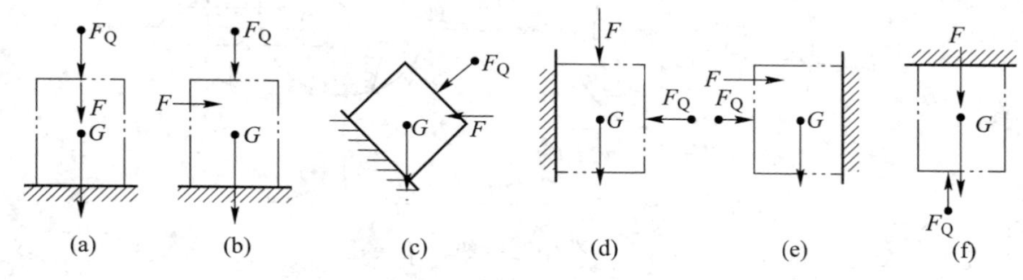

图 3.27　夹紧力、重力及切削力之间的关系

钻削时三力方向相同的情况是经常碰到的，如图 3.28 所示。钻削所产生的轴向切削力 F 及工件重力 G 的方向都垂直于主要定位面，它们在工件与定位面间所产生的摩擦力可以抵消一部分钻削时产生的扭矩，因而可减少实际施加于工件上的夹紧力。有时为了减小夹紧力或改变夹紧力的方向，可对着切削力 F 方向放置一个只承受外力而不起定位作用的止动支承，如图 3.29 所示。止动支承受切削力 F，将原考虑的夹紧力 F_Q 改变为与切削力方向相同的 F'_Q，这样一方面使夹紧力减小，另一方面还免除了夹紧力朝向主要定位元件而造成整个平面加工的困难。

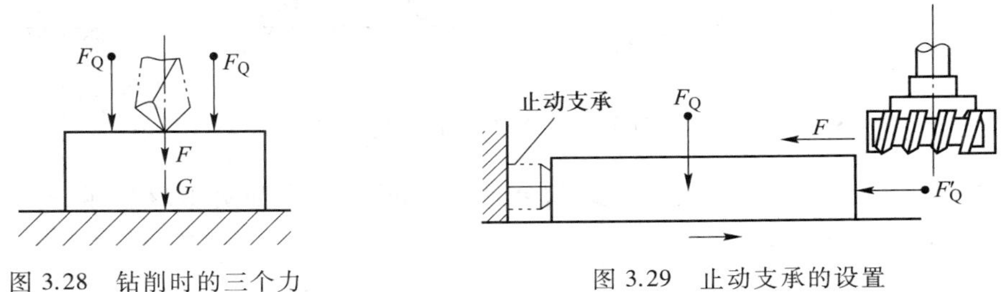

图 3.28　钻削时的三个力　　　　图 3.29　止动支承的设置

3）夹紧力的方向应使工件夹紧后的变形小。由于工件在不同方向上刚性不同，因此对工件在不同方向上施加夹紧力时所产生的变形也不同。图 3.30a 是用三爪自定心卡盘将薄壁套筒零件用径向力夹紧，因刚性不足易引起工件变形。若改为图 3.30b 所示用特制螺母通过轴向力夹紧工件，则工件不易变形。

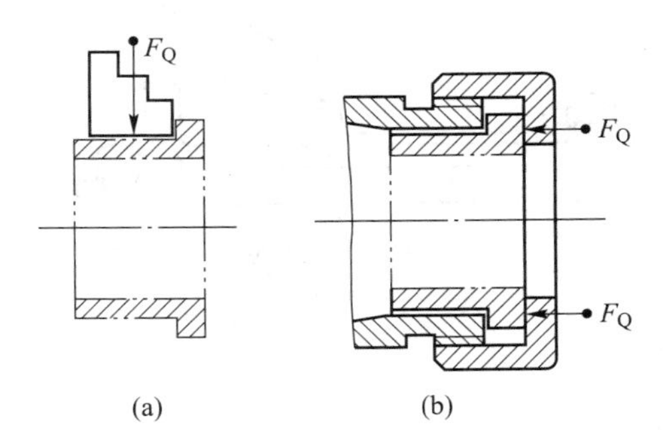

图 3.30　薄壁套筒零件的夹紧方法

3.5.2　夹紧力的作用点

当夹紧力的方向确定后，夹紧力作用点的位置和数目的选择将直接影响工件定位后的可靠性和夹紧后的变形。对作用点位置的选择和数目的确定应注意以下几个方面：

1）力的作用点的位置应能保持工件的正确定位而不发生位移或偏转。为此，作用点的位置应靠近支承面的几何中心，使夹紧力均匀分布在接触面上。如图 3.31a、b 应将夹紧力 F_Q 改为 F_{Q1}。

2）夹紧力的作用点应位于工件刚性较大处，而且作用点应有足够的数目，这样可使工件的变形量最小。如图 3.31c、d 应将 F_Q 改为 F_{Q1}。

3）夹紧力的作用点应尽量靠近工件被加工表面，这样可使切削力对该作用点的力矩减小，工件的振动也可以减小。当工件由于结构形状使加工面远离夹紧作用点时，可以增加辅助支承

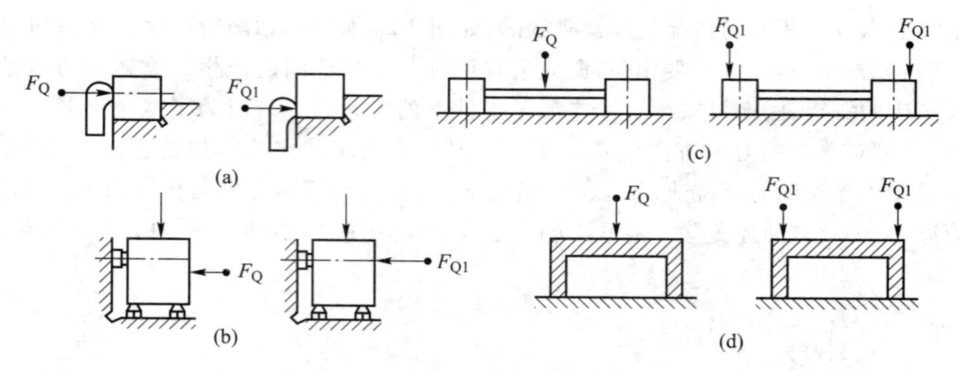

图 3.31　夹紧力作用点的布置

并附加夹紧力，以防止工件在加工中产生位置变动、变形或振动。如图 3.32 所示，a 为辅助支承，F_{Q2}是朝向辅助支承的附加夹紧力。

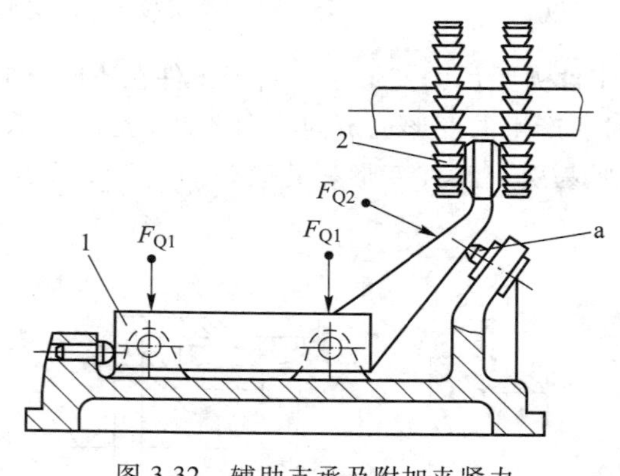

图 3.32　辅助支承及附加夹紧力

1—工件；2—铣刀

3.5.3　夹紧力的大小

为了使工件在加工过程中保持定位后的正确位置，对工件所施加的夹紧力不仅与其方向和作用点的位置、数目有关，更重要的是与其大小有关。夹紧力过大，会引起工件变形，达不到加工精度要求，而且使夹紧装置结构尺寸加大，造成结构不紧凑；夹紧力过小，会造成夹不牢工件，加工时易破坏定位，同样也保证不了加工精度要求，甚至还会引起安全事故。由此可见，必须对工件施加大小适当的夹紧力。

切削力是确定夹紧力的依据，可根据切削原理中的计算公式，按最不利的加工条件求出切削力 F，然后按工件受力的平衡条件再求出所需要的夹紧力 F'_Q，为安全可靠起见，还要考虑一个安全系数 K，因此实际的夹紧力应为

$$F_Q = KF'_Q \tag{3.33}$$

式中，一般取 K 为 1.5～3，粗加工时取 2.5～3，精加工时取 1.5～2。

但实际生产中一般很少通过计算求得夹紧力，因为在加工中切削力随刀具的磨钝、工件材料性质和余量的不均匀等因素而变化，而且切削力的计算公式是在一定的条件下求得的，使用时虽

然根据实际的加工情况给予修正,但是仍然很难计算准确。因此在实际设计工作中,多是采用类比的方法估计夹紧力的大小。

对于关键性的重要夹具,则往往通过实验的方法来测定所需要的夹紧力。

3.5.4 工件获得正确位置的其它方法

(1) 直接找正定位

将工件直接放在机床上,工人可用百分表、划线盘、直角尺等对被加工表面进行找正,确定工件在机床上相对刀具的正确位置之后再夹紧。

如图 3.33 所示,在大型滚齿机上滚切齿形时,若被加工齿轮的分度圆与已加工的外圆表面有较高的同轴度要求,则工件放在支座上后用百分表找正,使齿坯外圆的中心与工作台的回转中心重合,然后进行夹紧。

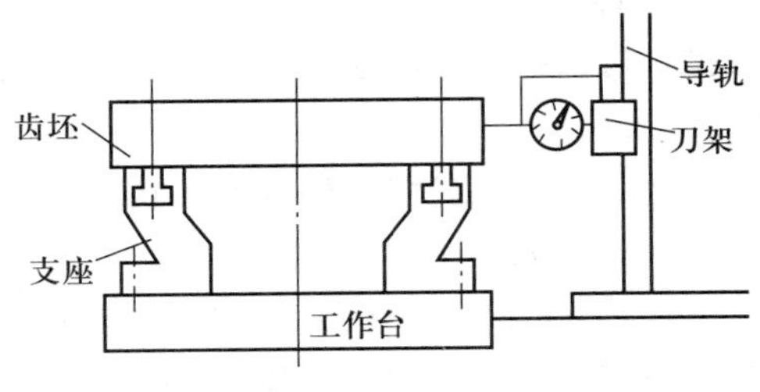

图 3.33 直接找正定位

这种装夹方法找正困难且费时间,找正的精度要依靠生产工人的经验和量具的精度,因此多用于单件、小批生产或某些相互位置精度要求很高、应用夹具装夹又难以达到精度的零件加工。

(2) 按划线找正

工件在切削加工前,预先在毛坯表面上划出要加工表面的轮廓线,然后按所划的线将工件在机床上找正、夹紧。

划线时要注意照顾各表面间的相互位置,并保证被加工表面有足够的加工余量。

这种装夹方法被广泛用于单件、小批生产,尤其是用于形状较复杂的大型铸件或锻件的机械加工。这种方法的缺点是增加了划线工序,另外由于划的线条本身有一定的宽度,划线时又有划线误差,因此它的装夹精度低,一般为 0.2~0.5 mm,如图 3.34 所示。划线找正后,对工件进行安装即可获得工件在机床上的正确位置。

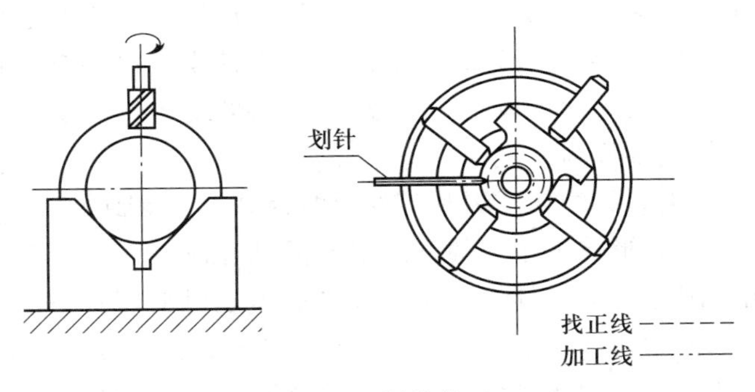

图 3.34 划线找正

对于某些零件(例如连杆、曲轴),即使批量不大,但是为了达到某些特殊的加工要求,仍需要设计、制造专用夹具。

显然,当机械加工中工件的位置精度(平行度、垂直度、同轴度等)需要经过多次装夹加工保证时,既可用上述适当的定位夹紧方法获得,也可以使有关表面的加工安排在工件的一次装夹中进行,以保证加工表面间相互的位置精度。这两种方法是机械加工中获得工件位置精度所常用的方法。

3.6 零件获得加工精度的方法

3.6.1 零件获得尺寸精度的方法

机械加工中获得工件尺寸精度的方法有以下四种:

1) 试切法。先试切出很小的一部分加工表面,测量试切所得的尺寸,按照加工要求作适当的调整,再试切,再测量,如此经过两三次试切和测量,当被加工尺寸达到要求后,再切削整个待加工表面。

2) 定尺寸刀具法。用具有一定尺寸精度的刀具(如铰刀、扩孔钻、钻头等)来保证工件被加工部位(如孔)的精度。

3) 调整法。利用机床上的定程装置或预先调整好的刀架,使刀具相对于机床或夹具达到一定的位置精度,然后加工一批工件。

4) 自动控制法。使用一定的装置,在工件达到要求的尺寸时自动停止加工,具体方法有两种。

① 自动测量。即机床上有自动测量工件尺寸的装置,在工件达到要求时自动测量装置即发出指令使机床自动退刀并停止工作。

② 数字控制。即机床中有控制刀架或工作台精确移动的步进电动机、滚珠丝杠副及整套数字控制装置,尺寸的获得(刀架的移动或工作台的移动)由预先编制好的程序通过计算机数字控制装置自动控制。

3.6.2 零件获得形状精度的方法

机械零件的形状虽多种多样,但其构成要素却不外乎几种基本形状的表面,即平面、圆柱面、圆锥面和各种成形表面。图 3.35 所示为组成不同形状零件常用的各种表面。这些表面都可以看成是由一根母线沿着导线运动而形成的。一般情况下,母线和导线可以互换,特殊表面如圆锥表面不可互换。母线和导线统称为发生线。

切削加工中发生线是由刀具的切削刃和工件间的相对运动得到的。由于使用的刀具切削刃形状和采用的加工方法不同,形成发生线的方法也不同,概括起来有以下四种:

1) 轨迹法。利用切削运动中刀具作一定规律的轨迹运动对工件进行加工的方法。切削刃与被加工表面为点接触,发生线为接触点的轨迹线。图 3.36a 所示刨刀沿 A_1 方向作直线运动,形成直线形母线;刨刀沿 A_2 方向作曲线运动,形成曲线形导线。采用轨迹法形成发生线时,需要一个独立的成形运动,这种加工方法所能达到的形状精度主要取决于这种成形运动的精度。

2) 成形法。刀具的切削刃与所需要形成的发生线完全吻合,图 3.36b 所示曲线形的母线由切削刃直线形成,直线形的导线则由轨迹法形成。这种加工方法所能达到的精度,主要取决于刀刃的形状精度与刀具的装夹精度。

3) 相切法。利用刀具边旋转边作轨迹运动对工件进行加工的方法。图 3.36c 所示采用铣

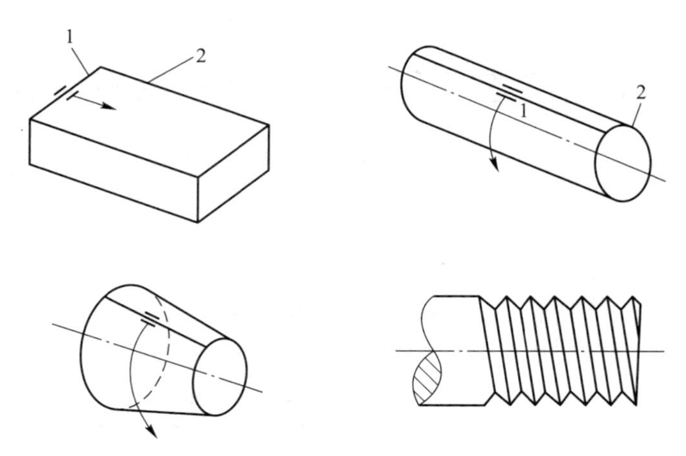

图 3.35　零件表面的成形

1—母线；2—导线

刀、砂轮等旋转刀具加工时，在垂直于刀具旋转轴线的截面内，切削刃可看作点，当切削点绕着刀具轴线作旋转运动 B_1，同时刀具轴线沿着发生线的等距线作轨迹运动 A_2 时，切削点运动轨迹的包络线便是所需的发生线。采用相切法生成发生线时，需要两个相互独立的成形运动，这种加工方法所能达到的形状精度取决于机床的运动精度。

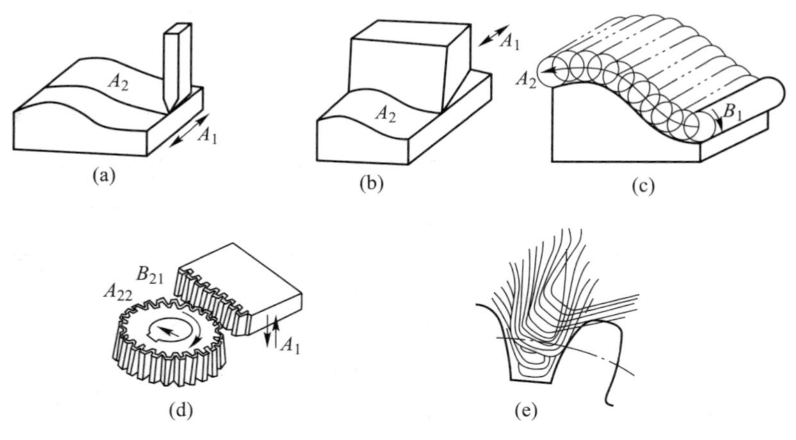

图 3.36　形成发生线的方法

4）展成法。利用刀具和工件作展成切削运动时，刀刃在被加工表面上的包络面形成成形表面。切削加工时，刀具与工件按确定的运动关系作相对运动（如展成运动），切削刃与被加工表面相切，切削刃各瞬时位置的包络线便是所需的发生线。图 3.36d 中所示用齿条形插齿刀加工圆柱齿轮，刀具按箭头方向作直线运动，形成直线形母线，而工件的旋转运动和直线运动使刀具不断地对工件进行切削，其切削刃的一系列瞬时位置的包络线便是所需要的渐开线导线，如图 3-36e所示。用展成法形成发生线需要一个独立的成形运动。这种加工方法所能达到的精度主要取决于机床展成运动的传动链精度与刀具的制造精度等因素。

3.7 零件工艺规程制订的基本原则与步骤

3.7.1 工艺规程及其应用

将工艺过程的各项内容写成文件，用来指导、组织和管理生产，这些技术文件就是工艺规程。常用的工艺规程主要有机械加工工艺过程卡片（表 3.4）和机械加工工序卡片（表 3.5）两种基本形式。

表 3.4 机械加工工艺过程卡片

	机械加工 工艺过程卡片	产品型号		零件图号			
		产品名称		零件名称		共 页	第 页

材料 牌号		毛坯 种类		毛坯外 形尺寸		每毛坯 可制件数		每台 件数		备注	

工序 号	工序 名称	工序内容	车间	工段	设备	工艺装备	工时	
							准终	单件

										设计 （日期）	审核 （日期）	标准化 （日期）	会签 （日期）
标记	处数	更改文件号	签字	日期	标记	处数	更改文件号	签字	日期				

表 3.5　机械加工工序卡片

（工厂名）	机械加工工序卡片	产品型号	WTC-C01	零件图号	01		
		产品名称		零件名称	成形轴	共　页	第　页

车间	工序号	工序名称	材料牌号
		左端车削	2A12
毛坯种类	毛坯外形尺寸	每毛坯可制件数	每台件数
设备名称	设备型号	设备编号	同时加工件数
数控车床	CK616i		

夹具编号	夹具名称	切削液	
工位器具编号	工位器具名称	工序工时（分）	
		准终	单件

工步号	工步内容	工艺装备	主轴转速	切削速度	进给量	背吃刀量	进给次数	工步工时	
			r/min	m/min	mm/r	mm		机动	辅助
1	车左端台肩 $\phi44.5$	外圆车刀、游标卡尺	600		80	2.25			
2	精车左端台肩 $\phi42.86$	外圆车刀、游标卡尺	800		80	1			
3	精车左端台肩 $\phi40$	外圆车刀、游标卡尺	800		80	1.43			
4	检验								

										设计（日期）	审核（日期）	标准化（日期）	会签（日期）	
标记	处数	更改文件号	签字	日期	标记	处数	更改文件号	签字	日期					

机械加工工艺过程卡片是以工序为单位，列出整个零件加工所经过的工艺路线（包括毛坯、机械加工、热处理以及装配等），完成各道工序的车间（工段），各工序用的机床、夹具、刀具、量具和工时定额等内容。

机械加工工序卡片是在工艺过程卡片的基础上，按每道工序所编制的一种工艺文件。工序卡片要详细记录工序内容和加工所必需的工艺资料，如定位基准、装夹方法、工序尺寸和公差以及机床、刀具、夹具、量具、切削用量和工时定额等。工序卡片中通常要画出工序简图，用于具体指导工人操作，是大批生产和中批复杂或重要零件生产的必备工艺文件。

3.7.2 机加工零件的结构工艺性

零件的结构工艺性就是其制造或加工的难易程度。对机加工零件而言,考虑结构工艺性的一般原则是:

1）使用性能——方便用户使用;

2）工艺要求——方便厂家制造。

同时必须考虑具体生产条件。结构工艺性将随生产条件不同而异,生产条件主要指设备、批量等。

分析机加工零件的结构工艺性可采用以下步骤:

1）检查设计图样:检查尺寸是否完整和结构表达是否清晰。

2）分析技术规范是否合理,包括

① 尺寸精度;

② 几何形状精度;

③ 主要设计表面的定位精度;

④ 表面质量的要求;

⑤ 热处理工艺的要求。

3）检查材料选用是否恰当。

在符合要求的条件下,尽可能选取常用的易切削材料,例如 45 钢。

4）分析结构的加工性能,即制造一个零件时的可行性和经济性。包括

① 当设计零件的加工路线时,主要考虑零件的加工性能;

② 加工零件时的局部结构要求(局部结构的加工工艺性);

③ 加工零件时的整体结构要求(整体结构的加工工艺性)。

1. 零件局部结构的工艺性

1）刀具进刀与退刀的方便性。图 3.37a 所示的刀体与不加工面发生进退刀干涉,改为图 3.37b可避免。

2）确定刀具能否正常工作。图 3.38a、c 所示的钻削底面不平,使得钻头导向、受力不均,刀具受损,改为图 3.38b、d 较好。

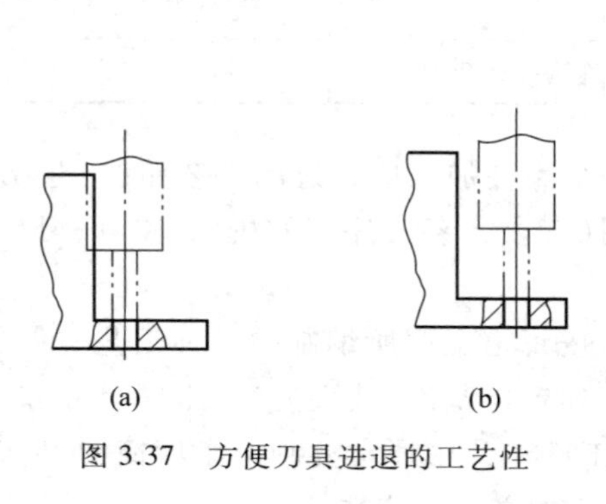

图 3.37　方便刀具进退的工艺性

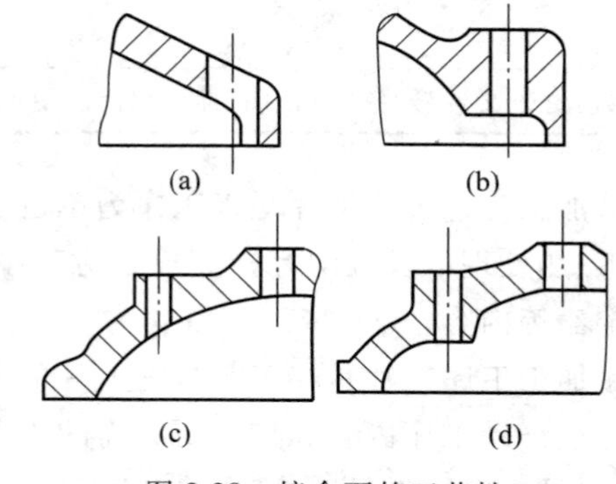

图 3.38　接合面的工艺性

3）考虑机加工效率，避免在同一工序中加工有定位要求或者是加工方向不同的表面。图 3.39a中螺孔 A 的加工方位与螺孔 B、C 不一致；图 3.39b 中，两键槽的加工方位不一致，均需要两次装夹，效率较低。图 3.39b 改为图 3.39c 较好。

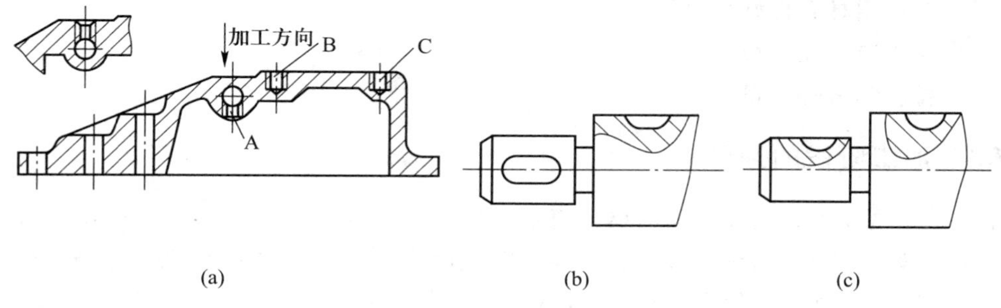

图 3.39　加工表面方位的工艺性

4）避免深孔加工。深孔加工对设备、刀具的要求较高，经济性不好，设计上应尽量避免深孔加工。

5）使用外连接代替内连接，方便机加工。如图 3.40a 所示的内连接改为图 3.40b 所示的外连接。

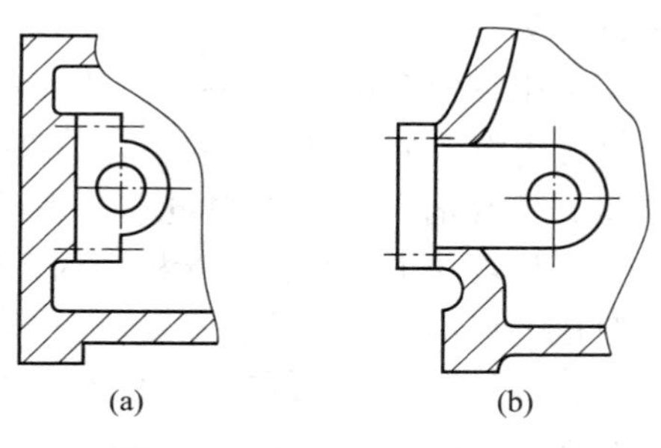

图 3.40　加工表面的方便性

6）考虑零件的刚度，使之有足够的刚性去适应高速或复合加工，图 3.41b 所示的零件设计了加强筋，提高了零件的刚性。

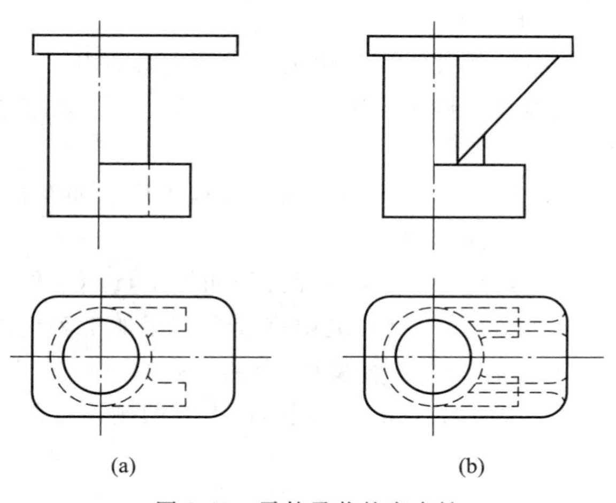

图 3.41　零件承载的安全性

2. 零件整体结构的工艺性

1）尽可能选用标准件和通用件；

2）在符合耐用性的条件下，尽可能选用经济性较好的精度和表面粗糙度；

3）尽可能选用具有良好加工性能的材料；

4）提供便于装夹和定位的参考基准；

5）节省材料和减轻质量。

3.7.3 加工阶段的划分

对于加工精度要求较高和表面粗糙度值要求较小的零件，通常将工艺过程划分为粗加工和精加工两个阶段；对于加工精度要求很高、表面粗糙度值要求很小的零件，则常划分为粗加工阶段、半精加工阶段、精加工阶段和光整加工阶段。

粗加工阶段：是加工开始阶段，在这个阶段中，尽量将零件各个被加工表面的大部分余量从毛坯上切除。这个阶段的主要问题是如何提高生产率。

半精加工阶段：这一阶段为主要表面的精加工做好准备，切去的余量介于粗加工和精加工之间，并达到一定的精度和表面粗糙度值，为精加工留有一定的余量。在此阶段还要完成一些次要表面的加工，如钻孔、攻螺纹、铣键槽等。

精加工阶段：在这个阶段将切去很少的余量，保证各主要表面达到较高的精度和较小的表面粗糙度值（精度 IT7~IT10，表面粗糙度为 Ra0.8~3.2 μm）。

光整加工阶段：主要是为了得到更高的尺寸精度和更小的表面粗糙度值（精度为 IT9~IT5，表面粗糙度 Ra 值小于 0.32 μm），只从被加工表面上切除极少的余量。

将工艺过程划分粗、精加工阶段的原因是：

1）在粗加工阶段，由于切除大量的多余金属，可以及早发现毛坯的缺陷（夹渣、裂纹、气孔等），以便及时处理，避免过多浪费工时。

2）粗加工阶段容易引起工件的变形，这是由于切除余量大，一方面毛坯的内应力重新分布而引起变形，另一方面由于切削力、切削热及夹紧力都比较大，因而造成工件的受力变形和热变形。为了使这些变形充分表现，应在粗加工之后留有一定的时间，然后再通过逐步减少加工余量和切削用量的办法消除上述变形。

3）划分加工阶段可以合理使用机床。如粗加工阶段可以使用功率大、精度较低的机床；精加工阶段可以使用功率小、精度高的机床。这样有利于充分发挥粗加工机床的动力，又有利于长期保持精加工机床的精度。

4）划分加工阶段可在各个阶段中插入必要的热处理工序。如在粗加工之后进行去除内应力的时效处理，在半精加工后进行淬火处理等。

在某些情况下，划分加工阶段也并不是绝对的，例如加工重型工件时，由于不便于多次装夹和运输，因此不必划分加工阶段，可在一次装夹中完成全部粗加工和精加工。又如，为了提高加工的精度，可在粗加工后松开工件，让其充分变形，再用较小的力夹紧工件进行精加工，以保证零件的加工质量。另外，如果工件的加工质量要求不高、工件的刚度足够、毛坯的质量较好而切除的余量不多，则可不必划分加工阶段。

3.7.4 工序的划分

在制订工艺过程中,为了便于组织生产、安排计划和均衡机床的负荷,常将工艺过程划分为若干个工序。划分工序时有两个不同的原则,即工序集中和工序分散。

工序集中是将若干个工步集中在一个工序内完成,例如在一台组合机床上可同时完成缝纫机壳体 14 个孔的加工。因此一个工件的加工,只需集中在少数几个工序内完成。最大限度的集中是在一个工序内完成工件所有表面的加工。

采用工序集中可以减少工件的装夹次数,在一次装夹中可以加工许多表面,有利于保证各表面之间的相互位置精度,也可以减少机床的数量,相应地减少工人的数量和机床的占地面积。但所需要的设备复杂,操作和调整工作也较复杂。

工序分散指的是工序的数目多,工艺路线长,每个工序所包括的工步少。最大限度的分散是在一个工序内只包括一个简单的工步。

工序分散可以使所需要的设备和工艺装备结构简单、调整容易、操作简单,但专用性强。

在确定工序集中或分散的问题上,主要应根据生产规模、零件的结构特点、技术要求和设备等具体生产条件综合考虑。例如在单件、小批生产中,一般采用通用设备和工艺装备,尽可能在一台机床上完成较多的表面加工,尤其是对重型零件的加工,为减少装夹和往返搬运的次数,多采用工序集中的原则。在大批、大量生产中,常采用高效率的设备和工艺装备,如多刀自动机床、组合机床及专用机床等,使工序集中,以便提高生产率和保证加工质量。但有的工件因结构关系,各个表面不便于集中加工,如活塞、连杆等可采用效率高、结构简单的专用机床和工艺装备,按工序分散的原则进行生产。这样易于保证加工质量和使各工序的时间趋于平衡,便于组织流水生产,提高生产率。在成批生产中,尽可能采用效率高的通用机床(如六角机床)和专用机床,使工序集中。

3.7.5 工序的安排

1. 加工顺序的确定

工件各表面的加工顺序,一般按照下述原则安排:先粗加工后精加工,先基准面加工后其它表面加工,先主要表面加工后次要表面加工,先平面加工后孔加工。

根据上述原则,作为精基准的表面应安排在工艺过程开始时加工。精基准面加工好后,接着对精度要求高的主要表面进行粗加工和半精加工,并穿插进行一些次要表面的加工,然后进行各表面的精加工。要求高的主要表面的精加工一般安排在最后进行,这样可避免已加工表面在运输过程中碰伤,有利于保证加工精度。有时也可将次要的、较小的表面安排在最后加工,如紧固用的螺钉孔等。

2. 热处理及表面处理工序的安排

为了改善工件材料的力学性能和切削性能,在加工过程中常常需要安排热处理工序。采用何种热处理工序以及如何安排热处理工序在工艺过程中的位置,要根据热处理的目的决定。

1)退火和正火可以消除内应力和改善材料的加工性能,一般安排在加工前进行,有时正火也安排在粗加工后进行。

2)对于大而复杂的铸件,为了尽量减少由于内应力引起的变形,常常在粗加工后进行人工时效处理。粗加工前最好采用自然时效。

3）调质处理可以改善材料的力学性能，因此许多中碳钢和合金钢常采用这种热处理方法，一般安排在粗加工之后进行，但也有安排在粗加工之前进行的。

4）淬火处理或渗碳淬火处理可以提高零件表面的硬度和耐磨性。淬火处理一般安排在磨削之前进行，当用高频淬火时也可安排在最终工序。渗碳淬火处理可安排在半精加工之前或之后进行。

5）表面处理（电镀及氧化）可提高零件的耐蚀性，增加耐磨性，使表面美观等，一般安排在工艺过程的最后进行。

3. 检验工序的安排

检验工序是保证产品质量和防止产生废品的重要措施。在每个工序中，操作者都必须自行检验。在操作者自检的基础上，在下列场合还要安排独立检验工序：粗加工全部结束后，精加工之前；送往其它车间加工的前后（特别是热处理工序的前后）；重要工序的前后；最终加工之后等。

4. 其它工序的安排

在工序过程中，还可根据需要在一些工序的后面安排去毛刺、去磁、清洗等工序。

3.8 加工余量、工艺尺寸链、经济加工精度

3.8.1 加工余量的概念

为了保证零件图上某平面的精度和表面粗糙度，需要从其毛坯表面上切去全部多余的金属层，这一金属层的总厚度称为该表面的加工总余量。每一工序所切除的金属层厚度称为工序余量。可见某表面的加工总余量 $Z_{总}$ 与该表面余量 Z_i 之间的关系为

$$Z_{总}=Z_1+Z_2+\cdots+Z_i+\cdots+Z_n$$

式中，n 为加工该表面的工序（或工步）数目。

工件加工余量的大小，将直接影响工件的加工质量、生产率和经济性。例如：加工余量太小时，不易去掉上道工序所遗留下来的表面缺陷及表面的相互位置误差而造成废品；加工余量太大时，会造成加工工时和材料的浪费，甚至因余量太大而引起很大的切削热和切削力，使工件产生变形，影响加工质量。

3.8.2 影响加工余量的因素

1. 上工序表面质量 Ra、T_a 的影响

在上工序加工后的表面或毛坯表面上，存在着表面微观粗糙度 Ra 和表面缺陷层 T_a（包括冷硬层、氧化层、裂纹等），必须在本工序中切除。Ra、T_a 的大小与所用的加工方法有关，Ra 的具体值可参考机械加工工艺手册或第 7 章相关内容。T_a 的数值可参考表 3.6。

表 3.6　各种加工方法 T_a 的数值　μm

加工方法	T_a	加工方法	T_a	加工方法	T_a
闭式模锻	500	粗扩孔	40~60	粗刨	25~40
冷拉	80~100	精扩孔	30~40	粗插	50~60
热轧	150	粗铰	25~30	精插	35~50
高精度碾压	300	精铰	10~20	粗铣	40~60
金属模锻造	100	粗镗	30~50	精铣	25~40
* * *		精镗	25~40	拉削	10~20
粗车内外圆	40~60	磨外圆	15~25	切断	60
精车内外圆	30~40	磨内孔	20~30	研磨	3~5
粗车端面	40~60	磨端面	15~35	超级光磨	0.2~0.3
精车端面	30~40	磨平面	20~30	抛光	2~5
钻削	40~60	粗刨	40~50		

注:各种毛坯的表面粗糙度 Ra 的数值(单位为 μm)如下:闭式模锻为 50~100,冷拉为 12.5~50,热轧为 100~150,高精度为 50~100,金属型铸造为 100~150。

2. 上工序尺寸公差(δ_a)的影响

它包括各种几何形状误差如锥度、椭圆度、平面度等。δ_a 的大小可根据选用的加工方法所能达到的经济精度,查阅《金属机械加工工艺人员手册》确定。加工余量与工序尺寸公差之间的关系见图 3.42。

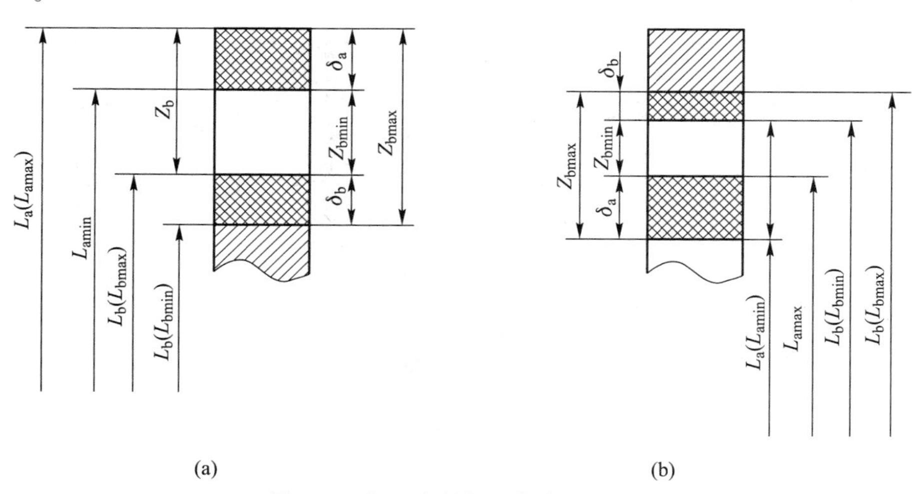

图 3.42　加工余量与工序公差的关系

图 3.42a 为外表面(被包容面)加工,其本工序的基本余量 Z_b 为

$$Z_b = L_a - L_b \tag{3.34}$$

式中:L_a——上工序的基本尺寸;

L_b——本工序的基本尺寸。

本工序的最大余量为

$$Z_{bmax}=L_{amax}-L_{bmin} \tag{3.35}$$

本工序的最小余量为

$$Z_{bmin}=L_{amin}-L_{bmax} \tag{3.36}$$

图 3.42b 为内表面(包容面)加工,则有

$$Z_b=L_b-L_a \tag{3.37}$$

$$Z_{bmax}=L_{bmax}-L_{amin} \tag{3.38}$$

$$Z_{bmin}=L_{bmin}-L_{amax} \tag{3.39}$$

所以 $$Z_b=Z_{bmax}-Z_{bmin}=L_{amax}-L_{amin}+L_{bmax}-L_{bmin}=\delta_a+\delta_b$$

从图 3.42a、b 可以看出,上工序的尺寸公差将影响本工序基本余量和最大余量的数值。

3. 上工序各表面相互位置空间偏差(ρ_a)的影响

它包括轴线的直线度、位移及平行度,轴线与表面的垂直度,阶梯轴内外圆的同轴度,平面的平面度等。为了保证加工质量,必须在本工序中给予纠正。ρ_a 的数值与上一工序的加工方法和零件的结构有关,可用近似计算法或查有关资料确定。若存在两种以上的空间偏差则可用向量和表示。

4. 本工序加工时装夹误差($\Delta\varepsilon_b$)的影响

此误差除包括定位和夹紧误差外,还包括夹具本身的制造误差,其大小为三者的向量和。它将直接影响被加工表面与刀具的相对位置,因此有可能因余量不足而造成废品,所以必须给予余量补偿。

空间偏差与装夹误差在空间是有不同方向的,二者对加工余量的影响应该是向量和。图 3.43为上述各种因素对车削轴类零件加工余量影响的示意图。

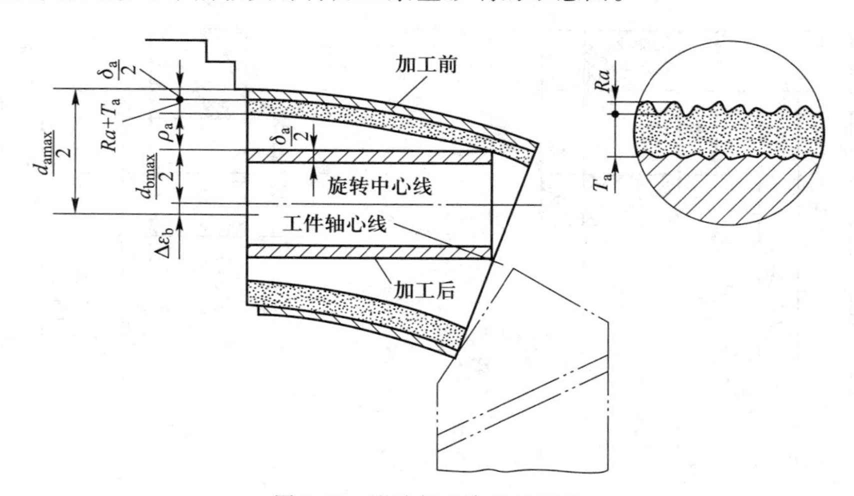

图 3.43　影响加工余量的因素

3.8.3　确定加工余量的方法

1. 计算法

根据上面所述各种因素对加工余量的影响,并由图 3.43 可得出下面的计算公式。

对称表面（双边，如孔或轴）的基本余量为

$$Z_b \geqslant \frac{\delta_a}{2}+(Ra+T_a)+\left|\bar{\rho}_a+\Delta\bar{\varepsilon}_b\right| \tag{3.40}$$

或

$$2Z_b \geqslant \delta_a+2(Ra+T_a)+2\left|\bar{\rho}_a+\Delta\bar{\varepsilon}_b\right| \tag{3.41}$$

非对称表面（单边、如平面）的基本余量为

$$Z_b \geqslant \delta_a+(Ra+T_a)+\left|\bar{\rho}_a+\Delta\bar{\varepsilon}_b\right| \tag{3.42}$$

上述两个公式，实际应用时可根据具体加工条件简化。如在无心磨床上加工轴时，装夹误差可忽略不计；用浮动铰刀或用拉刀拉孔时空间偏差对加工余量无影响，且无装夹误差；研磨、超精加工、抛光等加工方法主要是降低表面粗糙度值，因此加工余量只需要去掉上工序的表面粗糙度值即可。

用计算法可确定出最合理的加工余量，既节省金属，又可保证加工质量。但必须要有可靠的实验数据资料，而且费时，因此此法适用于大量生产。

2. 查表法

工厂中广泛应用这种方法，表格是以工厂的生产实践和试验研究所积累的数据为基础，并结合具体加工情况加以修正后制订的，如《金属机械加工工艺人员手册》。

3. 经验法

主要用于单件、小批生产，靠经验确定加工余量，因此不够准确。为保证不出废品，余量往往偏大。

3.8.4 工艺尺寸链

1. 尺寸链概念

在机械设计和工艺工作中，为保证加工、装配和使用的质量，经常要对一些相互关联的尺寸、公差和技术要求进行分析和计算，为使计算工作简化，可采用尺寸链原理。

将相互关联的尺寸从零件或部件中抽出来，按一定顺序构成的封闭尺寸图形，称为尺寸链。

图 3.44a 所示为铣削阶梯零件表面的情况，尺寸 A_1、A_Σ 为零件图上标注的尺寸。加工时以表面 3 为定位基准，铣削表面 2，得尺寸 A_Σ，而尺寸 A_Σ 是通过 A_1、A_2 间接得到的。因此 A_Σ 与尺寸 A_1、A_2 就构成一个相互关联的尺寸组合，形成尺寸链，如图 3.44b 所示。

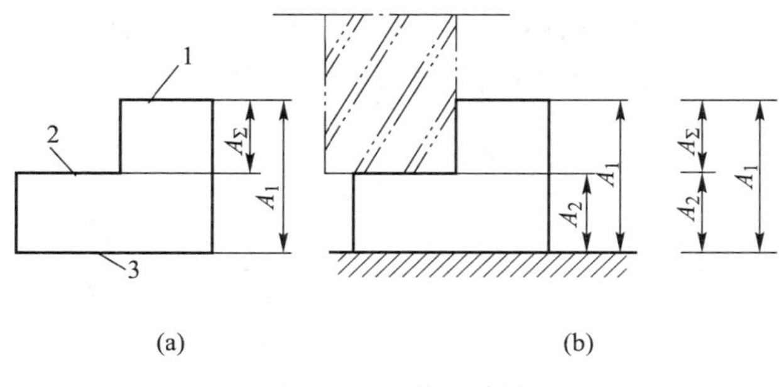

图 3.44 工艺尺寸链

图 3.45a 为主轴部件，为了保证弹性挡圈能顺利装入，要求保持轴向间隙为 A_{Σ}。由图可以看出，A_{Σ} 与尺寸 A_1、A_2、A_3 有关，因此这四个尺寸依照一定的顺序组成了尺寸链，如图 3.45b 所示。

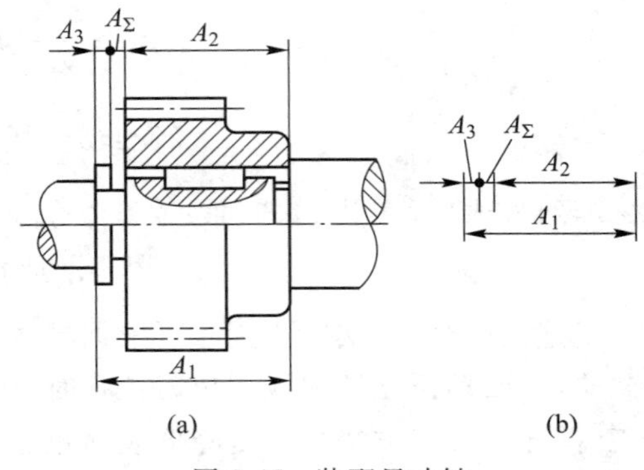

图 3.45　装配尺寸链

尺寸链中的每一个尺寸称为尺寸链的环。环又分为封闭环（或称为终结环）和组成环，而组成环又有增环和减环之分。

封闭环——其尺寸是在机器装配或零件加工中间接得到的。如上两例中的尺寸 A_{Σ} 均为封闭环，封闭环在一个线性尺寸链中只有一个。

组成环——在尺寸链中，除封闭环以外，其它环均为组成环，它是在加工中直接得到的尺寸，将直接影响封闭环尺寸的大小。

增环——若其组成环尺寸增大或减小，使得封闭环尺寸也增大或减小而保持其它环不变时，则此组成环称为增环，如上两例中的 A_1 环。

减环——若某组成环尺寸增大或减小，使得封闭环尺寸减小或增大而保持其它环不变时，则此组成环称为减环，如上两例中的 A_2、A_3 环。

同一个尺寸链中的各个环最好用同一个字母表示，如 A_1、A_2、A_3……A_{Σ}，下标 1、2……表示组成环的序号，Σ 表示封闭环。对于增环，在字母的上边加符号“→”，如 $\overrightarrow{A}_1$；对于减环，在字母的上边加符号“←”，如 $\overleftarrow{A}_2$、$\overleftarrow{A}_3$。

在尺寸链中判断增、减环的方法一种是根据定义，另一种是顺着尺寸链的一个方向，向着尺寸线的终端画箭头，则与封闭环同向的组成环为减环，反之则为增环。在图 3.46 所示的尺寸链中，A_{Σ} 为封闭环，所以 A_1 为减环，A_2、A_3 为增环。

2. 尺寸链的分类

（1）按尺寸链的应用范围分

1）工艺尺寸链。在加工过程中，工件上各相关的工艺尺寸所组成的尺寸链，如图 3.44 所示。

2）装配尺寸链。在机器设计和装配过程中，各相关的零部件间相互联系的尺寸所组成的尺寸链称为装配尺寸链，如图 3.45 所示。

（2）按尺寸链中各组成环所在的空间位置分

1）线性尺寸链。尺寸链中各环位于同一平面内且彼此平行，如图 3.46 所示。

2）平面尺寸链。尺寸链中的各环位于同一平面或彼此平行的平面内，各环之间可以不平行，如图 3.47a 所示。平面尺寸链可以转化为两个相互垂直的线性尺寸链，如图 3.47b、c 所示。

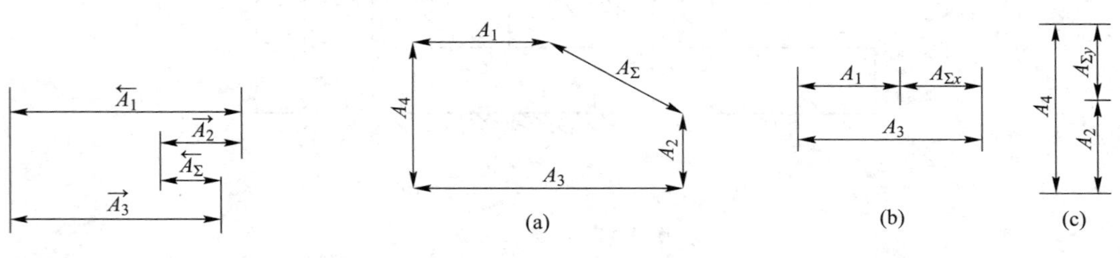

图 3.46　线性尺寸链

图 3.47　平面尺寸链

3）空间尺寸链。尺寸链中各环不在同一平面或彼此平行的平面内。空间尺寸链可以转化为三个相互垂直的平面尺寸链，每一个平面尺寸链又可转化为两个相互垂直的线性尺寸链。因此线性尺寸链是尺寸链中最基本的尺寸链。

（3）按尺寸链各环的几何特征分

1）长度尺寸链。尺寸链中各环均为长度量。

2）角度尺寸链。尺寸链中各环均为角度量。由于具有平行度和垂直度的两要素间的夹角分别相当于0°和90°，因此角度尺寸链包括平行度和垂直度的尺寸链。如图3.48所示，以A面为基准分别加工C面和B面，则要求$C \perp A$（即$\beta_1=90°$），$B /\!/ A$（即$\beta_2=0°$），加工后应使$B \perp C$（即$\beta_\Sigma=90°$），但这种关系是通过β_1、β_2间接得到的，所以β_1、β_2和β_Σ组成了角度尺寸链，其中β_Σ为封闭环。

（4）按尺寸链之间相互联系的形态分

1）独立尺寸链。尺寸链中所有的组成环和封闭环只从属于一个尺寸链，如图3.44、图3.45所示。

2）并联尺寸链。两个或两个以上的尺寸链，通过公共环将它们联系起来组成并联形式的尺寸链，如图3.49所示。图3.49a中，$A_2(B_1)$为A、B两个尺寸链的公共环，并分别从属于两尺寸链的组成环。当公共环变化时，这种并联尺寸链的封闭环将同时发生变化。图3.49b中，$C_\Sigma(D_2)$是C、D两个尺寸链的公共环，也就是一个尺寸链的封闭环是其它尺寸链的组成环。这种并联尺寸链，通过公共环可将所有尺寸链的组成环联系起来。

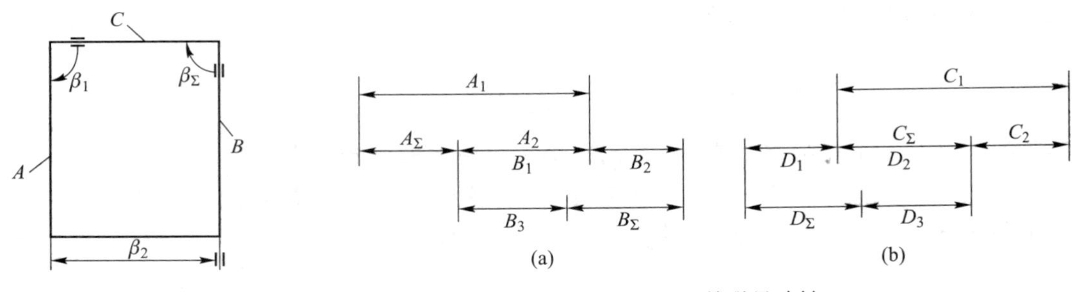

图3.48　角度尺寸链

图3.49　并联尺寸链

3. 尺寸链计算的基本公式

尺寸链计算是根据结构或工艺上的要求，确定尺寸链中各环的基本尺寸及公差或偏差。计算方法有两种，一种是极值法（也称极大极小法），它是以各组成环的最大值和最小值为基础，求出封闭环的最大值和最小值。另一种是概率法，它是以概率理论为基础来解算尺寸链。下面对两种方法分别介绍。

（1）极值法

1）封闭环基本尺寸计算。图3.50的尺寸链中，A_Σ为封闭环，A_1、A_2、A_5为增环，A_3、A_4为减环。各环的基本尺寸分别以A_1、A_2……A_Σ表示。由图可知：

$$A_\Sigma=\overrightarrow{A}_1+\overrightarrow{A}_2+\overrightarrow{A}_5-\overleftarrow{A}_3-\overleftarrow{A}_4$$

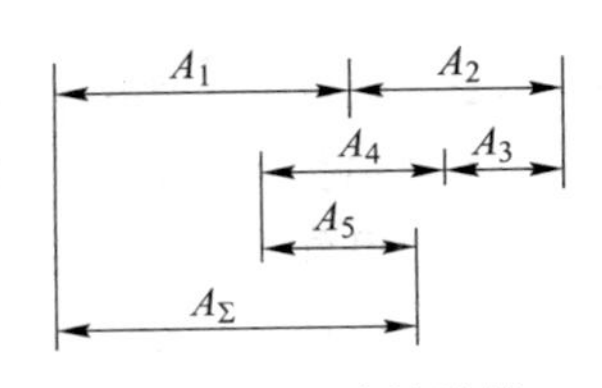

图3.50　尺寸链计算

结论：尺寸链封闭环的基本尺寸，等于各增环的基本尺寸之和减

去各减环的基本尺寸之和。写成普遍式为

$$A_{\Sigma}=\sum_{i=1}^{m}\overrightarrow{A}_i-\sum_{i=m+1}^{n-1}\overleftarrow{A}_i \tag{3.43}$$

式中:n——包括封闭环在内的尺寸链总环数;

m——尺寸链中所有的增环数。

2) 封闭环最大和最小尺寸计算。由公式(3.43)可知,当尺寸链中所有增环为最大值、所有减环为最小值时,则封闭环为最大值;反之为最小值。写成普遍公式为

$$A_{\Sigma\max}=\sum_{i=1}^{m}\overrightarrow{A}_{i\max}-\sum_{i=m+1}^{n-1}\overleftarrow{A}_{i\min} \tag{3.44}$$

$$A_{\Sigma\min}=\sum_{i=1}^{m}\overrightarrow{A}_{i\min}-\sum_{i=m+1}^{n-1}\overleftarrow{A}_{i\max} \tag{3.45}$$

结论:封闭环的最大值等于所有增环的最大值之和减去所有减环的最小值之和,封闭环的最小值等于所有增环的最小值之和减去所有减环的最大值之和。

3) 封闭环上极限偏差[即 $\mathrm{ES}(A_{\Sigma})$ 或 $\mathrm{es}(A_{\Sigma})$]和下极限偏差[即 $\mathrm{EI}(A_{\Sigma})$ 或 $\mathrm{ei}(A_{\Sigma})$]的计算。由式(3.44)减去式(3.43)可得

$$\mathrm{ES}(A_{\Sigma})=A_{\Sigma\max}-A_{\Sigma}=\sum_{i=1}^{m}\mathrm{ES}(\overrightarrow{A}_i)-\sum_{i=m+1}^{n-1}\mathrm{EI}(\overleftarrow{A}_i) \tag{3.46}$$

由式(3.45)减去式(3.43)可得

$$\mathrm{EI}(A_{\Sigma})=A_{\Sigma\min}-A_{\Sigma}=\sum_{i=1}^{m}\mathrm{EI}(\overrightarrow{A}_i)-\sum_{i=m+1}^{n-1}\mathrm{ES}(\overleftarrow{A}_i) \tag{3.47}$$

结论:封闭环的上极限偏差等于所有增环的上极限偏差之和减去所有减环的下极限偏差之和;封闭环的下极限偏差等于所有增环的下极限偏差之和减去所有减环的上极限偏差之和。

4) 封闭环公差 δ_{Σ} 或误差 Δ_{Σ} 的计算。由式(3.44)减去式(3.45)可得

$$\delta_{\Sigma}=A_{\Sigma\max}-A_{\Sigma\min}=\sum_{i=1}^{m}\overrightarrow{A}_{i\max}-\sum_{i=m+1}^{n-1}\overleftarrow{A}_{i\min}-\left(\sum_{i=1}^{m}\overrightarrow{A}_{i\min}-\sum_{i=m+1}^{n-1}\overleftarrow{A}_{i\max}\right)=\sum_{i=1}^{m}\overrightarrow{\delta}_i+\sum_{i=m+1}^{n-1}\overleftarrow{\delta}_i=\sum_{i=1}^{n-1}\delta_i \tag{3.48}$$

式中,$\overrightarrow{\delta}_i$和$\overleftarrow{\delta}_i$为尺寸 $\overrightarrow{A}_i$ 和 $\overleftarrow{A}_i$ 的公差。

同理可得

$$\Delta_{\Sigma}=\sum_{i=1}^{n-1}\Delta_i \tag{3.49}$$

式中,Δ_i 为尺寸 $\overrightarrow{A}_i$ 和 $\overleftarrow{A}_i$ 的误差。

结论:封闭环公差(或误差)等于各组成环公差(或误差)之和。

由此可知,若各组成环公差一定,减少环数可提高封闭环精度;若封闭环公差一定,减少环数可放大各组成环公差,使其加工容易。

5) 平均尺寸 A_{M} 的中间偏差 B_{M} 的计算。为使复杂的尺寸链计算简化,可用平均尺寸和中间

偏差进行计算。

平均尺寸 A_M 为最大尺寸和最小尺寸的平均值。中间偏差 B_M 为公差带中点偏离基本尺寸的大小。

由式(3.44)加式(3.45)可得

$$A_{\Sigma M} = \sum_{i=1}^{m} \overrightarrow{A}_{iM} - \sum_{i=m+1}^{n-1} \overleftarrow{A}_{iM} \tag{3.50}$$

由式(3.50)减去式(3.43)可得

$$B_M(A_\Sigma) = \sum_{i=1}^{m} \overrightarrow{A}_{iM} - \sum_{i=m+1}^{n-1} \overleftarrow{A}_{iM} - \left(\sum_{i=1}^{m} \overrightarrow{A}_i - \sum_{i=m+1}^{n-1} \overleftarrow{A}_i\right) = \sum_{i=1}^{m} B_M(\overrightarrow{A}_i) - \sum_{i=m+1}^{n-1} B_M(\overleftarrow{A}_i) \tag{3.51}$$

结论:封闭环的平均尺寸等于所有增环平均尺寸之和减去所有减环平均尺寸之和,封闭环的平均偏差等于所有增环的平均偏差之和减去所有减环的平均偏差之和。

应用尺寸链原理解决加工和装配工艺问题时,经常碰到下述三种情况:① 已知组成环公差求封闭环公差的正计算问题;② 已知封闭环公差求各组成环公差的反计算问题;③ 已知封闭环公差和部分组成环公差求其它组成环公差的中间计算问题。解决正计算问题比较容易,而解决反计算问题比较难。

解决尺寸链反计算问题的方法如下:

1) 按等公差原则分配封闭环公差,即使各组成环公差相等,其大小为

$$\delta_i = \frac{\delta_\Sigma}{n-1} \tag{3.52}$$

此法计算简单,但从工艺上讲,当各环加工难易程度、尺寸大小不一样时,规定各环公差相等不够合理;当各组成环尺寸及加工难易程度相近时,采用该法较为合适。

2) 按等精度的原则分配封闭环公差,即使各组成环的精度相等。各组成环的公差值根据基本尺寸按公差中的尺寸分段及精度等级确定,然后再给予适当调整,使

$$\delta_\Sigma \geqslant \sum_{i=1}^{n-1} \delta_i \tag{3.53}$$

这种方法在工艺上是合理的。

3) 利用协调环分配封闭环公差。如果尺寸链中有一些难以加工和不宜改变其公差的组成环,利用等公差和等精度法分配公差都有一定困难。这时可以把这些组成环的公差首先确定下来,只将一个或极少数几个比较容易加工或在生产上受限制较少和用通用量具容易测量的组成环定为协调环,用来协调封闭环和组成环之间的关系。这时有

$$\delta_\Sigma = \delta'_i + \sum_{i=1}^{n-2} \delta_i \tag{3.54}$$

式中,δ'_i为协调环公差。

这种方法与设计和工艺工作的经验有关,一般情况下对难加工、尺寸较大的组成环,将其公差给大些。

协调环又称为相依尺寸,意思是该环尺寸公差相依于封闭环和其它组成环的尺寸公差,因此

这种计算方法又称为相依尺寸公差法。

通常在解决尺寸链反计算问题时,先按方法 1)求各组成环的平均公差,再按加工难易、尺寸大小进行分配和协调。

各组成环公差的分布位置,一般来说,对外表面,尺寸标注成单向负偏差;对内表面,尺寸标注成单向正偏差;对孔中心距,则注成对称偏差。然后按式(3.46)、式(3.47)进行校核,若不符合,则再做调整。为了加快调整,可采用协调环的办法,即先根据上述原则定出其它组成环的上、下极限偏差,再根据封闭环的上、下极限偏差及已定的组成环上、下极限偏差计算出协调环的上、下极限偏差。

下面举例说明公式(3.43)至式(3.51)的应用。

【例题 3.1】 计算图 3.47a 所示主轴部件装配后的轴向间隙 A_Σ。已知 $A_1=35^{+0.15}_{0}$ mm,$A_2=32.5^{-0.05}_{-0.15}$ mm,$A_3=2.5^{0}_{-0.12}$ mm。

解: (1) 画出装配尺寸链(图 3.45b)

(2) 找出封闭环、增环和减环

因为 A_Σ 是由 A_1、A_2、A_3 间接得到的尺寸,所以是封闭环。再根据增减环判断 A_1 为增环,A_2、A_3 为减环。该例题是已知组成环,求封闭环的正计算问题。

(3) 计算

$$A_\Sigma=\sum_{i=1}^{m}\vec{A}_i-\sum_{i=m+1}^{n-1}\overleftarrow{A}_i=35\ \text{mm}-(32.5+2.5)\text{mm}=0$$

$$\text{ES}(A_\Sigma)=\sum_{i=1}^{m}\text{ES}(\vec{A}_i)-\sum_{i=m+1}^{n-1}\text{EI}(\overleftarrow{A}_i)=0.15\ \text{mm}-(-0.15-0.12)\text{mm}=+0.42\ \text{mm}$$

$$\text{EI}(A_\Sigma)=\sum_{i=1}^{m}\text{EI}(\vec{A}_i)-\sum_{i=m+1}^{n-1}\text{ES}(\overleftarrow{A}_i)=0\ \text{mm}-(-0.05-0)\text{mm}=+0.05\ \text{mm}$$

所以封闭环尺寸为 $0^{+0.42}_{+0.05}$ mm,其轴向间隙为 0.05~0.42 mm。

【例题 3.2】 轴套加工图如图 3.51a 所示,要求端面 A 对装配基准外圆 C 轴线的垂直度允差为 0.05/240,端面 B 对外圆 C 轴线的垂直度允差为 0.05/120。工件的加工过程如下:

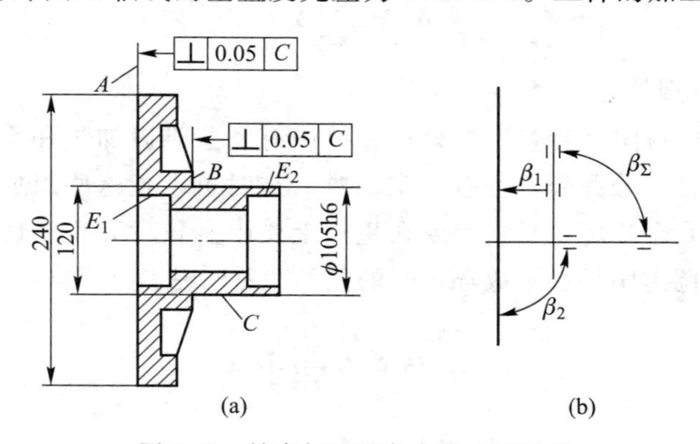

图 3.51 轴套加工的角度尺寸链计算

1) 粗加工 A 面、B 面、E_1 孔、E_2 孔和外圆 C。

2) 半精车 A 面、B 面及半精镗 E_1 孔。

3）以 A 面及 E_1 孔为定位基准，半精车 C 面、B 面及半精镗 E_2 孔，要求 $B/\!/A$，其交角为 β_1，δ_1 为 B 面对 A 面的平行度允差。

4）以 A 面及 E_1 孔为定位基准（定位后将心轴撤去），精加工 E_1 孔、E_2 孔和外圆 C，要求 $C\perp A$，其交角为 β_2，$\delta_2=0.05/240$，为外圆 C 的轴线与 A 面的垂直度允差。

通过上述工艺过程可知 $C\perp B$，其交角为 β_Σ；$\delta_\Sigma=0.05/120$，为外圆 C 的轴线与 B 面的垂直度允差，它是通过工序 3（有 $B/\!/A$）和工序 4（有 $C\perp A$）间接得到的。为满足外圆 C 的轴线与端面 B 的垂直度要求（δ_Σ），应确定工序 3 中 B 面对 A 面的平行度要求（δ_1）。

解：（1）画出尺寸链图（图 3.51b）

（2）β_Σ 为封闭环，β_1、β_2 为组成环，求另一个组成环

此题是已知封闭环和组成环，求另一个组成环的中间计算问题。

（3）计算

$$\delta_\Sigma=\sum_{i=1}^{n-1}\delta_i$$

已知 $$\delta_2=0.05/240,\ \delta_\Sigma=0.05/120$$

故 $$0.05/120=\delta_1+0.05/240$$

$$\delta_1=0.05/240$$

【例题 3.3】 如图 3.52a 所示，在坐标镗床上加工箱体零件上的两个孔，中心距为 $L_\Sigma=(100\pm0.10)$ mm；水平夹角为 $\beta=30°$。求坐标尺寸 L_x、L_y 的基本尺寸及公差。

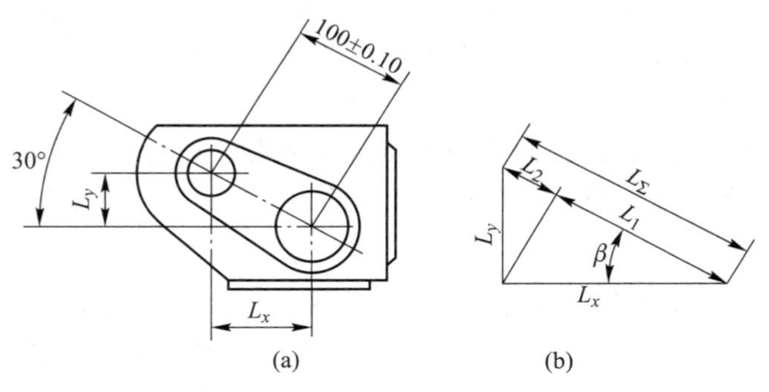

图 3.52 坐标尺寸计算

解：（1）画出尺寸链图

由尺寸 L_x、L_y、L_Σ 组成一平面尺寸链（图 3.47b）。

（2）尺寸链分析

中心距 L_Σ 是封闭环，在加工中由 L_x、L_y 间接得到，L_x、L_y 是组成环。此题是已知封闭环求组成环的反问题。

（3）计算

计算平面尺寸链时，将各组成环向封闭环做投影，分别为 L_1、L_2，L_1、L_2、L_Σ 构成了新的尺寸链，而且是线性尺寸链。

基本尺寸为

$$L_x = L_{\Sigma} \cos \beta = 100 \text{ mm} \times \cos 30° = 86.6 \text{ mm}$$

设本例题采用等公差法进行计算,公差分别如下:

$$\delta_{L_x} = \delta_{L_y} = \delta_{\mathrm{M}}$$

$$\delta_{L_1} = \delta_{L_x} \cos \beta = \delta_{\mathrm{M}} \cos 30°$$

$$\delta_{L_2} = \delta_{L_y} \sin \beta = \delta_{\mathrm{M}} \sin 30°$$

因

$$\delta_{L_{\Sigma}} = \delta_{L_1} + \delta_{L_2} = \delta_{\mathrm{M}} (\cos 30° + \sin 30°)$$

故

$$\delta_{\mathrm{M}} = \frac{\delta_{L_{\Sigma}}}{\cos 30° + \sin 30°} = \frac{0.2 \text{ mm}}{0.866 + 0.5} = 0.146 \text{ mm}$$

公差带按对称分布,则有

$$L_x = (86.6 \pm 0.073) \text{ mm}, L_y = (50 \pm 0.073) \text{ mm}$$

(2)概率法

应用极值法解尺寸链,具有简便、可靠等优点。但当封闭环公差较小、环数较多时,则各组成环公差就相应地减小,造成加工困难,成本增加。生产实践表明,加工一批工件所获得的尺寸,处于公差带中部的较多,处于极值端的较少,尤其是尺寸链中各组成环都恰好出现极值的情况更少见,因此封闭环的实际误差比用极值法计算出来的公差小得多。为了扩大组成环的公差,以便容易加工,可采用概率法解尺寸链以确定组成环的公差,而不用极值法中 δ_{Σ} 与 δ_i 的关系式确定。

1)各环公差值的概率法计算

尺寸链中每一组成环都是彼此独立的随机变量,因此它们组成的封闭环也是随机变量。根据概率原理可知,用实测方法取得的这些随机变量的大量数据中有两个特征数,即算术平均值和均方根偏差。

算术平均值 $\bar{A}$ 表示一批零件尺寸分布的集中位置,即尺寸分布中心。

均方根偏差 σ 表示一批零件实际的尺寸分布相对于算术平均值的离散程度。

由概率论可知,各独立随机变量的均方根偏差 σ_i 与这些随机变量之和的均方根偏差 σ_{Σ} 的关系为

$$\sigma_{\Sigma} = \sqrt{\sum_{i=1}^{n-1} \sigma_i^2} \tag{3.55}$$

式(3.55)为尺寸链的封闭环与组成环均方根偏差的关系式。

当各组成环为正态分布时,封闭环也一定是正态分布。如果不存在系统误差,则各组成环的分布中心与公差带中心重合。根据概率原理,此时可取公差为

$$\delta_i = 6\sigma_i, \delta_{\Sigma} = 6\sigma_{\Sigma} \tag{3.56}$$

由此得

$$\sigma_i=\frac{1}{6}\delta_i,\sigma_\Sigma=\frac{1}{6}\delta_\Sigma \tag{3.57}$$

故

$$\delta_\Sigma=\sqrt{\sum_{i=1}^{n-1}\delta_i^2} \tag{3.58}$$

式(3.58)为封闭环公差与组成环公差用概率解法的关系式。

若各组成环公差相等,则各组成环的平均公差为

$$\delta_M=\delta_i=\frac{\delta_\Sigma}{\sqrt{n-1}}=\frac{\sqrt{n-1}}{n-1}\delta_\Sigma \tag{3.59}$$

将式(3.59)与极值法公式

$$\delta_M=\delta_i=\frac{1}{n-1}\delta_\Sigma$$

相比,可以看出:若封闭环公差 δ_Σ 不变,则各组成环平均公差扩大了$\sqrt{n-1}$倍,因而可使加工容易,而且环数越多越有利,若各组成环公差不变,则用概率法求得的封闭环公差比用极值法缩小了$\sqrt{n-1}$,可提高封闭环的精度。当各组成环不是正态分布时,需要引入相对分布系数 K_i,此时 $\sigma_i=K_i\frac{\delta_i}{6}$。在尺寸链中,如果没有一个组成环的尺寸分散带过分大于其余各组成环,而且又不是过多偏离正态分布,则不论各组成环的尺寸分布为何种形式,只要组成环的数目足够多,其封闭环尺寸一定为正态分布,因此有 $\sigma_\Sigma=\frac{\delta_\Sigma}{6}$。

故
$$\delta_\Sigma=\sqrt{\sum_{i=1}^{n-1}K_i^2\delta_i^2} \tag{3.60}$$

式中,K_i 称为相对分布系数,它表明各种尺寸分布曲线形状相对正态分布曲线的差别,其值可见表 3.7。

表 3.7　不同尺寸分布曲线的 K_i 和 α_i 值

分布曲线的性质	正态分布	辛普森律(等腰三角形)	等概率	等概率与正态分布的组合	试切法(轴形)	试切法(孔形)
分布曲线的简图						
K_i	1	1.22	1.73	1.1~1.5	~1.7	~1.17
α_i	0	0	0	0	~0.26	~0.26

由上述可知，在应用概率法解尺寸链的情况下，当尺寸链的环是正态分布时，可取 $\delta=6\sigma$，此时并没有包括工件尺寸出现的全部概率，而是 99.73%。如图 3.53 所示，阴影部分表示超出 δ_{Σ} 的概率，此值是很小的，仅为 0.27%，但却使各组成环的公差扩大了很多，因此取 $\delta=6\sigma$ 是合理的。

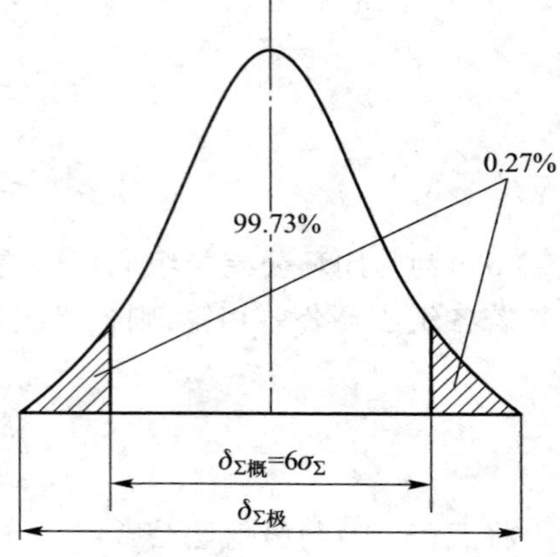

图 3.53 概率法与极值法比较

2）算术平均值 $\overline{A}$ 的计算

为了确定各环公差带的分布位置，要用到算术平均值 $\overline{A}$。根据概率原理可推知，封闭环的平均值 $\overline{A}_{\Sigma}$ 等于各组成环算术平均值的代数和，即

$$\overline{A}_{\Sigma}=\sum_{i=1}^{n-1}\overline{A}_{i}=\sum_{i=1}^{m}\overline{\overrightarrow{A}}_{i}-\sum_{i=m+1}^{n-1}\overline{\overleftarrow{A}}_{i} \tag{3.61}$$

式中：$\overline{\overrightarrow{A}}_{i}$——增环的算术平均值；

$\overline{\overleftarrow{A}}_{i}$——减环的算术平均值。

若各组成环的分布曲线为对称分布，且分布中心与公差带中点（平均尺寸 A_{M}）重合，则算术平均值 $\overline{A}$ 就等于平均尺寸（图 3.54a），得

$$A_{\Sigma M}=\overline{A}_{\Sigma}=\sum_{i=1}^{m}\overrightarrow{A}_{iM}-\sum_{i=m+1}^{n-1}\overleftarrow{A}_{iM} \tag{3.62}$$

将上式各环减去基本尺寸，则得

$$B_{M}(A_{\Sigma})=\sum_{i=1}^{m}B_{M}(\overrightarrow{A}_{i})-\sum_{i=m+1}^{n-1}B_{M}(\overleftarrow{A}_{i}) \tag{3.63}$$

式（3.62）、式（3.63）与极值法相应的式（3.50）、式（3.51）完全一样。

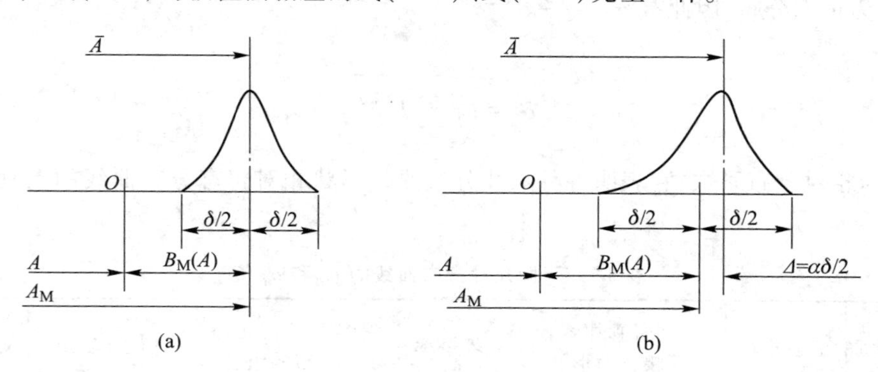

图 3.54 对称与不对称尺寸分布

若各组成环的分布曲线为非对称分布，则算术平均值 $\overline{A}$ 相对公差带中点（平均尺寸 A_{Σ}）有一偏移量 Δ（图 3.54b）

因
$$\Delta=\overline{A}-A_{M}=\overline{A}-[A+B_{M}(A)] \tag{3.64}$$

令
$$\Delta=\alpha\frac{\delta}{2} \tag{3.65}$$

则 $$\overline{A}=A_{\mathrm{M}}+\alpha\frac{\delta}{2}=A+B_{\mathrm{M}}(A)+\alpha\frac{\delta}{2} \tag{3.66}$$

故 $$\overline{A}_{\Sigma}=\sum_{i=1}^{m}\left(\overrightarrow{A}_{i\mathrm{M}}+\frac{1}{2}\alpha_i\delta_i\right)-\sum_{i=m+1}^{n-1}\left(\overleftarrow{A}_{i\mathrm{M}}+\frac{1}{2}\alpha_i\delta_i\right) \tag{3.67}$$

或 $$\overline{A}_{\Sigma}=\sum_{i=1}^{M}\left[\overrightarrow{A}_i+B_{\mathrm{M}}(\overrightarrow{A}_i)+\frac{1}{2}\alpha_i\delta_i\right]-\sum_{i=m+1}^{n-1}\left[\overleftarrow{A}_i+B_{\mathrm{M}}(\overleftarrow{A}_i)+\frac{1}{2}\alpha_i\delta_i\right] \tag{3.68}$$

式中,α_i 称为不对称系数,其值见表 3.6。

3）概率法的近似计算

用概率法计算尺寸链,需要知道各组成环的误差分布情况 K_i 和 α_i 的数值,如有现场统计资料或成熟的经验统计数据,便可进行计算。当缺乏这些资料时,只能假定 K_i、α_i 的值进行近似计算。近似计算是假定各环分布曲线对称分布于公差值的全部范围内(即 $\alpha_i=0$),并取相同的相对分布系数的平均值 K_{M}(一般取 1.2~1.7)。因此有

$$\delta_{\Sigma}=K_{\mathrm{M}}\sqrt{\sum_{i=1}^{n-1}\delta_i^2} \tag{3.69}$$

然后就可用式(3.62)或式(3.63)进行概率法的近似计算。用概率法近似计算时,组成环的数目越多,计算的准确度越高,因此该法常用在多环尺寸链上。

下面举例说明用概率法计算尺寸链。

【例题 3.4】 已知一尺寸链,如图 3.55 所示,各环尺寸为正态分布,废品率为 0.27%。求封闭环公差值及公差带分布。

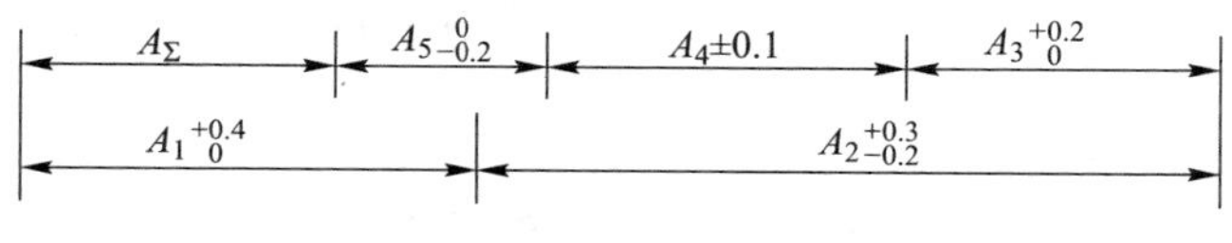

图 3.55　概率法解尺寸链

解: 因各组成环是正态分布,故 $K_i=K_{\mathrm{M}}=1$。在尺寸链中,A_{Σ} 为封闭环,A_1、A_2 为增环,A_3、A_4、A_5 为减环。

各组成环公差分别为

$$\delta_1=0.4\ \mathrm{mm},\delta_2=0.5\ \mathrm{mm},\delta_3=0.2\ \mathrm{mm},\delta_4=0.2\ \mathrm{mm},\delta_5=0.2\ \mathrm{mm}$$

各组成环的中间偏差分别为

$$B_{\mathrm{M}}(A_1)=\frac{0.4\ \mathrm{mm}}{2}=0.2\ \mathrm{mm},B_{\mathrm{M}}(A_2)=\frac{0.3\ \mathrm{mm}+(-0.2)\mathrm{mm}}{2}=0.05\ \mathrm{mm}$$

$$B_{\mathrm{M}}(A_3)=\frac{0.2\ \mathrm{mm}}{2}=0.1\ \mathrm{mm},B_{\mathrm{M}}(A_4)=\frac{0.1\ \mathrm{mm}+(-0.1)\ \mathrm{mm}}{2}=0$$

$$B_{\mathrm{M}}(A_5)=\frac{-0.2\ \mathrm{mm}}{2}=-0.1\ \mathrm{mm}$$

封闭环公差为

$$\delta_{\Sigma}=K_{\mathrm{M}}\sqrt{\sum_{i=1}^{n-1}\delta_i^2}=1\times\sqrt{0.4^2+0.5^2+0.2^2+0.2^2+0.2^2}\ \mathrm{mm}=0.73\ \mathrm{mm}$$

封闭环公差带分布为

$$B_{\mathrm{M}}(A_{\Sigma}) = \sum_{i=1}^{m} B_{\mathrm{M}}(\overrightarrow{A}_i) - \sum_{i=m+1}^{n-1} B_{\mathrm{M}}(\overleftarrow{A}_i)$$

$$= 0.2\ \mathrm{mm} + 0.05\ \mathrm{mm} - (0.1 - 0 - 0.1)\ \mathrm{mm} = 0.25\ \mathrm{mm}$$

$$\mathrm{ES}(A_{\Sigma}) = B_{\mathrm{M}}(A_{\Sigma}) + \frac{\delta_{\Sigma}}{2} = 0.25\ \mathrm{mm} + \frac{0.73\ \mathrm{mm}}{2} = 0.615\ \mathrm{mm}$$

$$\mathrm{EI}(A_{\Sigma}) = B_{\mathrm{M}}(A_{\Sigma}) - \frac{\delta_{\Sigma}}{2} = 0.25\ \mathrm{mm} - \frac{0.73\ \mathrm{mm}}{2} = -0.115\ \mathrm{mm}$$

因此，封闭环尺寸为 $A_{\Sigma}{}^{+0.615}_{-0.115}$。

封闭环的尺寸、偏差的分布情况见图 3.56。

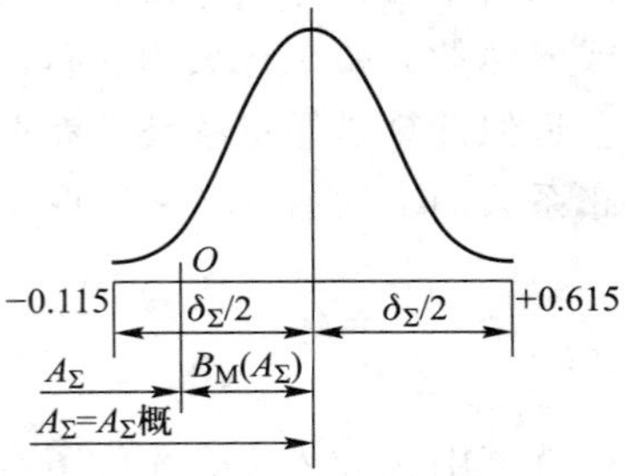

图 3.56　尺寸公差带分布

【**例题 3.5**】　将前面用极值解法的例题 3.3 改用概率法进行计算。

解：按等公差法计算有

$$\delta_{L_x} = \delta_{L_y} = \delta_{\mathrm{M}}$$

$$\delta_{L_1} = \delta_{L_x}\cos\beta = \delta_{\mathrm{M}}\cos\beta$$

$$\delta_{L_2} = \delta_{L_y}\sin\beta = \delta_{\mathrm{M}}\sin\beta$$

因

$$\delta_{\Sigma} = K_{\mathrm{M}}\sqrt{\sum_{i=1}^{n-1}\delta_i^2}$$

取 $K_{\mathrm{M}} = 1.2$，由此得

$$\delta_{\Sigma} = 1.2\sqrt{\delta_{\mathrm{M}}^2(\cos^2\beta + \sin^2\beta)} = 1.2\delta_{\mathrm{M}}$$

故

$$\delta_{\mathrm{M}} = \frac{\delta_{\Sigma}}{1.2} = \frac{0.2\ \mathrm{mm}}{1.2} = 0.166\ \mathrm{mm}$$

公差带按对称分布，因此有

$$L_x = (86.6 \pm 0.083)\,\mathrm{mm}$$

$$L_y = (50 \pm 0.083)\,\mathrm{mm}$$

3.8.5　经济加工精度

不同的加工方法如车削、磨削、刨削、铣削、钻削、镗削等，其用途各不相同，所能达到的精度和表面粗糙度也大不一样。即使是同一种加工方法，在不同的加工条件下所得到的精度和表面粗糙度也大不一样，这是因为在加工过程中将有各种因素对精度和表面粗糙度产生影响，如工人的技术水平、切削用量、刀具的刃磨质量、机床的调整质量等。

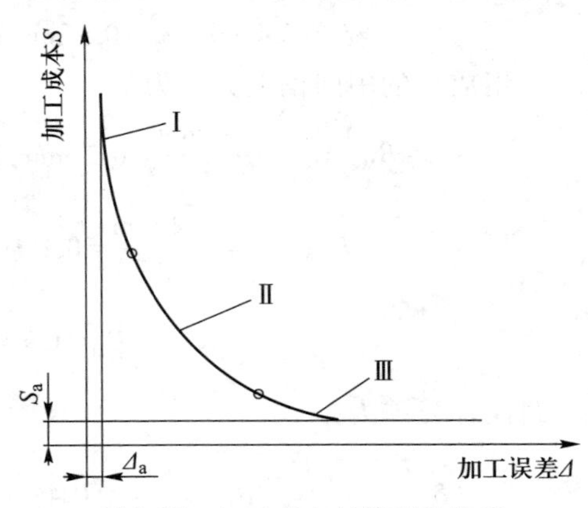

图 3.57　加工成本与精度的关系

根据统计资料，某一种加工方法的加工误差（或精度）和成本的关系如图 3.57 所示。在Ⅰ段，当零件加工精度要求很高时，零件成本将要提得很高，甚至成本再提高，其精度也不能再提高了，存在一个极限的加工精度，其误差为 Δ_a。相反，在Ⅲ段，虽然精度要求很低，但成本也不能无限降低，其最低成本的极

限值为 S_a。因此在Ⅰ、Ⅲ段应用此法加工是不经济的。在Ⅱ段,加工方法与加工精度是相互适应的,加工误差与加工成本基本上是反比关系,可以较经济地达到一定的精度,Ⅱ段的精度范围称为这种加工方法的经济精度。

所谓某种加工方法的经济精度,是指在正常的工作条件下(包括完好的机床设备、必要的工艺装备、标准的工人技术等级、标准的耗用时间和生产费用)所能达到的加工精度。与经济加工精度相似,各种加工方法所能达到的表面粗糙度也有一个较经济的范围。各种加工方法所能达到的经济精度、表面粗糙度以及表面形状以及位置精度可查阅《金属机械加工工艺人员手册》。

3.8.6 零件机械加工工艺规程的经济性分析

众所周知,由于工艺工程师在经验、习惯和知识等方面的个体差异,以及企业的设备状况、生产规模和加工能力的不同等,在确保零件加工质量的前提下,零件的工艺规程制订可能会因人、因地、因时而异。那么,哪一个工艺规程更好? 为了回答这个问题,有必要提出一些重要的判断标准,以便对零件的加工工艺规程进行比较。通常,零件的机械加工经济性或成本是决定产品市场竞争的关键,因此,它可用作对零件机械加工工艺规程优劣的判断标准。

零件工艺规程经济性分析的目的,是针对不同的工艺方案,获得相对成本效益最佳的工艺规程。因此,没有必要计算机械加工工艺的绝对成本,只需要比较相对成本即可,对于同一零件不同工艺规程的成本计算,可以抵消相同工序(或辅助性边际)的成本。当然,如果所有的工序都不同,则必须进行完整的经济性比较。

(1) 零件加工工艺成本的组成

零件加工成本是指将工件或产品从毛坯加工到合格的工件或产品所花费的总支出。其中,直接用于机械加工的费用称为主要支出或工艺成本,通常占整个生产成本的 70%~75%。除直接成本外,与当前生产状况有关的费用称为二次支出费用。

对于某一特定的零件或产品,由于非直接加工成本(或第二次支出)总是相同的,因此,只需要比较单个零件的工艺成本 S_{single} 即可,可得

$$S_{single}=V_w+V_m+V_d+V_f+V_t+V_{mat}+C_a$$

$$\text{或 } S_{single}=V_w+C_{sd}+V_f+V_t+V_{mat}+C_a \tag{3.70}$$

式中:S_{single}——单个零件的工艺成本;
V_w——用于操作工人的支出;
V_m——设备维护费用;
V_d——用于通用机床的折旧费用;
V_t——刀具维护和折旧费用;
V_f——通用夹具的维护和折旧费用;
V_{mat}——材料费;
C_a——维修工人的人工费用;
C_{sd}——专用机床的折旧费用;
C_{SF}——专用夹具的维护和折旧费用。

(2) 工艺规程的经济性比较

按前一节所述,事实上,零件的工艺成本可以划分为两大类,即不变成本 C 和可变成本 V。

不变成本 C 与产品的年生产纲领没有直接关系，但可变成本 V 则与年产量有直接关系。于是可得

$$S_{\text{single}}=V+C \tag{3.71}$$

由于 C 与年产量无关，可以用年不变成本 C_{year} 替代，于是上述公式可以表达为

$$S_{\text{single}}=V+\frac{C_{\text{year}}}{N_{\text{year}}} \tag{3.72}$$

式中：N_{year}——年生产量或年生产纲领。

因而，年工艺成本为

$$S_{\text{year}}=N_{\text{year}}V+C_{\text{year}} \tag{3.73}$$

由此可见，年生产纲领 N_{year} 与单件生产成本 S_{single} 之间的关系如图 3.58a 所示，而与年生产成本 S_{year} 之间的关系则如图 3.58b 所示。

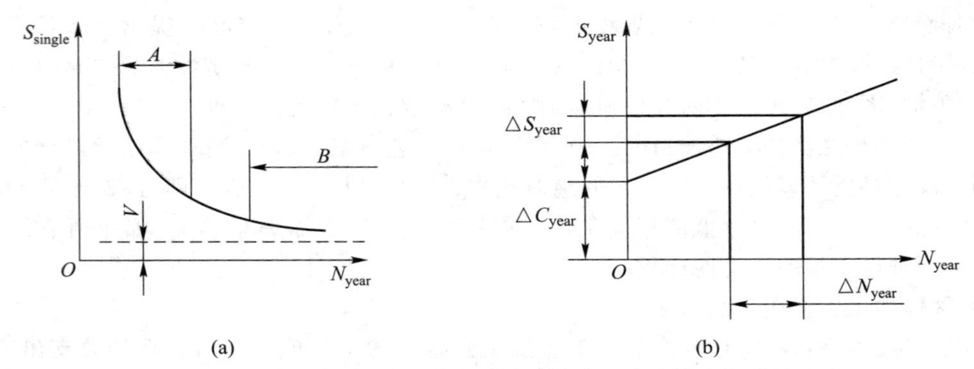

图 3.58　年生产纲领与单件生产成本和年生产成本之间的关系

当 N_{year} 较小时，意味着当前生产为单件小批生产，其工艺成本变化如图 3.58a 中的区域 A 所示。对于大量制造或大批量生产，则成本变化呈现区域 B 的趋势。而对于中批量制造，则成本变化介于区域 A 和 B 之间。显然，产量或批量越大，工艺成本越低。理论上，当批量趋向无穷大时，单件生产成本接近于可变成本 V，意味着大批量制造时，单件工艺成本变化不大。

对于某个特定零件，如果不同的工艺人员所设计的工艺规程大相径庭，则应进行年生产成本的比较。例如，在图 3.59 中，假如某一零件的工艺规程有两套不同的方案，其年生产成本分别为 S_{year1} 和 S_{year2}，对其进行比较，得

$$S_{\text{year1}}=V_1N_{\text{part}}+C_{\text{year1}}$$

$$S_{\text{year2}}=V_1N_{\text{part}}+C_{\text{year2}}$$

由于年生产成本与年生产量之间呈线性关系，可以绘制两条直线，它们的交点为 N_{c}，意味着当年产量为 N_{c} 时，两套工艺方案的年生产成本相等，即 $S_{\text{year1}}=S_{\text{year2}}$。$N_{\text{c}}$ 称为两种工艺方案的临界生产量，求解方程组，可以获得该临界生产量为

$$N_{\text{c}}=\frac{C_{\text{year1}}-C_{\text{year2}}}{V_2-V_1}$$

当年生产量小于 N_{c} 时，工艺方案 1 的经济性较好，其年生产成本为 S_{year1}。而当年生产量大于 N_{c} 时，工艺方案 2 的经济性较好，其年生产成本为 S_{year2}。

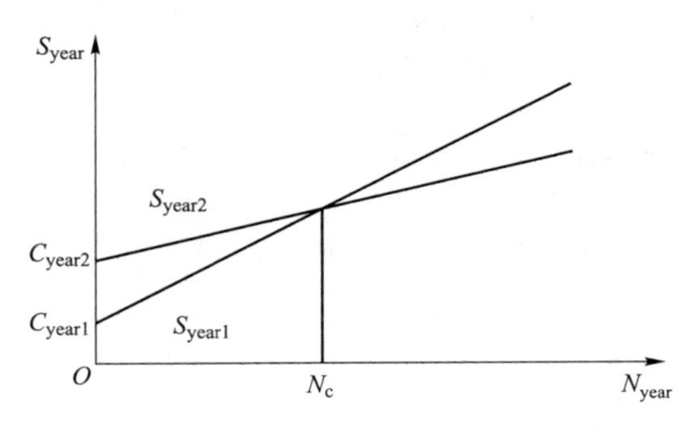

图 3.59　两套工艺方案的生产成本比较

当为某一零件所设计的不同工艺方案大同小异，即仅仅只有少量的工序不同时，则只需要按式(3.72)比较单个零件的工艺成本即可。

本 章 小 结

1）本章首先介绍了与零件机械加工工艺相关的若干术语，包括工序、工步、走刀、工位、安装、生产批量等概念。

2）零件的机械加工工艺内容包含加工方法的选择、加工顺序的安排、基准的选择、加工设备、刀具、夹具、量具和辅助工具等的选用；同时需计算或查表确定各工序的加工参数、加工余量和工序尺寸等。将上述内容按照规定的格式制成表格，可生成零件机械加工工艺的指导性文件，即机械加工工艺过程卡片和工序卡片等。

3）零件加工用的定位基准分为粗基准和精基准。定位基准的选择需遵循粗、精基准选择的一般原则。

4）工件在夹具中的定位有完全定位和不完全定位两种形式。欠定位是不容许的，过定位则可有条件地使用。

5）计算工艺尺寸链的方法有极值法和概率法两种。当采用概率法计算时，对零件的加工误差可适当放宽，但只适用于大批生产的情况。

思考题与练习题

3.1　什么是机械加工工艺过程？什么叫机械加工工艺规程？工艺规程在生产中起什么作用？

3.2　什么叫工序、工位和工步？

3.3　什么叫基准？粗基准和精基准的选择原则有哪些？

3.4　零件加工表面加工方法的选择应遵循哪些原则？

3.5　在制订加工工艺规程中，为什么要划分加工阶段？

3.6　切削加工顺序安排的原则有哪些？

3.7　在机械加工工艺规程中通常有哪些热处理工序？它们起什么作用？如何安排？

3.8 什么叫工序集中？什么叫工序分散？什么情况下采用工序集中？什么情况下采用工序分散？

3.9 什么叫加工余量？影响加工余量的因素有哪些？

3.10 在粗、精加工中如何选择切削用量？

3.11 什么叫时间定额？单件时间定额包括哪些方面？举例说明各方面的含义。

3.12 什么叫工艺成本？工艺成本有哪些组成部分？如何对不同工艺方案进行技术经济分析？

3.13 如图 3.60 所示的零件，单件、小批生产时其机械加工工艺过程如下所述，试分析其工艺过程的组成（包括工序、工步、走刀、安装）。

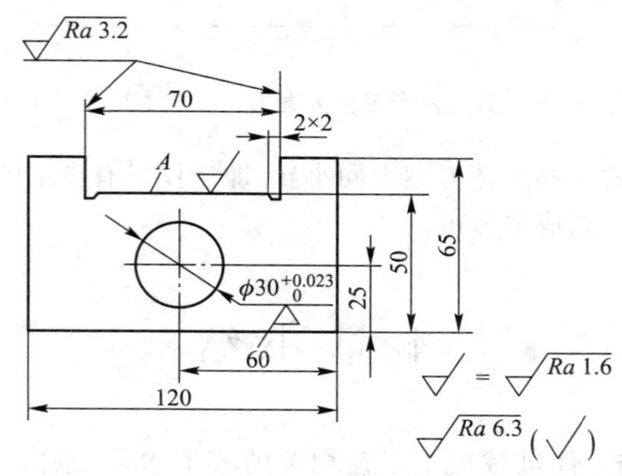

图 3.60 习题 3.13 图

在刨床上分别刨削六个表面，达到图样要求；粗刨导轨面 A，分两次切削；精刨导轨面 A；钻孔；铰孔；去毛刺。

3.14 如图 3.61 所示的零件，毛坯为 $\phi35$ mm 棒料，批量生产时其机械加工过程如下所述，试分析其工艺过程的组成。

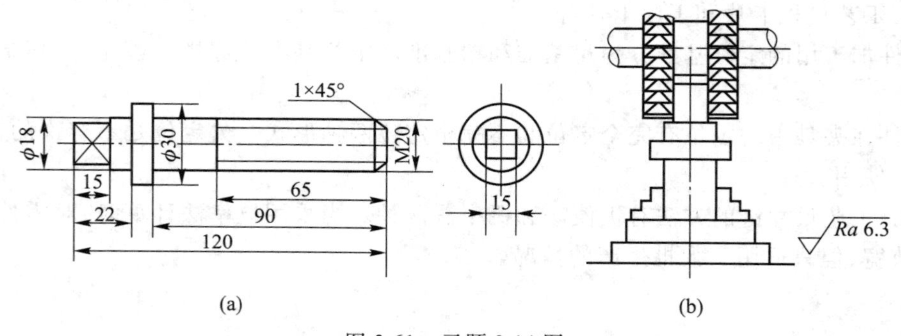

图 3.61 习题 3.14 图

在锯床上切断下料；车一端面钻中心孔；调头，车另一端面钻中心孔；在另一台车床上将整批工件螺纹一边都车至 $\phi30$ mm；调头，调换车刀车削整批工件的 $\phi18$ mm 外圆；换一台车床车 $\phi20$ mm 外圆；在铣床上铣两平面；转 90°，铣另外两平面；车螺纹，倒角。

3.15 某机床厂年产 C6136N 型卧式车床 350 台，已知机床主轴的备品率为 10%，废品率为 4%。试计算该主轴零件的年生产纲领，并说明它属于哪一种生产类型。其工艺过程有何特点？

3.16 试指出图 3.62 在结构工艺性方面存在的问题，并提出改进意见。

3.17 试选择图 3.63 所示各零件加工时的粗、精基准（标有“$\sqrt{}$”符号的为加工面，其余的为非加工面），并简要说明理由。

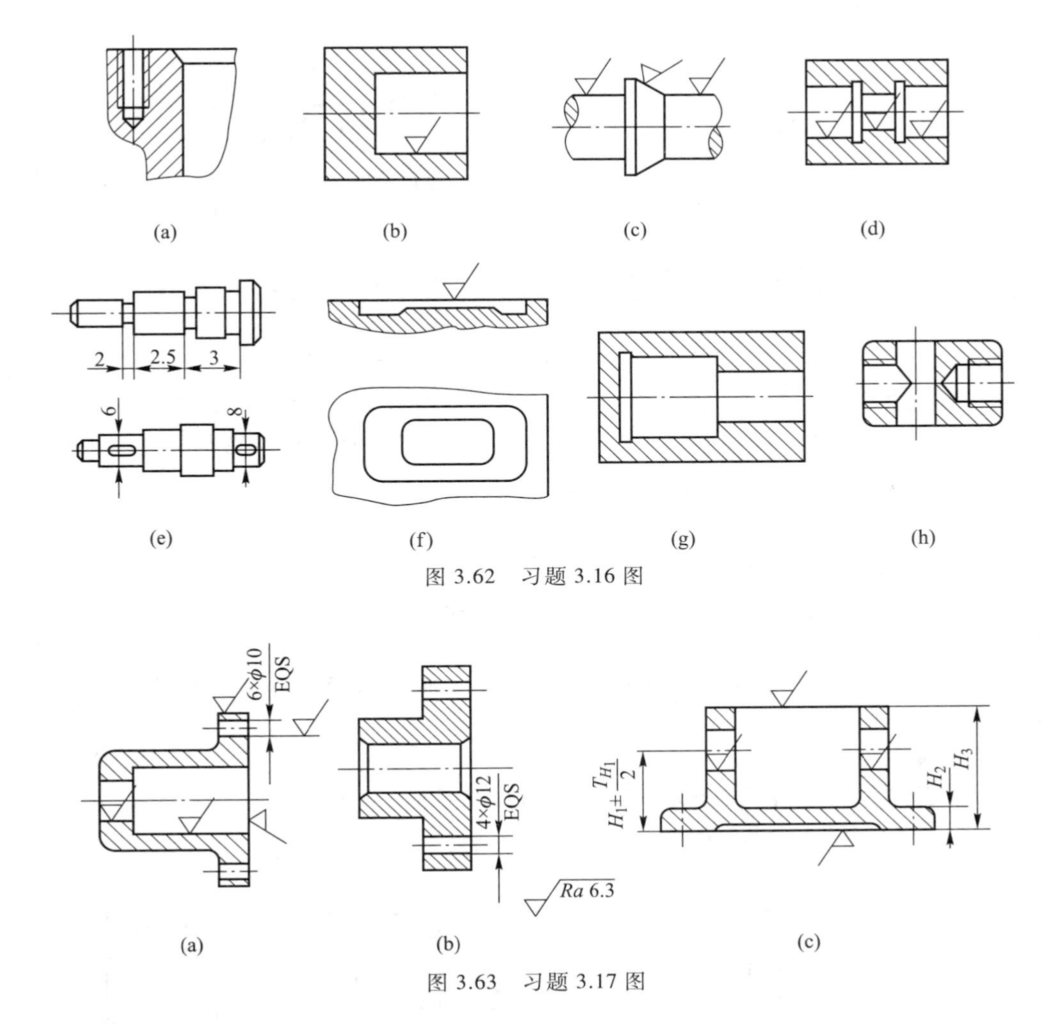

图 3.62　习题 3.16 图

图 3.63　习题 3.17 图

3.18　某零件上有一 $\phi 50^{+0.027}_{0}$ mm 的孔，表面粗糙度为 Ra0.8 μm，孔长 60 mm。材料为 45 钢，热处理工艺为淬火，硬度为 42 HRC，毛坯为锻件，其孔的加工工艺规程为粗镗—精镗—热处理—磨削，试确定该孔加工中各工序的尺寸与公差。

3.19　在加工图 3.64 所示的零件时，图样要求保证尺寸（6±0.1）mm，因这一尺寸不便于测量，只能通过测量尺寸 L 来间接保证，试求工序尺寸 L 及其公差。

3.20　加工主轴时，要保证键槽深度 $t=4^{+0.15}_{0}$ mm（图 3.65），其工艺过程如下：

（1）车外圆尺寸 ϕ28.5mm；

（2）铣键槽至尺寸 $H^{+\delta_H}_{0}$；

（3）热处理；

（4）磨外圆至尺寸 $\phi 28^{+0.024}_{+0.008}$ mm。

设磨外圆与车外圆的同轴度误差为 ϕ0.04 mm，试用极值法计算铣键槽工序的尺寸 $H^{+\delta_H}_{0}$。

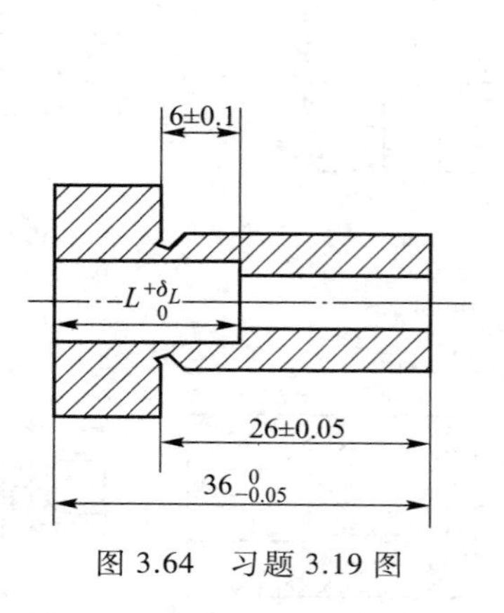

图 3.64　习题 3.19 图

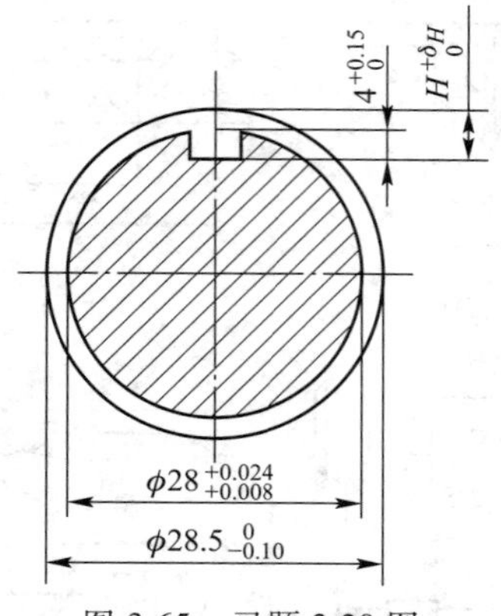

图 3.65　习题 3.20 图

3.21　一零件材料为 2Cr13,其内孔加工顺序如下:

(1) 镗内孔至尺寸 $\phi31.8^{+0.14}_{0}$ mm;

(2) 氰化,要求氰化层深度为 $t^{+\delta_t}_{0}$;

(3) 磨内孔至尺寸 $\phi32^{+0.035}_{+0.010}$ mm,并保证氰化层深度为 0.1~0.3 mm。

试求氰化工序中的氰化层深度 $t^{+\delta_t}_{0}$。

3.22　图 3.66 为被加工零件的简图,图 3.66b 为工序图,在大批生产的条件下,其部分工艺过程如下:

(1) 铣端面至尺寸 $A^{+\delta_A}_{0}$;

(2) 钻孔并锪沉孔至尺寸 $B^{+\delta_B}_{0}$;

(3) 磨底平面至尺寸 $C^{+\delta_C}_{0}$,磨削余量为 0.5 mm,磨削时的经济精度为 0.1 mm;

试计算各工序尺寸 A、B、C 及其公差。

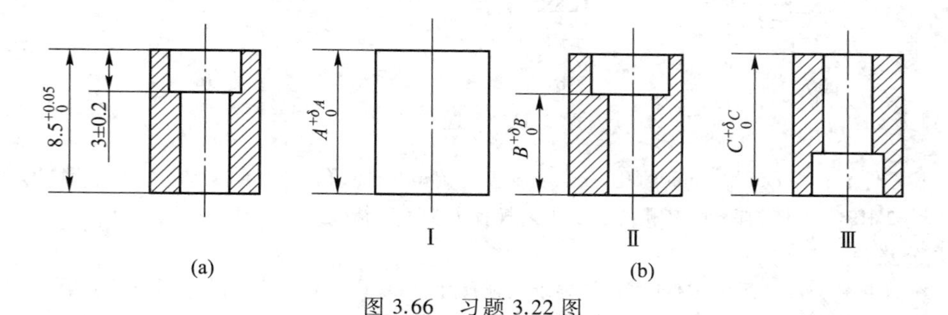

图 3.66　习题 3.22 图

3.23　试判别图 3.67 中各尺寸链中哪些是增环,哪些是减环。

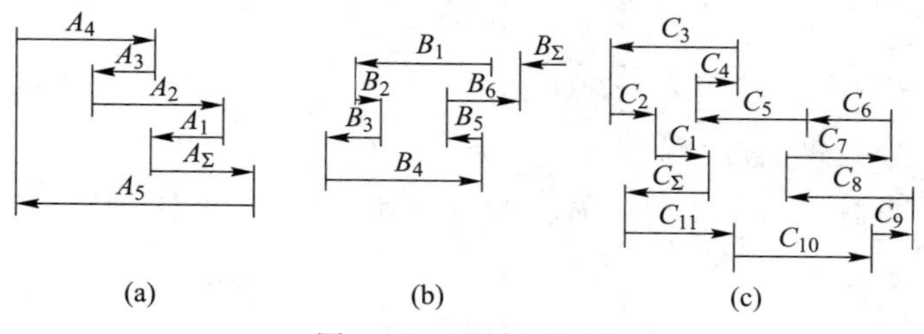

图 3.67　习题 3.23 图

3.24 什么是机床夹具？它包括哪几部分？各部分起什么作用？

3.25 什么是定位？简述工件定位的基本原理。

3.26 为什么说夹紧不等于定位？

3.27 限制工件自由度与加工要求的关系如何？

3.28 何谓定位误差？定位误差是由哪些因素引起的？定位误差的数值一般应控制在零件公差的什么范围内？

3.29 对夹紧装置的基本要求有哪些？

3.30 何谓联动夹紧机构？设计联动夹紧机构时应注意哪些问题？试举例说明。

3.31 试述一面两孔组合时需要解决的主要问题，定位元件设计及定位误差的计算。

3.32 根据六点定位原理，分析图 3.68 所示各定位方案中各定位元件所消除的自由度。

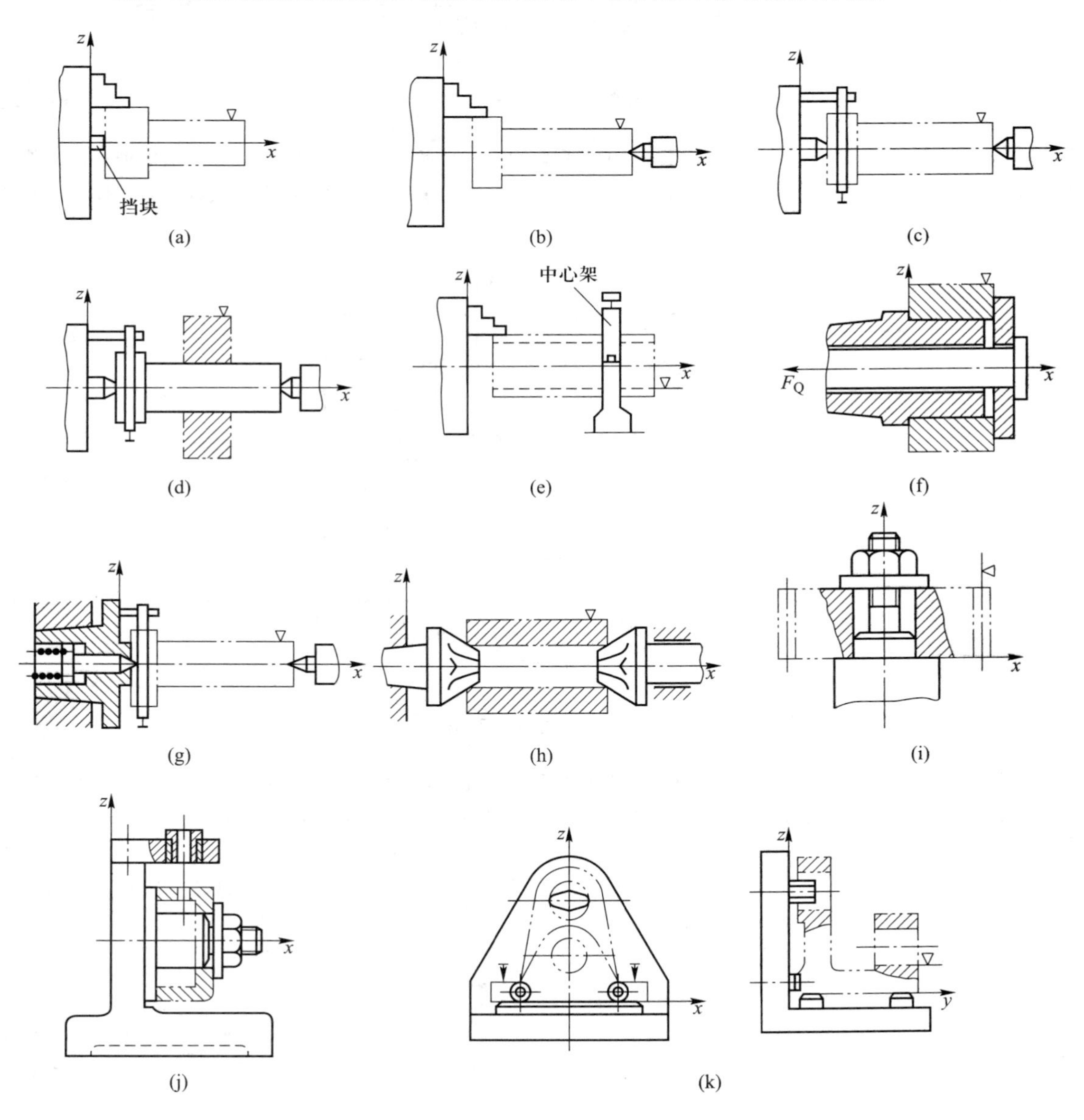

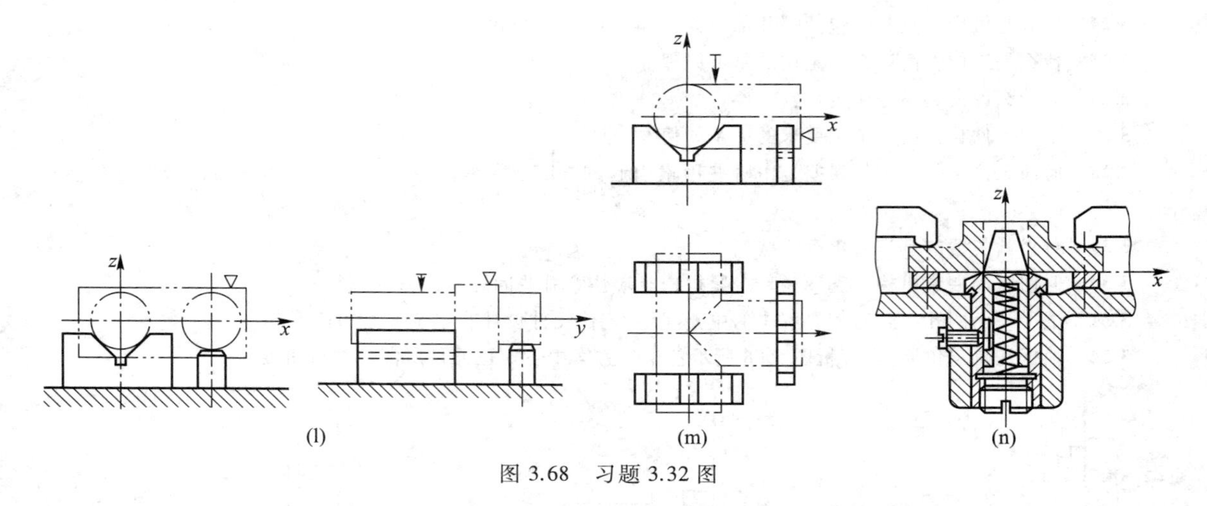

图 3.68　习题 3.32 图

3.33　有一批如图 3.69 所示的零件，圆孔和平面均已加工合格，今在铣床上铣削宽度为 $b_{-\Delta b}^{\ 0}$ 的槽。要求保证槽底到底面的距离为 $h_{-\Delta h}^{\ 0}$；槽侧面到 A 面的距离为 $a+\Delta a$，且与 A 面平行。图示定位方案是否合理？有无改进之处？试分析之。

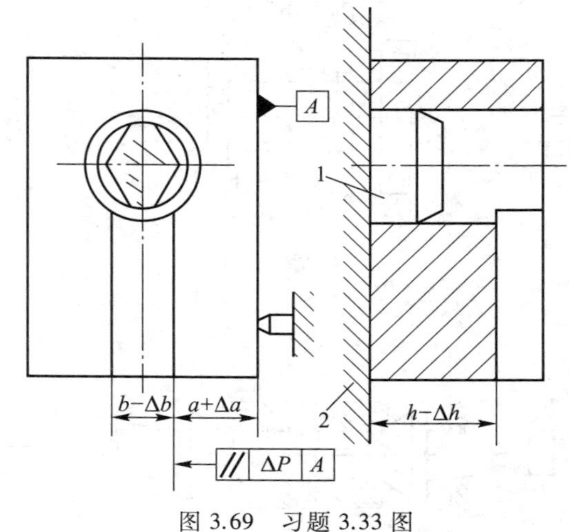

图 3.69　习题 3.33 图

3.34　有一批如图 3.70 所示的工件，采用钻模夹具钻削工件上 $\phi5$ mm 和 $\phi8$ mm 两孔，除保证图样尺寸要求外，还须保证两孔的连心线通过 $\phi60_{-0.1}^{\ 0}$ mm 的轴线，其偏移量公差为 0.08 mm。现可采用图 3.68b、c、d 所示的三种方案，若定位误差不得大于加工允差的 1/2，试问这三种定位方案是否可行（$\alpha=90°$）？

3.35　有一批套类零件如图 3.71a 所示，欲在其上铣一键槽，试分析下述定位方案中尺寸 H_1、H_2、H_3 的定位误差。

（1）在可胀心轴上定位（图 3.71b）；

（2）在处于垂直位置的刚性心轴上的定位（图 3.71c），定位心轴直径为 $d_{\Delta d_x}^{\Delta d_s}$。

3.36　夹紧装置如图 3.72 所示，若切削力 $F=800$ N，液压系统压力 $p=2\times10^6$ Pa（为简化计算，忽略加工杆与孔壁的摩擦，按 $\eta=0.95$ 计算），试求液压缸的直径应为多大才能将工件压紧？已知夹紧安全系数 $K=2$，夹紧杆与工件间的摩擦系数 $\mu=0.1$。

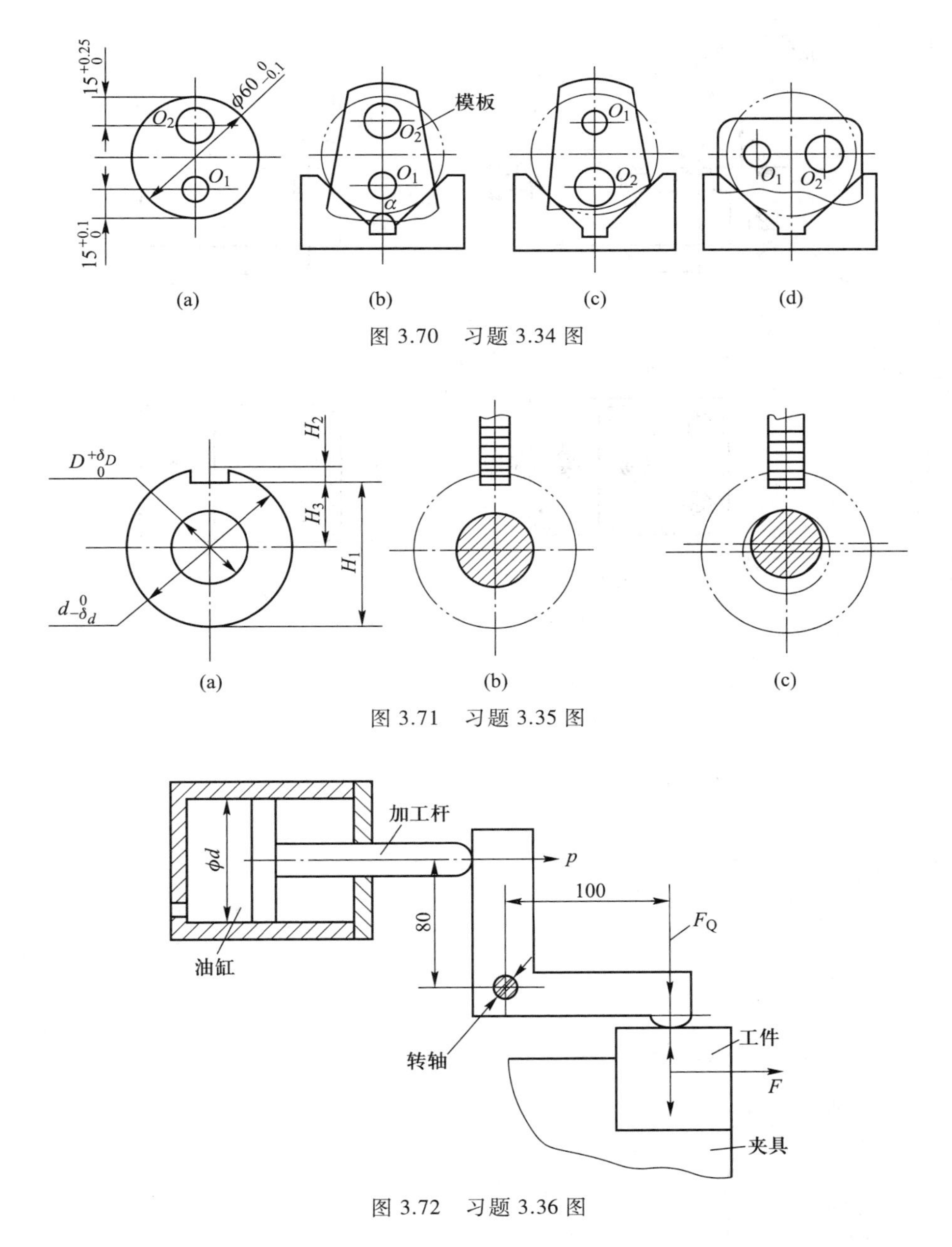

图 3.70　习题 3.34 图

图 3.71　习题 3.35 图

图 3.72　习题 3.36 图

3.37　图 3.73 所示的阶梯形工件，B 面和 C 面已加工合格。今采用图 3.73a 和图 3.73b 两种定位方案加工 A 面，要求 A 面对 B 面的平行度不大于 20′（用角度误差表示）。已知 $L=100$ mm，B 面与 C 面之间的高度 $h=15^{+0.5}_{\ 0}$ mm。试分析这两种定位方案的定位误差，并比较它们的优劣。

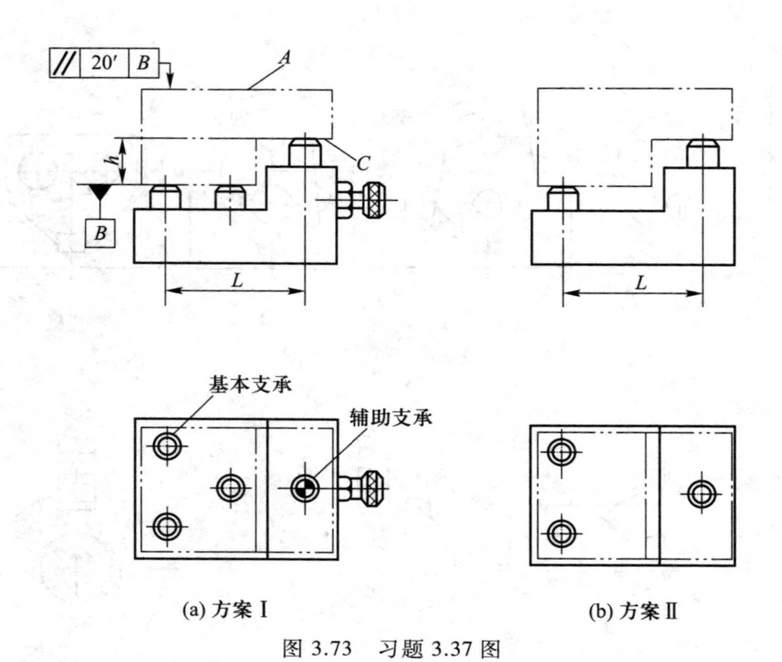

(a) 方案Ⅰ　　(b) 方案Ⅱ

图 3.73　习题 3.37 图

第 4 章　机床概要与回转体零件加工工艺

机械零件从构成零件的几何要素划分可分为回转体零件和非回转体零件两大类。其中，回转体零件是机械零件中的一个大家族。本章简要阐述回转体零件的基本术语、成形运动，重点介绍回转体的主要加工方法与设备。从加工表面看，回转体表面的加工有外圆表面加工和内圆表面加工；从加工精度看，有粗加工与精加工。因此，回转体加工工艺涉及车削、钻削、镗削、铰削、磨削等加工方法，相应的加工设备有车床、钻床、镗床、磨床等。本章还对各种加工方法所采用的刀具、夹具等进行了简单介绍。

回转体零件是指横截面为圆形的零件。小至眼镜镜架上用的螺钉，大至碾压机械上的辊子、气缸、枪筒以及液压机械上的涡轮轴等都是常见的典型回转体零件。回转体零件按表面位置分为外回转体和内回转体；按其母线形状，分为圆柱体、圆锥体、抛物面、双曲面以及不规则曲线等。按回转体的长径比（L/D）大小划分，当 $L/D>5$ 时，称为长轴类或深孔类零件；当 $L/D<5$ 时称为短轴类、盘类或套筒类零件；大多数轴介于两者之间。

回转体零件可看作是工件的母线（轮廓线）绕导线（圆）运动而成。对于零件的成形，可看做是工件的旋转运动形成导线，刀具轮廓或轨迹形成母线。当母线形状由刀具轮廓成形时，采用的是成形法加工，这时零件的成形仅需要一个回转运动；当母线形状由刀具的轨迹形成时，采用的成形运动为轨迹法，这时需要两个独立的运动形成工件的表面。图 4.1a、b 所示为分别采用轨迹法和成形法加工回转体零件所需要的运动。

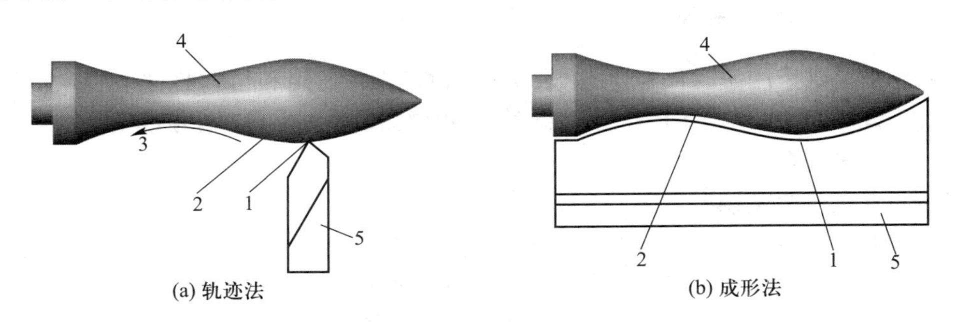

图 4.1　加工回转体

1—刀刃轮廓；2—工件母线轮廓；3—刀具轨迹；4—工件；5—刀具

4.1　机 床 概 要

机床的品种规格繁多，为了便于区别、使用、管理，必须对机床加以分类，并编制型号。

4.1.1 机床的分类

机床主要按加工原理进行分类，根据国家标准，机床共分为车床、钻床、镗床、磨床、齿轮加工机床、螺纹加工机床、铣床、刨插床、拉床、锯床和其它机床 11 大类。在每一类机床中，又按工艺范围、布局形式和结构性能分为若干组，每一组又分为若干个系(系列)。

除了上述基本分类方法外，还有其它分类方法。

按照万能性程度，机床可分为：

1) 通用机床。这类机床的工艺范围很宽，可以加工一定尺寸范围内的多种类型零件，完成多种多样的工序，例如卧式车床、万能升降台铣床、万能外圆磨床等。

2) 专门化机床。这类机床的工艺范围较窄，只能用于加工不同尺寸的一类或几类零件的一种(或几种)特定工序，例如丝杠车床、凸轮轴车床等。

3) 专用机床。这类机床的工艺范围最窄，通常只能完成某一特定零件的特定工序，例如加工机床主轴箱体孔的专用镗床、加工机床导轨的专用导轨磨床等。它是根据特定的工艺要求专门设计、制造的，生产率和自动化程度较高，适用于大批生产。组合机床也属于专用机床。

按照机床的工作精度，可分为普通精度机床、精密机床和高精度机床。

按照重量和尺寸，可分为仪表机床、中型机床(一般机床)、大型机床(质量大于 10 t)、重型机床(质量在 30 t 以上)和超重型机床(质量在 100 t 以上)。

按照机床主要工作部件的数目，可分为单轴、多轴、单刀、多刀机床等。

按照自动化程度，可分为普通、半自动和自动机床。自动机床具有完整的自动工作循环，包括自动装卸工件，能够连续地自动加工工件。半自动机床也有完整的自动工作循环，但装卸工件还需人工完成，因此不能连续加工。

4.1.2 机床的型号编制

机床的型号是机床产品的代号，用以表明机床的类型、通用和结构特性、主要技术参数等。GB/T 15375—2008《金属切削机床型号编制方法》规定，我国的机床型号由汉语拼音字母和阿拉伯数字按一定规律组合而成。

1. 通用机床的型号编制

通用机床型号由基本部分和辅助部分组成，中间用“/”隔开，读作“之”。前者需统一管理，后者纳入与否由企业自定。通用机床型号的表示方法如下：

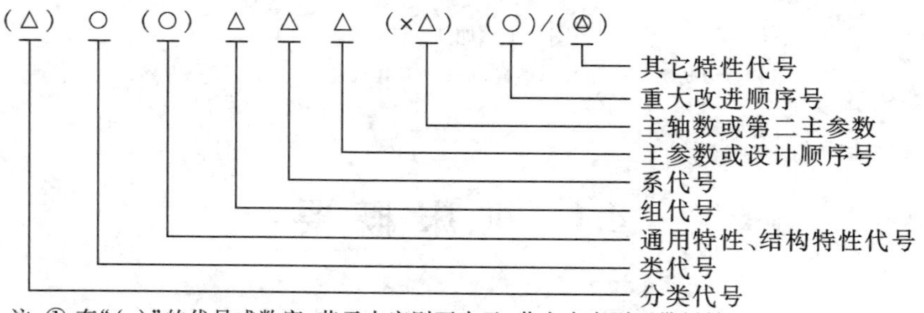

注：① 有“( )”的代号或数字，若无内容则不表示，若有内容则不带括号；
② 有“○”符号者，为大写的汉语拼音字母；
③ 有“△”符号者，为阿拉伯数字；
④ 有“◎”符号者，为大写的汉语拼音字母或阿拉伯数字，或两者兼有之。

（1）机床的类别代号

用该类机床名称汉语拼音的首字母（大写）表示。例如，“车床”的汉语拼音是“Chechuang”，所以用“C”来表示。需要时，类以下还可有若干分类，分类代号用阿拉伯数字表示，放在类代号之前，但第一分类不予表示。例如，磨床类分为 M、2M、3M 三个分类。机床的类别代号及其读音如表 4.1 所示。

表 4.1　机床的类别代号

类别	车床	钻床	镗床	磨床			齿轮加工机床	螺纹加工机床	铣床	刨插床	拉床	锯床	其它机床
代号	C	Z	T	M	2M	3M	Y	S	X	B	L	G	Q
读音	车	钻	镗	磨	二磨	三磨	牙	丝	铣	刨	拉	割	其

（2）机床的特性代号

用汉语拼音字母表示。

1）通用特性代号。当某类机床除有普通型外，还具有表 4.2 中所列的各种通用特性时，则在类别代号之后加上相应的特性代号。例如，CM6132 型精密普通车床型号中的“M”表示“精密”，“XK”表示数控铣床。如果同时具有两种通用特性，则可用两个代号同时表示，如“MBG”表示半自动高精度磨床。如某类型机床仅有某种通用特性，而无普通型时，则通用特性不必表示。如 C1312 型单轴六角自动车床，由于这类自动车床中没有“非自动”型，所以不必表示出“Z”的通用特性。

表 4.2　通用特性代号

通用特性	高精度	精密	自动	半自动	数控	加工中心（自动换刀）	仿形	轻型	加重型	柔性加工单元	数显	高速
代号	G	M	Z	B	K	H	F	Q	C	R	X	S
读音	高	密	自	半	控	换	仿	轻	重	柔	显	速

2）结构特性代号。为了区别主参数相同而结构不同的机床，在型号中用汉语拼音字母区分。例如，CA6410 型卧式车床型号中的“A”，可理解为 CA6140 型卧式车床在结构上区别于 C6140 型卧式车床。当机床有通用特性代号时，结构特性代号应排在通用特性代号之后。为了避免混淆，通用特性代号已用的字母及“I”“O”都不能作为结构特性代号。

（3）机床的组别、系别代号

用两位阿拉伯数字表示，前一位表示组别，后一位表示系别。每类机床按其结构性能及使用范围划分为 10 个组，用数字 0~9 表示。每一组又分为若干个系（系列）。凡主参数相同，并按一定公比排列，工件和刀具本身和相对的运动特点基本相同，且基本结构及布局形式也相同的机床，即为同一系。机床的类、组划分见表 4.3（系的划分可参阅有关文献）。

表 4.3　通用机床类、组划分表

类别＼组别		0	1	2	3	4	5	6	7	8	9
车床(C)		仪表小型车床	单轴自动车床	多轴自动、半自动车床	回轮、转塔车床	曲轴及凸轮轴车床	立式车床	落地及卧式车床	仿形及多刀车床	轮、轴、辊、锭及铲齿车床	其它车床
钻床(Z)			坐标镗钻床	深孔钻床	摇臂钻床	台式钻床	立式钻床	卧式钻床	铣钻床	中心孔钻床	其它钻床
镗床(T)				深孔镗床		坐标镗床	立式镗床	卧式铣镗床	精镗床	汽车、拖拉机修理用镗床	其它镗床
磨床	M	仪表磨床	外圆磨床	内圆磨床	砂轮机	坐标磨床	导轨磨床	刀具刃磨床	平面及端面磨床	曲轴、凸轮轴、花键轴及轧辊磨床	工具磨床
	2M		超精机	内圆珩磨机	外圆及其它珩磨机	抛光机	砂带抛光及磨削机床	刀具刃磨床及研磨机床	可转位刀片磨削机床	研磨机	其它磨床
	3M		球轴承套圈沟磨床	滚子轴承套圈滚道磨床	轴承套圈超精机		叶片磨削机床	滚子加工机床	钢球加工机床	气门、活塞及活塞环磨削机床	汽车、拖拉机修磨机床
齿轮加工机床(Y)		仪表齿轮加工机		锥齿轮加工机	滚齿及铣齿机	剃齿及珩齿机	插齿机	花键轴铣床	齿轮磨齿机	其它齿轮加工机	齿轮倒角及检查机
螺纹加工机床(S)					套丝机	攻丝机		螺纹铣床	螺纹磨床	螺纹车床	

续表

类别 \ 组别	0	1	2	3	4	5	6	7	8	9
铣床(X)	仪表铣床	悬臂及滑枕铣床	龙门铣床	平面铣床	仿形铣床	立式升降台铣床	卧式升降台铣床	床身铣床	工具铣床	其它铣床
刨插床(B)		悬臂刨床	龙门刨床			插床	牛头刨床		边缘及模具刨床	其它刨床
拉床(L)			侧拉床	卧式外拉床	连续拉床	立式内拉床	卧式内拉床	立式外拉床	键槽、轴瓦及螺纹拉床	其它拉床
锯床(G)			砂轮片锯床		卧式带锯床	立式带锯床	圆锯床	弓锯床	锉锯床	
其它机床(Q)	其它仪表机床	管子加工机床	木螺钉加工机		刻线机	切断机	多功能机床			

(4) 机床主参数、设计顺序号和第二主参数

机床主参数代表机床规格的大小,在机床型号中,用阿拉伯数字给出主参数的折算值(1、1/10 或 1/100)。各类主要机床的主参数及折算系数见表 4.4。某些通用机床,当无法用一个主参数表示时,则在型号中用设计顺序号表示。第二主参数一般是指主轴数、最大跨距、最大工件长度、工作台工作面长度等,也用折算值表示。

(5) 机床的重大改进顺序号

当机床的性能和结构布局有重大改进,并按新产品重新设计、试制和鉴定时,在原机床型号的尾部加重大改进顺序号。序号按 A、B、C 等字母的顺序选用。

表 4.4 各类主要机床的主参数及折算系数

机床	主参数名称	折算系数
卧式车床	床身上最大回转直径	1/10
立式车床	最大车削直径	1/100
摇臂钻床	最大钻孔直径	1

续表

机床	主参数名称	折算系数
卧式镗床	镗轴直径	1/10
坐标镗床	工作台面宽度	1/10
外圆磨床	最大磨削直径	1/10
内圆磨床	最大磨削直径	1/10
矩台平面磨床	工作台面宽度	1/10
齿轮加工机床	最大工件直径	1/10
龙门铣床	工作台面宽度	1/100
升降台铣床	工作台面宽度	1/10
龙门刨床	最大刨削宽度	1/100
插床及牛头刨床	最大插削及刨削长度	1/10
拉床	额定拉力(t)	1/10

(6) 其它特性代号

主要用以反映各类机床的特性。如对数控机床,可用以反映不同的数控系统;对于一般机床,可用以反映同一型号机床的变形等。其它特性代号用汉语拼音字母或阿拉伯数字或二者的组合来表示。

(7) 通用机床型号示例

1) CA6140 型卧式车床。

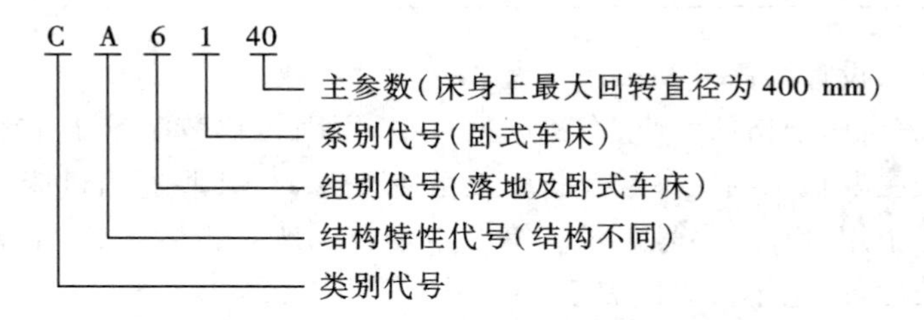

2) MG1432A 型高精度万能外圆磨床。

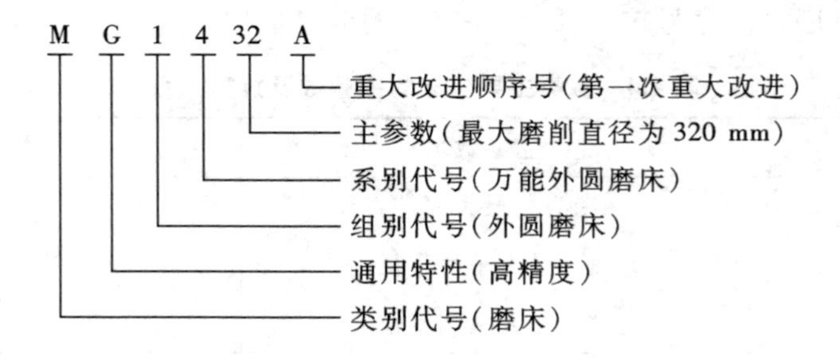

2. 专用机床的型号编制

专用机床的型号一般由设计单位代号和设计顺序号组成。型号构成如下：

```
Ⓐ - △
│   └── 设计顺序号(阿拉伯数字)
└────── 设计单位代号
```

设计单位代号包括机床生产厂和机床研究单位代号(位于型号之首)。专用机床的设计顺序按各机床厂和机床研究所的设计顺序("001"起始)排列。例如,北京第一机床厂设计制造的第 15 种专用机床为专用铣床,其型号为 B1-015。

4.1.3 机床的主要技术参数

机床的主要技术参数包括主参数和基本参数。主参数已在前面型号编制方法中作了说明。基本参数包括尺寸参数、运动参数和动力参数。

1. 尺寸参数

机床的尺寸参数是指机床的主要结构尺寸。多数机床的主参数也是一种尺寸参数,但尺寸参数除了主参数外还包括一些其它尺寸。例如,对于卧式车床,除了主参数(床身上工件最大回转直径)和第二主参数(最大工件长度)外,有时还要确定在刀架上的工件最大回转直径和主轴孔内允许通过的最大棒料直径等;对于立轴平面磨床,除了主参数外,有时还要确定主轴端面到台面的最大和最小距离及工件台的行程等。

尺寸参数确定后,机床上所能加工(或安装)的最大工件尺寸就已确定。所以,它与所设计机床能加工工件的尺寸有关。

2. 运动参数

机床的运动参数是指机床执行件的运动速度,包括主运动的速度范围、速度数列和进给运动的进给量范围、进给量数列以及空行程的速度等。

(1) 主运动参数

1) 主轴转速。对作回转运动的机床,其主运动参数是主轴转速,计算公式为

$$n=\frac{1\ 000v}{\pi d}$$

式中:n——转速,r/min;

v——切削速度,m/min;

d——工件或刀具直径,mm。

主运动是直线运动的机床,如插床或刨床,主运动参数是机床工作台或滑枕的每分钟往复次数。

对于不同的机床,主运动参数有不同的要求。专用机床用于完成特定的工艺,主轴只需一种固定的转速。通用机床的加工范围较宽,主轴需要变速,因此需确定它的变速范围,即最低和最高转速。采用分级变速时,还应确定转速级数。

2）主轴最低转速（$n_{\min}$）和最高转速（$n_{\max}$）的确定。

$$\left.\begin{aligned} n_{\min} &= \frac{1\ 000 v_{\min}}{\pi d_{\max}} \\ n_{\max} &= \frac{1\ 000 v_{\max}}{\pi d_{\min}} \end{aligned}\right\} \tag{4.1}$$

从式(4.1)可知，$n_{\min}$、$n_{\max}$与 $v_{\min}$、$v_{\max}$及 $d_{\max}$、$d_{\min}$有关。对于通用机床，由于要完成多种零件和不同工序的加工，故其切削速度和工件（或刀具）直径的变化是多种多样的。在确定切削速度时应考虑不同的工艺要求。切削速度主要与刀具、工件材料和工件尺寸有关。通常情况下，以几种典型工序的切削速度和刀具（工件）直径为基础，经过分析、计算后确定 $n_{\min}$和 $n_{\max}$。

变速范围为 $n_{\max}$和 $n_{\min}$的比值，即

$$R_n = \frac{n_{\max}}{n_{\min}} \tag{4.2}$$

3）有级变速时主轴转速序列。无级变速时，$n_{\max}$与 $n_{\min}$之间的转速是连续变化的，加工时可以选到任何所需的转速，这是比较理想的情况。采用有级变速时，在确定 $n_{\min}$、$n_{\max}$之后还应进行转速分级，确定各中间级转速。主运动的有级变速的转速数列一般采用等比数列。

如某机床的分级变速机构共有 z 级，其中 $n_1 = n_{\min}$、$n_z = n_{\max}$，z 级转速分别为

$$n_1, n_2, \cdots, n_j, n_{j+1}, \cdots, n_z$$

各级之间满足等比数列关系，即

$$\left.\begin{aligned} n_{j+1} &= n_j \varphi \\ n_z &= n_1 \varphi^{z-1} \end{aligned}\right\} \tag{4.3}$$

4）标准公比。为了便于机床设计与使用，规定了标准公比值 1.06、1.12、1.26、1.41、1.58、1.78、2。它有下列特性：

① 所采用的公比 φ 为 $\sqrt[E_1]{10}$ 时，会使其等比数列中每隔 E_1 级后的数值恰好是前面数值的 10 倍。

② 所采用的公比 φ 为 $\sqrt[E_2]{2}$ 时，若主轴的转速中有一转速为 n，则每隔 E_2 级就会出现一个转速 $2n$。

$\varphi = 1.06$ 是公比 φ 数列的基本公比，其它六个公比都可以由基本公比派生出来，如表 4.5 所示。

表 4.5　公比关系

1.06	1.12	1.26	1.41	1.58	1.78	2
	1.06^2	1.06^4	1.06^6	1.06^8	1.06^{10}	1.06^{12}
		1.12^2	1.12^3	1.12^4	1.12^5	1.12^6
			—	1.26^2	—	1.26^3
				—	—	1.41^2

(2) 进给运动参数

大部分机床(如车床、钻床等)的进给量用工件或刀具每转的位移(mm/r)表示。直线往复运动的机床,如刨床、插床,以每一往复的位移量表示。由于铣床和磨床使用的是多刃刀具,进给量常以每分钟的位移量(mm/min)表示。

在其它条件不变的情况下,进给量的损失也反映了生产率的损失。数控机床和重型机床的进给为无级变速,普通机床多采用分级变速。普通机床的进给量多数为等差数列,如螺纹数列等。自动和半自动车床常用交换齿轮来调整进给量,以减少进给量的损失。若进给传动链为外联系传动链,进给量也应采用等比数列,以使相对损失为常值。进给量为等比数列时,其确定方法与主运动的确定方法相同。

3. 动力参数

机床的动力参数主要指驱动主运动、进给运动和空行程运动的电动机功率。机床的驱动功率原则上应根据切削用量和传动系统的效率来确定。对通用机床电动机功率的确定,除了进行分析计算外,还可以对同类机床的功率进行类比、调研或测试等。

(1) 主传动功率

机床的主传动功率 $P_{主}$ 由三部分组成,即

$$P_{主}=P_{切}+P_{空}+P_{附} \tag{4.4}$$

式中:$P_{切}$——切削功率,kW;

$P_{空}$——空载功率,kW;

$P_{附}$——附加功率,kW。

1) 切削功率 $P_{切}$。切削功率与加工情况、工件和刀具的材料及所选用的切削用量等有关,可通过计算求得,即

$$P_{切}=\frac{F_{c}v}{60\ 000} \tag{4.5}$$

式中:F_c——主切削力,N;

v——切削速度,m/min。

2) 空载功率 $P_{空}$。空载功率是指机床不进行切削,即空运转时所消耗的功率。

3) 附加功率 $P_{附}$。附加功率是指机床进行切削时,因负载而增加的机械摩擦消耗功率。

(2) 进给传动功率

当主运动和进给运动共用一台电动机,且其进给传动功率远比主传动功率小时,如卧式车床和钻床的进给传动功率仅为主传动功率的3%~5%,此时计算电动机功率可忽略进给传动功率。

若进给传动与空行程传动共用一台电动机,如升降台铣床,因空行程传动所需的功率比进给传动所需的功率大得多,且机床上空行程运动和进给运动不可能同时进行。此时,可按空行程功率来确定电动机功率。只有当进给传动使用单独的电动机驱动时,如龙门铣床以及用液压缸驱动进给的机床(如仿形车床、多刀半自动车床和组合机床等),才需确定进给传动功率。进给传动功率通常也采用类比与计算相结合的方法来确定。

(3) 空行程功率

空行程功率是指为节省零件加工的辅助时间和减轻工人劳动,机床移动部件空行程时快速

移动所需的传动功率。该功率的大小由移动部件的重量和部件启动时的惯性力所决定。空行程功率往往比进给功率大得多,设计时常和同类机床进行类比或通过试验测试等来确定。

4.1.4 机床运动与零件成形的关系

1. 机床的运动

机床加工零件时,是通过刀具与工件的相对运动而形成所需的发生线。而形成发生线的运动,称为表面成形运动。此外,还有多种辅助运动。

(1) 表面成形运动

表面成形运动按其组成情况的不同,可分为简单成形运动和复合成形运动。

如果一个独立的成形运动是由单独的旋转运动或直线运动构成的,则此成形运动称为简单成形运动。例如,用外圆车刀车削外圆柱面(图 4.2a)时,工件的旋转运动 B_1 和刀具的直线运动 A_2 就是两个简单运动。

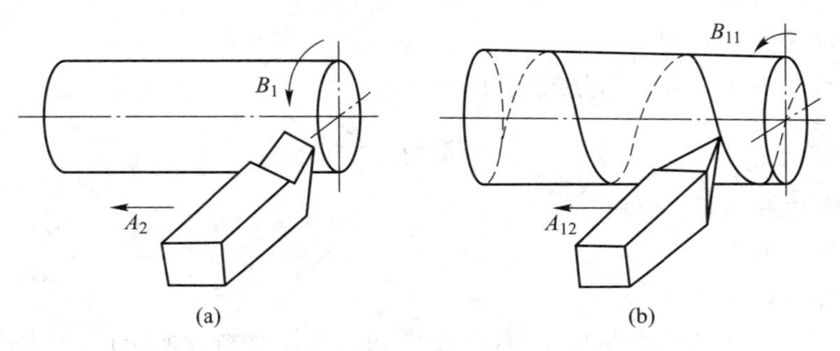

图 4.2 成形运动的组成

如果一个独立的成形运动是由两个或两个以上旋转成形或(和)直线运动,按照某种确定的运动关系组合而成,则称此成形运动为复合成形运动,如车削螺纹(图 4.2b)时形成螺旋形发生线所需的刀具和工件之间的相对运动。为简化机床结构和较易保证精度,通常将其分解为工件的等速旋转运动 B_{11} 和刀具的等速直线移动 A_{12}。B_{11} 和 A_{12} 不能彼此独立,它们之间必须保持严格的运动关系,即工件每转一转时,刀具就均匀地移动一个螺旋线导程。复合运动标注符号的下标含义为:第一位数字表示成形运动的序号(第一个、第二个……成形运动);第二位数字表示构成同一个复合运动的单独运动的序号。

按成形运动在切削加工中的作用,可分为主运动和进给运动。主运动是机床切除工件表面金属余量的主要运动,即对切削速度的大小起主导作用的运动。一般情况下,主运动速度高,消耗的功率大。进给运动是不断地将金属余量投入切削区,以保证机床逐渐切削出整个工件表面的运动。进给速度较低,消耗的功率也较小。

(2) 辅助运动

机床在加工过程中还需要一系列辅助运动,以实现机床的各种辅助动作,为表面成形创造条件。它的种类很多,一般包括切入运动、分度运动、调位运动(调整刀具和工件之间的相互位置)以及其它各种空行程运动(如运动部件的快进和快退等)。

2. 机床的运动联系

为了实现加工过程中所需的各种运动,机床必须具备以下三个基本部分:

1）执行件。机床上最终实现所需运动的部件。如主轴、刀架以及工作台等,其任务是带动工件或刀具完成一定的运动并保持准确的运动轨迹。

2）动力源。为执行件提供运动和动力的装置,如交流异步发动机、直流或交流调速发动机或伺服电机。

3）传动装置。传递动力和运动的装置。通过它可把动力源的动力和运动传递给执行件;也可把两个执行件联系起来,使两者间保持某种确定的运动关系。

由动力源—传动装置—执行件或执行件—执行件构成的传动联系,称为传动链。按传动链的性质不同可分为外联系传动链和内联系传动链。

1）外联系传动链。联系动力源和执行件的传动链,它使执行件获得一定的速度和运动方向。外联系传动链传动比的变化只影响生产率或表面粗糙度,不影响加工表面的形状。因此,传动链中可以有摩擦传动等传动比不准确的传动副。

2）内联系传动链。联系复合运动之内的各个分解部分,它决定着复合运动的轨迹(发生线的形状),对传动链所联系的执行件相互之间的相对速度(及相对位移量)有严格的要求。因此,传动链中各传动副的传动比必须准确,不应有摩擦传动或瞬时传动比变化的传动副,如带传动和链传动。

通常传动链中包含两类传动机构:一类是定比传动机构,其传动比和传动方向固定不变,如定比齿轮副、蜗杆蜗轮副、滚珠丝杠副等;另一类是换置机构,可根据加工要求变换传动比和传动方向,如滑移齿轮变速机构、挂轮变换机构、离合器换向机构等。

为了便于研究机床的传动联系,常用于一些简明的符号把传动原理和传动路线表示出来,这就是传动原理图。图 4.3 是卧式车床车削螺纹时的传动原理图。车削螺纹时,卧式车床有两条主要传动链。一条是外联系传动链,即从电动机—1—2—u_v—3—4—主轴,称为主运动传动链,它把电动机的动力和运动传递给主轴。传动链中 u_v 为主轴变速及换向的换置机构。另一条由主轴—4—5—u_f—6—7—丝杠—刀具,得到刀具和工件间的复合成形运动,即螺旋运动,这是一条内联系传动链。调整 u_f 即可得到不同的螺纹导程。

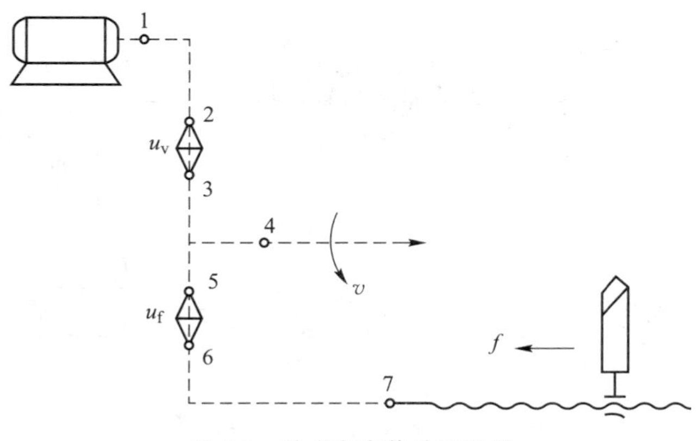

图 4.3　卧式车床传动原理图

3. 机床的传动系统

为了全面了解和分析机床运动的传递、联系情况，常采用传动系统图。传动系统图是表示机床全部运动传动关系的示意图。图中用简单的规定符号（见 GB/T 4460—2013《机械制图 机构运动简图用图形符号》）代表各传动元件，并标明齿轮和蜗轮的齿数、蜗杆头数、丝杠导程、带轮直径、电动机功率和转速等，各传动元件按照运动传递的先后顺序，以展开图的形式画在能反映主要部件相互位置的机床外形轮廓中。

4.2 车削加工方法

4.2.1 车削概要

车削是指被加工工件边回转边被切削的一种加工方法。通常，零件加工前，其初始形状已通过其它成形工艺获得，如铸造、锻造、拉拔等方式获得。车削加工是一种万能型的零件加工成形方法，可加工图 4.4 所示的圆柱、圆锥、曲面和沟槽等多种形状的表面，如阶梯轴类零件、花键类零件和销轴零件。在车床上所进行的工序有：

1）车削外圆或端面；

2）镗削；

3）钻削；

4）切断；

5）车螺纹；

6）滚花。

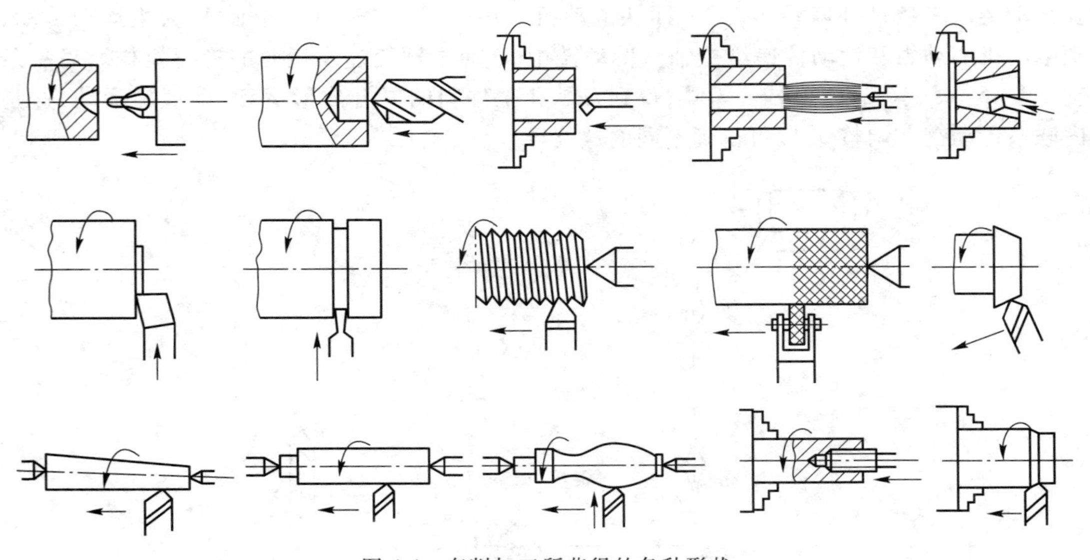

图 4.4 车削加工所获得的各种形状

车削加工所用的设备称为车床。根据其结构特征,车床可分为:

1）卧式车床、落地车床(engine lathe,ground lathe);

2）立式车床(vertical lathe);

3）转塔(六角)车床(turret lathe);

4）多刀半自动车床(semi-automatic lathe);

5）仿形车床及仿形半自动车床(profiling lathe);

6）单轴自动车床(single-axis automatic lathe);

7）多轴自动车床及多轴半自动车床(multi-axis automatic lathe);

8）专门化车床(special-purpose lathe)。

图 4.5 所示为常见的卧式车床以及各部件名称。

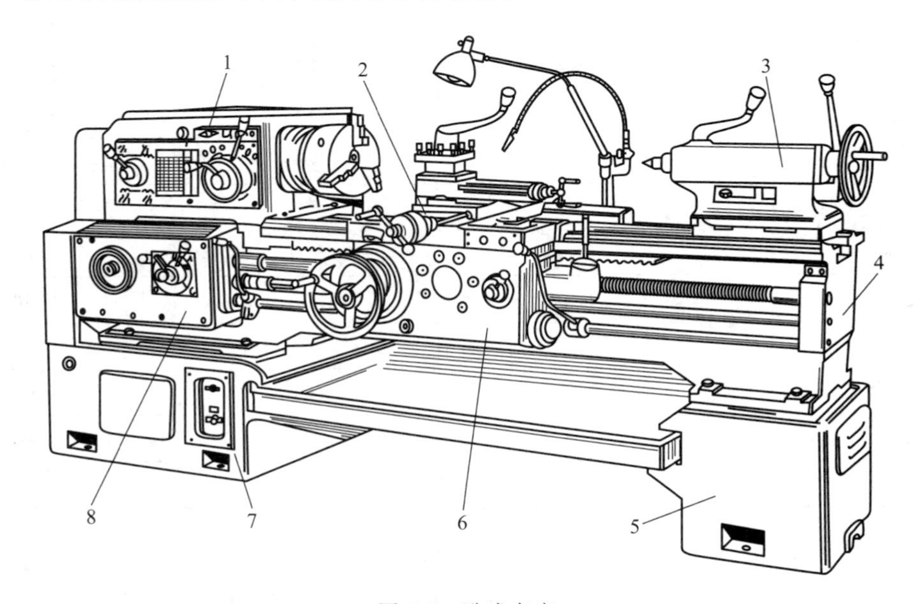

图 4.5　卧式车床

1—主轴箱;2—刀架;3—尾架;4—床身;5—右床腿;6—滑板箱;7—左床腿;8—进给箱

主轴箱:主轴箱 1 固定在床身 4 的左端,内部装有主轴和变速及传动机构。工件通过卡盘等夹具装夹在主轴前端。主轴箱的功用是支承主轴并把动力经变速传动机构传给主轴,使主轴带动工件按规定的转速旋转,以实现主运动。

刀架:刀架 2 可沿床身 4 上的刀架导轨作纵向移动。它的功用是装夹车刀,实现纵向、横向或斜向运动。

尾座:尾座 3 安装在床身 4 右端的尾座导轨上,可沿导轨作纵向调整。它的功用是用后顶尖支承长工件,也可以安装钻头、铰刀等孔加工刀具进行孔加工。

进给箱:进给箱 8 固定在床身 4 的左端前侧。进给箱内装有进给运动的变换机构,用于改变机动进给量或所加工螺纹的种类及导程。

滑板箱:滑板箱 6 与刀架 2 的最下层即床鞍相连,与刀架一起作纵向运动,其功用是把进给箱传来的运动传递给刀架,使刀架实现纵、横向进给。滑板箱上装有各种操纵手柄和按钮。

床身:床身 4 固定在左床腿 7 和右床腿 5 上。在床身上安装着车床的各个主要部件,使它们在工作时保持准确的相对位置或运动轨迹。

4.2.2 车床的主要技术参数与类型

车床主要技术参数为可加工工件的最大直径、车床主轴箱和尾座之间的最大长度、功率及最高转速。表 4.6 为典型的车床加工能力与可加工工件的最大尺寸。

表 4.6 典型的车床加工能力与可加工工件的最大尺寸

机床	可加工最大尺寸/m	功率/kW	最高转速/(r/min)
车床回转(直径/长度)			
台式车床(bench)	0.3/1	<1	3 000
卧式车床	3/5	70	4 000
转塔车床	0.5/1.5	60	3 000
自动螺纹车床	0.1/0.3	20	10 000
镗床(工件直径/长度)			
立式镗床	4/3	200	300
卧式镗床	1.5/2	70	1 000
钻床			
台式钻床和立式钻床	0.1	10	12 000
摇臂钻床	3	—	—
数控钻床(工作台移动)	4	—	—

回转体零件经过粗车、半精车和精车后,经济加工精度可达 IT7~IT8,表面粗糙度可达 *Ra*0.8~1.6 μm。经过粗磨、精磨及超精加工、表面抛光等工序,精度可达 IT5 级以上,表面粗糙度可达 *Ra*0.025 μm。外圆表面加工方案及经济精度见表 4.7。

表 4.7 外圆表面加工方案及经济精度

加工方案	经济精度 公差等级	表面粗糙度 *Ra*/μm	适用范围
粗车 └→半精车 └→精车 └→滚压(或抛光)	IT11~IT13 IT8~IT9 IT7~IT8 IT6~IT7	50~100 3.2~6.3 0.8~1.6 0.08~2.0	适用于除淬火钢以外的金属材料
粗车→半精车→磨削 └→粗磨→精磨 └→超精磨	IT6~IT7 IT5~IT7 IT5	0.40~0.80 0.10~0.40 0.012~0.10	除不宜用于有色金属外,主要适用于淬火钢件的加工

续表

加工方案	经济精度公差等级	表面粗糙度 $Ra/\mu m$	适用范围
粗车→半精车→精车→金刚石车	IT5~IT6	0.025~0.40	主要用于有色金属
粗车→半精车→粗磨→精磨→镜面磨 └→精车→精磨→研磨 └→粗研→抛光	IT5 以上 IT5 以上 IT5 以上	0.025~0.20 0.05~0.10 0.025~0.40	主要用于高精度要求的钢件加工

下面分别介绍几种常用的车床。

1. 仿形车床

仿形车床是机床的一种，它能车削各种轮廓的零件，故也叫仿形车床或是造型车床，刀具沿着与模型重叠的轮廓路径运动，这与用铅笔沿着工程图纸中使用的塑料模板的形状画线相似。通过液压系统或电力系统，仿形触销沿着模型运动，带动刀具沿着工件加工形成表面形状，无需操作者控制。当前，仿形车床的加工工作在很大程度上已经被数控车床和车削加工中心所取代。

2. 自动化车床

车床逐步自动化已经有很多年了。机床手工控制已经由能沿着指定顺序切削加工的机械装置取代。对于全自动化的机械装置，零件能自动上、下料，而在半自动化车床加工中，这些工作仍由操作者实现。

自动化车床也称卡盘式车床，有卧式和立式两种，但没有尾座（顶针座）。它们用来加工单个规则或不规则的零件，有单轴和多轴两种类型。还有一种类型的自动化车床，棒料周期性地进给，零件被加工后在棒料末端被切断。自动化车床适合中、大批生产。

3. 螺纹车床或自动棒料机床

螺纹车床以前称为自动螺纹机床。这些机械装置的设计用于螺钉和同类螺纹零件高生产率加工。由于它们能生产其它各种零部件，现在也称为自动棒料机床。

机械装置上所有加工操作均实现自动化，刀具安装在一个特定的六角刀架上。在每个螺钉或者零件加工完直径后，棒料自动向前进给后被切断。这些机械能够安装单根或多根轴，能加工3~150 mm（1/8,6 in）的棒料。

单轴棒料自动机床安装有各种凸轮操作机构，这与转塔车床是相似的。有两种类型的单轴型机床，一种是瑞士型（纵切型）自动装置，棒料的圆柱面通过沿径向移动的一系列刀具进行加工，在相同平面上都对着工件。主轴箱的主轴夹持着棒料，能保证变形最小。这些机床能加工出高精度的小直径零件。

另一种的单轴型（也叫美国型）机床与小型转塔车床相似。这种车床在垂直的平面内加工，所有机床零部件的运动由凸台控制。现在自动棒料机床由计算机数值控制，它消除了凸轮的使用，且特殊加工由程序控制。

多轴棒料自动车床有4~8条主轴，在一个大的鼓状物的圆周上布置，每根轴承载单个工件。切削刀具布置在车床的不同位置并能同时沿径向和轴向移动。当每个零件从一个位置移动到下一个位置时呈现阶段性加工。因为所有加工同时进行,所以每个零件的加工周期缩短。

4. 转塔车床

在成批生产较复杂的工件时,为了增加安装刀具的数量、减少更换刀具的时间,将普通车床的尾座去掉,安装可以纵向移动的多工位转塔式刀架,并在传动和结构上作相应的改变,就成了转塔车床。转塔式刀架由塔头和床鞍构成,塔头有立式和卧式两种。

在转塔车床上,根据工件的加工工艺,预先将所用的全部刀具安装在机床上,并调整妥当。每组刀具的行程终点位置可由调整的挡块加以控制。加工时刀具轮流进行切削,加工每个工件时不必再反复装卸刀具和测量工件尺寸。为了进一步提高加工生产率,在转塔车床上尽可能使用多刀同时加工。

转塔车床能够实现多种切削加工,例如在同一工件上能车削、扩孔、钻孔、螺纹切削和断面加工(图 4.6)。一些切削刀具(通常六种)安装在六边形的主刀架上,它能在每种特定的切削加工中旋转。

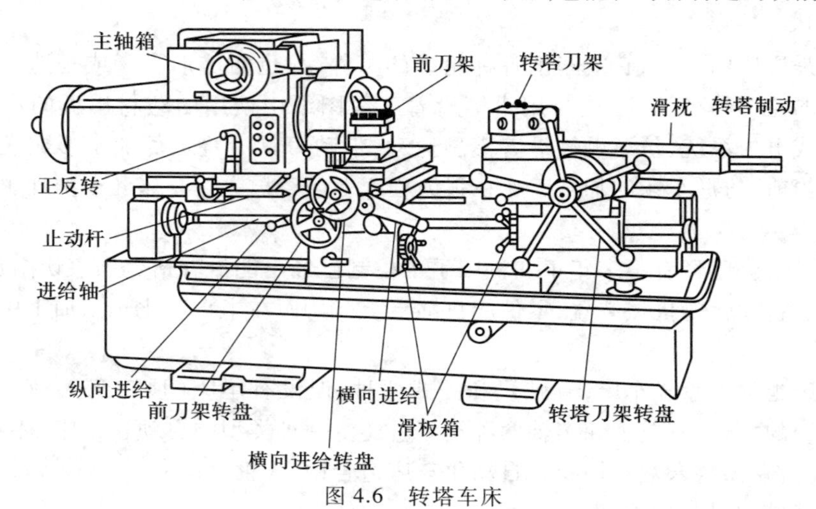

图 4.6　转塔车床

转塔车床通常有一个位于横刀滑座上的四方形刀架,四把切削刀具安装在其上。工件一般是圆形长棒料,预先夹持在卡盘上并留有一定的预伸出量。零件加工完成后,由夹持在四方形刀架上沿工件径向移动的刀具将其切断,然后棒料伸出相同的预加工量到工作区域,再加工下一个零件。

转塔车床(棒料型或卡盘型)是万能型机床,可通过使用回转手轮(主动轮)进行手工操作,也可自动化操作。一旦调整工人调整好,这类车床对操作者的技术要求并不高。图 4.6 所示的转塔车床有柱塞式的转塔刀架,车床上的滑枕是分离的,转塔滑块行程短,限制其职能,可加工相对短的工件以及轻型切削。此类机床适用于中、小批生产。

另一种类型是马鞍式,主六角刀架直接安装在鞍座板上,鞍座板直接固定在机架上。行程仅仅由机架的长度控制。这种类型的机床机构更加复杂,且常用来加工大的工件。由于部件的重量原因,马鞍式车床加工比柱塞式车床慢。垂直式的六角车架也是可行的,也更适合加工直径达 1.2 m(48 in)的短、重工件。

5. 数控车床(计算机数字控制车床)

许多高级车床中,机器的移动和控制、部件的控制由计算机数控中心完成。此类型的车床特征如图 4.7 所示。这些车床一般安装一个或多个六角刀架,每个六角刀架安装一系列的刀具,同时在不同的工件表面实现不同的加工。

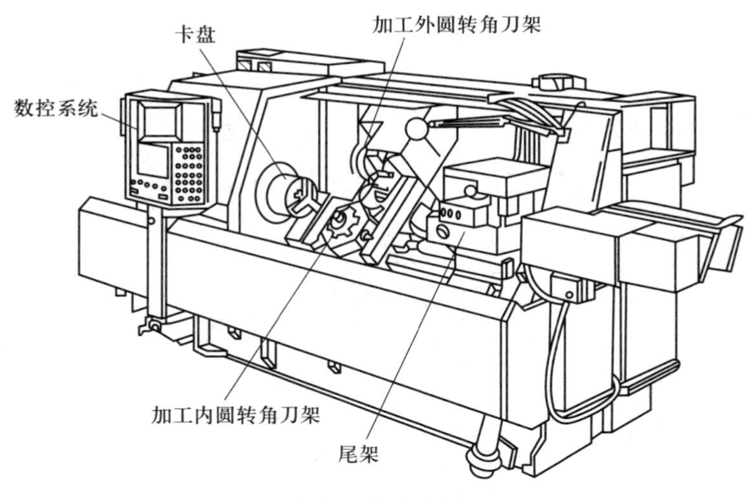

图 4.7　数控车床

这种类型的车床高度自动化,加工可重复,能精确保证所需尺寸,适合中、小批生产,并可降低操作工人的技术要求(在机器调定完后)。

4.2.3　车刀结构与材料

车刀是金属切削中应用最为广泛的刀具。它用于各种车床上加工外圆、内孔、断面、螺纹以及车槽和车齿等,其主要类型如图 4.8、图 4.9 所示。

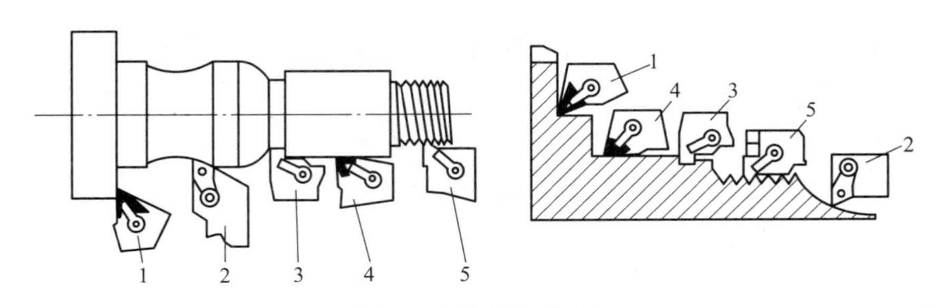

图 4.8　车削工艺范围

1—端面车刀;2—仿形车刀;3—车槽刀;4—外圆车刀;5—螺纹车刀

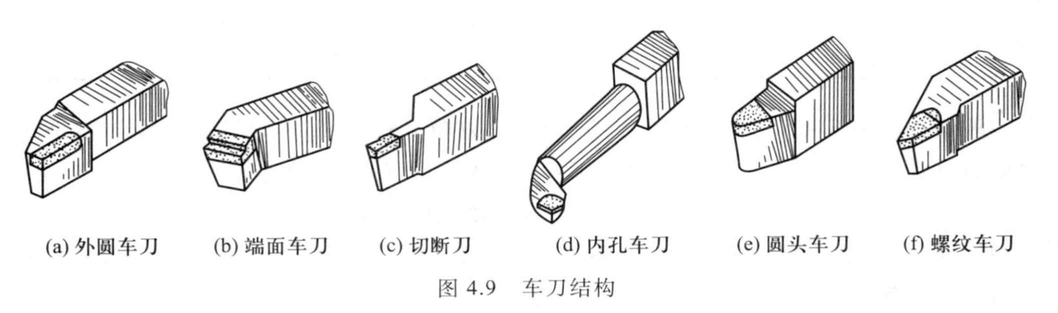

图 4.9　车刀结构

车刀各标注角度有前角 γ_o、后角 α_o、主偏角 κ_r、刃倾角 λ_s，如图 4.10 所示。表 4.8 为常用车刀角度推荐值。

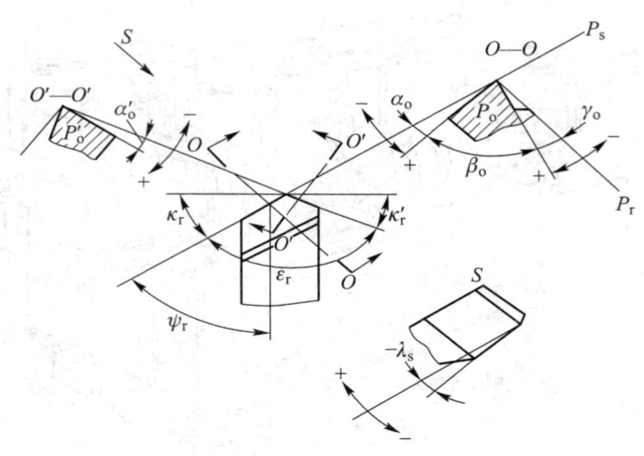

图 4.10　车刀标注角度

表 4.8　推荐使用的刀具角度　　(°)

工件材料	高速钢					硬质合金				
	前角	副前角	后角	副后角	主偏角	前角	副前角	后角	副后角	主、副偏角
铝镁合金	20	15	12	10	5	0	5	5	5	15
铜合金	5	10	8	8	5	0	5	5	5	15
钢	10	12	5	5	15	−5	−5	5	5	15
不锈钢	5	8～10	5	5	15	−5～0	−5～5	5	5	15
高温合金	0	10	5	5	15	5	0	5	5	45
耐火合金	0	20	5	5	5	0	0	5	5	15
钛合金	0	5	5	5	15	−5	−5	5	5	5
铸铁	5	10	5	5	15	−5	−5	5	5	15
热塑塑料	0	0	20～30	15～20	10	0	0	20～30	15～20	10
热固塑料	0	0	20～30	15～20	10	0	15	5	5	15

车刀按结构可分为整体车刀、焊接车刀、机夹车刀和可转位车刀。焊接车刀由一定形状的刀片和刀柄通过焊接连接而成。刀片一般选用各种不同牌号的硬质合金材料，根据需要可制成不同的形状，如图 4.11 所示。而刀柄一般选用 45 钢，使用时根据具体需要进行刃磨。焊接车刀的优点是结构简单、紧凑；刀具刚度好，抗振性能强；制造方便，使用灵活，可根据加工条件和加工要求刃磨其几何参数，且硬质合金的利用率也较充分。

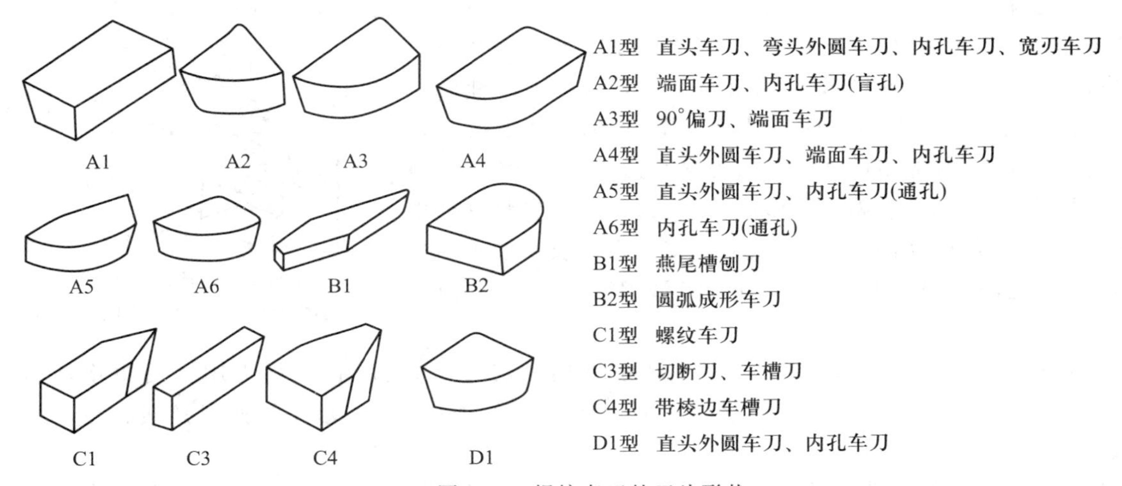

图 4.11　焊接车刀的刀片形状

焊接车刀的主要缺点是：

1）切削性能较差。刀片经过高温焊接后，切削性能有所降低。由于硬质合金刀片的线胀系数比刀体材料小一半左右，刀片经焊接和刃磨的高温作用，冷却后常常产生内应力，导致硬质合金刀片出现裂纹，抗弯强度明显降低。

2）刀柄不能重复使用。由于刀柄不能重复使用，浪费材料。

3）辅助时间长。换刀及对刀时间较长，不适用自动机床、数控机床和机械加工自动生产线的需要，也与现代化生产不相适应。

常用焊接车刀刀头焊前结构形式见表 4.9。

表 4.9　常用焊接车刀刀头焊前结构形式

简图				
名称	开口槽	半封闭槽	封闭槽	切口槽
特点	焊接面最小，刀片应力小，制造简单	夹持牢固，焊接面大，易产生应力	夹持牢固，焊接应力大，易产生裂纹	可增加焊接面，提高结合强度
用途	外圆车刀，弯头车刀，车槽刀	90°外圆车刀，内孔车刀	螺纹车刀	底面较小的刀片，如车槽刀；切断刀
配有刀片	A1，C3，C4，B1，B2	A2，A3，A4，A5，A6，D1	C1	A1，C3

可转位车刀是使用可转位刀片的机夹车刀。图4.12所示为可转位车刀的组成。硬质合金可转位车刀由刀柄1、刀片3、刀垫4和夹紧机构2组成。车刀的前、后角靠刀片在刀柄槽中安装后获得。一条切削刃用钝后迅速转位换成相邻的新切削刃即可继续工作，直到刀片上所有切削刃均已用钝，刀片才报废回收。与焊接车刀相比，可转位车刀可避免焊接引起的缺陷，刀柄能多次使用，刀具几何参数完全由刀柄和刀柄槽保证，切削性能稳定，刀具使用寿命长。如采用集中刃磨，对提高刀具质量、方便管理、降低刀具费用等方面都有利。

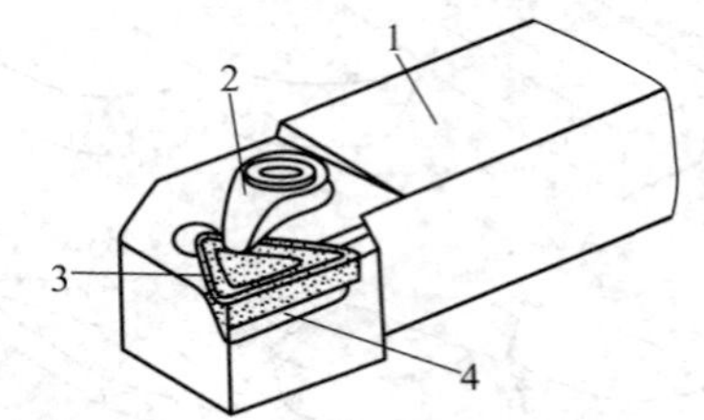

图4.12 可转位车刀

1—刀柄；2—夹紧机构；3—刀片；4—刀垫

可转位车刀的特点体现在通过刀片转位更换切削刃，以及所有切削刃用钝后更换新刀片。图4.13所示为几种机夹式可转位刀片在刀体上的连接方式，刀片的夹固必须满足下列要求：

1）定位精度高。刀片转位或更换新刀片后，刀尖位置的变化应在工件精度允许的范围内。

2）刀片夹紧可靠。应保证刀片、刀垫、刀柄接触面紧密配合，经得起冲击和振动；同时，夹紧力也不宜大，应力分布应均匀，以免压碎刀片。

3）排屑流畅。刀片前面上最好无障碍，保证切屑排出流畅，并容易观察。特别对于车孔刀，最好不要用上压式，防止切屑缠绕划伤已加工表面。

4）使用方便。转换刀刃和更换新刀片方便、迅速。

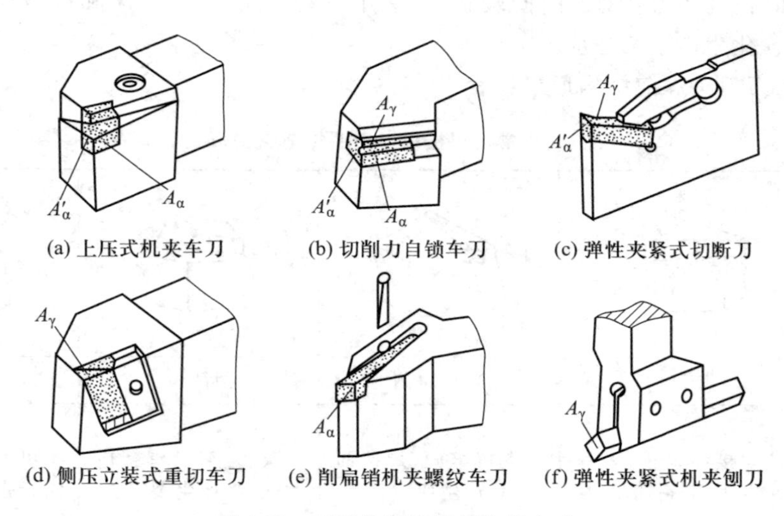

图4.13 可转位刀片机械夹紧方式

成形车刀用于各类车床上加工内、外回转体成形表面，其刃形根据工件轮廓设计。只要刀具设计、制造、安装正确，就可保证加工表面形状、尺寸的一致性、互换性，基本不受操作工人技术水平的影响，并以很高的生产率加工精度达IT9～IT10级、表面粗糙度 Ra 值达2.5～10 μm的成形零件。但是成形车刀的设计和制造比较复杂，成本也较高。常见的沿工件径向进给的成形车刀有平体、棱体、圆体三种形式。平体成形车刀除了切削刃具有一定的形状以外，结构上和普通车刀相同，只能用来加工外成形表面，重磨次数少，主要用于加工宽度不大、成形表面比较简单的工件。棱体成形车刀外形是棱柱体，可重磨次数比平体成形车刀多，只能用于外成形面的加工。圆体成形车刀外形是回转体，切削刃在圆周分布，可用于内、外回转体成形表面的加工，重磨次数最多，制造比较容易，应用较多。

4.3 回转体磨削加工方法

4.3.1 外圆磨床

外圆磨床主要用于磨削内、外圆柱和圆锥表面，也能磨削阶梯轴的轴肩和端面，可获得IT6～IT7级精度，表面粗糙度 Ra 值为 0.08～1.25 μm。外圆磨床的主要类型有普通外圆磨床、万能外圆磨床、无心外圆磨床、宽砂轮外圆磨床和端面外圆磨床等，其主参数是最大磨削直径。

图 4.14 是典型万能外圆磨床加工示意图。图中表示了各种典型表面加工时，机床各部件的相对位置关系和所需要的各种运动：

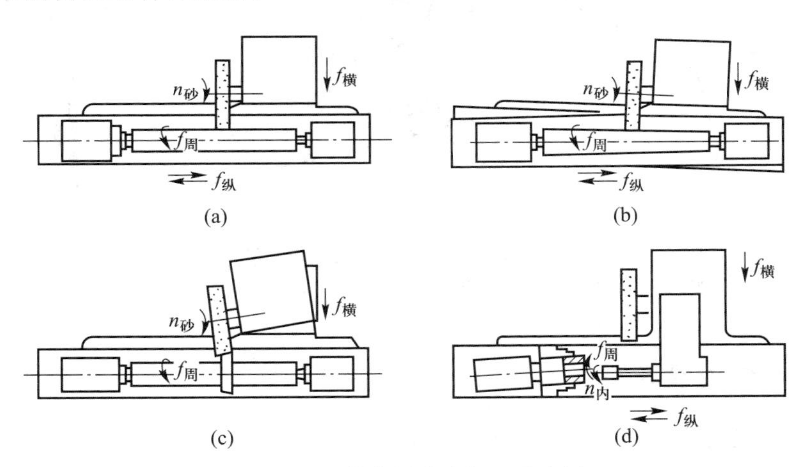

图 4.14 万能外圆磨床加工示意图

1）磨外圆砂轮的旋转运动 $n_{砂}$；

2）磨内孔砂轮的旋转运动 $n_{内}$；

3）工件旋转运动 $f_{周}$；

4）工件纵向往复运动 $f_{纵}$；

5）砂轮横向进给运动 $f_{横}$（往复纵磨时是周期的间歇运动，切入磨削时是连续进给运动）。

此外，机床还有两个辅助运动：为了装卸和测量工件方便，砂轮架的横向快速进退运动；为了装卸工件，尾架套筒的伸缩移动。

图 4.15 所示为 M1432A 型万能外圆磨床外形图，其主要部件有床身 1、头架 2、内圆磨具 3、

砂轮架 4、尾架 5、滑鞍 6、手轮 7 和工作台 8。

在床身 1 的纵向导轨上装有工作台 8，工作台台面上装有头架 2 和尾架 5，用以夹持不同长度的工件，头架带动工件旋转。工作台由液压系统驱动沿床身导轨往复移动，使工件实现纵向进给运动。工作台由上、下两层组成，其上部可相对于下部水平面内偏转一定的角度（一般不超过 ±10°），以便磨削大的圆锥面。砂轮架 4 由砂轮主轴及其传动装置组成，砂轮架安装在横向导轨上，摇动手轮 7，可使其横向运动，也可利用液压系统实现周期横向进给运动或快进快退。砂轮架还可在滑鞍 6 上转动一定的角度以磨削短圆锥面。图 4.15 中内圆磨具 3 处于抬起状态，磨内圆时放下。

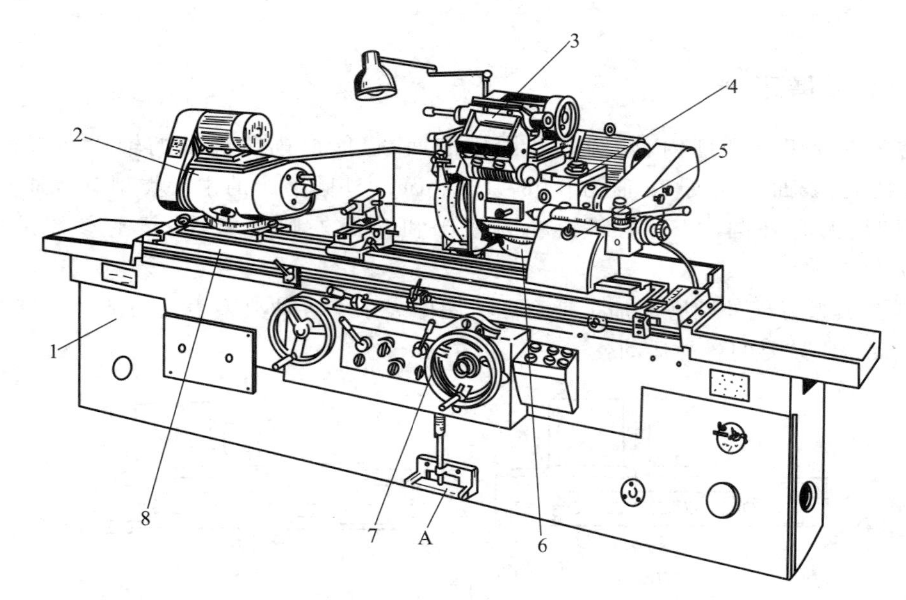

图 4.15　M1432A 型万能外圆磨床外形图

1—床身；2—头架；3—内圆磨具；4—砂轮架；5—尾架；6—滑鞍；7—手轮；8—工作台；A—操纵踏板

4.3.2　无心外圆磨床

无心外圆磨床简称无心磨床，主参数是工件的最大磨削直径。磨削时工件不用顶尖定心和支承，而由工件的被磨削外圆面作为定位面。图 4.16 所示为无心外圆磨床的工作原理，工件放在砂轮与导轮之间，由托板支承进行磨削。导轮是用树脂或橡胶为黏结剂制成的刚玉砂轮，不起磨削作用，它与工件之间的摩擦系数较大，靠摩擦力带动工件旋转，实现圆周进给运动，线速度在 10～50 m/min 的范围内。砂轮的转速很高，从而在砂轮和工件间形成很大的相对速度，即磨削速度。

为了避免磨削出棱圆形工件，工件的中心应高于磨削砂轮与导轮的中心连线（高出工件直径 15%～25%），使工件和导轮、砂轮的接触相当于是在假想的 V 形槽中转动，工件的凸起部分和 V 形槽两侧的接触不可能对称，这样使工件在多次转动中逐步磨圆。

无心磨床有两种磨削方法，即纵磨法和横磨法。纵磨法（图 4.16b）是将工件从机床前面放到导板上，推入磨削区。由于导轮在竖起平面内倾斜 α 角，导轮与工件接触处的线速度 $v_{导}$ 可分解为水平和竖起两个方向的分速度 $v_{导水平}$、$v_{导竖直}$。$v_{导竖直}$控制工件的圆周进给运动,$v_{导水平}$使工件作纵向进给。所以工件一个接一个地通过磨削区后,既作旋转运动又作轴向移动,穿过磨削区后从机床后面出去,完成一次进给。磨削时,工件一个接一个地通过磨削区,加工是连续进行的。为了保证导轮和工件为直线接触,导轮的形状应修整成回转双曲面,这种磨削方法适用于不带台阶的圆柱形工件。横磨法(图 4.16c)是先将工件放在托板和导轮上,然后由工件(连同导轮)或砂轮作横向进给。此时导轮的中心线倾斜微小的角度(约 30′),以便对工件产生一不大的轴向推力,使之靠住挡板,得到可行的轴向定位。此法适用于具有阶梯或成形回转表面的工件。

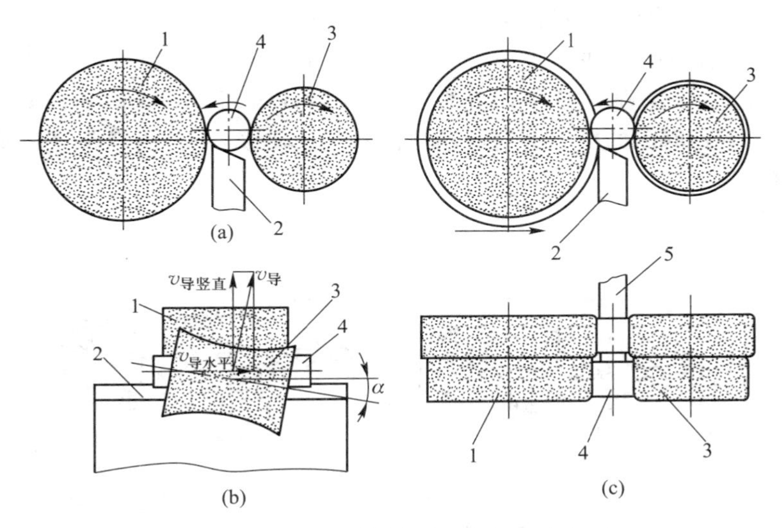

图 4.16　无心外圆磨削的工作原理示意图

1—磨削砂轮;2—托板;3—导轮;4—工件;5—挡板

图 4.17 是无心磨床外形图,它由进给机构手轮 1、砂轮修正器 2、磨削砂轮架 3、托板 4、导轮修正器 5、导轮架 6 及床身 7 等部分组成。

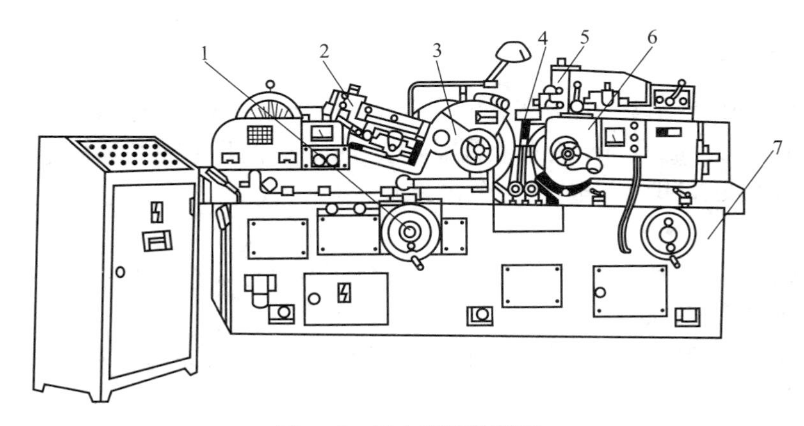

图 4.17　无心磨床外形图

1—进给机构手轮;2—砂轮修正器;3—磨削砂轮架;4—托板;5—导轮修正器;6—导轮架;7—床身

无心磨床与外圆磨床相比，有下列优点：

1）生产率高。因工件省去打中心孔的工序且装夹省时，导轮和托板沿全长支承工件，可磨削较差的细长工件，并可用较大的切削用量。

2）磨削表面的尺寸精度、几何形状精度较高，表面粗糙度值小。

3）能配自动上料机构，实现自动化生产。

4.3.3 内圆磨床

内圆磨床主要用于磨削圆柱孔和圆锥孔，其主参数是最大磨削内孔直径。它的主要类型有普通内圆磨床、无心内圆磨床、行星内圆磨床及专用内圆磨床。

图 4.18 是常见的两种普通内圆磨床的布局形式。图 4.18a 所示磨床的工件头架安装在工作台上，随工作台一起往复移动，完成纵向进给运动。图 4.18b 所示磨床的砂轮架安装在工作台上作纵向进给运动。两种磨床的横向进给运动都由砂轮架实现，工件头架都可绕垂直轴线调整角度，以便磨削锥孔。

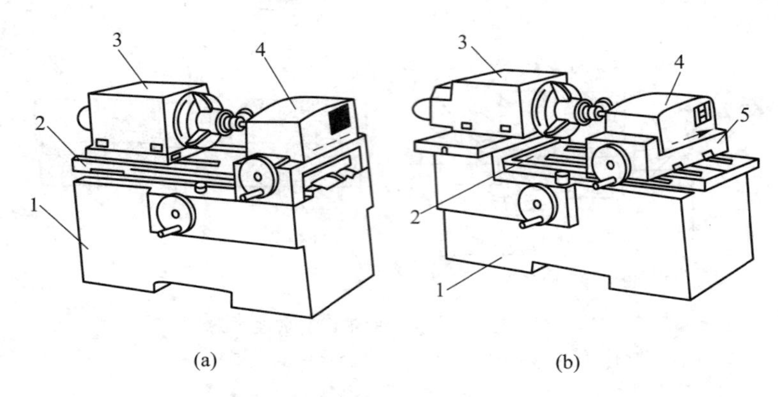

图 4.18 普通内圆磨床

1—床身；2—工作台；3—头架；4—砂轮架；5—滑座

4.3.4 砂轮结构与材料

砂轮是最重要的磨削工具，也是磨具中最主要的一大类。它是由磨料和结合剂经压坯、干燥、焙烧及修整而成的。磨料与结合剂之间有许多空隙，起散热的作用。砂轮的特性主要由磨料、粒度、结合剂、硬度、组织及形状、尺寸等因素所决定。

（1）磨料

磨料是构成砂轮的主要成分，直接担负切削工作。因此它除了应具有锋利的尖角外，还应具有高硬度、高耐热性和一定的韧性。

磨料分普通磨料和超硬磨料。普通磨料包括刚玉系和碳化物系两大系列，其代号、特性及应用范围见表 4.10。

表 4.10 普通磨料的代号、特性及应用范围

类别	名称	代号	特性	适用范围
刚玉系	棕刚玉	A	棕褐色。硬度高，韧性大，价格较低	磨削和研磨碳钢、合金钢、可锻铸铁、硬青铜
	白刚玉	WA	白色。硬度比棕刚玉高，韧性比棕刚玉低	磨削、研磨、珩磨和超精加工淬火钢、高速钢、高碳钢及磨削薄壁工件
	单晶刚玉	SA	浅黄或白色。硬度和韧性比白刚玉高	磨削、研磨和珩磨不锈钢和高钒高速钢等高强度、韧性大的材料
	微晶刚玉	MA	颜色与棕刚玉相似。强度高，韧性和自锐性能良好	磨削或研磨不锈钢、轴承钢、球墨铸铁，并适于高速磨削
	铬刚玉	PA	玫瑰红或紫红色。韧性比白刚玉高，磨削表面粗糙度值小	磨削、研磨或珩磨淬火钢、高速钢、轴承钢和磨削薄壁工件
	锆刚玉	ZA	黑色。强度高，耐磨性好	磨削或研磨耐热合金、耐热钢、钛合金和奥氏体不锈钢
	黑刚玉	BA	黑色。颗粒状，抗压强度高，韧性好	重负荷磨削钢锭
碳化物系	黑碳化硅	C	黑色，有光泽。硬度比白刚玉高，性脆而锋利，导热性和导电性良好	磨削、研磨、珩磨铸铁、黄铜、陶瓷、玻璃、皮革、塑料等
	绿碳化硅	GC	绿色。硬度和脆性比黑碳化硅高，具有良好的导热和导电性能	磨削、研磨、珩磨硬质合金、宝石、玉石及半导体材料等
	立方碳化硅	SC	淡绿色。立方晶体，强度比黑碳化硅高，磨削力较大	磨削或超精加工不锈钢、轴承钢等硬而粘的材料
	碳化硼	BC	灰黑色。硬度比黑绿碳化硅高，耐磨性好	研磨或抛光硬质合金刀片、模具、宝石及玉石等

超硬磨料是指金刚石和立方氮化硼。金刚石包括天然金刚石和人造金刚石。金刚石磨具主要加工硬质合金、工程陶瓷、玛瑙、光学玻璃、半导体材料、石材、混凝土等。立方氮化硼的分子式为 BN，用人工方法制成，其硬度略低于金刚石。立方氮化硼磨具主要加工工具钢、模具钢、不锈钢、耐热合金、耐磨钢、高钒高速钢、淬硬钢等。

(2) 粒度

粒度是指磨料颗粒的大小。磨料分为磨粒和微粉两类，颗粒尺寸大于 40 μm 的磨料称为磨粒，颗粒尺寸小于 40 μm 的磨料称为微粉。粒度有筛分法和光电沉降仪法（或沉降管粒度仪法）两种测定方法。筛分法是以网筛孔的尺寸来表示、测定磨粒的粒度，微粉的粒度是以沉降时间来测定的。磨粒的粒度号越大，磨粒的尺寸越小。不同粒度砂轮的应用如表 4.11 所示。

表 4.11　不同粒度砂轮的应用

F4～F14	用于荒磨或重负荷磨削、磨皮革、磨地板、喷砂、打锈等
F14～F30	用于磨钢锭、铸铁打毛刺、切断钢坯钢管、粗磨平面、磨大理石及耐火材料
F30～F46	用于平面磨削、外圆磨削、无心磨削、工具磨削等粗磨淬火钢件、黄铜及硬质合金等
F60～F100	用于精磨、各种刀具的刃磨、螺纹磨、粗研磨、珩磨等
F100～F220	用于刀具的刃磨、螺纹磨、精磨、粗研磨、珩磨等
F150～F1000	用于精磨、螺纹磨、齿轮精磨、仪器仪表零件精磨、精研磨及珩磨等
F1000～F2000	用于超精磨、镜面磨、精研磨与抛光等

（3）硬度

砂轮的硬度是指砂轮上磨粒受力后自砂轮表层脱落的难易程度。砂轮硬，即表示磨粒难以脱落；砂轮软，表示磨粒容易脱落。因此，砂轮的硬度和磨料的硬度是两个不同的概念。选用砂轮时，应注意硬度选得适当。工件材料硬度较高时，应选用软砂轮；工件材料硬度较低时，应选用硬砂轮。粗磨时，选用软砂轮；精磨时，选用硬砂轮。表 4.12 为砂轮的硬度等级。

表 4.12　砂轮的硬度等级及代号

硬度	硬度由软→硬																	
硬度等级	极软				很软			软			中级			硬				很硬	极硬
代号	A	B	C	D	E	F	G	H	J	K	L	M	N	P	Q	R	S	T	Y

（4）结合剂

结合剂的作用是将磨料结合成具有一定强度和形状的砂轮。砂轮的强度、耐蚀性、耐热性、抗冲击性和高速旋转而不破裂的性能，主要取决于结合剂的性能。表 4.13 为常用结合剂的名称及代号。

表 4.13　常用结合剂的名称及代号

名　　称	代　　号
陶瓷结合剂	V
橡胶结合剂	R
增强橡胶结合剂	RF
树脂或其它热固性有机结合剂	B
纤维增强树脂结合剂	BF
菱苦土结合剂	Mg
塑料结合剂	PL

（5）组织

砂轮的组织是指砂轮中磨粒、结合剂、气孔三部分体积的比例关系。磨料在砂轮总体积中所占的比例越大(即磨粒率越大)，砂轮的组织越紧密，气孔越小；反之，磨粒率越小，砂轮的组织越疏松。砂轮组织分为紧密、中等和疏松三个类别，表 4.14 为砂轮组织的分类。

表 4.14　砂轮组织的分类

类　别	紧　密				中　等				疏　松						
组织号	0	1	2	3	4	5	6	7	8	9	10	11	12	13	14
磨粒率/%	62	60	58	56	54	52	50	48	46	44	42	40	38	36	34

紧密组织的砂轮适用于成形磨削和精密磨削；中等组织的砂轮适用于一般的磨削工件，如淬火钢的磨削及刀具刃磨等；疏松组织的砂轮适用于平面磨削、内圆磨削以及热敏材料和薄壁零件的磨削。

（6）形状和尺寸

砂轮的形状和尺寸是根据磨削条件和工件形状来确定的，其原则为：

1）在可能的条件下，在安全线速度范围内，砂轮外径宜选大一些，以提高生产率和降低工件的表面粗糙度值；

2）纵磨时，应选用较宽的砂轮；

3）磨削内圆时，砂轮外径一般取工件孔径的三分之二左右。

表 4.15 为常用砂轮的形状、代号及用途。

表 4.15　常用砂轮的形状、代号及用途

砂轮名称	代号	断面简图	基本用途
平形砂轮	1		根据不同尺寸分别用于外圆磨削、内圆磨削、平面磨削、无心磨削、工具磨削、螺纹磨削和砂轮机上
黏结或夹紧用筒形砂轮	2		用于立式平面磨床
碗形砂轮	11		通常用于刃磨刀具，也可用于在导轨磨床上套机床导轨
碟形砂轮	12a		适于磨削铣刀、铰刀、拉刀等，大尺寸的一般用于磨削齿轮的齿面

（7）砂轮的标志

在砂轮的端面上一般都印有标志，用于表示砂轮的磨料、粒度、硬度、结合剂、组织、形状和尺寸等。砂轮的标志示例如下：

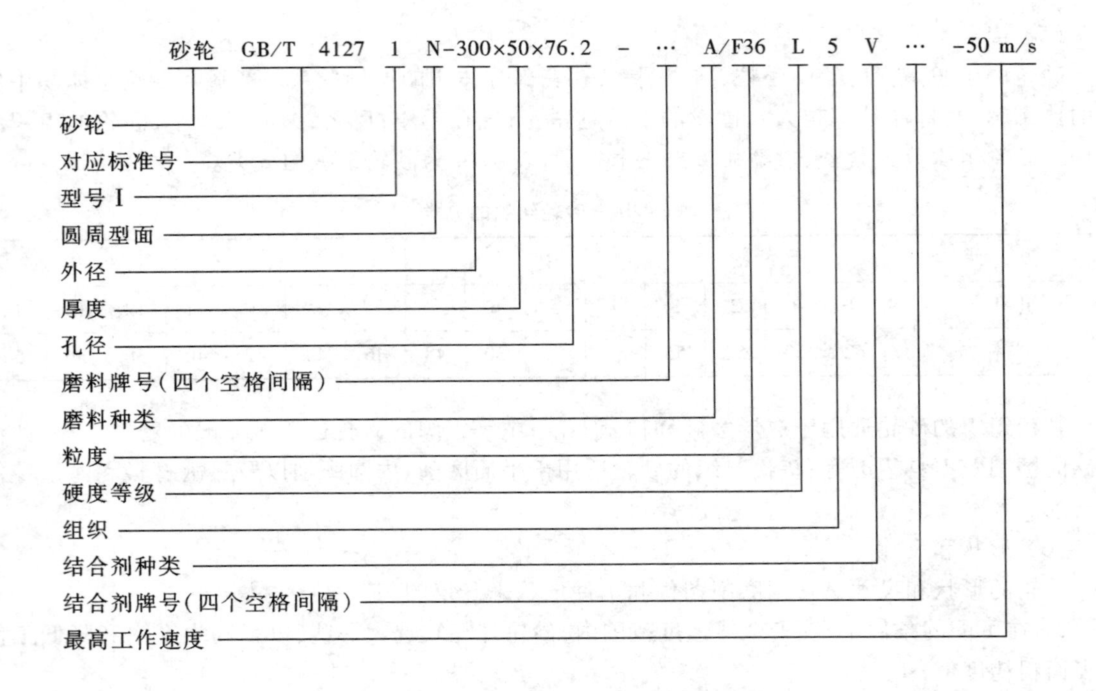

4.4 孔加工机床与刀具

钻床和镗床都是孔加工机床,主要用于加工外形复杂、没有对称回转轴线工件的孔,如箱体、支架、杠杆等零件上的单孔或孔系。

4.4.1 钻床

钻床是用钻头在工件上加工孔的机床,通常用于加工尺寸较小、精度要求不太高的孔。在钻床上钻孔时,工件一般固定不动,刀具旋转作主运动,同时沿轴向作进给运动。在钻床上可完成钻孔、扩孔、铰孔、锪孔以及攻螺纹等工作。钻床的加工方法及所需的运动如图 4.19 所示。钻床的主参数是最大钻孔直径。钻床的主要类型有台式钻床、立式钻床、摇臂钻床、深孔钻床及其它钻床(如中心孔钻床)。

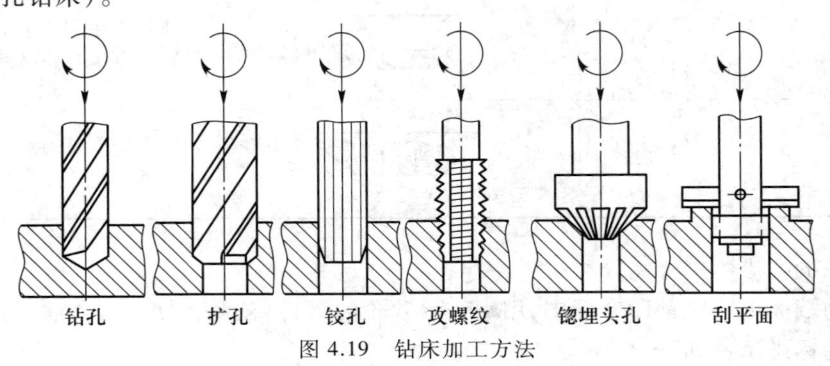

图 4.19 钻床加工方法

（1）立式钻床

图 4.20 是立式钻床的外形图，它主要由工作台 1、主轴 2、进给箱 3、变速箱 4、立柱 5 和底座 6 等部件组成。加工时，工件直接或利用夹具安装在工作台上，主轴既旋转（由电动机经变速箱 4 传动）又作轴向进给运动。进给箱 3、工作台 1 可沿立柱 5 的导轨调整上下位置，以适应加工不同高度的工件。当第一个孔加工完再加工第二个孔时，需要重新移动工件，使刀具旋转中心对准被加工孔的中心，因此对于大而重的工件，操纵不方便。它适用于中小工件的单件、小批生产。

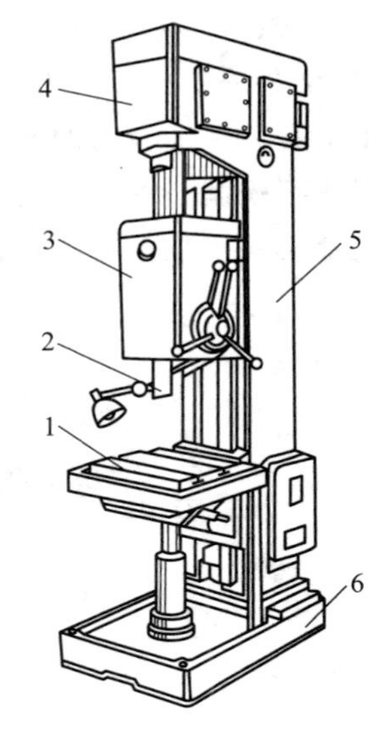

图 4.20　立式钻床
1—工作台；2—主轴；3—进给箱；4—变速箱；5—立柱；6—底座

（2）摇臂钻床

对于一些大而重的工件，一般希望工件固定不动，而移动主轴，使其对准加工孔的中心，因此就出现了摇臂钻床。图 4.21 为摇臂钻床的外形图，它主要由底座 1、内立柱 2、外立柱 3、摇臂 4、主轴箱 5 和主轴 6 等部件组成。主轴箱装在摇臂上，可沿摇臂上的导轨作水平移动。摇臂套装在外立柱上，可沿外立柱上下移动，以适应加工不同高度工件的要求。此外，摇臂还可随外立柱绕内立柱在 180°范围内回转，因此主轴很容易调整到所需要的加工位置。为使主轴在加工时保持确定的位置，摇臂钻床还具有立柱、摇臂及主轴箱的夹紧机构，当主轴的位置调整确定后，可以快速将它们夹紧。

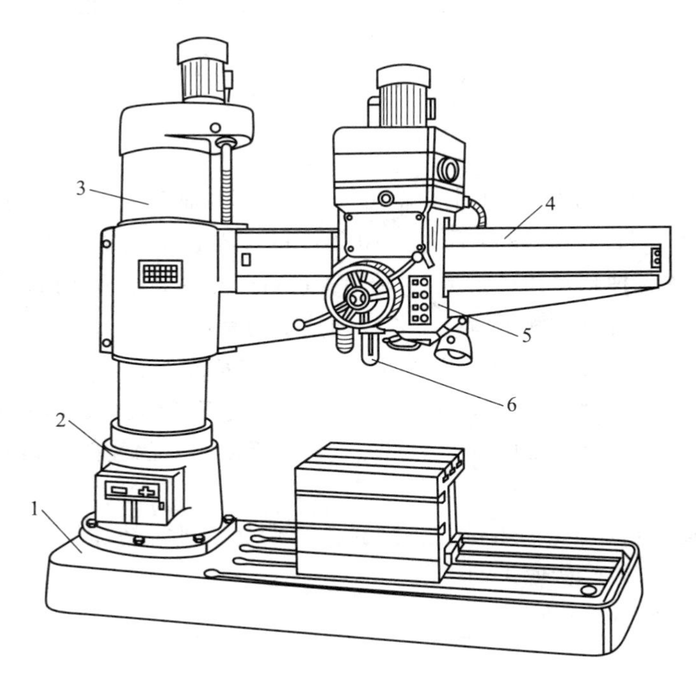

图 4.21　摇臂钻床
1—底座；2—内立柱；3—外立柱；4—摇臂；5—主轴箱；6—主轴

4.4.2 镗床

镗床是一种主要用镗刀在工件上加工孔的机床，通常用于加工尺寸较大、精度要求较高的孔，特别是分布在不同表面上、孔距和位置精度要求较高的孔，如各种箱体、汽车发动机缸体等零件上的孔。一般镗刀的旋转为主运动，镗刀或工件的移动为进给运动。在镗床上，除镗孔外，还可以进行铣削、钻孔、扩孔、铰孔、锪平面等工作。因此，镗床的工艺范围较广，图 4.22 所示为卧式镗床的主要加工方法。镗床的主要类型有卧式镗床、坐标镗床和金刚镗床等。

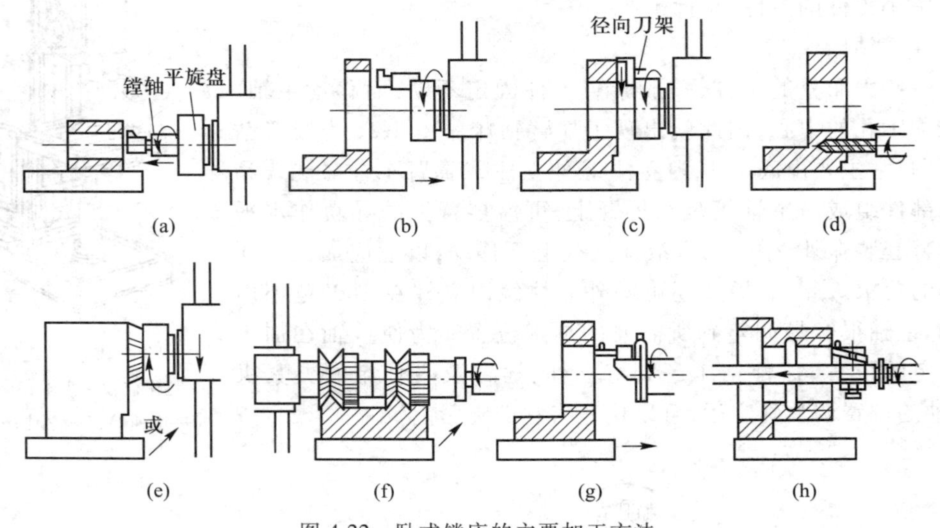

图 4.22　卧式镗床的主要加工方法

（1）卧式镗床

图 4.23 为卧式镗床外形图。它由主轴箱 1、前立柱 2、主轴 3、平旋盘 4、工作台 5、上滑座 6、下滑座 7、床身导轨 8 及带后支承 9 的后立柱 10 等部件组成。加工时，刀具安装在主轴 3 或平旋盘 4 上，由主轴箱提供各种转速和进给量，主轴箱 1 可沿前立柱 2 上下移动，工件安装在工作台 5 上，可与工作台一起随上滑座 6 和下滑座 7 作纵向或横向移动。此外，工作台还可绕上滑座 6 的圆导轨在水平面内调整至一定的角度，以便加工互成一定角度的孔与平面。装在主轴上的镗刀还可随主轴作轴向进给或调整镗刀的轴向位置。当镗杆及刀柄伸出较长时，可用后立柱上的后支承 9 来支承，以增加刀柄及镗轴的刚性。当刀具装在平旋盘 4 的径向刀架上时，径向刀架可带着刀具作径向进给，这时可以车端面。

卧式镗床既要完成粗加工（如粗镗、粗铣、钻孔等），又要进行精加工（如镗孔），因此对镗床主轴部件的精度、刚度有较高的要求。

卧式镗床的主参数是镗轴直径。

（2）坐标镗床和金刚镗床

坐标镗床是一种高精度机床，其主要特点是具有坐标位置的精密测量装置，依靠坐标测量装置，能精确地确定工作台、主轴等移动部件的位移量，实现工件和刀具的精确定位。另外，这种机床主要零部件的制造和装配精度很高，并有良好的刚性和抗振性。它主要用来镗削精密孔（IT5

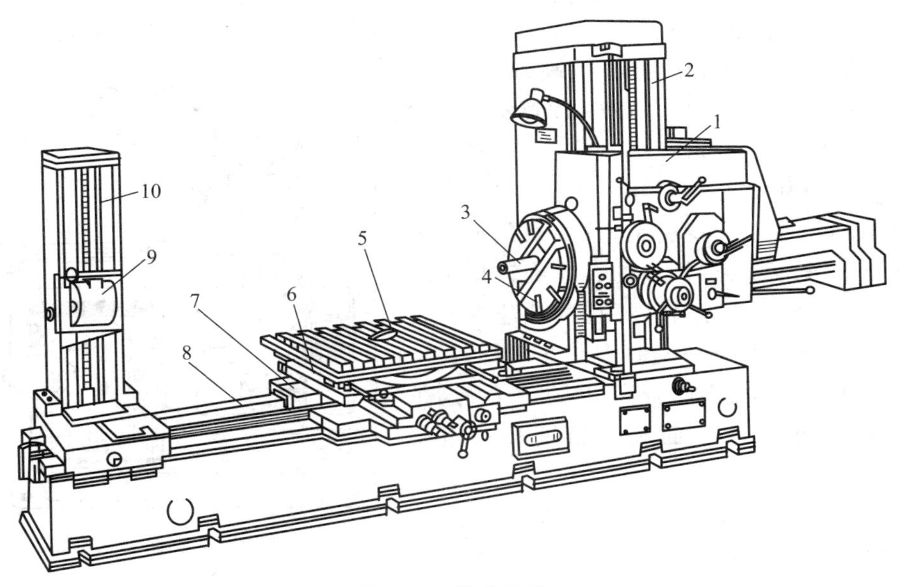

图 4.23　卧式镗床

1—主轴箱；2—前立柱；3—主轴；4—平旋盘；5—工作台；6—上滑座；7—下滑座；8—床身导轨；9—后支承；10—后立柱

级或更高）和位置精度要求很高的孔系（定位精度达 0.002~0.01 mm），如钻模、镗模上的精密孔。

坐标镗床的工艺范围很广，除镗孔、钻孔、扩孔、铰孔以及精铰平面和沟槽外，还可以进行精密刻线和划线以及进行孔距和直线尺寸的精密测量。

坐标镗床的主要参数是工作台的宽度。

坐标镗床按其布局形式可分为立式和卧式两大类。立式坐标镗床适用于加工轴线与安装基面（底面）垂直的孔系和铣削顶面。卧式坐标镗床（图 4.24）适用于加工轴线与安装基面平行的孔系和铣削侧面。

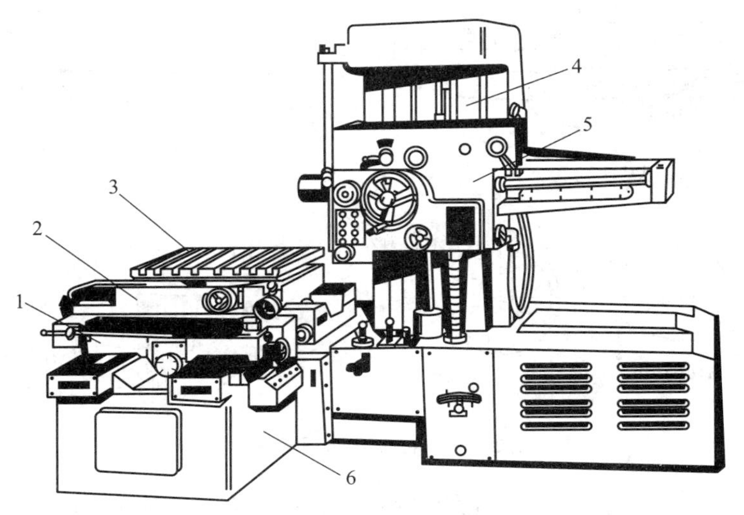

图 4.24　卧式坐标镗床

1—下滑座；2—上滑座；3—工作台；4—立柱；5—主轴箱；6—床身底座

金刚镗床是一种高速精密镗床,它因以前采用金刚石镗刀而得名,现在已广泛使用硬质合金刀具。这种机床的特点是切削速度很高,而背吃刀量和进给量极小,加工精度可达 IT5~IT6,表面粗糙度 Ra 值可达 0.08~0.63 μm。

图 4.25 是单面卧式金刚镗床外形图,它由主轴箱 1、主轴 2、工作台 3 和床身 4 等主要部件组成。主轴箱 1 固定在床身 4 上,主轴 2 的高速旋转是主运动,工作台 3 沿床身 4 的导轨作平稳的低速纵向移动以实现进给运动,工件通过夹具安装在工作台上。金刚镗床的主轴短而粗,刚度较高,传动平稳,这是它能加工出低值粗糙度平面和高精度孔的重要条件。

这类机床主要用于成批生产中精加工活塞、连杆、气缸及其它零件,在汽车、拖拉机和航天工业中得到广泛的应用。

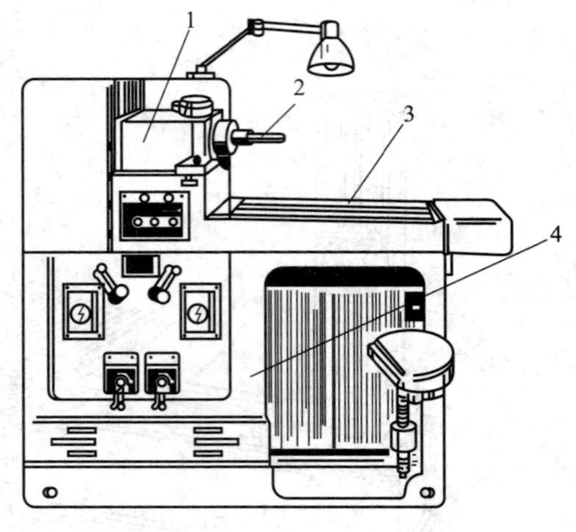

图 4.25 单面卧式金刚镗床

1—主轴箱;2—主轴;3—工作台;4—床身

4.4.3 孔加工刀具

孔加工刀具按其用途可分为两大类。一类是从实体材料中加工出孔的刀具,如麻花钻、扁钻、中心钻和深孔钻等;另一类是对工件上已有的孔进行再加工,如扩孔钻、锪钻、铰刀及镗刀等。

(1) 麻花钻

麻花钻是最常用的孔加工刀具,一般用于实体材料上孔的粗加工。钻孔的尺寸精度为 IT11~IT12,表面粗糙度 Ra 值为 12.5~50 μm。加工孔径范围为 0.1~80 mm,以 ϕ30 mm 以下时最为常用。如图 4.26 所示,标准麻花钻由柄部、颈部和工作部分组成。

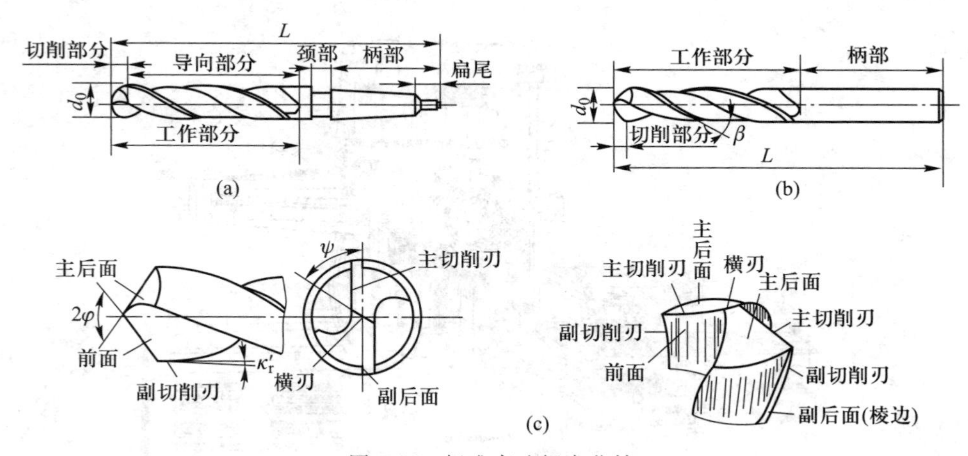

图 4.26 标准高速钢麻花钻

1) 柄部。用于与机床或夹具连接起夹持定位作用,并传递扭矩和轴向力。小直径钻头多做成圆柱柄,大直径钻头多做成莫氏锥柄。

2）颈部。位于工作部分和柄部之间，磨削柄部时，是砂轮的退刀槽。钻头的标记也常注于此。

3）工作部分。由切削部分和导向部分组成。切削部分担负着切削工作。导向部分的功用是钻头切入工件以后与孔壁接触起导向作用，同时也是切削部分的后备部分。

麻花钻的工作部分有两个对称的刃瓣（通过中间的钻芯连接在一起）、两条对称的螺旋槽（用于容屑和排屑）。导向部分磨有两条棱边（刃带），为了减少与加工孔壁的摩擦，棱边直径磨有（0.03～0.12）/100 的倒锥量，从而形成了副偏角 κ_r'。

麻花钻的两个刃瓣可以看作两把对称的车刀，螺旋槽的螺旋面为前面，与工件过渡表面（孔底）相对的端部两曲面为主后面，与工件的加工表面（孔壁）相对的两条棱边为副后面，螺旋槽与主后面的两条交线为主切削刃，棱边与螺旋槽的两条交线为副切削刃。麻花钻的横刃为两主后面在钻芯处的交线。

麻花钻的主要几何参数有螺旋角 β、锋角 2φ、前角 γ_o、后角 α_o 和横刃斜角 ψ 等。

由于标准麻花钻存在切削刃长、前角变化大（从外缘处的约 +30° 逐渐减小到钻芯处的约 −30°）、螺旋槽排屑不畅、横刃部分切削条件很差（横刃斜角约为 −60°）等结构问题，生产中为了提高钻孔的精度和效率，常将麻花钻按待定方式刃磨成“群钻”（图 4.27）使用。其修磨特点为：将横刃磨窄、磨低，改善横刃处的切削条件；将靠近麻花钻中心附近的主刃修磨成一段顶角较大的内直刃及一段圆弧刃，以增大该段切削刃的前角，同时对称的圆弧刃在钻削过程中起到定心及分屑作用；在外直刃上磨出分屑槽，以改善断屑、排屑情况。经过综合修磨而成的群钻，切削性能显著提高。钻削时轴向力下降 35%～50%，扭矩减小 10%～30%，刀具使用寿命提高 3～5 倍，生产率、加工精度都有显著提高。

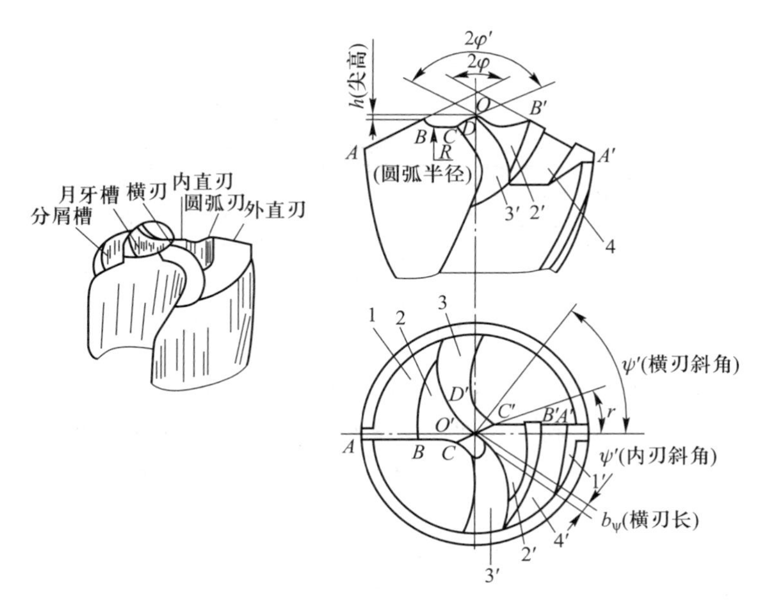

图 4.27　标准型群钻

1、1′—分屑槽；2、2′、4、4′—月牙槽；3、3′—近钻芯处前面

（2）中心钻

中心钻用来加工各种轴类工件的中心孔。图 4.28 是无护锥和有护锥两种中心钻的外形图。

（3）深孔钻

在钻削孔深 L 与孔径 d 之比为 5～20 的普通深孔时，一般可用加长麻花钻加工。对于 $L/d \geqslant 20$～100 的特殊深孔，由于在加工中必须解决断屑、排屑、冷却、润滑和导向等问题，因此需要在专用设备或深孔加工机床上用深孔刀具进行加工。

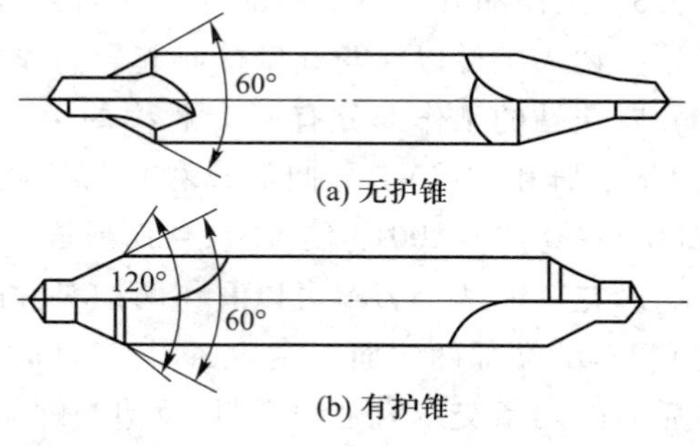

图 4.28　中心钻

图 4.29 所示是单刃外排屑深孔钻的结构及工作情况。它适合于加工孔径为 3～20 mm 的小孔，孔深与孔径比可超过 100，加工精度达 IT8～IT10，表面粗糙度 Ra 值为 0.8～3.2 μm。

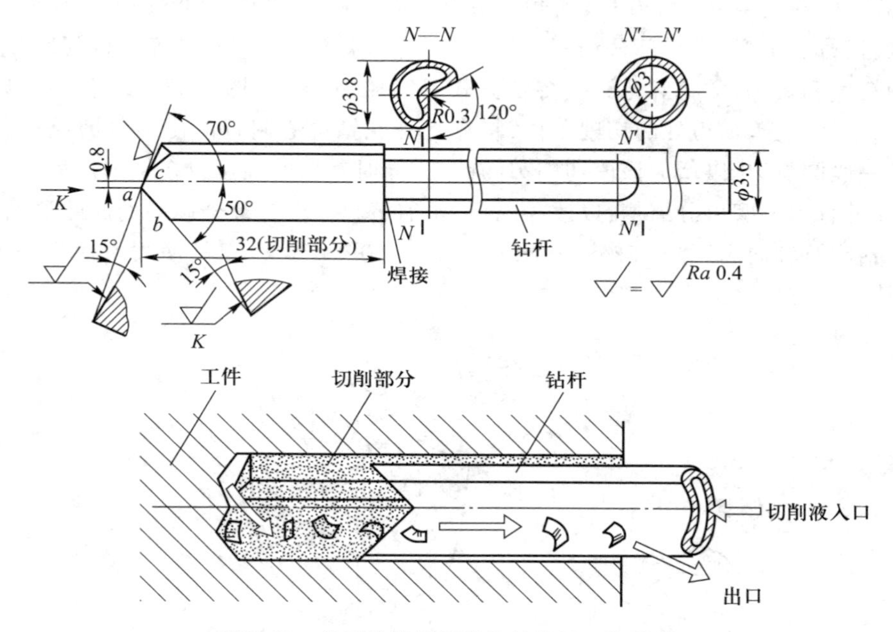

图 4.29　单刃外排屑深孔钻结构及工作情况

此外，还有加工 $\phi15$～$\phi120$ mm、孔深与孔径比小于 100、加工精度达 IT6～IT9、表面粗糙度 Ra 值为 3.2 μm 的内排屑孔钻，利用切削液体的喷射效应排屑的喷吸钻以及当钻削直径大于 60 mm，为提高生产率，减少金属切除量而将材料中部的料芯留下再利用的套料钻等。

（4）扩孔钻

扩孔钻常用做铰孔或磨孔前的预加工扩孔以及毛坯孔的扩大，在成批或大量生产时应用较广。扩孔的加工精度可达 IT10～IT11，表面粗糙度 Ra 值为 3.2～6.3 μm。$\phi10$～$\phi32$ mm 的扩孔钻为整体式结构（图 4.30a），$\phi25$～$\phi80$ mm 的扩孔钻为镶齿套式结构（图 4.30b）及硬质合金可转位式结构（图 4.30c）。

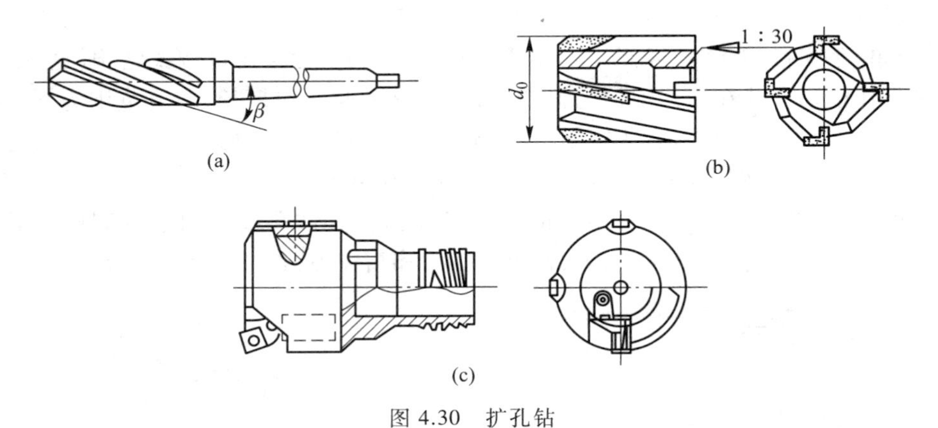

图 4.30 扩孔钻

(5) 锪钻

锪钻用于在已加工孔上锪各种沉头孔和孔端面的凸台平面。图 4.31 所示为四种类型的锪钻。

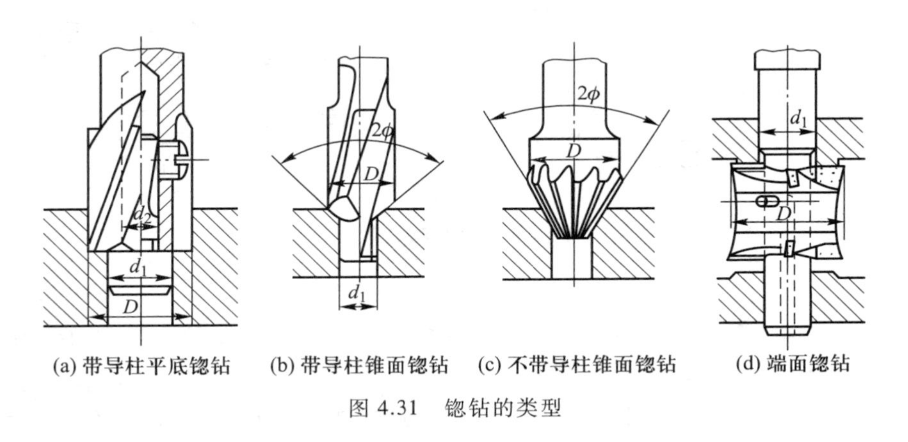

图 4.31 锪钻的类型

(6) 铰刀

铰刀用于对孔进行半精加工和精加工,加工精度可达 IT6~IT8,表面粗糙度 Ra 值可达 0.4~1.6 μm。图 4.32 所示为常见铰刀的结构和几何参数。

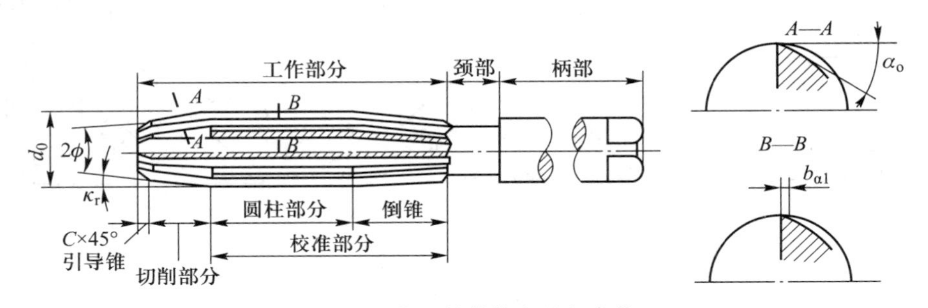

图 4.32 铰刀的结构和几何参数

铰刀一般可分为手用铰刀和机用铰刀两类。手用铰刀常做成整体式结构（图 4.33a），直柄方头，结构简单，手工操作，使用方便。修配及单件铰通孔时，常采用可调式结构（图 4.33b）。当调节两端螺母使楔形刀片在刀体斜槽内移动时，就可以改变铰刀尺寸，调节范围为 0.5～10 mm。机用铰刀用于机床上铰孔，常用高速钢制造，有锥柄（图 4.33c）和直柄（适用于铰小尺寸孔）两种形式。为节约材料，直径较大的铰刀常做成套式结构（图 4.33d）。为了提高加工质量、生产率和铰刀的耐用度，硬质合金铰刀（图 4.33e）的应用日益增多。锥孔铰刀用于铰制圆锥孔，铰锥孔时，由于切削量大，刀具的工作负荷较大，常以粗铰刀和精铰刀（图 4.33f）成套使用。

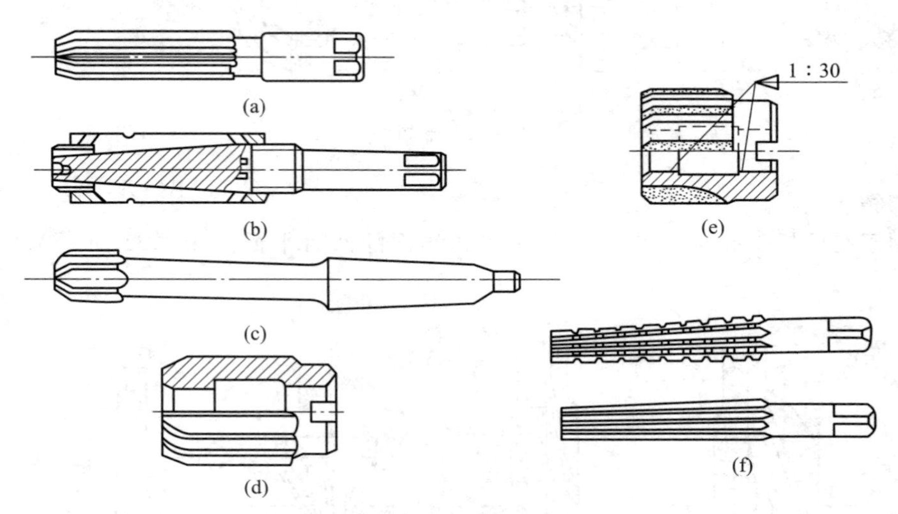

图 4.33　不同种类的铰刀

（7）镗刀

镗刀多用于箱体上孔的粗、精加工，其种类很多，一般可分为单刃镗刀和多刃镗刀两大类。

单刃镗刀结构简单，制造方便，通用性好，故使用较多。单刃镗刀一般均有尺寸调节装置。图 4.34a、b 分别是在镗床上镗通孔和不通孔用的单刃镗刀。图 4.34c 所示为在精镗机床上用的微调镗刀，旋转有刻度的精调螺母可将镗刀调到所需直径。

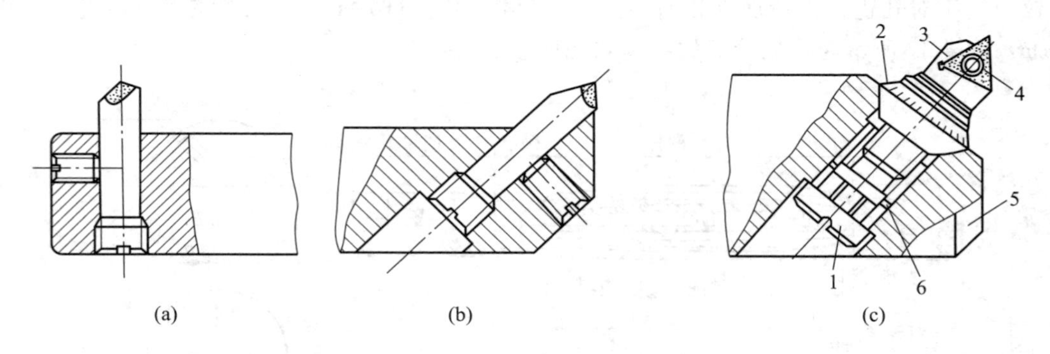

图 4.34　单刃镗刀

1—紧固螺钉；2—精调螺母；3—刀块；4—刀片；5—镗杆；6—导向键

图 4.35 所示为双刃镗刀,它两端都有切削刃,工作时可以消除径向力对镗杆的影响,工件的孔径尺寸与精度由镗刀径向尺寸保证。镗刀上由高速钢或镶焊硬质合金做成的两个刀片径向可以调整,因此可以加工一定尺寸范围的孔。双刃镗刀多采用浮动连接结构,刀块 2 以动配合状态浮动地安装在镗杆的径向孔中,工作时可以减少镗刀块安装误差及镗杆径向跳动所引起的加工误差。孔的加工精度达 IT6~IT7,表明粗糙度 Ra 值达 0.8 μm。

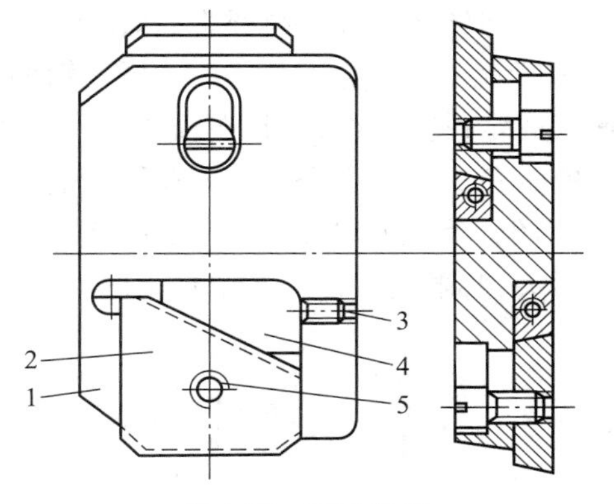

图 4.35 双刃镗刀

1—刀块;2—刀片;3—调节螺钉;4—斜面垫板;5—紧固螺钉

(8) 拉刀

拉刀是一种加工精度和切削效率都比较高的多齿刀具,广泛应用于大批生产中,可加工各种内、外表面。拉刀按所加工工件表面的不同,可分为内拉刀和外拉刀两类,具体应用详见第 5 章。

4.5 回转表面加工中工件的装夹

4.5.1 加工回转表面时工件的安装

1. 工件的定位

工件在夹具中需要用定位元件限制多少个自由度要根据加工要求而定。

(1) 内孔定位

当加工外圆或内孔表面,且待加工表面与内孔之间有位置或尺寸精度要求时,常采用内孔定位。定位元件可以是短心轴或长心轴。当用短心轴定位时,限制工件两个自由度;用长心轴定位则限制工件四个自由度,其原理见表 3.2。

(2) 外圆表面定位

当加工外圆或内孔表面,且待加工表面与外圆面之间有位置或尺寸精度要求时,也常采用外圆面定位。定位元件可以是三爪卡盘、V 形块或轴套。当定位元件与定位表面接触较短时,限制工件两个自由度,如图 4.36 所示 V 形块较窄的情况;当定位元件与定位表面接触较长时,限制工件四个自由度,如图 4.37 所示 V 形块较宽的情况。

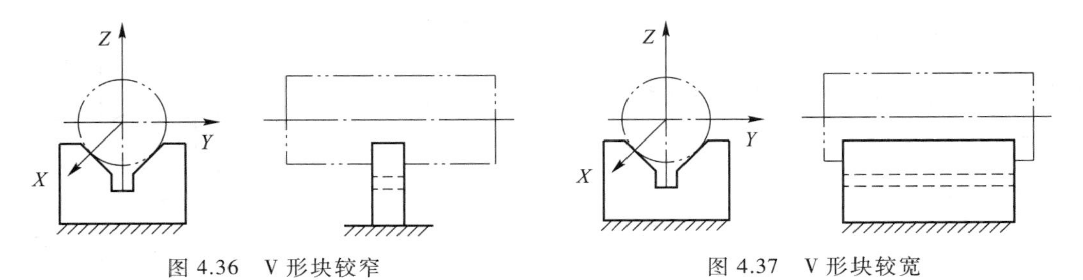

图 4.36 V 形块较窄

图 4.37 V 形块较宽

（3）圆孔或中心孔定位

当回转体工件有内圆表面时，可用圆柱形或圆锥形心轴与内圆表面配合实现圆孔定位，如图 4.38 所示。对于加工某些无内圆表面的零件，或加工一批阶梯形长轴类零件时，为了保证加工表面之间定位基准统一，常在轴两端预先钻中心孔，然后采用中心孔统一定位进行内、外圆表面加工的定位方案。如图 4.39 所示。中心孔结构通常采用标准形式，有 R、A、B、C 四种形式，如表 4.16所示。采用轴两端中心孔定位的方式，为了避免在轴长方向过定位，一端顶尖需为可移动式顶尖，共限制工件的 5 个自由度。

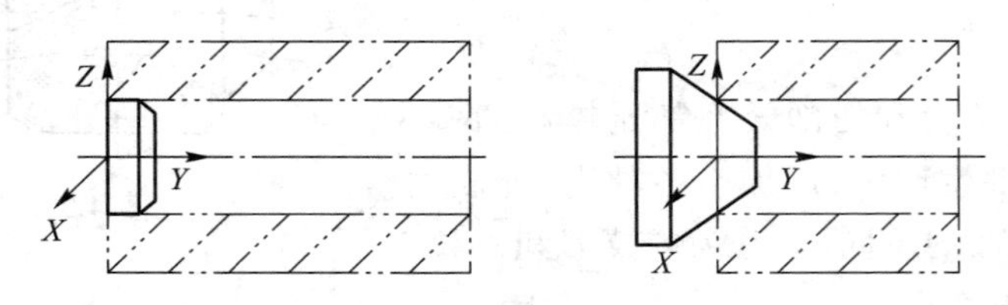

图 4.38　加工有内圆表面零件

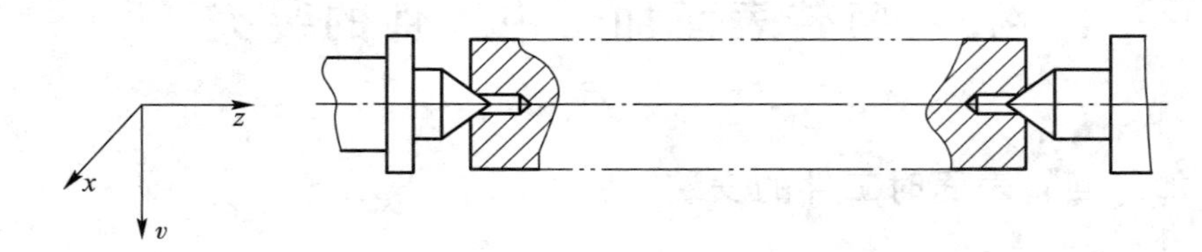

图 4.39　加工无内圆表面零件

表 4.16　工件在两顶尖上的定位

中心孔的形式	标记示例	标注说明
R （弧形） 根据 GB/T 145 选择中心钻	GB/T 4459.5-R3.15/6.7	$D = 3.15$ mm $D_1 = 6.7$ mm
A （不带护锥） 根据 GB/T 145 选择中心钻	GB/T 4459.5-A4/8.5	$D = 4$ mm $D_1 = 8.5$ mm

续表

中心孔的形式	标记示例	标注说明
B （带护锥） 根据 GB/T 145 选择中心钻	GB/T 4459.5-B2.5/8	D = 2.5 mm D_1 = 8 mm
C （带螺纹） 根据 GB/T 145 选择中心钻	GB/T 4459.5-CM10L30/16.3	D = M10 L = 30 mm D_2 = 16.3 mm

1）尺寸 t 见 GB/T 145。
2）尺寸 l 取决于中心钻的长度，不能小于 t。
3）尺寸 L 取决于零件的功能要求。

（4）组合定位（端面与内孔或外圆的组合）

当采用上述定位方式不能满足回转体零件上某些表面的加工需要时，即上述定位方案限制的自由度不能满足实际需要限制的自由度时，可采用组合定位的方式解决。例如，在外圆面上加工键槽，需要限制轴向的移动自由度，这时，可采用端面与顶尖（定位径向自由度）组合，或端面与 V 形块（定位外圆，也是径向）组合定位。

2. 工件的夹紧

工件定位的同时或定位后需要用力夹紧才能保证在正确的位置上经受加工载荷而不移动和破坏，施加夹紧力的大小、方向、作用点应适当。图 4.40a 是用三爪卡盘将薄壁套筒零件用径向力夹紧，因刚性不足易引起工件变形。夹紧力的方向应使工件夹紧后的变形小。由于工件在不同方向上刚性不同，因此对工件在不同方向上施加夹紧力时所产生的变形也不同。若改为图 4.40b 所示的用特制螺母通过轴向力夹紧工件的

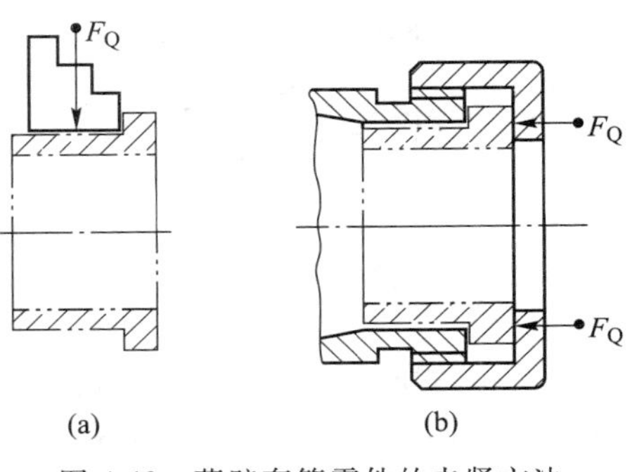

图 4.40　薄壁套筒零件的夹紧方法

方法，则工件不易变形。

4.5.2 车床和圆磨床夹具特点及设计要点

（1）车床用夹具与附件

车床上常用的夹具有卡盘、夹头、法兰盘、心轴等。三爪自定心卡盘或四爪单动卡盘是车床上常用的夹具。三爪自定心卡盘通常设计成带卡爪的伸缩结构，可自动定心，用于安装圆形工件，定心精度可达 0.025 mm。四爪单动卡盘（独立的）的卡爪可相互独立地移动和调整，可装夹方形、四边形或异形工件。由于四爪单动卡盘较三爪自定心卡盘在结构上更为粗放，经常用于要求多卡夹持且定心重要的重型工件。

某些卡盘上的卡爪可以翻转，既可以装夹工件的外表面，也可以装夹空心零件的内表面，如管形零件或筒形零件。用低碳钢制造的软性卡爪可以根据需要加工成一定形状。由于其强度和硬度低，可适应零件形状的细小不规则，产生较好的夹紧效果。

卡盘可以机动，也可以用扳手进行手动。手动卡盘耗时，通常仅用于工具车间的小批生产。卡盘具有多种形式和尺寸，选择卡盘类型取决于工序类型、加工速度、工件尺寸、要求的精度和夹紧力大小等。机动卡盘采用气动或液压驱动，用于生产率较高的自动化设备，包括采用工业机器人进行上料。也有采用杠杆式或斜楔式的装置进行机动夹紧的卡盘，这类卡盘行程不超过 13 mm(0.5 in)。

车床上的夹头形状是可以轴向滑动的锥形轴套。通常工件最大直径为 1 in，放置在夹头内，然后采用机械方式将夹头拉紧（拉紧式，见图 4.41a）或推进（推进式夹头，见图 4.41b）主轴中。夹头上的锥面使得夹头可沿径向方向伸缩夹紧工件。夹头既可用于装夹圆形工件，又可装夹其它形状的工件，如方形或六边形工件，可装夹的工件尺寸变化范围较大。

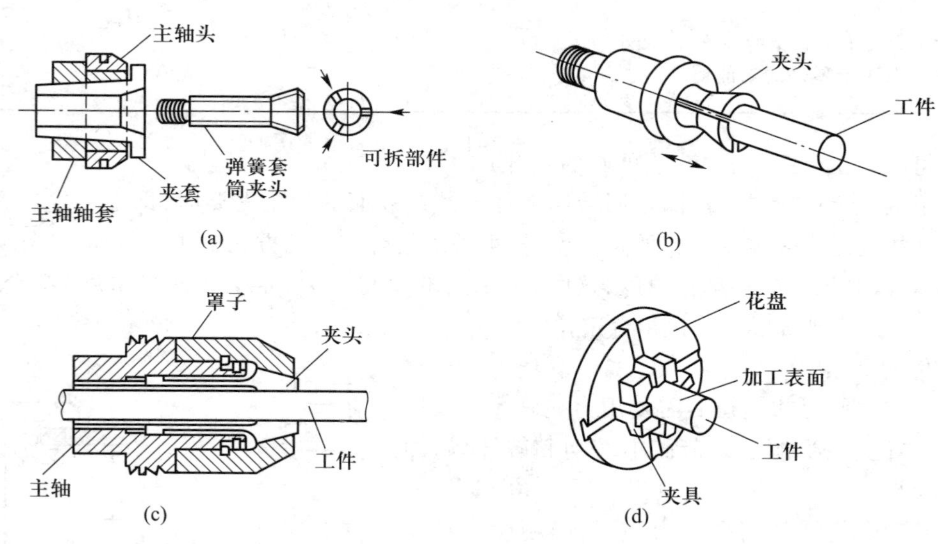

图 4.41 车削夹具

与三爪自定心卡盘相比，夹头几乎可夹持工件圆周所有的部分，因此尤其适用于夹持截面较小的工件。由于夹头的径向可移动距离较小，所以工件尺寸应当在夹头名义尺寸不超过 0.125 mm的范围内。

法兰盘用于装夹不规则的零件,形状为圆形,上面有槽和孔,工件可通过槽或孔用螺栓装夹在盘上。

心轴可放置在空心或筒形工件里面,用于装夹两端面或圆柱面均需要加工的工件。有些心轴安装在车床的两中心孔之间。

车床通常带有一些附件,包括:

1)刀架和不同形式的横向挡块,挡块用于使刀架在沿床身预设的位置上停下来;

2)用于车削不同锥度或半径的附件;

3)用于车削、铣削、锯削、齿轮切削和磨削的附件;

4)用于镗削、钻孔、切削螺纹的附件。

(2)圆磨床夹具

大多数圆磨床夹具和车床夹具在结构上相似,如心轴、卡盘类夹具、花盘类夹具等。但圆磨床夹具的精度要求比车床夹具高,因此夹具的制造精度也相应提高,而且还须经过很好的平衡。圆磨床夹具上常设有找正基面,依靠找正方法提高夹具装在机床主轴上的定心精度。下面介绍两种回转面磨削夹具:磨外圆及台肩夹具和电磁无心夹具。

1)磨外圆及台肩夹具

如图 4.42 所示的工序是磨削工件的外圆和台肩。工件以锥度为 1∶4 的锥孔和左端面为基准,在夹具的定位锥套和定位支承上定位,快卸螺母通过压板夹紧工件。该夹具使用锥套定位,可以消除间隙,以保证工件外圆对锥孔的径向跳动。使用快卸螺母夹紧工件,可以减少装卸工件的辅助时间。

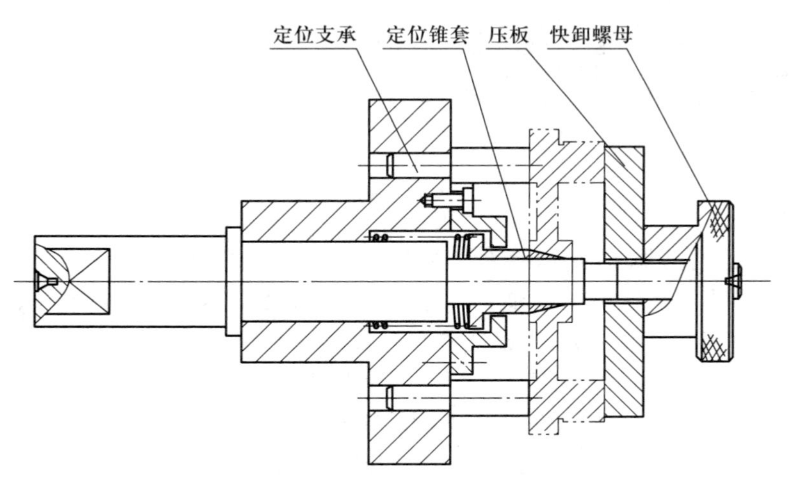

图 4.42　磨外圆及台肩夹具示意图

2)电磁无心夹具

电磁无心夹具的工作原理,和前面的回转夹具不同,它是用工件的外圆表面定位(不是定心)磨内孔,或是以外圆表面本身定位磨外圆,和无心磨床的工作原理相仿。

如图 4.43 所示的磨床夹具用于磨削微型轴类(直径 $d \geqslant 1.2$ mm,长度 $\geqslant 60$ mm)的外圆磨床上,除了可以磨削连续圆柱面,也可磨削 4 的倍数的等分断续圆柱面。工件以外圆和端面在永磁钳口 1、2 及插入轴的平顶尖(图中未示出)上定位,工件由磁力夹紧。当砂轮接近工件进行磨削时,由于磨削力的作用使工件紧靠在定位元件上旋转。该磁架的上下钳口代替了无心磨床中难于制造的规格繁多的薄壁型支承板,扩大了无心磨削原理的应用。磁架结构紧凑,上下、左右方向调整方便,适合于工具、仪器、仪表行业应用。

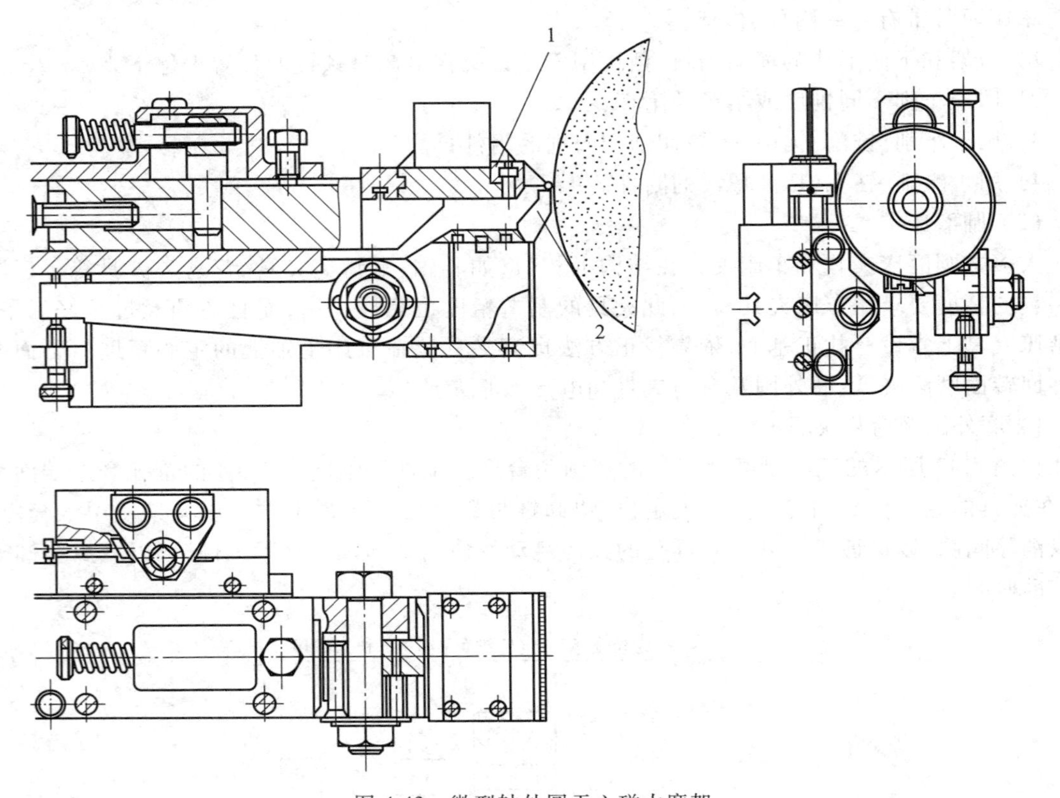

图 4.43　微型轴外圆无心磁力磨架

用电磁无心夹具磨削加工时,以工件表面本身或有精度要求的相关表面在固定支承上定位,因此,加工精度只取决于两定位支承和工件定位表面的精度,它们的接触情况以及相对运动的稳定性,与机床主轴的回转精度无关,所以能获得很高的加工精度。而且工件安装十分方便迅速,易于实现自动化装夹。在国内外轴承行业中,这种夹具得到广泛应用。根据我国轴承行业的经验,应采用电磁无心夹具进行 $\phi200$ mm 以下的轴承环磨削加工,其加工精度为:对于普通级精度的轴承环,其圆度和壁厚差(相当于内外圆表面同轴度)为 0.001~0.005 mm;对于精密级轴承圆度和壁厚差则为 0.000 5~0.003 5 mm 范围内;最高精度达 0.002 mm。

4.5.3　钻床和镗床夹具特点和设计要点

1. 钻床夹具

钻床夹具也称钻模,用于钻床上孔加工的定位与夹紧。钻模种类很多,常用的有以下几种。

(1) 固定式钻模

在使用过程中钻模板与夹具体固定在一起,钻模板不可更换,如图 4.44 所示。这类钻模的加工精度较高。

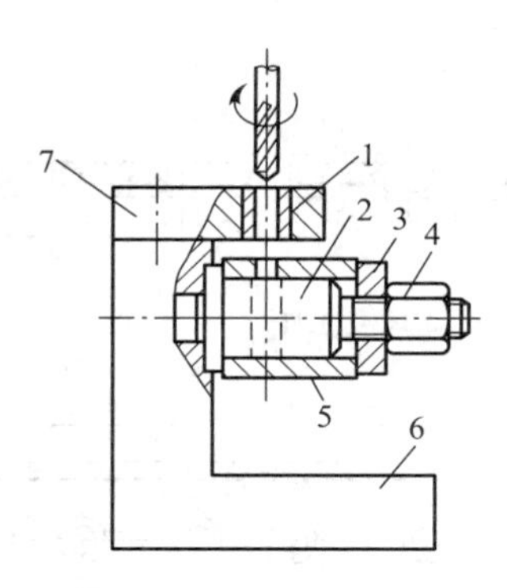

图 4.44　固定式钻模示意图

1—钻套;2—定位心轴;3—压板;4—夹紧螺母;5—工件;6—夹具体;7—钻模板

(2) 翻转式钻模

如图 4.45 所示,一箱体类零件,底面需要钻孔,而工件底面朝上无法安装,只能正面安装好以后翻转过来再加工。工件与夹具总质量不宜过大,一般不超过 10 kg,以减轻劳动强度。否则应配机动翻转装置。

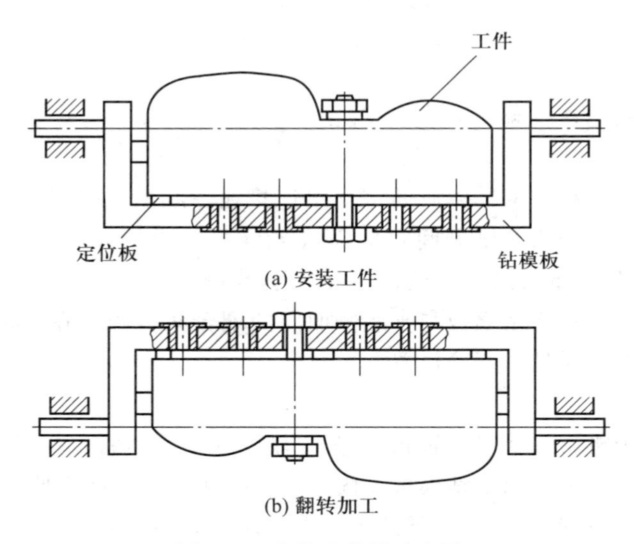

图 4.45　翻转式钻模示意图

(3) 盖板式钻模

一些大、中型工件在钻孔时,由于工件的自重足以克服切削力,工件不需要夹紧,只需将钻模板固定在工件上,所以钻模板做成盖板式。

图 4.46 所示为盖板式钻模,钻模板以圆柱销 2、削边销 6、支承板 5 在工件上定位。由于钻削力不会使钻模板抬起,故无需夹紧。

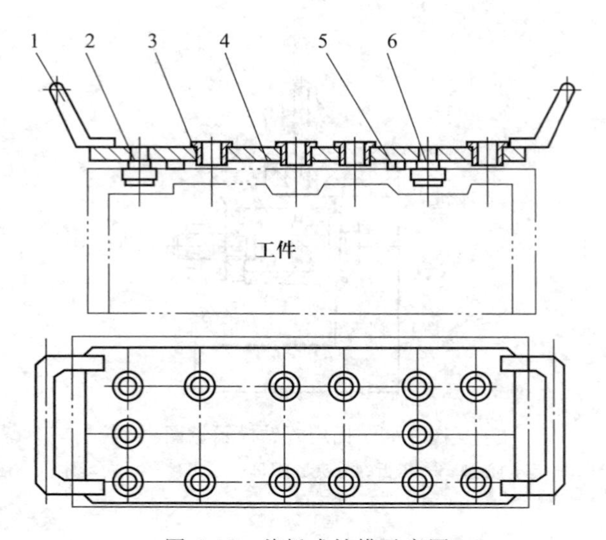

图 4.46　盖板式钻模示意图

1—把手;2—圆柱销;3—钻套;4—钻模板;5—支承板;6—削边销

(4) 钻模板

钻模板是钻床夹具上主要的定位元件,用于定位钻模与钻刀、工件之间的相对位置。钻模板的结构有三种:

① 固定式

钻模板与夹具体固定在一起。

② 铰链式(图 4.47)

这种钻模板是通过铰链与夹具体或固定支架连接在一起的,钻模板可绕铰链轴翻转。铰链轴和钻模板上相应孔的配合为基轴制间隙配合(G7/h6),铰链轴和支座孔的配合为基轴制过盈配合(N7/h6),钻模板和支座两侧面间的配合则按基孔制间隙配合(H7/g6)。当钻孔的位置精度要求较高时,应予配制,并将钻模板与支座侧面间的配合间隙控制在 0.01~0.02 mm 之内。同时还要注意使钻模板工作时处于正确位置。

③ 悬挂式(图 4.48)

这种钻模板悬挂于机床主轴或主轴箱上,随主轴的往复移动而靠紧或离开工件,它多与组合机床或多头传动轴联合使用。图中钻模板 5 固定在导柱 4 上。导柱 4 伸入多轴传动头 7 的座架孔中,从而将钻模板 5 悬挂起来。导柱下部伸入夹具体 1 的导孔中,使钻模板 5 准确定位。当多轴传动头 7 向下移动加工时,依靠弹簧 3 的拉力使钻模板向下靠紧工件。加工完毕后,多轴传动头上升继而退出钻头,并提起钻模板恢复至原始位置。

2. 镗床夹具

镗床夹具主要用于加工精密孔或孔系。它主要由镗杆、镗套、镗模支架、镗模底座以及必需的定位、夹紧装置组成。镗床夹具的种类按导向支架的布置形式分为双支承镗模、单支承镗模和无支承镗模三类。

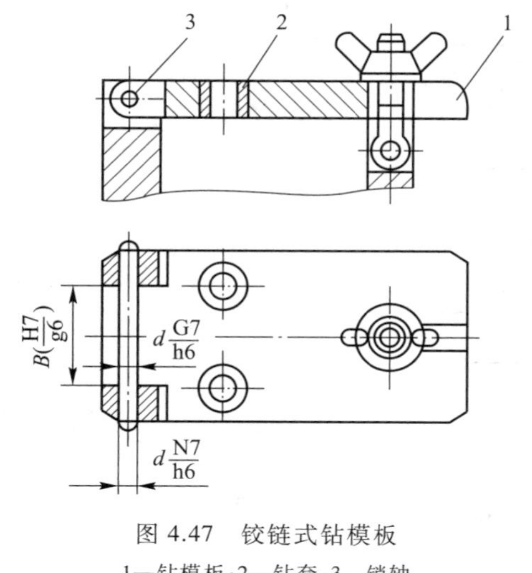

图 4.47　铰链式钻模板

1—钻模板;2—钻套;3—销轴

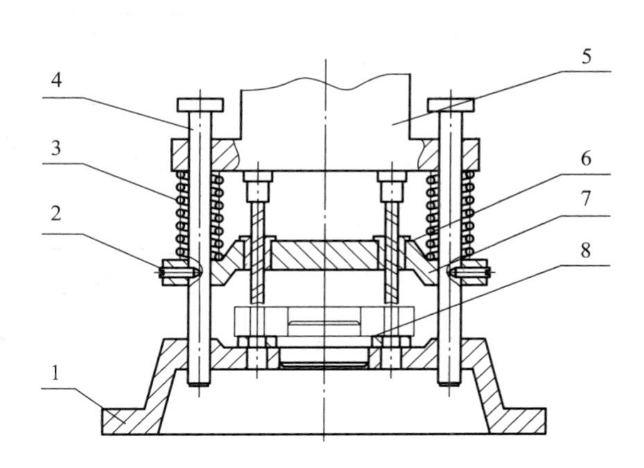

图 4.48　悬挂式钻模板

1—夹具体;2—定位销;3—弹簧;4—导柱;
5—钻模板;6—钻套;7—多轴传动头;8—工件

(1) 镗杆

镗杆是镗模中的一个重要部件。镗杆直径(见表 4.17)根据工件孔径和镗刀截面尺寸确定。镗杆直径 d>50 mm 时做成镶条式(图 4.49),d<50 mm 时做成整体式(图 4.50)。在整体式镗杆端部开有引导槽,便于退刀后镗杆在加工下一个工件时,镗套中安装的键进入镗杆的槽中。

一般来说,镗杆直径 $d=(0.6\sim0.8)D$(工件孔直径)。镗杆支承方式有单支承引导和双支承引导两种。

表 4.17　工件孔直径、镗杆直径、刀具截面尺寸

工件孔直径/mm	30~40	40~50	50~70	70~90	90~100
镗杆直径/mm	20~30	30~40	40~50	50~65	65~90
刀具截面/mm×mm	8×8	10×10	12×12	16×16	20×20

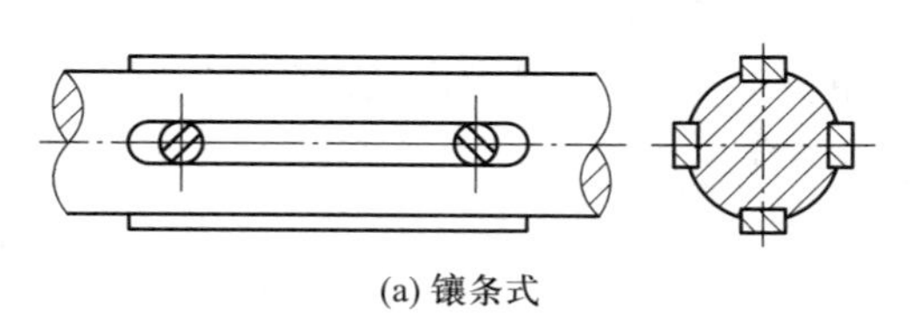

(a) 镶条式　　(b) 弹簧键式镶条

图 4.49　镶条式镗杆

① 单支承引导

镗杆在镗模中只有一个位于刀具前面或后面的镗套引导。镗杆与机床采用刚性连接,机床主轴的位置精度直接影响工件孔的精度。单支承引导用于小孔、短孔加工。图 4.51 为单支承引导支架、镗套与工件的关系示意图。图 4.51a 为单支承前引导方式,用于孔径 D>60 mm 的场合;图 4.51b 为单支承后引导方式,用于 D<60 mm 的场合;图 4.51c 为单支承后引导的另一方式,用

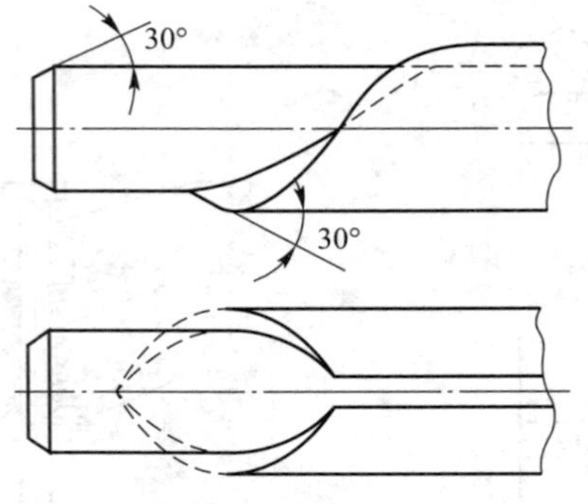

图 4.50 整体式镗杆

于 $L/D>1$ 且孔径较大的场合，此时镗杆做成等直径，则有

$$h=(0.5\sim1)D=20\sim80\ \text{mm}$$

$$H=(2\sim3)d$$

式中：d——镗套孔径。

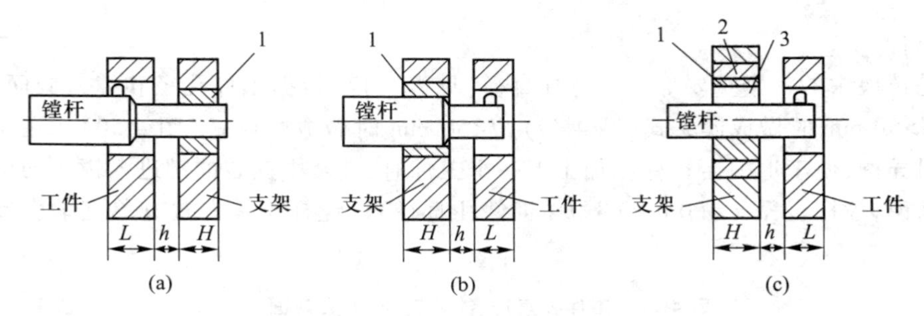

图 4.51 单支承引导支架、镗套与工件关系示意图

1—镗套；2—衬套；3—引导槽

② 双支承引导

采用双支承式镗模时，镗杆与机床采用浮动连接，机床主轴的精度不影响工件孔的位置精度。双支承式镗模又可分为双面单支承和单面双支承两种。

图 4.52 为双面单支承式镗模，主要用于孔距精度、同轴度要求高，孔径较大的加工。图 4.53 为单面双支承式镗模，主要用于不便设前支承的场合。

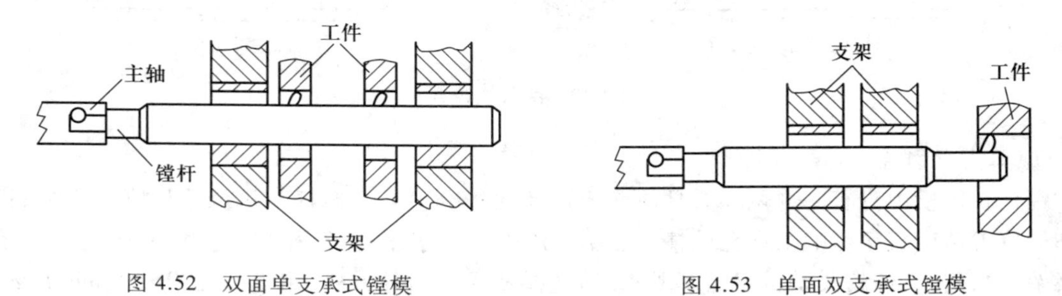

图 4.52 双面单支承式镗模

图 4.53 单面双支承式镗模

(2) 镗套

镗套直接影响工件孔的尺寸精度、位置精度与表面粗糙度。常用的镗套有两类,即固定式镗套和回转式镗套。

① 固定式镗套

固定式镗套与快换钻套结构相似,加工时镗套不随镗杆转动。如图 4.54 所示,A 型镗套不带油杆和油槽,靠镗杆上开的油槽润滑;B 型镗套则带油杯和油槽,使镗套和镗杆之间能充分地润滑,从而减少镗套的磨损。

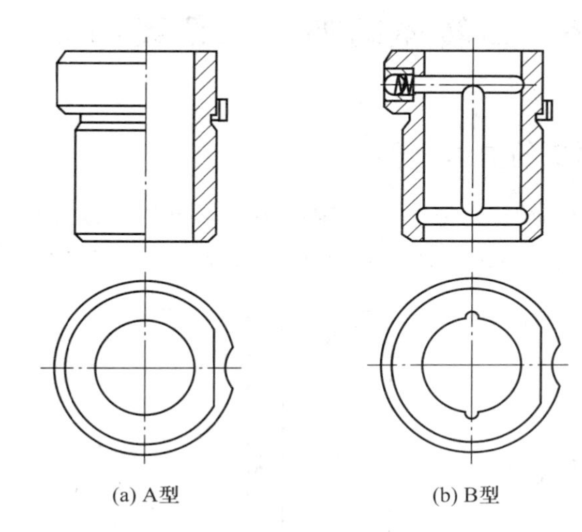

(a) A型　　(b) B型

图 4.54　固定式镗套示意图

固定式镗套的优点是外形尺寸小,结构简单,精度高。但镗杆在镗套内一边作回转运动,一边作轴向移动,使镗套容易磨损,因此只适用于低速镗孔。

② 回转式镗套

如图 4.55 所示,回转式镗套 2 随镗杆一起转动,镗杆与镗套之间只有相对移动而无相对转动,从而大大减少了镗套的磨损,也不会因摩擦发热而"卡死"。因此,它适适合于高速镗孔。

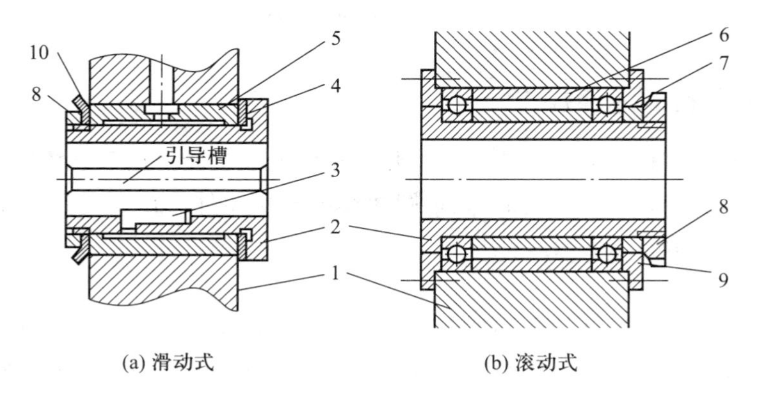

(a) 滑动式　　(b) 滚动式

图 4.55　回转式镗套

1—支座;2—镗套;3—勾头键;4—挡垫;5—衬套;6—隔套;7—轴承;8—螺母;9—压盖;10—防松垫

(3) 镗模支架

镗模支架主要用来安装镗套和承受切削力。要求有足够的刚性和稳定性,在结构上一般要有较大的安装基面和设置必要的加强肋。支架上不允许安装夹紧机构和承受夹紧反力,以免支架变形而破坏精度。

(4) 镗模底座

镗模底座与其它夹具体相比要厚,且内腔设有十字形加强肋。

4.6 回转体的加工工艺案例分析

4.6.1 数控车床加工的典型零件

数控车床可加工的零件如图 4.56 所示。图中表示了可加工零件的材料、加工时间和使用的刀具数量。这些零件也可采用手动车床或转塔车床,但效率与质量的一致性不如数控车床。

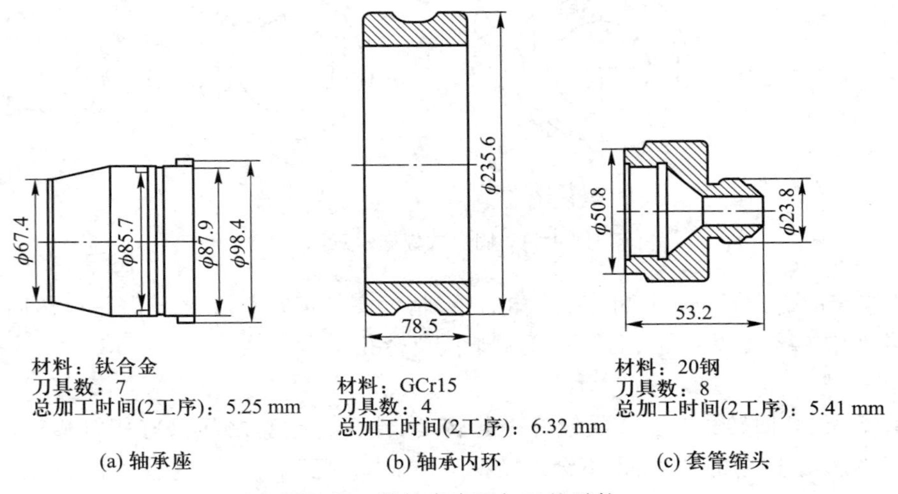

图 4.56 数控车床可加工的零件

4.6.2 复杂形状的零件加工

在前面的例子中,零件都是轴对称形状。数控车床的加工能力还可以拓展到图 4.57 所示的零件,零件形状更为复杂,如泵轴、曲柄轴、带圆螺纹的管状零件。在大多数工序安排中,这些零件通常由粗、精加工完成。

(1) 泵轴

该零件和大多数与其内、外特征相似的零件(包括凸轮轴),可由带有两个转塔的数控车床加工,其结构与前面介绍的转塔车床相似。每个转塔可容纳 8 把刀具。加工此类特殊零件,上部转塔编程方式应使得径向移动和轴向转动同步。

主轴转动角度直接由处理器监控并进行高速计算,CNC 根据角度值对凸轮转塔发出指令。

处理器采用高精度放大系统对其绝对位置进行反馈，CNC 将其实际位置与指令位置进行比较，然后应用内置的学习功能进行自动补偿。转塔在设计上轻型化，可流畅地进行操作（通过减小惯性力）。

上述零件可以是铝或不锈钢，铝轴的加工时间为 24 min，不锈钢的加工时间为 53 min。铝件的加工参数如图 4.57a 所示。

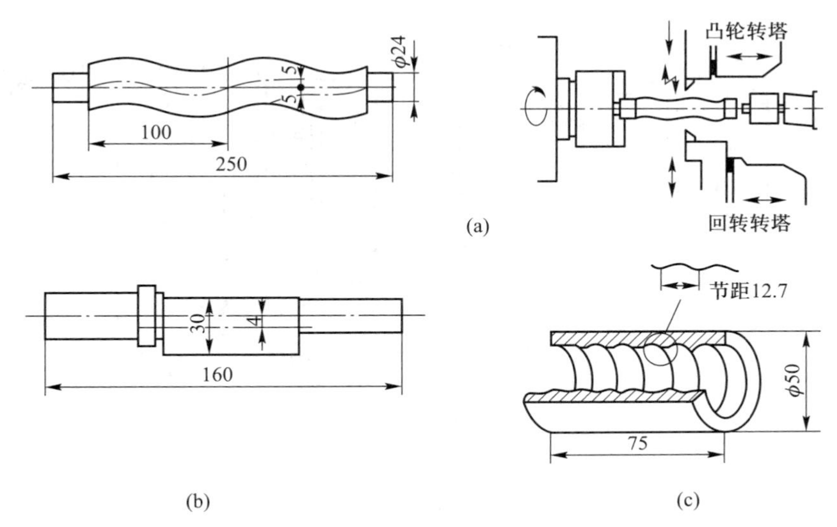

图 4.57　数控车床的加工能力

（2）曲轴

该零件为延性（或球状）铸铁。加工参数如图 4.57b 所示，加工时间为 25 min。

（3）带圆螺纹的管状零件

材料为 0Cr18Ni9，其加工参数如图 4.57c 所示。开始的毛坯为直管，与衬套相似。刀具采用硬质合金和金属陶瓷的涂层刀具。刀柄采用 WC 合金，以提高其刚性。对于螺纹部分，尺寸精度为±0.05 mm，表面粗糙度为 $Ra2.5\ \mu m$。该零件的加工时间为 1.5 min。加工时间短的原因是零件短，切除材料少，且没有前两个零件的偏心特征。

4.6.3　CA6140 型车床主轴加工工艺分析

机床主轴是机床主轴箱中关键的零件。机床工作时它直接带动工件（或刀具）旋转进行切削加工。因此，它应具有较高的旋转精度、足够的刚度和良好的抗振性。图 4.58 为 CA6140 型车床主轴简图，图上标明了其主要的技术要求。

1. 主轴的主要技术条件分析

支承轴颈 A、B 是主轴部件的装配基准，它的制造精度直接影响主轴部件的回转精度，故对它的技术要求很高。

主轴锥孔用于安装顶尖和工具锥柄，其中心线必须与支承轴颈的中心线严格同轴，否则会使工件的几何中心与主轴回转中心不重合，产生圆度误差和同轴度误差。

主轴前端圆锥面、端面是安装卡盘的定位表面。为保证卡盘的定心精度，主轴前端圆锥面与

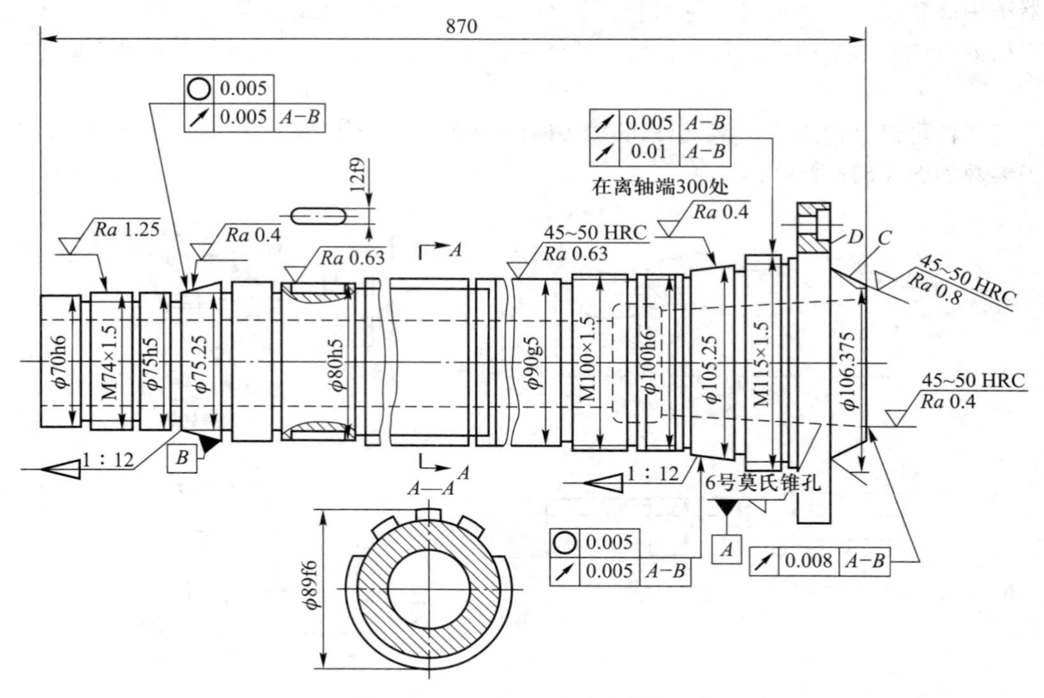

图 4.58　CA6140 型车床主轴简图

支承轴颈要求同轴，端面与主轴的回转中心线要求垂直。

主轴上的螺纹是用来固定与调节轴承间隙的。当螺纹中径对支承轴颈歪斜时，会引起锁紧螺母的端面跳动，轴承位置发生变动，引起主轴径向圆跳动，因此对螺纹的要求高。

2. 加工工艺过程

通过对主轴的技术要求和结构特点进行深入分析，根据生产批量、设备条件、工人技术水平等因素，即可拟订其机械加工工艺过程。表 4.18 为 CA6140 型车床主轴加工工艺过程简表，供参考。

表 4.18　CA6140 型车床主轴加工工艺过程

序号	工序名称	工序内容	定位基准	加工设备
1	备料			
2	锻造	精锻		立式精锻机
3	热处理	正火		
4	锯头	铣削切除毛坯两端		专用机床
5	铣端面，钻顶尖孔		外圆柱面	专用机床

续表

序号	工序名称	工序内容	定位基准	加工设备
6	粗车（荒车）	粗车各外圆面	中心孔及外圆	C620B型卧式车床
7	热处理	调质 220～240 HBS		
8	车大端各部	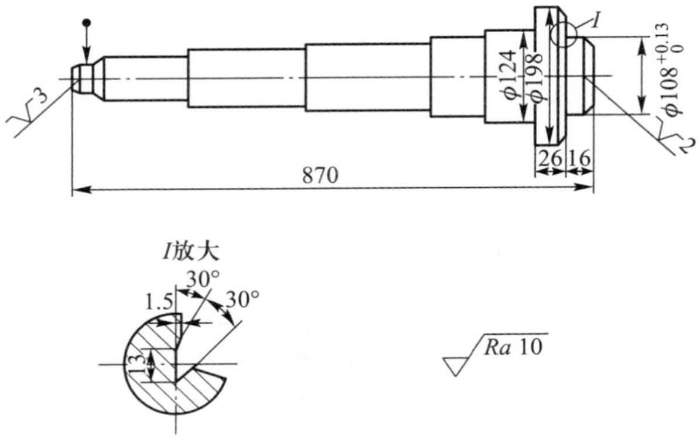 I放大　Ra 10		C620B型卧式车床
9	仿形车小端各部	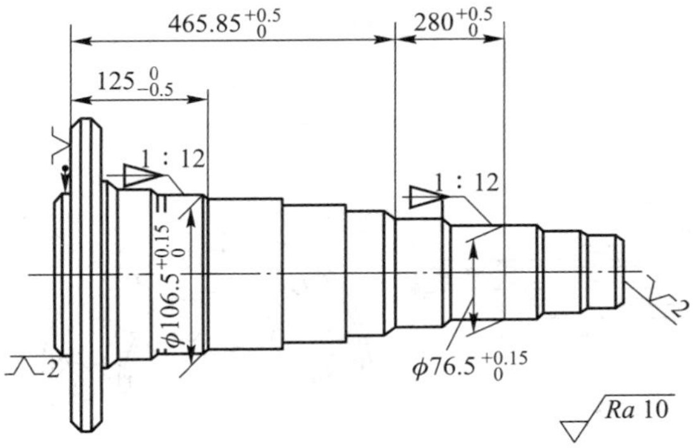 Ra 10	中心孔、短锥外圆	CE7120型仿形车床
10	钻深孔	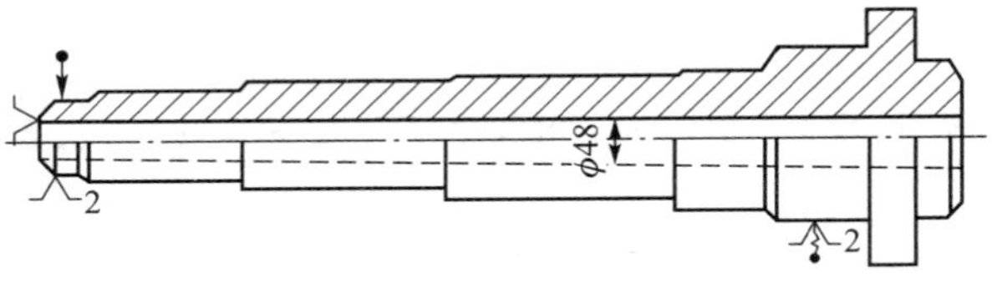	夹小端、架大端	专用深孔钻床

续表

序号	工序名称	工序内容	定位基准	加工设备
11	车小端内锥孔（配1∶20锥堵）；用涂色法检查1∶20锥孔，接触率$\varepsilon=50\%$	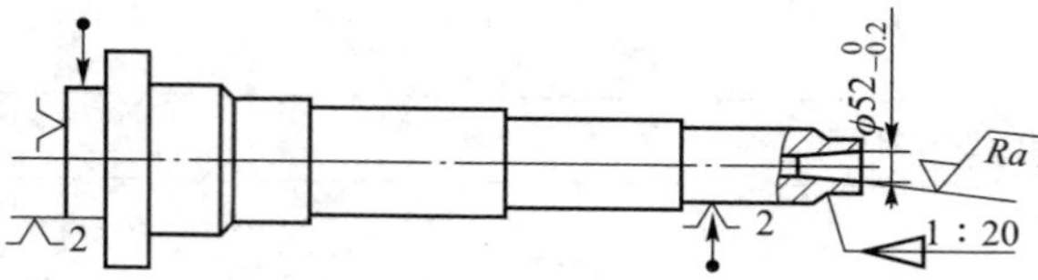	夹大端、架小端	C620B型卧式车床
12	车大端锥面（配6号莫氏锥堵）；车前端锥面及端面；用涂色法检查6号莫氏锥孔，接触率$\varepsilon=30\%$	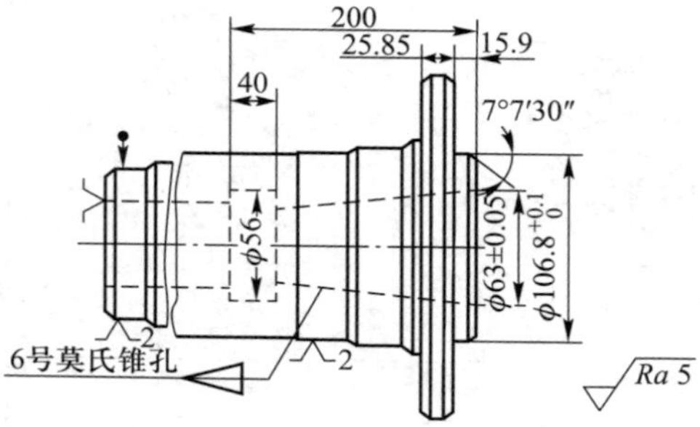	夹小端、架大端	C620B型卧式车床
13	钻大端端面各孔	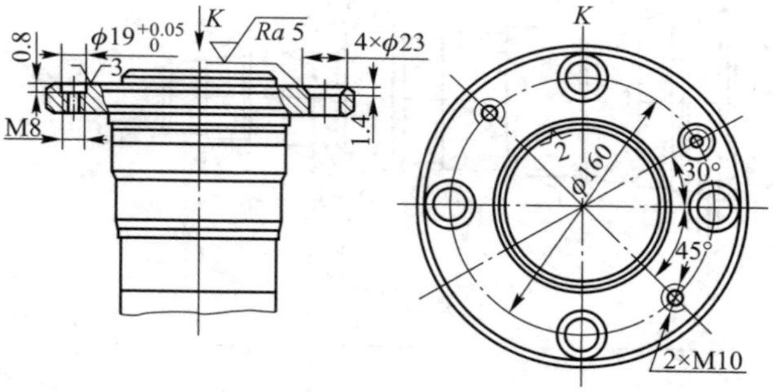	大端锥孔	Z55型钻床
14	热处理	高频淬火前、后支承轴颈，前锥孔、ϕ90g5外圆、短锥及6号莫氏锥孔，45～50 HRC		高频淬火设备

续表

序号	工序名称	工序内容	定位基准	加工设备
15	精车各外圆并车槽	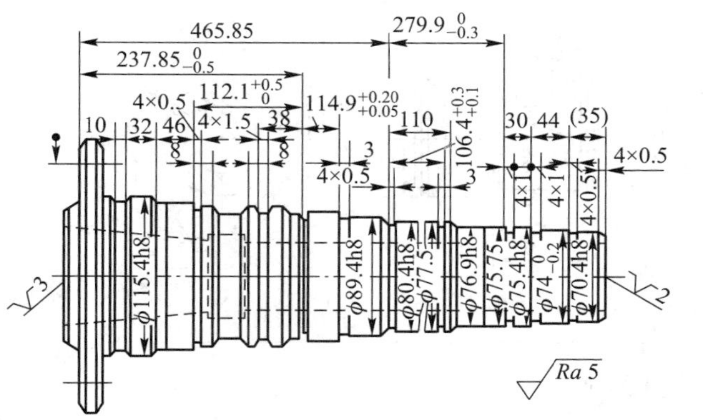 465.85 279.9 $^{0}_{-0.3}$ 237.85 $^{0}_{-0.5}$ 4×0.5 112.1 $^{+0.5}_{0}$ 114.9 $^{+0.20}_{+0.05}$ 10 32 46 4×1.5 38 110 106.4 $^{+0.3}_{+0.1}$ 30 44 (35) 8 8 3 4×0.5 3 4×0.5 4×1 4×1 4×0.5 φ115.4h8 φ89.4h8 φ80.4h8 φ77.5 φ76.9h8 φ75.75 φ75.4h8 φ74 $^{0}_{-0.2}$ φ70.4h8 3 2 Ra 5	中心孔	CSK6163型数控车床
16	粗磨两段外圆	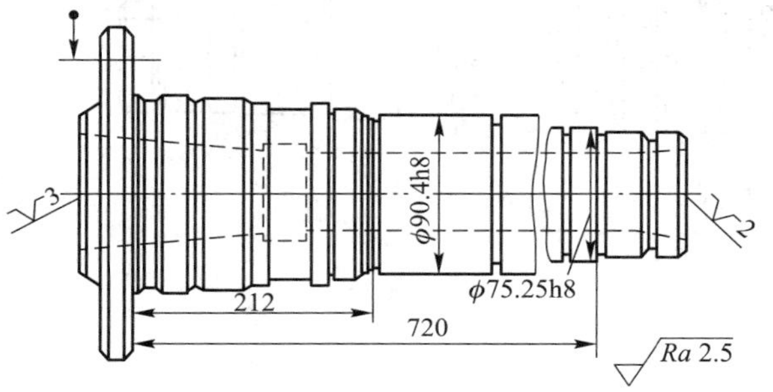 φ90.4h8 φ75.25h8 212 720 3 2 Ra 2.5	堵头中心孔	M1432A型万能外圆磨床
17	粗磨6号莫氏锥孔(重配6号莫氏锥堵)	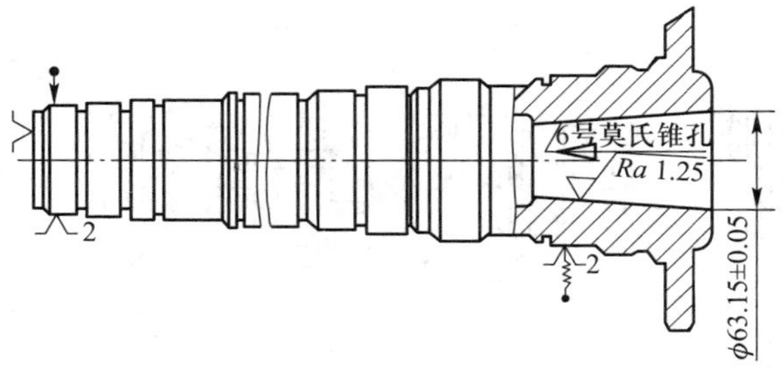 6号莫氏锥孔 Ra 1.25 φ63.15±0.05 2 2	外圆柱面	M2120型内圆磨床
18	粗、精铣花键	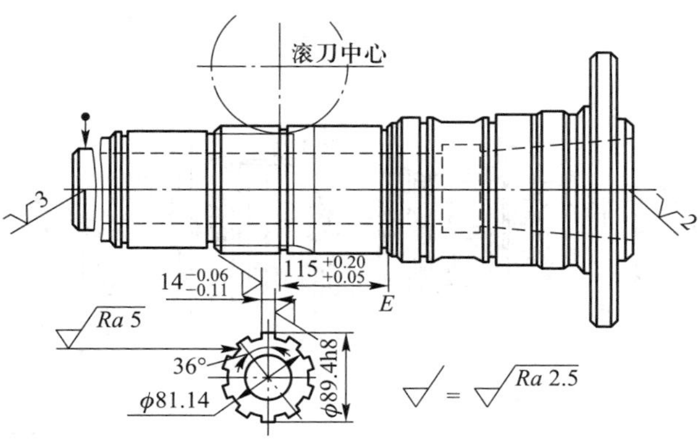 滚刀中心 3 2 14 $^{-0.06}_{-0.11}$ 115 $^{+0.20}_{+0.05}$ E Ra 5 36° φ81.14 φ89.4h8 = Ra 2.5	堵头中心孔	YB6016型花键铣床

续表

序号	工序名称	工序内容	定位基准	加工设备
19	铣键槽	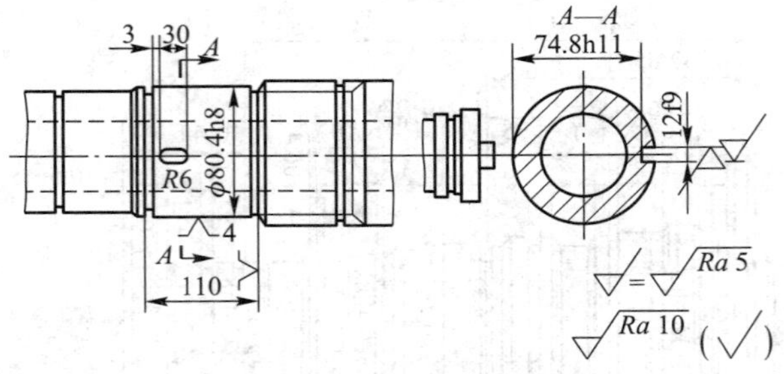 3 30 A A—A 74.8h11 12f9 ϕ80.4h8 R6 4 A 110 Ra 5 Ra 10 (√)	外圆柱面	X52 型铣床
20	车大端内侧面及三段螺纹（配螺母）	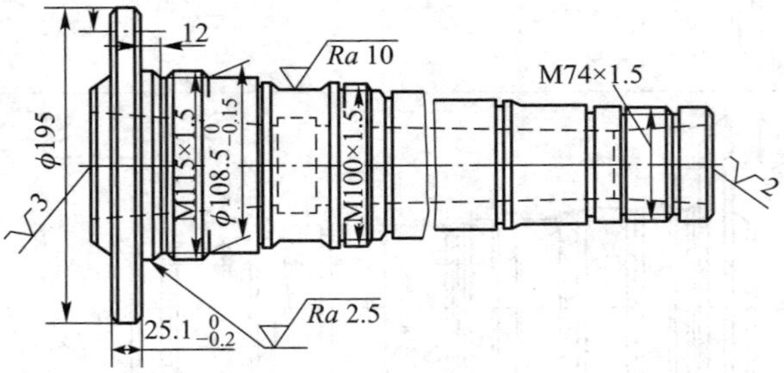 12 Ra 10 M74×1.5 ϕ195 M115×1.5 $\phi 108.5^{0}_{-0.15}$ M100×1.5 3 2 $25.1^{0}_{-0.2}$ Ra 2.5	堵头中心孔	CA6140 型卧式车床
21	粗、精磨各外圆及 E、F 两端面	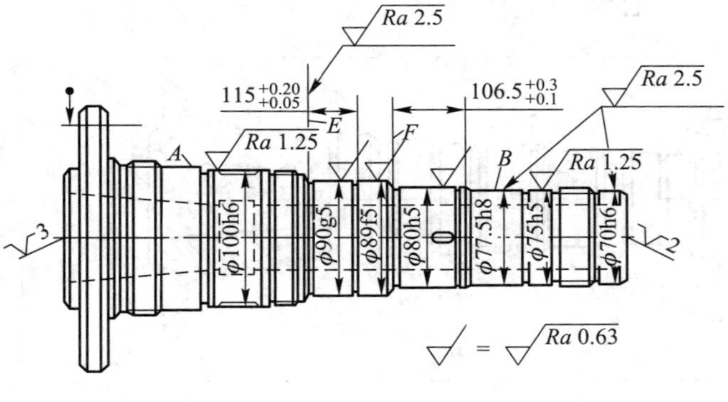 Ra 2.5 $115^{+0.20}_{+0.05}$ E F $106.5^{+0.3}_{+0.1}$ Ra 2.5 A Ra 1.25 B Ra 1.25 3 ϕ100h6 ϕ90g5 ϕ89f5 ϕ80h5 ϕ77.5h8 ϕ75h5 ϕ70h6 2 = Ra 0.63	堵头中心孔	M1432A 型万能外圆磨床
22	粗、精磨圆锥面	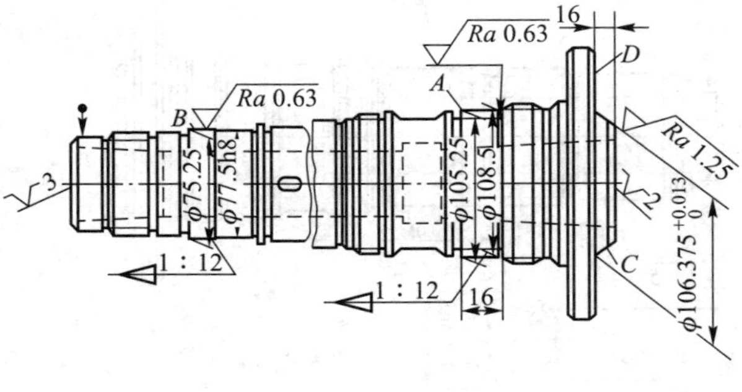 16 Ra 0.63 D A Ra 0.63 B Ra 1.25 3 ϕ75.25 ϕ77.5h8 ϕ105.25 ϕ108.5 2 $\phi 106.375^{+0.013}_{0}$ 1∶12 1∶12 16 C	堵头中心孔	专用组合磨床

续表

序号	工序名称	工序内容	定位基准	加工设备
23	精磨6号莫氏内锥孔，6号莫氏内锥孔用涂色检查，接触率 ε = 30%；6号莫氏内锥孔对主轴端面的位移为±2 mm	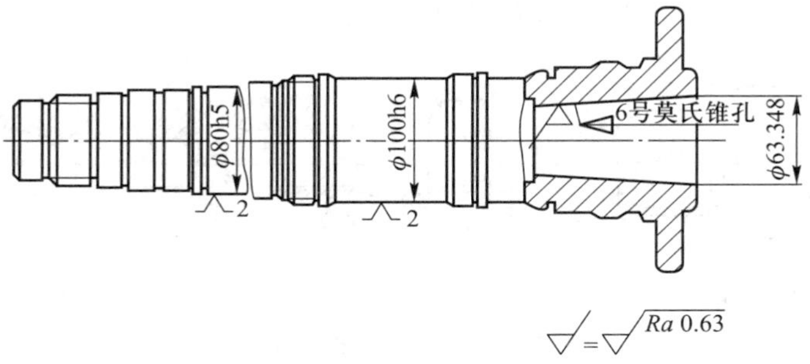 6号莫氏锥孔 φ80h5 φ100h6 φ63.348 2 2 Ra 0.63	外圆柱面	主轴锥孔磨床
24	检验	按图样技术要求项目检验（终检）		

上述主轴加工工艺体现了零件加工工艺制订的基本原则：

（1）粗、精加工分开的原则

由于主轴是多阶梯带通孔的零件，切除大量金属后，会引起残余应力重新分布而变形，故安排工序时，一定要粗精分开，先粗后精。

1）粗加工阶段。车端面，钻中心孔，粗车外圆等。

毛坯处理：包括备料、锻造、热处理（正火）、工序1～3。

粗加工内容：工序4～6。

粗加工目的：切除大部分余量，接近最终尺寸，只留少量余量，及时发现缺陷。

2）半精加工阶段。半精车外圆，各辅助表面（键槽、花键、螺纹等）的加工与表面淬火。

半精加工前热处理：工序7。

半精加工内容：工序8～13。

半精加工目的：为精加工做准备，次要表面达到图样要求。

3）精加工阶段。主要表面（外圆表面与锥孔）的精加工。

精加工前热处理：工序14。

精加工前各种加工：工序15～20。

精加工内容：工序21～23。

精加工目的：各表面都加工到图样要求。

（2）基准使用原则

1）基准统一原则。轴类零件的定位基准最常用的是两中心孔。因为轴类零件各外圆、锥孔、螺纹等表面的设计基准都是轴的中心线，采用两中心孔定位，既符合基准重合原则又符合基准统一原则。

2）基准重合原则。不能用中心孔或粗加工时，采用轴的外圆表面或外圆表面与中心孔组合作为定位基准。磨、车锥孔时采用主轴的装配基准,即前、后支承轴颈定位,符合基准重合原则。

由于主轴是带通孔的零件,作为定位基准的中心孔因钻出通孔而消失。为了在通孔加工之后还能使用中心孔作为定位基准,常采用带有中心孔的锥堵或锥套心轴,当主轴孔的锥度较小时(如车床主轴锥孔,为6号莫氏锥孔),可使用锥堵,如图4.59a所示;当主轴孔的锥度较大(如铣床主轴)或为圆柱孔时,则用锥套心轴,如图4.59b所示。

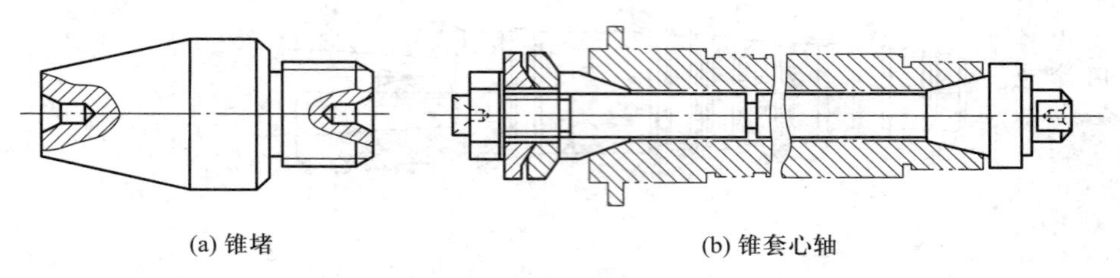
(a) 锥堵　(b) 锥套心轴

图4.59　锥堵和锥套心轴

采用锥堵时,锥堵要具有较高的精度,其中心孔既是锥堵本身制造的定位基准,又是磨削主轴的精基准,因而必须保证锥堵的锥面与中心孔有较高的同轴度。另外,在使用锥堵时,应尽量减少锥堵装夹次数。这是因为工件锥孔与锥堵的锥角不可能完全一样,重新装夹势必引起安装误差,故中、小批生产时,锥堵安装后一般不中途更换。

3）互为基准原则。空心主轴零件定位基准的使用与转换大致采用了如下的方式:开始时以外圆作粗基准铣端面及钻中心孔,为粗车外圆准备好定位基准。然后,以端面和中心孔为基准粗车外圆,为深孔加工准备好定位基准,符合互为基准原则。钻深孔时采用一夹(夹一头外圆)一托(托一头外圆)的装夹方式。之后即加工好前、后锥孔,以便安装锥堵,为半精加工和精加工外圆准备好定位基准。终磨锥孔之前,必须磨好轴颈表面,以便用支承轴颈定位来磨锥孔,从而保证锥孔的精度。

(3) 加工顺序安排原则

主轴加工顺序的安排体现了以下原则:

1）先基准的原则。在安排机械加工工艺时,总是先加工好定位基准面,即基准先行。主轴加工也总是首先安排铣端面、钻中心孔,以便为后续工序准备好定位基准。

2）深孔加工的安排。为了使中心孔能够在多道工序中使用,希望深孔加工安排在最后。但是,深孔加工属粗加工,余量大,发热多,变形也大,会使得加工精度难以保持,故不能放到最后。一般深孔加工安排在外圆粗车之后,以便有一个较为精确的轴颈作定位基准用来搭中心架,这样加工出的孔容易保证主轴壁厚均匀。

3）先外后内、先大后小原则。先加工外圆,再以外圆定位加工内孔。如上述主轴锥孔安排在轴颈精磨之后再进行精磨;加工阶梯外圆时,先加工直径较大的,后加工直径较小的,这样可避免过早地削弱工件的刚度。加工阶梯深孔时,先加工直径较大的,后加工直径较小的,这样便于使用刚度较大的孔加工工具。

4）先主后次的原则。主轴上的花键、键槽、螺纹等次要表面加工,通常均安排在外圆精车或粗磨之后、精磨外圆之前进行。如果精车前就铣出键槽,精车时因断续切削而易产生振动,既影响加工质量又容易损坏刀具,也难控制键槽的深度。这些加工也不能放到主要表面精磨之后,否则会破坏主要表面已获得的精度。

(4) 加工方法与设备选择原则

加工方法与设备选择遵循生产批量与加工设备相适应原则。外圆表面的粗加工和半精加工应采用车削的方法。成批生产时采用转塔车床、数控车床;大批生产时,采用多刀半自动车床、液压仿形半自动车床等。

外圆表面的精加工应用磨削方法,放在热处理工序后进行,用来纠正在热处理中产生的变形,最后达到所需的精度和表面粗糙度。当生产批量较大时,常采用组合磨削(图 4.60)、成形砂轮磨削及无心磨削等高效磨削方法。

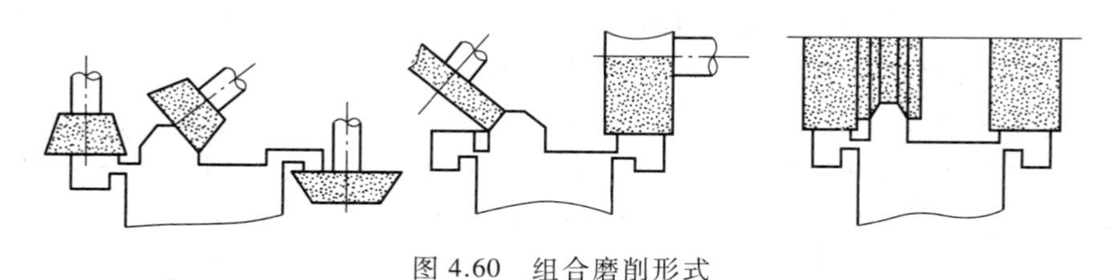

图 4.60 组合磨削形式

3. 主轴中心通孔的加工

主轴中心通孔一般都是深孔(长度与直径之比大于 5)。深孔比一般孔的加工要困难和复杂得多。针对深孔加工的不利条件,要解决好刀具引导、顺利排屑和充分润滑冷却三个关键问题。一般采取下列措施:

1) 采用工件旋转、刀具送进的加工方式,使钻头有自定中心的能力,防止孔中心线偏斜;

2) 采用特殊结构的刀具即深孔钻,以增加其导向稳定性和断屑性能;

3) 在工件上预先加工出一段精确的导向孔,保证钻头从一开始就不引偏;

4) 采用压力输送的冷却润滑液,利用压力将冷却润滑液送入切削区域,对钻头起冷却、润滑作用,并带着切屑排出。

本 章 小 结

1) 车削加工是一种万能型加工方法,尤其是对于回转体零件而言,车削加工几乎可以实现任何回转面的加工。车削所需的成形运动简单,机床结构也相应简单。车床夹具已基本上标准化和通用化。

2) 回转体的磨削加工属于精加工范畴。磨削加工是通过砂轮的旋转运动(主切削运动)、工件的旋转运动(径向进给)和工件或砂轮的轴向进给实现的。回转体的磨削可采用外圆磨床、内圆磨床或无心外圆磨床、无心内圆磨床实现。与外圆磨床相比,无心磨削可采用较大切削量,生产率高,能配自动上料机构,实现自动化生产。

3) 影响磨削质量的因素是磨削参数、砂轮和冷却液的使用等,其中砂轮的选择非常重要。磨削软的工件应选择硬砂轮,磨削硬的工件应选择软砂轮;粗磨宜选用软砂轮,精磨则宜选用硬砂轮。

4）内回转表面的加工可采用钻、扩、铰、磨或钻、扩、镗、磨等加工方法。其中，钻削属于粗加工，适合在实体上进行孔加工的第一道工序。钻孔的尺寸范围为 0.1~80 mm，当孔径超出此范围时，需考虑使用激光打孔或镗削等其它加工方法。

5）车刀与镗刀均属于单刃刀具（双刃镗刀可看作是两把单刃镗刀同时切削），有整体式、焊接式、机夹式等结构。整体式刀具刚性较好，但回收性差；焊接式刀具刀体可重复利用，但焊接后的刀刃材料性能变差；机夹式刀具的刀片更换、调整需要一定的技术水平，但刀具整体性能较好，刀体可重复使用，可节约成本。

6）钻刀的切削性能取决于钻尖的几何形状。普通麻花钻由于横刃较长，钻芯前角为负，其导向性与切削性能较差。改进的麻花钻通过磨低横刃、增大钻芯部分前角等可提高钻刀的切削性能。

7）车床上常用的夹具有卡盘、夹头、法兰盘、心轴等。三爪或四爪卡盘是车床上常用的夹具。大多数圆磨床夹具和车床夹具在结构上相似，但圆磨床夹具的精度要求比车床夹具高，因而夹具的制造精度也要相应提高，而且还须经过很好的平衡。钻床夹具用于钻床上孔加工的定位与夹紧，常用的有固定式钻模、翻转式钻模、盖板式钻模及钻模板。镗床夹具主要用于加工精密孔或孔系，按导向支架的布置形式分为双支承镗模、单支承镗模和无支承镗模三类。

8）制订回转体零件的加工工艺，定位基准的选择非常重要。对于长轴类零件，采用两端中心孔的定位方式可使得基准统一；对于套筒类零件，若要求薄厚均匀，则通常以外圆表面为基准；对于内、外表面要求同轴的零件加工，则通常采取内、外表面互为基准的加工方式。

思考题与练习题

4.1 指出下列机床型号中各位数字代号的具体含义。

CG6125B，XK5040，Y3150E

4.2 机床的主要技术参数有哪些？

4.3 写出用计算法确定主运动驱动电动机功率的理论公式，并解释公式中各项的内容。

4.4 举例说明何谓简单运动？何谓复合运动？其本质区别是什么？

4.5 用下列方法加工所需表面时，需要哪些成形运动？其中哪些是简单运动，哪些是复合运动？并画出相应简图来表示。

（1）用成形车刀车削外圆锥面；

（2）用尖头车刀纵、横向同时运动车外圆锥面；

（3）用钻头钻孔；

（4）用拉刀拉削圆柱孔；

（5）插齿刀插削直齿圆柱齿轮；

4.6 举例说明何谓外联传动链？何谓内联传动链？其本质区别是什么？对两种传动链有何不同要求？

4.7 何谓回转体零件？其主要特征是什么？

4.8 分析车削加工回转体零件的成形原理。

4.9 试分析钻孔、扩孔和铰孔三种加工方法的工艺特点，并说明这三种孔加工工艺之间的联系。

4.10 标准高速钢麻花钻由哪几部分组成？切削部分包括哪些几何参数？

4.11 简述车削加工的工艺范围。

4.12 无心外圆磨床为什么能把工件磨圆？为什么它的加工精度和生产率往往比普通外圆磨床高？

4.13 车床结构形式有哪些？试列举三种车床类型,并说明各自的加工特点。

4.14 分析图 4.61 所示回转体零件的加工要求,在中批生产规模下制订该零件的加工工艺。

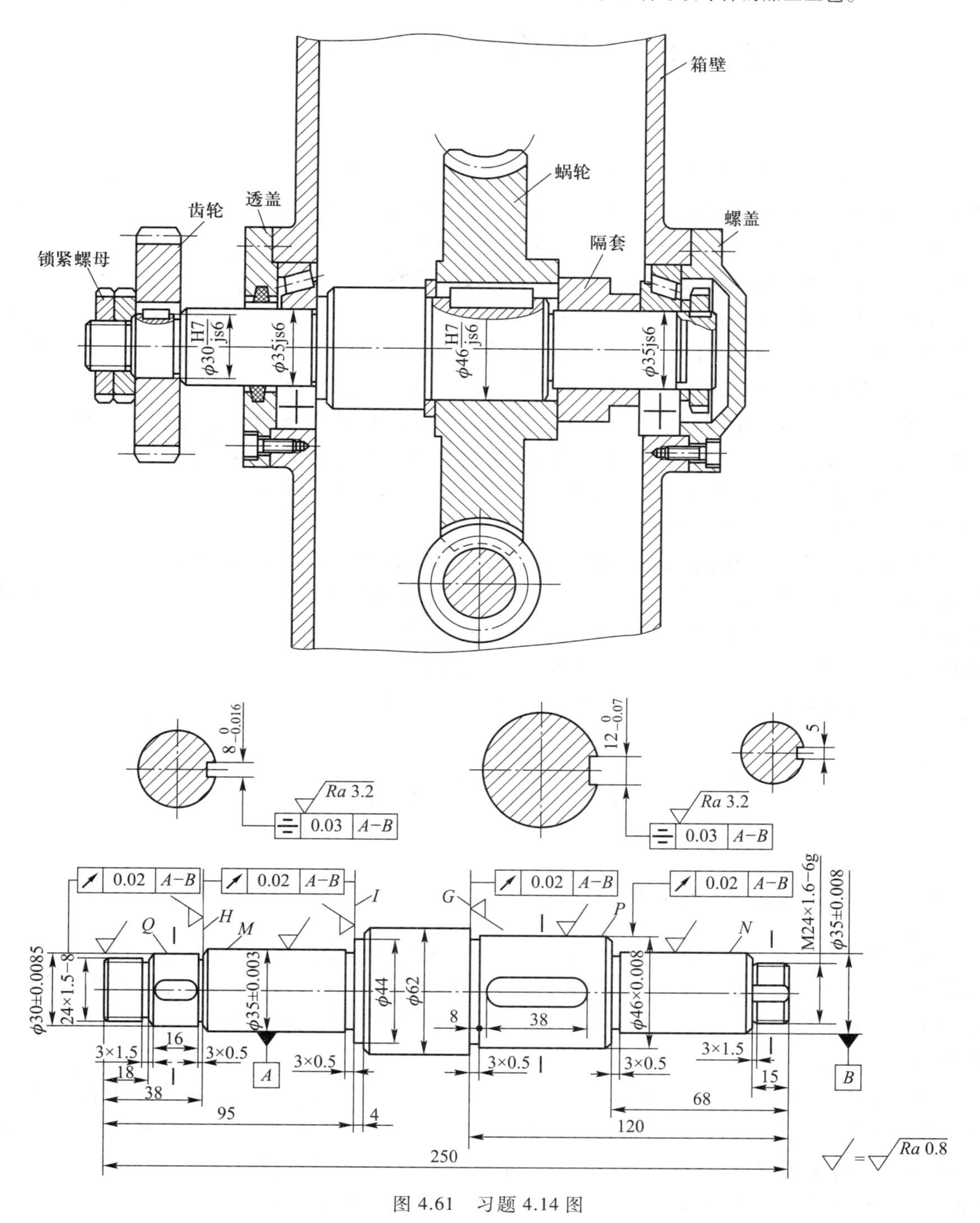

图 4.61 习题 4.14 图

第5章 非回转表面加工工艺与装备

除了产生零件上的各种内、外回转表面外，切削和磨削加工还可以产生平面和其它形状更为复杂的表面，如沟槽、齿面、螺旋面、自由曲面等。这些复杂表面的加工不同于内、外圆表面加工，其成形过程中通常是工件不动或作直线、旋转进给，刀具或砂轮作旋转主运动，也可能是工件或刀具作直线主运动。采用这类方法可以进行非回转表面的加工。

非回转表面的加工方法主要有铣削、刨削及插削、拉削、磨削等，本章将逐一对这几种加工方法的原理、设备和刀具进行介绍，然后介绍非回转表面加工中的工件安装和常用夹具，最后总结非回转表面加工方法的选用原则，给出典型非回转零件加工工艺示例。

不能由轮廓母线绕导线回转而生成的表面都是非回转表面，其形状千姿百态，如平面、斜面、沟槽、螺旋面、弧齿面、自由曲面等。除非回转体零件（如箱体、连杆、机架、床身等）的大多数表面都是非回转表面外，回转体零件上也具有许多非回转表面，如台阶轴的台阶面和端面、曲轴的扇块平面和斜面、摩擦轮的键槽面等。

非回转表面的成形加工运动比回转表面的成形加工运动更为复杂，不能由刀具轮廓或轨迹形成的母线绕工件旋转形成的导线而完成，而需要多个运动合成。主运动只有一个，可以是旋转运动或者直线往复运动，由刀具承担；进给运动有多个，可以是直线往复运动、曲线移动、旋转运动或者它们的综合，可以由刀具或工件承担或两者同时承担。

非回转表面常用的加工方法有铣削、刨削、插削、拉削和磨削。

5.1 铣削加工

5.1.1 铣削加工方法概述

铣削是铣刀的旋转运动为主运动，工件或铣刀作进给运动的一种切削加工。铣削运动的特征是铣刀绕自身轴线回转作主运动，工件安装在工作台上相对铣刀作进给运动（也可以是铣刀既旋转又移动而工件不动）。铣刀通常具有多齿多刃，在旋转的多齿铣刀沿各轴相对工件移动的过程中，工件材料被切除。

铣削应用非常广泛，主要适用于加工平面（水平面、垂直面等）、沟槽（键槽、T形槽、燕尾槽等）、多齿零件上的齿槽（齿轮、链轮、棘轮、花键轴等）、螺旋形表面（螺纹和螺旋槽）及各种成形曲面，特别是非通透的内型腔表面，所能达到的精度为IT7～IT10，表面粗糙度 Ra 值为1.6～6.3 μm。图5.1所示为典型铣削加工工艺方法。铣削还可以和车削复合加工回转面。

铣削具有生产率高、刀齿散热条件较好、切削过程不平稳等工艺特点。铣削的主运动是铣刀旋转，有利于采用高的切削速度。铣刀有几个刀刃同时参加切削工作且无空行程，总的切削宽度

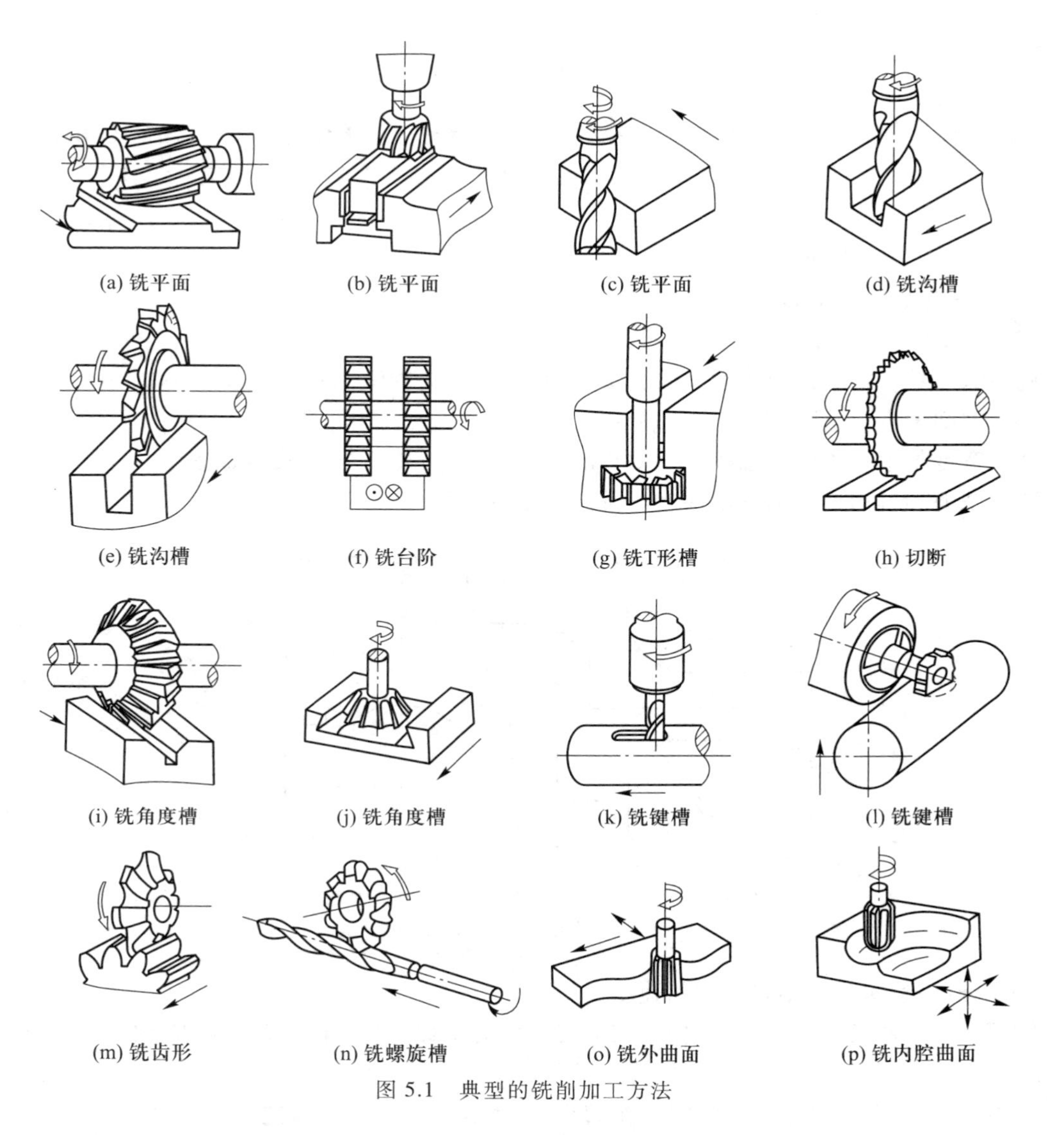

图 5.1　典型的铣削加工方法

较大，所以铣削生产率一般比较高。铣刀每转一圈，各个刀刃依次切入和切出工件，刀齿在切出时可以散热，但因多刀齿不断切入、切出而受力的冲击和热的影响，引起铣削力变化，造成振动现象，不平稳的铣削过程会加速刀具磨损甚至可能引起刀齿破损。

值得注意的是，高速铣削特别是用立铣刀进行高速铣削因能显著提高生产率和加工表面质量，并能直接切削淬硬材料而备受重视，近十来年得到迅速发展和应用。主轴每分钟万转以上的铣床在生产中已广泛使用，典型的应用有铣削铝合金航空部件和蜂窝结构体、用 TiAlN 涂层小直径球头立铣刀高速铣削淬硬钢锻模腔等。

5.1.2　铣削参数和铣削方式

1. 铣削用量

铣削用量包括铣削速度、铣削深度、铣削宽度及进给量等四要素，从进给量又可得出每齿进给量和进给速度。

(1) 铣削速度

铣削速度是铣刀旋转运动中最大直径处切削刃的线速度,单位为 m/min,用 v_c 表示:

$$v_c=\frac{\pi d_0 n}{1\ 000} \tag{5.1}$$

式中:d_0——铣刀直径,mm;

n——铣刀转速,r/min。

(2) 铣削深度(背吃刀量)

铣削深度是平行于铣刀轴线方向测量的切削层尺寸,单位为 mm,用 a_p表示。

(3) 铣削宽度(侧吃刀量)

铣削宽度是垂直于铣刀轴线方向测量的切削层尺寸,单位为 mm,用 a_e表示。

圆柱铣刀和端面铣刀的铣削深度与铣削宽度,如图 5.2 所示。

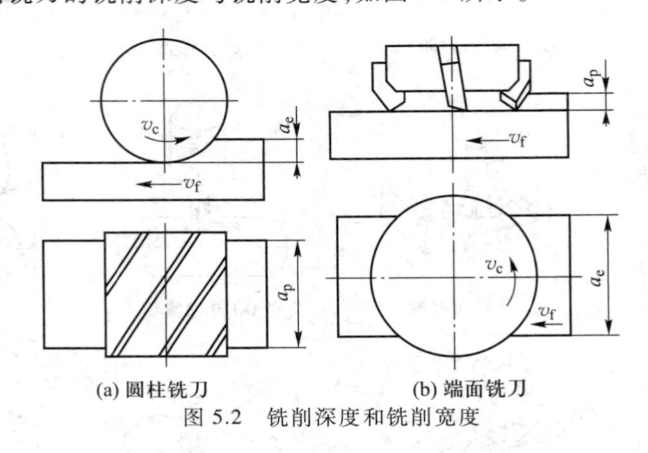

图 5.2 铣削深度和铣削宽度

(4) 进给量、每齿进给量和进给速度

铣刀每转一圈,工件在进给方向上与铣刀的相对位移即为铣削时的进给量,单位为 mm/r,用 f 表示。

铣刀有多个刀齿,铣削中每转过一个刀齿,工件在进给方向上与铣刀的相对位移称为每齿进给量,单位为 mm/z,用 f_z表示。$f_z=f/z$,z 为刀齿数

进给速度是单位时间内工件在进给方向上与铣刀的相对位移,单位为 mm/min,用 v_f表示,$v_f=nf=nzf_z$。

2. 铣削切削层参数

铣削切削层指的是铣削中铣刀相邻两个刀齿在工件上所形成加工表面之间的切去材料层,其参数包括切削层公称厚度(简称切削厚度)、切削层公称宽度(简称切削宽度)和切削层总面积。

(1) 切削层公称厚度

切削层公称厚度是铣刀相邻两个刀齿在工件所形成加工表面之间的垂直距离,即在基面间测量的相邻两齿切削刃运动轨迹间的距离,用 h_D 表示。无论圆柱铣刀或端面铣刀,铣削中切削厚度都是随时变化的。

在圆柱铣削中,$h_D=f_z\sin\theta$。如图 5.3 所示,当铣刀切削刃转角 $\theta=0°$时,$h_D=0$;当 $\theta=\psi$ 时,h_D

最大，ψ 称为接触角。

在端面铣削（图 5.4）中，$h_D = f_z \cos\theta \sin\kappa_r$。

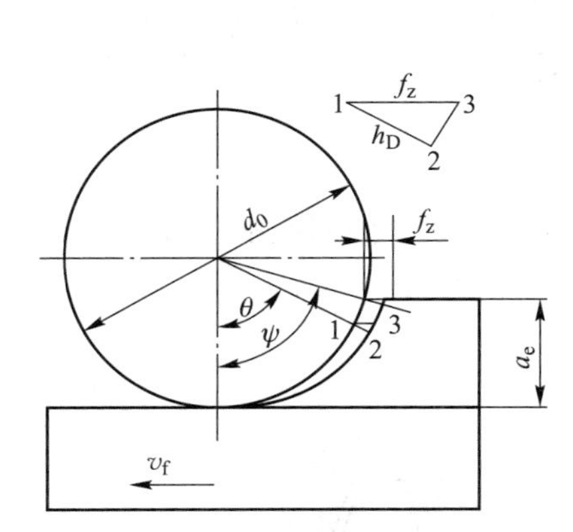

图 5.3 圆柱铣刀的切削层参数

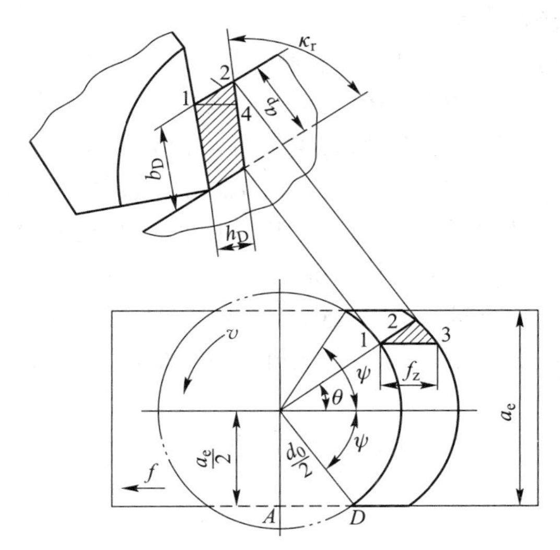

图 5.4 端面铣刀的切削层参数

（2）切削层公称宽度

切削层公称宽度是铣刀主切削刃与工件的啮合长度，即在基面中测量的切削刃工作长度，用 b_D表示。对端铣刀，$b_D = a_p / \sin\kappa_r$；对直齿圆柱铣刀，$b_D = a_p$。螺旋齿圆柱铣刀的切削刃工作长度 l_D随刀齿位置而变化，如图 5.5 所示，所以其每齿切削层公称宽度 b_D也是变化的。

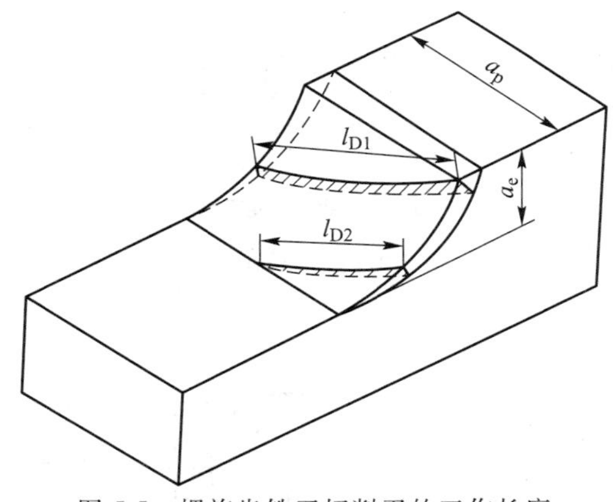

图 5.5 螺旋齿铣刀切削刃的工作长度

（3）切削层总面积

铣刀同时有几个刀齿参加切削，各个刀齿的切削面积之和即为切削层总面积，用 A_D表示。A_D也是个变量。

3. 铣削方式

（1）周铣与端铣

按照铣刀切削工件时刀齿的形位，有周铣（用圆周上的刀刃切削，刀具轴线平行于被加工表面）和端铣（用端面上的刀刃切削，刀具轴线垂直于被加工表面）两类方法。

1）端铣的加工质量比周铣高。与周铣相比，端铣同时工作的刀齿数多，铣削过程较平稳；端铣刀有副切削刃，可修光已加工表面；端铣最小切削厚度不为零，后面与工件的摩擦比周铣小，有利于提高刀具寿命和减小加工表面粗糙度值。

2）端铣的生产率比周铣高。端铣刀直接安装在铣床的主轴端部，刀具系统刚性好，刀齿可镶硬质合金刀片，易于采用大的切削用量进行强力切削和高速切削，使生产率得到提高。

3）端铣的适应性比周铣差。端铣一般只用于铣平面，而周铣可采用多种形式的铣刀加工平面、沟槽和成形面等，因此周铣的适应性强，应用广泛。

（2）顺铣与逆铣

铣削加工中周铣与端铣这两种方法又形成了顺铣和逆铣两种方式。圆周铣削和端面铣削的顺铣与逆铣方式分别如图 5.6、图 5.7 所示。

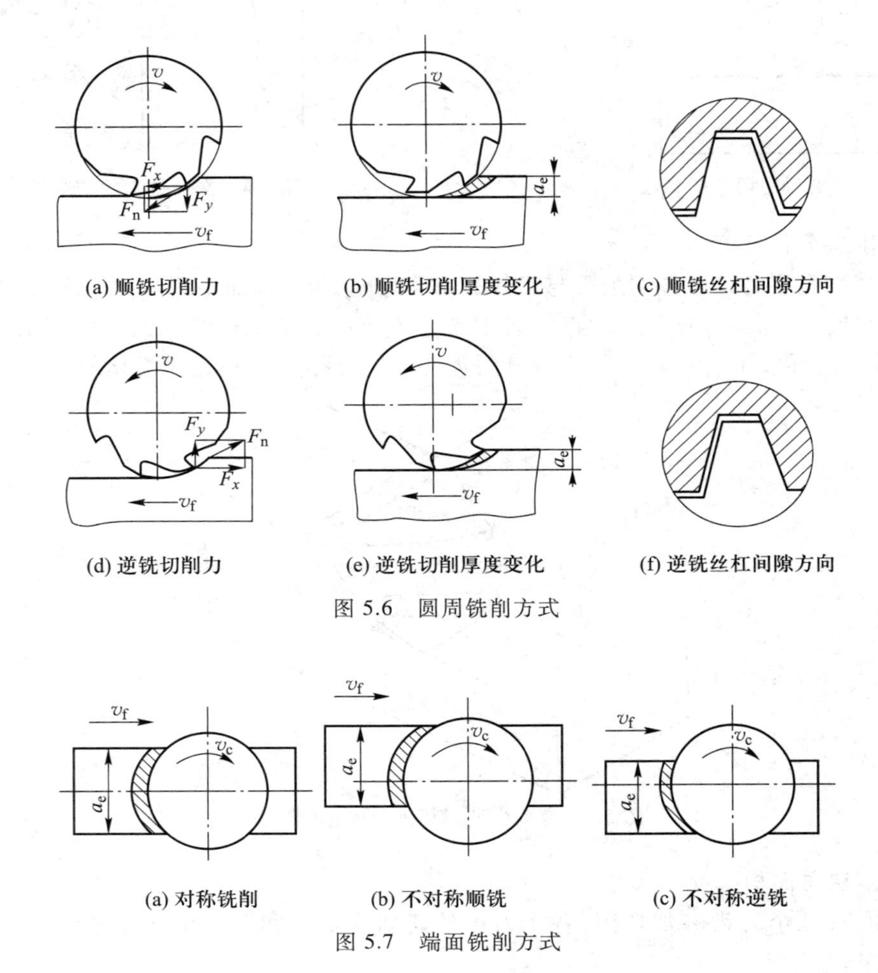

(a) 顺铣切削力　(b) 顺铣切削厚度变化　(c) 顺铣丝杠间隙方向

(d) 逆铣切削力　(e) 逆铣切削厚度变化　(f) 逆铣丝杠间隙方向

图 5.6　圆周铣削方式

(a) 对称铣削　(b) 不对称顺铣　(c) 不对称逆铣

图 5.7　端面铣削方式

顺铣时，工件的进给方向与铣刀的旋转方向相同，铣削力的垂直分力向下，将工件压向工作台，增大夹紧力，可减少工件振动的可能性，使铣削较平稳；刀齿以最大铣削厚度切入工件然后逐渐减小至零，可避免挤压、滑行现象，后面与工件无摩擦，因而不容易磨损，加工表面质量较好。

但这样的切入会使刀齿受冲击力而增加磨损的可能性,降低铣刀寿命,特别是当铣削表面硬度高的工件时(例如铸件或锻件表面的粗加工),因刀齿首先接触硬皮,将加剧刀齿的磨损。此外,因铣削力的水平分力与工件进给方向相同,当机床工作台的进给丝杠与螺母有间隙且无消除间隙机构时,会引起进给窜动,使工件进给量不均匀,甚至可能打刀。所以,当机床没有消除丝杠间隙机构时,一般不采用顺铣。

逆铣时,工件的进给方向与铣刀旋转方向相反,铣削力的垂直分力向上,对工件造成上抬趋势,使工件需要较大的夹紧力;铣削厚度从零逐渐增至最大,切削力也由零逐渐增加到最大值,可避免刀齿因冲击而破损。由于铣刀刃口处总有圆弧存在,而不是绝对尖锐的,所以铣刀刀齿每当切入工件的初期,都要先在工件已加工表面上挤压、滑行,使后面与工件产生摩擦,会加速刀齿磨损,同时也使工件已加工表面质量下降,造成工件表层加工硬化。

(3) 对称铣削与不对称铣削

端铣时有如图 5.7 所示的三种切削方式。如图 5.7a 所示,对称铣削切入、切出时的切削层公称厚度相等,有较大的平均切削层公称厚度。当用小的每齿进给量铣削表面硬度高的工件时,为使刀齿超过冷硬层切入工件,适宜采用这种切削方式。

如图 5.7b 所示,不对称顺铣切出时的切削层公称厚度最小。用于加工不锈钢和耐热合金等难切削材料时,可提高硬质合金铣刀的切削速度和减少剥落破损。

如图 5.7c 所示,不对称逆铣切入时的切削层公称厚度最小,切出时切削层公称厚度最大。用于铣削碳钢和合金钢时,可减小切入冲击,有利于延长硬质合金铣刀寿命。

5.1.3 铣刀的类型及用途

铣刀是刀齿分布在回转面或端面上的多刃刀具。铣刀的类型很多,按加工工件的表面形状分,有平面铣刀、槽铣刀、键槽铣刀、角度铣刀、齿轮铣刀、成形铣刀等。按铣刀刀齿(主切削刃)分布来分,有圆柱铣刀、端铣刀、立铣刀、角度铣刀和组合铣刀(三面刃铣刀)等。按刀齿疏密程度分,有粗齿铣刀和细齿铣刀。粗齿铣刀刀齿数少、刀齿强度高、容屑空间大,用于粗加工;细齿铣刀齿数多、容屑空间小,用于精铣。按铣刀刀齿齿背形状分,有尖齿铣刀和铲齿铣刀。尖齿铣刀是铣刀中的一大类,图 5.1a~j 所示皆为尖齿铣刀。尖齿铣刀的特点是齿背经铣制而成,并磨出一条窄的后面,铣刀用钝后只需刃磨后面,具有加工表面质量好、刀具寿命长、切削效率高等优点。铲齿铣刀的特点是齿背经铲制而成,铣刀用钝后仅刃磨前面,重磨后刀刃形状保持不变,容易制造和重磨,适用于切削刃轮廓形状复杂的铣刀,如成形铣刀。图 5.1 m 所示即为铲齿成形铣刀。图 5.8 为尖齿齿背和铲齿齿背的示意。

铣刀及其与刀柄的连接、刀柄与机床的连接等都已标准化。以下介绍几种常用铣刀。

1. 端面铣刀

端面铣刀用于立式或卧式铣床上加工平面。如图 5.1b、图 5.9 所示,铣刀轴线垂直于被加工平面,铣刀的旋转为主运动 n_0,工件相对铣刀的平移为进给运动 v_f,加工表面沿铣刀轴向与铣刀的啮合长度为铣削深度 a_p,垂直铣刀轴向的啮合量为铣削宽度 a_e。

端铣刀的刀齿在铣刀的端部,主切削刃分布在圆柱表面或圆锥表面上,端部切削刃为副切削刃。小直径端铣刀用高速钢整体制造。大多数端铣刀刀盘直径比较大,一般是在刀盘上安装硬质合金刀片形成刀齿,可承受较大的切削载荷。

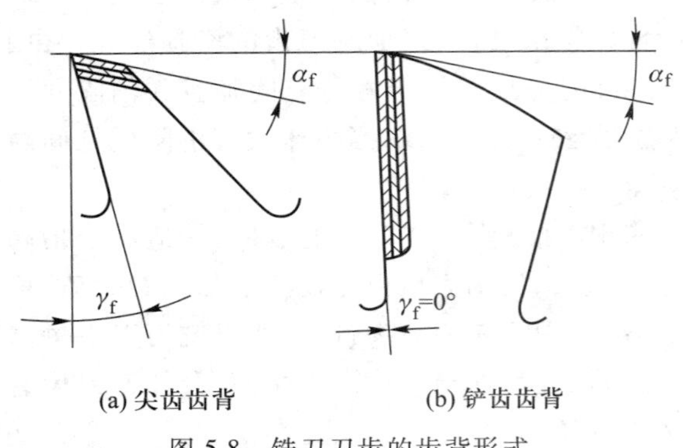

图 5.8　铣刀刀齿的齿背形式

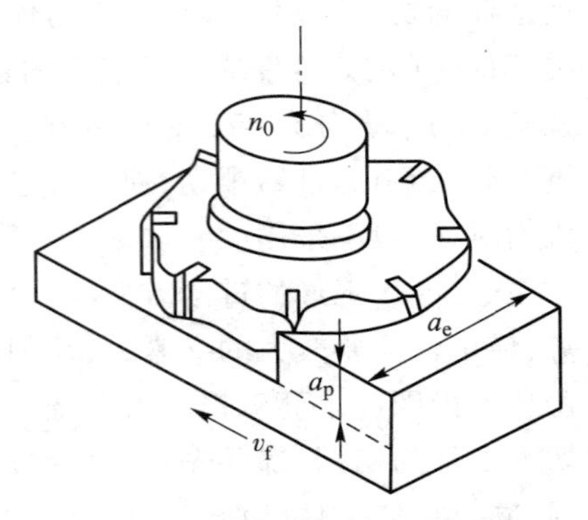

图 5.9　端面铣刀加工平面

端铣刀盘用刀柄安装在铣床主轴上,刀柄悬伸,只在一端有支承。端铣刀在铣床主轴上的定位依赖于定位孔(常用 7 : 24 的锥孔定位),用端面键传递扭矩。端铣刀可在立式铣床、卧式铣床或万能铣床上使用。

由于端铣刀刀柄伸出较短,刚性好,同时参与切削的刀齿较多,因而端铣刀的切削速度和进给量比圆柱铣刀大,切削力波动小,铣削中振动小,加工表面粗糙度值小,生产率高,故加工平面多用端铣刀。

2. 圆柱铣刀

圆柱铣刀用于在卧式铣床上加工平面。如图 5.1a、图 5.10 所示,铣刀的旋转为主运动 n_0,工件相对铣刀的平移为进给运动 v_f,加工表面沿铣刀轴向与铣刀的啮合长度为铣削深度 a_p,垂直铣刀轴向的啮合量为铣削宽度 a_e。

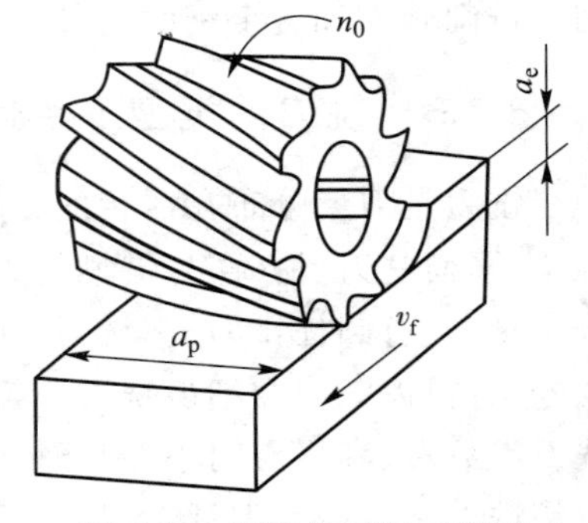

图 5.10　圆柱铣刀加工平面

圆柱铣刀的多个刀齿分布在圆柱面上,仅在圆柱表面上有切削刃,其它面上没有切削刃,每个刀齿呈螺旋形,以提高切削加工的平稳性。这种铣刀大部分用高速钢制造,也可以镶焊螺旋形的硬质合金刀片,其承受切削载荷的能力通常低于端铣刀。

圆柱铣刀用刀柄安装在铣床主轴上,两端有支承。铣刀轴线平行于被加工面,铣刀上的内孔是刀具制造和使用时的定位孔,内孔上的键槽用于连接铣刀与刀柄并传递切削力矩。通常应在保证铣刀柄有足够的强度和刚度、刀齿有足够容屑空间的条件下,按刀柄直径和铣削用量来选择铣刀直径。

3. 立铣刀

立铣刀可用于加工平面,沟槽,台阶面和内、外成形曲面(图 5.1c、d、o、p)。立铣刀圆柱面上的刀刃是主切削刃,端面上的刀刃是副切削刃,所以它不同于孔加工刀具,一般不能沿轴向进给。立铣刀的端部可以做成平底或球头,或者柱面与端面之间有圆弧过渡,其中球头立铣刀因为有球面切削刃,所以可作轴向进给的切削运动。立铣刀的刀齿分为直齿和螺旋齿两类,螺旋形刀齿有利于切削和排屑,可采用较大的进给量和切入深度。立铣刀借助于柄部装夹在铣床的主轴上,柄部是刀具使用时的定位面,也是传递扭矩的表面。小直径立铣刀的柄部为圆柱形,大直径立铣刀的柄部为圆锥形。立铣刀大多用高速钢制造,也有一些用硬质合金制造。小直径刀具做成整体式,大直径刀具做成镶齿式,采用焊接式或机夹可转位式刀片。

4. 槽铣刀

机械零件上有各种形状的沟槽,因此也已经有很多种类的沟槽加工铣刀,包括圆柱形和圆盘形两大类,如普通槽铣刀、三面刃铣刀、键槽铣刀、T 形槽铣刀、单角度铣刀和双角度铣刀等。立铣刀也常用于加工沟槽。

普通槽铣刀的外形是个圆盘,主切削刃分布在圆柱表面上,两侧端面上分布的是副切削刃,用于加工浅沟槽。两面刃和三面刃铣刀也是圆盘状,但它们除了有圆柱面上的主切削刃外,还分别在一侧或两侧面有主切削刃,从而可改善侧面的切削条件,提高加工质量。由于直齿切削刃在齿全宽上同时参加切削,切削力波动大。为增加切削平稳性、改善切削条件,常采用错齿三面刃铣刀,即刀具相邻两刀齿交错地左斜和右斜排列。两面刃铣刀可用于加工台阶面,三面刃铣刀可用于加工沟槽或台阶面,如图 5.1e、f 所示。

同圆柱铣刀一样,普通槽铣刀和两面、三面刃铣刀也是用刀柄安装在卧式铣床上,刀盘内孔是定位面,孔中的键槽用于传递力矩。小直径铣刀用高速钢整体制造,大直径铣刀做成镶硬质合金刀片式。

锯片铣刀主要用于加工窄缝或窄槽以及切断工件,如图 5.1h 所示。

T 形槽铣刀是悬臂安装的刀柄一端装有一个圆盘槽铣刀,用于在已预开通槽的工件上加工出 T 形槽,如图 5.1g 所示。

键槽铣刀有立式和盘式两种,分别用于加工圆头封闭键槽和半圆键槽,如图 5.1k、l 所示。立式键槽铣刀与立铣刀的区别在于它仅有两个刀瓣且端面刀刃延伸到刀具中心,圆周切削刃和端面切削刃都可以起主要切削作用。立式键槽铣刀在加工中先作轴向进给,直接切入工件,然后沿键槽方向运动,一般要多次作这两个方向的进给才能完成键槽加工。

角度铣刀用于铣削角度沟槽、刀具上的容屑槽以及斜面,分为单角度铣刀、不对称双角度铣刀和对称角度铣刀三种。单角度铣刀刀齿分布在锥面和端面上,锥面刀齿完成主要切削工作,端面刀齿只起修整作用。双角度铣刀刀齿分布在两个锥面上,用以完成两个斜面的成形加工(图 5.1i),也常用于加工螺旋槽。利用合适的角度铣刀可以铣出相应的斜面,如图 5.1j 所示。铣斜面多选用单角度铣刀,铣刀切削刃长度应稍大于斜面宽度,这样就可一次铣出且无接刀痕。因此,角度铣刀常用来铣窄斜面。由于角度铣刀刀齿分布较密,排屑困难,故铣削时应选用较小的铣削用量,特别是每齿进给量要小。

5. 成形铣刀

成形铣刀用于在普通铣床上加工成形表面(如图 5.1n、m 所示加工成形沟槽和齿轮)。由于其刀齿廓形与工件加工表面吻合,故这种刀具需要根据加工表面形状的廓形而专门设计制造。若工件的法平面形状和尺寸改变,则成形刀具刃形也要相应改变。

用于加工齿轮的成形铣刀有盘形和指形两种,如图 5.11 所示,可加工直齿或斜齿的圆柱齿轮、齿条或人字齿轮,其中齿轮模数较小($m \leqslant 10 \sim 16$ mm)时采用盘形铣刀,模数大时采用指形铣刀。盘形铣刀结构简单,制造成本低,加工精度和生产率也比较低。指形铣刀在无空刀槽的人字齿轮加工中应用较多。根据渐开线原理,模数相同而齿数不同的渐开线齿轮其齿形不同,为了减少刀具的规格数量,对模数相同、齿数相近的齿轮用同一成形铣刀加工。常用的盘形齿轮铣刀为

8 把一套(齿数 12 ~ ∞),指形铣刀要求精度较高时可做成 15 把一套或按实际齿数专门设计制造。

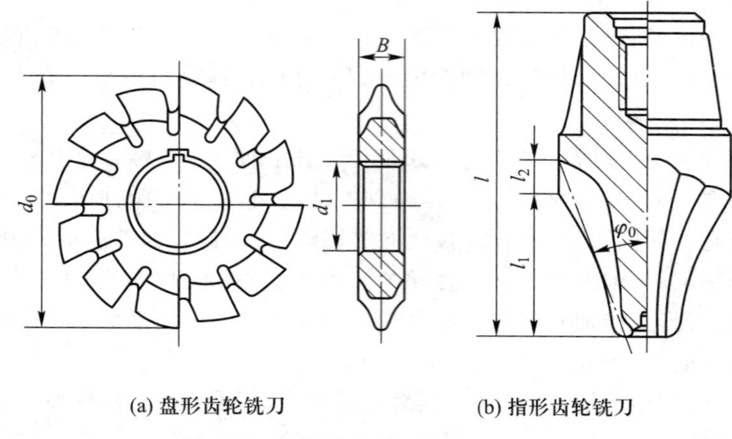

(a) 盘形齿轮铣刀　　(b) 指形齿轮铣刀

图 5.11　加工齿轮的盘形和指形铣刀

5.1.4　铣刀角度

无论哪种铣刀,虽有多刀齿,但其各个刀齿形状相同。与标注车刀几何角度一样,标注铣刀几何角度也需要先建立标注参考系,然后在不同的坐标平面上标注各角度。

铣刀的参考平面和标注角度如图 5.12 所示。

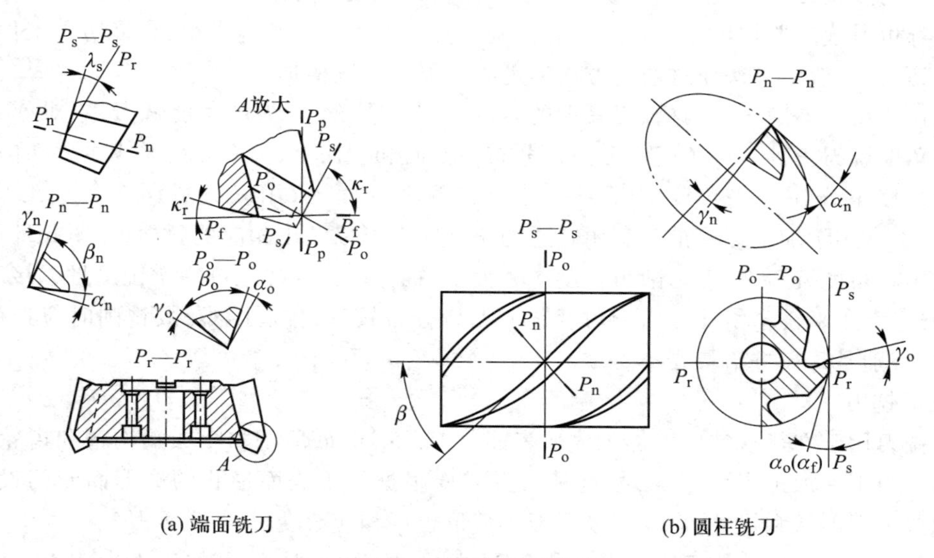

(a) 端面铣刀　　(b) 圆柱铣刀

图 5.12　铣刀的几何角度

1. 参考平面

基面 P_r——过铣刀切削刃上选定点并包含刀具轴线的平面。

切削平面 P_s——过铣刀切削刃上选定点并切于加工表面的平面。

正交平面 P_o——过铣刀切削刃上选定点并垂直于刀具轴线的平面。端铣刀的正交平面垂直于切削刃在选定点基面上的投影。

法平面 P_n——过铣刀切削刃上选定点并垂直于主切削刃的平面。

进给平面 P_f 和切深平面 P_p——这两个面互相垂直,且都垂直于切削刃上选定点的基面。

2. 标注角度

(1) 正交平面前角 γ_o

在正交平面中标注。由于铣削为非连续切削,刀齿受冲击,因此切削刃应有较高强度,其前角一般小于车刀前角,硬质合金铣刀前角应小于高速钢铣刀前角。端铣刀受冲击力更大,前角应取更小值或加负倒棱,负倒棱宽度应小于每齿进给量。

(2) 正交平面后角 α_o

在正交平面中标注。铣刀后角通常比车刀后角大,精铣刀后角大于粗铣刀后角。高速钢粗齿和细齿铣刀的后角分别为 12°和 16°,锯片铣刀后角为 20°;硬质合金粗、细齿铣刀的后角分别为 6°~8°和 12°~15°。

为了刀具制造和测量方便,除正交平面角度外还需要标注其它平面的前角和后角,各平面之间角度的互换方法与车刀各平面之间角度的换算方法相同。

(3) 主偏角 κ_r和副偏角 κ'_r

在基面中测量。圆柱铣刀的主偏角 $\kappa_r=90°$,无副切削刃。槽铣刀、锯片铣刀、立铣刀、两面刃铣刀和三面刃铣刀皆有主偏角 $\kappa_r=90°$,前两者副偏角推荐值为 15′~1°,后三者副偏角推荐值为 1°30′~2°;硬质合金铣刀铣钢和铸铁时推荐的副偏角为 $\kappa'_r=0°\sim5°$,主偏角分别为 $\kappa_r=60°\sim75°$和 45°~60°。

(4) 刃倾角 λ_s

在切削平面中测量。圆柱铣刀和立铣刀的刃倾角 λ_s 就是刀齿螺旋角 β。硬质合金铣刀的刃倾角对刀尖强度影响较大,只有加工低强度材料时才用正的刃倾角。

5.1.5 铣床的类型及用途

铣床是用途广泛的金属切削机床之一。由于铣削速度高和采用多刃切削,所以铣床的生产率较高。但是铣刀每个刀齿的切削过程是断续的,每个刀齿的切削厚度又在变化,容易引起机床振动,因此对铣床的刚度和抗振性有较高要求。

铣床的种类很多,有升降台铣床、卧式铣床、立式铣床、落地铣床、龙门铣床、工具铣床、仿形铣床、各种专门化铣床、数控铣床和铣削加工中心。近年来高速铣床是个发展趋势。各种形式的铣床各有特点,为制造不同类型的零件提供了各种方法。

与车床等机床一样,我国铣床类型也按 GB/T 15375—2008《金属切削机床 型号编制方法》编制,由表示该铣床所属的系列、主要规格、性能和特征等的代号组合而成。

数控铣床和铣削加工中心是近二十年来应用日益广泛的先进加工设备,而卧式升降台铣床、万能卧式升降台铣床、立式升降台铣床、龙门铣床等是常用的传统铣床。以下介绍这几种传统铣床。

1. 卧式升降台铣床和万能升降台铣床

升降台铣床的主要特点是工作台安装在升降台上,可以随之上下、左右、前后移动进给,加工范围灵活，适应加工各种中、小型零件。

卧式升降台铣床简称卧铣，其特征是主轴轴线与工作台面平行，即主轴呈横卧位。圆柱或圆盘铣刀通过刀柄安装在铣床主轴上并用托架支承，铣刀和刀柄随主轴旋转，工件装夹在工作台上作进给运动。这类铣床主要用于铣削平面、沟槽和成形表面。

图 5.13 是一种常见的卧式升降台铣床示例。床身 3 固定在底座 1 上，用于安装和支承机床各部件，床身内装有主运动变速传动机构、主轴组件以及操纵机构等。床身 3 顶部的导轨上装有横梁 6，横梁上装有刀柄支架 7，用于支承刀柄 5 的悬伸端，可沿主轴 4 的轴线方向调整其前后位置。升降台 9 安装在床身 3 的垂直导轨上，可以上下（垂直）移动，升降台内装有进给运动变速传动机构以及操纵机构等。升降台的水平导轨上装有床鞍（横滑板），可沿平行主轴 4 的轴线方向（横向）移动。工作台 8 装在床鞍的导轨上，可沿垂直于主轴轴线的方向（水平纵向）移动。因此，固定在工作台 8 上的工件可在相互垂直的三个方向之一实现进给或调整位移。

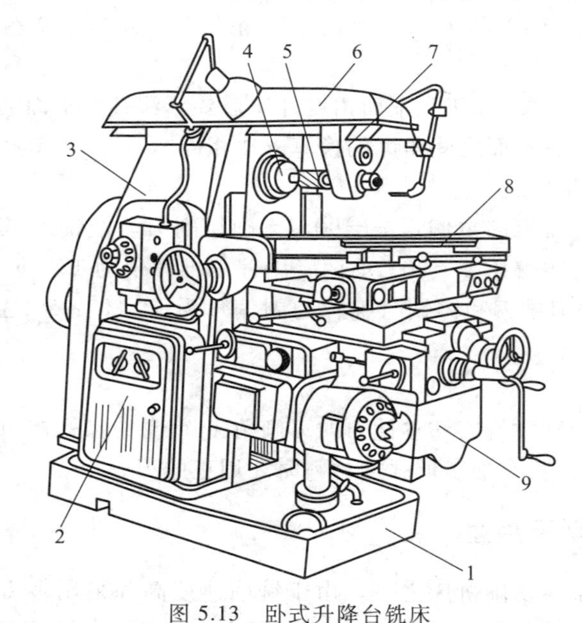

图 5.13　卧式升降台铣床

1—底座；2—电气柜；3—床身；4—主轴；5—刀柄；6—横梁；7—刀柄支架；8—工作台；9—升降台

万能升降台铣床简称万能铣，其结构与卧式升降台铣床的结构基本相同，只是在工作台 8 和床鞍之间增加了一层转台。工作台可沿转台上部的导轨移动，转台可相对于床鞍在水平面内调整一定的角度（±45°），因此可实现工件斜向进给，以便加工螺旋槽等表面。有些万能升降台铣床还配有立铣头，以增大工艺范围。

2. 立式升降台铣床

立式升降台铣床简称立铣，与卧式升降台铣床的主要区别在于其主轴是竖直布置（垂直于工作台）的，用立铣头代替了卧式升降台铣床的水平主轴、横梁、刀柄及支架，并且立铣头连同主轴可在垂直平面内偏转一定角度，其它部分与卧式升降台铣床相似。这类铣床刚度较大因而抗振性较好，可以采用较大的铣削用量，方便观察加工情况和调整铣刀位置，可用端铣刀、立铣刀、键槽铣刀等加工平面、斜面、台阶面、沟槽，配用圆形工作台、分度头等机床附件，还可以铣削离合器以及齿轮、凸轮等成形面，所以应用很广泛，特别为非回转非通透的内腔面切削所必需。

图 5.14 是一种常见的立式升降台铣床示意图。

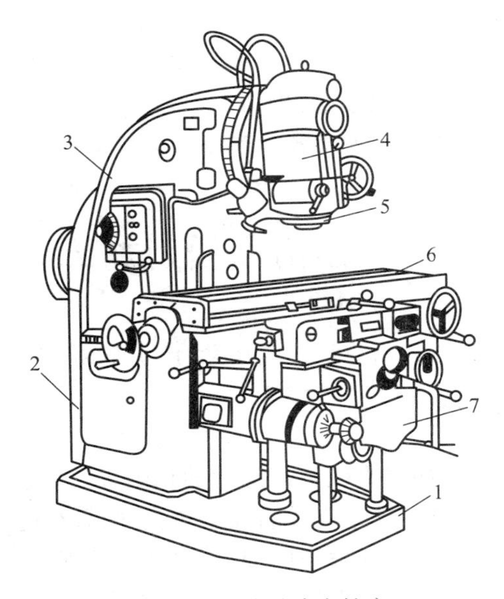

图 5.14　立式升降台铣床

1—底座；2—电气柜；3—床身；4—立铣头；5—主轴；6—工作台；7—升降台

3. 龙门铣床

龙门铣床是一种大型通用铣床。如图 5.15 所示，这类铣床具有龙门式的框架，在其横梁和立柱上安装着 3~4 个铣削头，适用于加工大型工件上的平面和沟槽。

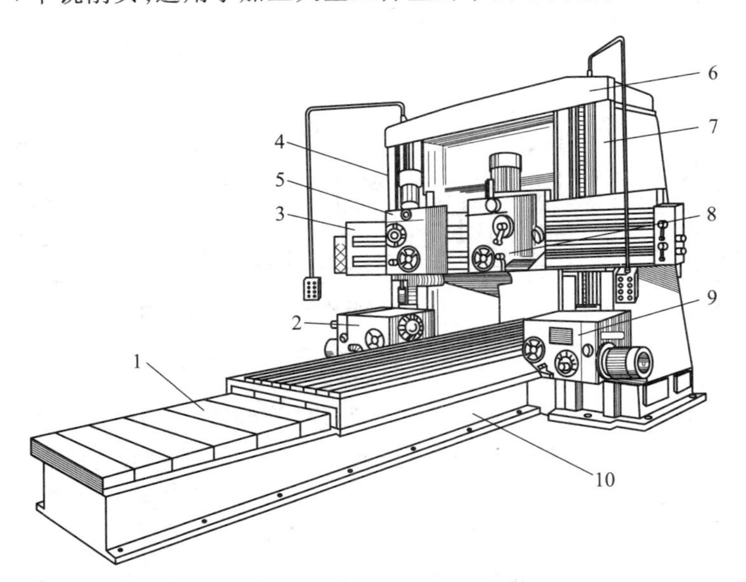

图 5.15　龙门铣床

1—工作台；2、9—水平铣头；3—横梁；4、7—立柱；5、8—垂直铣头；6—顶梁；10—床身龙门铣床的每个铣头都是一个独立的主运动部件,其中装有单独的主运动电动机、变速机构、传动机构、操纵机构和主轴。铣头可以分别在横梁或立柱上移动,用做横向或垂直进给运动及调整运动;铣刀可沿铣头的主轴套筒移动,实现轴向进给运动;横梁可沿立柱作垂直调整运动。加工时,工作台带动工件作纵向进给运动。龙门铣床可以用多个铣头同时加工一个工件的几个表面或同时加工几个工件,所以生产率高,特别适用于批量生产。但是,多刀多面切削产生的切削力大且变化频繁,因此要求龙门铣床要有很好的刚性和抗振性。

5.2 刨削和插削加工

刨削和插削加工中,刀具或工件沿直线轨迹运动,产生平面、沟槽或成形表面。

5.2.1 刨削加工方法概述

刨削是用刨刀对工件作水平相对直线往复运动的切削方法,其主要应用如图 5.16 所示。刨削的主运动是直线往复运动,进给运动是直线间歇运动;刨削只在进程中进行切削,回程为空程。为适应不同尺寸和质量的工件而有不同类型的刨床,其表面成形运动有不同的分配形式:中、小型工件用牛头刨床加工,刀具作主运动;大型工件用龙门刨床加工,工件作主运动。

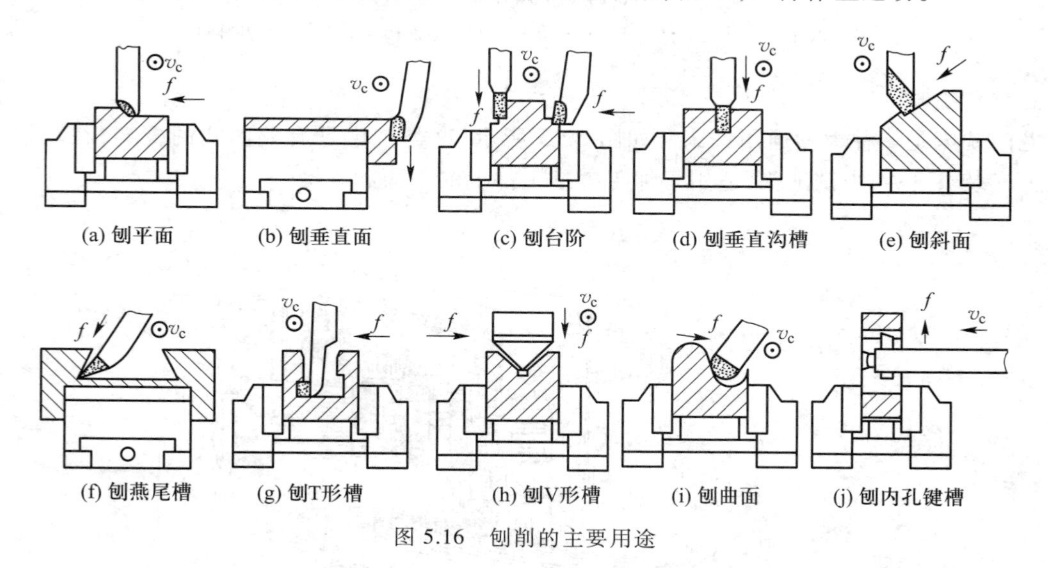

图 5.16 刨削的主要用途

由于主运动是直线往复运动且回程不切削,刨刀只单刃切削,切削速度受限,加工效率低,切削时有冲击和振动现象,因此刨削有逐渐被其它加工方法取代的趋势,尤其在牛头刨床上刨削,目前几乎只在维修、装配车间应用。但是在刨削中,工件和刀具得到充分冷却,故一般不需要使用切削液。加工窄而长的表面时,刨削效率可能优于铣削。

刨削方法所能达到的经济尺寸精度为 IT8~IT9,表面粗糙度 Ra 值一般为 1.6~6.3 μm。在龙门刨床上应用低速宽刀精刨,切除极薄的加工余量,能取得很高的加工精度和很小的表面粗糙度值(平面度允差不大于 0.02/1 000、Ra 值达 0.4~0.8 μm)。

5.2.2 插削加工方法概述

用插刀相对工件作垂直直线往复运动的切削加工方法称为插削加工。插削在插床上进行，可以看作“立式刨削”，用于单件、小批生产中加工内孔中的键槽等内表面，也可加工某些外表面。图 5.17 是一些插削加工的表面形状示例。

插削方法所能达到的经济尺寸精度和表面粗糙度与刨削方法相近。

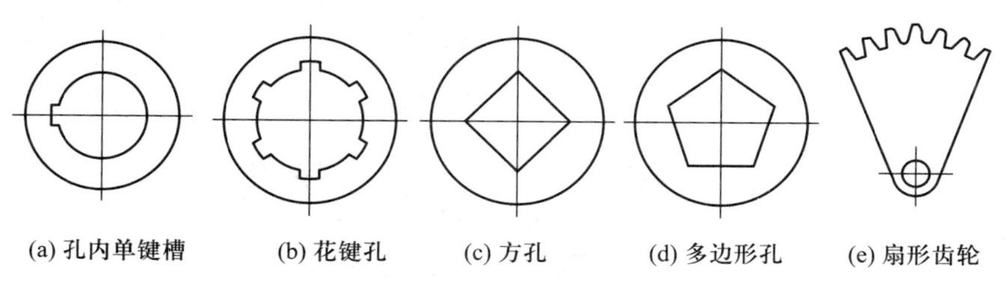

(a) 孔内单键槽　(b) 花键孔　(c) 方孔　(d) 多边形孔　(e) 扇形齿轮

图 5.17　插削加工的表面形状

5.2.3 刨刀与插刀

由于刨刀和插刀只作间歇直线运动，所以它们与外圆车刀类似，其切削部分的几何角度标注和换算方法相同，但刀体横截面一般比车刀大 1.25~1.5 倍，两者的安装结构有所不同。按加工表面和加工方式不同，常用的刨刀形式有平面刨刀、偏刀、角度偏刀、切刀、弯切刀及成形刀。刨刀的结构及主要参数见表 5.1，插刀的结构及主要参数见表 5.2。

表 5.1　刨刀的结构及主要参数

$\kappa_r=45°$弯头通切刨刀	$\kappa_r=45°$直头通切刨刀	弯头切断、切槽刨刀
I 型 II 型	I 型 II 型	

续表

弯头宽刃精刨刀	直头宽刃精刨刀	弯头侧面刨刀

B/mm	10	12	16	20	25	30	40
H/mm	16	20	25	30	40	45	60
L/mm	150	200	250	300	350	400	500

表 5.2 插刀的结构及参数

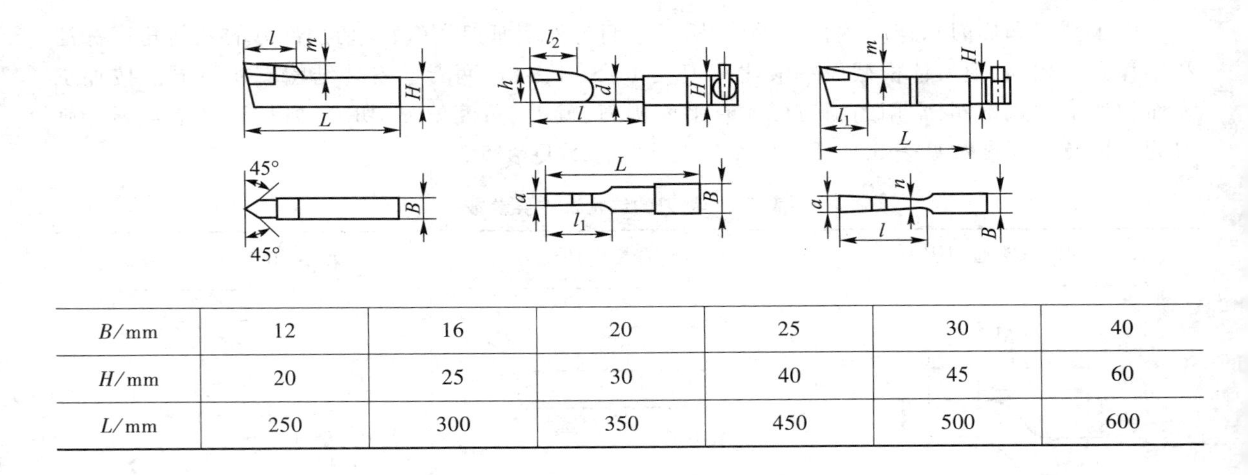

B/mm	12	16	20	25	30	40
H/mm	20	25	30	40	45	60
L/mm	250	300	350	450	500	600

5.2.4 刨床与插床

按刨床的结构特征,刨床分为牛头刨床、龙门刨床。插床也属于刨床类。

1. 牛头刨床

牛头刨床多加工与安装基面平行的表面,故为卧式。图 5.18 所示为一种常见牛头刨床,床身 5 装在底座 6 上,床身上部的滑枕 4 带动刀架 3 作往复主运动,通过滑枕上的手柄可调节往复行程大小及刀具切削区段位置;滑座 2 带动工作台 1 沿床身上的垂直导轨上下升降,以适应不同高度的工件加工;工作台 1 连同工件可在滑座 2 上横向间歇进给;刀架 3 可在左、右两个方向调整角度,操纵其顶部的手柄可使刀架斜向进给,用以刨削斜面或侧面。

滑枕带动刀架滑向工作台为切削进程,刀具被压紧可切入工件;向后滑回为不切削的空程,

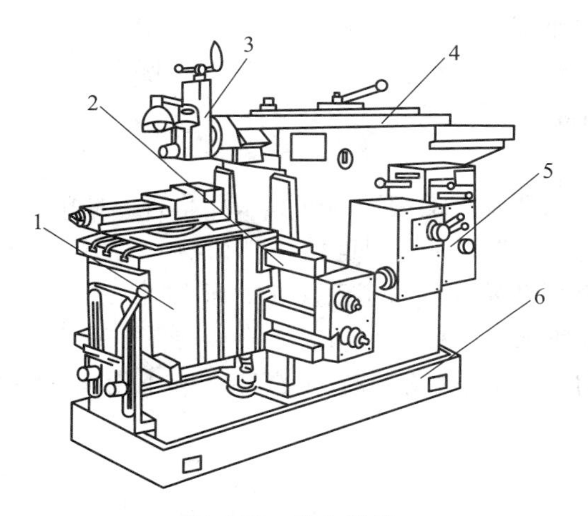

图 5.18　牛头刨床

1—工作台;2—滑座;3—刀架;4—滑枕;5—床身;6—底座

刀具在空程中被工件顶起而浮动滑回(让刀)。工作台带动工件的横向进给是在刨刀退回之后且尚未进入下个切削进程的间隙时间里完成的,在刨刀向前切削时是停止进给的。

牛头刨床适合中小型零件的单件、小批加工。

2. 龙门刨床

刨削较长的零件时,不宜采用牛头刨床,因为滑枕行程太大而悬伸太长,因此采用龙门式结构,工作台带动工件作纵向往复运动,刀具作间歇进给运动。龙门刨床的外形如图 5.19 所示。立柱 3、7 固定在床身 10 的两侧,由顶梁 4 连接,从而组成一个龙门架,横梁 2 上装有立刀架 5、6 并可在立柱上升降,工作台 9 可在床身上作纵向直线往复运动,两个横刀架 1、8 可分别在两根立柱上升降(间歇进给或快速调位)。三个进给箱其一在横梁 2 的右端,驱动两个立刀架,其余两个分别装在左、右横刀架上。工作台、进给箱及横梁升降等,都由单独的电动机驱动。

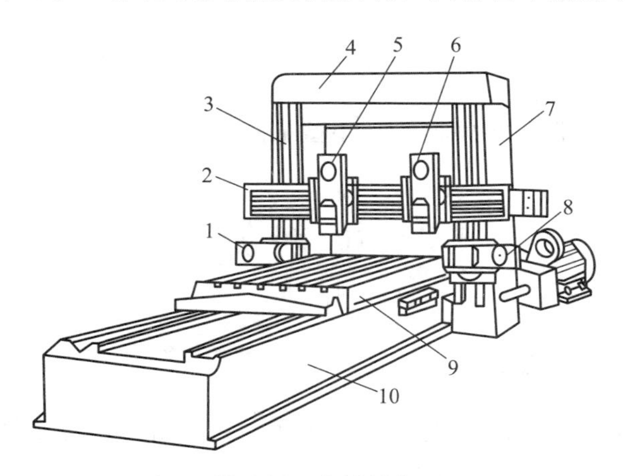

图 5.19　龙门刨床

1、8—横刀架;2—横梁;3、7—立柱;4—顶梁;5、6—立刀架;9—工作台;10—床身

龙门刨床主要用于大型、重型工件的中、小批生产,加工长而窄的平面,如机床导轨面、沟槽,

或在工作台上安装几个中、小型零件，同时进行多件加工。在大批、大量生产中，它常被龙门铣床所代替。龙门刨床在精刨时可得到较高的加工精度（直线度允差为0.02/1 000）和表面质量（表面粗糙度 $Ra \leqslant 0.32 \sim 2.5\ \mu m$）。

3. 插床

插床实质上是立式刨床，所加工的表面与安装基面垂直。插削主要用来加工各种垂直的槽，如键槽、花键槽等，特别是盘状零件内孔的键槽，有时也用来加工多边形孔，如四方孔、六方孔。利用划线，插床也可加工盘形凸轮等特殊型面。在插床上加工内表面比在刨床上更方便。

插床的外形如图5.20所示。滑枕5带动插刀沿立柱6作垂直往复主运动，安装工件的圆形工作台4在圆周方向作分度运动或进给运动，上滑座3和下滑座2分别带动圆形工作台4和工件作横向及纵向进给运动。

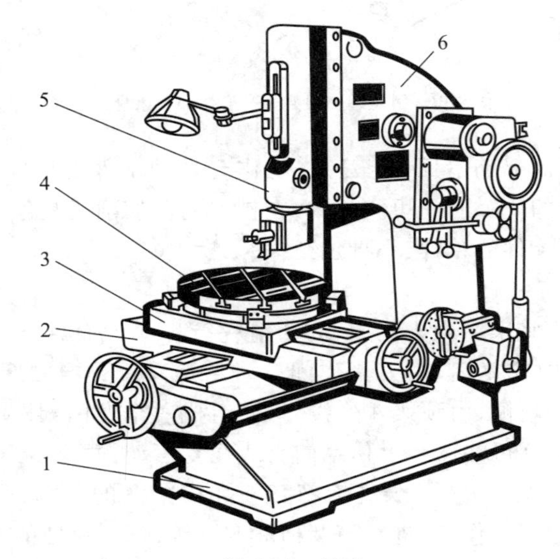

图5.20　插床

1—底座；2—下滑座；3—上滑座；4—圆形工作台；5—滑枕；6—立柱

插床主要用于单件、小批生产中加工中、小型工件。

5.3　拉削加工

5.3.1　拉削加工方法概述

在拉床上用拉刀加工工件的方法称为拉削加工。拉削可以认为是刨削的发展，其主运动为刀具的低速直线运动，但没有往复。如图5.21所示，多层次的拉刀其后一个刀齿略高于前一个刀齿（即有齿升量），一次拉削行程中逐齿依次从工件被加工表面上切下很薄的金属层，各层刀齿之间的进给在此期间已经完成，故没有另外的进给运动。由于在一个拉削行程中就完成了粗加工、半精加工和精加工，达到所需的加工精度和表面粗糙度要求，因此拉削加工是一种高生产率和高精度的加工方法，切削效率可达铣削的 3～8 倍，并能达到 IT7～IT8 的加工精度和 $Ra0.8$～5 μm的表面粗糙度。

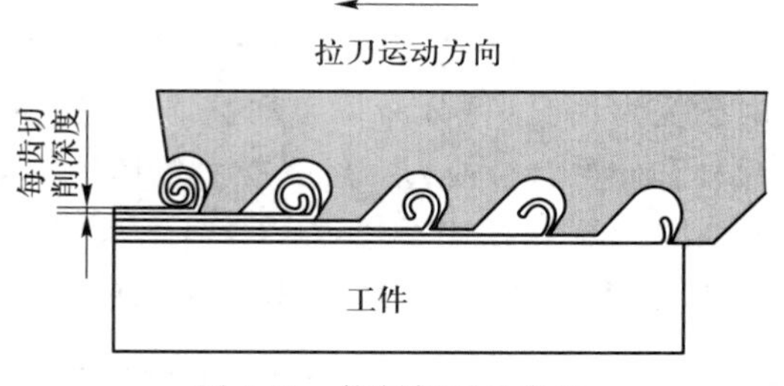

图 5.21　拉削加工示意图

拉削方法常用于加工圆孔和各种异形孔，也可用于加工平面和成形表面，但是对于孔加工，零件上必须有预制通孔拉刀才能进入。对于不通孔、深孔、阶梯孔和有障碍的外表面，不能用拉削。图 5.22 所示为拉削加工的典型表面形状。

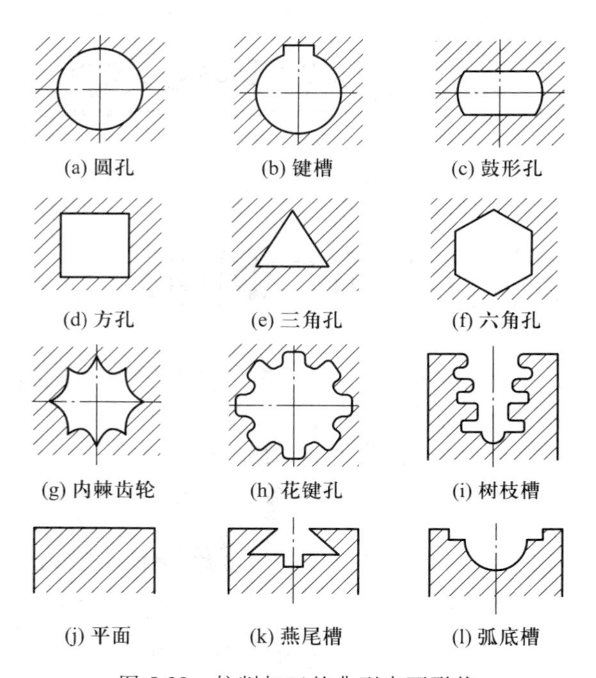

图 5.22　拉削加工的典型表面形状

拉削只有一个主运动，因而拉床结构简单，操作方便。由于拉削的切削速度低，故刀具磨损慢，刃磨一次可以加工数以千计的工件，而且拉刀可以多次重磨，故拉刀的寿命长。但是拉刀结构复杂，制造困难，成本高，所以仅适用于成批、大量生产或精度要求较高、形状特殊、无法用其它方法加工的某些成形面的单件、小批生产。

5.3.2 拉刀

按照所加工表面形状的不同,拉刀的种类非常多,如平面拉刀、圆孔拉刀、齿轮拉刀、花键拉刀等;按照所加工的是外表面还是内表面,可分为外拉刀和内拉刀;按照其结构,可分为整体式拉刀和组合式拉刀;按照工作时的受力情况,可分为拉刀和推刀。中、小型拉刀通常用高速钢做成整体式,组合式主要用于大尺寸和硬质合金拉刀。经受拉力工作的拉刀比较常见,经受推力工作的推刀为避免发生弯曲而做得比较短(长径比不超过 12~15),只用于加工余量较小的内表面加工。图 5.23a 为几种拉刀的形状示意,图 5.23b 为两种拉刀的实物图片。

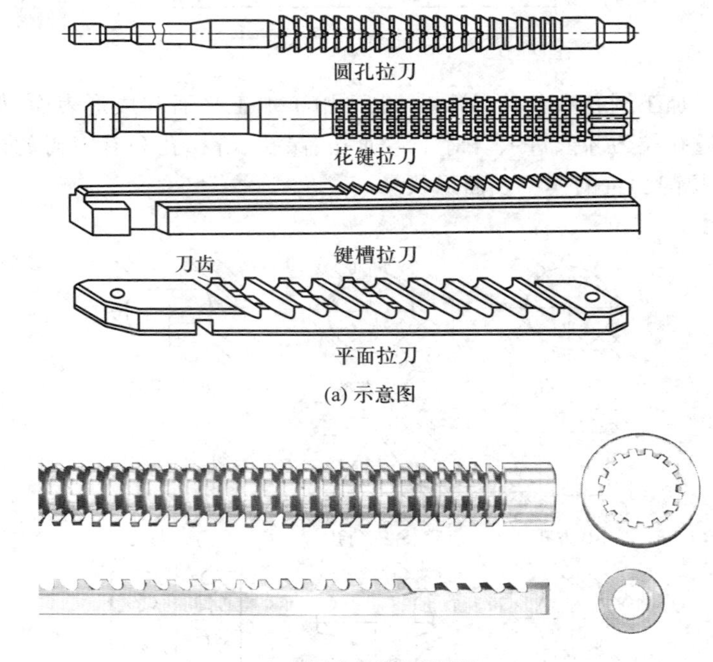

(a) 示意图

(b) 花键和键槽拉刀照片

图 5.23　各种表面形状的拉刀

图 5.24 所示为圆孔拉刀结构和切削部分的几何参数。如图 5.24a 所示,拉刀由柄部、颈部、前导部、切削部、校准部、后导部和尾部等组成。柄部为拉刀的夹持部分,用于传递拉力;颈部起连接作用并便于柄部穿过拉床挡壁;前导部起引导作用,防止拉刀进入工件后发生歪斜;切削部依次由粗齿、过渡齿和精齿三部分组成,分别起粗切削、半精切削和精切削的作用;校准部也作精切后备齿,起切去工件弹性恢复量,提高加工精度和表面质量的作用;后导部用于保证拉刀结束工作离开工件时不歪斜下垂而损坏已加工表面和刀齿;尾部用于辅助支承,只有长而重的拉刀才需要。

拉刀切削部分的主要几何参数如图 5.24b 所示,其中 γ_o和 α_o分别为刀齿切削刃前角和后角;a_f为齿升量,即切削部前一个(或一组)齿与后一个(或一组)齿的高度差;p 为相邻两刀齿之间的轴向距离;$b_{\alpha 1}$为刃带,用于在制造拉刀时控制刀齿直径,增加拉削过程的稳定性,增加拉刀校准齿前面的可重磨次数以延长刀具寿命。

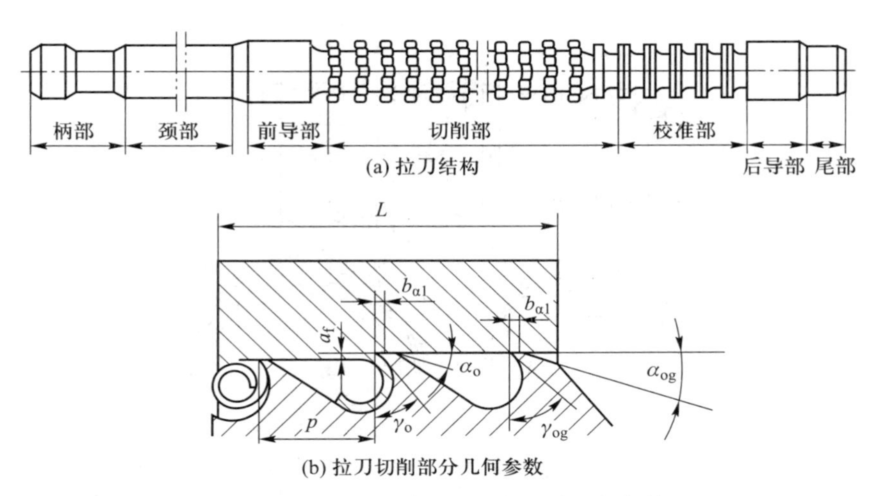

图 5.24　圆孔拉刀结构和切削部分几何参数

拉刀要承受很大的拉削力。工件表面被拉削成形的过程中可能应用分层式或分块式、综合式成形的工艺原理,其中分层式又有成形式和渐成式两种,所以相应的拉刀切削部分也有不同设计。如图 5.25a 所示,成形式(同廓式)分层切削的拉刀其每个刀齿的廓形与被加工表面最终要求的形状相似,刀齿高度逐渐递增,加工余量被逐层切除。这种方式产生的切屑卷曲困难,需要较大的容屑空间,加上切屑很薄,故需要足够多的刀齿才能切完余量,使拉刀比较长。渐成式分层切削(图 5.25b)的拉刀其刀齿的廓形与被加工表面最终形状不同,被加工表面的形状和尺寸由各刀齿的副切削刃所形成,刀齿可制成简单的直线或弧形,刀具制造比较容易,但加工表面可能出现刀刃接痕,表面粗糙度值较大。如图 5.26 所示,在分块式拉削中,工件上每层余量由一组尺寸基本相同的刀齿切除(可两、三或四齿一组),每个刀齿仅切去每层余量的一部分,而各个刀齿在刀具圆周上互相错开,刀齿无需圆弧容屑槽。按分块拉削方式设计的拉刀称为轮切式拉刀,其所需的刀齿总数比成形式拉刀要少很多,但切削厚度即齿升量大,加工表面质量不如成形式加工。综合式(图 5.27)拉削集中了成形式与轮切式拉刀的优点,即粗切齿做成轮切式、精切齿做成成形式,既可缩短拉刀长度和保持较高生产率,又能获得较好的加工质量。

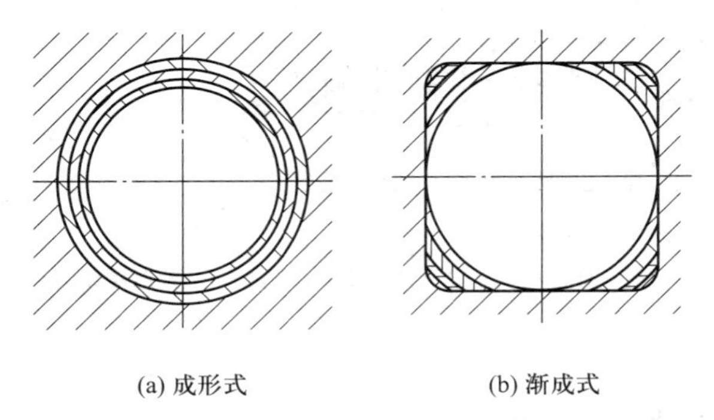

图 5.25　成形式和渐成式拉削图形

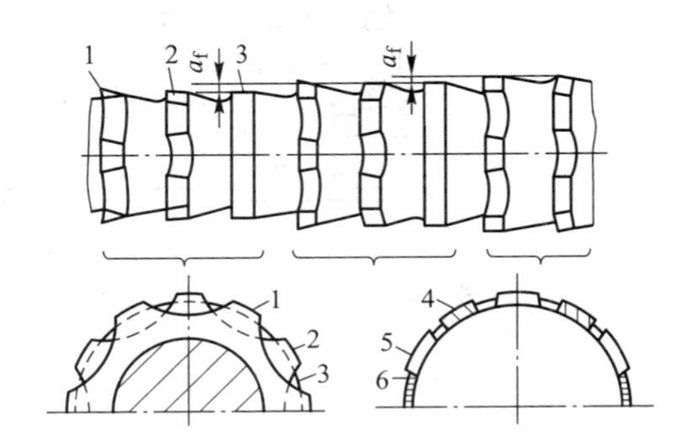

图 5.26　轮切式拉刀截面形状及拉削图形

1—第一齿;2—第二齿;3—第三齿;4—被第一齿切掉的材料层;5—被第二齿切掉的材料层;6—被第三齿切掉的材料层

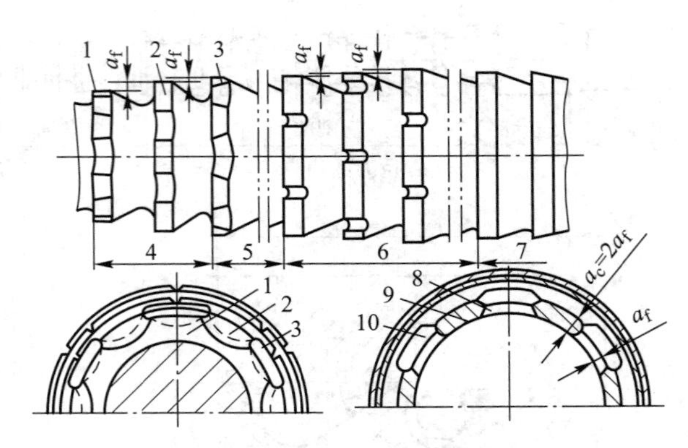

图 5.27 综合式拉刀截面形状及拉削图形

1—第一齿;2—第二齿;3—第三齿;4—粗切齿;5—过渡齿;6—精切齿;
7—校准齿;8—被第一齿切掉的材料层;9—被第二齿切掉的材料层;10—被第三齿切掉的材料层

5.3.3 拉床

拉床是使用拉刀进行拉削加工的机床。由于拉削只有拉刀的低速直线运动,所以拉床结构简单。但是拉削力很大,因此拉床多采用液压驱动,拉刀通过滑座由液压缸的活塞杆带动作往复运动,活塞每往复运动一次,加工完一个工件。

拉床的主参数是额定拉力,常见的为 50~400 kN。工作行程也是一个重要参数,常见的为 600~2 000 mm。

拉床按被加工表面种类不同可分为内拉床和外拉床,前者用于拉削工件的内表面,后者用于拉削工件的外表面。拉床按主运动方向不同可分为卧式拉床和立式拉床,其中卧式拉床最常用,多用于拉削花键孔、键槽和精孔,而立式拉床行程较短,多用于加工车辆气缸体等零件的平面。此外,还有连续式拉床,用于大批生产中加工小型零件。图 5.28 所示为一种卧式内拉床示意图。

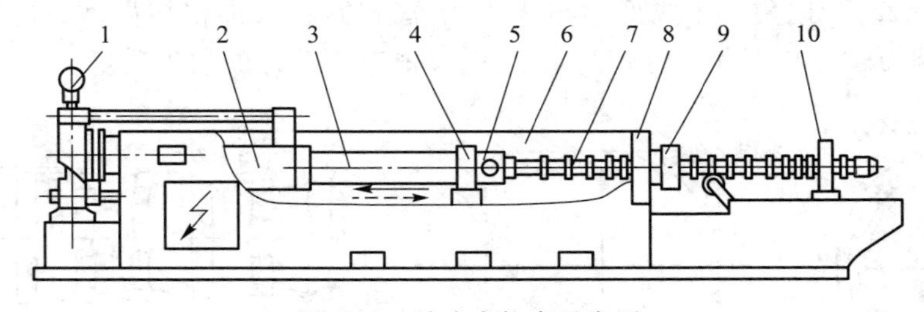

图 5.28 卧式内拉床示意图

1—压力表;2—液压缸;3—活塞拉杆;4—随动支架;5—刀夹;6—床身;7—拉刀;8—支承架;9—工件;10—拉刀尾部支架

5.4 磨削加工

除上述铣削、刨削、插削和拉削等切削加工方法之外,磨削也用于加工非回转表面,特别是要求加工精度高和表面粗糙度低的零件精加工。但是随着磨削技术的迅速发展，精密磨削、镜面磨削、高速磨削和强力磨削等新工艺的应用，使磨削不仅是一种精密加工方法，而且也是一种高效加工方法，也被用于粗加工和半精加工。

和回转表面的磨削加工一样，非回转表面的磨削也是以砂轮为工具，在磨床上实现。砂轮通常是通用的，但是非回转表面加工与回转表面加工所用的磨床不同。

5.4.1 平面磨削

平面磨削即指用砂轮磨削工件的平面。平面磨削被广泛应用于零件的精加工，如平板平面、托板的支承面、轴承和轴类的端面或环端面、机床导轨等大小零件的精密加工以及工作台等大型平面的以磨代刮的精加工。在大量生产中也用于粗加工，如磨削有硬皮的工件表面。一般经平面磨削加工的精度可达 IT5～IT6，平面度允差为 0.01～0.02 mm/100 mm，表面粗糙度为 Ra0.16～1.25 μm，精密磨削可达 Ra 0.012～0.05 μm。由于平面磨削工艺系统刚性较大，能可靠地保证加工质量，并能采用较大的磨削用量，故也具有相当高的生产效率。

1. 平面磨削方法

图 5.29 所示为平面磨削的各种基本加工方法。砂轮可能用圆周磨削或用端面磨削。圆周磨削时有径向进给运动、轴向进给运动和横向进给运动；端面磨削时通常砂轮直径大于工件宽度，因此这时只有轴向和径向两个进给运动，而没有横向进给运动。

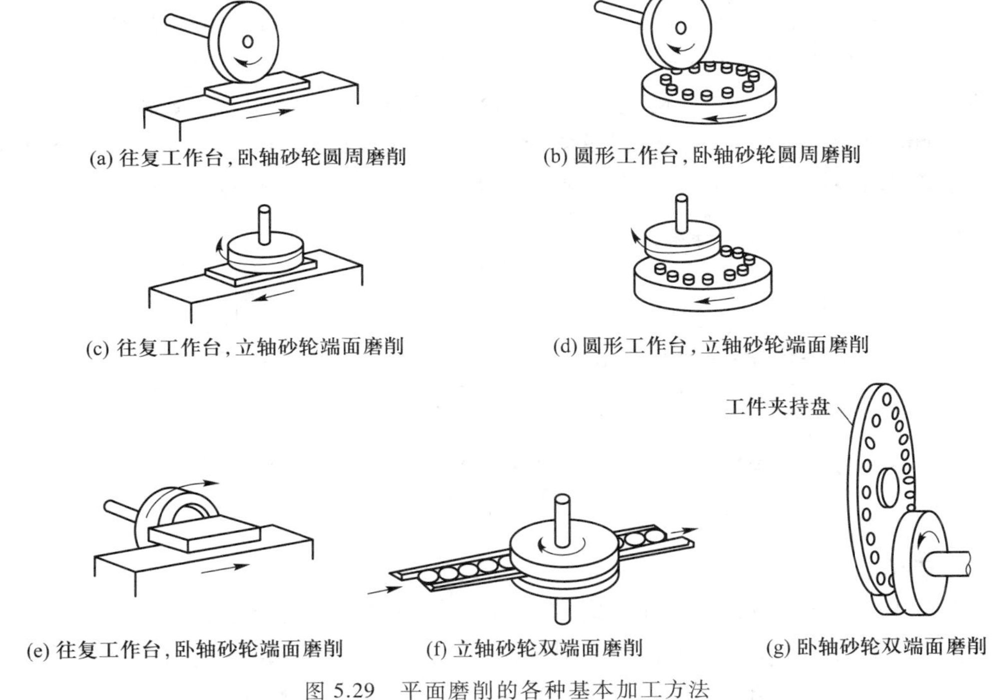

图 5.29　平面磨削的各种基本加工方法

圆周磨削（或称周边磨削）指的是用砂轮圆周表面磨削工件表面，其特点是砂轮与工件的接触面积小，摩擦发热少，排屑和冷却条件好，工件变形小，故可获得较高的加工精度和表面质量，但磨削效率不高。

端面磨削指的是用砂轮端面磨削工件表面,其特点是砂轮与工件接触面积大,磨削发热量大,排屑和冷却条件差,工件变形大,表面容易烧伤,加工质量不够高,但是砂轮架主要承受轴向力且砂轮轴伸出较短,所以系统刚性好,可以采用较大磨削用量,磨削效率较高。

平面磨削的工艺方法有横向磨削法、深磨法和阶梯磨削法三种(图 5.30)。

(1) 横向磨削法

当工作台纵向行程终了时,砂轮主轴或工作台作一次横向进给,待工件上第一层余量磨完后,砂轮重新作一次垂直进给,并重复上述进程磨削第二层余量,直至磨完全部加工余量。粗磨时垂直进给量和横向进给量较大,精磨时进给量较小。

横向磨削法是平面磨削中应用最广的一种方法,适用于一般工件磨削。

(2) 深磨法

深磨法是在横向磨削法的基础上发展而来的。其特点是纵向进给量较小,砂轮只作两次垂直进给。第一次垂直进给量等于粗磨的全部余量,当工作台纵向行程终了时将砂轮或工作台横向移动 3/4~4/5 的砂轮宽度,直到磨完全部表面。第二次垂直进给量等于精磨余量,其磨削过程与横向磨削法相同。

深磨法既能保证磨削质量,又有较高的生产率。由于横向进给量大,所以只适用于在动力较大、机床刚性好的磨床上磨削较大型的工件。

(3) 阶梯磨削法

其特点是将砂轮修整成阶梯形,使其在一次进给中磨去全部余量。砂轮的阶梯数目按磨削余量的大小确定。用于粗磨的各阶梯长度应相等,磨削深度也应相同。为保证加工质量,砂轮的精磨台阶(即最后一个台阶)宽度应大于砂轮宽度的 1/2,磨削余量等于精磨余量(0.03~0.05 mm)。由于磨削余量分配在砂轮各段上,砂轮表面受力和磨损均匀,可充分发挥砂轮的磨削性能,故这种方法的生产率高,但砂轮修整困难,应用上受到一定限制。

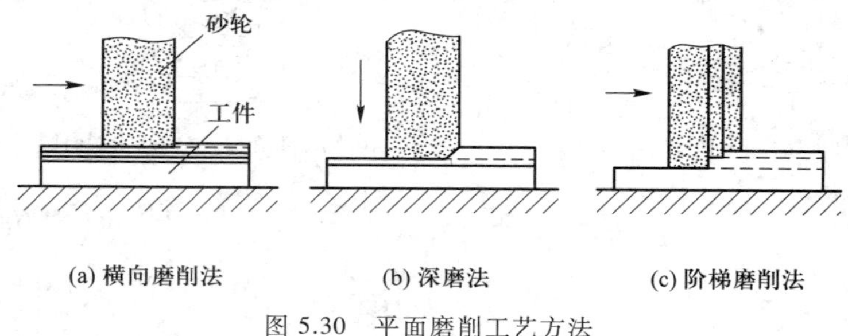

图 5.30 平面磨削工艺方法

2. 砂轮选择

平面磨削使用的砂轮应根据磨削方式、工件材料、加工要求等进行选择。

周边磨削一般用平直形砂轮。由于磨削平面比磨削外圆时砂轮与工件的接触面积大,所以砂轮的硬度应比磨外圆时稍小而砂粒稍粗。磨淬火钢可采用砂轮硬度为 J、K 级,磨非淬火钢用 J~L级,磨铸铁用 H~K 级。砂轮粒度通常选用 F36~F60,用陶瓷结合剂。如果砂轮过硬,可使加工表面粗糙度小,但容易发生砂轮表面变钝、磨削烧伤和颤振;而砂轮过软,虽然锋利性好,但砂轮容易发生损耗(特别是不均匀损耗),不易保持精度。

端面磨削一般用筒形砂轮。由于接触面积较大致使发热量大,冷却及排屑条件差,应选用砂粒较粗而硬度较小的树脂结合剂砂轮,并充分施加冷却液。为了降低端面磨削温度,避免工件热变形和表面烧伤,也可以采用镶块砂轮。镶块砂轮是将若干扇形砂块用螺钉、楔块等依次固定在金属法兰盘上而构成(图 5.31),可减小砂轮与工件的接触面积,改善排屑和冷却条件。使用中若某个镶块损坏可单独更换,因而镶块砂轮的使用寿命长而成本低。但是这种砂轮高速旋转的平稳性不如整体砂轮,磨削后的工件表面粗糙度值也略大。此外,将砂轮端面修整成内锥面或使磨头倾斜一个微小角度,也可减小砂轮和工件的接触面积,但这样磨出的平面略呈凹形,所以只适用于粗磨,而且倾斜角 α 一般不超过 30′。

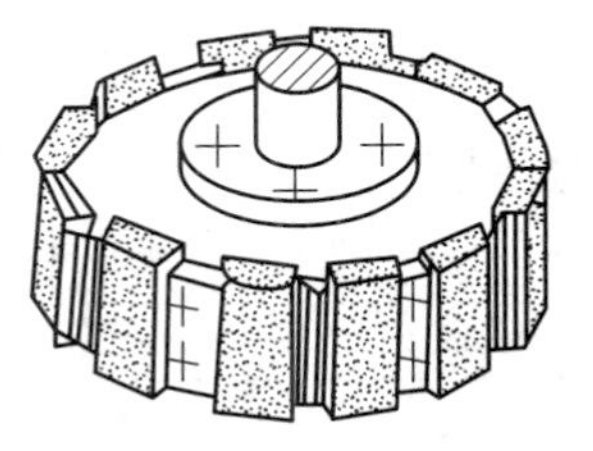

图 5.31 镶块砂轮

表 5.3 列出了平面磨削的砂轮选择标准。

表 5.3 平面磨削的砂轮选择标准

工件材料	工件硬度	卧轴平面磨削			立轴平面磨削						双端面磨削		
		平形砂轮,单面凹砂轮			杯形砂轮,筒形砂轮			砂瓦组合			螺栓紧固平形砂轮		
		磨料	粒度	硬度	磨料	粒度	硬度	磨料	粒度	硬度	磨料	粒度	硬度
普通碳素钢 优质碳素钢 易切削结构钢	≤25HRC	A,WA	40~46	L	A,WA	36	L	A,WA	30	L	A,WA	30	L
	>25HRC	WA	40~46	K	WA	40	K	WA	36	K	WA	36	K
碳素工具钢 低合金结构钢 合金结构钢 轴承钢 弹簧钢	≤55HRC	WA	40~46	K	WA	30	K	WA	30	K	WA	30	K
	>55HRC	WA	40~46	J,K	WA	40	J,K	WA	36	J,K	WA	36	J,K
合金工具钢 高速钢	≤60HRC	WA	40~46	J,K	WA	40	J,K	WA	30	J,K	WA	30	J,K
	>60HRC	WA,SA	40~46	J	WA,SA	40	J	WA,SA	36	J	WA,SA	36	J
马氏体不锈钢	—	WA	40~46	K	WA	40	J	WA	30	J,K	WA	36	J,K
奥氏体不锈钢		SA	36~40	J	SA	36	H	SA	30	J	SA	30	J
耐热钢	—	WA,SA	36~40	J	SA	36	H	SA	30	J	SA	30	J
硅钢		WA	40~46	J,K	WA	36	J	WA	30	J,K	WA	36	J,K
灰铸铁	—	C	36~40	K	C	40	J	C	36	K	C	30	K
球墨铸铁		A	40~46	K	A,WA	40	J	A,WA	36	K	A,WA	36	J,K
可锻铸铁		A,WA	40~46	K	A,WA	40	J	A,WA	36	K	A,WA	36	J,K

续表

工件材料	工件硬度	卧轴平面磨削			立轴平面磨削						双端面磨削		
		平形砂轮,单面凹砂轮			杯形砂轮,筒形砂轮			砂瓦组合			螺栓紧固平形砂轮		
		磨料	粒度	硬度	磨料	粒度	硬度	磨料	粒度	硬度	磨料	粒度	硬度
黄铜	—	C	36~40	J	C	36	J	C	30	K	C	30	J
青铜		A	36~40	K	A	36	K	A	30	K	A	30	J,K
铬(电镀层)		WA,SA	60	J	—	—	—	—	—	—	—	—	—
铝合金		C	36~40	J	C	36	J	C	30	K	C	30	J

3. 磨削用量

根据磨削方式、磨削性质、工件材料等条件选择平面磨削用量。

砂轮圆周速度(磨削速度):陶瓷砂轮因其成分间的结合力有限,为了能够承受因回转产生的离心力,须限制砂轮圆周速度。表5.4可作为选择砂轮圆周速度的参考。

表5.4 平面磨削砂轮圆周速度

磨削形式	工件材料	粗磨/(m/s)	精磨/(m/s)
周边磨削	灰铸铁	20~22	22~25
	钢	22~25	25~30
端面磨削	灰铸铁	15~18	18~20
	钢	18~20	20~25

横向进给量(背吃刀量):一般粗磨时,取0.015~0.05 mm;精磨时,取0.005~0.01 mm。

纵向进给量(工件进给速度):矩形工作台的纵向进给速度为1~12 m/min,圆形工作台的圆周进给速度为7~30 m/min。当磨削精度要求高和横向进给速度大时,工作台纵向或圆周进给速度应取小些。

通常先确定砂轮、磨削速度和修整条件,再选择相应的工件进给速度、砂轮背吃刀量、磨削宽度(在卧轴往复工作台式磨床上为每个行程的进给量)。

4. 平面磨削质量分析

平面磨削时常见的加工缺陷为表面磨痕、表面波纹、表面烧伤、几何形状误差。

平面磨削的工件形状可能比外圆磨削的情况复杂很多,磨削过程中的弹性变形以及热变形的状态也更复杂,容易引起形状误差。此外,因为平面磨削一般为断续磨削,其磨削力、磨削速度、工件速度、砂轮有效背吃刀量是变化的,与之相伴随的残切量的变化往往影响形状精度。在往复工作台式磨床上,由于工作台的上浮也会引起工件形状误差。

平面磨削产生的几何形状误差主要是加工表面间的相互位置误差,如不平行度、不垂直度等,其主要原因是工件定位困难、机床导轨磨损等。因此,工件在安装时要仔细找正,及时检修机床。

表面磨痕比较容易发生在端面磨削方式下(图 5.32),主要原因是砂轮与工件的接触面积大、排屑和散热条件差或磨头轴线与工作台面不垂直。减小磨削深度、充分施加磨削液、调整好砂轮方位等均有利于减轻表面磨痕。

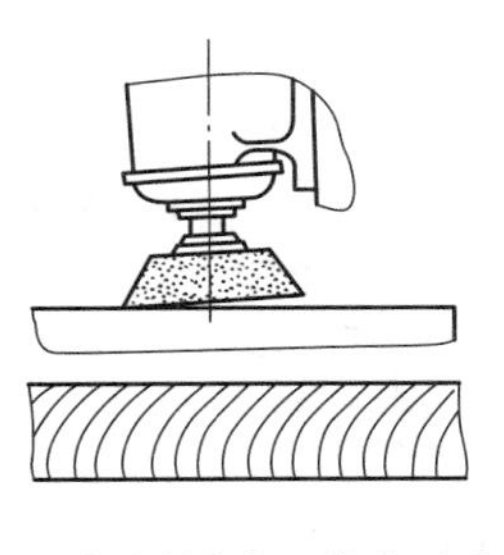

(a) 磨头轴线与工作台不垂直

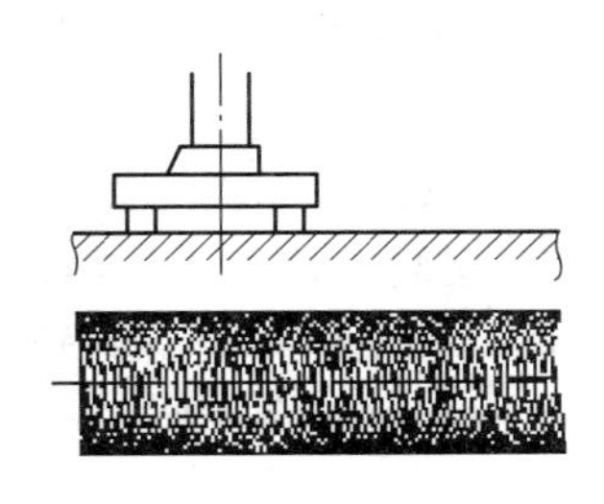

(b) 往复工作台上平面磨削

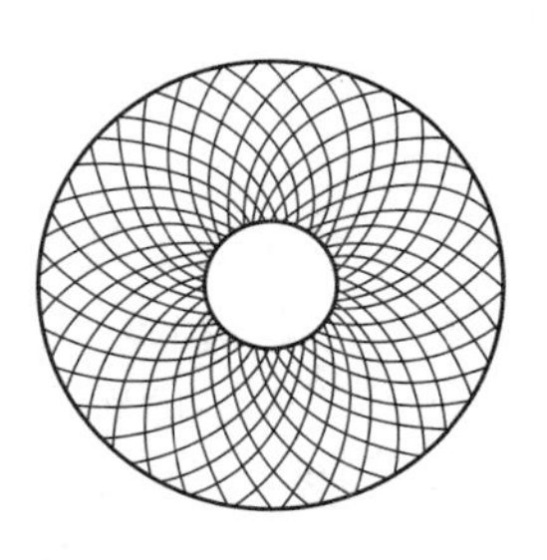

(c) 圆形工作台上平面磨削

图 5.32 端面磨削产生的磨削条纹

表面波纹产生的主要原因是砂轮轴的轴承间隙太大、砂轮不平衡、磨头电动机不平衡等,磨削时产生振动从而引起表面波纹;另外一个原因是工作台纵向进给量小时产生爬行。为此,应适当调整轴承间隙,平衡砂轮及电动机,排除液压系统中的空气。

表面烧伤产生的主要原因是磨削用量大,砂轮硬度高、粒度小,尤其是端面磨削时砂轮与工件的接触面积大,散热及冷却条件差。减少磨削深度,合理选择砂轮,端面磨削时使用镶块砂轮,并施加充分冷却液等措施,可有效降低工件的表面温度,防止磨削烧伤。

5.4.2 成形磨削

1. 概述

成形磨削是一种成形表面的加工方法,具有高精度、高效率的优点。成形磨削可在平面磨床或成形磨床上进行。

成形磨削有成形砂轮磨削法和夹具磨削法两种基本方法,前者利用砂轮修整工具将砂轮修整成与工件型面完全吻合的相反型面,用此砂轮磨削工件而获得所需要的表面形状,如图 5.33a 所示;后者是将工件按一定的条件装夹在专用的夹具上,如精密平口钳、正弦磁力台、正弦分中夹具、万能夹具等,在加工过程中通过调整夹具位置而改变工件的加工位置,从而加工出所需的表面形状,如图 5.33b 所示。

(a) 成形砂轮磨削法　　(b) 夹具磨削法

图 5.33 成形磨削的两种基本方法

1—砂轮;2—工件;3—夹具回转中心

除这两种基本方法以外,近年来用光学投影法磨削曲面已得到广泛应用。

2. 成形砂轮磨削法

采用成形砂轮磨削法需要将砂轮修整成工件型面的反型,直接由具有这样型面的砂轮磨削出工件的对应型面。因此,最重要的工作是砂轮修形。

有三种砂轮修形方法：

（1）修整砂轮角度

把金刚石修整刀装在按正弦原理设计的修整砂轮夹具的滑块上，滑块可沿正弦尺的导轨往复移动，正弦尺可绕其中心轴转动，用在正弦圆柱与体座之间垫量块的方法控制转动角度，根据需要修整的角度计算应垫量块的值，由此可修整 0°～100°范围内各种角度的砂轮。

（2）修整砂轮圆弧

修整砂轮圆弧的工具有很多类型，但其原理相同。使用较多的一种工具由摆杆、螺杆、滑座、主轴和手轮、支架等组成，将金刚修整刀固装在摆杆上，摆杆通过螺杆在滑座上移动而调节金刚刀尖到主轴回转中心的距离，转动手轮使滑座绕主轴中心转动，通过固定在支架上的刻度盘、挡块和角度标可控制主轴回转的角度，根据砂轮所需凹凸形状和直径计算挡块值。

（3）修整砂轮非圆弧曲面

当被磨削工件的表面形状复杂且其轮廓线不是圆弧时，可用专门的靠模工具进行砂轮修整。

3. 夹具磨削法

（1）用正弦精密平口钳或正弦磁力台

正弦精密平口钳按正弦原理设计，由带有精密平口钳的正弦尺和底座组成，工件装夹在精密平口钳中（图5.34）。为使工件倾斜一定角度，可在正弦圆柱 4 与底座 1 的定位面之间垫量块，量块值可根据正弦圆柱间中心距和工件所需倾斜角度计算。

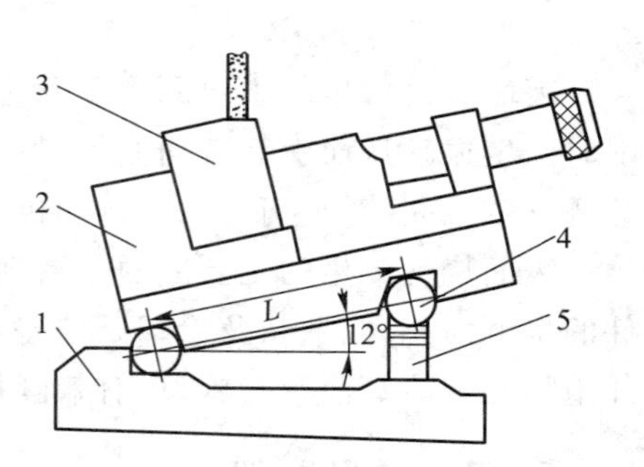

图 5.34　正弦精密平口钳

1—底座；2—精密平口钳；3—工件；4—正弦圆柱；5—量块

正弦磁力台的设计原理与正弦精密平口钳类似，不同之处是用电磁吸盘代替平口钳装夹工件，工件装夹方便迅速，尤其适用于扁平工件。

用这两种夹具可磨削工件斜面的最大倾斜角为 45°。

（2）用正弦分中夹具

正弦分中夹具的结构如图 5.35 所示，前顶座 8 固定在底座 1 上，工件安装在前顶尖 7 和后顶尖 4 之间，两顶尖分别装在前顶座 8 和支架 2 内，支架 2 可以在底座 1 的 T 形槽中移动。根据工件的长短调节支架位置并用螺钉锁紧，旋转后顶尖手轮 3，使后顶尖移动以调节顶尖与工件的松紧程度。转动前顶尖手轮，通过蜗杆 14 和蜗轮 10 的传动使主轴 9 转动并通过鸡心夹头 6 带动工件回转，主轴的后端装有分度盘 12。磨削精度要求不高时，直接用分度盘的刻度和零位标 11 控制工件的回转角度；磨削精度要求高时，工件回转角度可利用分度盘上的四个相互垂直的正弦圆柱 13 以垫量块的方法控制。

正弦分中夹具主要用于磨削同心凸圆柱面和斜面。

（3）用万能夹具

万能夹具可用在平面磨床上进行成形磨削，也是成形磨床的主要部件。万能夹具由工件装夹部分、回转部分、十字滑块和分度部分组成，如图 5.36 所示。

工件通过夹具或螺钉与转盘 1 相连接，转动手轮由蜗杆 11 带动蜗轮 8 使正弦分度盘 10 及主轴 7 转动而实现工件转动，分度机构控制工件回转角度。和使用正弦分中夹具一样，直接由正弦分度盘刻度或在正弦圆柱与垫板之间垫量块的方法控制回转角度。

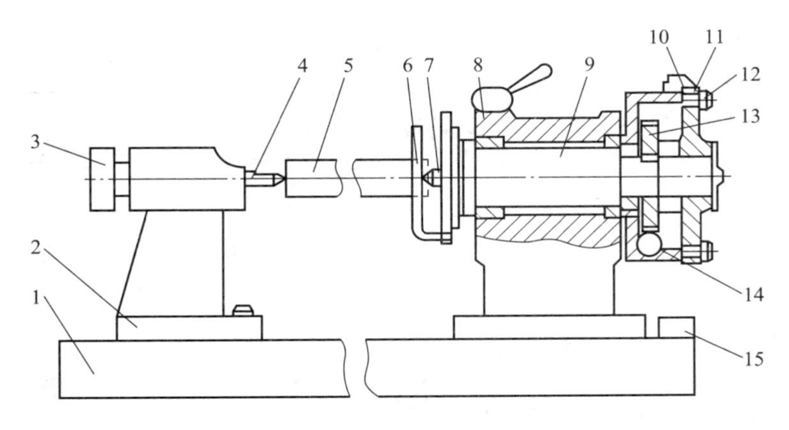

图 5.35　正弦分中夹具

1—底座;2—支架;3—手轮;4—后顶尖;5—工件;6—鸡心夹头;7—前顶尖;
8—前顶座;9—主轴;10—蜗轮;11—零位标;12—分度盘;13—正弦圆柱;14—蜗杆;15—量块

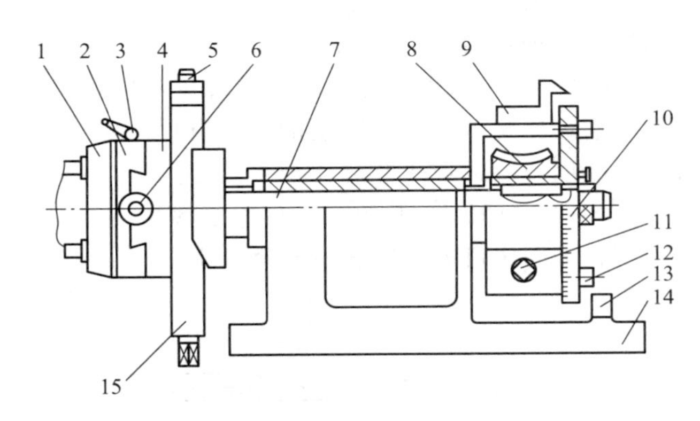

图 5.36　万能夹具

1—转盘;2—小滑板;3—手柄;4—中滑板;5,6—丝杠;7—主轴;8—蜗轮;
9—游标;10—正弦分度盘;11—蜗杆;12—正弦圆柱;13—量块垫板;14—夹具体;15—滑板座

万能夹具比正弦分中夹具更为完善,它不但能使工件回转,而且通过十字滑块还可以使工件在两个相互垂直的方向上移动,以调整工件的回转中心与夹具主轴中心重合。因此,万能夹具能够完成不同轴线的凸凹圆柱面的磨削。

4. 光学投影法

所谓光学投影法,是利用光学投影放大系统将工件放大投影到屏幕上,与夹在屏幕上的工件放大图相对照,加工时操作砂轮对工件进行磨削,将越过图线的部分磨去,直至物像的轮廓全部重合时为止。

光学曲线磨床上安装有光学装置。磨削之前先根据被磨削工件的形状和尺寸,在描图纸上按 20 倍或 25 倍、50 倍的放大倍数绘制磨削部分的放大图样并将之装在屏幕上。磨削时,利用磨床的光学投影放大系统,把被加工工件和砂轮轮廓投影在屏幕上。用手轮操纵磨头作纵向和横向运动，使砂轮沿着工件外形磨削，直到工件轮廓与放大图完全吻合，如图 5.37 所示。为保证加工精度，放大图必须描画准确，线条细致，偏差小。

光学曲线磨床磨削时使用薄片砂轮，根据磨削面的形状不同，砂轮圆周端面可修整为单斜边、双斜边、平直形和凸凹圆弧形，以逐点磨削方式加工工件。光屏尺寸为 500 mm×500 mm。若放大 50 倍，在光屏上只能看到工件上 10 mm×10 mm 左右的轮廓。因此当工件的外形尺寸超过此尺寸时，就要采用分段磨削的方法。

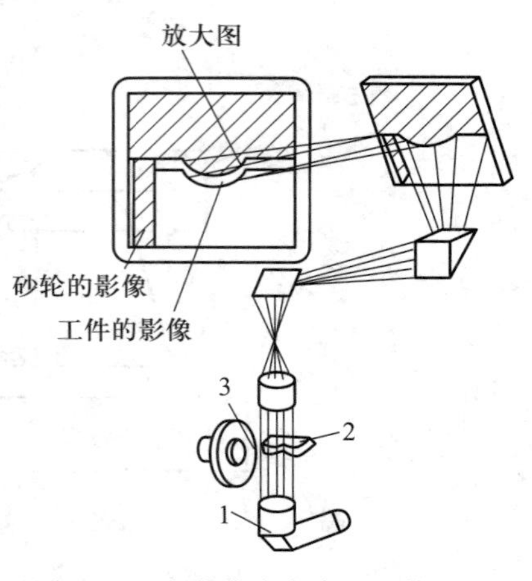

图 5.37　光学曲线磨床的工作原理

1—光源；2—工件；3—砂轮

5.4.3　非回转表面加工用磨床

磨床是用磨料和磨具（砂轮、砂带、油石等）对工件表面进行切削加工的机床，可以加工很多种材料的零件，特别是淬硬钢和玻璃、陶瓷等各种难加工材料。

1. 平面磨床

平面磨床用于磨削各种零件的平面。根据砂轮主轴的布置形式和工作台形状，平面磨床主要有卧轴矩台式、卧轴圆台式、立轴矩台式和立轴圆台式等几种类型（图 5.38）。卧轴式磨床的砂轮轴由悬臂支承，故磨削深度与进给量不宜过大。立轴式磨床的砂轮轴结构刚性好，因此适合重磨削。用砂轮端面磨削的磨床比用砂轮周边磨削的磨床有更高的生产率，但后者可获得较高的加工精度和较小的表面粗糙度值。圆台式磨床比矩台式磨床的生产率更高一些，因为前者的工作台是连续进给而后者有换向时间损失，但是前者只适于磨削小零件和大直径的环形零件端面，不能磨削窄长零件，而矩台式磨床可方便地磨削各种零件。

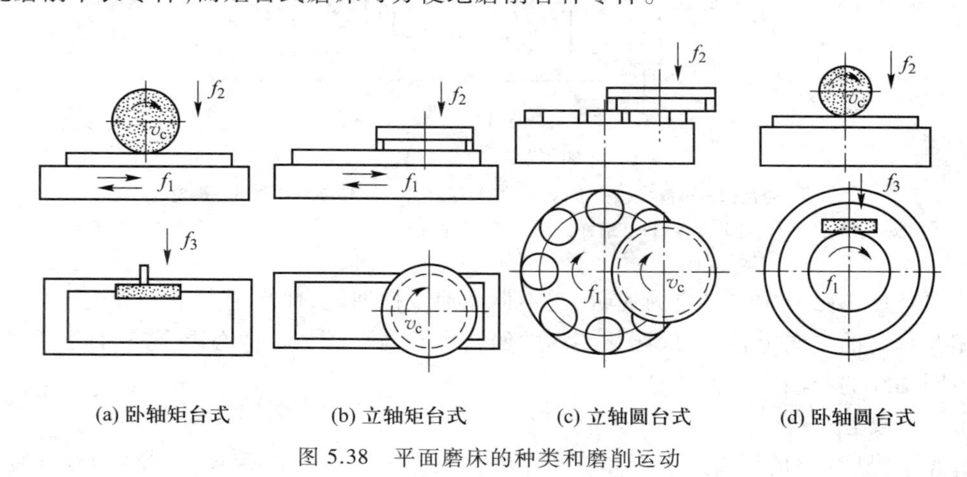

图 5.38　平面磨床的种类和磨削运动

无论何种磨床，砂轮的旋转是主运动，其余的都是进给运动，包括矩形工作台的纵向往复或圆形工作台的转动进给 f_1、砂轮架间歇的竖直切入 f_2 和卧轴磨床砂轮架的横向或径向进给 f_3 等。

卧轴矩台式和立轴圆台式磨床最常用。图 5.39 为 M7132 型卧轴矩台式平面磨床，其砂轮主轴内连异步电动机轴（电动机定子装在砂轮架 3 的壳体内）。转动手轮 A，砂轮架可沿滑座 4 的燕尾导轨作横向进给；转动手轮 B，滑座 4 与砂轮架 3 一起可沿立柱 5 的导轨作间歇竖直切入进给。工作台 2 沿床身 1 的导轨作纵向往复进给，由撞块 6 自动控制换向，也可由手轮 C 进行移动调整。工作台 2 上装有电磁吸盘或其它夹具以装夹工件，必要时也可将工件直接装在工作台上。国产卧轴矩台式平面磨床能达到平行度允差为 15 μm/1 000 mm、表面粗糙度为 *Ra* 0.13～0.63 μm 的一般磨削精度和平行度允差为 5 μm/1 000 mm、表面粗糙度为 *Ra*0.01～0.04 μm 的精磨精度。

图 5.40 所示为 M7475B 型立式圆台平面磨床，它由床身 1、工作台 2、砂轮架 3 和立柱 4 等主要部件组成。砂轮架 3 的主轴也是由内连式异步电动机直接驱动，可沿立柱 4 的导轨作间歇的竖直切入运动。工作台 2 旋转作圆周进给运动，此外还能沿床身导轨纵向移动以便于拆卸工件。

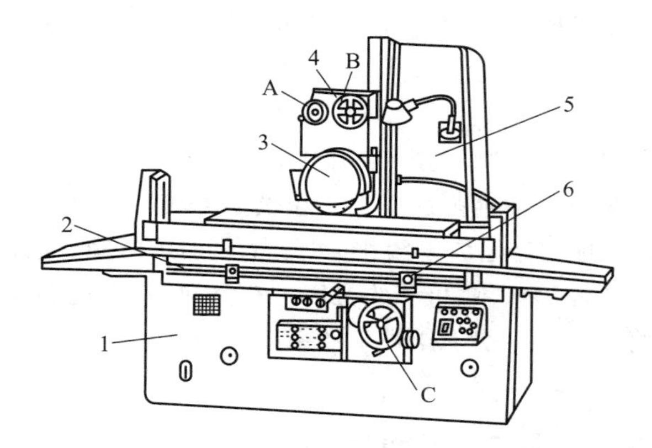

图 5.39　M7132 型卧轴矩台式平面磨床

1—床身；2—工作台；3—砂轮架；4—滑座；5—立柱；6—撞块

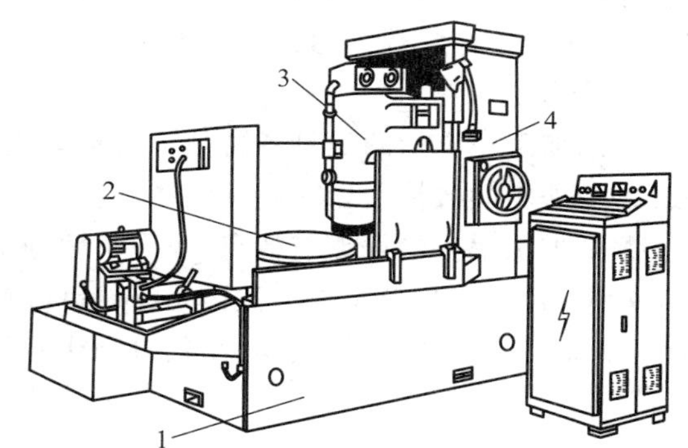

图 5.40　M7475B 型立式圆台平面磨床

1—床身；2—工作台；3—砂轮架；4—立柱

由于砂轮直径大而磨削面积大且连续旋转进给，这种机床的磨削效率高，适用于成批生产，但因磨削温度高，工件易烧伤，故除采用一般的冷却方法外，还增加了内冷却措施。国产立式圆台平面磨床能达到的平行度允差为 20 μm/1 000 mm、表面粗糙度为 *Ra*1.25 μm 左右的磨削精度，故主要用来粗磨毛坯或磨削一般精度的工件。

2. 光学曲线磨床

光学曲线磨床用于磨削平面、圆弧面和非圆弧形的复杂曲面，特别适合于单件或小批生产中各种复杂曲面的磨削。光学曲线磨床使用的是厚度为 0.5 mm、直径为 125 mm 以内的薄片砂轮，磨削精度可达 0.01 μm。

光学曲线磨床的结构如图 5.41 所示，主要由床身 1、砂轮架 2、光屏 3 和坐标工作台 4 组成。工件利用精密平口虎钳等夹具固定在坐标工作台上，可以作纵、横向运动和竖直升降运动。砂轮安装在砂轮架上，砂轮架可沿垂直导轨作直线往复运动，还可作纵向和横向进给以及绕垂直轴和水平轴转动。GB/T 7924—2004《光学曲线磨床　参数》规定了最大磨削长度为 100～320 mm 的光学曲线磨床和数控光学曲线磨床的参数。常用的光学曲线磨床有 M9015 型和 M9017A 型，其基本结构相似。

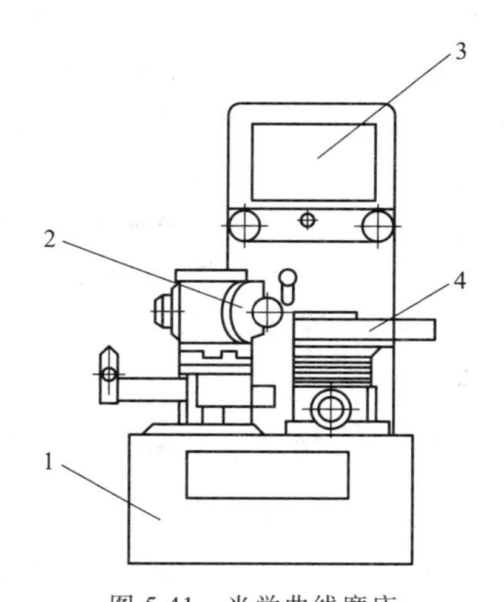

图 5.41　光学曲线磨床

1—床身；2—砂轮架；3—光屏；4—坐标工作台

立式光学曲线磨床可用于磨削由平面曲(折)线单向平移或回转所构成的成形面,如形状复杂的精密样板、刀具、冲模、冲头、凸轮、非球面型面等淬硬零件,在精密机械加工中已有广泛应用。

现已有数控自动光学曲线磨床用于磨削加工,可实现工作台纵向和横向数控进给。使用时,只需要按规定倍数绘制工件放大图装在光屏上,用手动进给将砂轮顶端对准放大图的形状点后,即可按代码键自动输入砂轮的移动指令和坐标点。该系列磨床可以兼容目前生产中通用的CAD/CAM 软件,将零件外形图样轮廓直接转换为数控程序,并通过仿真加工优化加工路径,提高生产效率。采用多轴联动可用于磨削由平面曲(折)线单向平移或回转后所构成的形成面。

光学曲线磨床将磨削与检测集于一体,可以在线监测磨削过程,故也可作为投影测量仪使用,用于测量各种样板、刀具、齿形零件等。

3. 磨削加工中心

磨削加工中心指的是具备磨削工具自动交换或自动选择的功能,在工件一次装夹中能进行各种磨削加工的数控磨床。可磨削非旋转面的主要有平面磨削加工中心和坐标磨削加工中心。

磨削加工中心的优点与特点:实现了磨削加工的复合化与集约化,可缩短非加工时间,提高加工效率,减少安装误差与定位误差;机械构成要素能够共用,可节约机床占有空间;夹具能够共用,可节约工装费用;砂轮交换、修整自动化;可将磨削工序引入柔性生产系统。

5.5 非回转表面加工中工件的装夹

5.5.1 非回转表面加工用夹具的结构

夹具是为使工艺过程的各工序保证质量、提高生产率、保障工人安全和减轻劳动强度而采用的附加装置。非回转表面加工中既要用到定位、夹紧工件,引导刀具和对刀的机床夹具,又要用到将刀具在机床上定位、夹紧的辅助工具。图 5.42 所示为一个铣削拨叉零件的铣床夹具,它包括定位元件 4 和 7(用于保证工件相对于夹具的位置)、夹紧装置 6(用于保持工件加工时所限制的自由度)、对刀装置 2(用于保证刀具相对于夹具的位置)、连接元件 5(用于保证夹具和机床工作台之间的相对位置)和夹具体 3(用于安装定位元件、夹紧装置、对刀装置、连接元件等并保证它们之间的相对位置)。

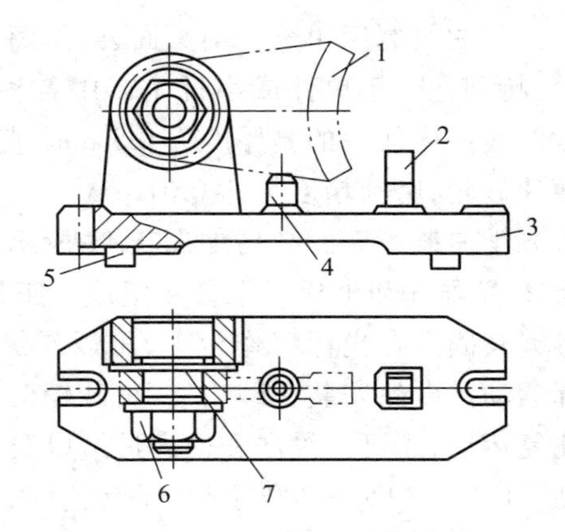

图 5.42 铣削拨叉零件时使用的夹具

1—工件;2—对刀装置;3—夹具体;4—定位元件(销);5—连接元件(键);6—夹紧装置;7—定位元件

5.5.2 加工非回转表面时工件的安装

需要加工的非回转表面可能是回转体零件的某个表面,也可能是非回转体零件的某个表面,加工前首先要考虑定位问题,即如何把工件安放在机床工作台上或夹具中,使其与刀具之间有相对正确的位置，然后要考虑夹紧问题，即怎样使工件在加工中保持位置不变。

1. 工件的定位

工件在夹具中需要用定位元件限制多少个自由度要根据加工要求而定。在非回转体如箱体、机座、支架、板类零件加工中，工件多以平面定位，在夹具中常采用支承钉、支承板为固定定位元件，此外还采用可调支承、自位支承和辅助支承元件。回转体或非回转体零件的非回转表面加工中也可能用圆柱孔为定位面，在夹具中常用的定位元件有心轴和定位销。在回转体上加工非回转表面常以外圆柱面定位，常用的定位元件有 V 形块，圆、半圆定位套，内锥套等。常用定位元件的性能、常见定位符号及标注示例见第 3 章。

2. 工件的夹紧

工件定位的同时或定位后需要用力夹紧才能保证在正确的位置经受加工载荷而不被移动和破坏，施加夹紧力的大小、方向、作用点应适当。图 5.43、图 5.44 是非回转零件在夹具中受力的例子，显然图 5.43a 中所需的夹紧力比图 5.43b 的小，而图 5.44 中的夹紧力作用点选择不适当。

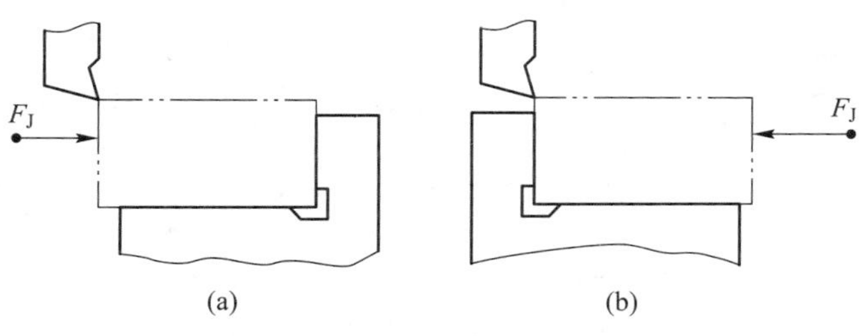

图 5.43　夹紧力的方向（F_J为夹紧力）

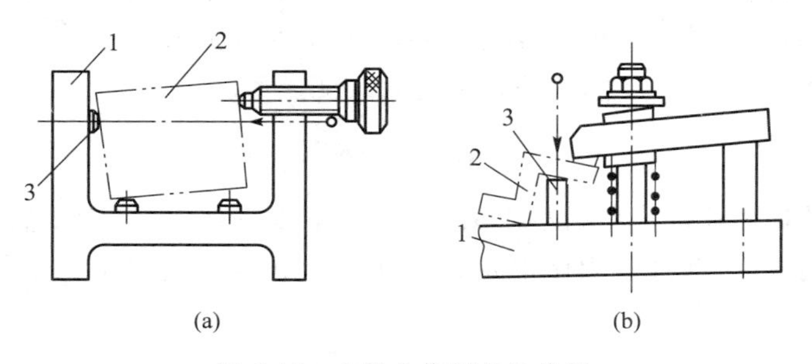

图 5.44　夹紧力作用点的位置

1—夹具体；2—工件；3—定位支承元件

夹紧机构由夹紧元件和中间递力机构两部分组成。夹紧元件是直接与工件被压面接触的执行件，如压板、压块；中间递力机构是接受原始夹紧力源并将之转换为夹紧力传递给夹紧元件的机构。

非回转体零件加工常用的夹紧机构有斜楔机构、偏心机构和螺旋机构等。

（1）斜楔夹紧机构

斜楔的受力分析如图 5.45 所示，F_Q是原始作用力，F_J是斜楔受到工件的夹紧反力，F_1是夹紧工作面与工件被压面间的摩擦力，F_P是 F_J与 F_1的合力；F_N是斜导板对斜楔斜面的法向反作用力，F_2是斜导板和斜楔间的摩擦阻力，F_R是 F_N与 F_2的合力。斜楔夹紧时，F_Q、F_P和 F_R三者静力平

衡，由此得

$$F_Q = F_J \tan(\alpha+\varphi_2) + F_J \tan \varphi_1$$

所以
$$F_J = \frac{F_Q}{\tan(\alpha+\varphi_2)+\tan \varphi_1} \tag{5.2}$$

式中：α——楔角，(°)；

φ_1——斜楔与工件间的摩擦角，(°)；

φ_2——斜楔与斜导板间的摩擦角，(°)。

一般 α 为 6°~10°，φ_1、φ_2 为 6°左右，这样从式(5.2)可算得 F_J 是 F_Q 的数倍，即斜楔机构是个增力机构。随楔角 α 的减小增力比例增大，但受夹紧行程影响，楔角 α 不能太小。

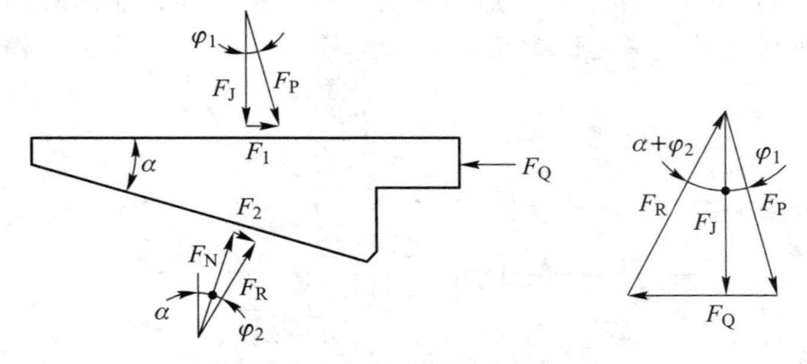

图 5.45 斜楔的受力分析

作用力消失后夹紧机构要能自锁才能保证夹紧可靠。对斜楔夹紧，当作用力消失后，由于沿夹紧面分力的作用而有退松的趋势，需使系统的摩擦阻力克服其作用方能自锁，即 $F_1 \geqslant F_R \sin(\alpha-\varphi_2)$，利用图 5.45 各力之间的关系可将此式变换为

$$\varphi_1+\varphi_2 \geqslant \alpha \tag{5.3}$$

斜楔夹紧机构的增力比和夹紧行程不大，操作也不太方便，所以较少直接用做夹紧件，但在气动夹紧装置中应用较广，此外常用做中间递力机构。图 5.46 是一个在铣削中应用斜楔夹具的例子。

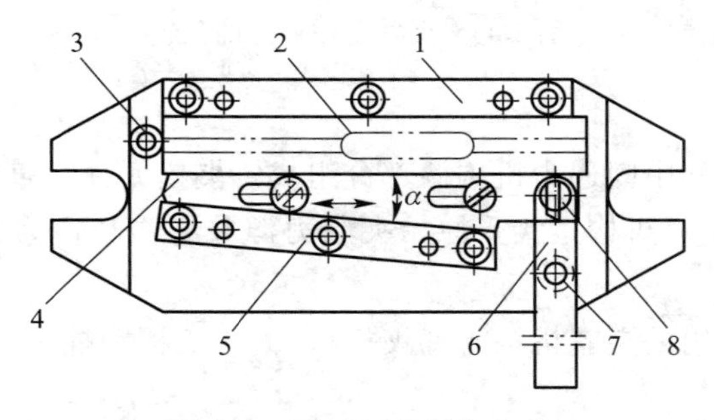

图 5.46 铣槽用的斜楔夹具

1—侧面定位支承板；2—工件；3—挡销；4—斜楔；5—斜导板；6—手柄；7、8—铰接副

(2) 偏心夹紧机构

偏心夹紧机构利用偏心轮回转时回转半径的增大、减小而产生和释放夹紧力,其原理与斜楔夹紧机构的楔紧作用相似。若将偏心轮看做楔角变化的斜楔,从偏心轮的展开图可算出作用点处的楔角 α。图 5.47 给出了几种非回转体加工时用的偏心夹紧机构示例。

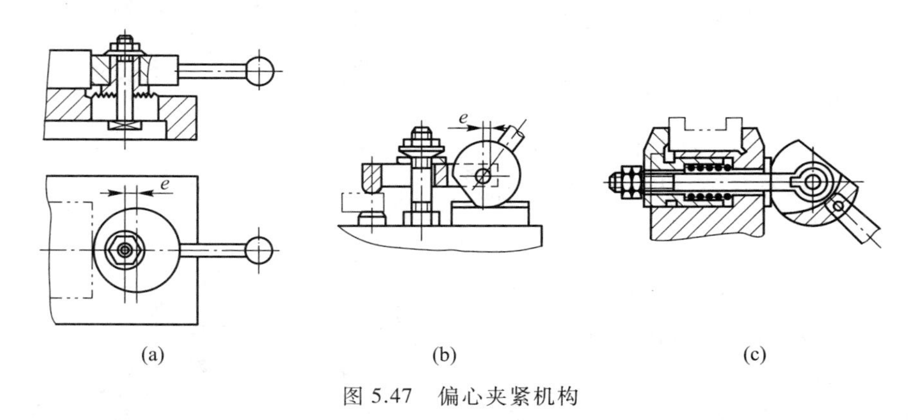

图 5.47 偏心夹紧机构

设偏心轮作用点处与转轴处的摩擦角分别为 φ_1 和 φ_2,则当满足斜楔自锁条件 $\alpha \leqslant \varphi_1+\varphi_2$ 时,可得偏心夹紧的自锁条件为

$$\frac{e}{R} \leqslant \tan \varphi_1 = \mu_1 \tag{5.4}$$

式中:e——偏心轮的偏心量,mm;

R——偏心轮半径,mm;

μ_1——偏心轮作用点处的摩擦系数。

偏心机构产生的夹紧力 F_J 可用下式估算:

$$F_J = \frac{F_s L}{\rho[\tan(\alpha+\varphi_2)+\tan \varphi_1]} \tag{5.5}$$

式中:F_s——作用在手柄上的原始力,N;

L——作用力臂,mm;

ρ——偏心转动中心到作用点之间的距离,mm;

偏心夹紧机构结构简单,动作迅速,操作方便,但自锁性能较差,增力较小,常用于切削比较平稳且切削力不大的场合。

(3) 螺旋夹紧机构

螺旋夹紧机构通过螺钉、螺母直接夹紧工件,或通过垫圈、压板压紧工件。用螺钉直接夹紧工件容易损伤工件表面,一般只压在毛面上。如果在螺钉头上加装活动压块,则有利于保护工件,可用于压在精面上。螺母和垫圈可使工件受力均匀。

螺旋夹紧机构其实是小楔角斜楔夹紧机构,故其夹紧原理与斜楔相同,但其增力系数大,容易满足自锁条件。

螺旋与压板组合夹紧机构在非回转体加工中应用广泛,图 5.48 是两个示例。

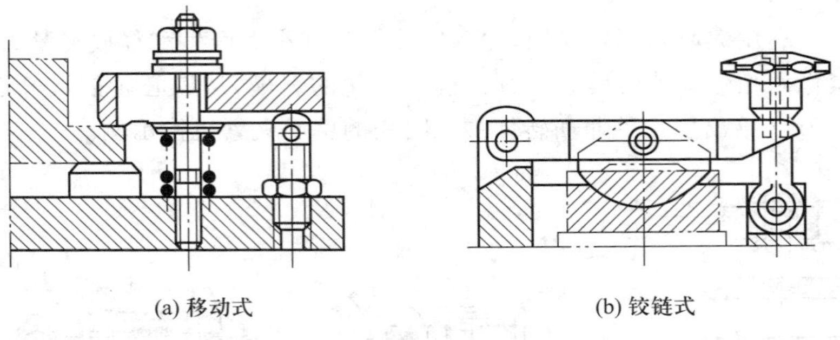

(a) 移动式　　(b) 铰链式

图 5.48　螺旋压板夹紧机构示例

3. 工件安装示例

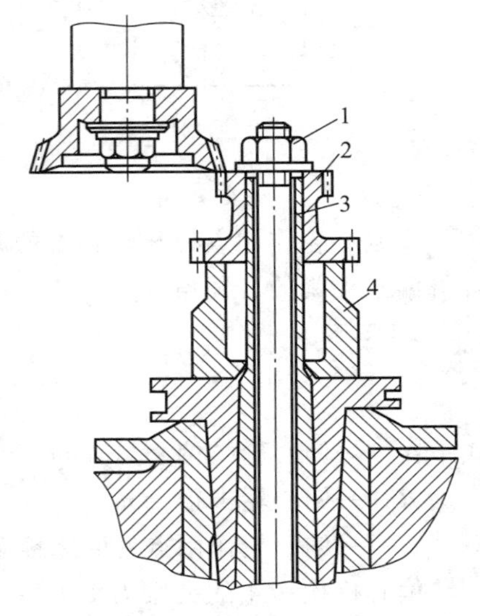

图 5.49　双联齿轮在插齿机上的安装

1—夹紧螺母；2—工件；3—定位心轴；4—靠垫

图 5.49 是双联齿轮工件在插齿机工作台上安装的例子。为了保证工件的齿圈与内孔同轴，将工件的内孔套在心轴上，心轴与插齿机回转工作台同轴。此外，为保证切出的轮齿与大齿轮端面垂直，将大齿轮端面靠在靠垫上，靠垫的两端面平行。这样就实现了工件在机床上的定位。为了保持加工中工件不转动，用夹紧螺母将其压紧在靠垫上，这样夹紧后即可完成工件的安装。

图 5.50 所示是用来加工连杆两对槽的铣削夹具。工件采用一面两销定位（连杆底平面和一个圆柱销、一个菱形销，加工两对槽时分别用左、右两个菱形销），用两套螺旋压板装置分别从两侧压紧工件。整个夹具以底面两定位键在铣床的 T 形槽内定位，用螺栓固定。铣削时靠直角对刀块调整铣刀与工件的位置关系。

5.5.3　铣床夹具特点及设计要点

铣床主要用于加工零件上的平面、沟槽、缺口、花键及各种成形面。铣床的铣削力较大，而且在铣削过程中常伴有强烈的冲击和振动；铣刀容易磨损，需要经常进行调刀和换刀。因此，铣床夹具的特点是应具有足够的强度和刚度，应有良好的自锁性和抗振性，通常设有专门的快速对刀装置。

铣削过程中夹具多与工作台一起作进给运动，按不同的进给方式将铣床夹具分为直线进给式、圆周进给式和曲线靠模仿形进给式三种类型，其中以直线进给式夹具应用最广泛。根据在夹具上同时安装工件的数量，又有单件铣夹具和多件铣夹具。

铣床夹具安装后，还需调整铣刀与工件的相对位置，调整的方法有试削调整、标准件调整和对刀装置调整，其中对刀块应用广泛而方便。对刀装置调整的方法是将对刀块上的对刀面慢慢靠近铣刀，并在对刀面与铣刀之间塞入塞尺，使对刀面、塞尺、铣刀之间稍微有一点紧度就确定了铣刀的位置。采用塞尺是为了避免刀具直接与对刀面接触时发生碰撞和磨损。塞尺已标准化，主要有平塞尺和圆柱塞尺两种，后者用于曲面对刀或成形对刀的场合。

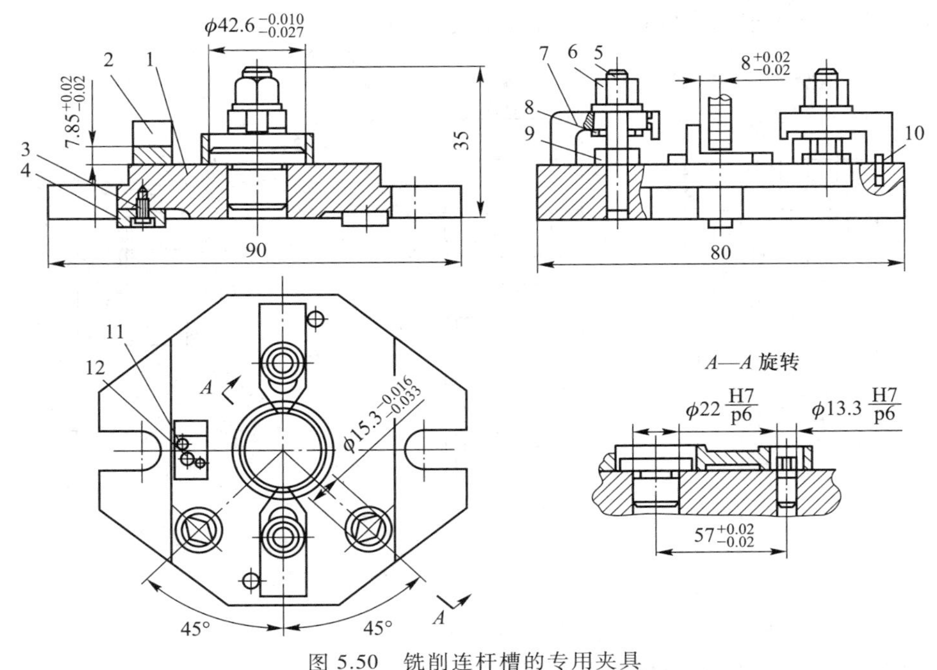

图 5.50　铣削连杆槽的专用夹具

1—夹具体；2—对刀块；3、4—定向装置；5～9—夹紧装置；10—挡销；11—销；12—螺钉

对刀块有多种结构，其中平面对刀块的结构已标准化。图 5.51 所示为常用的单、双面对刀块。对刀块的结构选取取决于加工表面的形状，也可根据夹具的具体结构自行设计。

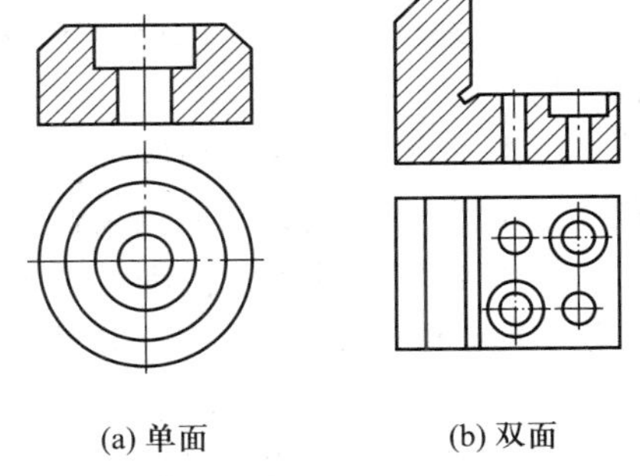

图 5.51　常用的单、双面对刀块

铣床夹具设计时应考虑的要点如下：

1）夹具定位装置的布置应保证工件定位的稳定性，定位面尽量大一些；夹具的受力元件要有足够的强度和刚度，必要时为增加工件的安装刚度应采用辅助支承。夹具体上应适当布置加强筋板，夹具体的安装面要做得足够大并尽可能做成周边接触的形式。

2）夹紧机构所能提供的夹紧力应足够大，并且能自锁；施力作用点尽量靠近加工面；必要时可设置辅助夹紧机构。

3）应尽可能采用机动夹紧机构和联动夹紧机构以及多件夹紧，以提高夹具的工作效率。若为手动夹紧，多采用螺旋压板夹紧机构。

4）夹具上的对刀装置主要由对刀块和塞尺构成。高度对刀块用于加工平面时对刀，直角对刀块用于加工键槽或台阶面时对刀，加工成形面时用成形对刀块。用塞尺检查刀具与对刀块之间的间隙，可避免刀具直接接触对刀块。

5）夹具体通常通过其底面的两个定位键与机床工作台上的 T 形槽配合安装（图 5.52），定位键与夹具体的配合常采用 H7/h6 的公差等级。为提高安装精度，两定位键间的距离力求最大，安装夹具时采用单面接触的方法。对安装精度较高的夹具，一般不采用定位键的方式，而是在夹具体的一侧设置一个找正基面,通过找正方式安装。

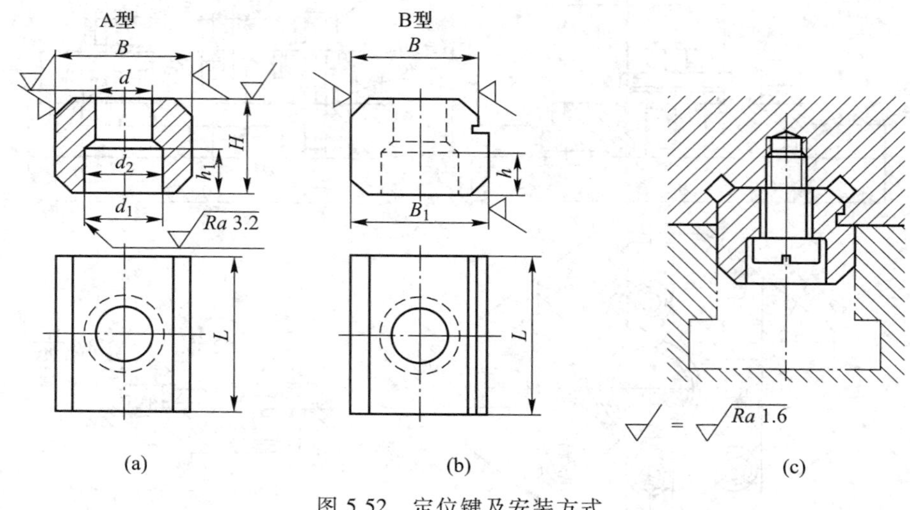

图 5.52 定位键及安装方式

6)夹具设计要考虑清理切屑、排除切削液方便。

7)大型夹具应安装吊环,方便起吊和运输。

5.5.4 非回转体在磨床上的装夹

1. 磨床夹具的作用

磨床、磨床夹具、工件、砂轮和辅助工具构成一个完整的磨削加工工艺系统。磨床夹具的作用如下:

1)保证零件的加工精度,即保证工件各有关表面的相互位置精度。磨削加工多为精密及超精加工,因此磨床夹具的精度要高于其它机床夹具。

2)扩大磨床的工艺范围。由于每台磨床所能完成的主要加工范围是一定的,使用合适的夹具可扩大磨床加工范围,完成高精度零件的加工或复杂工序加工。

3)缩短辅助时间,提高劳动生产率。

4)降低对工人的技术要求和减轻工人的劳动强度。

2. 磨床上工件的装夹

磨床上工件的装夹方法需要根据工件的形状、尺寸和材料来确定。磨削一般大型非回转体工件时,可以像铣削、刨削那样用压板固定在机床工作台上。前述工件在夹具中定位和夹紧的一般原则以及非回转体工件安装的方法也适用于非回转体在磨床上的装夹。这里主要介绍工件在平面磨床上的另外几种装夹方法。

(1)用电磁吸盘装夹

电磁吸盘的形状有矩形和圆形两种(图 5.53),分别用于往复式工作台和圆形回转式工作台。具有平行面的钢、铸铁等磁性材料工件,可用电磁吸盘装夹在工作台上。

电磁吸盘的工作原理如图 5.54 所示。钢制吸盘体 1 中部凸起的芯体 5 上绕有线圈 2,钢制盖板 3(即工作台)被绝磁层 4 隔成若干个条块,当线圈 2 中通以直流电时,芯体 5 被磁化,磁力

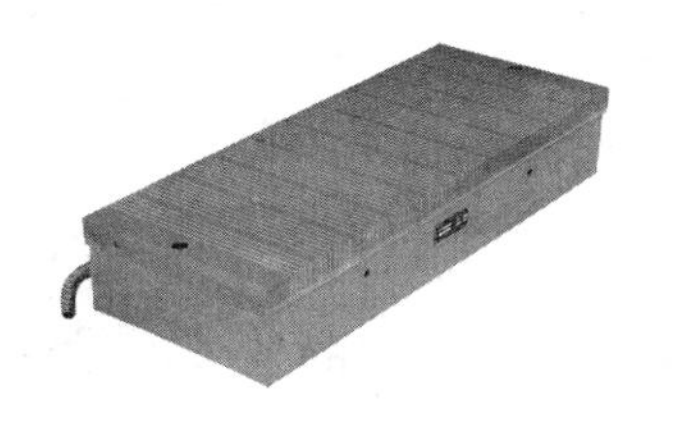
(a) 矩形工作台

(b) 圆形工作台

图 5.53　平面磨削用电磁吸盘

线(图中虚线)由芯体5经过盖板、工件、盖板、吸盘体、芯体而闭合,所产生的磁力可将工件吸牢在钢制盖板3上。绝磁层4由铅、铜、黄铜或巴氏合金等非磁性材料制成,能阻挡磁力线通过,使绝大部分磁力线要绕过工件才能闭合,从而保证工件被吸牢。

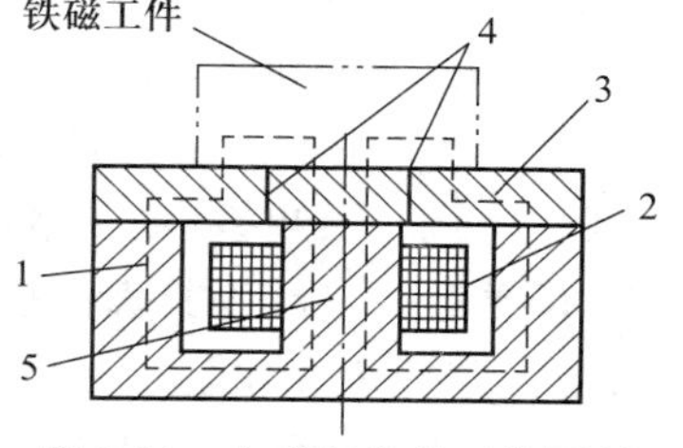

图 5.54　电磁吸盘的工作原理
1—吸盘体;2—线圈;
3—盖板;4—绝磁层;5—芯体

使用电磁吸盘装卸工件迅速方便,可同时装夹多个工件,所以生产效率高,特别适合装夹小而薄的工件。

(2) 用其它吸盘装夹

1) 永磁吸盘。外观与电磁吸盘类似,只不过其内部使用的是永久磁铁而不是电磁铁。永磁吸盘也可用于装夹铁磁性工件,但是需要使用去除工件剩磁的去磁装置。

2) 静电吸盘。对于不能使用电磁吸盘的非磁性体工件,可以采用静电吸盘。静电吸盘虽然对于非金属工件也能用,但必须在表面涂上一层树脂涂层。为了防止水分浸入,只能施加油性磨削液。

3) 真空吸盘。真空吸力小,只适于小型零件的轻磨削。

(3) 用精密虎钳或简易夹具装夹

当磨削非磁性材料工件时,可在电磁吸盘上安放精密虎钳或简易夹具,再将工件装夹在虎钳或夹具中。也可直接在普通工作台上采用精密虎钳或简易夹具装夹工件。

(4) 薄片工件磨削时的装夹

磨削垫圈、摩擦片等薄片或狭长的工件时,由于工件刚性很差,往往在磨削前就已经具有不平度,虽然用电磁吸盘装夹时能平贴在吸盘表面上,但当磨削完毕去除磁吸力后,在内应力的作用下工件将弹性恢复而回到原先的翘曲形状。翻过来磨另一面时也是一样。为了消除或减轻上述现象,可采用在工件与电磁吸盘之间放薄橡胶垫片、垫纸片或涂白蜡等办法,反复翻转磨去工件不平度。

5.6　非回转表面加工分析与工艺应用

机械零件的表面不仅要具有一定的形状和尺寸,同时还要保证一定的尺寸和形位精度及表面质量。零件的重要表面如装配接合面、连接面、导向面、支承面、测量面等通常都需要切削加工,不同零件的各种表面所采用的加工方法不同,但一个零件往往要采用多种加工方法才能达到形状和尺寸的最终要求。

5.6.1 非回转表面加工分析

1. 平面加工

平面是机械零件上最常见的表面,如板类和箱体类零件的各个内、外面,柱类和盘盖类零件的端面、台阶面、槽面等。

对平面本身的尺寸精度要求一般不是很高,对平面的技术要求主要体现在形状精度、位置精度和表面质量方面,需要保证一定的平面度、直线度、平行度、垂直度、表面粗糙度、表面硬度和残余应力等。

根据对零件平面的具体技术要求和零件的材料、结构、尺寸、毛坯情况以及生产批量,可以选择不同的粗、半精和精切削工艺方法,还可与平面磨削及光整加工结合,达到平面的技术要求。图 5.55 所示的平面加工方案可以作为拟订平面加工方案的参考。其中粗刨或粗铣用于精度要求低的平面加工;粗铣/刨—精铣/刨用于精度要求较高但硬度不高的平面,后续结合刮研等超精加工,可更进一步减小其表面粗糙度值;对窄长平面,当生产批量较大时可以考虑用宽刀精刨达到高精度和低表面粗糙度的要求;采用粗铣/刨—精铣/刨,再结合磨削,用于加工精度要求较高而硬度也高的平面,如淬火钢或铸铁平面;粗铣—精铣—高速精铣的工艺最适于加工硬度低、塑性大的非铁类材料的平面;车削方法只能加工回转体的端平面或台阶平面。

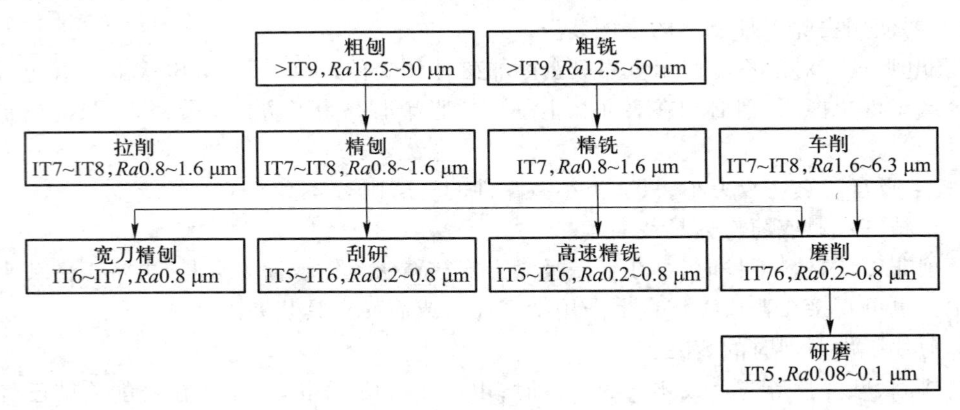

图 5.55 平面加工方案

2. 非回转曲面加工

机械零件上的非回转曲面也很多,如凸轮曲面、发动机叶片成形面、齿轮的齿面等。

对非回转曲面也有尺寸精度、形位精度和表面质量要求,与平面不同的是,非回转曲面往往是为实现特定功能而专门设计的,因此其表面形状要求很重要。考虑切削加工方法和工件装夹方法及刀具形状时,应首先满足被加工曲面的形状要求。

非回转曲面的切削加工方法包括铣削、刨削、插削、拉削,它们又可分为用成形刀具加工和利用刀具与工件作特定相对运动实现加工这两种基本方式。

用成形刀具加工非回转曲面时,机床的结构和运动简单,操作简便,但是刀具的制造和刃磨复杂、成本较高,而且加工面尺寸受限制,不能加工宽成形面。

利用刀具与工件作特定相对运动而实现非回转曲面加工,刀具比较简单,加工面尺寸范围较大,但是机床的结构和运动相对复杂,成本也高。

图 5.56 给出了非回转曲面的参考加工方案。

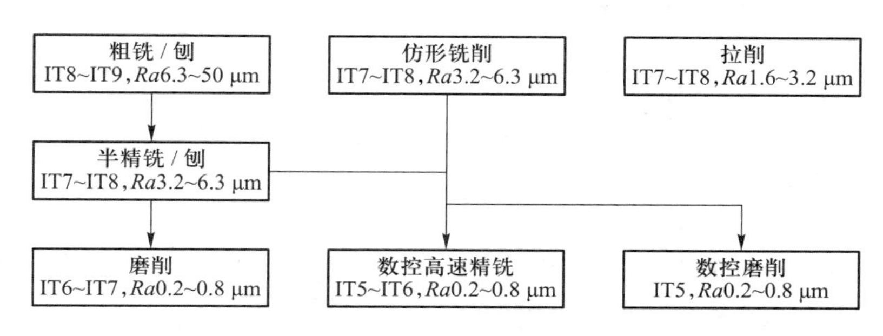

图 5.56　非回转曲面加工方案

为非回转曲面的大批生产设计和制造专用拉刀,用拉床加工,是明智的选择。

在生产中,成形直槽和螺旋槽多用成形铣刀在万能铣床上加工。对尺寸较大的非回转曲面,若单件、小批生产,可划线后在铣床或刨床上加工,加工质量和效率低;若大批生产,多采用仿形铣床加工。

对于高硬度工件或精度和表面质量要求高的非回转表面加工,切削加工后则要采用磨削或光整加工。

近十余年来高速加工尤其高速铣削技术的发展,已经使得以切代磨逐渐成为了现实。数控技术的发展,更是使数控铣削和数控磨削加工逐渐成为非回转表面加工的主流。

5.6.2　非回转零件的加工工艺案例分析

下面以箱体零件为例分析非回转零件的加工工艺。

1. 箱体零件的结构特点和技术要求

箱体是机器的基础零件,若干相关零件由它连接成一个整体。箱体零件的制造质量直接影响机器的装配质量。

箱体零件通常具有形状复杂、有不规则内腔、壁厚不均、含一些高精度要求的平面和孔系等特点。其毛坯材料多为铸铁或非铁合金。对箱体切削加工的技术要求包括主要平面和装配孔的尺寸精度、表面粗糙度;平面与平面之间、孔与孔之间、孔与平面之间的位置精度。

2. 箱体零件的定位基准和加工顺序

(1) 定位基准

箱体内腔壁面通常为不加工面,但若选内壁面为粗加工基准,会使夹具结构复杂甚至不能实现。箱体零件上一般有一个或若干个主要的大孔,为了保证有均匀的孔加工余量,常常就以其毛坯孔为粗基准。

选择精基准有两种方案,一种是选用装配面,另一种是用一面两销。以装配面为精基准的优点是与设计基准一致,符合基准重合原则,但一般只适用于无中间孔壁的简单箱体加工。“一面两销”是大批生产中常常采用的典型定位方案,基准统一,适于流水线自动化生产。

（2）加工顺序

箱体零件加工的顺序安排通常遵循以下原则：

1）先面后孔。平面面积较大，定位平稳可靠，故先加工平面，再以平面为定位基准加工其它表面，可简化夹具结构、减少零件安装变形。

2）粗、精加工分开。箱体零件壁薄，刚性差，加工要求高，将粗、精加工分开进行，先粗后精，可以减少粗加工对精加工精度的影响。

3）工序集中。大批生产中广泛采用组合机床、专用机床等工序集中的高生产率设备加工箱体零件，这也利于保证零件各表面之间的位置精度。

3. 汽车变速箱加工工艺规程

图 5.57 为一个汽车变速箱的零件简图。箱体材料为 HT200，金属模机器造型大批铸造毛坯，ϕ30 mm 以下小孔均不铸出。粗加工前进行了时效处理。

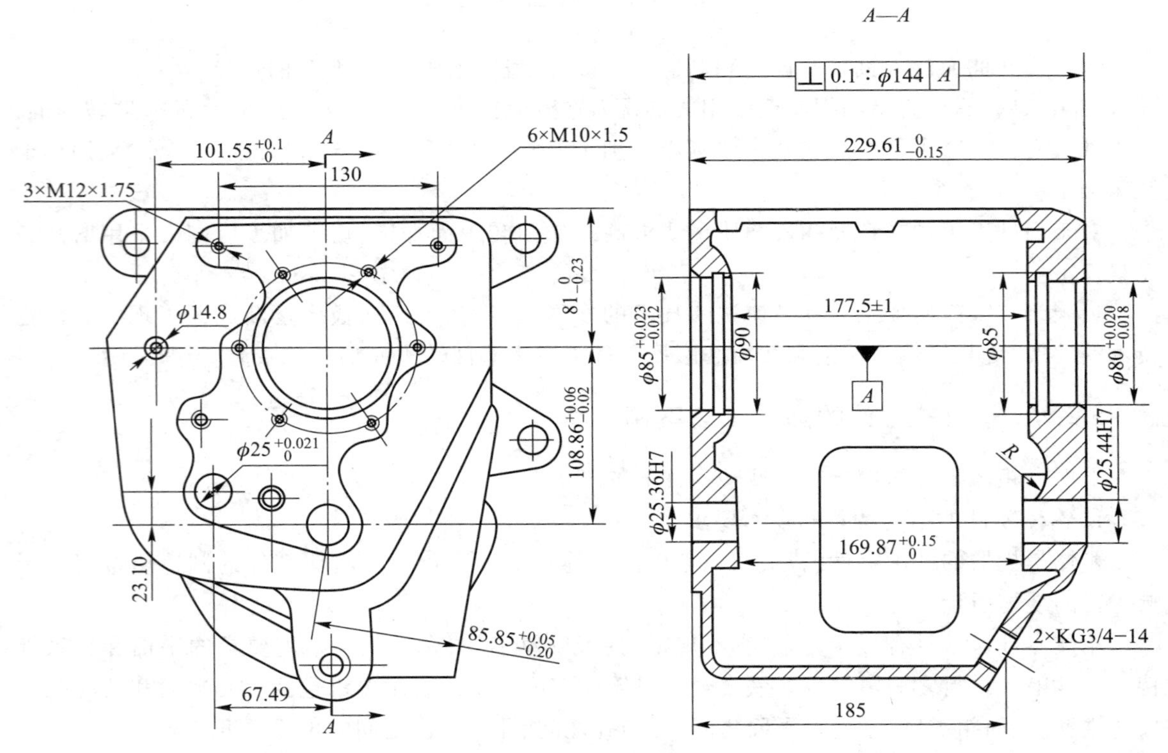

图 5.57　汽车变速箱零件简图

（1）主要技术要求

1）三对主要孔的尺寸精度为 IT7 级，表面粗糙度为 $Ra2\ \mu m$；

2）前、后端面对大孔的垂直度允差为 0.1 mm/144 mm；

3）主要孔的孔间距离公差为 0.08 mm；

4）主要孔与其它平面之间有一定的距离要求。

除上述主要孔和平面外，还有内端面，内腔中半径为 R 的小缺口，孔中的卡簧槽及各紧固螺孔和进、出油孔等要加工。

（2）工艺分析

选用该箱体上已铸出的大孔表面为粗基准，限制 4 个自由度，保证该孔加工余量均匀。此外，再选用外凸台和内壁为辅助粗基准，以保证装入壳体中的齿轮、轴等与内壁不相碰撞，同时使加工出来的各孔与不加工的外轮廓表面对称美观（图 5.58）。

因为是大批生产，所以采用专用机床和专用刀具及夹量、量具，机床呈流水线布置。前后各工序采用统一基准，以使夹具结构简单，便于组织流水作业。统一的基准为上盖面及其上的两个小孔，这样可使工件在加工过程中翻转次数最少，各轴承孔及两端面可以在一次安装中加工，孔与孔之间和面与面之间的位置精度不受安装误差的影响。但是端面上大孔的垂直度要求存在基准不重合误差，所以在孔加工好后，要再以孔为主要定位基准精铣两端面，以保证端面垂直度。

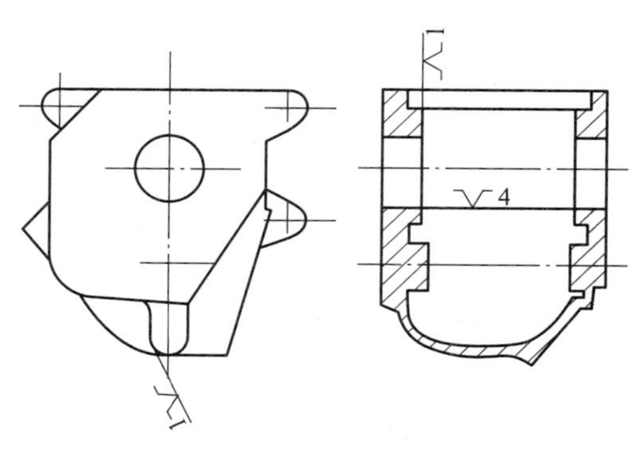

图 5.58　汽车变速箱粗加工基准选择

平面加工采用铣削方法，粗、精加工分开；大孔采用镗削方法，也分粗、精加工，用镗模保证加工精度；两个 $\phi25$ mm 孔采用钻—扩—铰方法，用定尺寸刀具加工；螺纹孔加工尽量采用工序集中方式，在多面多轴组合机床上用钻模引导，一次钻削各小孔，然后在一台四面多轴攻螺纹靠模装置上加工各面上的螺纹孔。

（3）工艺过程

表 5.5 列出了上述汽车变速箱零件加工工艺过程。

表 5.5　汽车变速箱零件加工工艺过程

序号	工序内容	工序简图	设备
1	粗、精铣上盖面	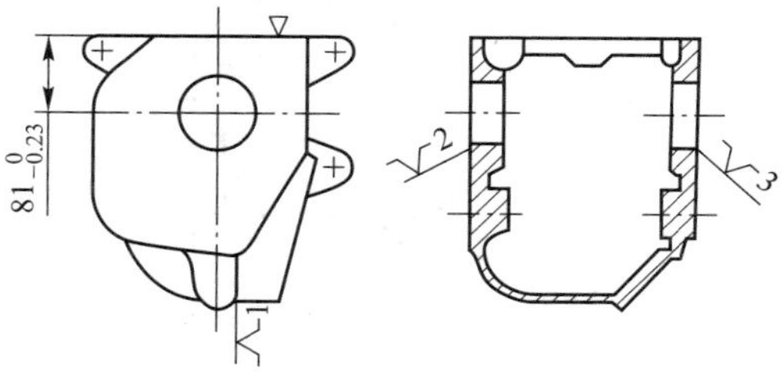 $81^{\ 0}_{-0.23}$	立式铣床
2	钻、铰定位销孔	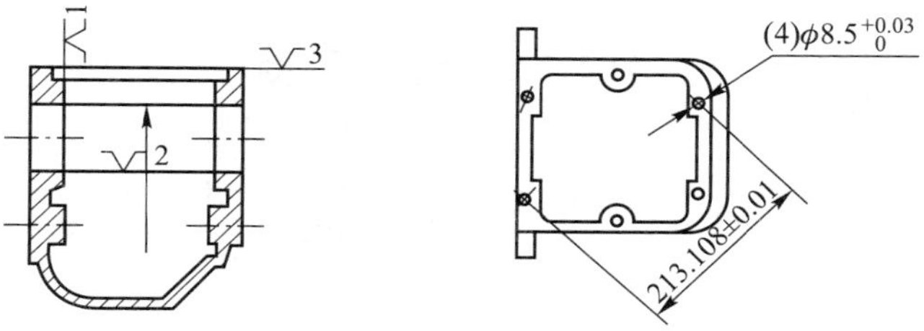 (4)$\phi8.5^{+0.03}_{\ 0}$ ；213.108±0.01	单面钻床

续表

序号	工序内容	工序简图	设备
3	粗铣两侧面	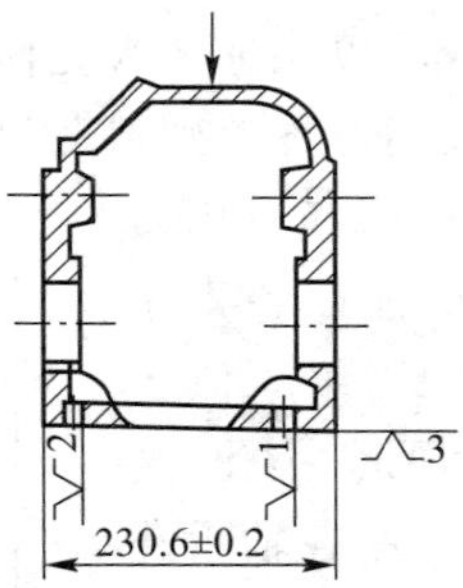 2　1　3　230.6±0.2	双面卧式铣床
4	钻 $\phi 4$ mm 销孔	略	台式钻床
5	钻两侧面较大孔	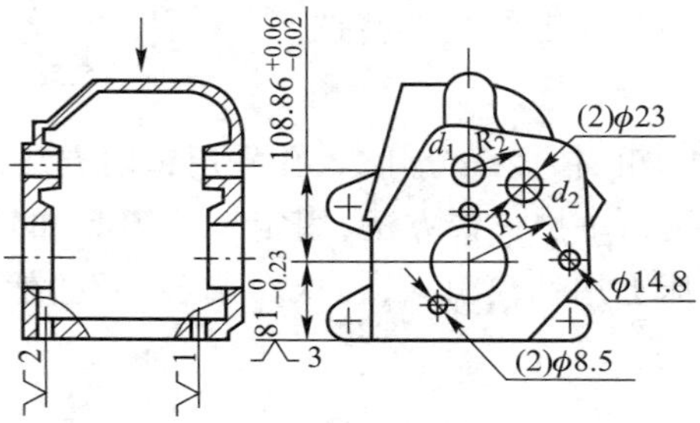 $108.86^{+0.06}_{-0.02}$　$81^{\ 0}_{-0.23}$　(2)$\phi 23$　d_1　R_2　d_2　R_1　$\phi 14.8$　(2)$\phi 8.5$　2　1　3	双面卧式铣床
6	粗镗，扩孔	同上（各孔工序尺寸不同）	双面卧式镗床
7	精镗，铰孔	同上（工序尺寸略）	双面卧式镗床
8	精铣两侧面	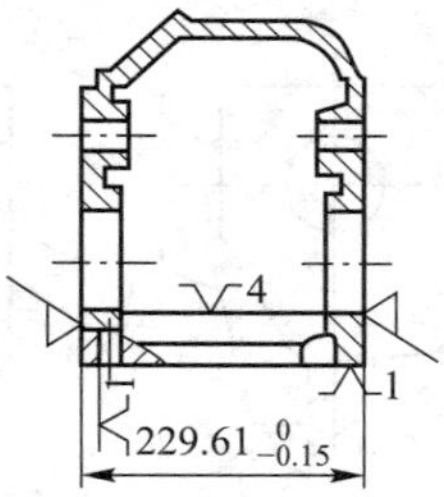 4　1　1　$229.61^{\ 0}_{-0.15}$	双面卧式铣床
9	铣内侧面	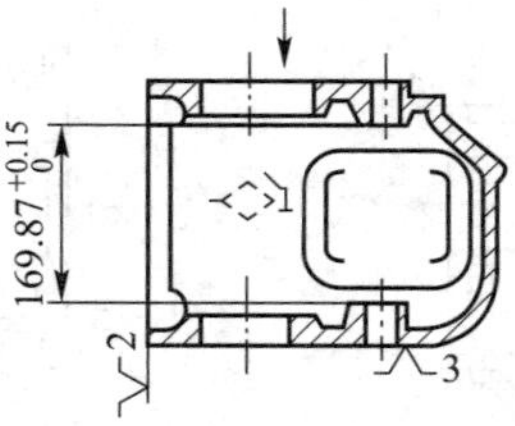 $169.87^{+0.15}_{\ 0}$　2　3	专用铣床

续表

序号	工序内容	工序简图	设备
10	铣小窗口及半径为 R 的内缺口	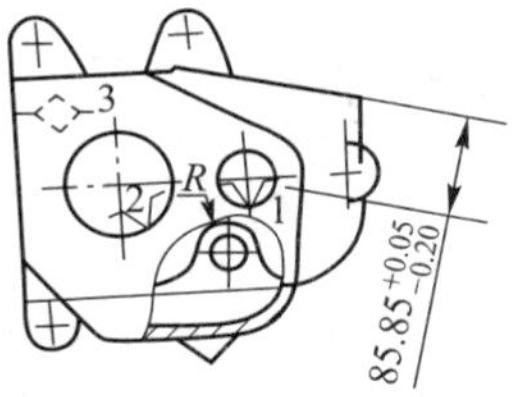	专用铣床
11	挖卡簧槽	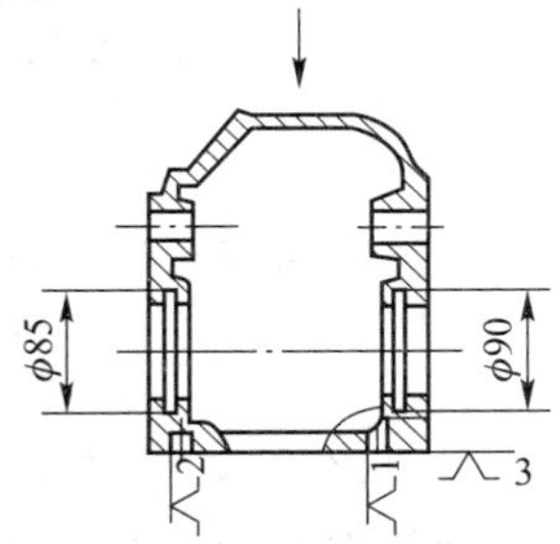	专用铣床
12	钻小螺孔	同上(工序尺寸除外)	三面钻床
13	攻螺纹	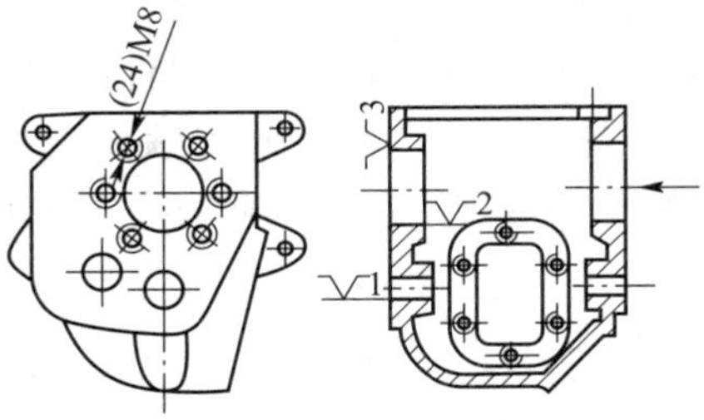	四面攻螺纹机床
14	钻、攻进出油孔	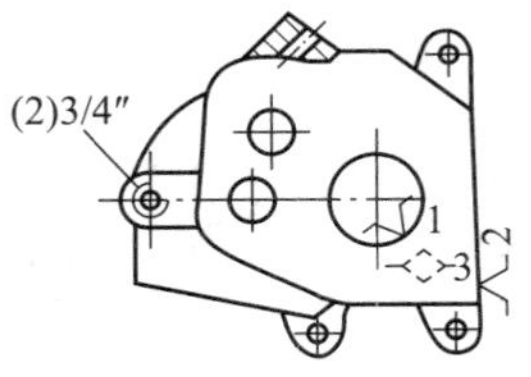	攻螺纹机床

(4) 主要非回转面加工工序及夹具

1) 铣上盖面。该工序在立式组合铣床上加工,夹具装在滑台上,滑台进给走刀一次铣出该平面。图 5.59 给出了该工序夹具结构示意。工件以外表面置于支承销 1 上初定位,一端大孔套入固定圆锥销 4 上,电动机传动带动螺杆 2 使活动圆锥销 3 插入工件另一端大孔中,实现大孔五点定位,同时压紧工件;V 形叉 5 在弹簧作用下卡住箱体下端的小凸台,限制了工件绕定位销中心转动的自由度,保证加工面与不加工面间的正确位置。

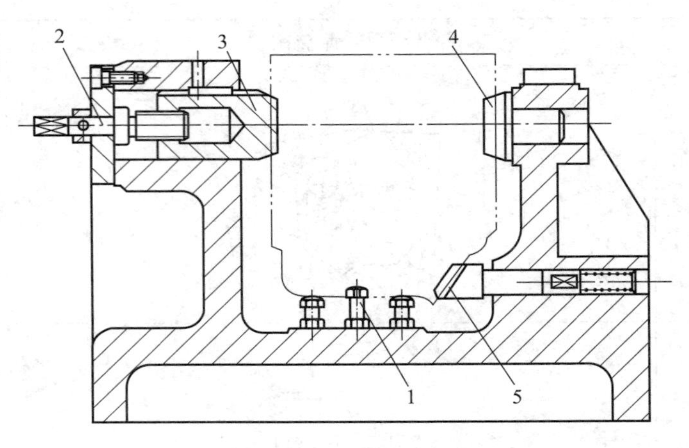

图 5.59　铣上盖面夹具结构示意图

1—支承销;2—螺杆;3—活动圆锥销;4—圆锥销;5—V 形叉

2）粗、精铣两侧面。以一面两孔定位,在卧式双面组合机床上加工。在铣削上盖面和钻、铰定位销孔后粗铣两侧面。为了保证孔与端面有较高的垂直度,在主要孔系精加工后,以孔为主要定位基准精铣两侧面。图 5.60 为精铣两侧面的夹具结构示意图。工件先放在定位块 1 和支承板 3 上初定位,转动手柄使菱形伸缩定位销 2 插入工件一小孔。用专用扳手转动双头螺杆 5,在左、右螺纹作用下,使定位心轴 4 向外伸出,分别插入工件两端的大孔中,限制工件四个自由度。液压缸通过杠杆和压块把工件压紧在定位心轴 4 和支承板 3 上,支承板在定位心轴轴线方向浮动,只起一点定位作用。定位销 2 在垂直于定位心轴轴线方向削边,只限制沿定位心轴轴线移动的自由度。

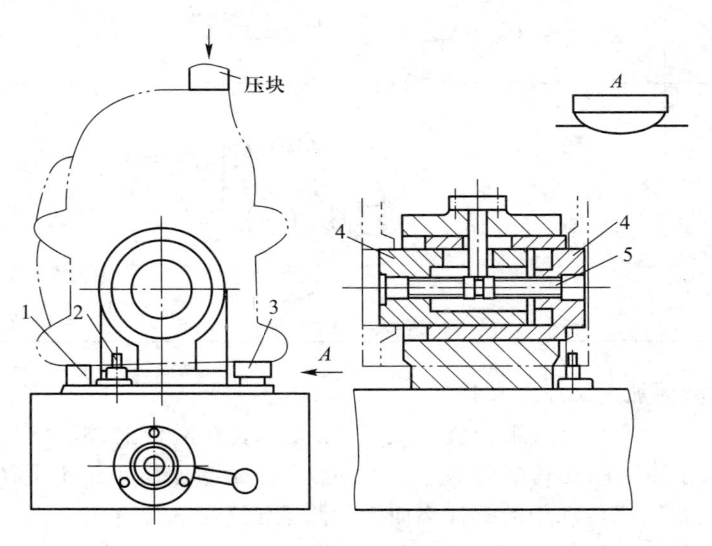

图 5.60　精铣两侧面的夹具结构示意图

1—定位块;2—定位销;3—支承板;4—定位心轴;5—双头螺杆

本章小结

本章引导读者学习了零件非回转表面的主要加工方法，包括铣削、刨削和插削、拉削、磨削等，对这些加工方法的原理、刀具、机床、夹具以及这些加工方法的特点和适用范围进行了系统介绍。读者可从以下几点对本章学习内容进行归纳小结：

1）非回转表面的主要切削加工方法如铣削、刨削及插削和拉削中，除龙门刨削外，都是刀具作主运动（铣削的主运动是旋转，刨削、插削、拉削主运动是直线运动），工件或刀具作进给运动，其中拉削中没有单独的进给运动。这些加工方法中刀刃都不是连续切削，故而经受冲击力。

2）铣削中的切削用量要素有四个，即铣削速度、进给量、铣削宽度和铣削深度，因为铣刀有多刀齿，所以其进给量有刀具每转进给量和每齿进给量两种。铣削的切削厚度、切削宽度、切削层面积等参数都是随时变化的。

3）铣刀的几何角度及参考平面定义与车刀相同，但是铣刀的切削刃为曲线刃，其角度标注比直刃标注更复杂。铣刀的基面是过切削刃上选定点并包含刀具轴线的平面。

4）铣刀种类繁多，但是按照铣刀切削工件时刀齿的形位，不外乎用圆周上刀刃切削的周铣和用端面上刀刃切削的端铣两大类。应注意周铣和端铣的铣削宽度和铣削深度表达方向上的差异。周铣和端铣这两类又都有顺铣和逆铣两种方式。顺铣和逆铣方式各有利弊，但是当机床没有消除进给丝杠间隙机构时，一般不采用顺铣。

5）铣削应用非常广泛，适用于加工平面及各种成形曲面，尤其立铣刀几乎为切削不通透非回转内型腔表面所必需。

6）刨削的主运动是直线往复运动，进给运动是直线间歇运动。刨削只在进程中进行切削，回程为空程，故切削速度和效率低。插削实质上是立式刨削。刨刀和插刀与外圆车刀类似，其切削部分的几何角度标注和换算方法与之相同，但刀体的安装结构有所不同。牛头刨床适合中小型零件的单件、小批加工，龙门刨床主要用于大型、重型工件的中、小批生产，适合加工长而窄的平面。

7）拉削加工是一种高生产率和高精度的加工方法，因只有一个低速直线主运动，故拉床结构简单，操作方便，拉刀的寿命长。但是拉刀结构复杂，制造困难，成本高，所以拉削适用于大批生产。

8）磨削也用于加工非回转表面，特别是要求精度高和表面粗糙度低的零件精加工，也可以作为一种高效加工方法用于粗加工和半精加工。非回转表面磨削方法包括平面磨削和成形磨削，成形磨削有成形砂轮法、专用夹具法以及光学放大法。非回转表面磨削所用磨床有平面磨床、成形磨床，包括光学曲线磨床和磨削加工中心。平面磨床上常用电磁或其它吸盘为夹具，成形磨削通常用成形砂轮或专用夹具。

9）非回转表面加工中工件常用平面定位，用支承钉、支承板为固定定位元件；有时也用圆柱孔为定位面，用心轴和定位销为定位元件；在回转体上加工非回转表面常以外圆柱面定位，用 V 形块，圆、半圆定位套，内锥套为定位元件。非回转表面加工常用的夹紧机构有斜楔夹紧机构、偏心夹紧机构和螺旋夹紧机构。夹具安装后还须用对刀装置调整刀具与工件的相对位置。

10）对平面的技术要求主要体现在形状精度、位置精度和表面质量方面，根据具体技术要求和零件的材料、结构、尺寸、毛坯情况以及生产批量，可以选择不同的粗、半精和精切削（铣削/刨削/拉削）工艺方法，还可与平面磨削及光整加工结合，达到最终技术要求。对非回转曲面，可能保证其表面形状更重要，可用成形刀具和砂轮加工或利用刀具或砂轮与工件作特定相对运动来实现加工。

思考题与练习题

5.1 试比较铣削加工方法与车削、钻削加工方法的特点。

5.2 铣削用量要素与车削用量要素有何不同？铣削层参数有什么特点？

5.3 试比较铣刀与车刀的几何角度标注参考平面和标注角度。周铣刀与端铣刀的几何角度标注参考平面和标注角度有什么差别？

5.4 周铣与端铣、顺铣与逆铣各有什么特点？如何应用？

5.5 铣刀有哪些主要类型？各主要有何用途？

5.6 铣床有哪些主要类型？各主要有何用途？

5.7 试述刨削加工方法的特点以及主要应用范围。插削加工方法和机床与刨削加工方法和机床有何相同与不同？

5.8 刨刀与车刀有何相同和差异？

5.9 牛头刨床上刨削与龙门刨床上刨削有什么不同？指出各自的适用场合。

5.10 拉削加工方法有何特点？其主要应用范围和限制如何？

5.11 说明拉刀各组成部分的结构特点和作用，标注拉刀切削部分的主要几何参数。

5.12 分析成形式、渐成式、轮切式及综合式拉削方式的各自特点及相应拉刀切削部分的设计特点。

5.13 非回转表面加工中所用机床夹具由哪些部分组成？各组成部分有何功用？

5.14 加工非回转表面主要有哪些定位方式？常用哪些定位元件？

5.15 非回转体加工常用哪些夹紧机构？各有何特点？

5.16 试述平面磨削的主要方法和常用平面磨床的特点。

5.17 给出一些可改善平面磨削加工质量的措施。

5.18 成形磨削有哪些主要方法和机床？各有何特点？

5.19 简述铁磁性和非铁磁性板类工件在平面磨床上的装夹方法。

5.20 分析铣床夹具的设计特点。

5.21 试根据零件材料、形状、尺寸、加工精度和表面质量要求，分析总结平面和非回转曲面的各种加工方案。

5.22 试考虑下列零件上平面的加工方案：

（1）单件、小批生产铸铁机座的 500 mm×300 mm 底平面，表面粗糙度为 $Ra3.2$ μm；

（2）成批生产铣床铸铁工作台的 1 250 mm×300 mm 台面，表面粗糙度为 $Ra1.6$ μm；

（3）大批生产 45 钢发动机连杆的 25 mm×10 mm 侧面，表面粗糙度为 $Ra3.2$ μm。

第三篇

机械加工质量

第6章　机械加工精度

机器零件的加工质量是整台机器质量的基础。机器零件的加工质量一般用机械加工精度和加工表面质量两个重要指标表示,它的高低将直接影响整台机器的使用性能和寿命。本章研究机械加工精度的问题。随着机器速度、负载的增加以及自动化生产的需求的提高,对机器性能的要求也不断提高。因此保证机器零件具有更高的加工精度也显得越来越重要。在实际生产中经常遇到和需要解决的工艺问题,多数也是加工精度问题。研究机械加工精度的目的是研究加工系统中各种误差的物理实质,掌握其变化的基本规律,分析工艺系统中各种误差与加工精度之间的关系,寻求提高加工精度的途径,以保证零件的机械加工质量。机械加工精度是本课程的核心内容之一。

本章讨论的内容有机械加工精度的基本概念、影响加工精度的因素、加工误差的综合分析及提高加工精度的途径四个方面。

6.1　机械加工精度的基本概念

6.1.1　加工精度与加工误差

加工精度是指零件加工后的实际几何参数(尺寸、形状和位置)与理想几何参数相符合的程度。符合程度越高,则加工精度就越高。从机器的使用性能来看,没有必要把零件做得绝对准确,只要与理想零件有一定程度的符合便能保证零件在机器中的功用。这一定程度的符合就是设计时所规定的零件公差精度等级,即零件的设计精度。而且在实际加工中也不可能把零件做得绝对准确,总会有一定的偏离。零件加工后的实际几何参数对理想几何参数的偏离程度称为加工误差。加工误差的大小表示加工精度的高低,加工误差是加工精度的度量。

零件的加工精度包含尺寸精度、形状精度和位置精度三方面的内容。这三者之间是有联系的,形状误差应限制在位置公差之内,而位置误差又应限制在尺寸公差之内。当尺寸精度要求高时,相应的位置精度、形状精度也要求高。但形状精度要求高时,相应的位置精度和尺寸精度有时不一定要求高,这要根据零件的功能要求来确定。

加工精度和加工误差是评定零件几何参数准确程度的两种不同概念。生产实际中用控制加工误差的方法或依靠设备自身精度来保证加工精度。

6.1.2　研究加工精度的方法

研究加工精度的方法一般有两种。一是因素分析法,通过分析计算或实验、测试等方法,研究某一确定因素对加工精度的影响。这种方法一般不考虑其它因素的同时作用,主要分析各项误差单独的变化规律。二是统计分析法,运用数理统计方法对生产中一批工件的实测结果进行数据处理,用以控制工艺过程的正常进行。这种方法主要是研究各项误差综合的变化规律,只适用于大批、大量的生产条件。

这两种方法在生产实际中往往结合起来应用。一般先用统计分析法找出误差的出现规律,判断产生加工误差的可能原因,然后运用因素分析法进行分析、试验,以便迅速、有效地找出影响加工精度的关键因素。

6.2 影响加工精度的因素

零件的机械加工是在由机床、夹具、刀具和工件组成的工艺系统中进行的。工艺系统中凡是能直接引起加工误差的因素都称为原始误差。原始误差的存在,使工艺系统各组成部分之间的位置关系或速度关系偏离理想状态,致使加工后的零件产生加工误差。若原始误差在加工前已存在,即在无切削负荷的情况下检验的,称为工艺系统静误差;在有切削负荷情况下产生的则称为工艺系统动误差。原始误差的分类归纳如下:

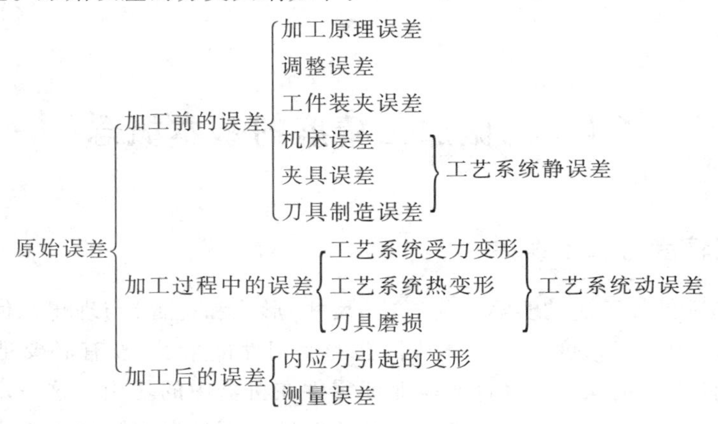

图 6.1 所示为活塞销孔精镗工序中的各种原始误差。由于定位基准不是设计基准而产生的定位误差和由于夹紧力过大而产生的夹紧误差属于工件装夹误差,机床制造或使用中磨损产生的导轨误差属于机床误差,调整刀具与工件之间位置而产生的对刀误差属于调整误差,由于受切削热、摩擦热等因素的影响而产生的机床热变形属于工艺系统热变形。此外,还有加工过程中的刀具磨损,加工完毕测量工序尺寸时由于测量方法和量具本身的误差而产生的测量误差。

各种原始误差的大小和方向各有不同,而加工误差则必须在工序尺寸方向上测量,所以原始误差的方向不同时对加工误差的影响也不同。以图 6.2 车削为例说明原始误差与加工误差的关系。图中实线为刀尖正确位置,虚线为误差位置。图 6.2a 为某一瞬时由于原始误差的影响使刀尖在加工表面有切向位移 Δz,即有原始误差的情况,由此引起零件加工后的半径 R 变为 $R+\Delta R$,这时半径加工误差(省去高阶微小量 ΔR^2)为

$$\Delta R = \frac{\Delta z^2}{2R} \tag{6.1}$$

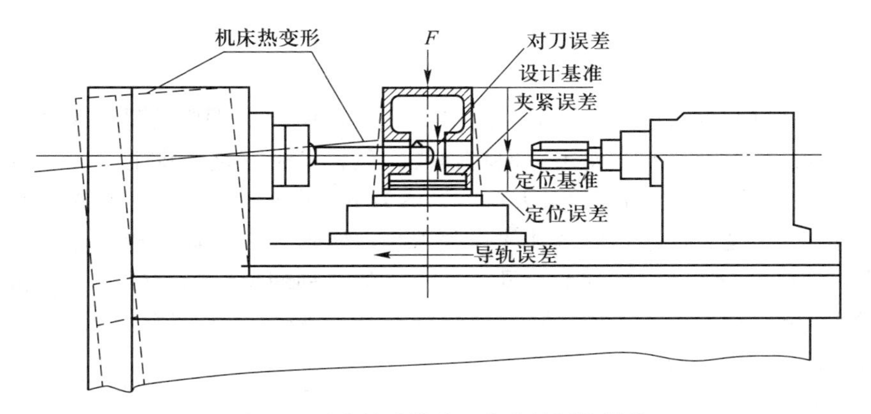

图 6.1　活塞销孔精镗工序中的原始误差

图 6.2b 为原始误差的影响使刀尖在加工表面有法向位移 Δy 的情况，半径加工误差为

$$\Delta R' = \Delta y \tag{6.2}$$

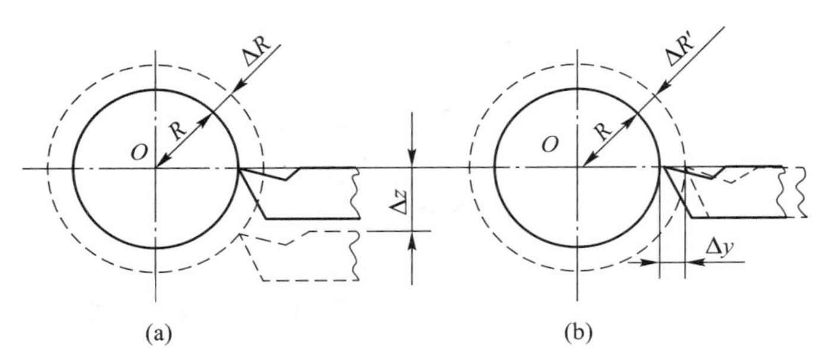

图 6.2　原始误差与加工误差的关系

由此可见，当原始误差值相等即 $\Delta y = \Delta z$ 时，法线方向的加工误差最大，切线方向的加工误差极小，以致可以忽略不计，所以把对加工误差影响最大的那个方向（即通过刀刃加工表面的法线方向）称为误差敏感方向。这是分析加工精度问题时的重要概念。

6.2.1　加工原理误差

加工原理是指加工表面的形成原理。加工原理误差是由于采用了近似的切削运动或近似的切削刃形状所产生的加工误差。为了获得规定的加工表面，要求切削刃完全符合理论曲线的形状，刀具和工件之间必须作相对准确的切削运动。但往往为了简化机床或刀具的设计与制造，降低生产成本，提高生产率和方便使用而采用了近似的加工原理，在允许的范围内存在一定的原理误差。例如齿轮滚刀：一，有近似造形原理误差，即为了便于制造采用阿基米德蜗杆或法向直廓基本蜗杆代替渐开线基本蜗杆；二，有包络造形原理误差，即由于滚刀刀刃数有限，因而切削不连续，包络而成的实际齿形不是渐开线，而是一条折线。所以滚齿加工只作为齿形的粗加工方法，加工精度不太高。

6.2.2　机床误差

机床误差是指在无切削负荷下来自机床本身的制造误差、安装误差和磨损。

1. 主轴回转误差

（1）主轴回转误差的概念

理论上机床主轴回转时，回转轴线的空间位置是固定不变的，即它的瞬时速度为零。而实际主轴系统中存在着各种影响因素，使主轴回转轴线的位置发生变化。将主轴实际回转轴线对理想回转轴线漂移在误差敏感方向上的最大变动量称为主轴回转误差。由于每瞬时回转轴线的空间位置都在变化，一般把它的平均回转轴线作为理想回转轴线。主轴回转误差实际中多表现为漂移，即回转轴线在每一转动方位的变动量都是变化的一种现象。为了便于分析和掌握主轴回转误差对加工精度的影响，认为主轴实际回转轴线在某一方位上作简谐性质的变动。故主轴回转误差可分为如图 6.3 所示的三种基本类型。

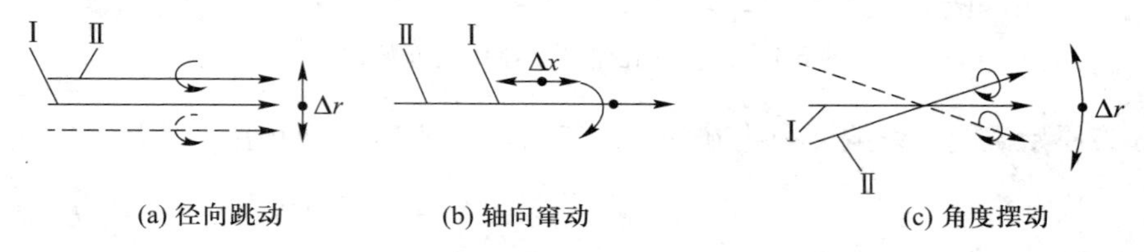

图 6.3　机床主轴回转误差的类型

1）径向跳动。实际回转轴线始终平行于理想回转轴线，在一个平面内作等幅跳动。

2）轴向窜动。实际回转轴线始终沿理想回转轴线作等幅窜动。

3）角度摆动。实际回转轴线与理想回转轴线始终成一倾角，在一个平面上作等幅摆动，且交点位置不变。

由于主轴回转误差总是上述三者的合成，所以主轴不同横截面内轴心的误差运动轨迹既不相同又不相似。

造成主轴回转误差的主要因素与主轴部件的制造精度有关：一是主轴轴颈与支承座孔各自的圆度误差、波纹度和同轴度，止推面或轴肩与回转轴线的垂直度误差；二是滑动轴承轴颈和轴承孔的圆度、波纹度和同轴度，端面与回转轴线的垂直度或滚动轴承滚道的圆度、波纹度，滚动体的圆度误差和尺寸误差，滚道与轴承内孔的同轴度误差（图 6.4），轴承间隙及止推滚动轴承的滚道与回转轴线的垂直度误差等。

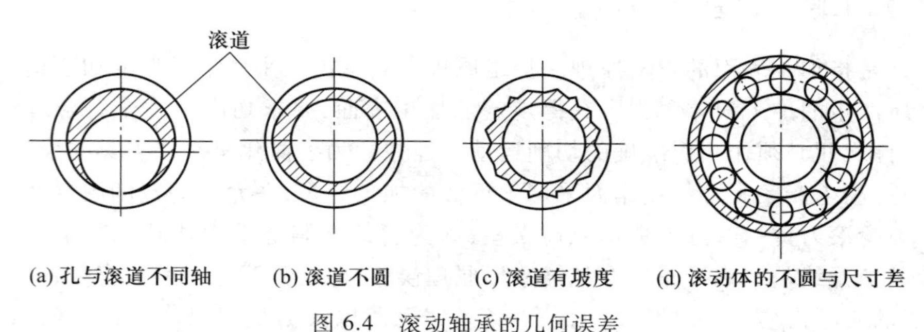

图 6.4　滚动轴承的几何误差

（2）主轴回转误差对加工精度的影响

不同形式的主轴回转误差对加工精度的影响是不同的，而同一类型的回转误差在不同的加工方式中的影响也不相同。

1）径向跳动。主轴的径向跳动误差在用车床加工端面时不引起加工误差，在车削外圆时对加工误差的影响关系如图 6.5 所示，使工件产生圆柱度误差。

在用刀具回转类机床加工内圆表面，例如用镗床镗孔时，主轴轴承孔或滚动轴承外圆的圆度误差将直接反映到工件的圆柱面上，使工件产生圆柱度误差，如图 6.6 所示。

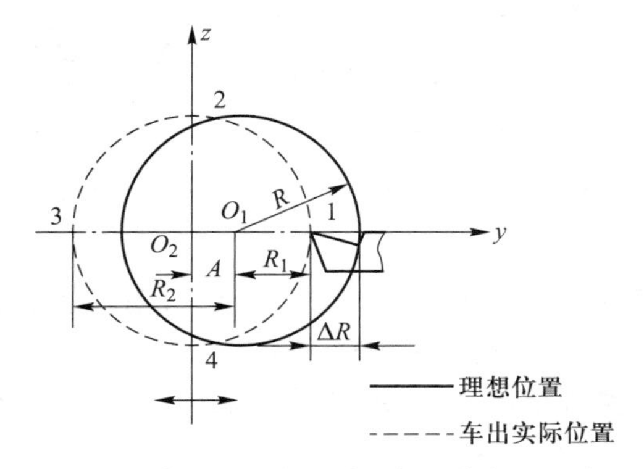

图 6.5　车削时径向跳动对加工精度的影响

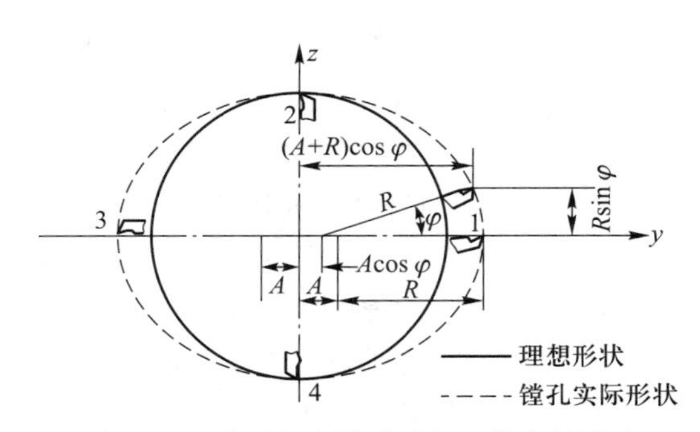

图 6.6　镗孔时径向跳动对加工精度的影响

2）轴向窜动。在刀具为点刀刃的理想条件下，主轴轴向窜动会导致加工的端面产生如图 6.7所示的加工误差。端面上沿半径方向上的各点是等高的；工件端面由垂直于轴线的线段一方面绕轴线转动，另一方面沿轴线移动，形成如同端面凸轮一般的形状（端面中心附近有一凸台）。端面上点的轴向位置只与转角有关，与径向尺寸无关。

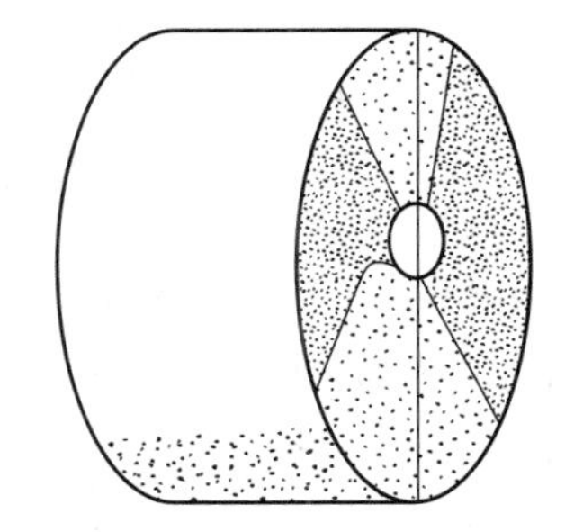
图 6.7　主轴轴向窜动对端面加工精度的影响

加工螺纹时，主轴的轴向窜动导致螺距产生周期误差。

3）角度摆动。主轴轴线的角度摆动，无论是在空间平面内运动或沿圆锥面运动，都可以按误差敏感方向投影为加工圆柱面时某一横截面内的径向跳动，或加工端面时某一半径处的轴向窜动。因此，其对加工误差的影响就是投影后的纯径向跳动和纯轴向窜动对加工误差影响的综合。纯角度摆动对镗孔精度的影响如图 6.8 所示。

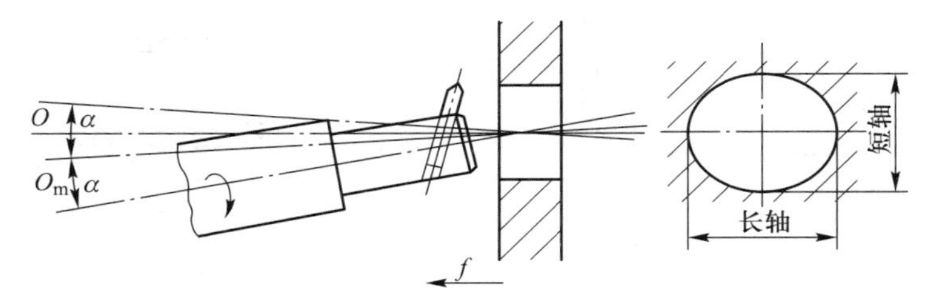

图 6.8　纯角度摆动对镗孔精度的影响

O—工件孔轴心线；O_m—主轴回转轴心线

机床主轴回转误差产生的加工误差见表 6.1。

表 6.1　机床主轴回转误差产生的加工误差

主轴回转误差的基本形式	车床上车削			镗床上镗削	
	内、外面	端面	螺纹	孔	端面
纯径向跳动	影响极小	无影响		圆度误差	无影响
纯轴向窜动	无影响	平面度误差 垂直度误差	螺距误差	无影响	平面度误差 垂直度误差
纯角度摆动	圆柱度误差	影响极小	螺距误差	圆柱度误差	平面度误差

(3) 提高主轴回转精度的措施

1) 提高主轴部件的制造精度。首先应提高轴承的回转精度,如选用高精度的滚动轴承或采用高精度的多油楔动压轴承和静压轴承;其次是提高箱体支承孔、主轴轴颈和与轴承相配合零件有关表面的加工精度。此外,还可在装配时先测出滚动轴承及主轴锥孔的径向跳动,然后调节径向跳动的方位,使误差相互补偿或抵消,以减少轴承误差对主轴回转精度的影响。

2) 对滚动轴承进行预紧。对滚动轴承适当预紧以消除间隙,甚至产生微量过盈。由于轴承内、外圈和滚动体弹性变形的相互制约,既增加了轴承刚度,又对轴承内、外圈滚道和滚动体的误差起到均化作用,因而可提高主轴的回转精度。

3) 使主轴的回转误差不反映到工件上。直接保证工件在加工过程中的回转精度,使回转精度不依赖于主轴,这是保证工件形状精度最简单而又有效的方法。例如,在外圆磨床上磨削外圆柱面时,为避免工件头架主轴回转误差的影响,工件采用两个固定顶尖支承,主轴只起传动作用(图 6.9),工件的回转精度完全取决于顶尖和中心孔的形状误差和同轴度误差。提高顶尖和中心孔的精度要比提高主轴部件的精度容易且经济得多。又如,在镗床上加工箱体类零件上的孔时,可采用带前、后导向套的镗模(图 6.10),刀柄与主轴浮动连接,所以刀柄的回转精度与机床主轴的回转精度无关,仅由刀柄和导套的配合质量决定。

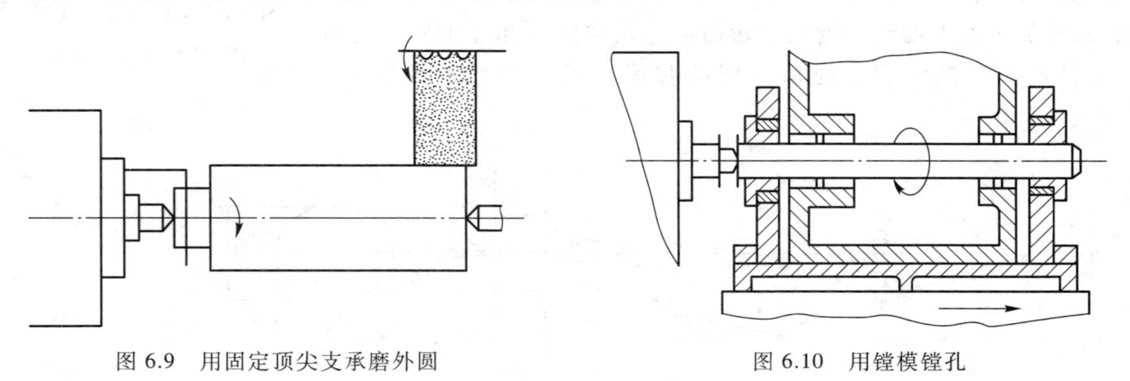

图 6.9　用固定顶尖支承磨外圆　　　　图 6.10　用镗模镗孔

2. 导轨误差

机床导轨是机床主要部件的相对位置及运动的基准,导轨误差将直接影响加工精度。

(1) 导轨在垂直面内的直线度误差

卧式车床或外圆磨床的导轨垂直面内有直线度误差 Δz(图 6.11a),使刀尖运动轨迹产生直线度误差 Δz,由于是误差非敏感方向,零件的加工误差 $\Delta R \approx \Delta z^2/2R$ 可忽略不计。平面磨床、龙门刨床导轨垂直面内的直线度误差则处于误差敏感方向，所以导轨误差将直接反映到被加工的零件上。

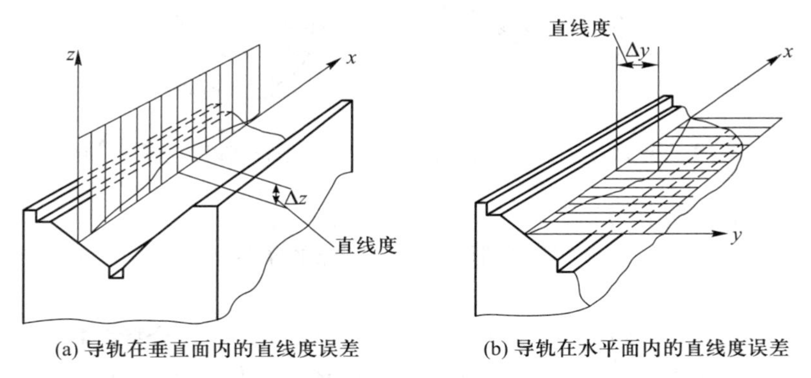

图 6.11　导轨的直线度误差

（2）导轨在水平面内的直线度误差

卧式车床或外圆磨床的导轨在水平面内有直线度误差 Δy（图 6.11b），将使刀尖的直线运动轨迹产生同样的直线度误差 Δy，由于是误差敏感方向，零件的加工误差 $\Delta R=\Delta y$，造成零件的圆柱度误差。平面磨床和龙门刨床的导轨水平方向为误差非敏感方向，加工误差可忽略。

（3）前、后导轨的平行度误差

当卧式车床或外圆磨床的前、后导轨存在平行度误差（扭曲）时（图 6.12），刀具和工件之间的相对位置发生变化，则会引起工件的形状误差。在垂直于纵向走刀的某一截面内，若前、后导轨的平行度误差为 Δz，则零件的半径误差为

$$\Delta R \approx \Delta y = \Delta z\,\frac{H}{B} \tag{6.3}$$

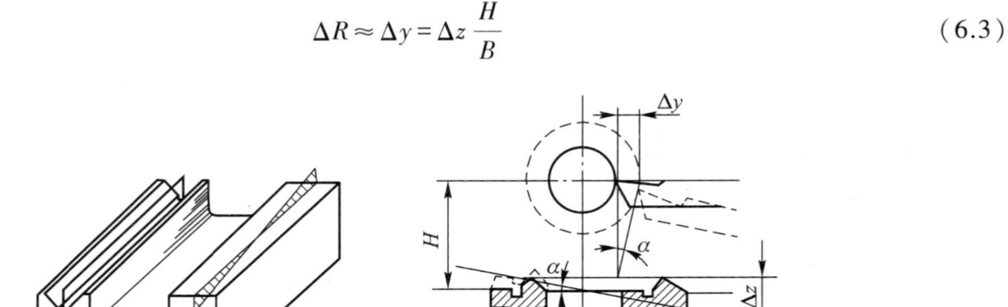

图 6.12　前、后导轨平行度误差

一般车床 $H/B\approx 2/3$，外圆磨床 $H/B\approx 1$。因此这项原始误差对加工精度的影响不能忽略。

（4）导轨与主轴回转轴线的平行度误差

若车床导轨与主轴回转轴线在水平面内有平行度误差，车出的内、外圆柱面就产生锥度；若在垂直面内有平行度误差，则圆柱面成双曲线回转体（图 6.13），因是误差非敏感方向故可忽略。

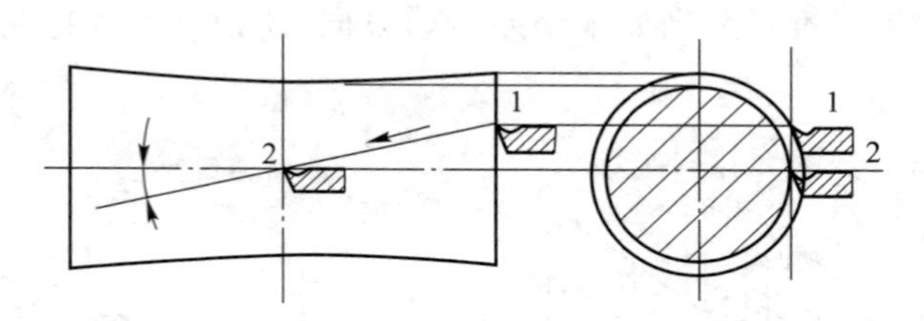

图 6.13　车床导轨与主轴回转轴线在垂直面内的平行度误差产生的加工误差

（5）提高导轨精度的主要措施

1）选用合理的导轨形状和导轨组合形式，并在可能的条件下增加工作台与床身导轨的配合长度。

2）提高机床导轨的制造精度，主要是提高导轨的加工精度和配合接触精度。

3）选用适当的导轨类型。例如，在机床上采用液体或气体静压导轨结构，由于在工作台与床身导轨之间有一层压力油或压缩空气，既可对导轨面的直线度误差起均化作用，又可防止导轨面在使用过程中的磨损，故能提高工作台的直线运动精度及其精度保持性。又如，高速导轨磨床的主运动常采用贴塑导轨，其进给运动采用滚动导轨来提高直线运动精度。

3. 传动链误差

（1）传动链精度的分析

加工螺旋面、齿轮、蜗轮等成形表面时，刀具和工件之间精确的运动关系——回转运动速度与直线运动速度或回转运动速度与回转运动速度之间的恒定关系是由机床传动系统即传动链来保证的。传动链误差是指机床内联系传动链始末两端传动元件之间相对运动的误差。传动链误差一般用传动链末端元件的转角误差来衡量。各传动元件的转角误差是转角的正弦（或余弦）函数，即

$$\Delta\varphi_j=\Delta_j\sin(\omega_j t+\alpha_j) \tag{6.4}$$

式中：$\Delta\varphi_j$——第 j 个传动元件的转角误差，rad；

Δ_j——第 j 个传动元件转角误差的幅值，rad；

ω_j——第 j 个传动元件的角速度，rad/s；

α_j——第 j 个传动元件转角误差的初相角，rad。

第 j 个传动元件的转角误差 $\Delta\varphi_j$ 使末端元件 n 产生误差 $\Delta\varphi_{jn}$，即

$$\Delta\varphi_{jn}=k_j\Delta\varphi_j \tag{6.5}$$

式中，$k_j=\dfrac{\omega_n}{\omega_j}=\dfrac{1}{i_{jn}}$，为转角误差的传递系数。

整个传动链的总转角误差 $\Delta\varphi_\Sigma$ 是各传动元件所引起的末端元件转角误差 $\Delta\varphi_{jn}$ 的叠加：

$$\Delta\varphi_\Sigma=\sum_{j=1}^{n}\Delta\varphi_{jn}$$

因为

$$\omega_j t=\frac{\omega_j}{\omega_n}\omega_n t=i_{jn}\omega_n t$$

所以

$$\Delta\varphi_{jn}=k_j\Delta\varphi_j=k_j\Delta_j\sin(\omega_j t+\alpha_j)=k_j\Delta_j\sin(i_{jn}\omega_n t+\alpha_j)$$

$$\Delta\varphi_{\Sigma} = \sum_{j=1}^{n} \Delta\varphi_{jn} = \sum_{j=1}^{n} k_j \Delta_j \sin(i_{jn}\omega_n t + \alpha_j) \tag{6.6}$$

从式中可见,传动链误差是周期性变化的,且 k_j越小传动链误差就越小。

(2) 减少传动链传动误差的措施

1) 缩短传动链,即减少传动环节。传动件个数越少,传动链越短,$\Delta\varphi_{\Sigma}$就越小,因而传动精度提高。

2) 降低传动比。即减小传动比,特别是传动链末端传动副的传动比小,则传动链中各传动元件误差对传动精度的影响就越小。因此,采用降速传动,是保证传动精度的重要原则。对于螺纹或丝杠加工机床,为保证降速传动,机床传动丝杠的导程应远大于工件螺纹导程;对于齿轮加工机床,分度蜗轮的齿数一般远比被加工齿轮的齿数多,其目的也是为了得到很大的降速传动比。同时,传动链中各传动副传动比应按越接近末端的传动副其降速比越小的原则来分配,这样有利于减少传动误差。

3) 减小传动链中各传动件的加工、装配误差,可以直接提高传动精度。特别是最后的传动件(末端元件)的误差影响最大,故末端元件(如滚齿机的分度蜗轮、螺纹加工机床的最后一个齿轮及传动丝杠)应做得更精确些。

4) 采用校正装置。考虑传动链误差是既有大小又有方向的向量,可以采用误差校正装置,在原传动链中人为地加入一个补偿误差,其大小与传动链本身的误差相等而方向相反,从而使之相互抵消。

6.2.3 工艺系统受力变形

工艺系统受力变形不但影响工件的加工精度,而且还影响表面质量,限制切削用量和生产率的提高。

1. 工艺系统刚度

机械加工过程中,工艺系统在切削力、夹紧力、传动力、重力和惯性力等外力的作用下会产生变形,破坏刀具和工件之间的正确位置关系,使工件产生加工误差。例如图 6.14a 为车细长轴时在切削力的作用下工件因弹性变形而产生“让刀”现象,在零件全长上吃刀深度先由大变小,再由小变大,工件产生圆柱度误差。图 6.14b 为车削粗短工件时机床床头、尾架的受力变形,零件产生加工误差。图 6.14c 为在车床加工薄壁工件的内孔,工件因三爪自定心卡盘夹紧而弹性变形,加工后取下工件,变形得到恢复,内孔产生圆度误差。

工艺系统在切削力作用下将在各个受力方向产生相应变形,但影响最大的是误差敏感方向,所以工艺系统刚度是指切削力在加工表面法向的分力 F_y与 F_x、F_y、F_z同时作用下产生的沿法向的变形 $y_{系统}$之间的比值:

$$K_{系统} = \frac{F_y}{y_{系统}} \tag{6.7}$$

式中:$K_{系统}$——工艺系统刚度,N/mm;

F_y——法向切削力,N;

$y_{系统}$——工艺系统法向变形,mm。

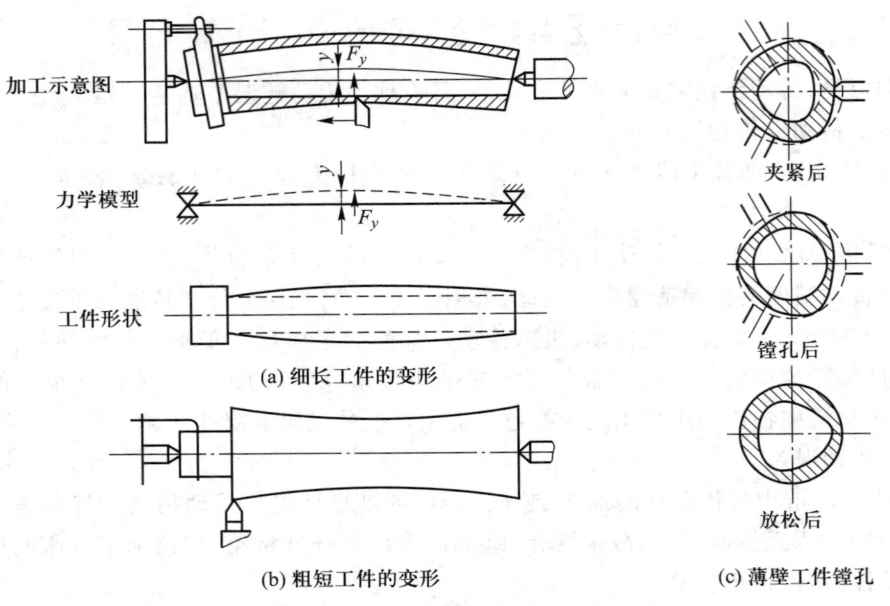

图 6.14　工艺系统受力变形产生加工误差

刚度的倒数称为柔度 C(单位为 mm/N),即

$$C=\frac{1}{K_{系统}}=\frac{y_{系统}}{F_y} \tag{6.8}$$

由于力与变形一般都是在静态条件下进行考虑和测量的,故上述刚度、柔度分别称为静刚度和静柔度。静刚度是工艺系统本身的属性,在线性范围内可认为与外力无关。

为分析工艺系统各组成部分的变形规律及其特点,现介绍工艺系统各组成部分的刚度。

(1) 零件的刚度

形状规则、简单的零件的刚度可用有关力学公式推算,如图 6.20 所示的细长回转体零件用两顶尖装夹,工件的变形 y 可按简支梁计算,即

$$y=\frac{F_y}{3EI}\frac{x^2(L-x)}{L} \tag{6.9}$$

式中:L——工件长度,mm;

x——刀尖距右顶尖的距离,mm;

E——工件材料的弹性模量,N/mm^2;

I——工件截面的惯性矩,mm^4。

当切削位置在中点时,工件变形最大,即

$$y_{\max}=\frac{F_yL^3}{48EI}$$

工件最小刚度为

$$K_{\min}=\frac{F_y}{y_{\max}}=\frac{48EI}{L^3}$$

如果工件同样用三爪自定心卡盘装夹，则按悬臂梁计算，最大变形为

$$y_{max}=\frac{F_y L^3}{3EI} \tag{6.10}$$

式中：L——工件悬臂梁长度，mm。

工件最小刚度为

$$K_{min}=\frac{F_y}{y_{max}}=\frac{3EI}{L^3}$$

（2）机床部件的刚度

机床的结构形状复杂，各部件受力影响变形各不相同，且变形后对工件加工精度的影响也不同。机床部件的受力变形过程首先是消除各有关零件之间的间隙，挤掉其间的油膜层的变形，接着是部件中薄弱零件变形（如图 6.15 所示刀架滑板中楔铁变形），最后才是其它组成零件本身的弹性变形和相互接触面的接触变形。图 6.16 所示为刀架部件中力的传递情况，切削力从刀刃传到刀台、小刀架、大刀架、滑板、床身，最后在床身形成了封闭系统。刀台相对床身的总位移 y 应是刀台相对小刀架的位移 y_4、小刀架相对大刀架的位移 y_3、大刀架相对滑板的位移 y_2 和滑板相对床身的位移 y_1 的叠加。由于机床部件刚度的复杂性，很难用理论公式计算，一般用实验方法来测定。图 6.17 为单向测定车床静刚度的实验方法。图中 1 为装在车床两顶尖间的刚性心轴，2 为装在刀架上的螺旋加力器，3 为装在加力器与心轴之间的测力环，与心轴中点接触，4 为千分表，5 为螺旋加力器的加力螺钉。通过测力环使刀架与心轴之间产生作用力，力的大小由测力环中的千分表读出（测力环预先在材料试验机上用标准压力标定）。这时，床头、尾座和刀架在力的作用下产生变形的大小可分别从千分表中读出。

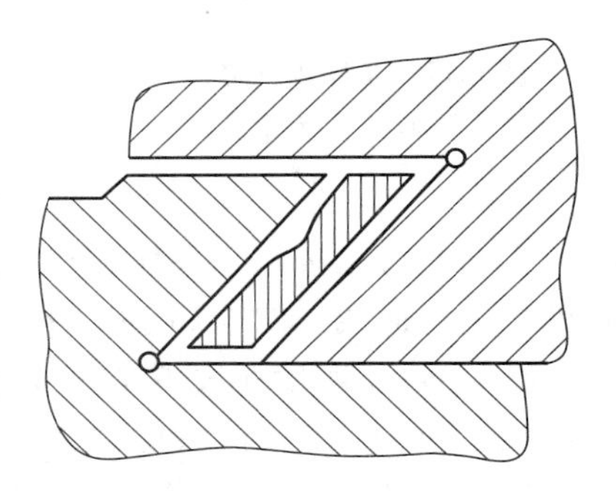

图 6.15　机床部件刚度的薄壁环节

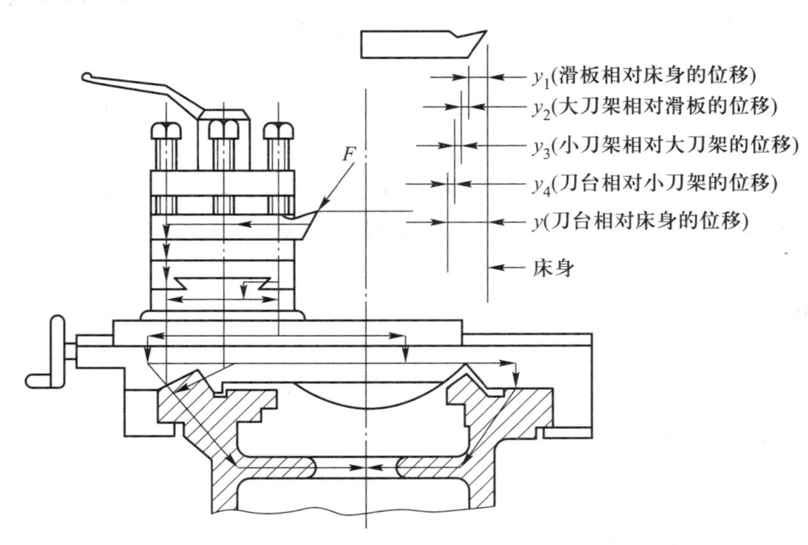

图 6.16　部件受力变形和各组成零件受力变形间的关系

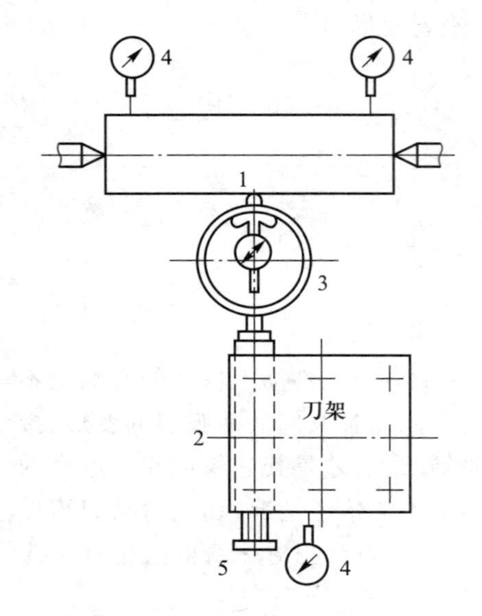

图 6.17　车床单向静刚度测试

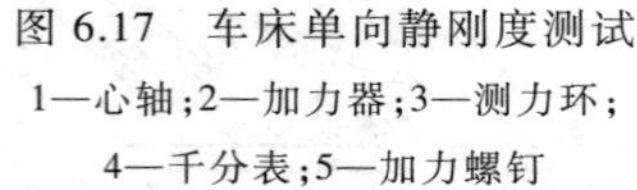

1—心轴；2—加力器；3—测力环；
4—千分表；5—加力螺钉

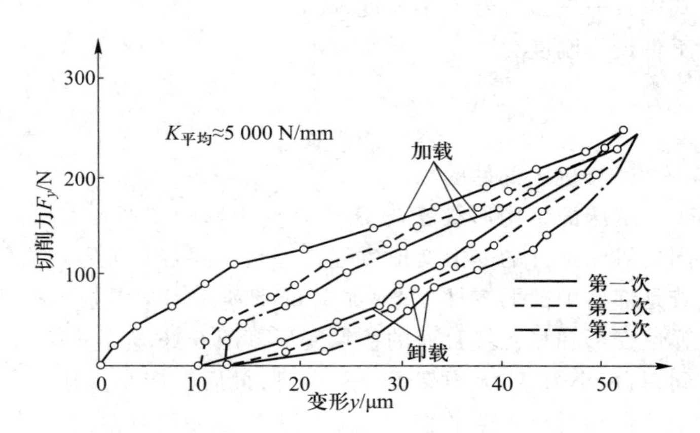

图 6.18　车床刀架静刚度的实测曲线

实验时可以进行几次加载和卸载，根据测得的 F_y 和 y 数据可分别画出刀架、床头和尾座等部件的静刚度曲线。图 6.18 为车床刀架静刚度的实测曲线，从图中可见刚度曲线不是直线，加载与卸载时的刚度曲线不重合，当载荷去除之后变形恢复不到起点。这反映了部件的变形不单纯是弹性变形，由于零件表面存在着几何形状误差和表面粗糙度，两个零件实际接触面积小于名义接触面积，只有一些高的凸峰（图 6.19）相互接触，在外力的作用下，接触点产生了较大的接触应力，引起包括表面层弹性变形和局部塑性变形的接触变形。

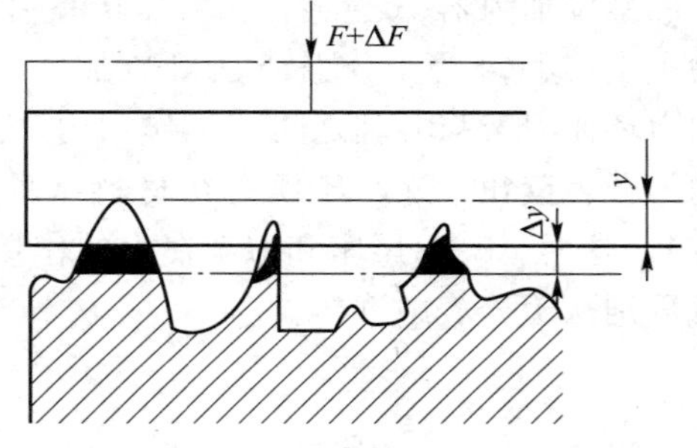

图 6.19　零件表面的接触情况

（3）工艺系统的刚度

工艺系统在切削力作用下都会产生不同程度的变形，导致刀刃和加工表面在作用力方向上的相对位置发生变化，于是产生加工误差。工艺系统受力总变形是各个组成部分变形的叠加，即

$$y_{系统}=y_{机床}+y_{夹具}+y_{刀具}+y_{工件}$$

式中：$y_{机床}$——机床变形量，mm；

$y_{夹具}$——夹具变形量，mm；

$y_{刀具}$——刀具变形量，mm；

$y_{工件}$——工件变形量，mm。

而工艺系统各部件的变形量为

$$y_{系统}=\frac{F_y}{K_{系统}},y_{机床}=\frac{F_y}{K_{机床}},y_{夹具}=\frac{F_y}{K_{夹具}},y_{刀具}=\frac{F_y}{K_{刀具}},y_{工件}=\frac{F_y}{K_{工件}}$$

式中：$K_{机床}$——机床刚度，N/mm；

$K_{夹具}$——夹具刚度，N/mm；

$K_{刀具}$——刀具刚度，N/mm；

$K_{工件}$——工件刚度，N/mm。

所以工艺系统刚度为

$$\frac{1}{K_{系统}}=\frac{1}{K_{机床}}+\frac{1}{K_{夹具}}+\frac{1}{K_{刀具}}+\frac{1}{K_{工件}}$$

即

$$K_{系统}=\frac{1}{\dfrac{1}{K_{机床}}+\dfrac{1}{K_{夹具}}+\dfrac{1}{K_{刀具}}+\dfrac{1}{K_{工件}}} \tag{6.11}$$

因此，知道工艺系统各组成部分的刚度后，就可以求出整个工艺系统的刚度。式(6.11)还表达了工艺系统刚度的一个特点，即整个工艺系统的刚度比其中刚度最小的那个环节的刚度还小。

2. 工艺系统受力对加工精度的影响

(1) 切削过程中力作用位置的变化对加工精度的影响

工艺系统刚度另一个特点是，工艺系统各环节的刚度和整个工艺系统的刚度随着受力点位置的变化而变化。图 6.20 所示为在车床两顶尖间加工光轴(由于顶尖装夹在机床主轴上，故将夹具顶尖与机床结合为一体来考虑变形)，设这时切削力的大小保持不变，切削力作用点不断移动，当受力点在工件右端 x 处时，机床头架所受的力为$\frac{x}{L}F_y$，尾架所受的力为$\frac{L-x}{L}F_y$，刀架所受的力为 F_y，机床各处的变形为

$$y_{头架}=\frac{F_y}{K_{头架}}\ \frac{x}{L},y_{尾架}=\frac{F_y}{K_{尾架}}\ \frac{L-x}{L},y_{刀架}=\frac{F_y}{K_{刀架}}$$

由图 6.20 的几何关系可得任意切削点 x 处机床、夹具的变形为 y_x：

$$\begin{aligned}y_x&=y_{机床}+y_{夹具}=y_{刀架}+y_{头架}+(y_{尾架}-y_{头架})\frac{L-x}{L}\\&=\frac{F_y}{K_{刀架}}+\frac{F_y}{K_{头架}}\left(\frac{x}{L}\right)^2+\frac{F_y}{K_{尾架}}\left(\frac{L-x}{L}\right)^2\end{aligned}$$

这时工件的变形按简支梁公式(6.9)计算。由于车刀粗短，其变形较小可忽略，则有

$$\begin{aligned}y_{系统}&=y_{机床}+y_{夹具}+y_{刀具}+y_{工件}\\&=\frac{F_y}{K_{刀架}}+\frac{F_y}{K_{头架}}\left(\frac{x}{L}\right)^2+\frac{F_y}{K_{尾架}}\left(\frac{L-x}{L}\right)^2+\frac{F_y}{3EI}\ \frac{x^2(L-x)^2}{L}\end{aligned} \tag{6.12}$$

$$K_{系统}=\frac{F_y}{y_{系统}}=\frac{F_y}{\dfrac{F_y}{K_{刀架}}+\dfrac{F_y}{K_{头架}}\left(\dfrac{x}{L}\right)^2+\dfrac{F_y}{K_{尾架}}\left(\dfrac{L-x}{L}\right)^2+\dfrac{F_y}{3EI}\ \dfrac{x^2(L-x)^2}{L}}$$

$$=\frac{1}{\dfrac{1}{K_{刀架}}+\dfrac{1}{K_{头架}}\left(\dfrac{x}{L}\right)^2+\dfrac{1}{K_{尾架}}\left(\dfrac{L-x}{L}\right)^2+\dfrac{1}{3EI}\ \dfrac{x^2(L-x)^2}{L}} \tag{6.13}$$

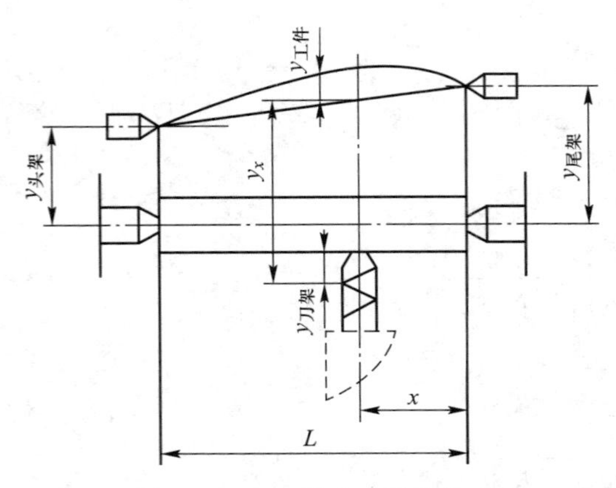

图 6.20　车床受力变形的组成

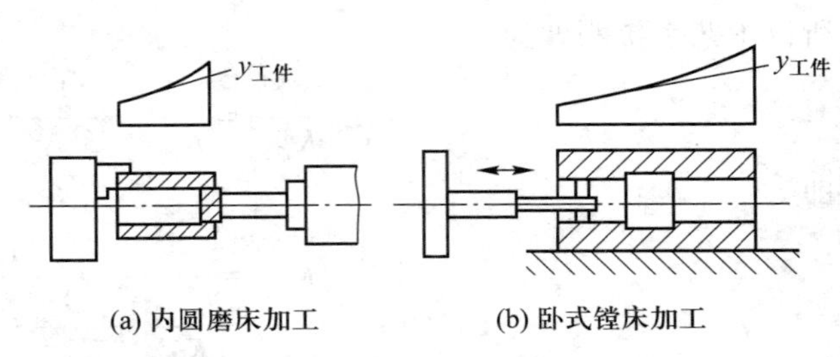

图 6.21　工艺系统受力位置变化时的变形

由此可见，工艺系统刚度在沿工件轴向的各个位置是不同的。所以加工后工件各个横截面上的直径尺寸也不相同，造成加工后的形状误差。工件细长时，刚度很低，工艺系统的变形几乎完全取决于工件的变形，产生如图 6.14a 呈鼓形的加工误差。而工件粗而短时，由于工件刚度较大，在切削力作用下的变形相对机床、夹具和刀具的变形要小得多，工艺系统的总变形完全取决于机床头架、尾架、顶尖、刀架和刀具的变形，这时工件产生如图 6.14b 呈鞍形的加工误差。图 6.21 所示为在内圆磨床、卧式镗床上加工时工艺系统受力变形随受力点位置变化而变化的情况。

（2）切削过程中受力大小变化对加工精度的影响

在工件同一截面内切削，由于材料硬度不均或加工余量的变化将引起切削力大小的变化，而此时工艺系统的刚度 $K_{系统}$ 是常量，所以变形不一致，导致工件的加工误差。图 6.22 所示为车削有椭圆形圆度误差的短圆柱毛坯外圆，刀尖调整到要求的尺寸（图中虚线位置），在工件的每一转中切削深度由毛坯长半径的最大值 a_{p1} 变化到短半径的最小值 a_{p2} 时，切削力也就由最大的 F_{y1} 变化到最小的 F_{y2}，由 $y=\dfrac{F_y}{K}$ 可知切削力变化引起对应的让刀变形 y_1、y_2。根据金属切削原理，在一定的切削条件下，切削力与实际切削深度成正比，即

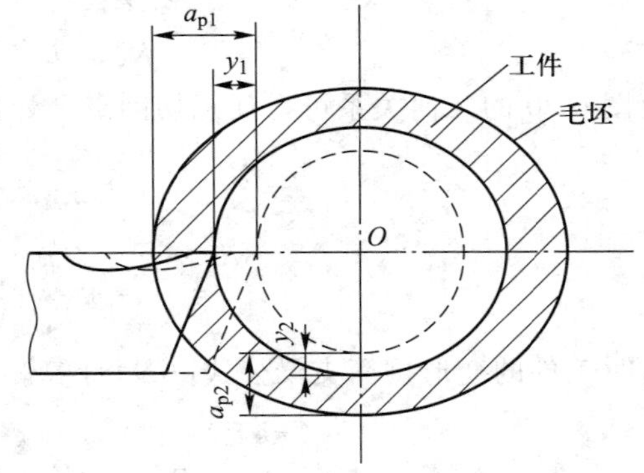

图 6.22　毛坯形状误差的复映

$$F_{y1}=C(a_{p1}-y_1),\ F_{y2}=C(a_{p2}-y_2)$$

式中：C——径向切削力系数，$C=C_{F_y}f^{y_{F_y}}K_{F_y}$，为常数，N/mm；

a_{p1}、a_{p2}——背吃刀量，mm；

F_{y1}、F_{y2}——法向切削分力，N。

则工件的变形量为

$$y_1-y_2=\frac{1}{K_{系统}}(F_{y1}-F_{y2})=\frac{C}{K_{系统}}[(a_{p1}-a_{p2})-(y_1-y_2)]$$

$$y_1-y_2=\frac{C}{K_{系统}+C}(a_{p1}-a_{p2})$$

令$(a_{p1}-a_{p2})$为毛坯误差$\Delta_{毛坯}$,(y_1-y_2)为一次走刀后工件的误差$\Delta_{工件}$,$\varepsilon=\frac{C}{K_{系统}+C}$为误差复映系数,所以有

$$\Delta_{工件}=\frac{C}{K_{系统}+C}\Delta_{毛坯}=\varepsilon\Delta_{毛坯} \tag{6.14}$$

式(6.14)表示了工件误差与毛坯误差之间的比例关系,由于工件误差与毛坯误差是相对应的,可以把工件误差看成是毛坯误差的复映。若每次走刀的误差复映系数为ε_1、ε_2、…、ε_n,则总的误差复映系数$\varepsilon_{总}=\varepsilon_1\varepsilon_2\cdots\varepsilon_n$。误差复映规律是:当毛坯有形状误差或位置误差时,加工后工件仍会有同类的加工误差,但每次走刀后工件的误差将逐步减小。

3. 减小工艺系统受力变形对加工精度影响的措施

减小工艺系统受力变形是保证加工精度的有效途径之一。在生产实际中,常从两个主要方面采取措施来予以解决,一是提高系统刚度,二是减小载荷及其变化。从加工质量、生产效率、经济性等方面考虑,提高工艺系统中薄弱环节的刚度是最重要的措施。

(1) 提高工艺系统的刚度

1) 合理的结构设计。在设计工艺装备时,应尽量减少连接面数,并注意刚度的匹配,防止有局部低刚度环节出现。在设计基础件、支承件时,应合理选择零件结构和截面形状。一般地说,截面积相等时,空心截形比实心截形的刚度高,封闭的截形又比开口的截形好。在适当部位增添加强筋也有良好的效果。

2) 提高连接表面的接触刚度。由于部件的接触刚度大大低于实体零件本身的刚度,所以提高接触刚度是提高工艺系统刚度的关键。特别是对使用中的机床设备,提高其连接表面的接触刚度,往往是提高原机床刚度的最简便、最有效的方法。

3) 采用合理的装夹和加工方式。例如在卧式铣床上铣削角铁形零件,如按图 6.23a 所示的装夹、加工方式,工件的刚度较低;改用图 6.23b 所示的装夹、加工方式,则刚度可大大提高。再如加工细长轴时,如改为反向走刀(从床头向尾座方向进给),使工件从原来的轴向受压变为轴向受拉,则也可提高工件的刚度。

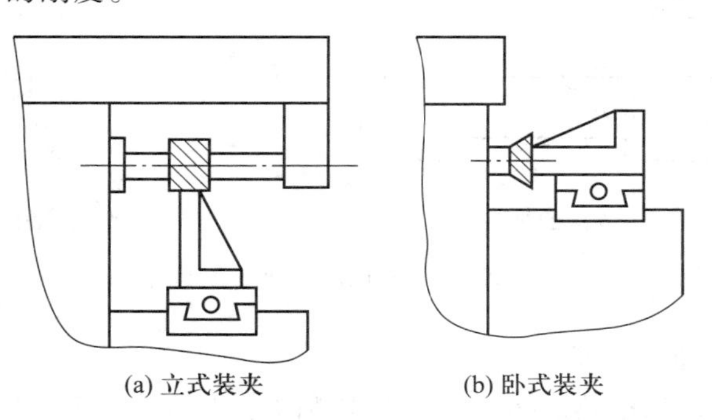

(a) 立式装夹　　(b) 卧式装夹

图 6.23　铣削角铁形零件的两种装夹方式

(2) 减小载荷及其变化

采取适当的工艺措施,如合理选择刀具几何参数(例如加大前角,让主偏角接近 90°)和切

削用量(如适当减少进给量和背吃刀量),以减小切削力(特别是 F_y),就可以减小受力变形。将毛坯分组,使一次调整中加工的毛坯余量比较均匀,就能减小切削力的变化,使复映误差减小。

6.2.4 工艺系统的热变形

机械加工过程中,工艺系统在各种热源的影响下产生复杂的变形,破坏了工件与刀具的相对位置和相对运动的准确性,引起加工误差。在现代高速度、高精度、自动化加工中,工艺系统热变形问题越来越突出。在精密加工和大件加工中,由热变形引起的加工误差已占到加工总误差的40%~70%。

工艺系统主要热源为系统内部的摩擦热、切削热和外部的环境温度、阳光辐射等。在各种热源作用下,工艺系统各部分的温度逐渐升高,热源不断导入热量,同时又向周围散发热量。在升温初期,工艺系统各点的温度是时间的函数,温度分布是一种不稳定的温度场。当温升一定时间后(一般机床需要 4~6 h),单位时间内输入与散发的热量相等,工艺系统处于热平衡状态,此时的温度场较稳定,其变形也相应稳定,引起的加工误差是有规律的。

1. 机床热变形对加工精度的影响

机床工作时,由于内、外部热源的影响,温度会逐渐升高。由于机床结构复杂、热源不同,机床温度场一般都不均匀,使原有的机床精度遭到破坏,引起相应的加工误差。当热平衡后机床各部分热变形停止在某种程度上,相互之间的位置和运动相对稳定。

车床、铣床、钻床和镗床的主要热源是主轴箱。图 6.24a 是车床的热变形趋势,车床主轴箱的温升导致主轴线抬高;主轴前轴承的温升高于后轴承又使主轴倾斜;主轴箱的热量经油池传到床身,导致床身中凸,更促使主轴线向上倾斜。最终导致主轴回转轴线与导轨的平行度误差,使加工后的工件产生圆柱度误差。图 6.24b 所示万能铣床的热源也是主传动系统,由于左箱壁温度高也导致主轴线升高并倾斜。

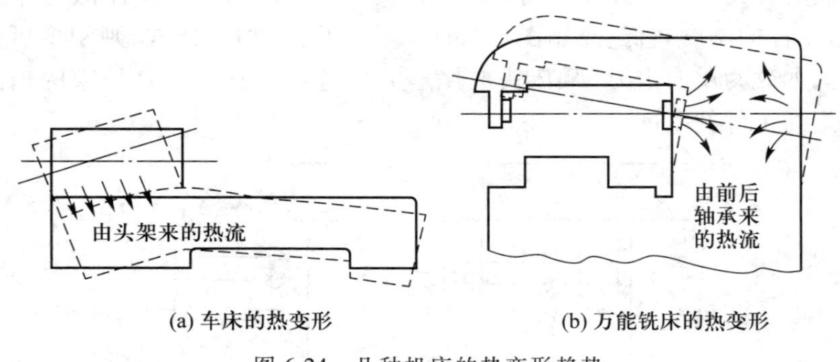

(a) 车床的热变形　　(b) 万能铣床的热变形

图 6.24 几种机床的热变形趋势

2. 刀具的热变形对加工精度的影响

刀具热变形的热源是切削热。传给刀具的切削热虽然很少,但刀具质量小、热容量小,所以仍会有很高的温升,引起刀具的热伸长而产生加工误差。某些工件加工时刀具连续工作时间较长,随着切削时间的增加,刀具逐渐受热伸长,热变形情况如图 6.25 中的连续工作曲线 *A* 所示,使加工后的工件产生圆柱度误差或端面的平面度误差。

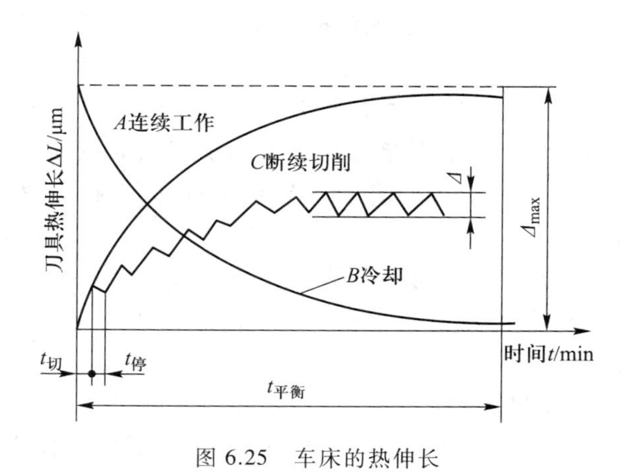

图 6.25 车床的热伸长

在成批生产小型工件时每个工件切削的时间较短,刀具断续工作,刀具受热和冷却是交替进行的,热变形情况如图 6.25 中的断续切削曲线 *C* 所示。对每一个工件来说,产生的形状误差是较小的;对一批工件来说,在刀具未达到热平衡时,加工出的一批工件尺寸有一定的误差,造成一批工件尺寸的分散。

3. 工件的热变形对加工精度的影响

工件热变形的热源主要是切削热,对有些大型件、精密件,环境温度也有很大的影响。传入工件的热量越多、工件的质量越小,则热变形越大。由于工件结构尺寸的差异,工件受热有两种情况:

(1) 工件均匀受热

对于一些形状简单、对称的盘类、轴类和套类零件的内、外圆加工,切削热比较均匀地传入,温度在工件的全长或圆周上都比较一致,热变形也比较均匀,可根据其温升 ΔT 来估算工件的热变形量。

直径上的热膨胀为

$$\Delta D=\alpha D\Delta T \tag{6.15}$$

长度上的热伸长为

$$\Delta L=\alpha L\Delta T \tag{6.16}$$

式中: α——零件材料的线胀系数,1/℃;

D、L——工件在热变形方向上的尺寸,mm;

ΔT——工件温升,℃。

当加工较短工件时,由于走刀行程短,可忽略轴向热变形引起的误差;当车削较长工件时,在沿工件轴向位置上切削时间有先后,开始切削时工件温升为零,随着切削的进行零件受热膨胀,到走刀终了时工件直径增量最大,因此车刀的切削深度随走刀而逐渐增大,工件冷却之后会出现圆柱度误差;加工丝杠时,工件受热后轴向伸长成为影响螺距误差的主要因素。

(2) 工件不均匀受热

铣、刨、磨平面时,除在沿进给方向有温差之外,更严重的是工件单面受切削热作用,上、下表面间的温度差导致工件中凸,以致中间被多切去,加工完毕冷却后,加工表面就产生中凹的形状误差,一般上、下表面间的温差 1 ℃就会产生平面度误差 0.01 mm。

4. 减少工艺系统热变形对加工精度影响的措施

(1) 减少热源的发热和隔离热源

为了减小机床的热变形,凡有可能从主机分离出去的热源,如电动机、变速箱、液压装置的油箱等,应尽可能放置在机床外部。对于不能与主机分离的热源,如主轴轴承、滚珠丝杠副、高速运动的导轨副等,则应从结构、润滑等方面采取措施改善其摩擦特性,以减少发热,如采用静压轴承、静压导轨、改用低黏度润滑油等。

如果热源不能从机床中分离出去,可在发热部件与机床大件之间用绝热材料隔离。对于发热量大的热源,若既不能从机床内移出,又不便于隔热,则应采用有效的冷却措施,如增加散热面积或采用强制风冷、水冷、循环润滑等。

(2) 采用热补偿方法减小热变形

单纯减小温升往往不能收到满意的效果,此时应采用热补偿方法使机床的温度场比较均匀,从而使机床仅产生均匀变形,而不影响加工精度。

(3) 采用合理的机床部件结构

在变速箱、轴承、传动齿轮等采用热对称结构布置,可使箱壁温升均匀,箱体变形减小。

(4) 加速达到热平衡状态

对于精密机床特别是大型机床,达到热平衡的时间较长。为了缩短这个时间,可以在加工前使机床作高速空运转或在机床的适当部位设置控制热源,人为地给机床加热,使机床较快地达到热平衡状态,然后进行加工。

(5) 控制环境温度

精加工机床应避免日光直接照射,布置采暖设备时也应避免机床受热不均匀。精密机床应安装在恒温车间中使用。

6.2.5 工件残余应力引起的变形

1. 残余应力的概念及其特性

残余应力(又称内应力)是指当外部载荷去除以后,仍然残存在工件内部的应力。它是因为对工件进行热加工或冷加工时,使金属内部宏观或微观的组织发生不均匀的体积变化而产生的。具有残余应力的工件,其内部组织处于一种极不稳定的状态,有着强烈的恢复到无应力状态的倾向,因此不断地释放应力,直到其完全消失为止。在残余应力这一消失过程中,零件的形状逐渐变化,原有的加工精度逐渐丧失。

2. 残余应力产生的原因

产生残余应力的一种情况是毛坯制造中的铸、锻、焊、热处理等加工过程中,由于零件各部分受热不均或均匀受热而冷却速度不同以及金相组织转变的体积变化,使毛坯内部产生了相当大的残余应力。初期内应力暂时处于相对平衡的状态,但在切削掉某些表面部分后就打破了这种平衡,残余应力重新分布,零件明显地出现变形。图 6.26a 所示为床身毛坯残余应力暂时平衡的状态,图 6.26b 所示为加工后残余应力重新分布并产生中凹的弯曲变形。

产生残余应力的另一种情况是细长轴类工件加工后消除弯曲的方法带来的残余应力。图 6.27a为冷校直,在原有变形的相反方向加力 F,使工件向相反方向弯曲而产生塑性变形,以达到校直的目的。在力 F 的作用下,工件内部的应力分布如图 6.27b 所示,当外力去除后残余应力如图 6.27c 所示。此时弯曲是消除了，但工件处在一个不稳定状态。

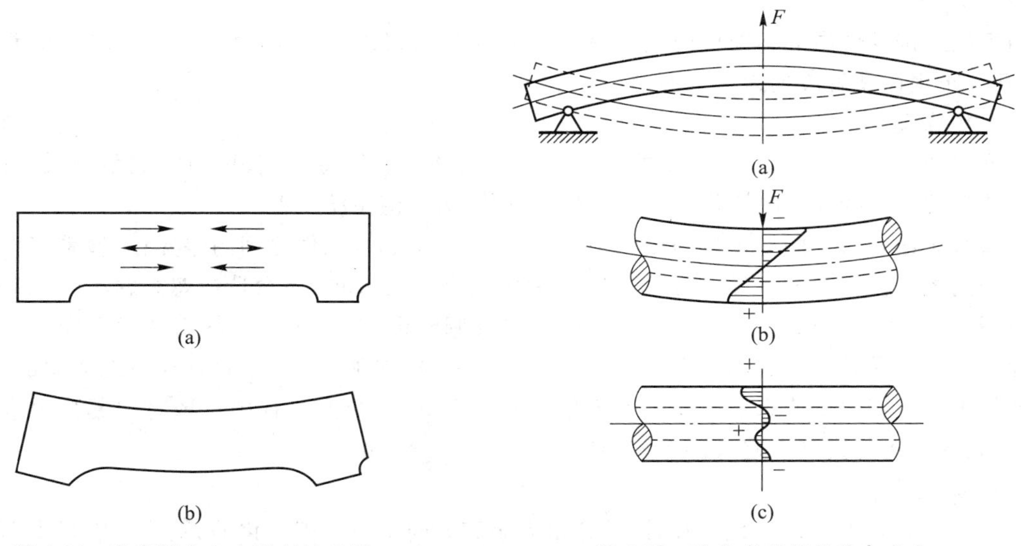

图 6.26　床身因内应力引起的变形

图 6.27　冷校直引起的残余应力

切削加工时，零件表层在切削力和切削温度的作用下，各部分不同程度地产生塑性变形和金相组织变化而引起残余应力。这在切削余量较大的粗加工阶段尤为明显，往往需采取时效的方法去除残余应力。

3. 减少或消除残余应力的措施

（1）增加消除内应力的热处理工序

消除应力的热处理工序主要有对铸、锻、焊接件进行退火或回火，零件淬火后进行回火，对精度要求高的零件如车身、丝杠、箱体、精密主轴等在粗加工后进行时效处理。

（2）合理安排工艺过程

粗、精加工分开在不同工序中进行，使粗加工后有一定时间让残余应力重新分布，以减少对精加工的影响。在加工大型工件时，粗、精加工往往在一个工序中完成，这时应在粗加工后松开工件，让工件有自由变形的可能，然后再用较小的夹紧力夹紧工件进行精加工。对于精密零件（如精密丝杠），在加工过程中不允许进行冷校直（可采用热校直）。

（3）其它措施

改善零件的结构、提高零件的刚性、使壁厚均匀等，均可减少残余应力的产生。

6.3　加工误差的统计分析

生产实际中影响加工精度的因素往往来自多种原始误差。当多种原始误差同时作用时，有的相互叠加，有的相互抵消，有的因素的出现具有随机性，还有一些认识不清的误差因素。因此，在许多情况下采用统计分析法可以有效地分析加工误差，找出误差分布与变化的规律，从而找出解决问题的途径。

6.3.1 加工误差的分类

加工误差按其性质的不同可归纳为系统误差和随机误差(也称偶然误差)。加工误差性质不同,其分布规律及解决的途径也不同。

1. 系统误差

在连续加工一批零件时,加工误差的大小和方向基本上保持不变,称为常值系统误差;如果加工误差是按零件的加工次序作有规律的变化,则称为变值系统误差。

常值系统误差对于同批工件的影响是一致的,不会引起各工件之间的差异;变值系统误差虽然会引起同批工件之间的差异,但是按照一定的规律依次变化的,不会造成忽大忽小的波动。

原理误差,机床、刀具、夹具、量具的制造误差及调整误差,工艺系统静力变形等原始误差都会引起常值系统误差。刀具的正常磨损是随着加工过程(或加工时间)而有规律地变化的,由此产生的加工误差属于变值系统误差。工艺系统的热变形,在温升过程中一般将引起变值系统误差,在达到热平衡后则又引起常值系统误差。

2. 随机误差

在连续加工一批零件时,出现的误差如果大小和方向是不规则变化的,则称为随机误差。原始误差中的定位误差、夹紧误差、工件内应力等因素都是变化不定的,都是引起随机误差的原因。随机误差具有一定的分散性,是造成工件尺寸忽大忽小波动的原因,但由于它总是在某一确定的范围内变动,因此具有一定的统计规律性。随机误差有以下特点:在一定的加工条件下随机误差的数值总在一定范围内波动;绝对值相等的正误差和负误差出现的概率相等;误差绝对值越小出现的概率越大,误差绝对值越大出现的概率越小。

随机误差和系统误差的划分也不是绝对的,它们之间既有区别又有联系。有时,同一原始误差在某种情况下引起随机误差,而在另一种情况下又可能引起系统误差。例如加工一批零件时,如果是在机床一次调整中完成的,则机床的调整误差引起常值系统误差;如果是经过若干次调整完成的,则调整误差就引起随机误差。

6.3.2 分布曲线法

采用调整法大批加工的一批零件中,随机抽取足够数量的工件(称作样本),进行加工尺寸 X 的测量、记录。由于随机误差和变值系统误差的存在,这些零件加工尺寸的实际数值是各不相同的,这种现象称为尺寸分散。按尺寸大小把零件分成 k 组,分组数要适当(参看表 6.2)。每一组中零件的尺寸处在一定的间隔范围内,每组的尺寸间隔 $\Delta X=(X_{max}-X_{min})/(k-1)$。同一尺寸间隔内(即同一组内)的零件数量称为频数 m。频数与样本总数 n 之比 m/n 称为频率。频率除以尺寸间隔值所得的商 $m/(n\Delta X)$ 称为频率密度。以零件尺寸为横坐标,频数或频率密度为纵坐标可绘出等宽直方图。再连接直方图中每一直方宽度的中点(组中值)得到一条折线,即实际分布曲线,如图 6.28a 所示。

表 6.2 分组数的推荐值

样本总数 n	50 以下	50~100	100~250	250 以上
分组数 k	6~7	6~10	7~12	10~20

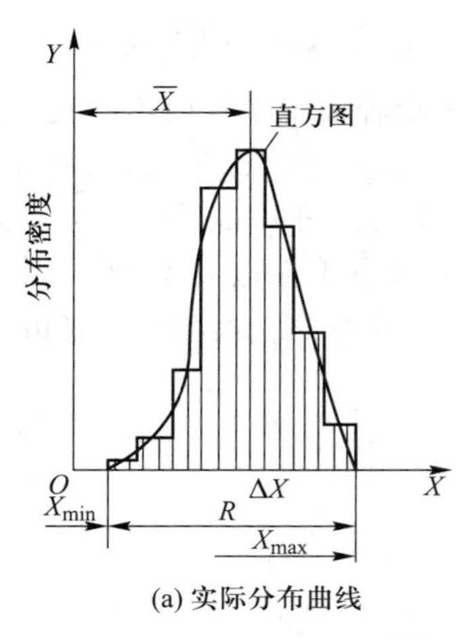

(a) 实际分布曲线

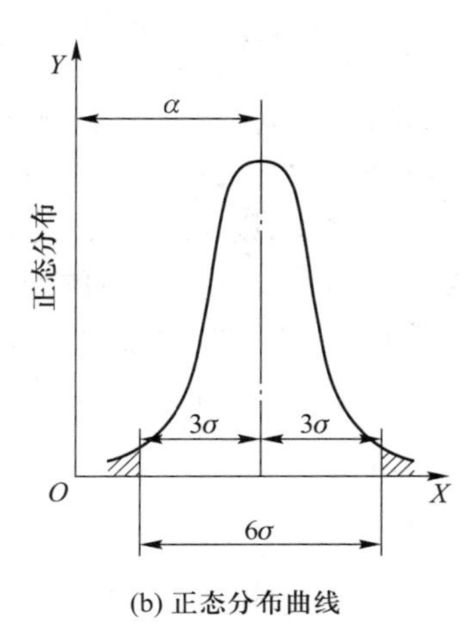

(b) 正态分布曲线

图 6.28　分布曲线

实践和理论分析表明,当用调整法加工一批总数极多而且这些误差因素中又都没有任何优势的倾向时,其分布是服从正态分布曲线(又称高斯曲线)的,如图 6.28b 所示。正态分布曲线方程式为

$$Y=\frac{1}{\sigma\sqrt{2\pi}}e^{-\frac{(X-\alpha)^2}{2\sigma^2}} \tag{6.17}$$

式中:Y——正态分布的概率密度;

α——正态分布曲线的均值;

σ——正态分布曲线的标准偏差(均方根偏差)。

均值 α 和标准偏差 σ 实际上是反映生产过程的两个特征参数。

理论上的正态分布曲线是向两边无限延伸的,而在实际生产中产品的特征值(如尺寸值)却是有限的。因此用有限的样本平均值 $\overline{X}$ 和样本标准偏差 S 作为理论均值 α 和标准偏差 σ 的估计值。由数理统计原理得有限测定值的计算公式如下:

$$\overline{X}=\frac{1}{n}\sum_{i=1}^{n}X_i \tag{6.18}$$

$$S=\sqrt{\frac{1}{n-1}\sum_{i=1}^{n}(X_i-\overline{X})^2} \tag{6.19}$$

下面借助正态分布曲线的特征来讨论加工精度问题。

1) 由图 6.28b 可知,正态分布曲线对称于直线 $X=\alpha$,在 $X=\alpha$ 处达到极大值 $Y_{max}=\frac{1}{\sigma\sqrt{2\pi}}$;在 $X=\alpha\pm\sigma$ 处有拐点且 $Y_X=\frac{1}{\sigma\sqrt{2\pi}}e^{-\frac{1}{2}}=Y_{max}e^{-\frac{1}{2}}\approx0.6Y_{max}$;当 $X\to\pm\infty$ 时,曲线以 X 轴为其渐近线,曲线成钟形。正态曲线的这些特性表明被加工零件的尺寸靠近分散中心(均值 α)的工件占大部分,而尺寸远离分散中心的工件是极少数,而且工件尺寸大于 α 和小于 α 的频率是相等的。正态

分布曲线下的面积 $A=\int_{-\infty}^{+\infty} Y \mathrm{d}X=1$ 代表了工件(样本)的总数,即 100%。

2)如果改变参数的值而保持 σ 不变,则分布曲线沿着 X 轴平移而不改变其形状,如图6.29a 所示,α 决定正态分布曲线的位置。反之,如果使 α 值固定不变、σ 值变化,则曲线形状变化,如图 6.29b 所示。若 σ 值减小,则 $Y_{\max}$ 增大,此时曲线在中心部分升高,但因 $A=1$,故曲线在两侧要收缩,由此可见,当 σ 很小时,曲线下面的面积几乎全部集中在以 α 为中心的一个不大的区域内。若 σ 值增大,则 $Y_{\max}$ 减小,曲线将渐趋平坦。所以正态分布曲线的形状是由标准偏差 σ 来决定的,σ 的大小完全由随机误差所决定。

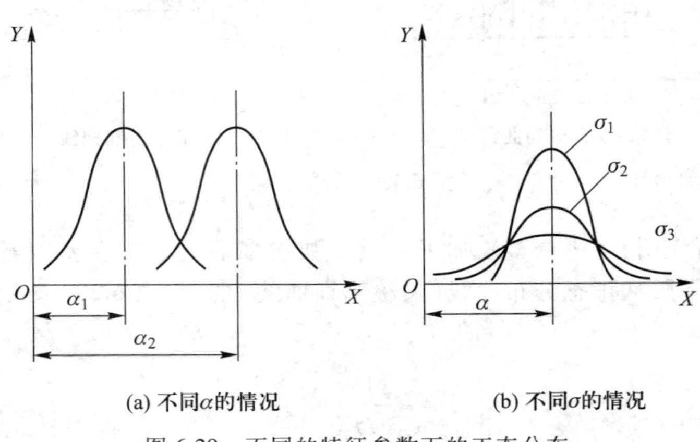

图 6.29 不同的特征参数下的正态分布

联系到加工误差的两种表现特性,显而易见,随机误差引起尺寸分散,常值系统误差决定分散带中心位置,而变值系统误差则使中心位置随着时间按一定规律移动。

3)分布曲线下所包含的全部面积代表一批加工零件,即 100%零件的实际尺寸都在这一分布范围内。如图 6.30 所示,C 点代表规定的最小极限尺寸 $A_{\min}$,CD 代表零件的公差带,在曲线下面 C、D 两点之间的面积代表加工零件的合格率。曲线下面其余部分的面积(图 6.30 中无阴影线的部分)则为废品率。在加工外圆时,图 6.30 中左边无阴影线的部分相当于不可修复的废品,右边的无阴影线部分则为可修复的废品;在加工内孔时,则恰好相反。

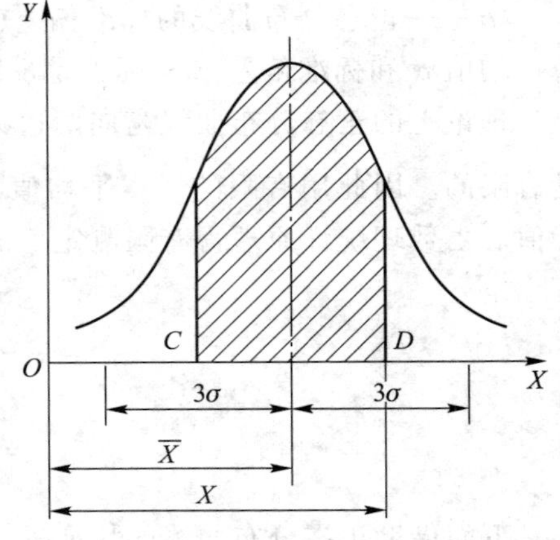

图 6.30 利用正态分布曲线计算产品合格率

对于正态分布曲线来说,由 α 到 X 曲线下的面积由下式确定:

$$A=\int_{\alpha}^{X} Y \mathrm{d}X=\frac{1}{\sigma \sqrt{2\pi}} \int \mathrm{e}^{-\frac{(X-\alpha)^{2}}{2\alpha^{2}}} \mathrm{d}X \tag{6.20}$$

式(6.20)的计算一般采用表 6.3 的积分表,实际应用时表中的 α 可用 $\overline{X}$ 代替。

表 6.3　正态分布曲线下的面积函数

$\frac{X-\alpha}{\sigma}$	A	$\frac{X-\alpha}{\sigma}$	A	$\frac{X-\alpha}{\sigma}$	A	$\frac{X-\alpha}{\sigma}$	A	$\frac{X-\alpha}{\sigma}$	A
0.00	0.000 0	0.24	0.094 8	0.48	0.184 4	0.94	0.326 4	2.10	0.482 1
0.01	0.004 0	0.25	0.098 7	0.49	0.187 9	0.96	0.331 5	2.20	0.486 1
0.02	0.008 0	0.26	0.102 3	0.50	0.191 5	0.98	0.336 5	2.30	0.489 3
0.03	0.012 0	0.27	0.106 4	0.52	0.198 5	1.00	0.341 3	2.40	0.491 8
0.04	0.016 0	0.28	0.110 3	0.54	0.205 4	1.05	0.353 1	2.50	0.493 8
0.05	0.019 9	0.29	0.114 1	0.56	0.212 3	1.10	0.364 3	2.60	0.495 3
0.06	0.023 9	0.30	0.117 9	0.58	0.219 0	1.15	0.374 9	2.70	0.496 5
0.07	0.027 9	0.31	0.121 7	0.60	0.225 7	1.20	0.384 9	2.80	0.497 4
0.08	0.031 9	0.32	0.125 5	0.62	0.232 4	1.25	0.394 4	2.90	0.498 1
0.09	0.035 9	0.33	0.129 3	0.64	0.238 9	1.30	0.403 2	3.00	0.498 65
0.10	0.039 8	0.34	0.133 1	0.66	0.245 4	1.35	0.411 5	3.20	0.499 31
0.11	0.043 8	0.35	0.136 8	0.68	0.251 7	1.40	0.419 2	3.40	0.499 66
0.12	0.047 8	0.36	0.140 6	0.70	0.258 0	1.45	0.426 5	3.60	0.499 841
0.13	0.051 7	0.37	0.144 3	0.72	0.264 2	1.50	0.433 2	3.80	0.499 928
0.14	0.055 7	0.38	0.148 0	0.74	0.270 3	1.55	0.439 4	4.00	0.499 968
0.15	0.059 6	0.39	0.151 7	0.76	0.276 4	1.60	0.445 2	4.50	0.499 997
0.16	0.063 6	0.40	0.155 4	0.78	0.282 3	1.65	0.449 5	5.00	0.499 999 97
0.17	0.067 5	0.41	0.159 1	0.80	0.288 1	1.70	0.455 4		
0.18	0.071 4	0.42	0.162 8	0.82	0.293 9	1.75	0.459 9		
0.19	0.075 3	0.43	0.166 4	0.84	0.299 5	1.80	0.464 1		
0.20	0.079 3	0.44	0.170 0	0.86	0.305 1	1.85	0.467 8		
0.21	0.083 2	0.45	0.173 6	0.88	0.310 6	1.90	0.471 3		
0.22	0.087 1	0.46	0.177 2	0.90	0.315 9	1.95	0.474 4		
0.23	0.091 0	0.47	0.180 8	0.92	0.321 2	2.00	0.477 2		

从表中可以查出 $X-\alpha=3\sigma$ 时，$A=49.865\%$，$2A=99.73\%$，即工件尺寸在 $\pm3\sigma$ 以外的频率只占 0.27%，可以忽略不计。因此，一般都取正态分布曲线的分散范围为 $\pm3\sigma$。所以，若工件公差为 δ 并在加工时调整分布中心与公差中心重合，则不产生废品的条件是 $\delta\geqslant6\sigma$；反之，便有废品产生。尺寸过大的废品率或过小的废品率均由下式计算：

$$Q_{废品}=0.5-A \tag{6.21}$$

若分布中心与公差中心不重合，此不重合部分即常值系统误差以 $\Delta_{系统}$ 表示，如图 6.31 所示，这时即使加工公差 $\delta>6\sigma$，仍有产生废品的可能性，此时不产生废品的条件就应该为

$$\delta \geqslant 6\sigma + 2\Delta_{系统}$$

4) $\pm 3\sigma$(或 6σ)在研究加工误差时是一个很重要的概念。6σ 的大小代表了某一种加工方法在规定的条件下所能达到的加工精度,即工艺能力。为此,在保证工件公差要求的前提下,可根据实际的工艺能力来选择恰当的加工方法。在实际生产中,常以工艺能力系数 C_p 来衡量工艺能力,即

$$C_p = \frac{\delta}{6\sigma} \tag{6.22}$$

工艺能力系数说明了工艺能力满足公差要求的程度。根据工艺能力系数的大小,将工艺分五级:$C_p>1.67$ 为特级,说明工艺能力过高,不一定经济;$1.33<C_p \leqslant 1.67$ 为一级,说明工艺能力足够,可以允许一定的波动;$1.00<C_p \leqslant 1.33$ 为二级,说明工艺能力勉强,必须密切注意;$0.67<C_p \leqslant 1.00$ 为三级,说明工艺能力不足,可能出少量不合格品;$C_p \leqslant 0.67$ 为四级,说明工艺能力不行,必须加以改进。

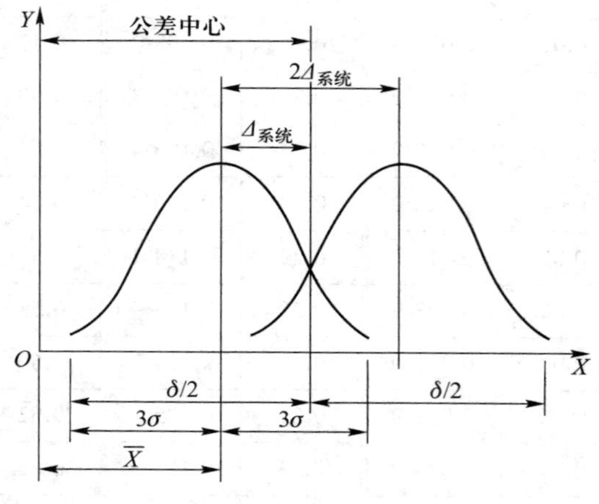

图 6.31 $\delta>6\sigma$ 的情况

【例题 6.1】 检查一批在卧式镗床上精镗后的活塞销孔直径。图样规定尺寸与公差为 $\phi 28_{-0.015}^{\ 0}$ mm,抽查件数 $n=100$,分组数 $k=6$。尺寸范围、组中值、频数和频率见表 6.4。求实际分布曲线图、工艺能力及合格率,分析出现废品的原因并提出改进意见。

表 6.4 活塞销孔直径测量结果

组别	尺寸范围/mm	组中值 X_j/mm	频数 m_j	频率 m_j/n
1	27.992~27.994	27.993	4	4/100
2	27.994~27.996	27.995	16	16/100
3	27.996~27.998	27.997	32	32/100
4	27.998~28.000	27.999	30	30/100
5	28.000~28.002	28.001	16	16/100
6	28.002~28.004	28.003	2	2/100

解:以组中值 X_j 代替组内零件实际值,绘制图 6.32 所示的实际分布曲线。

分散范围=最大孔径-最小孔径=28.04 mm-27.992 mm=0.012 mm,样本平均值(又称尺寸分散范围中心即平均孔径)为

$$\overline{X} = \frac{1}{n}\sum_{j=1}^{k} X_j m_j = 27.997\ 9\ \text{mm}$$

公差范围中心为

$$L_M = 28\ \text{mm} - \frac{0.015\ \text{mm}}{2} = 27.992\ 5\ \text{mm}$$

常值系统误差为

$$\Delta_{系统} = |L_M - \overline{X}| = 0.005\ 4\ \text{mm}$$

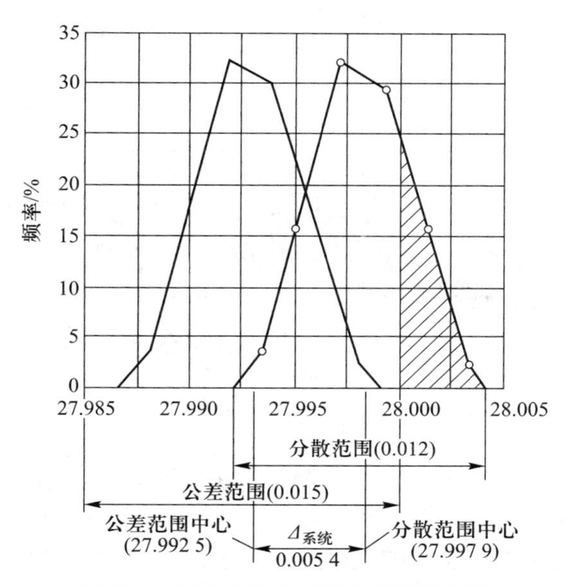

图 6.32 活塞销孔直径尺寸实际分布图

样本标准偏差为 $$S=\sqrt{\frac{1}{n-1}\sum_{j=1}^{k}(X_j-\overline{X})^2 m_j}=0.002\ 244\ \text{mm}$$

工艺能力系数 $C_p=\dfrac{\delta}{6\sigma}=1.11$，为二级工艺能力。

由 $\dfrac{X-\overline{X}}{\sigma}=\dfrac{28-27.997\ 9}{0.002\ 244}=0.935\ 8$，查表 6.3 可得 $A=0.325\ 3$，所以废品率为

$$Q_{废品}=0.5-A=0.5-0.325\ 3=0.174\ 7=17.47\%$$

合格率为 $$Q_{合格}=0.5+A=0.5+0.325\ 3=0.825\ 3=82.53\%$$

分析实测结果可知，部分工件的尺寸超出了公差范围，有 17.47% 的废品（图 6.32 中阴影部分）。但这批工件的分散范围 0.012 mm 比公差带 0.015 mm 小，也就是说实际加工能力比图样要求的要高，$C_p=1.11$，即 $\delta>6\sigma$。只是由于有 $\Delta_{系统}=0.005\ 4$ mm 的存在而产生废品。如果能够设法将分散中心调整到公差范围中心，工件就完全合格。具体的调整方法是将镗刀的伸出量调短些，以减少镗刀受力变形产生的加工误差。

从以上论述和实例可知，分布曲线是一定生产条件下加工精度的客观标志。在大批生产时对一些典型的加工方法经常进行这种统计研究，可以根据分布曲线看出影响加工精度的性质，便于分析原因，找出解决加工精度问题的方法。

但是分布曲线法不能反映出零件加工的先后顺序，因此不能把变值系统误差和随机误差区分出来；而且分布曲线只有在一批零件加工完后才能绘出来，因此不能在加工进行过程中为控制工艺过程提供资料，以便随时调整机床，保证加工精度。采用点图法可以弥补上述缺点。

6.3.3 点图法

点图法的要点是以零件加工的先后顺序作出尺寸的变化图，揭示整个加工过程误差变化的

全貌。以加工零件顺序号为横坐标,以零件加工后测量所得的尺寸为纵坐标,画成点图。点图反映了加工尺寸的变化与时间的关系,如图 6.33 所示。

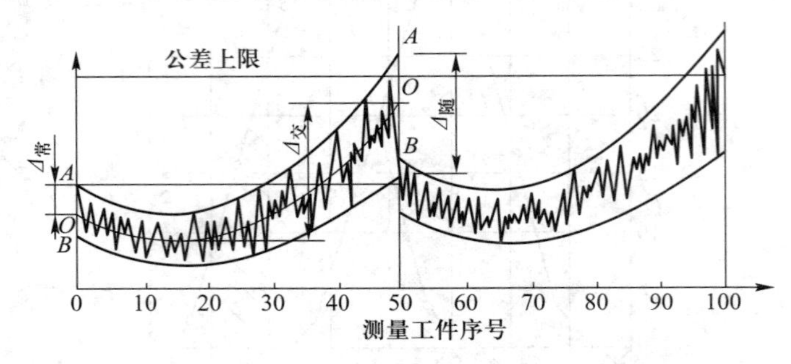

图 6.33　自动车床加工的点图

图 6.33 是按自动车床上加工的工件直径测量结果而画出的。用两根平滑的曲线 AA、BB 画出点的上、下限,再在两曲线中间画出其平均值曲线 OO,这条 OO 线就表示了变值系统误差的变化。AA 线和 BB 线之间的宽度代表了随机误差作用下加工过程的尺寸分散。从图中可以看出,在测量到第 50 号工件时,尺寸超出了公差上限。在进行了一次调整刀具以后,产生了常值系统误差 $\Delta_{常}$,常值系统误差对点图上曲线的影响,也与它对分布曲线的影响相同,即只影响曲线上、下的位置,而不影响其形状或分散范围。所以点图可以在加工过程中用来估计工件尺寸的变化趋势,并决定机床重新调整的时间。但是,如果直接用点图来控制加工过程,就必须逐个测量每个工件,这将耗费大量人力、物力,因此在大量生产的工厂中采用另一种点图法——$\overline{X}-R$ 点图(平均值-极差点图)来进行工序的质量控制。

所谓工艺的稳定,从数理统计的原理来说,一个工艺过程质量参数的总体分布,其平均值 $\overline{X}$ 和标准偏差 σ 在整个工艺过程中若能保持不变,则工艺是稳定的。为了验证工艺的稳定性,需要应用 $\overline{X}$ 和 R(当加工的工件数 $m<10$ 时,极差 R 具有足够的精度代替 σ)两个点图,见图 6.34。以顺序加工的 $m(m<10)$ 个工件为每一样组,求每组的 $\overline{X}$ 和 R,一批工件共选 k 组。每组的平均值为

$$\overline{X}=\frac{1}{m}\sum_{i=1}^{m}X_i \tag{6.23}$$

每组极差为

$$R=X_{i\max}-X_{i\min} \tag{6.24}$$

$\overline{X}$ 和 R 的波动反映了工件平均值的变化趋势和随机误差的分散程度。

在 $\overline{X}-R$ 图上分别画上中心线和控制线,控制线就是用来判断工艺是否稳定的界限线。

$\overline{X}$ 图的平均线位置为　　$\overline{\overline{X}}=\frac{1}{k}\sum_{i=1}^{k}\overline{X}_i$

R 图的平均线位置为　　$\overline{R}=\frac{1}{k}\sum_{i=1}^{k}R_i$

$\overline{X}$ 图的上、下控制线位置为　　$\overline{X}_{\mathrm{U}}=\overline{\overline{X}}\pm A\overline{R}$

R 图的上、下控制线位置为 $\overline{R}_U = D\overline{R}$

式中,A 和 D 的数值是根据数理统计的原理定出的,见表 6.5。

表 6.5　系数 A、D 的数值

每组工件数 m	2	3	4	5	6	7	8	9
A	1.88	1.02	0.73	0.58	0.48	0.42	0.37	0.34
D	3.27	2.57	2.28	2.11	2.00	1.92	1.86	1.82

图 6.34 是精镗活塞销孔的一个例子,$\overline{X}$ 图中有 6 个点超出控制线,R 图中有两个点超出控制线,这说明工艺过程不稳定。加工过程中包含有不稳定因素时,就要注意观察、控制,避免出现质量问题。

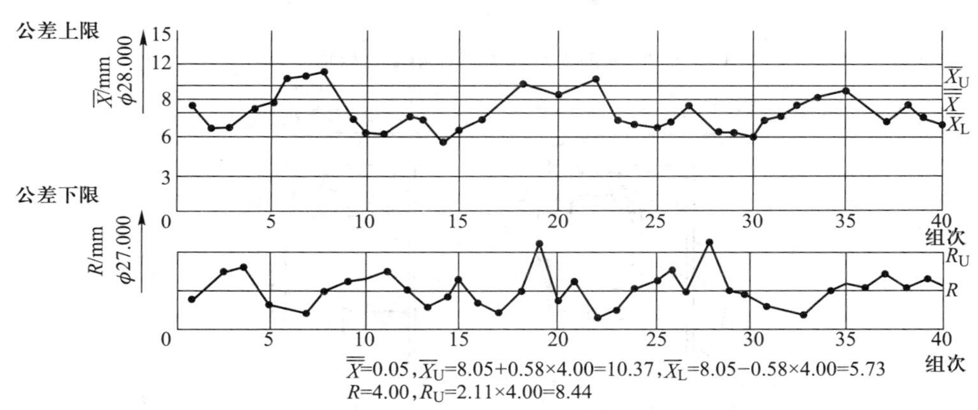

图 6.34　精镗活塞销孔的 $\overline{X}-R$ 图

6.4　提高加工精度的途径

在机械加工中,由于工艺系统存在各种原始误差,这些误差不同程度地反映了工件的加工误差。因此,为了保证和提高加工精度,必须设法直接控制原始误差的产生或原始误差对工件加工精度的影响。

6.4.1　减少误差法

减少误差是生产中应用较广的提高加工精度的一种基本方法,是在查明产生加工误差的主要因素之后,设法对其直接进行消除或减弱。例如细长轴的车削,如图 6.35a 所示利用中心架,缩短切削力作用点和支承点的距离可以提高工件的刚度近 8 倍。图 6.35b 采用跟刀架也可提高工件的刚度。图 6.35c 在卡盘加工中用了后顶尖支承后工件刚度显著提高。若后顶尖用弹簧活动顶尖,还可进一步消除热变形引起热伸长的危害。又如在铣床上加工角铁类零件时,采用图 6.36b所示的装夹法,整个工艺系统刚度显然比图 6.36a 所示的装夹法要高许多。

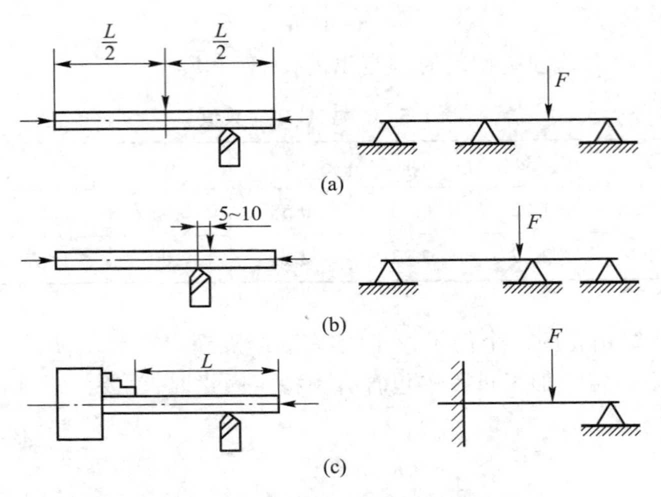

图 6.35 用辅助支承提高工件刚度减少加工误差

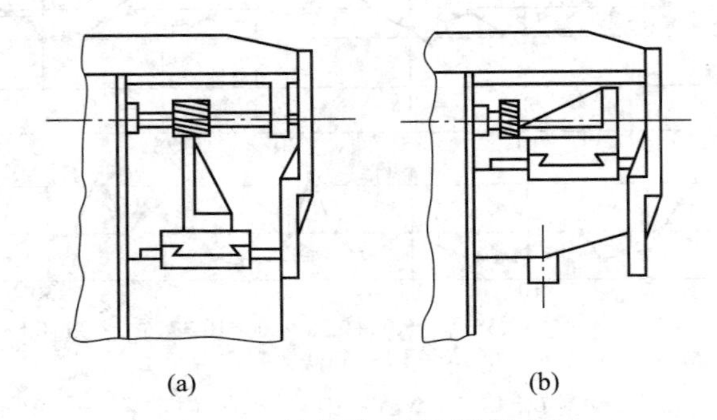

图 6.36 铣角铁时的两种装夹法

6.4.2 误差分组法

在加工中，由于上工序"毛坯"误差的存在，造成了本工序的加工误差。毛坯误差对工序的影响主要有两种情况：一是误差复映，引起本工序误差的扩大；二是定位误差变化，引起本工序位置误差扩大。

解决这类问题最好是采用分组调整（又称均分误差）的办法。其实质就是把毛坯按误差的大小分为 n 组，每组毛坯的误差范围就缩小为原来的 $1/n$。然后按各组分别调整加工，使各组工件的分散中心基本上一致，整批工件尺寸的分散范围就小很多。

例如，某厂加工齿轮，产生了剃齿时心轴与工件定位孔的配合间隙问题。配合间隙大了，剃后的工件产生较大的几何偏心，反映在齿圈径向跳动超差。同时剃齿时也容易产生振动，引起齿面波纹度，使齿轮工作时噪声较大。因此，必须设法限制配合间隙，保证工件孔和心轴间的同轴度要求。由于工件的孔已是 IT6 级精度，不宜再提高。为此，夹具采用了多挡尺寸的心轴，对工件孔进行分组选配，减少由于间隙而产生的定位误差，从而提高了加工精度。其具体分组情况见表 6.6。这样的配合，可提高配合精度，保证剃齿心轴和被剃齿轮间很高的同轴度，减少齿圈跳动。

表 6.6　分组情况

工件(孔)$\phi_{0}^{+0.013}$ mm	ϕ25.00~ϕ25.004 mm	ϕ25.004~ϕ25.008 mm	ϕ25.008~ϕ25.013 mm
心轴尺寸	第一组 ϕ25.002 mm	第二组 ϕ25.006 mm	第三组 ϕ25.011 mm
配合精度	±0.002 mm	±0.002 mm	$\pm_{0.003}^{0.002}$ mm

6.4.3　误差转移法

误差转移法实质上是转移工艺系统的几何误差、受力变形和热变形等。误差转移法现场的实例很多。如当机床精度达不到零件加工要求时,常常不是一味提高机床精度,而是在工艺或夹具上想办法,创造条件使机床的几何误差转移到不影响加工精度的方面去。这种“以粗干精”的方法在箱体孔系加工时经常采用,当镗床主轴线与导轨有平行度误差时,镗杆与主轴之间采用浮动连接,镗杆的位置精度由镗夹具的前、后支承确定,机床主轴的原始误差即可转移掉,不再影响加工精度。

图 6.37 所示为在大型龙门铣床的结构中采用转移变形的例子。在横梁上安装一根附加的梁,使它承担铣头的重量,这样一来就将横梁承受的重量转移到附加的梁上,于是把原来使横梁下垂的受力变形也转移到了附加梁上。从图中可知,附加梁的受力变形对加工精度没有任何影响。

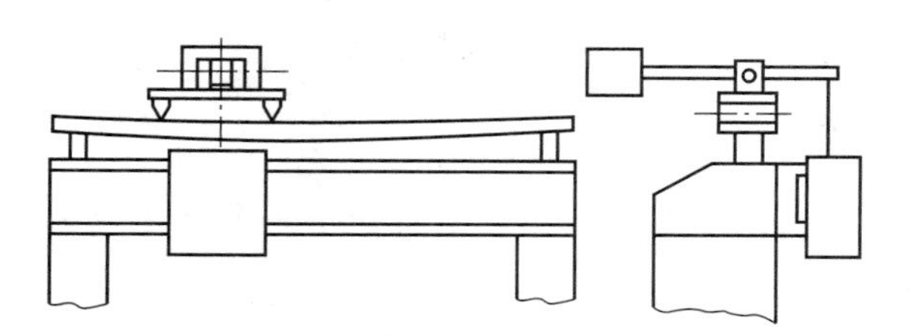

图 6.37　横梁变形的转移

6.4.4　“就地加工”法

在加工和装配中有些精度问题牵涉到零、部件间的相互关系,相当复杂,如果一味地提高零、部件本身的精度,有时会很困难,甚至不可能。若采用“就地加工”的方法,就可能很快地解决看起来非常困难的精度问题。

例如,转塔车床制造中,转塔上六个安装刀架的大孔,其轴心线必须保证和主轴回转中心线重合,而六个面又必须和主轴中心线垂直。如果把转塔作为单独零件,加工出这些表面后再装配,要想达到上述两项要求是很困难的。因而实际生产中采用了“就地加工”法,即这些表面在装配前不进行精加工,等它装配到机床上以后,再在主轴上装镗杆和能作自动径向进给的刀架,镗削和车削六个大孔及端面(图 6.38),这样精度便能保证。“就地加工”的要点就是要求保证部件间什么样的位置关系,就在这样的位置关系上利用一个部件装上刀具去加工另一个部件。“就地加工”这个简捷的方法,不但应用于机床装配中,在零件的加工中也常常用来作为保证精度的有效措施。

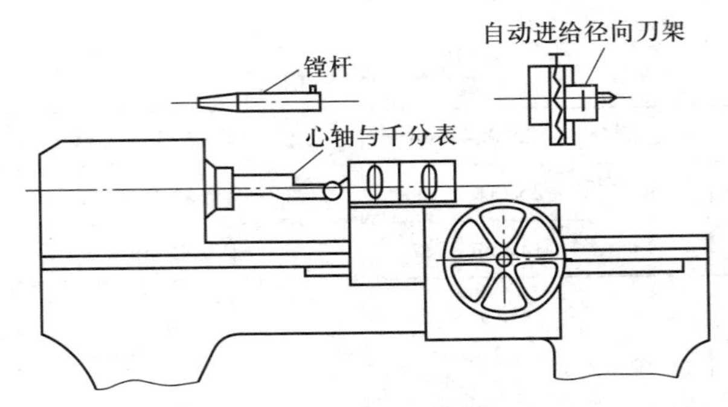

图 6.38　六角车床转塔上六个大孔和平面的加工与检验

6.4.5　误差平均法

对配合精度要求很高的轴和孔,常采用研磨方法来达到。研具本身并不要求具有高精度,但它却能在和工件作相对运动中对工件进行微量切削,最终达到很高的精度。这种表面间相对研擦和磨损的过程,也就是误差相互比较和相互消除的过程,此即称为“误差平均法”。

利用“误差平均法”制造精密零件,在机械行业中由来已久。在没有精密机床的时代,利用这种方法已经制造出号称原始平面的精密平板,平面度达几个微米。这样高的精度,是用“三块平板合研”的“误差平均法”刮研出来的。像平板一类的“基准”工具(如直尺、角度规、多棱体、分度盘及标准丝杠等),今天还采用“误差平均法”来制造。

6.4.6　误差自动补偿法

误差自动补偿法是人为造出一种新的误差去抵消工艺系统中原有的原始误差,或用一种原始误差去抵消另一种原始误差,尽量使两者大小相等、方向相反,从而达到减少加工误差,提高加工精度的目的。图 6.39 为受机床部件和工件自重影响,龙门刨床横梁导轨弯曲变形引起的加工误差。采用误差人为补偿法,在横梁导轨制造时故意使导轨面产生向上的几何形状误差,以抵消横梁因自重而产生的向下垂的受力变形。误差自动补偿法的特点是在加工循环中,利用测量装置连续地测量出工件的实际尺寸,随时给刀具以附加的补偿,控制刀具和工件间的相对位置,直至实际值与调定值之差不超过预定的公差为止。

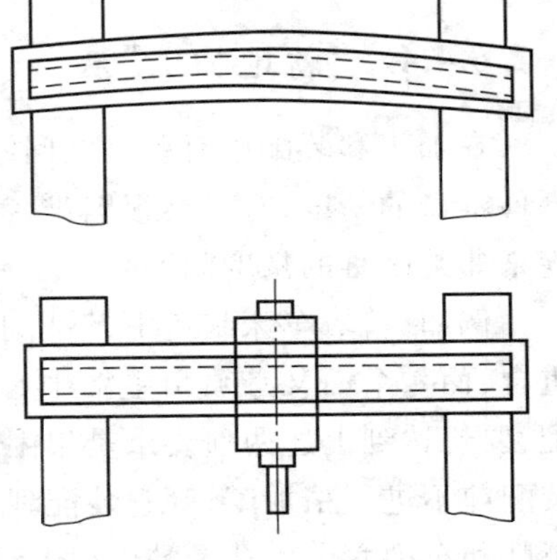
图 6.39　龙门刨床横梁导轨变形

一个误差自动补偿系统一般包含三个主要功能装置,即:① 误差补偿信号发生装置,发出与原始误差大小相等的误差补偿信号;② 信号同步装置,保证附加的补偿误差与原始误差的相位相反;③ 误差合成装置,实现补偿误差与原始误差的合成。根据误差补偿信号的设定方式,误差补偿可分为静态误差补偿和动态误差补偿。

1. 静态误差补偿

静态误差补偿是指误差补偿信号是事先设定的。随着计算机技术的发展,越来越多地使用柔性“电子校正尺”来取代传统的机械校正尺，即将原始误差数字化，作为误差补偿信号；利用光、电、磁等感应装置实现信号同步；利用数控机构实现误差合成。

2. 动态误差补偿

生产中原始误差的规律并不确定，不能只用固定的补偿信号解决问题，需要采取动态补偿误差的方法。动态误差补偿亦称为积极控制，常见形式有：① 在线检测。在加工中随时测量出工件的实际尺寸或形状、位置精度等所关心的参数，随时给刀具以附加的补偿量来控制刀具和工件间的相对位置，工件尺寸的变动范围始终在自动控制之中。② 偶件自动配磨。以互配件中的一个零件为基准，控制另一个零件的加工精度。在加工过程中自动测量工件的实际尺寸，并和基准件的尺寸比较，直至达到规定的差值时机床就自动停止加工，从而保证精密偶件间要求很高的配合间隙。

本章小结

本章主要以研究各种原始误差对加工精度的影响为主线，介绍了分析和控制加工误差、保证加工精度的理论与方法。影响加工精度的因素通常不是单一的，有时甚至相当复杂。在多种原始误差同时作用时，有的相互抵消，有的相互叠加，尤其是有不少因素的作用常常带有随机性，因此先采用统计分析法揭示误差的分布与变化规律，再用因素分析法分析原始误差和寻求解决途径，两者结合使用能迅速、有效地解决加工精度问题。在实际工艺工作中，处理有关加工精度问题可归纳为三个方面：一是在制订零件机械加工工艺规程时预计加工总误差；二是综合分析与解决加工中出现的加工质量问题；三是进一步探求并实施保证和提高加工精度的途径。学完本章后，通过做思考题、练习题，应着重理解和掌握加工精度、加工误差（系统误差和随机误差）、原始误差、机床误差（主要是主轴回转误差和导轨误差）、工艺系统刚度等基本概念；学会具体分析各种原始误差对加工误差的影响，尤其是主轴回转误差和导轨误差，工艺系统受力、受热变形而产生的加工误差；结合实验学会采用加工误差的因素分析法和统计分析法分析实际加工精度问题，懂得寻求解决方法。有效提高机械加工精度途径的探索是机械制造工程技术人员的终生追求。

思考题与练习题

6.1 举例说明加工精度、加工误差的概念以及两者的区别与关系。

6.2 说明原始误差、工艺系统静误差、工艺系统动误差的概念以及加工误差与原始误差的关系和误差敏感方向的概念。

6.3 在车削前，工人经常在刀架上装上镗刀修整三爪自定心卡盘三个卡爪的工作面或花盘的端面，其目的是什么？能否提高主轴的回转精度（径向跳动和轴向窜动）？

6.4 何谓工艺系统的刚度、柔度？它们有何特点？工艺系统刚度对加工精度有何影响？怎样提高工艺系统的刚度？

6.5 为什么机床部件的加载和卸载过程的静刚度曲线既不重合又不封闭，且机床部件的刚度值远比其按实体估计的要小？

6.6 何谓误差复映规律？误差复映系数的含义是什么？它与哪些因素有关？减小误差复映有哪些工艺措施？

6.7 工艺系统受哪些热源作用？在各种热源的作用下，工艺系统各主要组成部分会产生何种热变形？有何规律性？对加工精度有何影响？采取何种措施可减小它们的影响？

6.8 分析工件产生残余应力的主要原因及经常出现的场合。

6.9 加工误差按其性质可分为哪几类？它们各有何特点或规律？各采用何种方法分析与计算？试举例说明。

6.10 试述分布曲线法和点图法的特点、应用及各自解决的主要问题。

6.11 实际分布曲线符合正态分布时能说明什么问题？又 $6\sigma<\delta$ 出现废品，其原因何在？如何消除这种废品？

6.12 举例说明下列保证和提高加工精度常用方法的原理及应用场合：误差补偿法，误差转移法，误差分组法，误差平均法。

6.13 在车床上加工圆盘件的端面时，有时会出现圆锥面（中凸或中凹）或端面凸轮似的形状（螺旋面），试从机床几何误差的影响分析造成图 6.40 所示的端面几何形状误差的原因。

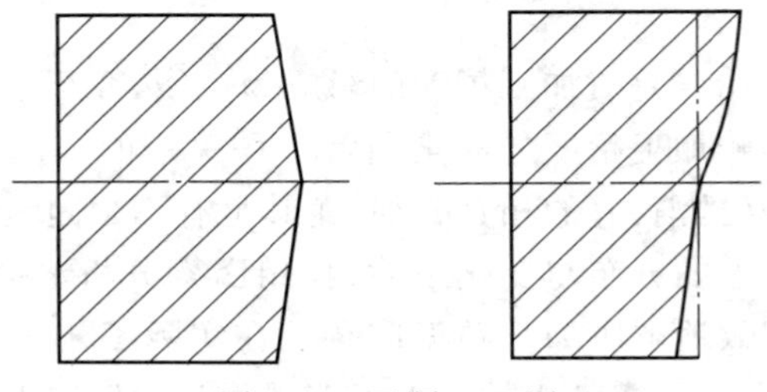

图 6.40　习题 6.13 图

6.14 在卧式镗床上对箱体零件镗孔，试分析采用：（1）刚性主轴镗杆；（2）浮动镗杆（指与主轴连接的方式）和镗模夹具时，影响镗杆回转精度的主要因素有哪些。

6.15 磨削一批工件的外圆图样要求保证尺寸 $60_{-0.05}^{\ 0}$ mm。加工中，车间温度 $T_0=20\ 7$ ℃，工件的温度 $T_{工}=46$ ℃。工人不等工件冷却下来就直接在机床上测量，试问此时外径尺寸应控制在怎样的范围内，才能使其在冷却后仍保证达到图样要求的尺寸而不出废品？

6.16 热的锻件（大型轴）放在较湿的地上，试推想在粗车外圆后可能产生怎样的加工误差，为什么？

6.17 加工外圆、内孔与平面时，机床传动链误差对加工精度有何影响？在怎样的加工场合下，才须着重考虑机床传动链误差对加工精度的影响？传动元件的误差传递系数，其物理意义是什么？

6.18 在大型立式车床上加工盘形零件的端面及外圆时（图 6.41），因刀架较重，试推想由于刀架自重可能会产生怎样的加工误差。

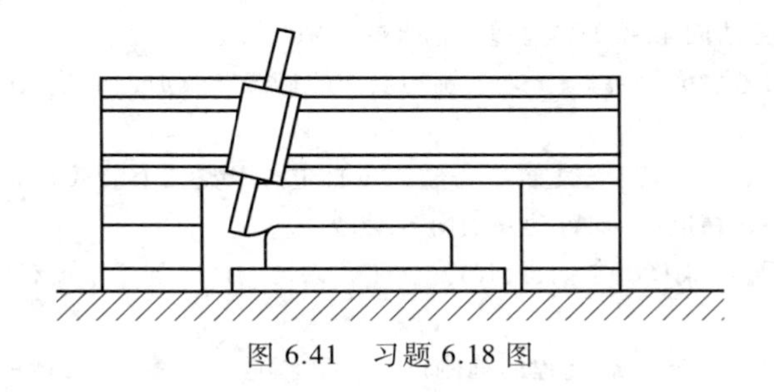

图 6.41　习题 6.18 图

6.19 图 6.42 所示为在外圆磨床上加工。当 $n_1=2n_2$时，若只考虑主轴回转误差的影响，试分析在图中给定的两种情况下，磨削后工件外圆应是什么形状？为什么？

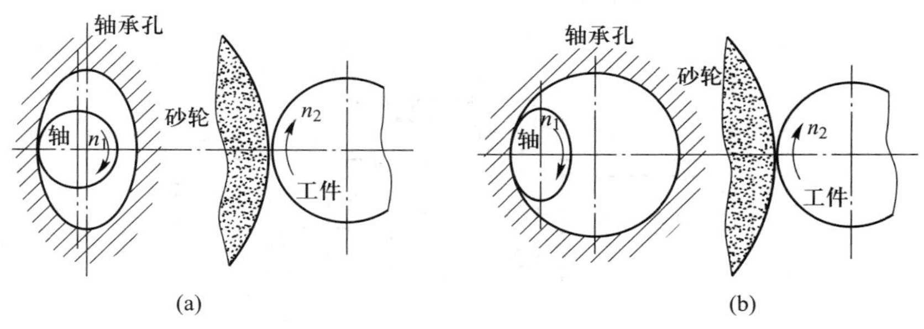

图 6.42　习题 6.19 图

6.20 在内圆磨床上磨削盲孔时(图 6.43)，试分析只考虑内圆磨头受力变形的条件下，工件内孔将产生什么样的加工误差。

6.21 在卧式车床上加工一光轴，已知光轴长度 $L=800$ mm，加工直径 $D=80_{-0.05}^{\ 0}$ mm，该车床因使用年限较久，前、后导轨磨损不均，前棱形导轨磨损较大，且中间最明显，形成导轨扭曲，见图 6.44。经测量，前、后导轨在垂直面内的平行度(扭曲值)允差为 0.015 mm/1 000 mm，试求所加工的工件几何形状的误差值，并绘出加工后光轴的形状。

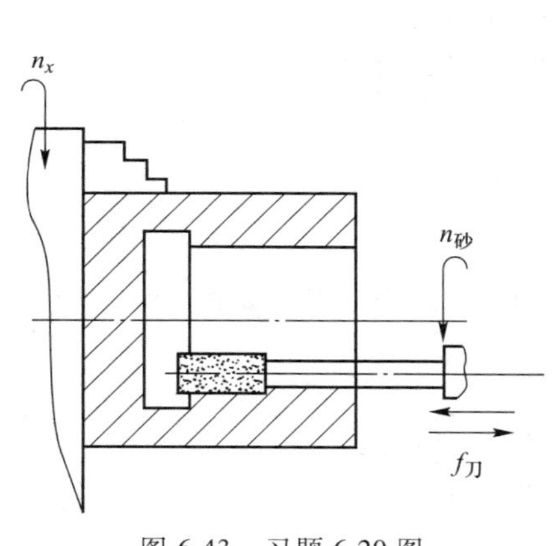

图 6.43　习题 6.20 图

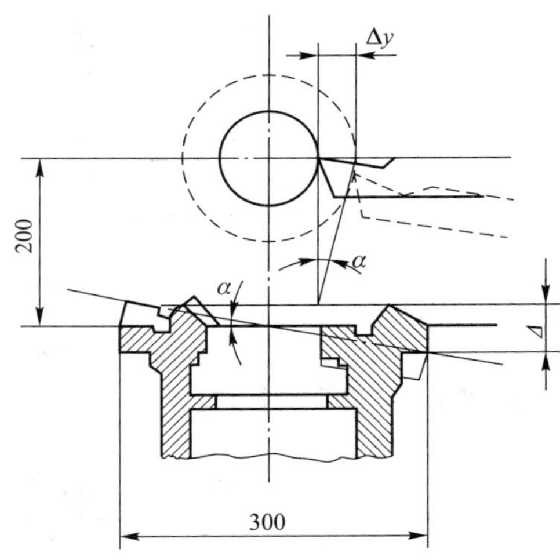

图 6.44　习题 6.21 图

6.22 在车床的两顶尖间加工短而粗的光轴外圆时(工件的刚度对于机床刚度大得多)，若已知 $F_y=$ 1 000 N，$K_{床头}=100\ 000$ N/mm，$K_{尾架}=50\ 000$ N/mm，试求因机床刚度不均引起的加工表面的形状误差为多少？并画出光轴加工后的形状。提示，机床的变形量可由下式求得：

$$y_{机床}=\frac{F_y}{K_{刀架}}+\frac{F_y}{K_{尾架}}\left(\frac{x}{L}\right)^2+\frac{F_y}{K_{床头}}\left(\frac{L-x}{L}\right)^2$$

6.23 在立式车床上高速车削盘形零件的内孔。如果工件毛坯的回转不平衡，质量较大，那么在只考虑此不平衡质量和工件夹持系统刚度影响的条件下，试分析加工后工件内孔将产生怎样的加工误差。

6.24 在车床上车削一外径 $D=80$ mm，内径 $d=70$ mm，宽度 $b=20$ mm 的圆环，试比较采用三爪自定心卡盘或四爪单动卡盘直接夹持工件外圆车内孔时，在夹紧力 $F_J=2\ 940$ N 的作用下，工件因夹紧变形加工后内孔产生多大的圆度误差。

6.25 如图 6.45 所示之铸件,若只考虑毛坯残余应力的影响,试分析当用端铣刀铣去上部连接部分后,此工件将产生怎样的变形。又如图所示之铸件,当采用宽度为 B 的三面刃铣刀将毛坯中部铣开时,试分析开口宽度尺寸的变化。

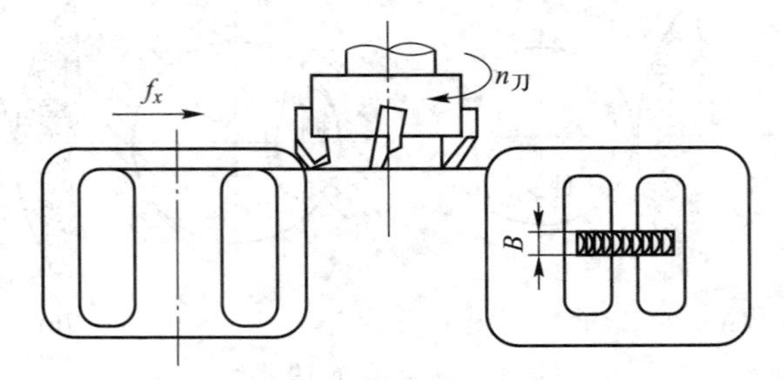

图 6.45 习题 6.25 图

6.26 在卧式镗床上采用浮动镗刀精镗孔时,是否会出现误差复映现象?为什么?

6.27 在车床两顶尖间加工工件(图 6.46),若工件刚度极大,机床刚度不足,且 $K_{头架}>K_{尾架}$,试分析图示两种情况加工后工件的形状误差。

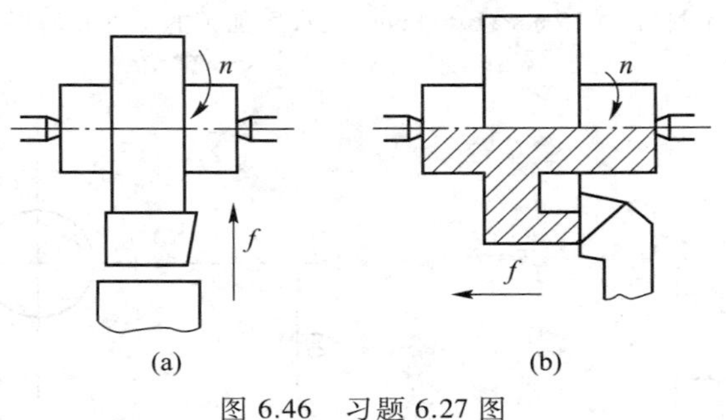

图 6.46 习题 6.27 图

6.28 在车床上加工一批光轴的外圆,加工后经测量若整批工件发现有图 6.47 所示的几何形状误差,试分别说明可能产生上述误差的各种因素。

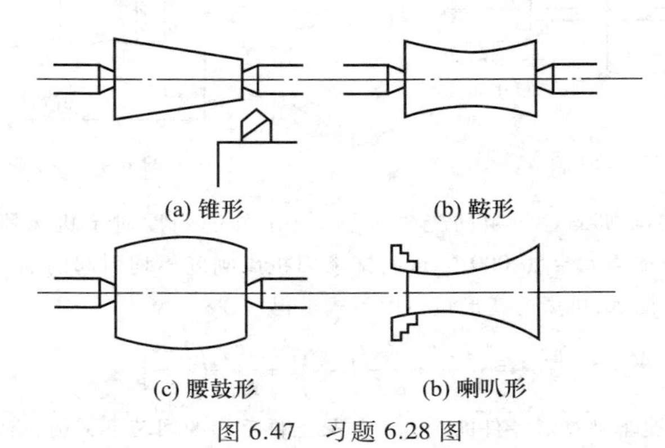

图 6.47 习题 6.28 图

6.29 一批圆柱销外圆的设计尺寸为 $\phi50_{-0.04}^{-0.02}$ mm,加工后测量发现外圆尺寸按正态规律分布,其均方根偏差为 0.003 mm,曲线顶峰位置偏离公差带中心,向右偏移 0.005 mm,试绘出分布曲线图,求出合格品率和废品率,并分析废品能否修复及产生的原因。

第7章 机械加工表面质量

为了保证机器的使用性能和延长使用寿命，就要提高机器零件的耐磨性、疲劳强度、耐蚀性、密封性、接触刚度等性能，而机器的性能主要取决于零件的表面质量。机械加工表面质量与机械加工精度一样，是机器零件加工质量的一个重要指标。机械加工表面质量是以机械零件的加工表面和表面层作为分析和研究对象的。经过机械加工的零件表面总是存在一定程度的微观不平、冷作硬化、残余应力及金相组织的变化，虽然只产生在很薄的表面层，但对零件的使用性能的影响是很大的。本章旨在研究零件表面层在加工中的变化和发生变化的机理，掌握机械加工中各种工艺因素对表面质量的影响规律，运用这些规律来控制加工中的各种影响因素，以满足表面质量的要求。

本章主要讨论机械加工表面质量的含义、表面质量对使用性能的影响、表面质量产生的机理等。对生产现场中发生的表面质量问题，如受力变形、磨削烧伤、裂纹和振纹等从理论上做出解释，提出提高机械加工表面质量的措施。

7.1 机械加工后的表面质量

7.1.1 表面质量的含义

生产实践已证明，许多因零件损坏造成的事故往往起源于零件的表面缺陷，所以表面质量的研究初期，人们一直把表面微观几何特征如表面粗糙度和表面微裂纹等表面外部加工效应作为衡量表面加工质量的主要依据，并普遍认为表面粗糙度与零件的使用性能之间存在着直接关系。而实际上，许多重要零件结构的损坏多是从表面之下几十微米范围内开始的，表面之下的冶金物理和力学性能变化对零件使用性能的影响很大。因此表面粗糙度仅是评价和控制表面加工质量的一个指标。目前，学术界普遍认为，加工过程中应该使用表面完整性指标对零件表面加工质量进行综合性评价。

精密切削加工中的表面完整性是指描述、鉴定和控制零件加工过程中在加工表面层内可能产生的各种变化及其对该表面工作性能影响的技术指标。零件切削加工表面完整性可以包含两方面内容：一是与表面形貌或表面纹理组织有关的部分，研究零件最外层表面与周围环境间界面的几何形状，包括表面微观几何形状与表面缺陷等表面特征，属于外部加工效应，通常用表面粗糙度等来衡量；二是与加工表面层物理力学性能状态有关的部分，研究表面层内的特性，属于内部加工效应，包括表面内的残余应力、加工硬化、金相组织变化、裂纹等技术指标。

简要而言，表面质量的主要内容有下面两部分：

（1）表面层的几何形状

表面粗糙度：是指表面微观几何形状误差，其波长与波高的比值在 $L_1/H_1<40$ 的范围内。

表面波纹度：是介于加工精度（宏观几何形状误差 $L_3/H_3>1\ 000$）和表面粗糙度之间的一种带有周期性的几何形状误差，其波长与波高的比值在 $40<L_2/H_2<1\ 000$ 的范围内，如图 7.1 所示。

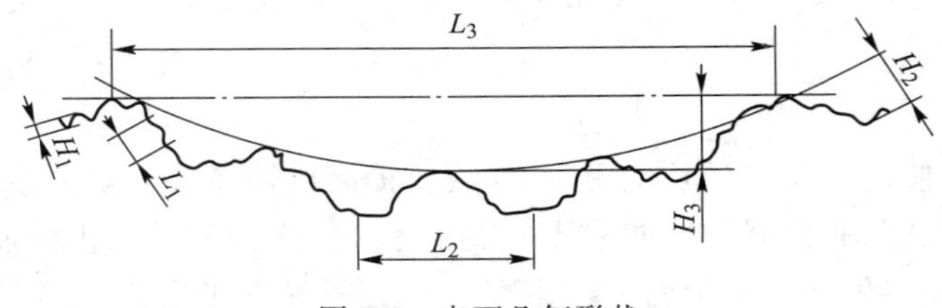

图 7.1　表面几何形状

（2）表面层的物理力学性能

表面层冷作硬化（简称冷硬）：零件在机械加工中表面层金属产生强烈的冷态塑性变形后，引起的强度和硬度都有所提高的现象。

表面层金相组织的变化：由于切削热引起工件表面温升过高，表面层金属发生金相组织变化的现象。

表面层残余应力是由于加工过程中切削变形和切削热的影响，工件表面层产生残余应力。

裂纹是在加工过程中由于受到热态塑性变形和金相组织变化的影响，零件表面层产生的残余拉应力超过材料的强度极限，从而使零件表面出现裂纹。

目前，国内外对表面完整性进行了大量的研究，基本认识了精密切削过程中加工表面粗糙度、表面残余应力、表面硬化等的成形机理，但是研究还不够深入。例如，并未揭示切削工艺对表面完整性特征的影响规律，在超精密加工技术方面的研究也有待发展。

随着精密与超精密加工技术的快速发展、精密加工表面完整性研究的深入，该领域中研究工作的重点及发展趋势可概括为实现表面完整性的理论模型及其评判体系，揭示精密加工表面的形成及产生的特殊现象和表面完整性技术应用领域的不断扩大。

7.1.2　表面质量对零件使用性能的影响

1. 对零件耐磨性的影响

在摩擦副的材料、热处理情况和润滑条件已经确定的情况下，零件的表面质量对耐磨性能起决定性作用。两个表面粗糙度值很大的零件相互接触，最初接触的只是一些凸峰顶部，实际接触面积比名义接触面积小得多（例如车削或铣削加工后的表面实际接触面积仅为名义接触面积的 15%～20%，精磨后可达到 30%～50%，只有研磨后才能达到 90%～97%），这样单位接触面积上的压力就很大，当压力超过材料的屈服强度时，凸峰部分产生塑性变形；当两个零件作相对运动时，就会产生剪切、凸峰断裂或塑性滑移，初期磨损较快。图 7.2 所示为实验所得的不同表面粗糙度对初期磨损量的影响曲线。从图中可见，曲线存在着某个最佳点，这个点所对应的是零件最耐磨的表面粗糙度值，具有这样表面粗糙度值的零件的初期磨损量最小。如载荷加大或润滑条件恶化，磨损曲线将向上向右移动，最佳表面粗糙度值也随之右移。在表面粗糙度值大于最佳值时，减小表面粗糙度值可减少初期磨损量。例如精磨的轴颈比粗磨的轴颈使用时的初期磨损量少 1/6。但当表面粗糙度值小于最佳值时，零件实际接触面积增大，接触表面之间的润滑油被挤出，金属表面直接接触，因金属分子间的亲和力而发生黏结（称为冷焊），随着相对运动的进行，黏结处在剪切力的作用下发生撕裂破坏。有时还由于摩擦产生的高温、摩擦面局部熔化（称为热焊）等，使接触表面遭到破坏，初期磨损量反而急剧增加。

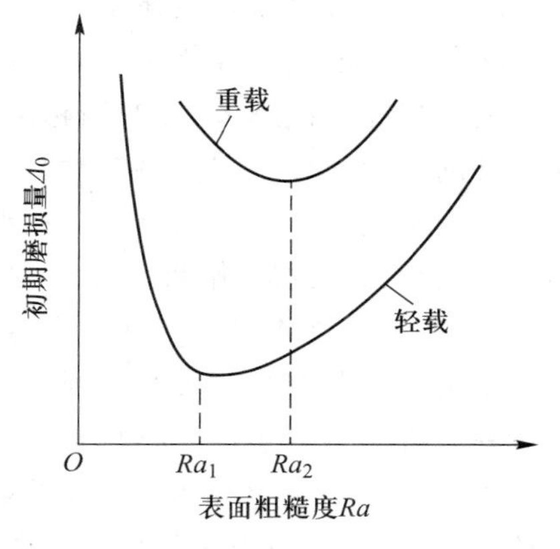

图 7.2　表面粗糙度与初期磨损量的关系

因此，一对摩擦副在一定的工作条件下通常有一最佳表面粗糙度值，如图 7.2 所示，在确定机器零件的技术条件时应该根据零件工作的情况及有关经验，规定合理的表面粗糙度。

表面粗糙度对耐磨性的影响，还与表面粗糙度的轮廓形状及纹路方向有关。图 7.3a、b 分别表示两个不同零件的表面有相同的表面粗糙度值，但轮廓形状不同，其耐磨性相差可达 3~4 倍。试验表明，耐磨性取决于轮廓峰顶形状和凹谷形状。前者决定干摩擦时的实际接触面积，后者决定润滑摩擦时的容油情况。图 7.4 所示为两摩擦表面的表面粗糙度纹路方向对零件耐磨性的影响。

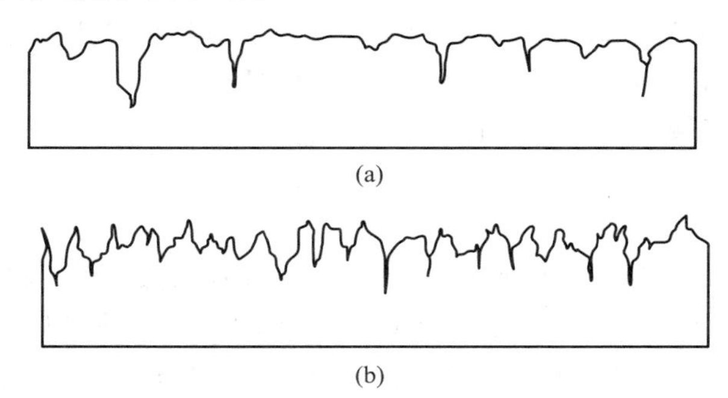

图 7.3　表面粗糙度轮廓形状对零件耐磨性的影响

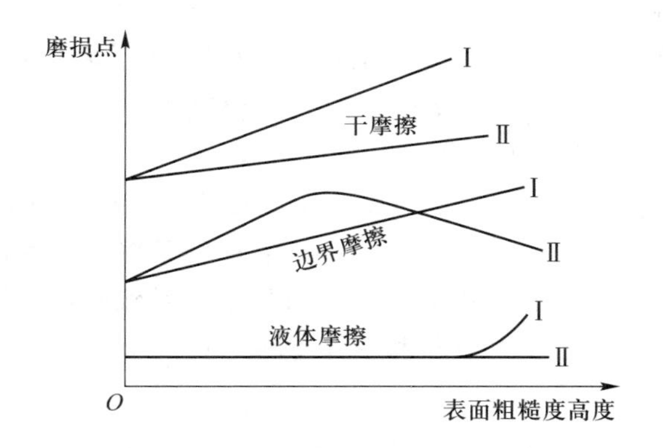

图 7.4　表面粗糙度纹路方向对零件耐磨性的影响

Ⅰ—两摩擦表面的表面粗糙度纹路方向相互垂直；Ⅱ—两摩擦表面的表面粗糙度纹路方向相互平行

表面层的冷硬可显著地减少零件的磨损。其原因是冷硬提高了表面接触点处的屈服强度，减少了进一步塑性变形的可能性，并减少了摩擦表面金属的冷焊现象。但如果表面硬化过度，零件心部和表面层硬度差过大，会发生表面层剥落现象，使磨损加剧。表面层产生金相组织变化时,由于改变了基体材料原来的硬度,因而也直接影响其耐磨性。

2. 对零件疲劳强度的影响

在周期性的交变载荷作用下,零件表面微观不平与表面的缺陷一样都会产生应力集中现象,而且表面粗糙度值越大,即凹陷越深和越尖,应力集中越严重,越容易形成和扩展疲劳裂纹而造成零件的疲劳损坏。零件对应力集中敏感,钢材的强度越高,表面粗糙度对疲劳强度的影响越大。含有石墨的铸铁件相当于存在许多微观裂纹,与有色金属件一样对应力集中不敏感,表面粗糙度对疲劳强度的影响就不明显。加工纹路方向对疲劳强度的影响更大,如果刀痕与受力方向垂直,则疲劳强度将显著降低。零件表面的冷硬层能够阻碍裂纹的扩大和新裂纹的出现,因为由摩擦学可知疲劳源的位置在冷硬层的中部,因此冷硬可以提高零件的疲劳强度。但冷硬层过深或过硬则容易产生裂纹,反而会降低疲劳强度,所以冷硬要适当。

表面层的内应力对疲劳强度的影响很大。表面层残余的压应力能够部分抵消工作载荷施加的拉应力,延缓疲劳裂纹扩展。而残余拉应力容易使已加工表面产生裂纹而降低疲劳强度。带有不同残余应力表面层的零件,其疲劳寿命可相差数倍至数十倍。

3. 对零件耐蚀性的影响

零件表面粗糙度值越大,潮湿空气和腐蚀介质越容易堆积在零件表面凹处而发生化学腐蚀,或在凸峰间产生电化学作用而引起电化学腐蚀,故耐蚀性越差。

表面冷硬和金相组织变化都会产生内应力。零件在应力状态下工作时,会产生应力腐蚀,若有裂纹,则更增加了应力腐蚀的敏感性。因此表面内应力会降低零件的耐蚀性。

4. 对配合质量的影响

表面粗糙度影响实际配合精度和配合质量。对于间隙配合,表面粗糙度值越大,初期磨损量越大,磨损量太大时,会使配合间隙增大,以致改变原定的配合性质;对于过盈配合,表面粗糙度值太大,则在装配时相当一部分表面凸峰会被挤平,使过盈量减小,影响配合的可靠性。因此,对于有配合要求的表面应采用较小的表面粗糙度值。

5. 对零件的其它影响

表面质量对零件的密封性能及摩擦系数都有很大的影响。例如:较大的表面粗糙度值会影响液压油缸和活塞的密封性;恰当的表面粗糙度值能提高滑动零件的运动灵活性,减少发热和功率损失;残余应力会使零件因应力重新分布而逐渐变形,从而影响其尺寸和形状精度等。

零件表面层状态对其使用性能有如此大的影响是因为承受载荷应力最大的表面层是金属的边界,机械加工后破坏了晶粒的完整性,从而降低了表面的某些力学性能。表面层有裂纹、加工痕迹等各种缺陷,在动载荷的作用下,可能引起应力集中而导致破坏。零件表面经过加工后,表面层的物理、力学、冶金和化学性能都变得和基体材料不同。

7.2 机械加工后的表面粗糙度

7.2.1 切削加工后的表面粗糙度

切削加工时表面粗糙度的形成,大致可归纳为三方面的原因,即几何因素、物理因素和工艺系统的振动。本节主要介绍几何因素和物理因素,工艺系统的振动见 7.5 节。

1. 几何因素

形成表面粗糙度的几何因素是由刀具相对于工件作进给运动时在加工表面上遗留下来的切削层残留面积(图 7.5)。其理论上的最大表面粗糙度值 Ra_{max} 可根据刀具形状、进给量 f 按几何关系求得。

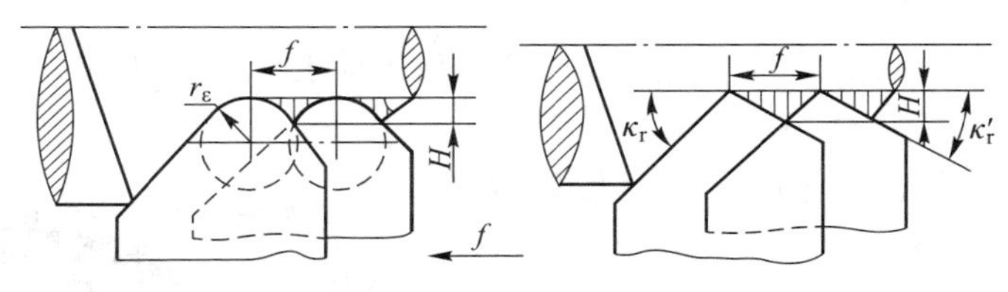

图 7.5 切削层残留面积

当不考虑刀尖圆弧半径时

$$Ra_{max}=\frac{f}{\cot\ \kappa_r+\cot\ \kappa_r'} \tag{7.1}$$

式中:f——刀具的进给量,mm/r;

κ_r、κ_r'——刀具的主偏角和副偏角。

当背吃刀量和进给量很小时,表面粗糙度主要由刀尖圆弧构成,即

$$Ra_{max}\approx\frac{f^2}{8r_\varepsilon} \tag{7.2}$$

式中:r_ε——刀尖圆角半径,mm。

2. 物理因素

由图 7.6 可知,切削加工后表面的实际表面粗糙度与理论表面粗糙度有比较大的差别。这主要是由于受到了与被加工材料的性能及切削机理有关的物理因素的影响。切削过程中刀具的刃口圆角及后面对工件挤压与摩擦而产生塑性变形,韧性越好的材料塑性变形就越大,且容易出现积屑瘤与鳞刺,使表面粗糙度严重恶化。此外,还有切削用量、冷却润滑液和刀具材料等因素的影响。

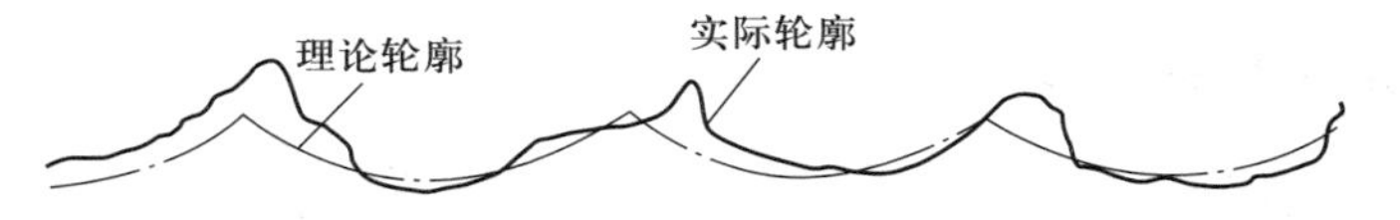

图 7.6 塑性材料加工后表面的实际轮廓和理论轮廓

7.2.2 磨削加工后的表面粗糙度

影响磨削后表面粗糙度的因素也可归纳为三方面,即与磨削过程和砂轮结构有关的几何因素、与磨削过程和被加工材料塑性变形有关的物理因素和工艺系统的振动因素。

从几何因素看,砂轮上磨粒的微刃形状和分布对于磨削后的表面粗糙度是有影响的。磨削表面是由砂轮上大量的磨粒刻划出无数极细的沟槽形成的,单位面积上的刻痕越多,即通过单位面积的磨粒数越多,刻痕的等高性越好,表面粗糙度值也就越小。从物理因素看,大多数磨粒只有滑擦、耕犁作用。在滑擦作用下,被加工表面只有弹性变形,不产生切屑;在耕犁作用下,磨粒

在工件表面上刻划出一条沟痕，工件材料被挤向两边产生隆起，此时产生塑性变形但仍不产生切屑。磨削是经过很多后续磨粒的多次挤压因疲劳而断裂、脱落，所以加工表面的塑性变形很大，表面粗糙度值就大。

为了降低表面粗糙度值，应考虑以下主要影响因素：

1）砂轮的粒度。砂轮的粒度愈细，则砂轮单位面积上的磨粒数愈多，在工件上的刻痕也愈密而细，所以表面粗糙度值愈小。

2）砂轮的修整。砂轮的修整质量越高，砂轮工作表面上的等高微刃（图 7.7）就越多，因而磨出的工件表面粗糙度值也就愈小。

3）砂轮速度。提高砂轮速度可以增加单位时间内工件单位面积上的刻痕数，同时塑性变形造成的隆起量随着砂轮速度的提高而减少，原因是高速下塑性变形的传播速度小于磨削速度，材料来不及变形，因而表面粗糙度值可以显著减小。

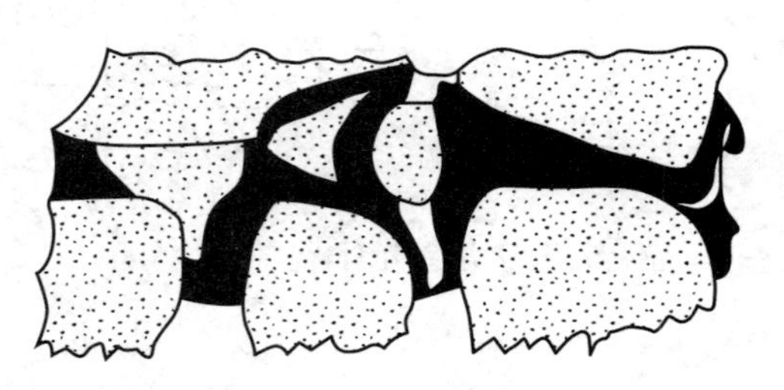

图 7.7　磨粒上的微刃

4）工件速度。工件速度越大，单个磨粒的磨削厚度就越大，单位时间内磨削工件表面的磨粒数减少，表面粗糙度值增大。

5）径向进给量。增大磨削径向进给量将增加塑性变形的程度，从而增大表面粗糙度值。通常在磨削过程开始时采用较大的径向进给量，以提高生产率，而在最后采用小径向进给量或无径向进给量磨削，以减小表面粗糙度值。

6）轴向进给量。磨削时采用较小的轴向进给量，则磨削后表面粗糙度值较小。

另外，引起磨削表面粗糙度值增大的主要原因还往往是工艺系统的振动，增加工艺系统刚度和阻尼，做好砂轮的动平衡以及合理地修整砂轮可显著降低表面粗糙度值。

7.3　机械加工后表面层的物理力学性能

7.3.1　机械加工后表面层的冷作硬化

1. 冷作硬化产生的原因

切削或磨削加工时，表面层金属由于塑性变形使晶体间产生剪切滑移，晶格发生拉长、扭曲和破碎而得到强化。冷作硬化的特点是变形抵抗力提高（屈服强度提高），塑性降低（相对伸长率降低）。冷作硬化的指标通常用冷硬层的深度 h、表面层的显微硬度 H 以及硬化程度 N 来表示（图 7.8），其中 $N=H/H_0$，H_0为原来的显微硬度。

表面层冷作硬化的程度决定于产生塑性变形的力、变形速度及变形时的温度。力越大，塑性变形越大，则硬化程度越大；速度越高，塑性变形越不充分，则硬化程度越小；变形时的温度不仅影响塑性变形程度，还会影响变形后金相组织的恢复程度。所以切削加工时表面层的硬化可能有两种情况：

1）完全强化。此时出现晶格歪扭以及纤维结构和变形层物理、力学性能的改变；

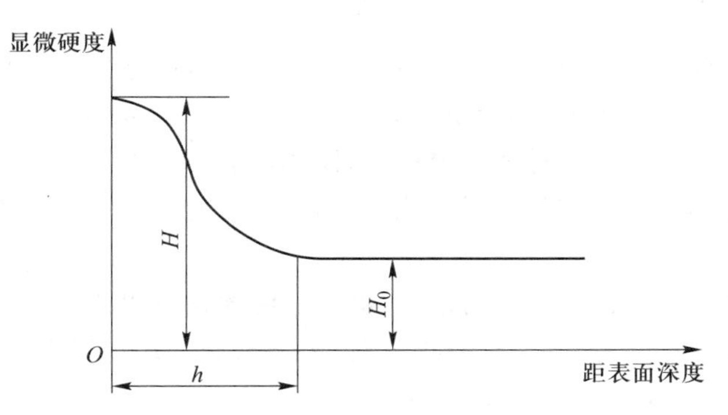

图 7.8　切削加工后表面层的冷作硬化

2）不完全强化。若温度超过(0.25~0.30)$T_{熔}$(熔化绝对温度)，则除了强化现象外，同时还有回复现象，此时歪扭的晶格局部得到恢复，减小了冷硬作用；如果温度超过 0.4$T_{熔}$，就会发生金属再结晶，此时由于强化而改变了的表面层物理、力学性能几乎可以完全恢复。

机械加工时表面层的冷作硬化就是强化作用和回复作用的综合结果。切削温度越高、高温持续时间越长、强化程度越大，则回复作用也就越强。因此对高温下工作的零件，能保证疲劳强度的最佳表面层是没有冷硬层或者只有极小(10~20 μm)冷作硬化的表面层。

2. 影响冷作硬化的主要因素

1）刀具。刀具的切削刃口圆角和后面的磨损量对于冷硬层有很大的影响，此两值增大时，冷硬层深度和硬度也随之增大。前角减小时，冷硬层深度也增大。

2）切削用量。切削速度提高时，刀具与工件接触时间短，塑性变形程度减小，同时会使温度升高，有助于冷硬的回复，所以硬化层深度和硬度都有所减小。进给量增大时，切削力增大，塑性变形程度也增大，因此硬化现象增大。但在进给量较小时，由于刀具的刃口圆角在加工表面单位长度上的挤压次数增加，因此硬化倾向也会增大。径向进给量增大时，冷硬层深度也有所增大，但其影响不显著。

3）被加工材料。被加工材料的硬度愈低、塑性愈大，切削后的冷硬现象愈严重。

7.3.2　机械加工后表面层金相组织的变化

1. 金相组织变化的原因

磨削加工时切削力比其它加工方法大数十倍，切削速度也特别高，所以功率消耗远远大于其它切削方法。由于砂轮导热性差、切屑量少，磨削过程中能量转化的热大部分都传给了工件。磨削时，在很短的时间内磨削区温度可上升到 400~1 000 ℃，甚至更高。这样高的加热速度促使加工表面局部形成瞬时热聚集现象，有很高温升和很大的温度梯度，出现金相组织的变化，强度和硬度下降，产生残余应力，甚至引起裂纹，这就是磨削烧伤现象。

磨削淬火钢时，由于磨削烧伤，工件表面产生氧化膜并呈现出黄、褐、紫、青、灰等不同颜色，相当于钢的回火色。不同的烧伤色表示受到不同温度的作用与产生不同的烧伤深度。有时表面虽看不出变色，但并不等于表面未受热损伤。例如在磨削过程中由于采用过大的磨削用量，造成了很深的烧伤层，后续的无进给磨削中磨去了表面的烧伤色，而未能除去烧伤层，则留在工件上的烧伤层就会成为使用中的隐患。

磨削淬火钢时表面层产生的烧伤有以下三种：

1）回火烧伤。磨削区温度超过马氏体转变温度而未超过相变温度，则工件表面原来的马氏体组织将产生回火现象，转化成硬度降低的回火组织，即索氏体或屈氏体。

2）淬火烧伤。磨削区温度超过相变温度，马氏体转变为奥氏体，由于冷却液的急冷作用，表层会出现二次淬火马氏体，硬度较原来的回火马氏体高，而它的下层则因为冷却缓慢而成为硬度降低的回火组织。

3）退火烧伤。不用冷却液进行干磨削时，磨削区温度超过相变温度，马氏体转变为奥氏体，因工件冷却缓慢，则表层硬度急剧下降，这时工件表层被退火，形成退火烧伤。

2. 影响磨削加工时金相组织变化的因素

影响磨削加工时金相组织变化的因素有工件材料、磨削温度、温度梯度及冷却速度等。工件材料为低碳钢时不会发生相变；高合金钢如轴承钢、高速钢、镍铬钢等传热性特别差，在冷却不充分时易出现磨削烧伤；未淬火钢为扩散度低的珠光体，磨削时间短时不会发生金相组织的变化；淬火钢极易相变。

磨削温度、温度梯度及冷却速度等对金相组织变化的影响可查阅有关资料。

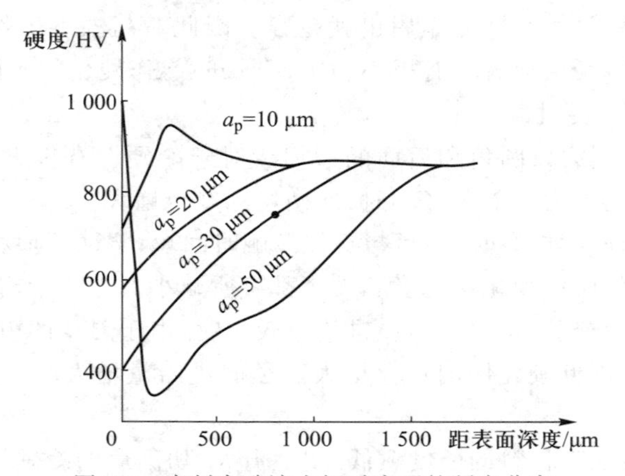

图 7.9　磨削高碳淬火钢时表面的硬度分布

图 7.9 所示为高碳淬火钢在不同磨削条件下出现的表面层硬度分布情况。当磨削深度小于 10 μm 时，由于温度的影响使表面层的回火马氏体产生弱化，并与塑性变形产生的冷作硬化现象综合而产生比基体硬度低的部分，而表面的里层由于磨削加工中的冷作硬化起了主导作用而又产生比基体硬度高的部分。当磨削深度为 20～30 μm 时，冷作硬化的影响减小，磨削温度起主导作用。由于磨削区温度高于马氏体转变温度、低于相变温度而使表面层马氏体回火产生回火烧伤。当磨削深度增大至 50 μm 时，磨削区最高温度超过相变临界温度，急冷时产生淬火烧伤，而再往里层则硬度又逐渐升高直至未受热影响的基体组织。

7.3.3　机械加工后表面层的残余应力

1. 残余应力产生的原因

在机械加工中，工件表面层金属相对基体金属发生形状、体积的变化或金相组织变化时，工件表面层中将残留相互平衡的残余应力。产生表面层残余应力的原因如下：

1）冷态塑性变形。机械加工时，表层金属产生强烈的塑性变形。沿切削速度方向表面产生拉伸变形，晶粒被拉长，金属密度会下降，即比体积增大，而里层材料则阻碍这种变形，因而在表面层产生残余压应力，在里层则产生残余拉应力。

2）热态塑性变形。机械加工时，切削或磨削热使工件表面局部温升过高，引起高温塑性变形，图 7.10 为因加工温度而引起残余应力的示意图。图 7.10a 为加工时工件表面到内部的温度与分布情况。第 1 层温度在塑性温度以上，这层金属产生热塑性变形；第 2 层温度在塑性温度与室温之间，这层金属只产生弹性热膨胀；第 3 层处在室温的冷态层，不产生热变形。由于第 1 层处于塑性状态，故没有应力；第 2 层的膨胀受到第 3 层的阻碍，所以第 2 层产生压应力；第 3 层则产生拉应力（图 7.10b）。开始冷却时，第 1 层冷到塑性温度以下，体积收缩，但第 2 层阻碍其收缩，这时第 1 层中产生拉应力，第 2 层中的压应力增加。而由于第 2 层的冷却收缩，第 3 层中的拉应力有所减小（图 7.10c）。最后冷却时，第 1 层继续收缩，拉应力进一步增大，而第 2 层热膨胀全部消失，完全由第 1 层的收缩而形成一个不大的压应力，第 3 层拉应力消失，而与第 2 层一起受第 1 层的影响，也形成一个不大的压应力（图 7.10d）。

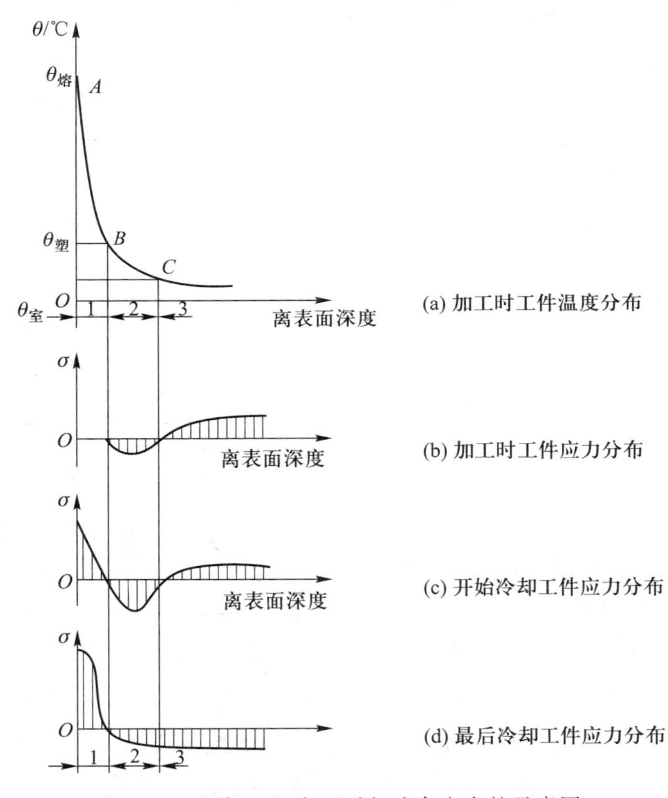

图 7.10　因加工温度而引起残余应力的示意图

3）金相组织变化。切削时产生的高温会引起表面的相变。由于不同的金相组织有不同的比体积，表面层金相变化的结果将造成体积的变化。表面层体积膨胀时，因为受到基体的限制，产生了压应力；反之，表面层体积缩小时，则产生拉应力。

实际机械加工后的表面层残余应力及其分布，是上述三方面因素综合作用的结果，在一定条件下，其中某一种或两种因素可能起主导作用。例如，切削时若切削热不多则以冷态塑性变形为主，若切削热多则以热态塑性变形为主。磨削时表面层残余应力随磨削条件的不同而不同，图 7.11所示为三类磨削条件下产生的表面层残余应力。轻磨削条件产生浅而小的残余压应力，因为此时没有金相组织变化，温度影响也很小，主要是塑性变形的影响在起作用；中等磨削条件产生浅而大的拉应力；淬火钢重磨削条件则产生深而大的拉应力（最外层表面可能出现小而浅的压应力），这里显然是由于热态塑性变形和金相组织变化的影响在起主要作用的缘故。

影响残余应力的工艺因素主要是刀具的前角、切削速度以及工件材料的性质和冷却润滑液，具体的情况则看其对切削时的塑性变形、切削温度和金相组织变化的影响程度而定。

2. 磨削裂纹的产生

总的来说，磨削加工中热态塑性变形和金相组织变化的影响较大，故大多数磨削零件的表面层往往有残余拉应力。当残余拉应力超过材料的强度极限时，零件表面就会出现裂纹。有的磨削裂纹也可能不在工件的外表面，而是在表面层下成为肉眼难以发现的缺陷。磨削裂纹一般很浅（0.25～0.50 mm），大多垂直于磨削方向或成网状（有时磨削螺纹也有平行于磨削方向的裂纹），如图 7.12 所示。裂纹总是拉应力引起的，且常与烧伤同时出现。

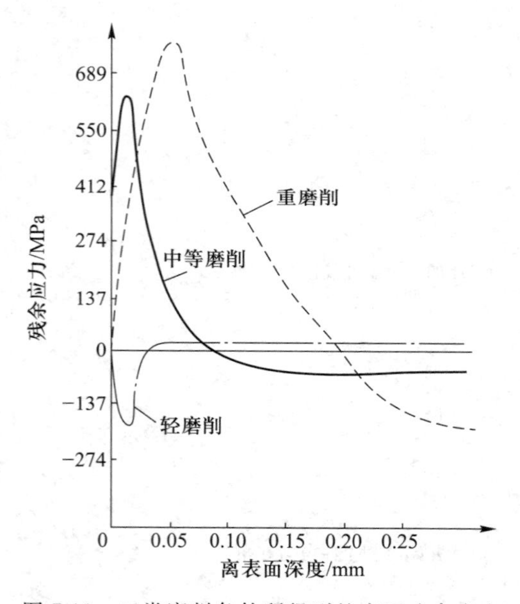

图 7.11　三类磨削条件所得到的表面残余应力

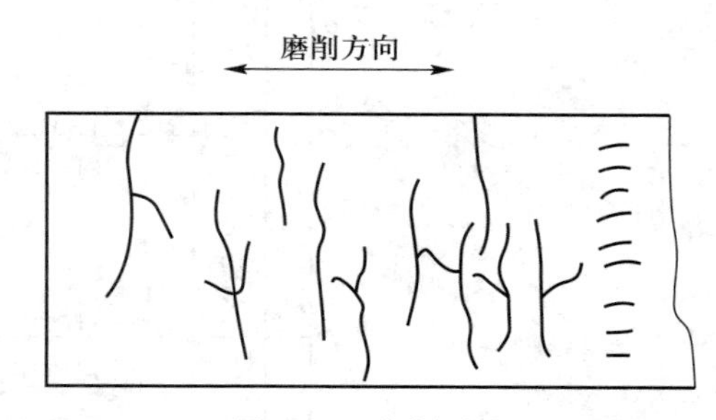

图 7.12　磨削裂纹

磨削裂纹的产生与材料性质及热处理工序有很大关系。磨削硬质合金时，由于其脆性大、抗拉强度低以及导热性差，所以特别容易产生磨削裂纹。磨削含碳量高的淬火钢时，由于其晶界脆弱，也容易产生磨削裂纹。工件在淬火后如果存在残余应力，则即使在正常的磨削条件下也可能会出现裂纹，故在磨削前进行去除应力的工序能收到很好的效果。渗碳、渗氮时，如果工艺不当，就会在表面层晶界上析出脆性的碳化物、氮化物，磨削时在热应力作用下，就容易沿着这些组织发生脆性破坏，而出现网状裂纹。

【例题 7.1】　在外圆磨床上磨削一根淬火钢轴，其抗拉强度 $R_m = 2\ 000$ MPa，工件表面温度升至 800 ℃，因使用冷却液而产生回火。表面层金属由马氏体转变为珠光体，其密度从 7.75×10^3

kg/m^{3}增至 7.78×10^3 kg/m^3。问工件表面层将产生多大的残余应力？是压应力还是拉应力？是否会产生磨削裂纹？

解：1）由于表面层热作用引起高温塑性变形，冷却后表面层产生拉应力。

已知 $T_1=800$ ℃，$T_0=20$ ℃，$\alpha=12\times10^{-6}$/℃，$E=2\times10^{11}$ N/m^2，由式(6.16)得表面层的热伸长量为

$$\Delta L=\alpha L\Delta T=\alpha L(T_1-T_0)$$

所以，线膨胀系数为

$$\frac{\Delta L}{L}=\alpha(T_1-T_0)=12\times10^{-6}\times(800-20)=12\times10^{-6}\times780$$

$$\sigma_{残1}=E\frac{\Delta L}{L}=2\times10^{11}\times12\times10^{-6}\times780\ \text{Pa}=1\ 872\times10^6\ \text{Pa}=1\ 872\ \text{MPa}$$

2）计算由于表层金相组织的变化引起的应力。表面层回火，表层组织由马氏体转变为珠光体，其密度增加，由 $\rho_马$ 增大到 $\rho_珠$，比体积由 V 减小到 $V-\Delta V$，因此表面层产生的收缩受到基体组织的阻碍，产生残余拉应力。已知 $\rho_马=7.75\times10^3$ kg/m^3，$\rho_珠=7.78\times10^3$ kg/m^3，由体积与密度的关系得

$$\frac{V-\Delta V}{V}=\frac{\rho_马}{\rho_珠}$$

即

$$1-\frac{\Delta V}{V}=\frac{\rho_马}{\rho_珠}=\frac{7.75}{7.78}=\frac{7.78-0.03}{7.78}=1-\frac{0.03}{7.78}$$

得体胀系数为

$$\frac{\Delta V}{V}=\frac{0.03}{7.78}$$

由于体胀系数是线胀系数的三倍，故

$$\sigma_{残2}=E\frac{\Delta L}{L}=E\times\frac{1}{3}\times\frac{\Delta V}{V}=2\times10^{11}\times\frac{1}{3}\times\frac{0.03}{7.78}\text{Pa}=257\times10^6\ \text{Pa}=257\ \text{MPa}$$

3）综合上面两种情况，工件表面总的残余拉应力为

$$\sigma_{残}=\sigma_{残1}+\sigma_{残2}=1\ 872\ \text{MPa}+257\ \text{MPa}=2\ 129\ \text{MPa}$$

因为残余拉应力 $\sigma_{残}=2\ 129$ MPa>工件抗拉强度 $R_m=2\ 000$ MPa，所以加工中产生磨削裂纹，裂纹方向与磨削方向垂直。

7.4 控制加工表面质量的工艺途径

7.4.1 减小残余拉应力、防止磨削烧伤和磨削裂纹的工艺途径

对零件使用性能危害甚大的残余拉应力、磨削烧伤和磨削裂纹均起因于磨削热，所以如何降低磨削热并减少其影响是生产上的一项重要问题。解决的原则一是减少磨削热的发生，二是加

速磨削热的传出。

1. 选择合理的磨削参数

为了直接减少磨削热的发生,降低磨削区的温度,应合理选择磨削参数,即降低砂轮速度和背吃刀量,适当提高进给量和工件速度。但这会使表面粗糙度值增大而造成矛盾。生产中比较可行的一种办法是通过试验来确定磨削参数,先按初步选定的磨削参数试磨,检查工件表面热损伤情况,据此调整磨削参数直至最后确定下来。另一种方法是在磨削过程中连续测量磨削区温度,然后控制磨削参数。通过计算机进行过程控制磨削和自适应磨削等方法来减少磨削热已成为一个重要的研究方向。

2. 选择有效的冷却方法

选择适宜的磨削液和有效的冷却方法是降低磨削热的另一重要途径。如采用高压大流量磨削液冷却、内冷却或为减轻高速旋转砂轮表面的高压附着气流的作用加装空气挡板(图 7.13),使冷却液能顺利地喷注到磨削区。

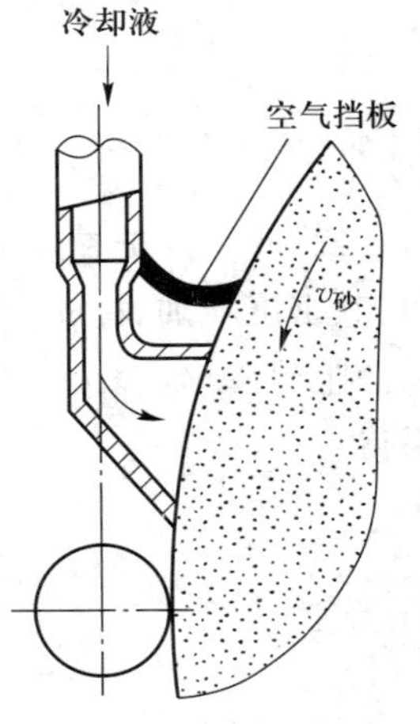

图 7.13　带空气挡板的冷却液喷嘴

7.4.2　采用冷压强化工艺

对于承受高应力、交变载荷的零件可以采用喷丸、滚压、挤压等表面强化工艺使表面层产生残余压应力和冷硬层,并降低表面粗糙度值,从而提高耐疲劳强度及抗应力腐蚀性能。但是采用强化工艺时应很好地控制工艺参数,不要造成过度硬化,否则会使表面完全失去塑性性质,甚至引起显微裂纹和材料剥落,带来不良的后果。

1. 喷丸

喷丸是一种用压缩空气或离心力将大量直径细小(ϕ0.4~ϕ2 mm)的丸粒(钢丸、玻璃丸)以 35~50 m/s 的速度向零件表面喷射的方法。如图 7.14a 所示的喷丸方法,可以用于任何复杂形状的零件。喷丸的结果是在表面层产生很大的塑性变形,造成表面的冷作硬化及残余压应力。硬化深度可达 0.7 mm,表面粗糙度值可自 *Ra* 3.2 μm 降至 *Ra* 0.4 μm。喷丸后零件的使用寿命可提高数倍至数十倍。例如,齿轮可提高 4 倍,螺旋弹簧可提高 55 倍以上。

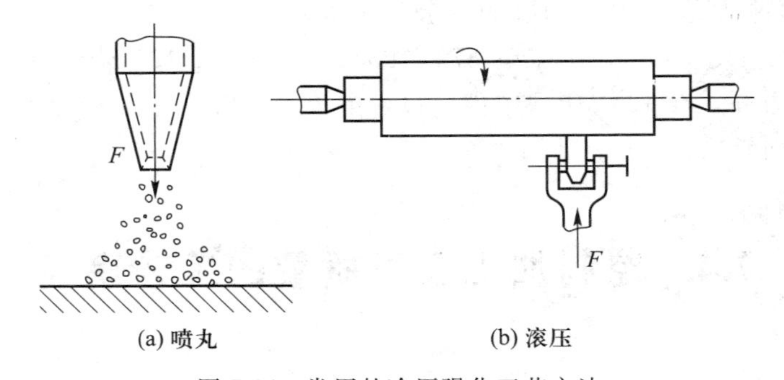

图 7.14　常用的冷压强化工艺方法

2. 滚压

用工具钢淬硬制成的钢滚轮或钢珠在零件上进行滚压,如图 7.14b 所示,使表层材料产生塑性流动，形成新的光洁表面。表面粗糙度值可自 Ra 1.6 μm 降至 Ra 0.1 μm，表面硬化深度达 0.2~1.5 mm，硬化程度为 10%~40%。

7.4.3 采用精密和光整加工工艺

精密和光整加工工艺是指经济加工精度在 IT5~IT7 级以上，表面粗糙度值小于Ra 0.16 μm，表面物理、力学性能也处于良好状态的各种加工工艺方法。采用精密加工工艺能全面提高加工精度和表面质量，而光整加工工艺主要是为了获得较高的表面质量。

1. 精密加工工艺

精密加工工艺的加工精度主要由高精度的机床保证。精密加工的背吃刀量和进给量一般极小，切削速度则很高或极低，加工时尽可能进行充分的冷却润滑，以利于最大限度地排除切削力、切削热对加工质量的影响，并有利于降低表面粗糙度值。精密加工切削效率不高，故加工余量不能太大，所以对前道工序有较高的要求。

精密加工工艺方法有高速精镗、高速精车、宽刃精刨和细密磨削等。下面介绍细密磨削。

使工件表面获得表面粗糙度值小于 Ra 0.16 μm、圆度误差小于 0.5 μm、直线度允差小于 1 μm/300 mm、同轴度误差小于 1 μm 的磨削工艺，通常称为细密磨削。一般以能获得 Ra 0.08~Ra 0.16 μm 的称为精密磨削，能获得 Ra 0.02~Ra 0.04 μm 的称为超精密磨削，能获得 Ra 0.01 μm 的称为镜面磨削。细密磨削依靠砂轮工作面上修整出大量等高微刃（修整用金刚石笔安装参数见图 7.15）进行精密加工，这些等高微刃能从尚具有微量缺陷和尺寸、形状误差的工件表面切除极微薄的余量，故可获得很高的加工精度。又由于大量等高微刃在加工表面留下极微细的切削痕迹，加上无火花磨削的滑擦、挤压、抛光作用，所以可以得到很小的表面粗糙度值。

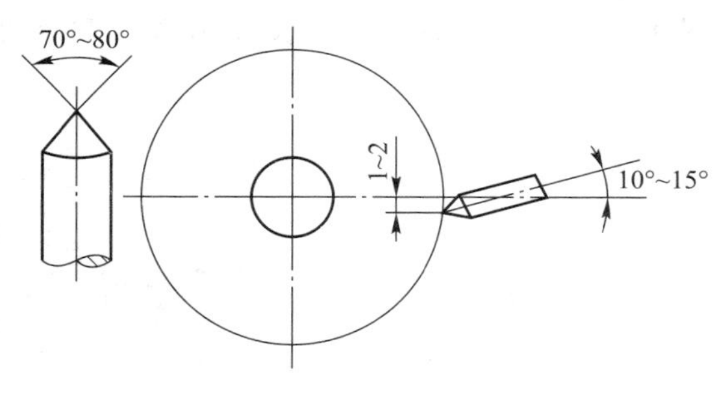

图 7.15 金刚石笔的安装

2. 光整加工工艺

光整加工是用粒度很细的磨料对工件表面进行微量切削和挤压、擦光的过程。光整加工按照随机创制成形原理，加工中磨具与工件的相对运动尽可能复杂，尽可能使磨料不走重复的轨迹，让工件加工表面各点都具有很大随机性的接触条件，以突出它们间的高点，进行相互修整，使误差逐步均化而得到消除，从而获得极光洁的表面和高于磨具原始精度的加工精度。光整加工工艺的共同特点是没有与磨削深度相对应的磨削用量参数，一般只规定加工时很低的单位切削压力，因此加工过程中的切削力和切削热都很小，从而能获得很小的表面粗糙度值，表面层不会产生热损伤，并具有残余压应力。所使用的工具都是浮动连接，由加工面自身导向，而相对于工件的定位基准没有确定的位置，所使用的机床也不需要具有非常精确的成形运动。这些加工方法的主要作用是降低表面粗糙度值，一般不能纠正形状和位置误差，加工精度主要由前面的工序保证。对上道工序的表面粗糙度要求高，一般要求达到 Ra 0.32 μm，表面不得有较深的加工痕迹。加工余量都很小，一般不超过 0.02 mm，以免使加工时间过长，产生切削热，降低生产效率，甚至破坏上一道工序已达到的精度。

（1）珩磨

珩磨是利用珩磨头上的细粒度砂条对孔进行加工的方法，在大批生产中应用很普遍。珩磨工作原理如图 7.16 所示，珩磨头上装有 4~8 条砂条，砂条由张开机构作用沿径向张开压在孔壁上，产生一定的压力对工件进行微量切削、挤压和擦光。珩磨时，珩磨头作旋转运动和往复运动，由于珩磨头的转速与每分钟往复次数不能通约，故被加工表面上呈现交叉而互不重复的网状痕迹，形成了储存润滑油的良好条件。

珩磨压力低、切削深度小，故珩磨功率小，工件表面层的变形小，切削能力弱。而切削轨迹不重复，切削过程平稳，且使用大量的切削液冲走脱落的砂粒并对工件表面进行充分冷却，使珩磨的表面质量很高，表面粗糙度值达 Ra 0.04 ~ Ra 0.32 μm。珩磨还能对前工序遗留下来的几何形状误差进行一定程度的修正，因为表面的凸出部分总是先与砂条接触而被磨去，直至砂条与工件表面完全接触。为了补偿机床、珩磨头、夹具之间的同轴度误差，珩磨头与机床主轴之间的连接是浮动的，因此珩磨加工不能修正孔间的相对位置误差。

（2）精密光整加工

精密光整加工是用细粒度的砂条以一定的压力压在作低速旋转运动的工件表面上，并在轴向作往复振动，工件或砂条还作轴向进给运动以进行微量切削（图 7.17a）的加工方法。精密光整加工后的表面粗糙度值小（Ra 0.012 ~ Ra 0.08 μm），留有网状的痕迹（图 7.17b），形成了良好的储油条件，故表面耐磨性好。精密光整加工常用于加工内、外圆柱、圆锥面和滚动轴承套圈的沟道。

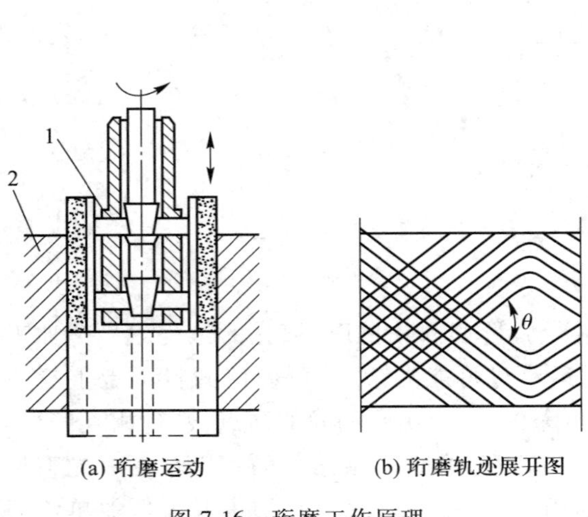

图 7.16　珩磨工作原理

1—珩磨头；2—工件

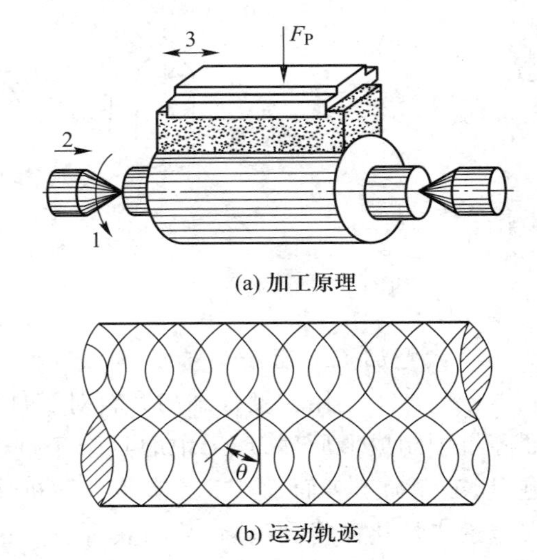

图 7.17　精密光整加工原理及其运动轨迹

1—工件低速回转运动；2—研磨头低速进给运动；3—砂条高速往复振动

精密光整加工一般可划分为四个加工阶段：

1）强烈切削阶段。加工初期砂条主要起切削作用，砂条同比较粗糙的工件表面接触，实际的接触面积小，单位面积压力较大，工件与砂条之间不能形成完整的润滑油膜，且砂条作往复振动，切削力方向经常变化，磨粒破碎的机会多，自砺性好，故切削作用强烈。

2）正常切削阶段。工件表面逐渐被磨平后，接触面积逐渐增大，单位面积上的压力减小，切削作用减弱，进入正常切削阶段。

3）微弱切削阶段。随着工件表面接触面积的进一步增大，单位面积上的压力更小，切削作用微弱，砂条表面也因而有极细的切屑氧化物嵌入空隙而变得光滑，产生抛光作用。

4）自动停止切削阶段。工件表面被磨平，单位面积上的压力极小，工件和磨条间的润滑油膜逐渐形成，不再接触，故自动停止切削。

（3）研磨

研磨是用研具（图 7.18）以一定的相对滑动速度（粗研时取 0.67～0.83 m/s，精研时取 0.1～0.2 m/s）在 0.12～0.4 MPa 压力下与被加工面作复杂相对运动的一种光整加工方法。研具与工件之间的磨粒和研磨剂在相对运动中，分别起切削与挤压作用和使表面层形成极薄而容易脱落的氧化膜的化学作用，从而使磨粒能从工件表面上切去极微薄的一层材料，得到尺寸误差和表面粗糙度值极小的表面。研磨后工件的尺寸误差可以在 0.001～0.003 mm 内，表面粗糙度值为 *Ra* 0.01～*Ra* 0.16 μm。

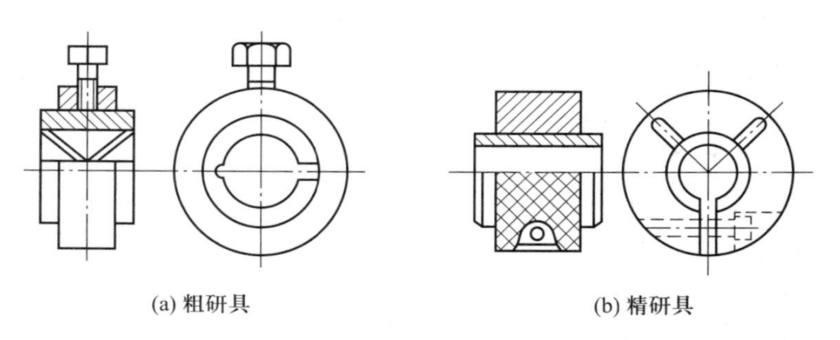

(a) 粗研具　　(b) 精研具

图 7.18　外圆研具

研磨的精度和表面粗糙度在很大程度上取决于前道工序的加工质量。研磨的加工余量一般在 0.01～0.02 mm 以下，如果余量较大，则应分粗、精研。

研磨可用于各种钢、铸铁、铜、铝、硬质合金等金属，也可用于玻璃、半导体、陶瓷以及塑料等制品的加工。可加工的表面形状有平面、内圆柱面、外圆柱面、圆锥面、球面、螺纹、齿轮及其它型面。因此研磨是应用广泛的光整加工方法之一。

（4）抛光

抛光是在布轮、布盘或砂带等软的研具上涂以抛光膏来加工工件的。抛光器具高速旋转，由抛光膏的机械刮擦和化学作用将粗糙表面的峰顶去掉，从而使表面获得有光泽的镜面（*Ra* 0.04～*Ra* 0.16 μm）。抛光时一般不去掉余量，所以不能提高工件的精度甚至还会损坏原有精度，经抛光的表面能减小残余拉应力。

3. 超精密加工技术

超精密加工技术始终采用当代最新科技成果来提高加工精度和完善自身，故“超精密”的概念是随科技的发展而不断更新的。目前超精密加工技术是指加工的尺寸、形状精度达到亚微米级,加工表面粗糙度 Ra 值达到纳米级的加工技术的总称。目前,超精密加工技术在某些应用领域已经延伸到纳米尺度范围,其加工精度已经接近纳米级,表面粗糙度 Ra 值已经达到 Å 级(原子直径为 1~2 Å,1 Å = 10^{-10} m),并且正向终极目标——原子级加工精度(超精密加工的极限精度)逼近。目前的超精密加工,以不改变工件材料物理特性为前提,以获得极限的形状精度、尺寸精度、表面粗糙度、无或极少的表面损伤(包括微裂纹等缺陷)、残余应力、组织变化等为目标。超精密加工目前包括四个领域:① 超精密切削加工;② 超精密磨削加工;③ 超精密抛光加工;④ 超精密特种加工(如电子束、离子束加工)。

超精密切削是特指采用金刚石等超硬材料作为刀具的切削加工技术,其加工表面粗糙度 Ra 值可达到几十纳米,包括超精密车削、铣削及复合切削(超声振动车削加工技术等)。

超精密磨削是指以利用细粒度或超细粒度的固结磨料砂轮以及高性能磨床实现材料高效率去除、加工精度达到或高于 0.1 μm、加工表面粗糙度 Ra 值小于 0.025 μm 的加工方法,是超精密加工技术中能够兼顾加工精度、表面质量和加工效率的加工手段。

超精密抛光是利用微细磨粒的机械作用和化学作用,在软质抛光工具或化学液、电/磁场等辅助作用下,为获得光滑或超光滑表面,减少或完全消除加工变质层,从而获得高表面质量的加工方法,加工精度可达到数纳米,加工表面粗糙度 Ra 值可达到 Å 级。超精密抛光是目前最主要的终加工手段,抛光过程的材料去除量十分微小,一般在几微米以下。

超精密加工应用范围广泛,从软金属到淬火钢、不锈钢、高速钢、硬质合金等难加工材料,到半导体、玻璃、陶瓷等硬脆非金属材料,几乎所有的材料都可利用超精密加工技术进行加工。现代机械工业之所以要致力于提高加工精度,其主要原因在于可提高产品的性能和质量,提高其稳定性和可靠性;促进产品的小型化;增加零件的互换性,提高装配生产率,并促进自动化装配。随着现代工业技术和高性能科技产品对零件精度和表面完整性的要求越来越高,超精密加工的作用日益重要,它对国防、航空航天、核能等高新技术领域也有着重要的影响,超精密加工综合应用了机械技术发展的新成果以及现代电子、传感技术、光学和计算机等高新技术,是一个国家科学技术水平和综合国力的重要标志,因此受到各工业发达国家的高度重视。由宏观制造进入微观制造是未来制造业发展趋势之一,当代的超精密加工技术是现代制造技术的前沿,也是未来制造技术的基础。

7.5 机械加工过程中的振动问题

7.5.1 振动的概念与类型

金属切削过程中,工件和刀具之间常常发生强烈的振动,这是一种破坏正常切削过程的极其有害的现象。当切削振动发生时,工件表面质量严重恶化,表面粗糙度值增大,产生明显的表面振痕,这时不得不降低切削用量,使生产效率的提高受到限制。振动严重时,会产生崩刃现象,使加工过程无法进行下去。此外,振动将加速刀具和机床的磨损,从而缩短刀具和机床的使用寿命;振动噪声也危害工人的健康。弄清机械加工过程中产生振动的原因,掌握它的发生、发展规律,使机械加工过程既保持高的生产率,又保证零件表面的加工质量,是机械加工中应予研究的一个重要内容。

机械加工过程中产生的振动也和其它的机械振动一样,按其产生的原因可分为自由振动、强迫振动和自激振动三大类。其中自由振动往往是由于切削力的突然变化或其它外界力的冲击等原因引起的,一般可迅速衰减,对加工过程影响较小,这里不予讨论。

7.5.2 机械加工中的强迫振动

强迫振动是工艺系统在一个稳定的外界周期性干扰力(激振力)作用下引起的振动。除了力之外,随时间变化的位移、速度及加速度,也可以激起系统的振动。

1. 强迫振动产生的原因

强迫振动产生的原因分工艺系统内部和外部两方面。

内部振源:各个电动机的振动,包括电动机转子旋转不平衡引起的振动;机床回转零件的不平衡,例如砂轮、带轮或旋转轴不平衡引起的振动;运动传递过程中引起的振动,如齿轮啮合时的冲击、带轮圆度误差及带厚薄不均引起的张力变化,滚动轴承的套圈和滚子尺寸及形状误差,使运动在传递过程中产生了振动;往复部件的冲击;液压传动系统的压力脉动;切削时的冲击振动,切削负荷不均引起切削力的变化而导致的振动。

外部振源:其它机床、锻锤、火车、卡车等通过机床地基传给机床的振动。

2. 强迫振动的运动方程式

工艺系统是个多自由度的振动系统,其振动形态是很复杂的,但就某一特定情况而言,其振动特性与相应频率的单自由度系统有近似之处,因此可以简化为单自由度系统来分析。例如,内圆磨削时工件系统的刚度比磨头系统的刚度大得多,此时磨削系统可简化为磨杆和砂轮的单自由度振动系统,即将磨杆简化为“无质量”的刚度为 K 的弹簧,砂轮简化为“无弹性”的质量 m,组成一个弹簧质量系统模型。

图 7.19 是将一个振动的工艺系统简化成单自由度强迫振动系统的模型,图中 K 为等效弹簧刚度(N/mm);m 为等效质量(kg),设质量块处于静平衡位置时为坐标原点;c 为等效黏性阻尼系数(N·s/mm);作用在 m 上的简谐激振力 $F_d = F_0\sin\omega t$(N)使 m 偏离平衡位置,这时瞬时振动位移为 x(mm),取向下为正;振动速度为 $\dot{x}$ (m/s);振动加速度为 $\ddot{x}$ (m/s²)。质量块 m 任意瞬时的受力情况如图 7.19b 所示,其中 W 为重力,x'为重力作用下的静位移,$K(x+x')$为弹簧力,$c\dot{x}$ 为阻尼力,$m\ddot{x}$ 为惯性力。按牛顿运动定律可建立运动微分方程:

$$m\ddot{x}+c\dot{x}+K(x+x')=F_0\sin\omega t+W$$

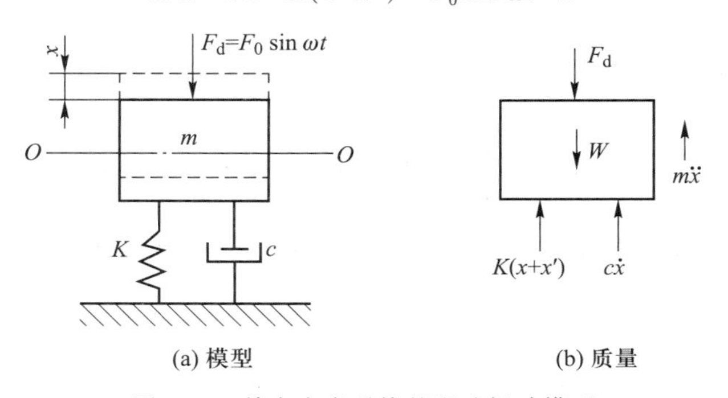

图 7.19 单自由度系统的强迫振动模型

因为 $Kx'=W$，于是上式可简化为

$$m\ddot{x}+c\dot{x}+Kx=F_0\sin\omega t \tag{7.3}$$

这是一个非齐次的线性微分方程，它的解由该式齐次方程的通解和非齐次方程的一个特解叠加而成。齐次方程的通解为有阻尼的自由振动过程，如图 7.20a 所示，经一段时间后，这部分振动会衰减为零。非齐次方程的特解如图 7.20b 所示，是圆频率等于激振力圆频率的强迫振动，它纯粹由激振力 F_d 所引起。图 7.20c 为叠加后的振动过程。可以看到，经过渡过程以后，强迫振动起主要作用。只要交变激振力存在，强迫振动就不会被阻尼衰减掉。

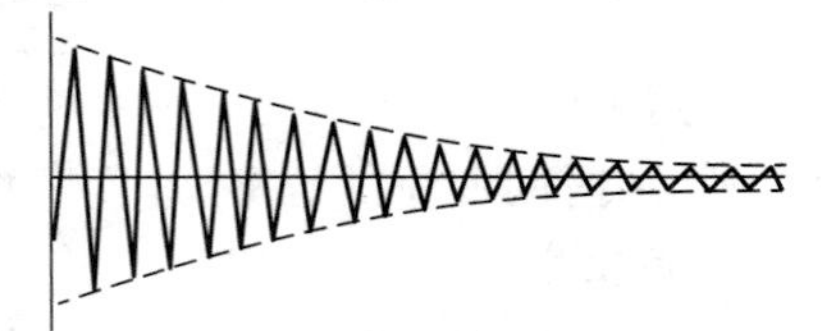

(a) 自由振动

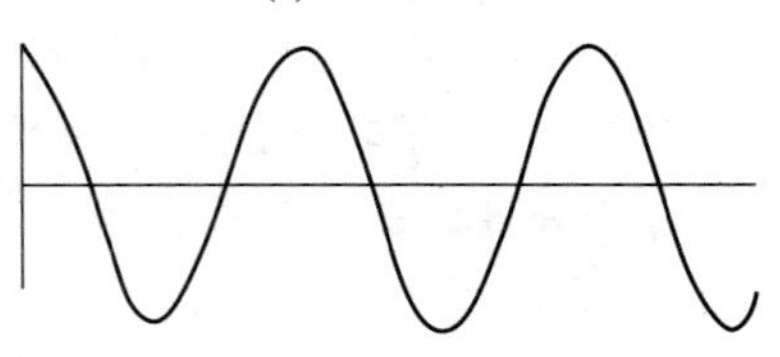

(b) 强迫振动

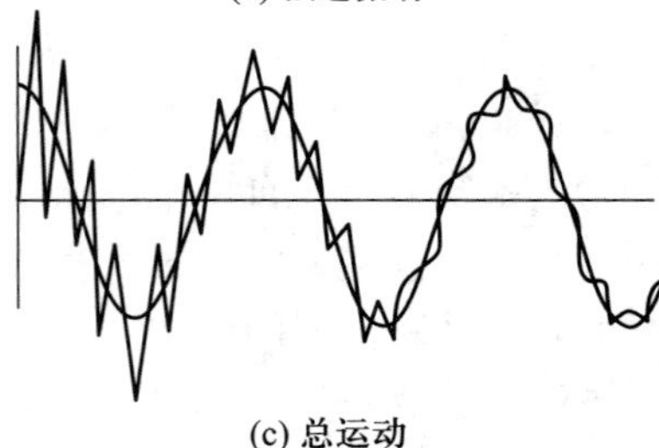

(c) 总运动

图 7.20　具有黏性阻尼的强迫振动

根据以上所述，对于式(7.3)的求解，不考虑很快衰减为零的自由阻尼振动部分，而只研究经历了过渡过程而进入稳态后的谐振运动，即得其特解为

$$x=A\cos(\omega t-\varphi) \tag{7.4}$$

其中

$$A=\frac{F_0}{m}\frac{1}{\sqrt{(\omega_0^2-\omega^2)^2+4\zeta^2\omega^2\omega_0^2}}=\frac{F_0}{K}\frac{1}{\sqrt{\left(1-\frac{\omega^2}{\omega_0^2}\right)^2+4\zeta^2\frac{\omega^2}{\omega_0^2}}}$$

$$=x_{系统}\frac{1}{\sqrt{(1-\lambda^2)^2+4\zeta^2\lambda^2}}=x_{系统}V \tag{7.5}$$

$$\varphi=\arctan\frac{2\zeta\lambda}{1-\lambda^2} \tag{7.6}$$

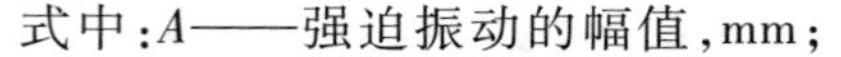

式中：A——强迫振动的幅值，mm；

φ——振幅相对于力幅的相位角，rad；

K——系统静刚度，N/mm；

$x_{系统}$——系统在静力作用下产生的静位移，$x_{系统}=F_0/K$，mm；

ω_0——振动系统无阻尼时的固有频率，$\omega_0=\sqrt{\frac{K}{m}}$，rad/s；

ω——振动频率，rad/s；

λ——频率比，$\lambda=\omega/\omega_0$；

ζ——阻尼比，$\zeta=c/c_c$；

c_c——临界阻尼系数，$c_c=2m\omega_0$，N · s/mm；

V——动态放大系数。

式(7.5)表示了单自由度强迫振动振幅与干扰频率的依从关系，称为单自由度强迫振动的幅频特性。

式(7.6)表示了强迫振动中位移与干扰力之间的相位与干扰频率的依从关系，称为单自由度强迫振动相频特性。

3. 强迫振动的特性

(1) 幅频特性曲线和相频特性曲线

根据式(7.5)和式(7.6)并以阻尼比 ζ 为参数画成幅频和相频曲线,如图 7.21 所示。从图中可以看出:当 $\lambda=\omega/\omega_0\ll 1$(即 $\omega\ll\omega_0$)时,$V\approx 1$,这时激振力的频率极低,近似于静载荷,振幅接近于力 F_0所产生的静位移,这种现象发生在 $\lambda<0.7$ 的区域内,称此范围为准静态区。

当 $\lambda\approx 1(\omega\approx\omega_0)$且 ζ 比较小时,激振力使系统的振幅形成一个凸峰,其峰值比静态响应大许多倍,这种现象称为“共振”。共振时,令 $\mathrm{d}V/\mathrm{d}\lambda=0$,得 λ 值为

$$\lambda=\sqrt{1-2\zeta^2} \tag{7.7}$$

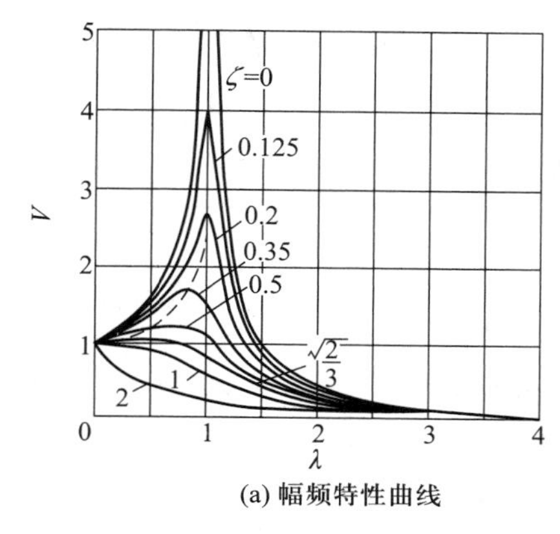

(a) 幅频特性曲线

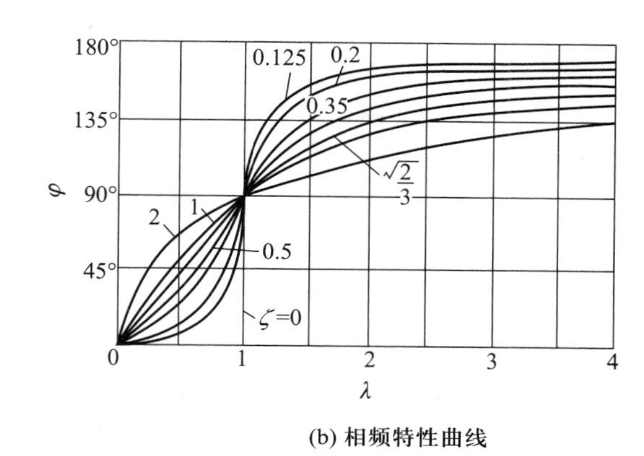

(b) 相频特性曲线

图 7.21 幅频和相频特性曲线

此时

$$V_{\max}=\frac{1}{2\zeta\sqrt{1-\zeta^2}}\approx\frac{1}{2\zeta} \tag{7.8}$$

工程上把系统的固有频率 ω_0 作为共振频率,把固有频率前后 20%~30%(即 $0.7\leqslant\lambda\leqslant 1.3$)的区域作为共振区。为避免系统共振,应避免 ω/ω_0 进入这个区域。由图 7.21a 可以看出,阻尼在共振区对降低振幅的作用很大,在其它区域作用较小。

当 $\lambda\gg 1$(即 $\omega\gg\omega_0$)时,$V\approx 0$,这是由于激振力的变化频率太高,而振动系统因本身的惯性来不及响应,故系统反而不振。这现象发生在 $\lambda>1.3$ 时,称为惯性区。

由相频特性曲线可以看到,无论系统的阻尼比 ζ 为何值,当 $\lambda=1$(即 $\omega=\omega_0$)时,相位滞后角 $\varphi=90°$;当 $\lambda<1$(即 $\omega<\omega_0$)时,$\varphi<90°$;当 $\lambda>1$(即 $\omega>\omega_0$)时,$\varphi>90°$。当 $\zeta=0$ 或很小时,在 $\lambda=1$ 的前后,相位角 φ 会突然由 0°跳到 180°,这种现象称为“反相现象”。

(2) 振动系统的动态刚度和动态柔度

在讨论工艺系统受力变形时建立了静刚度和静柔度的概念。把系统在某一频率下产生的振幅与所需激振力的力幅之比,定义为系统的动态刚度,简称动刚度。由式(7.5)可得动刚度 K_{d}为

$$K_{\mathrm{d}}=\frac{F_0}{A}=K\sqrt{(1-\lambda^2)^2+4\zeta^2\lambda^2} \tag{7.9}$$

动刚度的倒数即动柔度 C_{d}为

$$C_{\mathrm{d}}=\frac{A}{F_0}=\frac{1}{K\sqrt{(1-\lambda^2)^2+4\zeta^2\lambda^2}} \tag{7.10}$$

图 7.22 为动、静刚度频率比的关系曲线。在不同的频率范围内,各参数对动刚度的影响是

不同的。在准静态区($\lambda<0.7$),可忽略阻尼的影响,其动刚度值主要取决于静刚度而与频率比成抛物线关系:

$$K_d=K(1-2\lambda^2)=K\left(1-\frac{\omega^2}{\omega_0^2}\right) \tag{7.11}$$

当$\frac{\omega}{\omega_0}\leqslant\frac{1}{3}$时,可取 $K_d=K$。

在惯性区($\lambda>1.3$),系统的动刚度主要取决于它的质量 m,这时 $K_d\approx K\frac{\omega^2}{\omega_0^2}=m\omega^2$。

在共振区($0.7<\lambda<1.3$),动刚度受阻尼影响很大。阻尼比 $\zeta<0.2$ 时,就用 $\lambda=1$ 时 $K_d=2\zeta$ 为其刚度值。

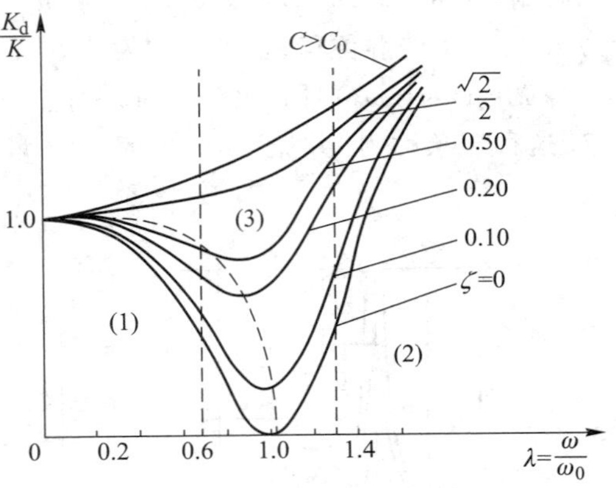

图 7.22　动、静刚度频率比的关系

综上所述,强迫振动的主要特性如下:

强迫振动是在外界周期性干扰力的作用下产生的,但振动本身并不能引起干扰力的变化。不管振动系统本身的固有频率如何,强迫振动的固有频率总是与外界干扰力的频率相同。强迫振动的振幅大小在很大程度上取决于干扰力的频率与系统固有频率的比值。当这个频率比等于或接近 1 时,振幅达到最大值,出现“共振”现象。干扰力越大,系统刚度及阻尼系数越小,则强迫振动的振幅就越大。

【例题 7.2】　把一台质量 $M=2\ 000$ kg 的机床安装在无质量的弹性地板上(图 7.23),当将一个总质量 $m_s=50$ kg,并带有两个偏心为 e 的不平衡质量 $m/2$ 的激振器放在机床上,以产生一个垂直的简谐激振力($me\omega^2\sin\omega t$),测得共振时的频率 $\omega_r=1\ 500$ r/s,求机床的固有频率。

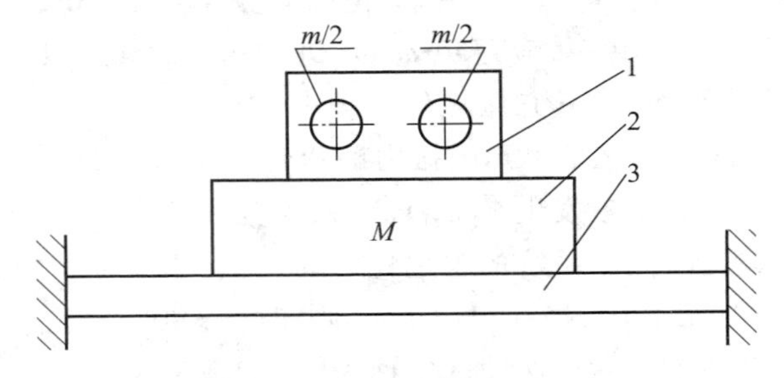

图 7.23　机床强迫振动示意图

1—激振器;2—机床;3—地板

解:由题意,激振时的共振频率 $\omega_r=\sqrt{\frac{K}{M+m_s}}$,则$\sqrt{K}=\omega_r\sqrt{M+m_s}$

机床的固有圆频率为

$$\omega_0=\sqrt{\frac{K}{M}}=\frac{\omega_r\sqrt{M+m_s}}{\sqrt{M}}=1\ 500\times\sqrt{\frac{2\ 000+50}{2\ 000}}\ \text{r/s}=1\ 518.6\ \text{r/s}$$

机床固有频率为

$$f_0=\frac{\omega_0}{2\pi}=\frac{1\ 518.6}{2\pi}\mathrm{Hz}=241.8\ \mathrm{Hz}$$

7.5.3 机械加工中的自激振动

自激振动本身可引起切削力周期性变化,又由这个周期性变化的切削力反过来加强和维持振动,使振动系统补充了由阻尼作用消耗的能量,让振动维持下去。切削过程中产生的自激振动是频率较高的不衰减振动,通常又称颤振,约占振动的65%。它往往是影响加工表面质量和限制机床生产效率提高的主要障碍,故应对其十分重视。

切削过程中的自激振动可举日常生活中常见的电铃为例来说明。电铃(图7.24)以电池1为能源,当按下按钮2时,电流通过7、3、5及电池构成的通路,电磁铁5产生磁力吸引衔铁4,使弹簧片7带动小锤敲击铃6。但当弹簧片被吸引后,触点3处断电,电磁铁失去磁性,小锤靠弹簧片7弹回至原处,电路又被接通,接着又重复上述的过程。这个振动过程显然不是由外来的周期性干扰力引起的,所以不是强迫振动。在这一系统中,悬臂的弹簧片7和小锤组成振动元件,衔铁4、电磁铁5和电路组成调节元件并产生交变力(图7.25)。交变力使振动元件产生振动,这就是自激振动。振动元件又对调节元件产生反馈作用,以便产生持续的交变力。小锤敲击电铃的频率是由弹簧片、小锤、衔铁的本身参数(刚度、质量、阻尼)所决定的。阻尼及运动摩擦所损耗的能量由本身的电池供应。这个过程就是区别于强迫振动的自激振动。

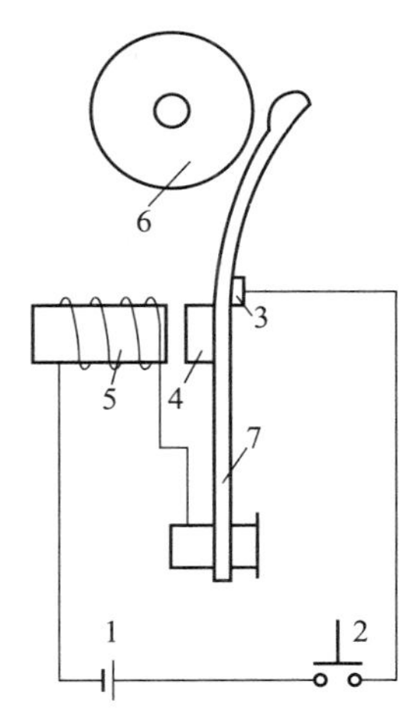

图7.24 电铃的自激振动

1—电池;2—按钮;3—触点;4—衔铁;5—电磁铁;6—铃;7—弹簧片

金属切削过程中自激振动的原理如图7.26所示。它也具有两个基本部分:切削过程产生交变力ΔF,激励工艺系统,工艺系统产生振动位移(Δy),再反馈给切削过程。维持振动的能量来源于机床的能源。

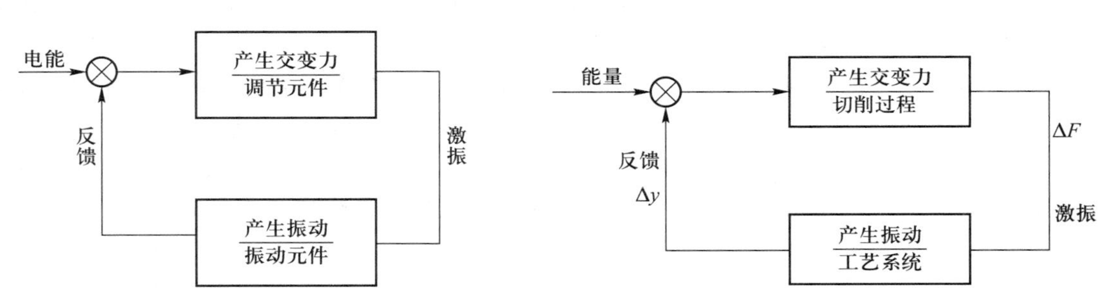

图7.25 电铃的自激振动系统

图7.26 机床自激振动系统

自激振动与强迫振动相同,是一种不衰减的振动。维持振动的交变力是由振动本身所产生和控制的,当振动一停止,则此交变力也随之消失。自激振动的频率等于或接近系统的固有频率,是由振动系统本身的参数所决定的,这与强迫振动相比有着显著的差别。自激振动能否产生以及振幅大小,决定于每一振动周期内系统所获得的能量与所消耗的能量对比情况。如图 7.27 所示,E^+为获得的能量,E^-为消耗的能量,当 E^+和 E^-的值相等时,振幅就达到 A_0。当某瞬时振幅小于 A_0而为 A_1时,由于 $E^+>E^-$,则多余的能量使振幅加大;当某瞬时振幅大于 A_0而为 A_3时,由于 $E^+<E^-$,则振幅将衰减而回到 A_0,因此在图 7.27 的系统中振幅将稳定在 A_0。在有些系统中也可能出现振幅在任何数值时,系统获得的能量都小于消耗的能量,在这种系统中自激振动不会产生。

目前已知有两种产生自激振动的原因,即再生自激振动和振型耦合自激振动。

(1) 再生自激振动原理

在切削或磨削加工中,一般进给量不大,刀具的副偏角较小,当工件转过一圈开始切削下一圈时,刀刃会与已切过的上一圈表面接触,即产生重叠切削。图 7.28 所示为磨削时外圆重叠磨削示意图,设砂轮宽度为 B,工件每转进给量为 f,工件相邻两转磨削区之间重叠区的重叠系数为 $a=(B-f)/B$。

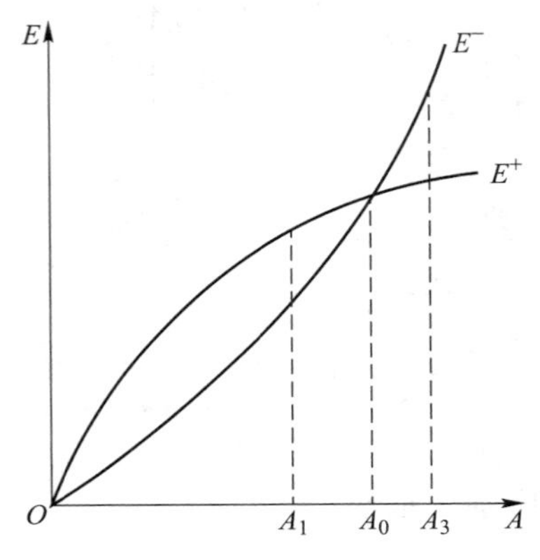

图 7.27 自激振动系统的能量关系

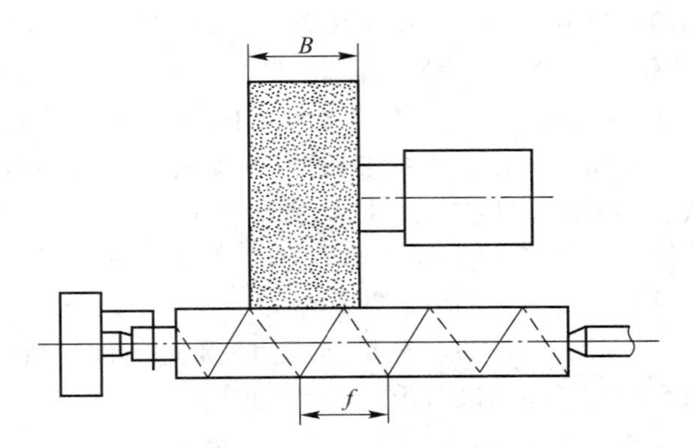

图 7.28 磨削时外圆重叠磨削示意图

显然,切断时,$a=1$;车螺纹时,$a=0$;大多数情况下,$0<a<1$。

在本来是稳定的切削过程中,由于偶然的扰动,如材料上的硬点、外界偶然冲击等原因,刀具与工件间会发生自由振动,该振动会在工件表面上留下相应的振纹。这种有黏性阻尼的自由振动的频率为 ω_z。当工件转至下一圈时,刀具开始切削到重叠部分的振纹,因为切削厚度会发生变化,从而引起切削力的周期性变化。当 ω_z 接近于系统的固有频率 ω_0 时,所产生的动态切削力频率接近于系统的固有频率。它在一定条件下便会反过来对振动系统作功,补充系统因阻尼损耗的能量,促使系统进一步发展为持续的切削颤振状态。这种振纹和动态切削力的相互影响作用称为振纹的再生效应。由再生效应导致的切削颤振称为再生切削颤振。

(2) 振型耦合自激振动原理

有些情况下,如车削矩形螺纹外表面时,在工件相继各转内不存在重叠切削现象,这样就不存在发生再生颤振的必要条件。但生产中经常发现,当背吃刀量增加到一定程度时,仍然可能发生切削颤振。可见,除了再生颤振外,还有其它的自激振动原因。实验证明,机械加工系统一般是具有不同刚度和阻尼的弹簧系统,具有不同方向性的各个弹簧复合在一起,满足一定的组合条件的就会产生自激振动,这种复合在一起的自激振动称为振型耦合自激振动。

由上述可知,只要停止切削过程,即使机床仍继续空运转,自激振动也已停止。所以可通过切削实验来研究工艺系统的自激振动。同时,也可以通过改变对切削过程有影响的工艺参数来控制切削过程,从而限制自激振动的产生。

7.5.4 减少工艺系统振动的途径

当加工中出现振动影响加工质量时,要根据振动产生的原因、运动规律和特性来寻求控制的途径。首先要判断振动的类型。振动频率与干扰作用频率相同,并随干扰作用频率的改变而改变,随干扰作用的去除而消失的为强迫振动;振动频率与系统的固有频率相等或相近,机床转速改变时振动频率不变或稍变,随切削过程停止而消失的是自激振动。

对于强迫振动,可采取减小回转元件不平衡的方法来减小激振力;提高机床传动的制造精度来减少因传动而引起的振动;调节工艺系统的固有频率,避开共振区;提高工艺系统的刚度及采用阻尼消振装置;将振源与机床隔离等途径。

对于自激振动,经过许多实验研究和生产实践有了一些相当有效的抑制措施,如合理选择切削用量,合理选择刀具的几何角度;提高机床、工件、刀具自身的抗振性及采用减振装置等。

一般提高工艺系统的刚度和安装减振装置对提高工艺系统的抗振性有显著效果。

本章小结

本章主要阐述了机械加工表面质量和表面完整性的基本概念及其对机械零件、整台机器的使用性能和使用寿命的影响;详细地分析了影响机械加工表面质量的各种因素,着重讨论了如何提高机械加工表面质量的途径,特别是对工艺系统的振动问题做了较详细的分析研究。机械加工表面质量问题产生的原因比较复杂,影响因素很多,而且不易观察和测量,因此在生产中通常是对一些关键零件、关键部位的加工和关键的加工工序进行表面质量的研究、控制。学完本章后,通过做思考题、练习题应着重理解和掌握表面质量的一些基本概念,重点掌握冷作硬化、金相组织的变化和残余应力产生的机理和磨削烧伤、磨削裂纹产生的机理。应对生产现场中发生的一些表面质量问题从理论上作出解释,学会分析表面质量的方法,能采取改善表面质量的工艺措施,解决生产实际问题。学会识别和区分机械加工中的强迫振动和自激振动,了解一些基本的消振方法。

思考题与练习题

7.1 表面质量的含义包括哪些主要内容?为什么机械零件的表面质量与加工精度具有同等重要的意义?

7.2 影响加工工件表面粗糙度的因素有哪些?车削一铸铁零件的外圆表面,若进给量 $f=0.5$ mm/r,车刀刀尖的圆弧半径 $r=4$ mm,问能达到的加工表面粗糙度的数值为多少?

7.3 磨削加工时,影响加工表面粗糙度的主要因素有哪些?

7.4 什么是冷作硬化现象?其产生的主要原因是什么?实验表明:切削速度提高,冷硬现象减小,进给量增大，冷硬现象增大；刀具刃口圆弧半径增大，后面磨损增加，冷硬现象增大；前角增大，冷硬现象减小。在同样的切削条件下，切削 T10 钢硬化深度 h 与硬化程度 N 均较车削 T12A 为大，而铜件、铝件比钢件小。试讨论如何解释上述实验结果。

7.5 什么是磨削“烧伤”？为什么磨削加工常产生“烧伤”？为什么磨削高合金钢较普通碳钢更易产生“烧伤”？磨削“烧伤”对零件的使用性能有何影响？试举例说明减少磨削烧伤及裂纹的办法有哪些。

7.6 为什么在机械加工时，工件表面层会产生残余应力？磨削加工工件表面层中残余应力产生的原因与切削加工是否相同？

7.7 磨削淬火钢时，加工表面层的硬度可能升高或下降，试分析其可能的原因，并说明表面层的应力符号。

7.8 何谓强迫振动？何谓自激振动？如何区分两种振动？机械加工中引起两种振动的主要原因是什么？

7.9 超精加工、珩磨、研磨等光整加工方法与细密磨削相比较，其工作原理有何不同？为什么把它们作为最终加工工序？它们都应用在何种场合？

7.10 在平面磨床上磨削一块厚度为 10 mm、宽度为 50 mm 、长为 30 mm 的 20 钢工件，磨削时表面温度高达 900 ℃。试估算加工表面层和非加工表面层的残余应力数值，并画出零件近似的变形图及应力图。

7.11 刨削一块钢板，在切削力的作用下，被加工表面层产生塑性变形，其密度从 7.87×10^3 kg/m^{3}降至7.75×10^3 kg/m^3，试问表面层产生多大的残余应力？是压应力还是拉应力？

7.12 在外圆磨床上磨削一根淬火钢轴时，工件表面温度高达 950 ℃，因使用冷却液而产生回火。表面层金属由马氏体转变为珠光体，其密度从 7.75×10^3 kg/m^{3}增至 7.78×10^3 kg/m^3。试估算工件表面将产生多大的残余应力，是何种应力？

7.13 把一台质量 $m=500$ kg 的旋转机械，用刚度 $K=10^6$ N/m 的弹簧支承，若此机械有 $me=0.2$ N · m 的不平衡，当机械的转速 $n=1\ 200$ r/min 时，若该系统的阻尼比 $\zeta=0.1$，试求强迫振动的振幅。

第四篇

机器装配工艺

第8章　机器装配工艺

任何机械设备或产品都是由若干零件和部件组成的。根据规定的技术要求,将有关的零件组合成部件或将有关的零件和部件组合成机械设备或产品的过程,称为装配;前者称为部件装配,后者称为总装配。

制造一台机械设备或产品要经过设计、零件制造、装配三个过程。装配是机械设备(产品)制造过程中的最后一个阶段,在这一阶段中,要进行装配、调整、检验和试验等工作,落实设计的总体要求。装配工作的重要性在于机械设备(产品)的质量如工作性能、使用效果和使用寿命等,最终是由它来保证的;同时通过它也是对机械设备(产品)和零件加工质量的一次总检验,发现设计和加工中存在的问题,从而加以不断改进。另外,装配工作占有较多的劳动量,因此它对产品的经济效益也有较大影响。随着机器装配在整个机器制造中所占的比重日益加大,装配工作的技术水平和劳动生产率必须大幅度提高,才能适应整个机械工业的发展形势,达到质量好、效率高、费用低的要求,为国民经济有关部门提供大量先进的成套设备和机械产品。本章重点介绍为达到装配精度而采取的四种装配方法,各自的优、缺点和使用场合以及与装配精度相关的尺寸链求解算法。

8.1　机器装配基本问题概述

8.1.1　各种生产类型的装配特点

机器装配的生产类型按生产批量可分为大量生产、成批生产及单件生产三种,而成批生产又可分为小批、中批和大批生产三种。生产类型不同,其装配工作的特点,如在组织形式、装配方法、使用的工艺装备等方面都有所不同。例如在汽车、拖拉机或缝纫机等大量生产的工厂,装配工艺主要是互换装配法,只允许少量简单的调整,工艺过程划分较细,即采用分散工序原则,要求有较高的均衡性和严格的节奏性。其组织形式是在高效工艺装备的物质条件基础上,建立起移动式流水线以至自动装配线。

在单件、小批生产中,装配方法以修配法及调整法为主,互换件比例较小。工艺上灵活性较大,工艺文件不详细,多用通用装备,工序集中,组织形式以固定式为主,装配工作的效率一般较低。当前,提高单件、小批生产的装配工作效率是重要课题,具体措施是吸收大批、大量生产类型的一些装配方法,例如,采用固定式流水装配就是一种组织形式上的改进。这种装配组织形式,实际上是分工装配。装配对象放在工段中心的台架上,装配工人(或小组)在台架旁进行装配操作。一个工人做完一道工序后立即对下一装配对象进行同一工序操作,同时将已做完的转给第二个工人继续另一工序的装配。由于装配工序是由许多工人同时完成的,一个人只进行单一工序的重复操作，所以能缩短装配周期。又如，尽可能采用机械加工或机械化手持工具来代替繁重的手工修配操作，采用先进的调整及测试手段也可以提高调整工作的效率。

成批生产类型的装配工作特点则介于大量与单件两种生产类型之间。各种生产类型装配工作的特点详见表 8.1。

表 8.1　各种生产类型装配工作的特点

生产类型		大量生产	成批生产	单件生产
基本特点		产品固定，生产过程长期重复，生产周期一般较短	产品在系列化范围内变化，分批交替投产或多品种同时投产，生产过程在一定时期内重复	产品经常变换，不定期重复生产，生产周期一般较长
比较	组织形式	多采用流水装配线，有连续移动、间歇移动及可变节奏移动等方式；还可采用自动装配机或自动装配线	产品笨重，批量不大的产品多采用固定流水装配；批量较大时，采用流水装配；多品种平行投产时，用多品种可变节奏流水装配	多采用固定装配或固定式流水装配进行总装
	装配工艺方法	按互换装配，允许有少量的调整，精密偶件成对供应或分组供应装配，无任何修配工作	主要采用互换法，但灵活运用其它保证装配精度的装配方法，如调整法、修配法及合并法，以节约加工费用	以修配法及调整法为主，互换件比例较少
	工艺过程	工艺过程划分很细，力求达到高度的均衡性	工艺过程的划分需适合批量的大小，尽量使生产均衡	一般不定详细工艺文件，工序可适当调度，工艺也可灵活掌握
	手工操作要求	手工操作比重小，熟练程度容易提高，便于培养新工人	手工操作比重不小，技术水平要求较高	手工操作比重大，要求工人有高的技术水平和各方面的工艺知识

8.1.2　零件精度与装配精度的关系

为了使机器具有正常工作性能，必须保证其装配精度。机器的装配精度通常包括三个方面含义：

1）尺寸精度。如一定的尺寸要求、一定的配合。

2）相互位置精度。如平行度、垂直度、同轴度等。

3）运动精度。如传动精度、回转精度等。

由于一般零件都有一定的加工误差，所以在装配时这种误差或这些误差的积累就会影响装配精度，如果其超出装配精度指标所规定的允许范围，则将产生不合格品。从装配工艺角度考虑，装配工作最好是只进行简单的连接过程，不必进行任何修配或调整就能满足精度要求。因此一般装配精度要求高的，则要求零件精度也高，但零件的加工精度不但在工艺技术上受到加工条件的限制，而且受到经济性的制约。甚至有的机械设备的组成零件较多，而最终装配精度的要求又较高时，即使不考虑经济性，尽可能地提高零件的加工精度以降低累积误差，还是达不到装配精度要求。因此要求达到装配精度，就不能只靠提高零件的加工精度，在一定程度上还必须依赖于装配的工艺技术。在装配精度要求较高、批量较小时，尤其是这样。

8.1.3 装配中的连接方式

在装配中，零件的连接方式可分为固定连接和活动连接两类。固定连接能保证装配好后的相配零件间的相互位置不变；活动连接能保证装配好后的相配零件间有一定的相对运动。在固定连接和活动连接中，又根据它们能否拆卸的情况不同，分为可拆卸连接和不可拆卸连接两种。所谓可拆卸连接是指这类连接不损坏任何零件，拆卸后还能重新装在一起。

固定不可拆卸的连接可用焊接、铆接、过盈配合、金属镶嵌件铸造、黏结剂黏合、塑性材料的压制等方法实现。固定可拆卸的连接方法有各种过渡配合、螺纹连接、圆锥连接等，活动可拆卸的连接可由圆柱面、圆锥面、球面和螺纹面等的间隙配合以及其它各种方法来达到。活动不可拆卸的连接用得较少，如滚珠和滚柱轴承、油封等。

8.2 保证装配精度的方法

保证装配精度的方法可归纳为互换法、选配法、修配法和调整法四大类。

8.2.1 互换法

零件按一定公差加工后，装配时不经任何修配和调整即能达到装配精度要求的装配方法称为互换法。按其互换程度，互换法可分为完全互换法和不完全互换法。

1. 完全互换法

由 3.8 节可知，零件加工误差的规定应使各有关零件公差之和小于或等于装配公差，可用下式表示：

$$\delta_{\Sigma} \geqslant \sum_{i=1}^{n-1} \delta_i = \delta_1 + \delta_2 + \cdots + \delta_{n-1} \tag{8.1}$$

式中：δ_{Σ}——封闭环公差（装配公差）；

δ_i——各有关零件的制造公差；

n——包括封闭环在内的总环数。

按式（8.1）规定零件公差，在装配时零件是可以完全互换的，故称“完全互换法”，其优点是：

1）装配过程简单，生产率高；

2）对工人的技术水平要求不高；

3）便于组织流水装配和自动化装配；

4）便于实现零部件专业化协作；

5）备件供应方便。

但是，在装配精度要求高，同时组成零件数目又较多时，则难以实现对零件的经济精度要求，有时零件加工非常困难，甚至无法加工。

由此可见，完全互换法只适用于大批、大量生产中装配精度要求高而尺寸链环数很少的组合或装配精度要求不高的多环尺寸链的组合。

要做到完全互换装配，必须根据装配精度的要求把各装配零件有关尺寸的制造公差规定在一定范围内，这就需要进行装配尺寸链分析计算。根据零件加工误差的规定原则，从式(8.1)可以看出，完全互换法用极大极小法(极值法)解尺寸链。

装配尺寸链的计算方法与工艺尺寸链相同(关于工艺尺寸链可参看第三章)。装配尺寸链中的“正计算法”常用在已有产品装配图和全部零件图的情况下，用以验证组成环公差、基本尺寸及其偏差的规定是否正确，是否满足装配精度指标。“反计算法”常用在产品设计阶段，即根据装配指标确定组成环公差，然后才能将这些已确定的基本尺寸及其偏差标注到零件图上。“相依尺寸公差法”(见 3.8.4 节的定义)在装配尺寸链中是经常用到的，而相依尺寸法的有关公式可推导如下：

$$\delta_{\Sigma}=\delta_{\mathrm{j}}+\sum_{i=1}^{n-2}\delta_{i} \tag{8.2}$$

式中：δ_i——组成环(相依尺寸除外)的公差；

δ_{j}——相依尺寸的公差；

δ_{Σ}——封闭环的公差；

n——总环数。

同理可得到计算相依基本尺寸及相依尺寸上、下极限偏差的公式：

$$A_{\Sigma}=\vec{A}_{\mathrm{j}}+\sum_{i=1}^{m-1}\vec{A}_{i}-\sum_{i=m+1}^{n-1}\overleftarrow{A}_{i} \text{ 或 } A_{\Sigma}=\sum_{i=1}^{m}\vec{A}_{i}-\overleftarrow{A}_{\mathrm{j}}-\sum_{i=m+1}^{n-2}\overleftarrow{A}_{i} \tag{8.3}$$

若相依尺寸是增环，则上、下极限偏差分别为

$$\mathrm{ES}(\vec{A}_{\mathrm{j}})=\mathrm{ES}(A_{\Sigma})-\sum_{i=1}^{m-1}\mathrm{ES}(\vec{A}_{i})+\sum_{i=m+1}^{n-1}\mathrm{EI}(\overleftarrow{A}_{i}) \tag{8.4}$$

$$\mathrm{EI}(\vec{A}_{\mathrm{j}})=\mathrm{EI}(A_{\Sigma})-\sum_{i=1}^{m-1}\mathrm{EI}(\vec{A}_{i})+\sum_{i=m+1}^{n-1}\mathrm{ES}(\overleftarrow{A}_{i}) \tag{8.5}$$

若相依尺寸是减环，则上、下极限偏差分别为

$$\mathrm{ES}(\overleftarrow{A}_{\mathrm{j}})=-\mathrm{EI}(A_{\Sigma})+\sum_{i=1}^{m}\mathrm{EI}(\vec{A}_{i})-\sum_{i=m+1}^{n-2}\mathrm{ES}(\overleftarrow{A}_{i}) \tag{8.6}$$

$$\mathrm{EI}(\overleftarrow{A}_{\mathrm{j}})=-\mathrm{ES}(A_{\Sigma})+\sum_{i=1}^{m}\mathrm{ES}(\vec{A}_{i})-\sum_{i=m+1}^{n-2}\mathrm{EI}(\overleftarrow{A}_{i}) \tag{8.7}$$

式中：ES——尺寸的上极限偏差；

EI——尺寸的下极限偏差；

$\vec{A}_i$——增环；

$\overleftarrow{A}_i$——减环；

$\vec{A}_{\mathrm{j}}$、$\overleftarrow{A}_{\mathrm{j}}$——相依尺寸增、减环；

A_Σ——封闭环；

m——增环数；

n——包括相依尺寸和封闭环在内的总环数。

【例题 8.1】 图 8.1 所示为某双联转子(摆线齿轮)泵的轴向装配关系图。已知各基本尺寸为 $A_\Sigma=0, A_1=41\text{ mm}, A_2=A_4=17\text{ mm}, A_3=7\text{ mm}$。根据要求,冷态下的轴向装配间隙 $A_\Sigma=0^{+0.15}_{+0.05}\text{ mm}$, $\delta_\Sigma=0.1\text{ mm}$。求各组成环尺寸的公差大小和分布位置。

解:求解步骤和方法如下:

(1) 画出装配尺寸链图,校验各环基本尺寸

图 8.1 的下方是一个总环数 $n=5$ 的尺寸链图,其中 A_Σ 是封闭环,$\vec{A}_1$ 是增环,$\overleftarrow{A}_2$、$\overleftarrow{A}_3$ 及 $\overleftarrow{A}_4$ 是减环。

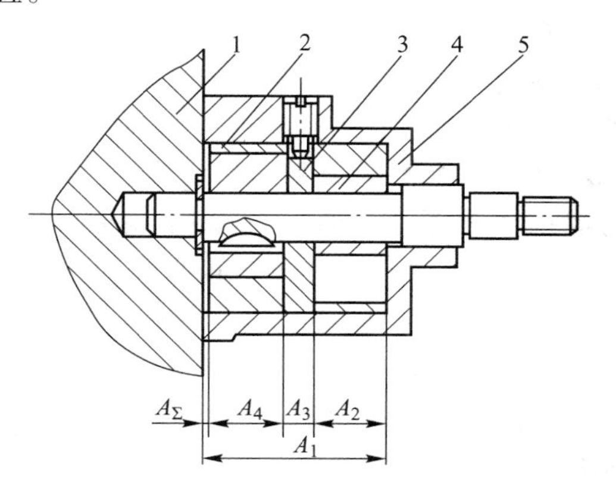

图 8.1 双联转子的轴向装配关系图

1—机体;2—外转子;3—隔板;4—内转子;5—壳体

计算封闭环基本尺寸,得

$$A_\Sigma=\vec{A}_1-(\overleftarrow{A}_2+\overleftarrow{A}_3+\overleftarrow{A}_4)=41\text{ mm}-(17\times2+7)\text{ mm}=0$$

可见各环基本尺寸确定无误。

(2) 确定各组成环尺寸公差大小和分布位置

为了满足封闭环公差 $\delta_\Sigma=0.1\text{ mm}$ 的要求,各组成环公差 δ_i 的总和 $\sum\delta_i$ 不得超过 0.1 mm,即

$$\sum_{i=1}^{4}\delta_i=\delta_1+\delta_2+\delta_3+\delta_4\leqslant0.1\text{ mm}$$

在具体确定 δ_i 各值的过程中,首先可按各环为“等公差”分配,看一下各环所能分配到的平均公差 δ_M 的数值,即

$$\delta_M=\frac{\delta_\Sigma}{n-1}=\frac{0.1\text{ mm}}{4}=0.025\text{ mm}$$

由所得数值可以看出,零件制造加工精度要求是不高的,能加工出来,因此用极值解法的完全互换法装配是可行的。但还需要进一步按加工难易程度和设计要求等方面考虑对各环的公差进行调整。

考虑尺寸 A_2、A_3、A_4可用平面磨床加工,其公差可规定得小些,而且其尺寸能用卡规来测量,其公差必须符合标准公差;尺寸 A_1是由镗削加工保证的,公差应给得大些,且此尺寸属于高度尺寸,在成批生产中常用通用量具,不使用极限量规测量,故决定选 A_1为相依尺寸。因此,确定尺寸 A_2和 A_4各为 $17^{\ 0}_{-0.018}\text{ mm}$ ($\delta_2=\delta_4=0.018\text{ mm}$,属于 7 级精度基准轴的公差),尺寸 A_3为$7^{\ 0}_{-0.015}\text{ mm}$ ($\delta_3=0.015\text{ mm}$,属于 7 级精度基准轴的公差)。

(3) 确定相依尺寸的公差和偏差

很明显,相依尺寸环 A_1的公差值 δ_1 应根据式(8.2)求得

$$\delta_1=\delta_\Sigma-(\delta_2+\delta_3+\delta_4)=0.1\text{ mm}-(2\times0.018+0.15)\text{ mm}=0.049\text{ mm}$$

而相依尺寸的上、下极限偏差可根据式(8.4)和式(8.5)计算。由于 A_1的公差 δ_1 已确定为 0.049 mm,故上、下极限偏差中只要求出一个即可得解。根据式(8.5)可知

$$\mathrm{EI}(\vec{A}_j)=\mathrm{EI}(A_\Sigma)-\sum_{i=1}^{m-1}\mathrm{EI}(\vec{A}_i)+\sum_{i=m+1}^{n-1}\mathrm{ES}(\overleftarrow{A}_i)=0.050\text{ mm}-0+0=0.050\text{ mm}$$

求得

$$ES(\vec{A}_j)=0.050\ \text{mm}+0.049\ \text{mm}=0.099\ \text{mm}$$

所以

$$A_{1\,EI(\vec{A}_j)}^{\;ES(\vec{A}_j)}=41_{+0.050}^{+0.099}\ \text{mm}$$

【例题 8.2】 图 8.2 所示为车床横向移动方向应垂直于主轴回转中心的装配简图。$O—O$ 为主轴回转中心线，Ⅰ—Ⅰ为棱形导轨中心线，Ⅱ—Ⅱ为横滑板移动轨迹。已知条件见图 8.2，求组成环角度公差及偏差。

解：在车床标准中规定，精车端面的平面度为 200 mm 直径上只允许中心凹 0.015 mm，这一要求在图 8.2 中以 β_Σ 表示，可写成 $-0.015\ \text{mm}/200\ \text{mm}\leqslant\delta_\Sigma\leqslant 0$。由图 8.2 可以看出，精车端面的平面度是由 β_1 和 β_2 决定的。β_1 是床头箱部件装配后主轴回转中心线对床身前棱形导轨在水平面内的平行度，β_2 是滑板上面的燕尾导轨对其下面的棱形导轨（滑板以此导轨装在床身上）的垂直度。当然还与横滑板和滑板燕尾导轨面间的配合接触质量有关，但为了简化起见，先不考虑这一因素。β_Σ、β_1、β_2 三者的关系就是一个简单的角度装配尺寸链。

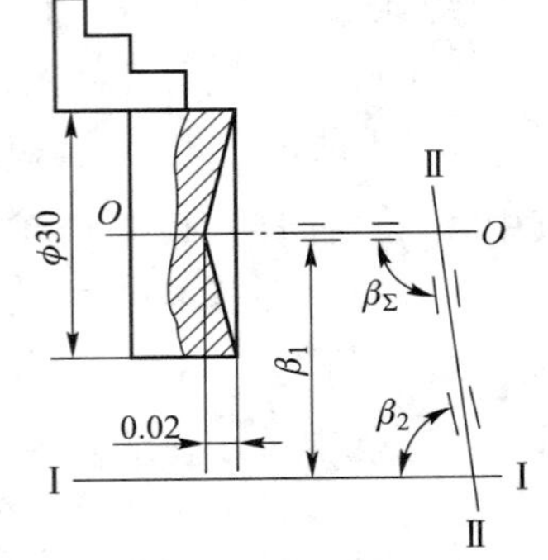

图 8.2　角度装配链举例

车床标准中对 β_1 的精度要求规定，滑板移动对主轴中心线的平行度当用测量长度 $L=300$ mm 时，检验棒伸出端只允许向前偏 0.015 mm，且数值小于封闭环 β_Σ 所要求的精度值。因此要通过尺寸链的解算，求出总装配时 β_2 应予保证的精度值（通过刮研或磨削来达到），即求出图 8.2 所示 β_2 应予控制的公差值 δ_2 及其分布位置。

已知精车端面在试件直径为 300 mm 时，其平面度应小于 0.02 mm（只许凹），即

$$\delta_\Sigma=\frac{0.02}{150}=\frac{0.04}{300}$$

由于床头箱在总装时对 β_1 的精度要求为 $\delta_1=0.015/300$，其分布位置为检验棒伸出端只许向前偏，此分布方向使 β_Σ 自理论的 90°位置向着大于 90°的方向增大。

根据尺寸链公式得

$$\delta_2=\delta_\Sigma-\delta_1=\frac{0.04}{300}-\frac{0.015}{300}=\frac{0.025}{300}=\frac{0.05}{600}$$

上式中将 δ_2 改为以 600 mm 长度计量，是因为滑板燕尾导轨的全长近于 600 mm。

考虑横滑板与滑板上燕尾导轨面间的配合质量也对 δ_Σ 产生一定的影响，故最后确定 δ_2 的数值为 0.04/600。

2. 不完全互换法

不完全互换法又称部分互换法，其实质是将尺寸链中的各组成环公差比用完全互换法时放宽，以使加工容易，成本降低。根据 3.9.3 节可知，当各组成环按正态分布时，用概率法求得的组成环平均公差比极值法扩大 $\sqrt{n-1}$ 倍，但这仅适用于大批、大量的生产类型。当各组成环和封闭环的尺寸按正态分布时，用概率法求解尺寸链的基本公式如下：

（1）装配公差（封闭环公差）δ_Σ 与各有关零件公差 δ_i 之间的关系式

$$\delta_{\Sigma} \geqslant \sqrt{\sum_{i=1}^{n-1} \delta_i^2} = \sqrt{\delta_1^2 + \delta_2^2 + \cdots + \delta_{n-1}^2} \tag{8.8}$$

（2）各环算术平均值之间的关系式

$$A_{\Sigma M} = \sum_{i=1}^{m} \vec{A}_{iM} - \sum_{i=m+1}^{n-1} \overleftarrow{A}_{iM} \tag{8.9}$$

（3）各环中间偏差之间的关系式

$$B_M(A_{\Sigma}) = \sum_{i=1}^{m} B_M(\vec{A}_i) - \sum_{i=m+1}^{n-1} B_M(\overleftarrow{A}_i) \tag{8.10}$$

在计算出有关环的平均尺寸 A_{iM}（或 $A_{\Sigma M}$）及公差 δ_i（或 δ_{Σ}）后，各环的公差应对平均尺寸注成双向对称分布，即写成 $A_{iM} \pm \frac{\delta_i}{2}\left(\text{或 } A_{\Sigma M} \pm \frac{\delta_{\Sigma}}{2}\right)$ 的形式，然后根据需要可再改注为具有基本尺寸及相应的上、下极限偏差的形式。

正如第三章中指出的，用概率法之所以能扩大公差，是因为在正态分布中取 $\delta = 6\sigma$，并没有包括工件尺寸出现的全部概率，而是总体的 99.73%。这样做可能有 0.27% 的部件装配后不合格，其不合格率常常可以忽略或者进行调配，故称“不完全互换法”或“部分互换法”，此法在生产上是经济的。

用概率法计算时，可先按下式估算公差的平均值 δ_M：

$$\delta_M = \frac{\delta_{\Sigma}}{\sqrt{n-1}} = \frac{\sqrt{n-1}}{n-1}\delta_{\Sigma} \tag{8.11}$$

式中：n——包括封闭环在内的总环数。

若 δ_M 基本上满足经济精度要求，则就可按各组成环加工的难易程度合理分配公差。显然，在概率法中试凑各组成环的公差比在极值法中要麻烦得多，为此更应该利用“相依尺寸公差法”。由

$$\delta_{\Sigma} = \sqrt{\delta_j^2 + \sum_{i=1}^{n-2} \delta_i^2}$$

可得到

$$\delta_j = \sqrt{\delta_{\Sigma}^2 - \sum_{i=1}^{n-2} \delta_i^2} \tag{8.12}$$

【例题 8.3】 在图 8.1 所示的尺寸链中，用不完全互换法来估算实际产生的间隙 A_{Σ} 的分布范围。

解：本例是一个正计算问题。

已知

$$A_1 = 41_{+0.050}^{+0.099} \text{ mm}[(41.074\ 5 \pm 0.049/2) \text{ mm}]$$

$$A_2 = 17_{-0.018}^{0} \text{ mm}[(16.991 \pm 0.018/2) \text{ mm}]$$

$$A_3 = 7_{-0.015}^{0} \text{ mm}[(6.992\ 5 \pm 0.015/2) \text{ mm}]$$

$$A_4 = 17_{-0.018}^{0} \text{ mm}[(16.991 \pm 0.018/2) \text{ mm}]$$

按式(8.8)可得

$$\delta_\Sigma=\sqrt{\delta_1^2+\delta_2^2+\delta_3^2+\delta_4^2}=\sqrt{0.049^2+2\times0.018^2+0.015^2}\ \text{mm}=0.058\ \text{mm}$$

按式(8.9)求封闭环平均尺寸和实际分布范围的上、下极限偏差，得

$$A_{\Sigma M}=A_{1M}-(A_{2M}+A_{3M}+A_{4M})=41.074\ 5\ \text{mm}-(16.991+6.992\ 5+16.991)\ \text{mm}=0.1\ \text{mm}$$

及

$$A_\Sigma=A_{\Sigma M}\pm\frac{\delta_\Sigma}{2}=(0.1\pm0.029)\ \text{mm}=0_{+0.071}^{+0.129}\ \text{mm}$$

这证明，实际上尺寸 A_Σ 的波动范围要比按极值法计算的范围小一些，如图 8.3 所示。也就是说，若按概率法计算，尺寸 A_1、A_2、A_3、A_4的公差可以放大些。

现在来看一下尺寸 A_1、A_2、A_3、A_4的公差可以放大多少。若与极值法相同，预先确定 $A_2=A_4=17_{-0.018}^{\ 0}$ mm，$A_3=7_{-0.015}^{\ 0}$ mm，$\delta_\Sigma=0.1$ mm，则作为相依尺寸 A_1的公差 δ_1 可按式(8.12)求出：

$$\begin{aligned}\delta_1&=\sqrt{\delta_\Sigma^2-(\delta_2^2+\delta_3^2+\delta_4^2)}\\&=\sqrt{0.1^2-2\times0.018^2-0.015^2}\ \text{mm}\\&=0.096\ \text{mm}\end{aligned}$$

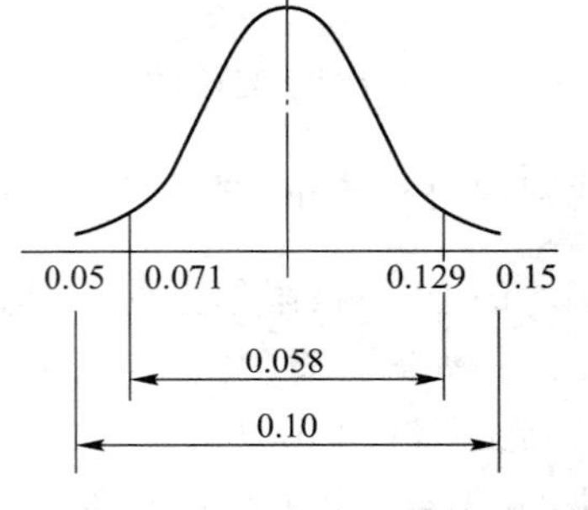

图 8.3　极值法与概率法计算的比较

即尺寸 A_1的公差比按极值法计算扩大了近一倍。

$$A_1=A_{1M}\pm\frac{\delta_1}{2}=(41.074\ 5\pm0.048)\ \text{mm}=41_{+0.027}^{+0.123}\ \text{mm}$$

而如前所述，用极值法计算出来的 A_1为

$$A_1=41_{+0.050}^{+0.099}\ \text{mm}$$

为了验算结果的正确性，可将上面的结果作正计算：

$$\delta_\Sigma=\sqrt{\delta_1^2+\delta_2^2+\delta_3^2+\delta_4^2}=\sqrt{0.096^2+2\times0.018^2+0.015^2}\ \text{mm}=0.1\text{mm}$$

$$A_\Sigma=A_{\Sigma M}\pm\frac{\delta_\Sigma}{2}=(0.1\pm0.05)\ \text{mm}\ (\text{前面已计算出}\ A_{\Sigma M}=0.1\ \text{mm})$$

即

$$A_\Sigma=0_{+0.05}^{+0.15}\ \text{mm}$$

说明上面的计算是正确的。

8.2.2　选配法

此法的实质是将相互配合的零件按经济精度加工，即把尺寸链中组成环的公差放大到经济可行的程度，然后选择合适的零件进行装配，以保证封闭环的精度达到规定的技术要求。这种装配方法称为选配法。采用这种装配方法，能达到很高的装配精度要求，而又不增加零件机械加工费用和困难。它适用于成批或大量生产时组成的零件不太多而装配精度要求很高的场合，此时采用完全互换法或不完全互换法都使零件公差要求过高，甚至超过了现实加工方法的可能性。例如精密滚动轴承内、外圈与滚动体的配合，就不宜甚至不能只依靠零件的加工精度来保证装配精度要求。

1. 选配法的种类

选配法有直接选配法、分组选配法和复合选配法三种。

(1) 直接选配法

直接选配法就是由装配工人从许多待装配零件中挑选合适的零件装在一起。这种方法与下

述的分组选配法相比较，可以省去零件分组工作，但是要想选择合适的零件往往需要花费较长时间，并且装配质量在很大程度上取决于工人的技术水平。

（2）分组选配法

分组选配法就是将组成环的公差按完全互换法（极值解法）求得的值加大倍数（一般为 2~4 倍），使其能按经济精度加工，然后将加工后的零件按测量尺寸分组，再按对应组分别进行装配，以满足装配精度要求，由于同组零件可以互换，故称分组互换法。

（3）复合选配法

复合选配法就是上述两种方法的复合使用，即把加工后的零件进行测量分组，装配时再在各对应组中直接选配。例如汽车发动机的气缸与活塞的装配就是采用这种方法。

上述三种方法中，由于直接选配法和复合选配法在生产节拍要求严格的大批、大量流水线装配中使用有困难，实际生产中多采用分组选配法。下面着重讨论分组选配法。

2. 分组选配的一般要求

1）要保证分组后各组的装配精度和配合性质与原来的要求相同。为此，要求配合件的公差范围应相等，公差的增加要向同一方向，增大的倍数相同，增大的倍数就是分组数。

以图 8.4 所示的轴孔间隙配合为例，设轴与孔的公差按完全互换法的要求为 $\delta_{轴}$、$\delta_{孔}$，且令 $\delta_{轴}=\delta_{孔}=\delta$。装配后得到最大间隙为 $\Delta_{1\max}$，最小间隙为 $\Delta_{1\min}$。图 8.4 为轴孔分组互换图。

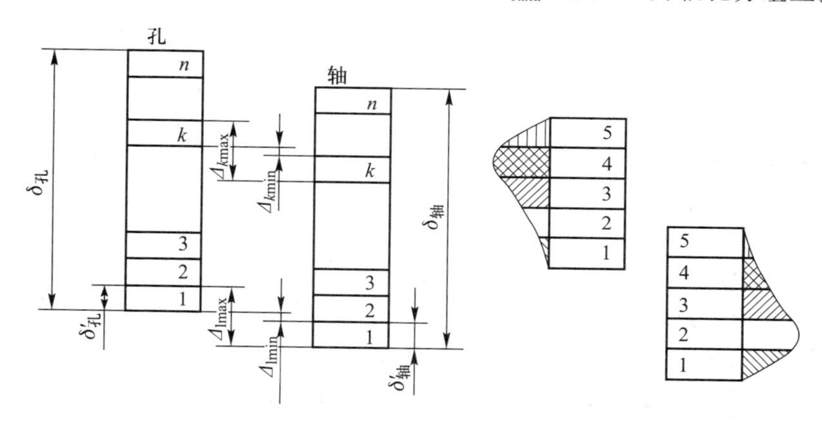

图 8.4　轴孔分组的不配套情况

由于公差 δ 太小，加工困难，故用分组选配法，将轴、孔公差在同一方向放大到经济加工精度。假设放大了 n 倍，即 $\delta'=n\delta$。零件加工按 $\delta'_{孔}=\delta'_{轴}$ 公差加工后再把轴、孔按尺寸分为 n 组，每组公差仍为 $\dfrac{\delta'_{轴}}{n}\left(或\dfrac{\delta'_{孔}}{n}\right)=\delta$，装配时按对应组装配。取第 k 组来分析，轴与孔相配合后得到的最大间隙和最小间隙为

$$\Delta_{k\max}=\Delta_{1\max}+(k-1)\delta_{孔}-(k-1)\delta_{轴}=\Delta_{1\max}$$

$$\Delta_{k\min}=\Delta_{1\min}+(k-1)\delta_{孔}-(k-1)\delta_{轴}=\Delta_{1\min}$$

可见无论是哪一组，其装配精度和配合性质不变。

2）要保证零件分组后在装配时能够配套。一般按正态分布规律，零件分组后是可以互相配套的，根据概率理论，不会产生相配零件各组数量不等的情况。但是，如果有某些因素（特别是系

统性误差)的影响,则将造成各相配零件尺寸不是正态分布,如图 8.4 所示,因而造成各对应尺寸组中的零件数不等而出现零件不能配套的情况,这在实际生产中是难以避免的。出现这种情况时,只能在积累相当数量不配套零件后,通过专门加工一批零件来配套,否则会造成零件的积压和浪费。

3) 分组数不宜太多。尺寸公差放大到经济加工精度就行,否则由于零件的测量、分组、保管的工作复杂化容易造成生产紊乱。

4) 配合件的表面粗糙度、形状和位置误差必须保持原设计要求,决不能随着公差的放大而降低表面粗糙度要求和放大形状及位置误差。

5) 应严格组织对零件的测量、分组、标记、保管和运送工作。

3. 分组选配法应用举例

某种发动机的活塞销与活塞销孔的装配如图 8.5 所示,可采用分组选配法。假设活塞销与销孔的基本尺寸 d、D 均为 28 mm,装配技术要求规定冷态装配时销与销孔间应有 0.002 5~0.007 5 mm的过盈量,即

$$d_{\min}-D_{\max}=0.002\ 5\ \text{mm}$$

$$d_{\max}-D_{\min}=0.007\ 5\ \text{mm}$$

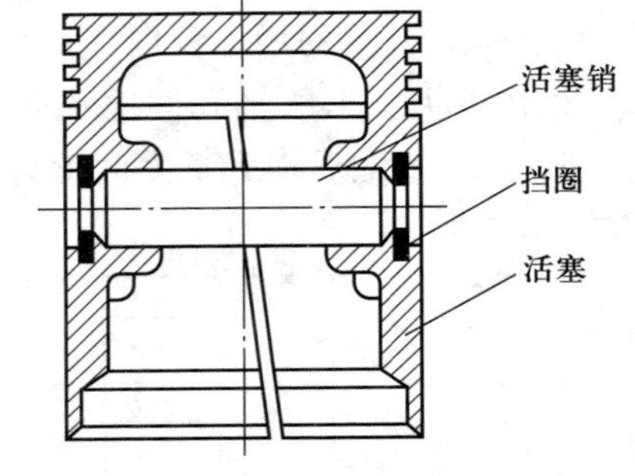

图 8.5 活塞与活塞销组件图

则可求得 $\delta_{\Sigma}=0.007\ 5\ \text{mm}-0.002\ 5\ \text{mm}=0.005\ \text{mm}$。若销与销孔采用完全互换法装配,其公差按“等公差法”分配,则它们的公差为

$$\delta_D=\delta_d=0.002\ 5\ \text{mm}$$

按基轴制原则标注偏差,则其尺寸为

$$d=28_{-0.0025}^{\ 0}\ \text{mm}$$

$$D=28_{-0.0075}^{-0.0050}\ \text{mm}$$

很明显,这样精确的销是难以加工的,制造很不经济,故生产上常采用分组选配法将它们的公差值均按同向(尺寸减小方向)放大四倍,则活塞销尺寸为 $\phi\ 28_{-0.010}^{\ 0}$ mm,活塞销孔尺寸为 $\phi\ 28_{-0.015}^{-0.005}$ mm。这样,销轴外圆可用无心磨削加工,销孔可用金刚镗加工,然后用精密量具测量,按尺寸大小分成四组,用不同颜色标记,以便进行分组选配。具体分组情况见表 8.2。

表 8.2 活塞销和活塞销孔的分组尺寸 mm

组号	标志颜色	活塞销直径分组尺寸范围	活塞销孔直径分组尺寸范围	过盈量	
				最大值	最小值
1	浅蓝	26.000 0~27.997 5	27.995 0~27.992 5	0.002 5	0.007 5
2	红	27.997 5~27.995 0	27.992 5~27.990 0	0.002 5	0.007 5
3	白	27.995 0~27.992 5	27.990 0~27.987 5	0.002 5	0.007 5
4	黑	27.992 5~27.990 0	27.987 5~27.985 0	0.002 5	0.007 5

8.2.3 修配法

在单件、小批生产中,当装配精度要求高而且组成环多时,完全互换法或不完全互换法、选配

法均不能采用。此时可将零件按经济精度加工，而在装配时通过修配方法改变尺寸链中某一预先规定的组成环尺寸，使之能满足装配精度要求。这个被预先规定的组成环称为“修配环”，这种装配方法称为修配法。

生产中利用修配法来达到装配精度的方式很多，现介绍应用比较广泛的几种。

1. 按件修配法

如图 8.6 所示的普通车床，要求前、后顶尖对床身导轨的不等高允差为 0.06 mm（只许后顶尖高）。由这项精度组成的尺寸链中的组成环有三个（影响较小的因素忽略不计），即

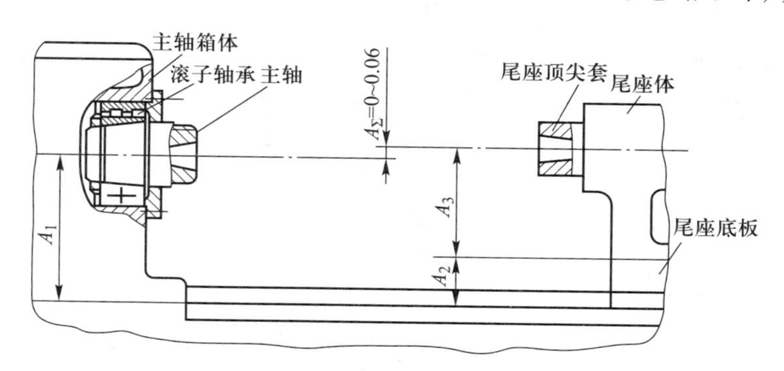

图 8.6　影响车床等高度要求的尺寸链联系简图

床头箱主轴中心到底面高度 $A_1=202$ mm；

尾座底板厚度 $A_2=46$ mm；

尾座顶尖中心到底板顶面距离 $A_3=156$ mm。

要求装配精度 $A_\Sigma=0\sim0.06\ \text{mm}=0^{+0.06}_{\ 0}\ \text{mm}$。若用完全互换法装配，则组成环平均公差为

$$\delta_M=\frac{\delta_\Sigma}{n-1}=\frac{0.06\ \text{mm}}{4-1}=0.02\ \text{mm}$$

这样的公差使加工困难，因此一般多采用修配法。选尾座底板为修配件，并且根据经济加工精度，定出各组成环的公差为 $\delta_1=\delta_3=0.1$ mm。尺寸 A_1、A_3标注为 $A_1=(202\pm0.05)$ mm，$A_3=(156\pm0.05)$ mm。

尾座底板厚度尺寸 A_2的公差大小，根据半精加工的经济精度规定为 0.15 mm，至于 A_2的公差带分布位置，则需通过计算才能确定。具体计算如下：

画出简化尺寸链如图 8.7 所示，修配环 A_2是增环，尺寸链的特点是修配环越被修配，封闭环尺寸就越小，即尾座顶尖套锥孔中心线相对于主轴锥孔中心线越修越低。

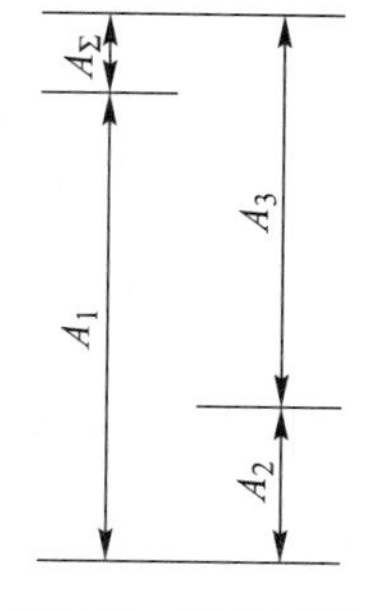

图 8.7　简化后的等高度尺寸链

这样，当装配后所得封闭环公差的实际数值 δ_Σ 大于规定的最大值（即实际所得的尾座顶尖套锥孔中心线高于主轴锥孔中心线 0.06 mm 以上）时，就可以通过修配底板面（即减小 A_2尺寸）而使尾座顶尖套锥孔中心线逐步下降，直到满足 0～0.06 mm 的装配要求为止。相反，如果装配后所得的封闭环实际数值已经小于规定的 $A_{\Sigma\min}=0$ 的封闭环最小值，就无法通过修配达到要求。

所以,为了使装配时通过修配环 A_2 来满足装配要求,就必须使装配后所得封闭环的实际尺寸 $A'_\Sigma = A_\Sigma$,根据这一关系,就可以提出封闭环极限尺寸关系式为

$$A'_{\Sigma\min} = \sum_{i=1}^{m} \vec{A}_{i\min} - \sum_{i=m+1}^{n-1} \overleftarrow{A}_{i\max} = A_{\Sigma\min} \tag{8.13}$$

用偏差计算时的关系式为

$$\mathrm{EI}(A'_\Sigma) = \sum_{i=1}^{m} \mathrm{EI}(\vec{A}_i) - \sum_{i=m+1}^{n-1} \mathrm{ES}(\overleftarrow{A}_i) = \mathrm{EI}(A_\Sigma) \tag{8.14}$$

下面按式(8.13)或式(8.14)计算修配环的实际尺寸。

(1) 按式(8.13)用极值法计算修配环的实际尺寸

修配环是增环,把它作为未知数从增环组中分出,则可写成

$$A_{\Sigma\min} = \sum_{i=1}^{m-1} \vec{A}_{i\min} + \vec{A}_{2\min} - \sum_{i=m+1}^{n-1} \overleftarrow{A}_{i\max}$$

$$\vec{A}_{2\min} = A_{\Sigma\min} - \sum_{i=1}^{m-1} \vec{A}_{i\min} + \sum_{i=m+1}^{n-1} \overleftarrow{A}_{i\max}$$

根据本例实际环数,将数值代入,得

$$\vec{A}_{2\min} = A_{\Sigma\min} - \vec{A}_{3\min} + \overleftarrow{A}_{1\max} = 0 - 155.95\ \text{mm} + 202.05\ \text{mm} = 46.10\ \text{mm}$$

故
$$A_2 = 46^{+0.25}_{+0.10}\ \text{mm}$$

(2) 按式(8.14)用偏差法计算修配环的实际尺寸

修配环是增环,把它作为未知数从增环组中分出,则可写成

$$\mathrm{EI}(A_\Sigma) = \sum_{i=1}^{m-1} \mathrm{EI}(\vec{A}_i) + \mathrm{EI}(\vec{A}_2) - \sum_{i=m+1}^{n-1} \mathrm{ES}(\overleftarrow{A}_i)$$

所以
$$\mathrm{EI}(\vec{A}_2) = \mathrm{EI}(A_\Sigma) - \sum_{i=1}^{m-1} \mathrm{EI}(\vec{A}_i) + \sum_{i=m+1}^{n-1} \mathrm{ES}(\overleftarrow{A}_i)$$

根据本例的实际环数将数值代入,得

$$\mathrm{EI}(\vec{A}_2) = \mathrm{EI}(A_\Sigma) - \mathrm{EI}(\vec{A}_3) + \mathrm{ES}(\overleftarrow{A}_1) = 0 - (-0.05\ \text{mm}) + 0.05\ \text{mm} = 0.10\ \text{mm}$$

故
$$A_2 = 46^{+0.25}_{+0.10}\ \text{mm}$$

为了保证有一定的接触刚度,底板底面在总装时必须修刮,所以还必须对尺寸 A_2 进行放大,留以必要的最小修刮量(假设定为 0.10 mm),则修正后的实际尺寸 A_2 应为

$$A_2 = 46^{+0.35}_{+0.20}\ \text{mm}$$

当然,并不是所有的情况都要留修刮余量,如键和键槽的修配就不必有这一要求。

如果修配环是减环,则需把它作为未知数从减环组中分出,移项求解,计算方法及顺序与上述相同,只是应令 $A'_{\Sigma\max} = A_{\Sigma\max}$。

下面介绍最大修刮余量 $Z_{刮}$ 的计算。

显然,当增环 A_2、A_3 做得最大,而减环 A_1 做得最小时,尾座顶尖套锥孔中心线高出主轴锥孔中心线为 0.06 mm,所刮去的余量就是最大的修刮余量,即

$$\begin{aligned} Z_{刮} &= \vec{A}_{2\max} + \vec{A}_{3\max} - \overleftarrow{A}_{1\min} - 0.06\ \text{mm} \\ &= 46.35\ \text{mm} + 156.05\ \text{mm} - 201.95\ \text{mm} - 0.06\ \text{mm} = 0.39\ \text{mm} \end{aligned}$$

实际修刮时正好刮到高度差为 0.06 mm 的情况是很少的,所以实际的最大修刮量要稍大于

0.39 mm。

最大修刮余量也可按偏差的关系式计算：

$$Z_{刮}=\mathrm{ES}(A'_{\Sigma})-\mathrm{ES}(A_{\Sigma})=\mathrm{ES}(\vec{A}_2)+\mathrm{ES}(\vec{A}_3)-\mathrm{EI}(\vec{A}_1)-0.06\ \mathrm{mm}$$
$$=0.35\ \mathrm{mm}+0.05\ \mathrm{mm}-(-0.05\mathrm{mm})-0.06\ \mathrm{mm}=0.39\ \mathrm{mm}$$

上述最大修刮量 $Z_{刮}$ 有些过大，若将 A_2 和 A_3 作为一个整体尺寸 $A_{2,3}$ 来镗孔，则由于少了一个组成环，从而可减少装配时的修刮劳动量。这种修配方法称为“合并加工修配法”。

2. 合并加工修配法

合并加工修配法的实质就是减少组成环的环数，从而扩大组成环的公差，同时又可满足装配精度要求。

如上述普通车床的生产批量大时，为了避免装配时加工和减少修刮量，一般先把尾座和底板的配合平面加工好，并且配刮横向小导轨，然后把两者装配在一起镗尾座孔，这样可大大减少修刮量，容易保证精度。

合并加工就是将原来的组成环 A_2、A_3 合并成一个环 $A_{2,3}$，尺寸链相应地由 4 环变成 3 环，如图 8.8 所示。

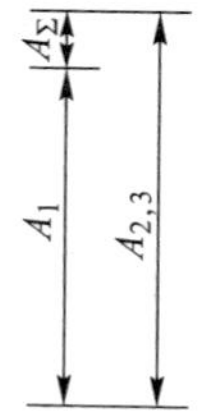

A_{Σ}

A_1

$A_{2,3}$

图 8.8　合并后的等高度尺寸链

根据经济加工精度确定：

$$A_1=(202\pm0.05)\ \mathrm{mm}$$

$$A_{2,3}=156\ \mathrm{mm}+46\ \mathrm{mm}=202\ \mathrm{mm}$$

$$\delta_{2,3}=0.1\ \mathrm{mm}$$

根据式(8.13)或式(8.14)，计算修配环尺寸得

$$\vec{A}_{2,3\min}=A_{\Sigma\min}-\sum_{i=1}^{m-1}\vec{A}_{i\min}+\sum_{i=m+1}^{n-1}\overleftarrow{A}_{i\max}=A_{\Sigma\min}+\overleftarrow{A}_{1\max}=0+202.05\ \mathrm{mm}=202.05\ \mathrm{mm}$$

故

$$A_{2,3}=202^{+0.15}_{+0.05}\ \mathrm{mm}$$

若 $A_{2,3}$ 要留以必要的最小修刮量（假设定为 0.10 mm），则修正后的实际尺寸 $A_{2,3}$ 应为

$$A_{2,3}=202^{+0.25}_{+0.15}\ \mathrm{mm}$$

最大修刮量 $Z_{刮}$ 为

$$Z_{刮}=\vec{A}_{2,3\max}-\overleftarrow{A}_{1\min}-0.06\ \mathrm{mm}=202.25\ \mathrm{mm}-201.95\ \mathrm{mm}-0.06\ \mathrm{mm}=0.24\ \mathrm{mm}$$

可见，合并加工可使修刮余量大为减少。

3. 自身加工修配法

在机床制造中，有一些装配精度很不容易保证，常用“自身加工修配法”来达到装配精度。

采用自身加工修配法时应注意以下事项：

1）应正确选择修配对象，首先应该选择那些只与本项装配精度有关而与其它装配精度项目无关的零件作为修配对象（在尺寸链关系中不是公共环），然后再考虑其中易于拆装且面积不大的零件作为修配件。

2）应该通过装配尺寸链计算，合理确定修配件的尺寸公差，既保证它具有足够的修配量，又不要使修配量过大。

8.2.4　调整法

调整法的实质与修配法相似，只是具体办法有所不同。在调整法中，一种是用一个可调整的零件来调整它在装备中的位置以达到装配精度，另一种是增加一个定尺寸零件（如垫片、垫圈、套筒）以达到装配精度。前者称为移动调整法，后者称为固定调整法。上述两种零件都起到补偿装配累积误差的作用，故称为补偿件。

1. 移动调整法

所谓移动调整法，就是用改变补偿件的位置（移动，旋转或移动、旋转二者兼用）来达到装配精度，调整过程中不需拆卸零件，故比较方便。在机械制造中使用移动调整的方法来达到装配精度的例子很多，图 8.9 所示的结构就是靠转动螺钉来调整轴承外圈相对于内圈的位置以取得合适的间隙或过盈。又如图 8.10 中，为了保证装配间隙 A_{Σ}，加工一个可移动的套筒（补偿件）来调整装配间隙。再如图 8.11 所示自行车车轮的轴承，就是用可调整零件（轴挡）以螺纹连接的方式来调整轴承间隙的。还有在机床导轨结构中常用锲铁来调整得到合适的间隙；自动机械分配轴上的凸轮是用调整法装配并调整到合适位置后，再用销钉固定在已调好的位置上的。

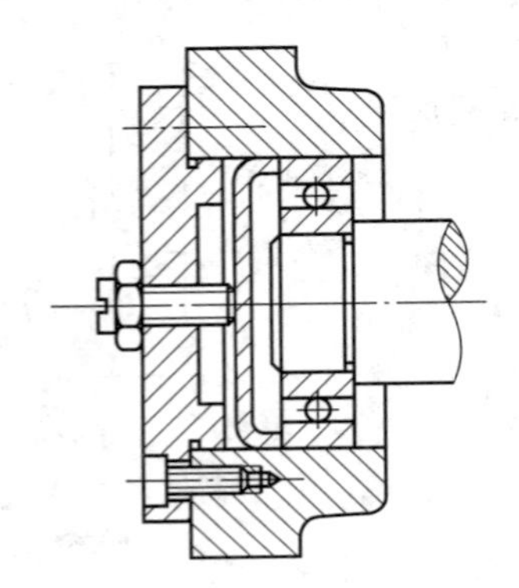

图 8.9　轴向间隙的调整

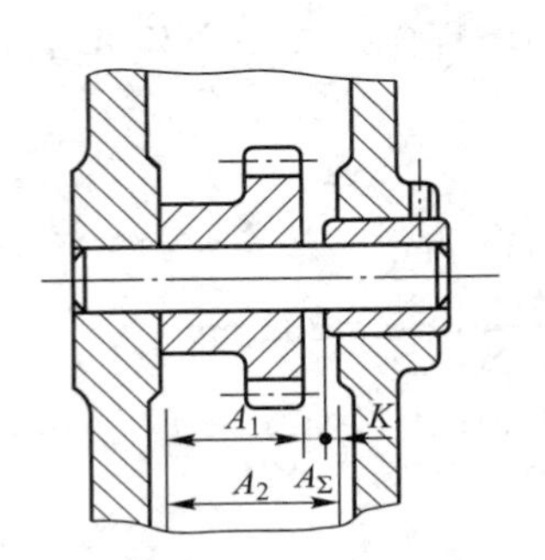

图 8.10　齿轮与轴承间隙的调整

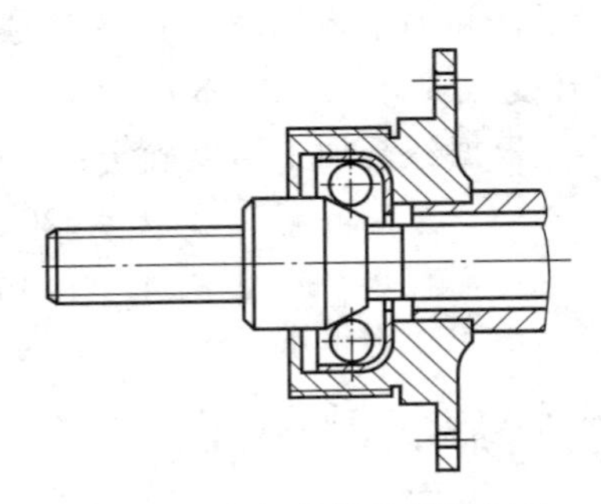

图 8.11　自行车轴承间隙调整

2. 固定调整法

这种装配方法是在尺寸链中选定一个或加入一个零件作为调整环。作为调整环的零件是按一定的尺寸间隔级别制成的一组专门零件，根据装配需要，选用其中某一级别的零件来做补偿件，从而保证所需要的装配精度。常用的补偿件有垫圈、垫片、轴套等。采用固定调整法时，为了保证所需要的装配精度，最重要的问题是如何确定补偿件尺寸的计算方法。

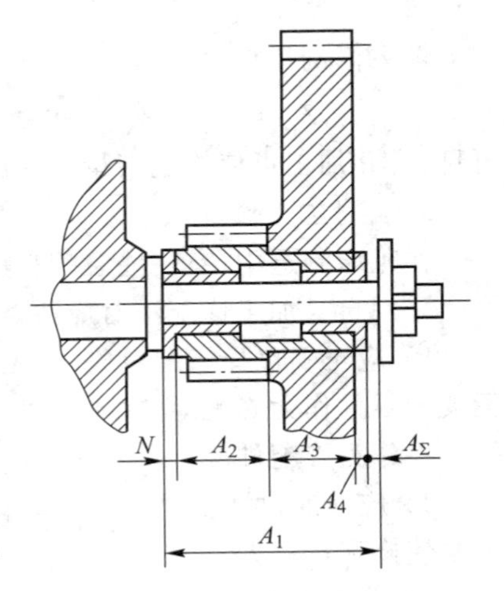

图 8.12　保证装配的分组垫片调整法

在图 8.12 所示的机构中，装配后的要求是保证间隙 $A_{\Sigma}=0.2\sim0.3\ \text{mm}=0^{+0.3}_{+0.2}\ \text{mm}$。若用完全互换法装配，则分配到四个组成环的平均公差为

$$\delta_{M}=\frac{0.1\ \text{mm}}{4}=0.025\ \text{mm}$$

轴向尺寸精度要求这样高的零件是难以加工的。又因为该机构的装配属于大批生产流水线作业，故决定用固定尺寸垫片调整。先按经济加工精度确定零件公差，并用 $A_{补}$ 表示固定补偿件的尺寸。各零件的制造公差按“入体”原则及经济加工

精度确定如下：

$$A_1 = 23.2^{+0.12}_{0}\ \text{mm}, A_2 = 10^{0}_{-0.1}\ \text{mm}$$

$$A_3 = 10^{+0.1}_{0}\ \text{mm}, A_4 = 1^{0}_{-0.08}\ \text{mm}$$

$$A_{补} = 2^{0}_{-0.02}\ \text{mm}, \delta_{补} = 0.02\ \text{mm}$$

如果上述尺寸按完全互换法装配则必然产生超差，其变动量（不考虑补偿件公差）为

$$A'_{\Sigma} = 0.2^{+0.3}_{-0.1}\ \text{mm}, \delta'_{\Sigma} = 0.4\ \text{mm}$$

而实际要求

$$A_{\Sigma} = 0^{+0.3}_{+0.2}\ \text{mm} = 0.2^{+0.1}_{0}\ \text{mm}, \delta_{\Sigma} = 0.4\ \text{mm}$$

所以超差量为

$$\delta = \delta'_{\Sigma} - \delta_{\Sigma} = 0.3\ \text{mm}$$

此超差量应予以补偿，故 δ 称为补偿量，因为在装配过程中 δ 是变化的，只能用变化尺寸的补偿环 $A_{补}$ 去补偿。为了简化装配工作，尺寸 $A_{补}$ 的变化要分级，可用图 8.13 来说明。

图 8.13 中的 $A_{空}$ 表示装配尺寸中未放入补偿环 $A_{补}$ 之前的"空穴"尺寸，根据组成情况不同必然得到 $A_{空\min}$ 及 $A_{空\max}$ 两个极限空位尺寸，其变动范围为 $\delta_{空}$，此值为除补偿环 $A_{补}$ 以外 $(n-2)$ 个组成环公差之和。

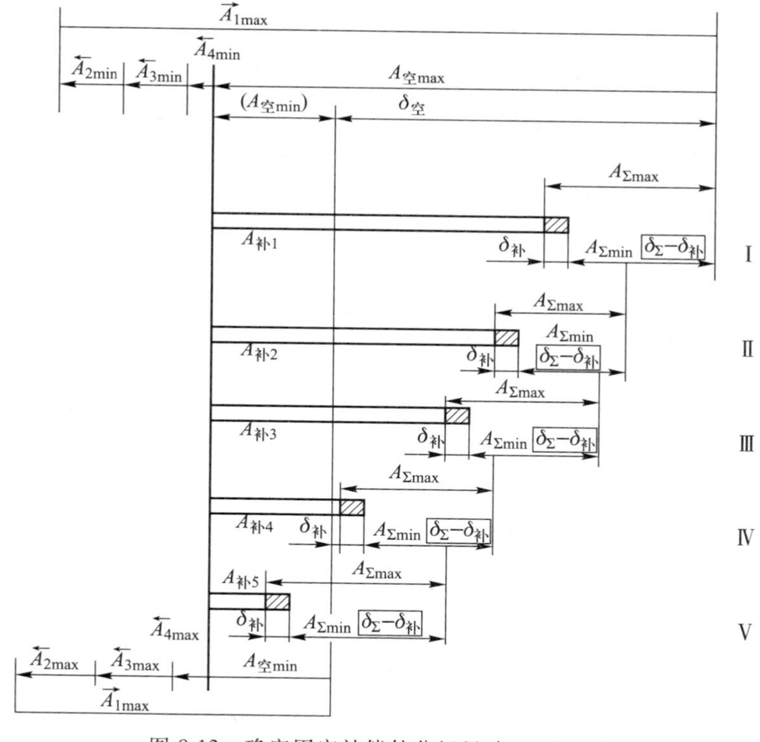

图 8.13　确定固定补偿件分级尺寸 $A_{补i}$ 的图解

$\delta_{空}$ 可以用所要求的装配精度 δ_{Σ}（间隙）范围（$A_{\Sigma\max} - A_{\Sigma\min}$）给予补偿，$\delta_{\Sigma}$ 称为补偿能力。如果各级补偿环尺寸 $A_{补i}$ 能做到绝对准确（$\delta_{补}=0$），则补偿环 $A_{补}$ 的分级数为 $m' = \delta_{空}/\delta_{\Sigma}$。但实际上

补偿件本身必定有公差 $\delta_{补}$，这一公差会降低补偿效果，此时补偿件的实际补偿能力为 $(\delta_{\Sigma}-\delta_{补})$，而相邻级别的补偿件，其基本尺寸之差值(称级差)应取为 $(\delta_{\Sigma}-\delta_{补})$。

由此得分级数为

$$m=\frac{\delta_{空}}{\delta_{\Sigma}-\delta_{补}}=\frac{\sum_{i=1}^{n-2}\delta_i}{\delta_{\Sigma}-\delta_{补}}$$

$$\delta_{空}=\sum_{i=1}^{n-2}\delta_i=0.12\ \text{mm}+0.1\ \text{mm}+0.1\ \text{mm}+0.08\ \text{mm}=0.4\ \text{mm}$$

因此
$$m=\frac{0.4}{0.08}=5$$

分级数不能为小数，若计算所得为小数，则取相近的整数。

从分级数 m 的计算公式看，补偿环公差 $\delta_{补}$ 对 m 值的影响很大。分级数不能太多，一般取 3~5 级为宜。虽然分级数可增加 $\sum_{i=1}^{n-2}\delta_i$ 值，对零件加工有利，但增加了生产组织工作的困难，因此零件加工精度不宜取得过低，尤其是补偿环的公差应尽量严格控制。

那么，如何实现补偿呢？由图 8.13 可以看出，在装配时，当 $\vec{A}_1$ 接近最大尺寸，$\overleftarrow{A}_2$、$\overleftarrow{A}_3$、$\overleftarrow{A}_4$ 接近最小尺寸，并使“空穴”尺寸 $A_{空}$ 实际测量值的变动范围处于图中第 I 个 $(\delta_{\Sigma}-\delta_{补})$ 范围内时，可以用最大尺寸级别的 $A_{补1}$(其公差为 $\delta_{补}$)来进行补偿，使封闭环实际尺寸 A_{Σ} 处于 $A_{\Sigma\min}\sim A_{\Sigma\max}$ 的范围内，从而保证了装配精度要求。随着实测的“空穴”尺寸的不断缩小，选用的补偿件尺寸也应相应减小。例如，当“空位”尺寸的变动范围处于图中第Ⅱ个 $(\delta_{\Sigma}-\delta_{补})$ 范围内时，则可用 $A_{补2}$ 来进行补偿。以此类推，直至“空位”尺寸接近 $A_{空\min}$ 时，则需选用最小尺寸级别的补偿件(图 8.13 中为 $A_{补5}$)来进行补偿。

最后讨论一下补偿件各尺寸 $A_{补i}$ 的确定。确定 $A_{补i}$ 有两种办法：一是首先确定最大尺寸级别的 $A_{补i}$，然后根据它依次推算出各较小级别的尺寸 $A_{补i}$；二是首先确定最小级别的尺寸，进而推算出各较大级别的补偿件尺寸。两种办法的道理相同，下面用第一种办法计算 $A_{补i}$。

由图 8.13 可以看出，尺寸 $A_{补1}$ 可简便地由其最小尺寸 $A_{补1\min}$ 和 $A_{\Sigma\max}$ 按下列尺寸链关系式求出：

$$\begin{aligned}A_{\Sigma\max}&=\sum_{i=1}^{m}\vec{A}_{i\max}-\left(\sum_{i=m+1}^{n-2}\overleftarrow{A}_{i\min}+A_{补1\min}\right)\\&=\vec{A}_{1\max}-(\overleftarrow{A}_{2\min}+\overleftarrow{A}_{3\min}+\overleftarrow{A}_{4\min})-A_{补1\min}\\&=A_{空\min}-A_{补1\min}\end{aligned}$$

$$\begin{aligned}A_{补1\min}&=\vec{A}_{1\max}-(\overleftarrow{A}_{2\min}+\overleftarrow{A}_{3\min}+\overleftarrow{A}_{4\min})-A_{\Sigma\max}\\&=23.32\ \text{mm}-(9.9+10+0.92)\ \text{mm}-0.3\ \text{mm}\\&=2.2\ \text{mm}\end{aligned}$$

由于已求得级差为 0.08 mm，故可确定补偿件分级尺寸如下：

$$A_{补1}=2.22_{-0.02}^{\ 0}\ \text{mm}$$

$$A_{补2}=2.14_{-0.02}^{\ 0}\ \text{mm}$$

$$A_{补3}=2.06_{-0.02}^{\ 0}\ \text{mm}$$
$$A_{补4}=1.98_{-0.02}^{\ 0}\ \text{mm}$$
$$A_{补5}=1.90_{-0.02}^{\ 0}\ \text{mm}$$

将以上计算结果列于表 8.3。

表 8.3　计算结果列表

分组号	“空位”尺寸范围/mm	调整尺寸及偏差/mm	装配后的间隙/mm
Ⅰ	2.42～2.50	$2.22_{-0.02}^{\ 0}$	0.2～0.3
Ⅱ	2.34～2.42	$2.14_{-0.02}^{\ 0}$	0.2～0.3
Ⅲ	2.26～2.34	$2.06_{-0.02}^{\ 0}$	0.2～0.3
Ⅳ	2.18～2.26	$1.98_{-0.02}^{\ 0}$	0.2～0.3
Ⅴ	2.10～2.18	$1.90_{-0.02}^{\ 0}$	0.2～0.3

8.3　装配工艺规程的制订

8.3.1　装配工艺规程的内容

装配工艺规程包括以下内容：

1）制订出经济合理的装配顺序，并根据所设计的结构特点和要求，确定机械各部分的装配方法；

2）选择和设计装配中需用的工艺装备，并根据产品的生产批量确定其复杂程度；

3）规定部件装配技术要求，使之达到整机的技术要求和使用性能；

4）规定产品的部件装配和总装配的质量检验方法及使用工具；

5）确定装配中的工时定额；

6）其它需要提出的注意事项及要求。

8.3.2　装配工艺规程的制订步骤和方法

1. 产品分析

产品分析包括以下三个方面：

1）研究产品图样和装配时应满足的技术要求；

2）对产品结构进行分析，其中包括装配尺寸链分析、计算和结构装配工艺分析。

3）划分装配单元。

对复杂的机械，为了组织装配工作的平行流水作业，在制订装配工艺时，划分装配单元是一项重要工作。装配单元一般分为五种等级，分别是零件、合件、组件、部件和机器。图 8.14 所示为装配单元系统图。

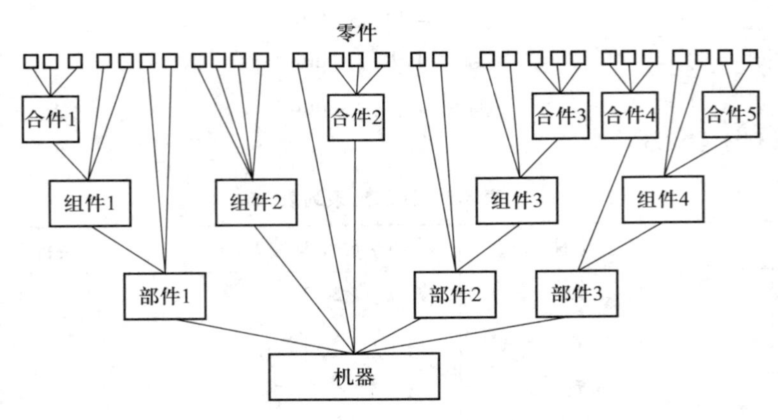

图 8.14　装配单元系统示意图

零件——组成机器的基本单元。一般零件都是预先装成合件、组件或部件才进入总装，直接装入机器的零件不太多。

合件——可以是若干零件永久连接（焊接、铆接等）或者是连接在一个“基准件”上的少数零件的组合。合件组合后，有可能还要加工，前面提到的“合并加工法”中，如果组成零件数较少就属于合件。图 8.15a 所示为合件，其中蜗轮属于“基准件”。

组件——一个或几个合件与几个零件的组合。图 8.15b 所示为组件，其中蜗轮与齿轮的组合是事先装好的一个合件，阶梯轴即为“基准件”。

部件——一个或几个组件、合件和零件的组合。

机器——也称产品，它是由上述全部装配单元结合而成的整体。

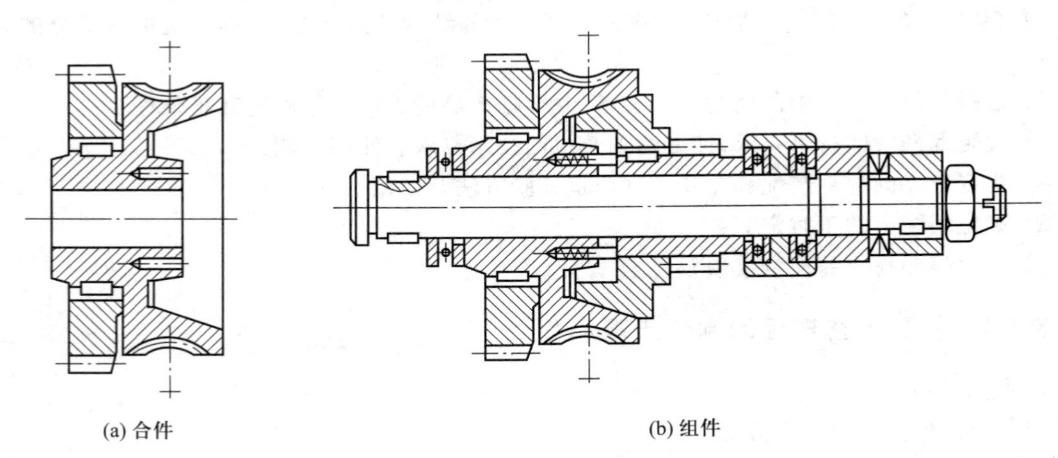

(a) 合件　　(b) 组件

图 8.15　合件与组件

2. 装配组织形式的确定

装配组织形式一般分为固定式和移动式两种。固定式装配可直接在地面上进行或在装配台架上分工进行。移动式装配又分为连续移动式和间歇移动式，可在小车上或输送带上进行。装配形式的选择，主要取决于产品结构特点（尺寸或质量大小）和生产批量。

3. 装配工艺过程的确定

（1）装配顺序的确定

装配顺序主要根据装配单元的划分来确定，即根据装配单元系统图，画出装配工艺流程示意图，此项工作是制订装配工艺过程的重要内容之一。图 8.16a 所示为一个部件装配工艺流程示意图。在绘制时，先画一条横线，左端绘出长方格，表示所装配产品基准件或合件、组件、部件，右端也绘出长方格，表示部件或产品。然后，将能直接进入装配的零件按照装配顺序画在横线上面，再把直接能进行装配的部件（或合件、组件）按照装配顺序画在横线的下面，使所装配的每一个零件和部件都能表示清楚，没有遗漏。

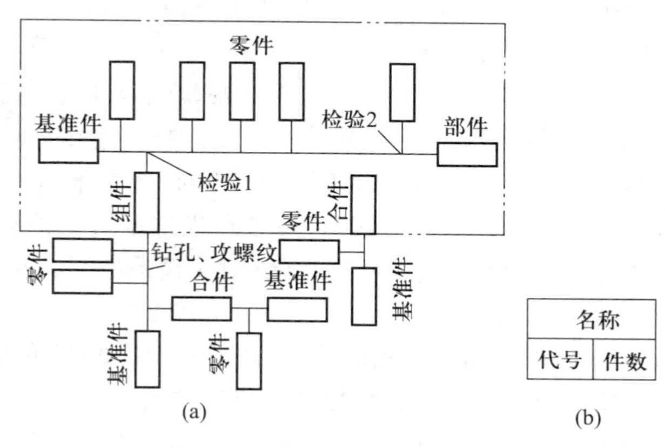

图 8.16　装配工艺流程示意图

由图 8.16 可以看出该部件的构成及其装配过程。装配是由基准开始的，沿水平线自左向右装配，到装配成部件为止。进入部件装配的各级单元依次是一个零件、一个组件、三个零件、一个合件、一个零件。在过程中有两次检验工序。其中组件的构成及其装配过程也可从图上看出，它是以基准件开始由一条向上的垂直线一直引到装成组件为止，然后由组件再引垂线向上与部件装配水平线衔接。进入该组件装配的有一个合件、两个零件，在装配过程中有钻孔和攻螺纹的工作。至于两个合件的组成及其装配过程也可从图上明显地看出。

图 8.16a 的每一个方框中都需填写零件或装配单元的名称、代号和件数，格式如图 8.16b 所示或按实际需要自定。

如果实际产品（或部件）包含的零件和装配单元较多，画一张总图过于庞大，则在实际应用时可分别绘制各级装配单元的流程图和一张总流程图。图 8.16 中双点画线框内为部件装配总流程图，其中进入部件装配的一个组件和一个合件已另有它们各自的装配流程图，故在部装流程图上无须再画，只画上该组件及合件的方框即可。这样做，一方面可简化总流程图，同时便于组织平行、流水装配作业。

不论哪一等级的装配单元的装配，都要选定某一零件或比它低一级以下的装配单元作为基准件，首先进入装配工作；然后根据结构具体情况和装配技术要求考虑其它零件或装配单元装入的先后次序。总之，要有利于保证装配精度以及使装配连接、校正等工作能顺利进行。装配的一般次序是先下后上，先内后外，先难后易，先重大后轻小，先精密后一般。

（2）装配工作基本内容的确定

1）清洗。进入装配的零件必须进行清洗，清洗工作对保证和提高机器装配质量，延长产品使用寿命有重要意义。特别是对于机器的关键部分，如轴承、密封、润滑系统、精密偶件等更为重要。清洗工艺的要点主要是清洗液、清洗方法及其工艺参数等，在制订清洗工艺时可参考《机械工程手册》等相关资料。

2）刮削。用刮削（刮研）方法可以提高工件的尺寸精度和形状精度，降低表面粗糙度值和提高接触刚度；装饰性刮削的刀花可美化外观。因刮削劳动量大，故多用于中、小批生产，目前广泛采用机械加工来代替刮削。但是刮削具有工艺简单，不受工件形状、位置及设备条件限制等优点，便于灵活应用，所以在机器装配或修理中，仍是一种重要工艺方法。

3）平衡。旋转体的平衡是装配过程中的一项重要工作；对于转速高且运转平稳性要求高的机械，尤其应严格要求回转零件的平衡，并要求总装后在工作转速下进行整机平衡。

4）过盈连接。在机器中过盈连接采用较多，大多数都是轴与孔的过盈连接。

5）螺纹连接。这种连接在机械结构中应用也较广泛。螺纹连接的质量除与螺纹加工精度有关外，还与装配技术有很大关系。例如，拧紧螺母次序不对、施力不均匀将使工件变形，降低装配精度。运动部件上的螺纹连接要有足够的紧固力，必须规定预紧力的大小。控制预紧力的方法有：对于中小型螺栓，常用定扭矩扳手或扭角法控制；对于精确控制，则采用千分尺或在螺栓光杆部位装应变片，以精确测量螺栓伸长量。

6）校正。校正是指各零部件间相互位置的找正、找平及相应的调整工作。校正时常使用平尺、直角尺、水平仪等工具或采用拉钢丝、光学、激光等校正方法。

除上述装配工作外，部件或总装后的检验、试运转、油漆、包装等一般也属于装配工作。对于它们的工艺编制，可参考《机械工程手册》的相关内容。

（3）装配工艺设备的确定

由以上所述可知，根据机械结构及其装配技术要求便可确定工作内容。为完成这些工作，需要选择合适的装配工艺及相应的设备及工、夹、量具。例如：对过盈连接采用压入装配还是热胀（或冷缩）装配法，采用哪种压入工具或哪种加热方法及设备，都要根据结构特点、技术要求、工厂经验及具体条件来确定。

有必要使用专用工具或设备时，则需提出设计任务书。

本章小结

保证机器装配精度的工艺方法有四种，分别是互换法、选配法、修配法和调整法。选择何种装配方法应根据生产类型及装配精度而定。

装配尺寸链的建立和计算原理与零件加工工艺尺寸链相同；角度尺寸链在装配尺寸链中更为常见，解决方法是先约定方向的正、负，然后根据约定区分组成环的正、负，再判别增、减环。在弄清增、减环后，就可按与直线尺寸链类似的方法进行计算。

装配工艺规程的制订必须符合高质量、高效率和低消耗的原则。

装配工艺规程制订的内容包含装配方法确定、装配组织形式制订、装配顺序确定及装配工艺文件的整理与编写等内容。

思考题与练习题

8.1 什么叫装配？装配的基本内容有哪些？

8.2 装配的组织形式有几种？有何特点？

8.3 弄清装配精度的概念及其与加工精度的关系。

8.4 保证装配精度的工艺方法有哪些？各有何特点？

8.5 装配尺寸链共有几种？有何特点？

8.6 装配尺寸链的建立通常分为几步？需注意哪些问题？

8.7 装配工艺规程的制订大致有哪几个步骤？有何要求？

8.8 如图 8.17 所示键与键槽的装配，$A_1=A_2=16$ mm，$A_\Sigma=0\sim0.05$ mm，试确定其装配方法，并计算各组成环的偏差。

8.9 查明图 8.18 所示立式铣床总装时，保证主轴回转轴线与工作台台面之间垂直度精度的装配尺寸链。

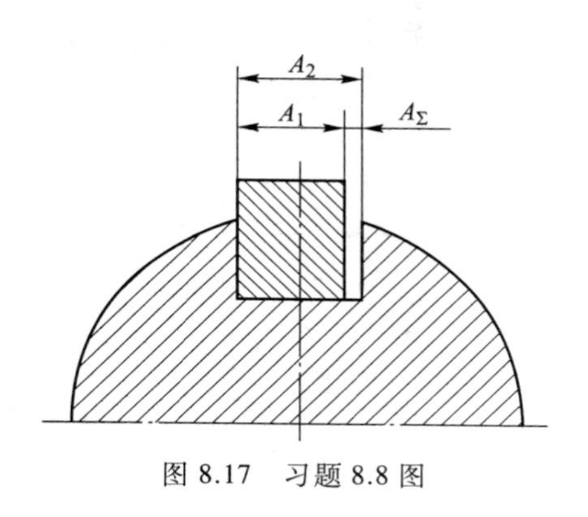

图 8.17　习题 8.8 图

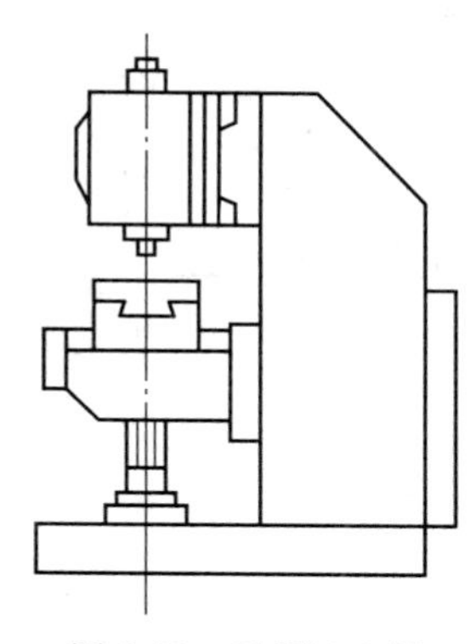

图 8.18　习题 8.9 图

8.10 如图 8.19 所示，滑板与床身装配前有关组成零件的尺寸分别为 $A_1=46_{-0.04}^{\ 0}$ mm，$A_2=30_{\ 0}^{+0.03}$ mm，$A_3=16_{+0.03}^{+0.06}$ mm。试计算装配后滑板压板与床身下平面之间的间隙 A_Σ，并分析当间隙在使用过程中因导轨磨损而增大后如何解决。

8.11 如图 8.20 所示的主轴部件，为保证弹性挡圈能顺利装入，要求保持轴向间隙为 0.2～0.3 mm。已知 $A_1=32.5$ mm，$A_2=35$ mm，$A_3=2.5$ mm，试求各组成零件尺寸的上、下极限偏差。

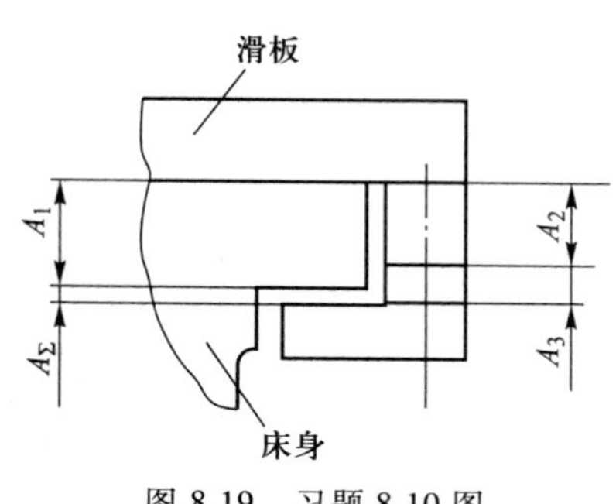

图 8.19　习题 8.10 图

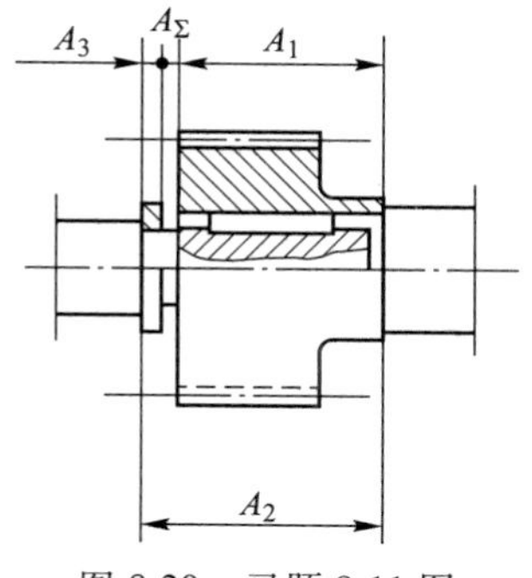

图 8.20　习题 8.11 图

8.12 如图 8.21 所示的蜗轮减速器,装配后要求蜗轮中心平面与蜗杆轴线偏移公差为±0.065 mm。试按采用调整法标注有关组成零件的公差,并计算加入调整垫片的组数及各组垫片的极限尺寸。(提示:在轴承端盖和箱体端面间加入调整垫片,如图 8.21 中的 N 环。)

8.13 如图 8.22 所示的齿轮箱部件,根据使用要求,齿轮轴肩与轴承端面间的轴向间隙应在 1~1.75 mm 的范围内。若已知各零件的基本尺寸为 $A_1=101$ mm,$A_2=50$ mm,$A_3=A_5=5$ mm,$A_4=140$ mm,试确定这些尺寸的公差及偏差。

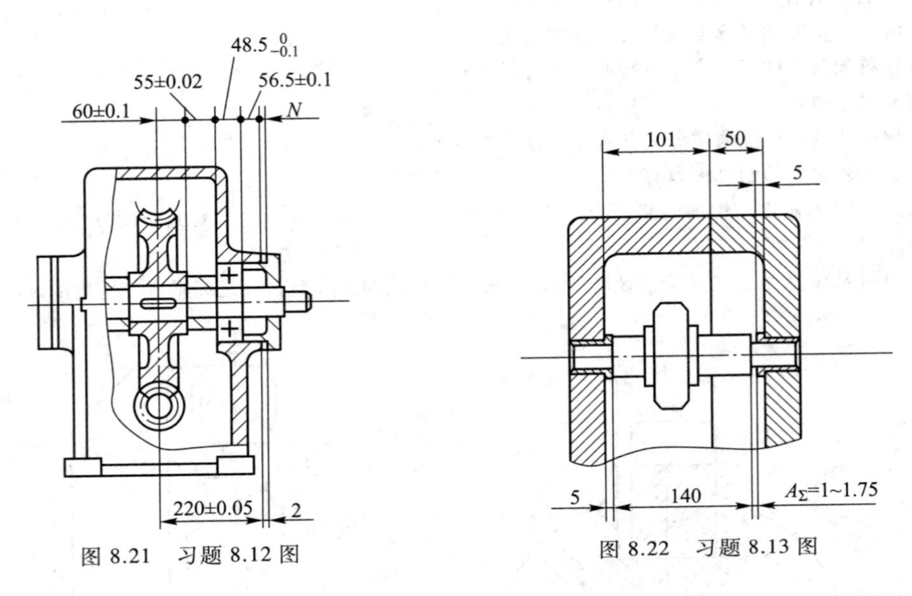

图 8.21　习题 8.12 图　　　　图 8.22　习题 8.13 图

机械制造技术名词术语中英文对照

第 一 章

背吃刀量	back engagement of the cutting edge
参考系	reference system
虫胶	shellac
待加工表面	workpiece surface to be cut (machined)
刀尖	tool nose (tip)
刀尖角	tool included edge angle
刀尖圆角半径	corner radius
刀具材料	tool cutting material
法平面	normal section plane
非自由切削	constrained cutting
酚醛树脂	phenolic resin
副偏角	minor cutting edge angle
副切削刃	tool minor cutting edge
副切削刃的基面	tool reference plane of the minor cutting edge
副切削刃的切削平面	tool cutting edge plane of the minor cutting edge
副切削刃的正交平面	tool orthogonal plane of the minor cutting edge
高速钢	high-speed steel
工件	workpiece
工艺性(特指成形性)	forming property
工作副偏角	working minor cutting edge angle
工作副切削刃	working minor cutting edge
工作后角	working orthogonal clearance
工作基面	working reference plane
工作切深平面	working tool back plane
工作切削平面	working cutting edge plane
工作刃倾角	working cutting edge inclination angle
工作主偏角	working cutting edge angle
工作正交平面	working orthogonal plane
工作主切削刃	working major cutting edge
合成切削速度	resultant cutting speed
合成切削运动	resultant cutting motion
横向进给平面	transverse feed section plane
后角	clearance angle(relief angle)

后面	flank
基面	tool reference plane
加工表面	cutting surface
金刚石	diamond
进给	feed
进给速度	feeding speed
进给运动	feeding motion
经济性	economy property
立方氮化硼	cubic boron nitride
粒度	grain size
磨料	abrasive material
耐热性	heat resistance
气孔	porosity
前角	rake angle
前面	rake face
强度	strength
切深平面	tool back plane
切削参数	cutting parameters
切削层	cutting layer
切削厚度	undeformed chip thickness (cutting layer thickness)
切削宽度	width of uncut chip (cutting layer width)
切削面积	cross-sectional area of uncut chip
切削平面	tool cutting edge plane
切削刃	tool cutting edge
切削刃法平面	cutting edge normal plane
切削刃工作法平面	working cutting edge normal plane
切削速度	cutting speed
切削运动	cutting motion
韧性	toughness
刃倾角	tool cutting edge inclination angle (inclined angle)
砂轮	grinding wheel, abrasive wheel, emery wheel
树脂	resinoid
松脂	turpentine
陶瓷	ceramics
涂层刀具	coated tool
楔角	wedge angle
斜切削	oblique cutting
已加工表面	machined surface
硬度	hardness
硬质合金	carbide alloy
油酸	oleic acid
黏结剂	bond material

正交平面	main section plane
正切削	orthogonal cutting
主偏角	tool cutting edge angle
主切削刃	major cutting edge
主运动	main motion
自由切削	free cutting
纵向进给平面(背平面)	longitudinal section plane

第　二　章

崩碎切屑	splintering chip
变形系数	deformation coefficient
带状切屑	ribbon chip
单位切削功率	specific cutting power
单位切削力	specific cutting force
单位时间内的金属切除量	metal-removal rate
单元切屑	unit chip
刀具磨损	tool wear
刀具耐用度	tool life
导热系数	thermal conductivity
辅助工时	nonproductive time
工序工时	operation time
换刀时间	tool-changing time
积屑瘤	built-up edge
挤裂切屑	cracked chip
加工性	machinability
剪切角	angle of the shear plane
剪切屈服点	shear yielding point
经济耐用度	tool life for the minimum production cost
径向切深抗力	radial thrust force
扩散磨损	diffusion wear
磨粒磨损	abrasive wear
切削变形	cutting deformation
切削功率	power required to perform the machining operation
切削合力	resultant tool force
切削扭矩	cutting torque
切削热	heat in metal cutting
切削时间	machining time
切削温度	machining temperature
切削液	cutting fluid
水平分力	thrust component of the result tool force
相对滑移	relative slide
相对加工性	relative machinability

相变磨损	phrase change wear
氧化磨损	oxidized wear
一定耐用度 T 下的切削速度	cutting speed giving a tool life of T
月牙洼磨损深度	crate depth
黏结磨损	adhesive wear
正常磨损	normal wear
轴向进给抗力	axial thrust force
主切削力	main cutting force
最大生产率耐用度	tool life for the maximum production efficient

第 三 章

V 形块	V-shaped block
安装	set up
表面粗糙度	surface roughness
成形法	form machining method
尺寸链	dimensional chain
定位	location
定位误差	location error
定位心轴	location centering
定位元件	location element
废品率	reject rates
封闭环	resultant dimension
概率法	probability method
工位	operation position
工序	operation
工艺规程	process route
工艺过程卡片	process sheet
公差	tolerance
轨迹法	track machining method
基准重合原则	principle of coincident locating surfaces
基准面	reference surface
极值法	extremum method
技术条件	specification
加工余量	allowance (material removal)
夹紧力	clamping force
夹紧力方向	clamping direction
夹紧力作用点	clamping position
夹具	fixture,jig
减环	minus dimension
临界产量	critical output
零件加工工艺	process of a part
千分尺	micrometer

上极限偏差	upper limit deviation
生产纲领	production expectation
生产过程	manufacturing process
时间定额	time ration
算术平均值	average arithmetic value
调质处理	quality treatment
投资回收期	invest reclaim period
下极限偏差	lower limit deviation
相对分布系数	relative distribution coefficient
相切法	tangential machining method
楔块	wedge
削角销	rhombic pin
圆柱形定位销	cylindrical location pin
圆柱支承钉	cylindrical support post
增环	plus dimension
展成法	generating process method
支承板	support plate
自由度	degree of freedom
走刀	cutting pass
组成环	component dimension

第 四 章

鞍形支座	saddle support
半自动车床	semi-automatic lathe
刨床	planer
车床	lathe
床身	bed
单轴自动车床	single-axis automatic lathe
刀柄	tool arbor
刀架	tool post
多轴半自动车床	multi-axis semi automatic lathe
多轴自动车床	multi-axis automatic lathe
仿形车床	profiling lathe
工作台	worktable
光杠	feed rod
横向进给磨削	plunge feed
滑鞍	saddle
滑板箱	apron
缓进磨削	creep-feed grinding
锪孔	counter boring
机床	machine tool
铰孔	reaming

进给箱	feed-box
锯床	saw machine
卡盘	chuck
扩孔	core drilling
拉床	broaching machine
立式	vertical
立式车床	vertical lathe
立柱	column
龙门刨床	planing machine
螺纹机床	screw thread machine
落地车床	ground lathe
每齿进给量	feed per tooth
磨床	grinding machine
牛头刨床	shaping machine
普通车床	engine lathe
砂带磨削	belt grinding
深孔	deep hole drills
深孔钻	gun drilling
数控车床	CNC lathe
丝杠	lead screw
镗床	boring machine
镗杆端部支承轴承	end support bearing for boring bar
尾座	tailstock
铣床	milling machine
摇臂	radial
主轴箱	headstock
专门化车床	special-purpose lathe
转塔(六角)车床	turret lathe
钻床	drilling machine
钻台阶孔	step drilling
钻中心孔	center drilling

第　五　章

刨刀	planer tool
插床	slotting machine, slotter
插刀	slotting tool
插削	slotting
铲齿铣刀	relieving tool, relieving cutter
成形磨削	form grinding
成形铣刀	formed cutter
电磁吸盘	electromagnetic chuck
端面铣刀	face mill, face cutter

端铣(端面铣削)	face milling
仿形铣床	profile milling machine,duplicating milling machine
工具铣床	tool milling machine
光学曲线磨床	optical contour grinder,optical curve grinding machine
花键轴	spline shaft
机架	chassis,frame
棘轮	ratchet wheel
尖齿铣刀	pointed tool,pointed cutter
键槽	key slot,key seat,key way,key groove
拉刀	broach
拉削	broaching
立式单轴铣床	vertical single spindle milling machine
立铣	end milling
立铣刀	end mill
连杆	link rod,connecting rod
链轮	chain wheel,sprocket
龙门刨床刨削	planing
龙门铣床	planer-type milling machine
落地铣床	floor type milling machine
摩擦轮	friction pulley,friction wheel
磨削	grinding
逆铣	up milling,conventional milling
牛头刨床刨削	shaping
偏心轮	eccentric wheel
平面磨削	face grinding
平面铣削	slab milling
曲轴	crank shaft
顺铣	down milling,climb milling
台虎钳	vice
台阶轴	stepped shaft
万能卧式升降台铣床	horizontal knee-and-column type milling machine
铣刀	milling cutter,milling tool
铣削	milling
燕尾槽	dovetail groove
油石	abrasive stick
圆柱铣刀	peripheral cutter,cylindrical cutter
周边磨削	peripheral grinding
周铣(周边铣削,圆柱铣削)	peripheral milling
组合铣刀(三面刃铣刀)	face and side cutter

第 六 章

传动链误差	transmission error

导轨误差	guideway error
动态加工误差	dynamic processing error
分布曲线法	method of error distribution curve
工艺系统	processing system
工艺系统的热变形	thermal deformation of the processing system
加工精度	machining accuracy
加工误差	machining error
加工原理误差	principle error
静态刚度	static stiffness
静态加工误差	static processing error
就地加工法	machining on spot
控制误差法	error controlling method
随机误差	random error
调整误差	adjustment error
误差补偿法	error compensation
误差分组法	error grouping
误差平均法	error average method
误差转移法	error transforming
系统误差	system error
原始误差	original errors
正态分布曲线	normal distribution graph
主轴回转误差	spindle rotational error

第　七　章

表面波纹度	surface waviness
残余应力	residual stress
淬火烧伤	quenching burn
滚压	press rolling
回火烧伤	tempering burn
金相组织	metallurgical structure
金相组织变化	metallurgical structure change, variation of metallurgical structure
冷态塑性变形	cold plastic deformation
冷作硬化	work-hardening, work cold hardening
磨削裂纹	grinding crack
耐蚀	anti-erosion
喷丸	shot peening
疲劳强度	fatigue strength
热态塑性变形	hot plastic deformation
砂轮的修整	dressing of grinding wheel
受迫振动	forced vibration
退火烧伤	annealing burn
应力集中	stress concentration

自激振动	self-excited vibration

第　八　章

不完全互换法(部分互换法)	incomplete interchangeable method
部件	component
分组选配法	selective assemble method by grouping
复合选配	composite selective assemble method
固定连接	fixed connection
固定(静态)调整法	static adjustment method
合件	joined part
互换法	interchangeable method
活动连接	moveable connection
零件	part
调整法	adjustment method
完全互换法	complete interchangeable method
修配法	fitting method
选配法	selective assemble method
移动(动态)调整法	dynamic adjustment method
直接选配法	direct selective assemble method
装配	assemble
装配尺寸链	assemble dimensional chain
装配单元	assemble unit
装配工艺	assemble process
装配精度	assemble accuracy
装配组织形式	assemble organization
组件	seed part

参考文献

[1] 周泽华. 金属切削原理[M]. 2 版. 上海：上海科学技术出版社，1993.

[2] 于启勋. 金属切削发展史[M]. 北京：机械工业出版社，1983.

[3] 马福昌. 金属切削原理及应用[M]. 济南：山东科学技术出版社，1982.

[4] 卢秉恒. 机械制造技术基础[M]. 4 版.北京：机械工业出版社，2018.

[5] 曾志新，吕明. 机械制造技术基础[M]. 武汉：武汉理工大学出版社，2001.

[6] 饶华球. 机械制造技术基础[M]. 北京：电子工业出版社，2007.

[7] 吉卫喜. 机械制造技术基础[M]. 2 版. 北京：高等教育出版社，2015.

[8] 张世昌，李旦，张冠伟. 机械制造技术基础[M]. 3 版. 北京：高等教育出版社，2014.

[9] 李凯岭. 机械制造技术基础[M]. 北京：科学出版社，2007.

[10] Rao P N. 制造技术[M]. 北京：机械工业出版社，2003.

[11] Fitzpatrick Michael. 机械加工技术[M]. 北京：科学出版社，2008.

[12] 陆名彰，胡忠举，厉春元，等. 机械制造技术基础[M]. 长沙：中南大学出版社，2004.

[13] Kalpakjian Serope，Schmid Steven R. Manufacturing engineering and technology：Machining[M]. 北京：机械工业出版社，2004.

[14] 龚定安，蔡建国. 机床夹具设计原理[M]. 西安：陕西科学技术出版社，1981.

[15] 尹成湖. 机械制造技术基础[M]. 北京：高等教育出版社，2008.

[16] 冯之敬. 机械制造工程原理[M]. 3 版. 北京：清华大学出版社，2015.

[17] 袁哲俊. 金属切削刀具[M]. 上海：上海科学技术出版社，1993.

[18] 现代机械制造工艺装备标准应用手册编委会. 现代机械制造工艺装备标准应用手册[M]. 北京：机械工业出版社，1997.

[19] 邓文英. 金属工艺学：下册[M]. 6 版. 北京：高等教育出版社，2017.

[20] 赵中华，徐正好，贾慈力. 制造技术基础[M]. 上海：华东理工大学出版社，2008.

[21] 全燕鸣. 金工实训[M]. 北京：机械工业出版社，2002.

[22] 崔明铎. 机械制造基础[M]. 北京：清华大学出版社，2008.

[23] 池震宇. 磨削加工与磨具选择[M]. 北京：兵器工业出版社，1990.

[24] 陈剑飞. 磨削加工学[M]. 郑州：河南科学技术出版社，1994.

[25] 李伯民，赵波. 现代磨削技术[M]. 北京：机械工业出版社，2003.

[26] 杨櫂，陈国香. 机械与模具制造工艺学[M]. 北京：清华大学出版社，2006.

[27] 洪泉，王贵成. 精密加工表面完整性的研究及其进展[J]. 现代制造工程，2004(8)：12-15.

[28] 王贵成，洪泉，朱云明，等. 精密加工中表面完整性的综合评价[J]. 兵工学报，2005，26(6)：820-824.

[29] 熊良山. 严晓光，张福润. 机械制造技术基础[M]. 武汉：华中科技大学出版社，2007.

[30] 袁巨龙，王志伟，文东辉，等. 超精密加工现状综述[J]，机械工程学报，2007，43(1)：35-48.

[31] 袁哲俊，王先逵，等. 精密和超精密加工技术[M]. 2 版. 北京：机械工业出版社，2007.

[32] 袁巨龙. 功能陶瓷的超精密加工技术[M]. 哈尔滨：哈尔滨工业大学出版社，2000.

[33] 程耀东. 机械制造学[M]. 北京：中央广播电视大学出版社，1994.

[34] 凌振邦. 机械制造工程基础[M]. 北京：轻工业出版社，1988.
[35] 张福润，等. 机械制造技术基础[M]. 武汉：华中理工大学出版社，1999.
[36] 韩秋实. 机械制造技术基础[M]. 北京：机械工业出版社，1998.
[37] 徐立华. 机械制造工程学[M]. 北京：兵器工业出版社，1997.
[38] 朱正心. 机械制造技术[M]. 北京：机械工业出版社，1999.
[39] 蔺启恒. 金属切削实用刀具技术[M]. 北京：机械工业出版社，1993.
[40] 谢家瀛. 组合机床设计简明手册[M]. 北京：机械工业出版社，1992.
[41] 贾亚洲. 金属切削机床概论[M]. 北京：机械工业出版社，1996.
[42] Childs T H C, etc. Metal machining[M]. London：ARNOLD, 2000.
[43] 顾崇衔. 机械制造工艺学[M]. 3 版. 西安：陕西科学技术出版社，1994.
[44] 王启平. 机械制造工艺学[M]. 3 版. 哈尔滨：哈尔滨工业大学出版社，1994.
[45] 黄鹤汀. 机械制造技术[M]. 北京：机械工业出版社，1997.
[46] 郭炽盛，等. 机械制造工艺学[M]. 北京：机械工业出版社，1997.
[47] 唐宗君. 机械制造基础[M]. 北京：机械工业出版社，1996.
[48] 王绍俊. 机械加工工艺手册[M]. 北京：机械工业出版社，1991.
[49] 燕山大学,等. 机床夹具设计手册[M]. 3 版. 上海：上海科学技术出版社，2000.
[50] 成大先，等. 机械设计手册[M]. 6 版. 北京：化学工业出版社，2017.
[51] 曾志新，等. 现代制造技术概论[M]. 广州：华南理工大学出版社，1999.
[52] 张保根，等. 现代制造技术[M]. 重庆：重庆大学出版社，1996.